U0916756

中 国 国 家 标 准 汇 编

2018 年修订-13

中国标准出版社　编

中国标准出版社

北　京

图书在版编目(CIP)数据

中国国家标准汇编:2018年修订.13/中国标准出版社编.—北京:中国标准出版社,2020.6
ISBN 978-7-5066-9590-9

Ⅰ.①中… Ⅱ.①中… Ⅲ.①国家标准-汇编-中国-2018 Ⅳ.①T-652.1

中国版本图书馆CIP数据核字(2020)第069033号

中国标准出版社出版发行
北京市朝阳区和平里西街甲2号(100029)
北京市西城区三里河北街16号(100045)

网址 www.spc.net.cn
总编室:(010)68533533 发行中心:(010)51780238
读者服务部:(010)68523946

中国标准出版社秦皇岛印刷厂印刷
各地新华书店经销

*

开本 880×1230 1/16 印张 33.75 字数 1 021 千字
2020年6月第一版 2020年6月第一次印刷

*

定价 220.00 元

出 版 说 明

《中国国家标准汇编》是一部大型综合性国家标准全集。自1983年起，每年按国家标准顺序号分册汇编出版，分为“制定”卷和“修订”卷两种形式。

“制定”卷收入上一年度我国发布的、新制定的国家标准，视篇幅分成若干分册，封面和书脊上注明“20××年制定”字样及分册号，分册号一直连续。各分册中的标准是按照标准编号顺序连续排列的，如有标准顺序号缺号的，除特殊情况注明外，暂为空号。

“修订”卷收入上一年度我国发布的、被修订的国家标准，视篇幅分设若干分册，但与“制定”卷分册号无关联，仅在封面和书脊上注明“20××年修订-1，-2，-3，……”字样。“修订”卷各分册中的标准，仍按标准编号顺序排列(但不连续)；如有遗漏的，均在当年最后一分册中补齐。需提请读者注意的是，个别非顺延前年度标准编号的新制定国家标准没有收入在“制定”卷中，而是收入在“修订”卷中。

读者购买每年出版的《中国国家标准汇编》“制定”卷和“修订”卷则可收齐由我社出版的上一年度制定和修订的全部国家标准。

2018年我国制修订国家标准共2 684项。本分册为《中国国家标准汇编》“2018年修订-13”，收入新制修订的国家标准31项。

中国标准出版社
2020年3月

出版说明

目　录

ICS 67.180
X 31

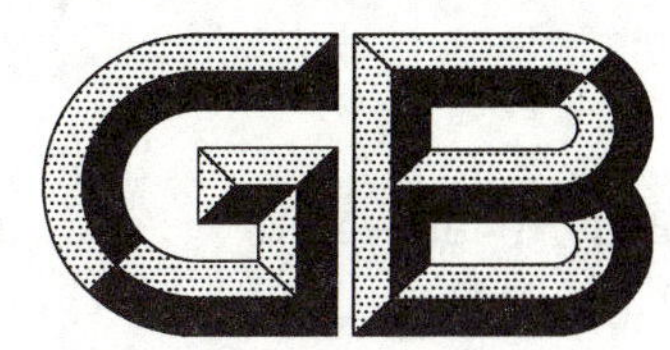

中华人民共和国国家标准

GB/T 10496—2018
代替 GB/T 10496—2002

糖料甜菜

Sugar beet

2018-02-06 发布　　　　2018-09-01 实施

中华人民共和国国家质量监督检验检疫总局
中国国家标准化管理委员会　发布

前言

本标准按照GB/T 1.1—2009给出的规则起草。

本标准代替GB/T 10496—2002《糖料甜菜》。

本标准与GB/T 10496—2002相比,除编辑性修改外主要技术差异如下:

——更新了规范性引用文件中的相关引用标准(见第2章,2002年版的第2章);

——删除了“定义”(见2002年版的第3章);

——修改了检验方法(见第4章,2002年版的第5章);

——修改完善了检验规则(见第5章,2002年版的第6章)。

本标准由中国轻工业联合会提出。

本标准由全国制糖标准化技术委员会(SAC/TC 373)归口。

本标准起草单位:广东省生物工程研究所(广州甘蔗糖业研究所)(国家糖业质量监督检验中心)、中粮屯河股份有限公司、广州市华侨糖厂、广西洋浦南华糖业集团股份有限公司、营口北方糖业有限公司、博天糖业有限公司、东莞市东糖集团有限公司、内蒙古自治区生物技术研究院、华南理工大学、广东恒福糖业集团有限公司、新疆绿翔糖业有限责任公司、日照市凌云海糖业集团有限公司、新疆农垦现代糖业有限公司、内蒙古佰惠生新农业科技股份有限公司、广东金岭糖业集团有限公司、南宁糖业股份有限公司、广西农垦糖业集团股份有限公司、云南英茂糖业(集团)有限公司、南京甘汁园糖业有限公司、全国甘蔗糖业标准化中心。

本标准主要起草人:李奇伟、黄雪影、安玉兴、贾志忍、闫卫民、刘少谋、尚明久、于淑娟、焦念民、李海乔、江永、管楚雄、陈明周、齐永文、徐德昌、郑越、刘锋、温凯、平亚军、吴遂、梁争柱、凌宗仁、赵金力、秦春城、李国有、罗新伟、张爱民、宿彦良、李琳、李锦生、肖凌、王达洲、王俊平、王修明、郭剑雄、蔡铁华、刘汉德、林水栖、周锡文、李政、周玉生、王亚彪、郑权、梁欣泉、欧阳铸、李俊贵、曾史俊、陈建津、甄振鹏、高裕锋、陆剑华、陈嘉敏、钟宏星、刘志鹏、陈捷、陈红香、林雅慧、马莹、李家威、范晓明、李梦川、余娟、杨李胜、柯华南、余构彬、陈其钊、张琳、黄敏兴、谢斯铭、洪燕燕、揭平权、翁青青、陶平。

本标准所代替标准的历次版本发布情况为:

——GB/T 10496—1989、GB/T 10496—2002。

糖 料 甜 菜

1 范围

本标准规定了糖料甜菜的技术要求、试验方法、检验规则和运输、贮存的要求。

本标准适用于糖料甜菜收购。

2 规范性引用文件

下列文件对于本文件的应用是必不可少的。凡是注日期的引用文件，仅注日期的版本适用于本文件。凡是不注日期的引用文件，其最新版本(包括所有的修改单)适用于本文件。

QB/T 5014 糖料甜菜试验方法

3 技术要求

3.1 甜菜糖度

糖料甜菜块根糖度应大于或等于 15 g/100 g。

3.2 甜菜外观质量

3.2.1 糖料甜菜块根应不腐烂、不冻化、不萎蔫、不罹病、不抽薹，机械损伤部分不能超过块根的三分之一。

3.2.2 糖料甜莱块根为：当青头垂直高度大于 1.5 cm 时，从第一片叶痕(甜菜根头第一对真叶的痕迹处)上 1.5 cm 至尾根直径 1 cm 以上的部分；当青头垂直高度小于 1.5 cm 时，从第一片叶痕上 0.5 cm 至尾根直径 1 cm 以上的部分。

4 试验方法

按 QB/T 5014 规定的方法进行测定。

5 检验规则

5.1 糖料甜菜运至糖厂后，一车为一个批(机动车包括挂车)。

5.2 采样以批为检验单位，执行按质论价的厂逐车抽检，未执行按质论价的厂可根据实际情况确定抽检次数。

5.3 由糖厂和菜农双方派代表组成抽样小组，负责抽样送检。现场采样，上述任一方如有异议，应向抽样小组提出，可重复采样一次，作为送检样本。

5.4 每个批经检验后按块根的糖度和净重结算。

5.5 除腐烂块根不收外，下列块根不得超过规定：冻化块根不得超过 2%、抽薹块根不得超过 1%、破碎块根不得超过 2%、萎蔫块根不得超过 3%、罹病块根不得超过 1%，并且其中三项指标总和不得超过 5%，不超不扣，超过时按超过部分扣除。

5.6 不应夹带危险物品如金属、石块等。

5.7 购销双方发生争议时，由当地菜区包括(但不限于)糖厂和菜农(生产方)协商确定，也可由国家认可的质量检测机构进行仲裁检验。

6 运输、贮存

6.1 运输糖料甜菜块根的车辆应保持清洁、无毒，不应与有害、有毒、有异味和其他易污染物品混运、混贮。

6.2 糖料甜菜按计划起收、运输、送交。不能及时送交时，菜农应做好田间埋藏保管，防止冻化、失水萎蔫等。

ICS 83.100
G 32

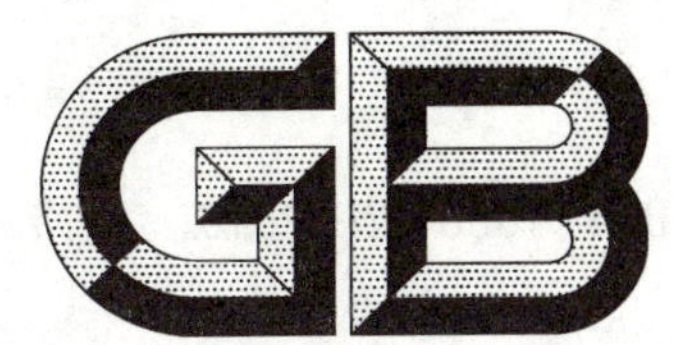

中华人民共和国国家标准

GB/T 10801.2—2018
代替 GB/T 10801.2—2002

绝热用挤塑聚苯乙烯泡沫塑料(XPS)

Rigid extruded polystyrene foam board for thermal insulation(XPS)

2018-12-28 发布　　2019-07-01 实施

国家市场监督管理总局
中国国家标准化管理委员会　发布

前　言

GB/T 10801 分为两个部分：

——GB/T 10801.1　绝热用模塑聚苯乙烯泡沫塑料；

——GB/T 10801.2　绝热用挤塑聚苯乙烯泡沫塑料(XPS)。

本部分为 GB/T 10801 的第 2 部分。

本部分按照 GB/T 1.1—2009 给出的规则起草。

本部分代替 GB/T 10801.2—2002《绝热用挤塑聚苯乙烯泡沫塑料(XPS)》，与 GB/T 10801.2—2002 相比主要技术变化如下：

——类别中按制品压缩强度和表皮分类增加了两个等级[(700 kPa,带表皮)和(900 kPa,带表皮)](见 3.1.1)；

——类别中增加了燃烧性能分级(见 3.1.2)；

——类别中增加了绝热性能分级(见 3.1.3)；

——增加了产品标志的要求，要求在产品表面标明产品的名称、压缩强度等级、燃烧性能等级、绝热性能等级和标准编号等信息(见 7.1)；

——增加了附录 A(见附录 A)。

本部分由中国轻工业联合会提出。

本部分由全国塑料制品标准化技术委员会(SAC/TC 48)归口。

本部分起草单位：北京工商大学、欧文斯科宁(中国)投资有限公司、北京北鹏首豪建材集团有限公司、河北五洲开元环保新材料有限公司、南京法宁格节能科技股份有限公司、廊坊美佳塑胶制品有限公司、青岛欧克斯新型建材有限公司、新乡市英姿建材有限公司、北京航宇保温建材有限公司、唐山万兴化工建材有限公司、广州孚达保温隔热材料有限公司、北京北泡君诚泡沫塑料有限公司、漳州普瑞邦节能科技有限公司、上海圣奎塑业有限公司、国家塑料制品质量监督检验中心(北京)、北京化工大学、北京波科曼挤塑制品有限公司。

本部分主要起草人：刘本刚、陈倩、张智、刘印楼、刘明、郭鑫齐、卢伟、刘佳沛、冯文斌、张敬海、孟庆兴、张超、吴甲、范犁生、刘丙强、杜中杰、臧富安。

本部分所代替标准的历次版本发布情况为：

——GB/T 10801.2—2002。

绝热用挤塑聚苯乙烯泡沫塑料(XPS)

1 范围

GB/T 10801 的本部分规定了绝热用挤塑聚苯乙烯泡沫塑料(XPS)的分类、要求、试验方法、检验规则、标志、标签、使用说明书和包装、运输、贮存。

本部分适用于使用温度不超过 75 ℃的绝热用挤塑聚苯乙烯泡沫塑料(XPS),包括添加石墨等红外阻隔剂的挤塑聚苯乙烯泡沫塑料(参见附录 A),也包括带有表皮和不带表皮的挤塑聚苯乙烯泡沫塑料、带有特殊边缘结构和表面处理的挤塑聚苯乙烯泡沫塑料。本部分也适用于预制构件和复合保温系统的绝热用挤塑聚苯乙烯泡沫塑料。

2 规范性引用文件

下列文件对于本文件的应用是必不可少的。凡是注日期的引用文件,仅注日期的版本适用于本文件。凡是不注日期的引用文件,其最新版本(包括所有的修改单)适用于本文件。

GB/T 2918—1998 塑料试样状态调节和试验的标准环境

GB/T 6342—1996 泡沫塑料与橡胶 线性尺寸的测定

GB 8624 建筑材料及制品燃烧性能分级

GB/T 8810—2005 硬质泡沫塑料吸水率的测定

GB/T 8811—2008 硬质泡沫塑料 尺寸稳定性试验方法

GB/T 8813—2008 硬质泡沫塑料 压缩性能的测定

GB/T 10294—2008 绝热材料稳态热阻及有关特性的测定 防护热板法

GB/T 10295—2008 绝热材料稳态热阻及有关特性的测定 热流计法

QB/T 2411—1998 硬质泡沫塑料 水蒸气透过性能的测定

3 分类

3.1 类别

3.1.1 按制品压缩强度 p 和表皮分为以下 12 个等级:

a) X150——$p \geqslant 150$ kPa,带表皮;

b) X200——$p \geqslant 200$ kPa,带表皮;

c) X250——$p \geqslant 250$ kPa,带表皮;

d) X300——$p \geqslant 300$ kPa,带表皮;

e) X350——$p \geqslant 350$ kPa,带表皮;

f) X400——$p \geqslant 400$ kPa,带表皮;

g) X450——$p \geqslant 450$ kPa,带表皮;

h) X500——$p \geqslant 500$ kPa,带表皮;

i) X700——$p \geqslant 700$ kPa,带表皮;

j) X900——$p \geqslant 900$ kPa,带表皮;

k) W200——$p \geqslant 200$ kPa,不带表皮;

l) W300——$p \geqslant 300$ kPa,不带表皮。

注:其他表面结构的产品,由供需双方商定。

3.1.2 按燃烧性能分为2级:B1级、B2级。

3.1.3 按绝热性能分为3级:024级、030级、034级。

3.1.4 按制品边缘结构分为SS平头型产品、SL型产品(搭接)、TG型产品(榫槽)和RC型产品(雨槽)4类,如图1～图4所示。

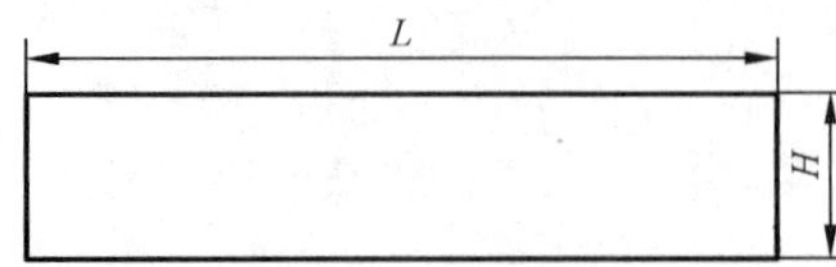

图1 SS平头型产品

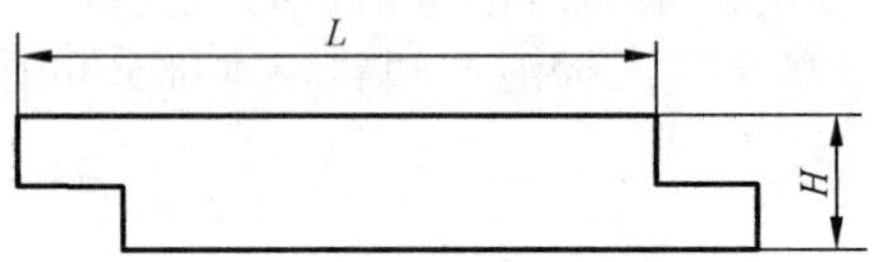

图2 SL型产品(搭接)

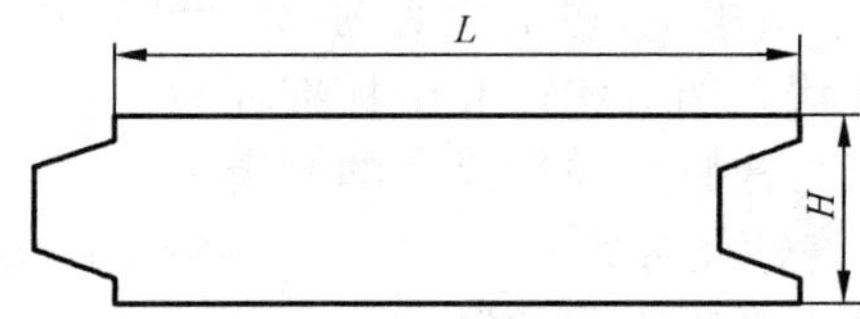

图3 TG型产品(榫槽)

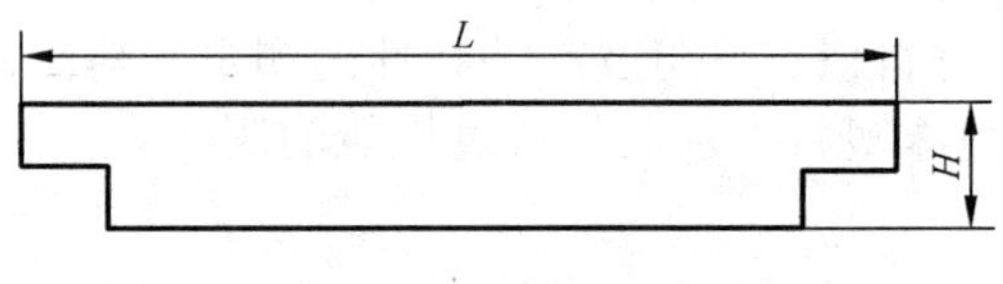

图4 RC型产品(雨槽)

3.2 产品标记

3.2.1 标记方法

产品名称-类别-边缘结构形式-阻燃等级-绝热等级-标准号。

3.2.2 标记示例

类别为X250、边缘结构为两边搭接、阻燃等级为B1级、绝热等级为024级的挤塑聚苯乙烯泡沫塑料标记为:XPS-X250-SL-B1-024-GB/T 10801.2—2018。

4 要求

4.1 规格尺寸和允许偏差

4.1.1 规格尺寸

产品主要规格尺寸见表1,其他规格由供需双方商定。

表 1 规格尺寸

单位为毫米

长度(L)	宽度(B)	厚度(H)
600,1 200,1 800,2 400	600,900,1 200	10,20,25,30,40,50,75,100,120,150

4.1.2 允许偏差

产品的厚度允许偏差应符合表 2 的规定。长度、宽度允许偏差和对角线差应符合表 3 的规定。

表 2 厚度允许偏差

单位为毫米

厚度(H)	允许偏差
$H<75$	$-1\sim+2$
$75\leqslant H$	$-1\sim+3$

表 3 长度和宽度允许偏差及对角线差

单位为毫米

长度(L)或宽度(B)		对角线(T)	
尺寸	允许偏差	尺寸	对角线差
$L/B<1\ 000$	±5.0	$T<1\ 000$	≤5.0
$1\ 000\leqslant L/B<2\ 000$	±7.5	$1\ 000\leqslant T<2\ 000$	≤7.0
$L/B\geqslant 2\ 000$	±10.0	$T\geqslant 2\ 000$	≤13.0

4.2 外观

产品应表面平整,无夹杂物,颜色均匀。不应有影响使用的可见缺陷,如起泡、裂口、变形等,产品表面状态(如有无表皮、是否开槽等)应在产品检测报告中准确描述。

4.3 物理力学性能

产品的物理力学性能应符合表 4 的规定。

表 4 物理力学性能

项目	单位	性能指标											
		带表皮										不带表皮	
		X150	X200	X250	X300	X350	X400	X450	X500	X700	X900	W200	W300
压缩强度	kPa	≥150	≥200	≥250	≥300	≥350	≥400	≥450	≥500	≥700	≥900	≥200	≥300
吸水率，浸水 96 h	%(体积分数)	≤2.0	≤1.5	≤1.0								≤2.0	≤1.5
水蒸气透过系数 (23±1)℃， 0%～(50±2)%相对湿度梯度	ng/(m·s·Pa)	≤3.5		≤3.0		≤2.0						≤3.5	≤3.0
尺寸稳定性 70 ℃±2 ℃，48 h	%	≤1.5								≤3.0		≤1.5	

4.4 绝热性能

产品绝热性能应符合表 5 的规定。

表 5 绝热性能

等级	024 级	030 级	034 级
导热系数/W/(m·K) 平均温度 10 ℃ 25 ℃	 ≤0.022 ≤0.024	 ≤0.028 ≤0.030	 ≤0.032 ≤0.034
热阻/(m^2·K)/W 厚度 25 mm 时 平均温度 10 ℃ 25 ℃	 ≥1.14 ≥1.04	 ≥0.89 ≥0.83	 ≥0.78 ≥0.74

4.5 燃烧性能

燃烧性能应满足 GB 8624 中 B1 级或 B2 级的要求。

5 试验方法

5.1 时效和状态调节

绝热性能试验应将样品自生产之日起在自然条件下放置 90 d 后进行，其他物理力学性能试验应将样品自生产之日起在自然条件下放置 45 d 后进行。试验按 GB/T 2918—1998 中 23/50 二级环境条件进行，样品应在此条件下进行不少于 16 h 的状态调节。

5.2 试样制备

除尺寸、外观检验和燃烧性能中的单体燃烧试验外，其他试验的试样制备，均应距样品边缘 20 mm 以上裁切。

5.3 尺寸测量

尺寸测量按 GB/T 6342—1996 进行。如试样带饰面，应去除后进行测量。取 3 块整板进行测量，长度、宽度、厚度分别取 6 个点测量结果的平均值，对角线差取 3 块板测量结果的平均值。

5.4 压缩强度或相对形变 10%时的压缩应力

按 GB/T 8813—2008 进行，试样尺寸为(100±1)mm×(100±1)mm×原厚，对于厚度大于 100 mm 的制品，试样的长度和宽度应不低于制品厚度。加荷速度为试样厚度的 1/10(mm/min)，例如厚度为 50 mm 的制品，加荷速度为 5 mm/min，取 5 个试样试验结果的平均值。

测量试样的最大压缩应力或相对形变 10%时的压缩应力，哪一种情况先出现，结果取哪一种情况的应力。

5.5 吸水率

吸水率按 GB/T 8810—2005 进行。水温为(23±2)℃,浸水时间为 96 h。试样尺寸为(150±1)mm×(150±1)mm×原厚。吸水率取 3 个试样试验结果的平均值。

5.6 尺寸稳定性

尺寸稳定性按 GB/T 8811—2008 进行。试样尺寸为(100±1)mm×(100±1)mm×原厚。试验条件为温度(70±2)℃、时间 48 h。尺寸稳定性取 3 个试样试验结果绝对值的平均值。

5.7 水蒸气透过系数

水蒸气透过系数按 QB/T 2411—1998 进行。试样厚度为 25 mm,厚度小于 25 mm 时采用原厚进行试验,试验的温度应为(23±1)℃,0～(50±2)%相对湿度梯度。水蒸气透过系数取 5 个试样试验结果的平均值。

5.8 绝热性能

导热系数按 GB/T 10294—2008 或 GB/T 10295—2008 进行。平均温度为 10 ℃和 25 ℃,试验温差为 15 ℃～25 ℃。仲裁检验按 GB/T 10294—2008 进行。

热阻值按式(1)计算:

$$R = \frac{H}{\lambda} \qquad \cdots\cdots (1)$$

式中:

R ——热阻,单位为平方米开尔文每瓦特[(m^2·K)/W];

H ——厚度,单位为米(m);

λ ——导热系数,单位为瓦特每米开尔文[W/(m·K)]。

5.9 燃烧性能

燃烧性能按 GB 8624 规定进行。

6 检验规则

6.1 出厂检验

6.1.1 产品出厂时应进行出厂检验。

6.1.2 出厂检验的检验项目为:尺寸、外观、压缩强度、导热系数。

6.1.3 组批:以出厂的同一类别、同一规格的产品 600 m^3 为一批,不足 600 m^3 的按一批计。

6.1.4 抽样:尺寸和外观随机抽取 12 块样品进行检验,压缩强度取其中 6 块样品进行检验,绝热性能取其中 2 块样品进行检验。

6.1.5 尺寸、外观、压缩强度、导热系数按第 5 章规定的试验方法进行检验,检验结果应符合第 4 章的规定。如果有一项指标不合格,应加倍抽样复验。复验结果仍有一项不合格,则判该批产品不合格。

6.2 型式检验

6.2.1 有下列情况之一时,应进行型式检验:

a) 新产品定型鉴定;

b) 正式生产后,原材料、工艺有较大的改变,可能影响产品性能时;

c) 正常生产时，每年至少进行一次；

d) 出厂检验结果与上次型式检验有较大差异时；

e) 产品停产6个月以上，恢复生产时。

6.2.2 型式检验的检验项目为第4章规定的各项要求。

6.2.3 型式检验应在工厂仓库的合格品中随机抽取样品，按第5章规定的试验方法切取试样并进行检验，检验结果应符合第4章的规定。

7 标志、标签、使用说明书

7.1 标志

每块产品表面应印刷有不可转移的产品标志，产品标志应具有一定的耐久性，在使用过程中应清晰可见，标志格式和内容见3.2。

7.2 标签和使用说明

在标签或使用说明上应标明：

a) 本部分名称；

b) 产品名称、产品标志、商标；

c) 生产企业名称、详细地址；

d) 产品的规格及主要性能指标；

e) 生产日期；

f) 注明指导安全使用的警语或图示，例如：本产品的燃烧性能级别为B2级，在使用当中应远离火源；

g) 包装单元中产品的数量。

标签文字及图案应醒目清晰，易于识别，且具有一定的耐久性。

8 包装、运输、贮存

8.1 产品需用收缩膜或塑料捆扎带等包装，或由供需双方协商。当运输至其他城市时，包装需适应运输的要求。

8.2 产品应按类别、规格分别堆放，避免受重压，库房应保持干燥通风。

8.3 运输和贮存中应远离火源、热源和化学溶剂，并应避免长期受重压和其他机械损伤。

附 录 A
（资料性附录）
绝热用石墨挤塑聚苯乙烯泡沫塑料（石墨 XPS）

绝热用石墨挤塑聚苯乙烯泡沫塑料(石墨 XPS)是以聚苯乙烯树脂或其共聚物为主要成分,添加一定量的石墨和其他添加剂,通过加热挤塑成型而制得的具有闭孔结构的硬质泡沫塑料。石墨作为红外阻隔剂,能够在一定程度上抑制热传导过程中的辐射传热,从而降低挤塑聚苯乙烯泡沫塑料的导热系数[1]。提升绝热性能,生产端可以减少原材料的用量,降低能源消耗,具有显著的环境效应和成本优势。

参 考 文 献

[1] Chau V. Vo, Friedhelm Bunge, John Duffy, et al. Advances in Thermal Insulation of Extruded Polystyrene Foams[J]. Cellular Polymers, 2011, 3(30): 137-155.

ICS 27.060.30
J 98

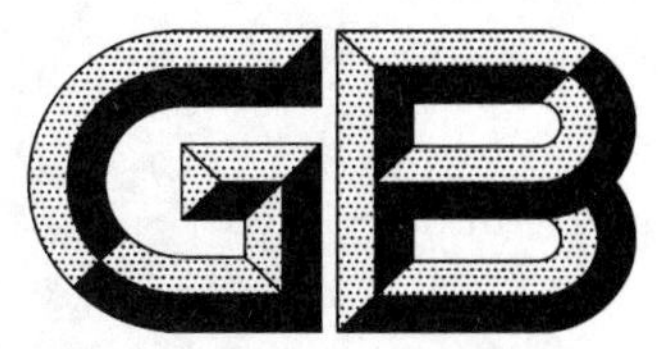

中华人民共和国国家标准

GB/T 10868—2018
代替 GB/T 10868—2005

电站减温减压阀

Steam converting valves for power station

2018-02-06 发布　　　　2018-09-01 实施

中华人民共和国国家质量监督检验检疫总局
中国国家标准化管理委员会　发布

前　言

本标准按照 GB/T 1.1—2009 给出的规则起草。

本标准代替 GB/T 10868—2005《电站减温减压阀》。与 GB/T 10868—2005 相比，除编辑性修改外主要技术变化如下：

——对术语进行了增补(见 3.4、3.5、3.6、3.8、3.14、3.15 和 3.17)；

——增加了性能要求中基本误差、回差、死区、额定行程偏差的内容(见 5.3.1)；

——修改了原性能要求中的压力特性和流量特性，统一变更为线性(LN)和等百分比(EP)流量特性曲线的偏差和固有流量特性的斜率偏差(见 5.3.3 和 5.3.5，2005 年版的 5.5 和 5.6)；

——增加了Ⅲ级锻件的理化要求和规定(见 5.5.5)；

——增加了额定流量和泄漏量的计算举例(见附录 A)。

本标准由全国锅炉压力容器标准化技术委员会(SAC/TC 262)提出并归口。

本标准起草单位：杭州华惠阀门有限公司、上海发电设备成套设计研究院有限责任公司、哈电集团哈尔滨电站阀门有限公司、武汉锅炉集团阀门有限责任公司、华夏阀门有限公司、青岛电站阀门有限公司、南方阀门制造有限公司、浙江龙德环保热电有限公司。

本标准主要起草人：陈立龙、张明、陈秀彬、陈卫平、宋焕巧、张娜、陈雪峰、刘世中、魏玉斌、陈文龙。

本标准所代替标准的历次版本发布情况为：

——GB/T 10868—1989、GB/T 10868—2005。

电站减温减压阀

1 范围

本标准规定了电站减温减压阀的术语和定义、订货指南、技术要求、材料、检验和试验、质量证明书、标志、包装、供货和运输。

本标准适用于工作压力 $P \leqslant 35$ MPa,工作温度 $t \leqslant 625$ ℃的电站蒸汽系统用减温减压阀。

工作压力 $P \leqslant 35$ MPa,工作温度 $t \leqslant 625$ ℃的电站蒸汽系统用减压阀和工作温度 $t > 625$ ℃的电站蒸汽系统用减温减压阀可参照执行。

2 规范性引用文件

下列文件对于本文件的应用是必不可少的。凡是注日期的引用文件,仅注日期的版本适用于本文件。凡是不注日期的引用文件,其最新版本(包括所有的修改单)适用于本文件。

GB/T 1047 管道元件 DN(公称尺寸)的定义和选用

GB/T 1048 管道元件 PN(公称压力)的定义和选用

GB/T 9113 整体钢制管法兰

GB/T 12221 金属阀门 结构长度

GB/T 12224 钢制阀门 一般要求

GB/T 12229 通用阀门 碳素钢铸件技术条件

GB/T 15056 铸造表面粗糙度 评定方法

GB/T 21465 阀门 术语

GB/T 26480 阀门的检验和试验

JB/T 5223 工业过程控制系统用气动长行程执行机构

JB/T 5263 电站阀门铸钢件技术条件

JB/T 6439 阀门受压件磁粉探伤检验

JB/T 6440 阀门受压铸钢件射线照相检验

JB/T 6902 阀门液体渗透检测

JB/T 6903 阀门锻钢件超声波检查方法

JB/T 7927 阀门铸钢件外观质量要求

JB/T 8219 工业过程控制系统用普通型及智能型电动执行机构

JB/T 9625 锅炉管道附件承压铸钢件 技术条件

NB/T 47008 承压设备用碳素钢和合金钢锻件

NB/T 47013.2 承压设备无损检测 第2部分:射线检测

NB/T 47013.3 承压设备无损检测 第3部分:超声检测

NB/T 47013.4 承压设备无损检测 第4部分:磁粉检测

NB/T 47013.5 承压设备无损检测 第5部分:渗透检测

NB/T 47037 电站阀门型号编制方法

NB/T 47044 电站阀门

3 术语和定义

GB/T 21465界定的以及下列术语和定义适用于本文件。为了便于使用,以下重复列出了GB/T 21465中的某些术语和定义。

3.1

电站减温减压阀　steam converting valves for power station

阀内通过降温介质和启闭件节流,将蒸汽的温度和压力降低到规定数值的阀门。

3.2

电站减压阀　pressure reducing valves for power station

阀内通过启闭件节流,将蒸汽的压力降低到规定数值的阀门。

3.3

执行机构　actuator

将信号转换成相应的运动,改变控制阀门内部调节机构(节流件)位置的装置或机构。

注:该信号或驱动力可以是气动、电动、液动或它们的任何一种组合。

3.4

基本误差　intrinsic error

阀门的实际上升、下降特性曲线与规定的特性曲线之间的最大偏差。

注:用阀门额定行程的百分数表示。

3.5

回差　hysteresis error

同一输入信号上升和下降的两相应行程值间的最大差值。

注:用阀门额定行程的百分数表示。

3.6

死区　dead band

输入信号正、反方向的变化而未引起阀门流量有任何可察觉变化的有限区间。

注:死区用阀门输入信号量程的百分数表示。

3.7

额定行程　rated travel

节流件从关闭位置到指定全开位置上的位移。

[GB/T 21465—2008,定义2.13.6]

3.8

相对行程　relative travel

h

某一指定开度上的行程与额定行程之比。

3.9

额定流量　rated flow

Q

在规定的试验条件下,流体通过阀门额定行程时的流量。

3.10

额定流量系数　rated flow coefficient

K_v

额定行程时的流量系数值。

注：阀门给定的流量系数通常是指额定流量系数。

3.11

减压比　pressure reducing ratio

阀门出口与进口的绝对压力之比。

3.12

调压性能　pressure adjusting performance

进口压力一定，连续改变出口压力的能力(性能)。

3.13

调温性能　temperature adjusting performance

进口温度一定，连续改变出口温度的能力(性能)。

注：阀门的减温幅度取决于阀门本身的结构和减温水调节量。

3.14

斜率偏差　slope deviation

相邻两点流量特性的斜率的允许偏差。

3.15

密封性试验　sealing performance test

除阀门密封副以外的结构件连接处和填料与阀杆活动处的密封试验。

3.16

流量特性　flow characteristic

流量系数与对应的行程之间的关系。

3.17

相对流量系数　relative flow coefficient

Φ

相对行程下的流量系数与额定流量系数之比。

4　订货指南

电站减温减压阀(以下简称"阀门")的基本订货指南要求按 NB/T 47044，以便于订货、询价和咨询。

5　技术要求

5.1　总则

5.1.1　阀门除应符合本标准的规定外，还应符合 NB/T 47044 及订货合同要求。

5.1.2　阀门的压力-温度额定值应满足 NB/T 47044 或 GB/T 12224 的规定。

5.1.3　阀门应在设计参数条件下进行安全稳定操作控制，并达到理想的性能指标。

5.2　一般要求

5.2.1　阀门的公称压力应符合 GB/T 1048 的规定。当介质最高温度大于 425 ℃时，应以工作压力和最高工作温度的形式标注，表示顺序依次为字母 P，下标标注最高工作温度的 1/10，后标标注工作压力(MPa)的 10 倍，如 $P_{54}100$。

5.2.2　阀门的公称尺寸应符合 GB/T 1047 的规定。当有特殊的按合同规定。

5.2.3　法兰和焊接连接的结构长度按 NB/T 47044 或 GB/T 12221 的规定，或按订货合同的规定。

5.2.4 法兰和焊接的连接型式和尺寸按 GB/T 9113 和 NB/T 47044 或 GB/T 12224 的规定，或按订货合同的规定。

5.2.5 阀门设计应考虑工作压力、工作温度的剧烈变化而引起的附加应力和热应力。壁厚设计应合理，最小壁厚应符合 NB/T 47044 的规定且满足安全使用要求。

5.2.6 在阀门减温介质与蒸汽混合处应设计合理的结构，防止减温介质直接冲刷阀体内壁。

5.2.7 减温介质进入阀门前应配置适应工况参数要求的调节阀，以准确控制阀门的出口温度。

5.2.8 执行机构的选择应符合 JB/T 5223、JB/T 8219 和其他相关标准的规定，输出力应满足阀门开启、关闭以及过程调节的需要。其他执行机构按合同的规定。

5.2.9 阀门的额定流量按表 1 中的公式计算，附录 A 给出了计算实例，供参考。

表 1 额定流量计算公式

条件	$\Delta P<(1/2)P_1$	$\Delta P\geqslant(1/2)P_1$
液体额定流量	$Q_L=\sqrt{10}K_v\sqrt{\Delta P/\gamma}$	
气体额定流量	$Q_g=4\ 730K_v\sqrt{\Delta PP_m/[G(273+t)]}$	$Q_g=2\ 900P_1K_v/\sqrt{G(273+t)}$
水蒸气额定流量	$Q_s=136.7K_v\sqrt{\Delta P(P_1+P_2)}/K$	$Q_s=119K_vP_1/K$

注：Q_L ——液体额定流量，单位为 m^3/h；
Q_g ——标准状态下气体额定流量，单位为 m^3/h；
Q_s ——水蒸气额定流量，单位为 kg/h；
K_v ——额定流量系数；
P_m ——$(P_1+P_2)/2$，单位为 MPa；
P_1 ——阀前绝对压力，单位为 MPa；
P_2 ——阀后绝对压力，单位为 MPa；
ΔP——阀前、后压差，单位为 MPa，即 $\Delta P=P_1-P_2$；
t ——试验介质温度，一般取 20 ℃；
G ——气体密度，空气取 1；
γ ——液体密度，单位为 g/cm^3；
K ——1+(0.001 3×过热温度℃)。

5.3 性能

5.3.1 基本误差、回差、死区、额定行程偏差

阀门的整机基本误差、回差、死区、额定行程偏差应不超过表 2 的规定，特殊工况要求按订货合同的规定。

表 2 阀门的整机基本误差、回差、死区、额定行程偏差

项目	电动阀门	气动阀门
基本误差	±2.5	±2.0
回差	1.5	2
死区	3	0.8
额定行程偏差	2	2.5
注：表中数值是相对于额定行程的百分数。		

5.3.2 流量及变化范围

流量计算应符合表 1 的规定，流量的变化范围为(30%～100%)Q，对流量变化范围、流量特性和流速等有特殊要求时，可由供需双方协商确定。

5.3.3 调压性能

在阀门减压比范围内，出口压力应能在最大与最小值之间连续可调，不应有卡阻和异常振动现象。

5.3.4 调温性能及偏差

阀门出口温度在饱和温度以上(含饱和温度)应任意可调，偏差值为±2.5 ℃，饱和温度时负偏差为零。

5.3.5 流量特性及偏差

阀门的固有流量特性为线性(LN)和等百分比(EP)时，其流量特性可按斜率偏差或流量系数偏差规定其允许偏差：

a) 斜率偏差
在相对行程 $h=0.1\sim0.9$ 之间，实测的固有流量特性曲线每相隔 10%额定行程对应两点连线的斜率的允许偏差，为制造厂在流量特性中规定的该两点连线的斜率的 0.5 倍～2 倍。

b) 流量系数偏差
在相对行程 $h=0.1\sim0.9$ 之间，各相对行程 h 的实测流量系数与制造厂在流量特性中规定值的偏差不应超过 $\pm10(1/\boldsymbol{\Phi})^{0.2}\%$。

c) 额定流量系数偏差
额定流量系数(K_v)的实测值与规定值的偏差应不超过±10%。

5.3.6 噪声

阀门正常运行时，总体噪声水平应符合表 3 的规定。

表 3 总体噪声水平

测点至阀门距离/m	1	2	3	6	15	30	100
噪声水平/dB(A)	90	93	95	97	100	110	120

5.3.7 泄漏等级

阀门的泄漏等级根据不同的性能工况分为Ⅰ级～Ⅵ级，各泄漏等级应符合表 4 的规定。Ⅵ级时，允许泄漏量的计算式中的泄漏系数见表 5。

表 4 泄漏等级

泄漏等级	允许泄漏量	试验介质	试验方法
Ⅰ	由制造商和用户商定		
Ⅱ	0.5% 额定流量	L 或 G[a]	附录 B 中 A 型试验方法
Ⅲ	0.1% 额定流量	L 或 G	附录 B 中 A 型试验方法
Ⅳ	0.01% 额定流量	L 或 G	附录 B 中 A 型试验方法
Ⅴ	$1.8\times10^{-4}\times\Delta P\times d$[b]	L	附录 B 中 B 型试验方法
Ⅵ	$3\times\Delta P\times$泄漏系数	G	附录 B 中 A 型试验方法

[a] L 表示液体(水或煤油)；G 表示气体(空气或氮气)。
[b] ΔP 为最大工作压差，单位为 MPa；d 为阀座直径，单位为 mm，计算结果单位为 L/min。

表 5 泄漏等级Ⅵ级阀门的泄漏系数

阀座公称直径 mm	容积法 mL/min	气泡法 气泡数/min
25	0.15	1
40	0.3	2
50	0.45	3
65	0.60	4
80	0.90	6
100	1.70	11
150	4.00	27
200	6.75	45
250	11.1	—
300	16.0	—
350	21.6	—
400	28.4	—
每分钟气泡数是用一根 $\phi 6\times 1$ mm 的管子垂直浸入水下 5 mm～10 mm 深度的条件下测得的，管端应切平整、光滑，无倒角和毛刺。 如阀座直径与表列值相差 2 mm 以上，则泄漏系数可通过假设泄漏和阀座直径的平方成正比的内插法取得。		

5.4 外观质量

5.4.1 铸钢件外观质量应符合 JB/T 7927 的规定，并不低于 A 级。铸钢件非加工表面浇口、冒口、补贴和工艺拉筋应切割平整，其根部应与铸钢件表面圆滑过渡，允许的残留高度应按 NB/T 47044 的规定。

5.4.2 锻件不应存在发纹、裂纹、夹层、折叠、夹渣等缺陷。

5.4.3 零部件和密封面等重要部位加工表面外观质量应符合图样要求，不应有纵向刻痕。

5.4.4 焊件表面应无裂纹、咬边、弧坑、气孔、焊瘤等缺陷。

5.5 无损检测

5.5.1 用射线(RT)、超声(UT)、磁粉(MT)、渗透(PT)等方法进行无损检测，也可采用其他先进方法。

5.5.2 典型阀门承压铸钢件射线照相的检测部位见附录 C。

5.5.3 阀体对接焊坡口符合下列条件之一的，应进行射线检测，检测的透照范围为距坡口端面 1.5 倍最小壁厚或 50 mm(取二者中较大值)：

a) 接管外径>410 mm(水管 273 mm)，且壁厚>19 mm 的对接坡口；

b) 除 a)以外，壁厚>41 mm(水管 29 mm)的对接坡口。

5.5.4 附录 C 阀门承压铸钢件重点部位的射线检测规定如下：

a) 特殊压力级别阀门，壁厚<115 mm 时，每新设计一种木模，最初 5 件壳体应全部射线检测，以后仅抽取 1 件，当有不合格时，应全部进行检测；

b) 当壁厚≥115 mm 时，应 100%进行检测；

c) 经水压试验发现泄漏的铸钢件重缺陷补焊返修的应进行检测。

5.5.5 承压Ⅲ级锻件(含用钢锭锻造的Ⅱ级)应逐件进行超声检测，检测部位为锻钢阀体圆筒形通道、阀盖侧端的整个部位以及阀盖上填料函之外的其他部位，锻件级别分类按 NB/T 47008 的规定。

5.5.6 焊接端连接阀门和特殊压力级别阀门，每新设计一种型式以及换一种锻材时，最初 3 件阀体应全部进行超声检测，以后仅取 1 件，当有不合格时，应全部进行检测。

5.5.7 对射线检测有难度或有疑点的部位，可用超声替代射线检测，但替代检测应经供需双方商定同意。

5.5.8 对于坡口部位、自密封面、阀体和阀盖的所有外表面和可触及到的内表面应进行磁粉或渗透表面检测，铁磁性材料优先采用磁粉检测。

5.5.9 补焊深度大于截面厚度 20%或 25 mm（二者中较小值）应全部进行磁粉或渗透表面检测，小于截面厚度 20%或 25 mm（二者中较小值），以及不能用射线检测的部位时，应对第一层、其后的熔焊金属厚度上每隔 6 mm 处和盖面层进行磁粉或渗透表面检测。

5.5.10 对于阀门管接头承压角焊缝（3.82 MPa 以上，或 450 ℃以上）应进行 100%磁粉或渗透表面检测。

5.5.11 公称压力大于或等于 PN100 或工作温度大于或等于 450 ℃的阀门堆焊密封或冲刷面应进行如下比例的磁粉或渗透表面检测：

a) ＜DN50 时，应不少于该批阀门的 5%，且不少于一件；

b) ≥DN50 时，为该批阀门总数的 100%。

在第一次检测中有一件不合格时，加倍第二次检测，当第二次检测仍有不合格时，应逐件进行检测。

5.5.12 各种无损检测的时机要求应按 NB/T 47044 的规定。

5.5.13 其他需要进行无损检测的零部件（部位）均按 NB/T 47044 的规定。

5.6 压力试验

5.6.1 阀门整机成台后应逐台进行压力试验，压力试验的一般要求按 NB/T 47044 的规定，阀门试验项目有强度试验、密封性试验和泄漏试验。

5.6.2 阀门的强度试验与承压壳体（阀体、阀盖）材料的压力—温度额定值相对应，试验压力为壳体材料在 38 ℃下的高、低压腔最大允许工作压力的 1.5 倍，持续时间按 NB/T 47044 的规定，试验验收按 GB/T 26480 的规定。

5.6.3 阀门的填料函和其他连接处密封性试验，试验压力为 1.25 倍工作压力，或 1.1 倍公称压力，持续时间不少于 3 min，试验结果为无泄漏现象。

5.6.4 阀门的泄漏试验由Ⅱ级～Ⅵ级的泄漏等级来衡量，各泄漏等级阀门在规定条件下所允许的泄漏量应符合表 4 的规定，泄漏试验压力取 0.35 MPa，以毫升每分钟为计量折算至相对应的泄漏等级。

6 材料

阀门的材质选用应符合 NB/T 47044 的规定，其力学性能和化学成分等指标，铸件应符合 GB/T 12229、JB/T 9625 和 JB/T 5263 的规定，锻件应符合 NB/T 47008 的规定。

7 检验与试验

7.1 外观检验

7.1.1 铸钢件外观质量应符合 5.4.1 的要求，非加工面的粗糙度按 GB/T 15056 的规定，加工面的粗糙度按图样要求。

7.1.2 锻件外观质量应符合 5.4.2 和订货图样要求。

7.1.3 焊件表面外观质量应符合 5.4.4 的要求。

7.2 尺寸检验

7.2.1 用测厚仪或机械式量具测量承压件壳体壁厚,并符合5.2.5的要求。

7.2.2 对阀门的结构长度和端部连接法兰或焊接坡口尺寸进行测量,并符合5.2.3和5.2.4的要求。

7.3 理化检验

7.3.1 主要承压件材料每批(指同炉号、同制造工艺、同热处理条件)应至少进行一次力学性能试验和化学成分分析,其指标应符合相应材料标准,并与入厂材料质量证明书相对应。

7.3.2 相应级别的承压锻件按NB/T 47008对除7.3.1以外的理化项分别进行检测。

7.3.3 力学性能试验和化学成分分析方法按相应材料标准的规定。

7.4 射线检测

7.4.1 阀门对接焊坡口和阀体、阀盖等承压件应按JB/T 6440的规定执行,射线检测的技术等级按A级。

7.4.2 焊接接头、补焊部位应按NB/T 47013.2的规定,射线检测的技术等级不低于AB级,焊接接头质量等级不低于Ⅱ级。

7.4.3 当供需双方有特别商定的检测方法时,可采用商定的方法进行检测。

7.5 超声检测

7.5.1 焊接坡口和内腔自密封部位、锻件阀体、阀盖、法兰、四分环等承压部位应按JB/T 6903的规定,合格等级应符合表6的规定。

表6 超声检测合格等级

锻件分类		合格等级		
		单个缺陷	波底降低量	密集区缺陷
筒形锻件	用于筒节	Ⅱ	Ⅰ	Ⅰ
	用于筒体端部法兰	Ⅲ	Ⅲ	Ⅱ
环形锻件		Ⅱ	Ⅱ	Ⅱ
饼形锻件		Ⅲ	Ⅲ	Ⅲ
碗形锻件		Ⅲ	Ⅲ	Ⅱ
长颈法兰锻件		Ⅲ	Ⅲ	Ⅱ
条形锻件		Ⅲ	Ⅱ	Ⅱ

7.5.2 焊接接头、补焊部位应按NB/T 47013.3的规定,超声检测的技术等级不低于B级,焊接接头质量等级不低于Ⅰ级。

7.6 磁粉或渗透检测

7.6.1 焊接坡口和阀体、阀盖等承压件表面磁粉检测应按JB/T 6439的规定执行,2级为合格,表面渗透检测应按JB/T 6902的规定,2级为合格。

7.6.2 堆焊层、焊接接头表面磁粉检测应按NB/T 47013.4的规定,渗透检测应按NB/T 47013.5的规定,质量等级均不低于Ⅰ级。

7.7 性能试验

7.7.1 整台阀门应进行壳体强度试验，其试验方法按 GB/T 26480，高、低压腔应分别进行。

7.7.2 整台阀门应进行填料函和其他连接处密封性试验，出口端封闭，入口端进压，观察预紧的连接处和承压填料函处的密封性，试验过程中由执行机构操纵阀杆往复动作 1 次～3 次。

7.7.3 整台阀门应进行泄漏试验，试验通常采用水或其他液体介质来检测阀门节流件(阀瓣、阀座)之间的闭合程度，阀门处于关闭状态，阀入口端在规定的压力条件下，考核介质经过关闭的节流件之间流出的量，在观察流出的量稳定后用量杯接入介质量，根据量的多少来衡量阀门的泄漏等级，详细的试验方法见附录 B。

7.7.4 阀门配置各种执行机构的项目调试，考核阀与执行机构连接后由执行机构的误差、回差、死区、行程等精度而影响阀的调节性能。此类项目调试应在专用调试工作台架上完成，工作台架上应配备电源、气源、仪器仪表架和阀门固定架等，并确保调试测量精度，详细的试验方法见附录 D。

7.7.5 阀门流量系数的测量试验，考核各个行程测试点的流量值。将阀门行程调整在相应的测试点上，在大于或等于 35 kPa 的三个压差下(增量大于或等于 15 kPa)测量流量值，并分别求得流量系数，每次流量试验所得的三个值中，最大与最小值的偏差不应大于最小值的 4%，它们的算术平均值即为相应的流量系数。

7.7.6 阀门额定流量系数的测量试验，在额定行程上按 7.7.5 的试验方法所得的流量值，计算所得的值即为额定流量系数，详细的试验方法见附录 E。

7.7.7 固有流量特性的测量试验，按 7.7.5 的试验方法所得的相对行程 h=0.1、0.2、0.3、0.4、0.5、0.6、0.7、0.8、0.9、1.0 时的流量系数与实测的额定流量系数之比得到相对流量系数，由此可作出阀门的“相对行程-相对流量系数”的流量特性曲线。

7.8 出厂检验和型式试验

7.8.1 出厂检验和型式试验的相关要求按表 7 的规定。

表 7 检验项目、技术要求和检验方法

序号	项目	阀门整机联动		执行机构		阀		技术要求	检验和试验方法
		出厂检验	型式试验	出厂检验	型式试验	出厂检验	型式试验		
1	基本误差	√	√	√	√			5.3.1	附录 D
2	回差	√	√	√	√			5.3.1	附录 D
3	死区	√	√	√	√			5.3.1	附录 D
4	额定行程偏差	√	√					5.3.1	附录 D
5	泄漏试验	√	√			√	√	5.3.7	附录 B
6	填料函及其他连接处密封性	√	√			√	√	5.6.3	7.7.2
7	壳体强度	√	√			√	√	5.6.2	7.7.1
8	外观	√	√	√	√	√	√	5.4	7.1
9	化学成分和力学性能		√				√	6	7.3
10	无损检测	*	√			*	√	5.5	7.4、7.5、7.6

表 7（续）

序号	项目	阀门整机联动		执行机构		阀		技术要求	检验和试验方法
		出厂检验	型式试验	出厂检验	型式试验	出厂检验	型式试验		
11	额定流量系数		√				√	5.3.5 DN＞300 mm 免试	附录 E
12	固有流量特性		√				√	5.3.5	附录 E
注："√"表示必检项，"*"表示按本标准或合同规定。									

7.8.2　有下列情况之一的，阀门应进行型式试验：

a）新产品或老产品转厂生产的试制定型鉴定；

b）正式生产后，如结构形式、尺寸等有较大改变可能影响产品性能时；

c）出厂检验结果与上次型式试验有较大差异时。

型式试验采取抽样检验。抽样可在生产线的终端经检验合格的产品中随机抽取，也可在产品库中随机抽取，或从已供给用户但未使用并保持出厂状态的产品中随机抽取。每一规格供抽样的最少基数和抽样数按表 8 的规定。到用户抽样时，供抽样的最少基数不受限制，抽样数仍按表 8 的规定。对整个系列产品进行质量考核时，根据该系列范围大小情况从中抽取 2 台～3 台典型规格进行检验。

表 8　抽样的最少基数和抽样数

公称尺寸	最少基数 台	抽样数 台
≤DN50	5	3
＞DN50～DN100	4	2
＞DN125～DN200	3	1
＞DN225	1	1

7.8.3　型式试验中每台被检阀门壳体强度试验、密封性试验、泄漏等级试验结果均应符合表 7 中相应技术要求的规定，否则判为不合格品。其余检验项目只要有一台阀门一项指标不符合表 7 中技术要求的规定，应从供抽样阀门中再抽取规定的抽样台数，再次检验时全部检验项目的结果应符合表 7 中技术要求的规定，否则判为不合格品。

8　质量证明书

制造商在阀门制造过程中和完工后，应按本标准和图样规定对阀门进行各项检验和试验并保存好记录，质量证明书中至少应包含下列记录：

a）阀门承压件材料的牌号、化学成分和力学性能报告；

b）无损检测报告；

c）壳体强度试验报告；

d）泄漏试验报告。

9 标志、包装、供货和运输

9.1 标志

9.1.1 阀门型号编制方法应符合 NB/T 47037 的规定。

9.1.2 阀门的标志、铭牌应符合 NB/T 47044 的规定。

9.2 包装、供货和运输

9.2.1 阀门的油漆、包装、供货和运输按 NB/T 47044 的规定。

9.2.2 阀门出厂时应附带下列技术文件：

a) 产品合格证；

b) 产品质量证明书；

c) 产品使用说明书；

d) 装箱清单。

附 录 A
（资料性附录）
阀门额定流量和泄漏量的计算方法实例

A.1 工况参数

阀门的工况参数如下：

a) 在规定条件下，即阀的两端压差为 0.1 MPa，介质温度为 5 ℃～40 ℃的水（按照 20 ℃水的密度进行计算），某给定行程时流经阀门以 t/h 或 m^3/h 计的流量数；

b) 阀为Ⅱ级节流，额定行程时的节流面积 7 710 mm^2，阀座直径为 155 mm，套筒流量系数为 0.7；

c) 阀前压力 0.35 MPa 时，20 ℃水介质的密度为 998.2 kg/m^3 或 0.998 2 g/cm^3。

A.2 额定流量计算

阀门的额定流量计算公式如下：

a) 按照伯努利方程，得到控制阀不可压缩流体的流量公式，即：

$$\begin{aligned} Q &= 5.09\mu_J A(\gamma_1 \cdot \Delta P)^{1/2} \\ &= 5.09 \times 0.7 \times 7\,710(998.2 \times 0.1)^{1/2} \\ &= 274\,460(\mathrm{kg/h}) \\ &= 274(\mathrm{m^3/h}) \end{aligned} \qquad \text{(A.1)}$$

式中：

Q ——额定流量，单位为立方米每小时（m^3/h）；

μ_J ——套筒流量系数；

A ——节流面积，单位为平方毫米（mm^2）；

γ_1 ——介质密度，单位为千克每立方米（kg/m^3）；

ΔP ——阀前、后压差，单位为兆帕（MPa）。

b) 根据水介质的体积流量计算的额定流量系数 K_v：

$$\begin{aligned} K_v &= Q/\sqrt{10} \times \sqrt{\Delta P/\gamma} \\ &= 274/[(10)^{1/2} \times (0.1/0.998\,2)^{1/2}] \\ &= 274 \end{aligned} \qquad \text{(A.2)}$$

式中：

K_v ——额定流量系数；

γ ——液体密度，单位为克每立方厘米（g/cm^3）。

c) 根据表 1 中的液体额定流量计算公式：

$$\begin{aligned} Q_L &= \sqrt{10} K_v \sqrt{\Delta P/\gamma} \\ &= (10)^{1/2} \times 274 \times (0.1/0.998\,2)^{1/2} \\ &= 274(\mathrm{m^3/h}) \end{aligned} \qquad \text{(A.3)}$$

式中：

Q_L——液体额定流量，单位为立方米每小时（m^3/h）。

A.3 各等级的泄漏量计算

阀门各等级的泄漏量如下：

a) 泄漏等级为Ⅱ级的泄漏量小于或等于 0.5% Q_L，即：0.005×274 = 13.7(m^3/h) = 228 333 (mL/min)；

b) 泄漏等级为Ⅲ级的泄漏量小于或等于 0.1% Q_L，即：0.001 × 274 = 2.74(m^3/h) = 45 666(mL/min)；

c) 泄漏等级为Ⅳ级的泄漏量小于或等于 0.01% Q_L，即：0.000 1×274 = 0.027 4(m^3/h) = 456(mL/min)；

d) 泄漏等级为Ⅴ级的泄漏量小于或等于 $1.8\times10^{-4}\times\Delta P\times d$，即：1.8×0.000 1×0.35×155 = 0.009 765(L/min) = 9.76(mL/min)。

注：本附录是为阀门在出厂做泄漏试验时各等级的计量参考值而设置的。

附 录 B
（规范性附录）
泄漏试验方法

B.1 A型试验方法

B.1.1 试验介质为5 ℃～40 ℃清洁气体（空气或氮气）或液体（水或煤油）。

B.1.2 试验介质压力为0.35 MPa。当阀门的允许压差小于0.35 MPa时用规定允许压差。

B.1.3 泄漏量和压力的测量误差应小于读数值的±10%。

B.1.4 试验介质应从规定的阀体入口端进入，出口端应通向大气或与压头损失低的测量装置连接。

B.1.5 应将执行机构调整到规定的工作状态。当使用气体对正常关闭产生强烈冲击时，应采用弹簧和其他措施。当试验压差低于阀门最大压差时，不应对阀座负荷作任何增值补偿。

B.1.6 用水做试验时，应注意排除阀体和管道中的气体。

B.2 B型试验方法

B.2.1 试验介质为5 ℃～40 ℃的水或煤油。

B.2.2 介质压差应为最高工作压差或可根据协议确定，最小压降应大于或等于0.7 MPa。泄漏量和压力的测量误差应小于读数值的±10%。

B.2.3 试验介质应从规定的阀体入口端进入，阀门关闭件应为开启状态。阀门组件包括出口部分及其连接管，应全部充满试验介质，然后急速关闭。

B.2.4 调整执行机构，使其符合规定的工作状态。按照B.2.2的规定进行泄漏试验。执行机构的有效冲击力应是规定的最大值，但不应超过最大值。

B.2.5 当泄漏介质流量稳定时，应对泄漏量观察一段时间，以确保测量的精确度。

附 录 C
（规范性附录）
阀门承压铸钢件射线检测重点部位

C.1 Z形阀体和压力密封阀盖射线检测重点部位如图C.1中阴影部分所示。检测部位的有效范围为3倍的壁厚或70 mm，取两者中较大值。

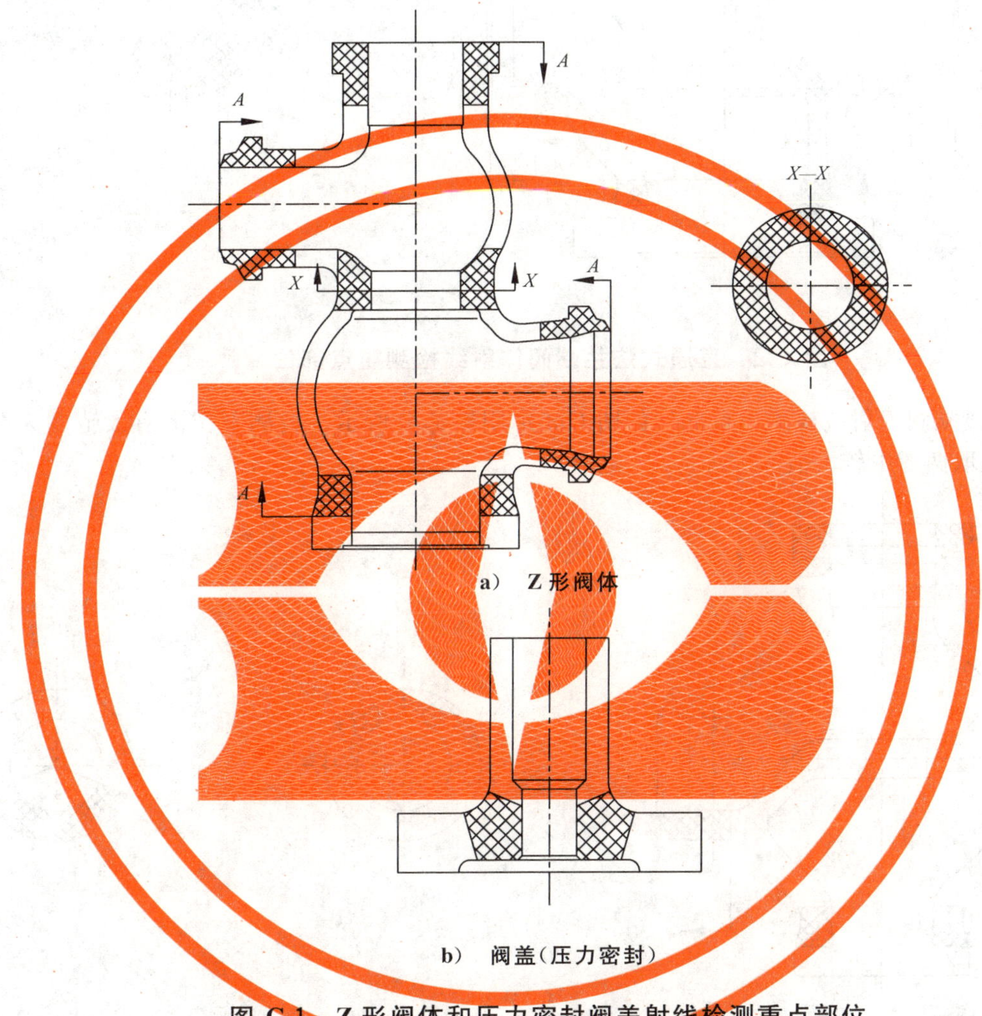

a） Z形阀体

b） 阀盖（压力密封）

图 C.1 Z形阀体和压力密封阀盖射线检测重点部位

C.2 直通式法兰端阀体射线检测重点部位如图C.2中阴影部分所示。检测部位的有效范围为3倍的壁厚或70 mm，取两者中较大值。

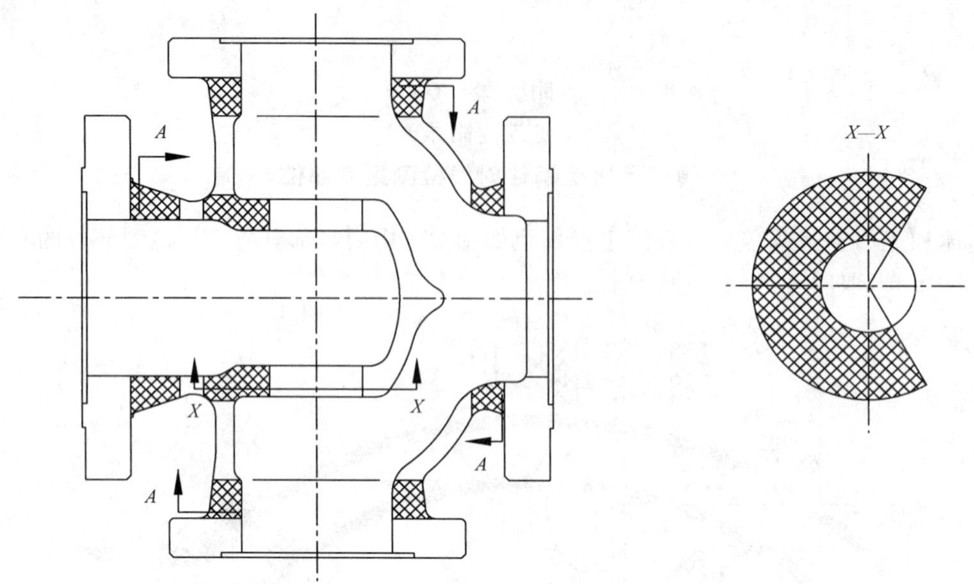

图 C.2 直通式法兰端阀体射线检测重点部位

C.3 直通式焊接端阀门射线检测重点部位如图 C.3 中阴影部分所示。检测部位的有效范围为 3 倍的壁厚或 70 mm,取两者中较大值。

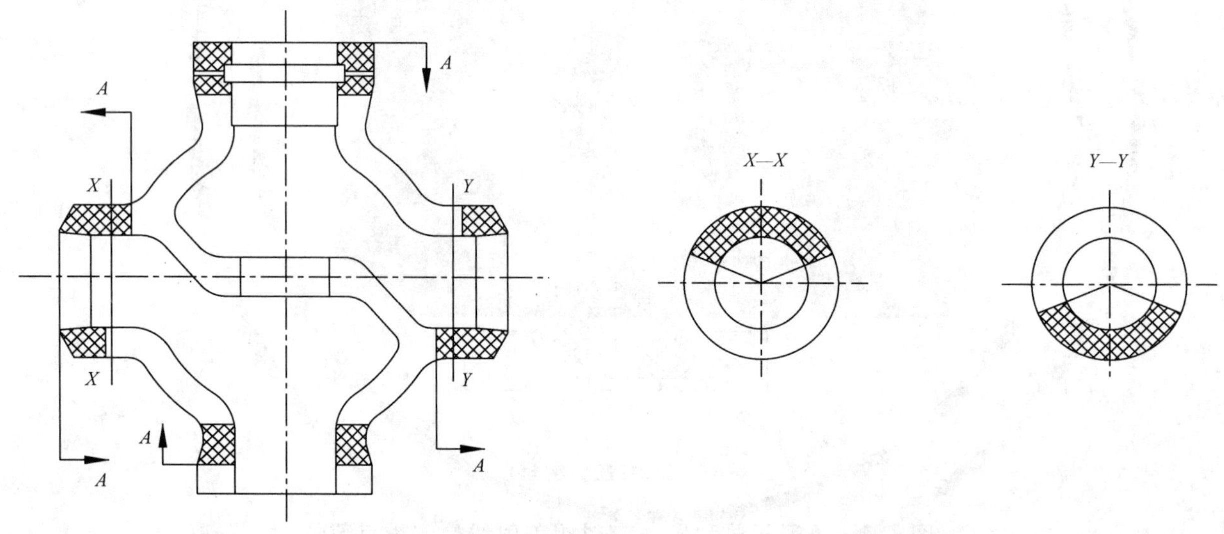

图 C.3 直通式焊接阀体射线检测重点部位

附　录　D
（规范性附录）
基本误差、回差、死区和额定行程偏差试验方法

D.1　基本误差试验

将规定的输入信号平稳地按增大和减小方向输入执行机构，测量各点所对应的行程值，并按式(D.1)计算实际“信号-行程”关系与理论关系之间的各点误差，其最大值即为基本误差。

$$\delta_i=[(I_i-L_i)/L]\times 100\% \quad\cdots\cdots(\text{D.1})$$

式中：

δ_i ——第 i 点的误差；

I_i ——第 i 点的实际行程，单位为毫米(mm)或度(°)；

L_i ——第 i 点的理论行程，单位为毫米(mm)或度(°)；

L ——阀门的额定行程，单位为毫米(mm)或度(°)。

除非另有规定，试验点应至少包括信号范围的0%、25%、50%、75%、100%五个点。

测量仪表的基本误差应小于试验阀门基本误差的1/4。

D.2　回差试验

试验程序与D.1相同，在同一输入信号上所测得的正、反行程的最大差值的绝对值即为回差。

D.3　死区

死区的试验方法如下：

a) 缓慢改变(增大或减小)输入信号，直到观察出一个可观察的流量变化，记下这时的输入信号值；
b) 按相反方向缓慢改变(减小或增大)输入信号，直到观察出一个可观察的流量变化，记下这时的输入信号值；
c) 上述a)、b)两项输入信号之差即为死区，死区应在输入信号量程的25%、50%和75%三点上进行试验，其最大值不应大于5.2的规定。

D.4　额定行程偏差

将输入信号输入执行机构，使阀杆走完全行程，按式(D.1)计算额定行程偏差。

附 录 E
（规范性附录）
额定流量系数的测量

E.1 实验装置

E.1.1 标准试验段

标准试验段应由表 E.1 所示的两个直管段组成，接管的公称尺寸应与被试阀门的公称尺寸一致。

E.1.2 取压孔

取压孔应按表 E.1 的要求和图 E.1 所示结构进行设置，阀前后取压孔直径应相同，取压孔最小直径为 3 mm，最大直径为 12 mm。取压孔应位于水平位置以避免空气和灰尘积聚，其中心线应与管道中心线垂直相交。孔的边缘应清洁、成锐角或微带圆角，无毛刺，且不应凸出管内壁。

E.1.3 试验阀门的安装

试验阀门按规定安装位置与试验管道相连接，管道内径应与被试阀门公称尺寸一致，两管道中心线与被试阀门进、出口中心线应保证同轴。密封垫片的内径尺寸应准确，其位置不应在管道内壁造成凸出。

表 E.1 标准试验段布置及参数

标准试验段布置	阀前 直管段 L_1	阀前取 压孔距 L_2	阀后取 压孔距 L_3	阀后 直管段 L_4
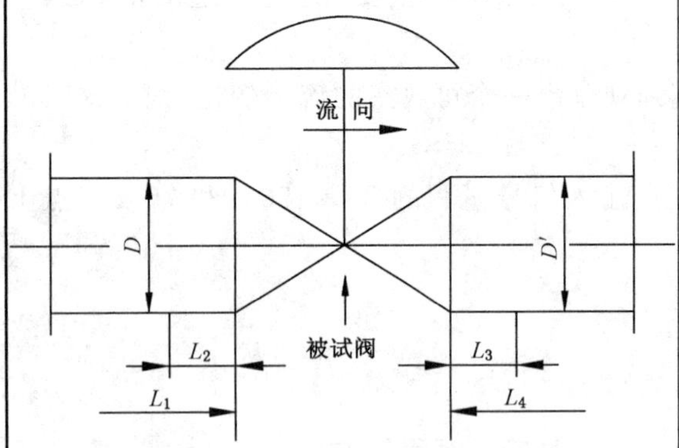 流向 D　D′ 被试阀 L_1　L_2　L_3　L_4	$>20D$	$2D$	$6D'$	$>7D'$

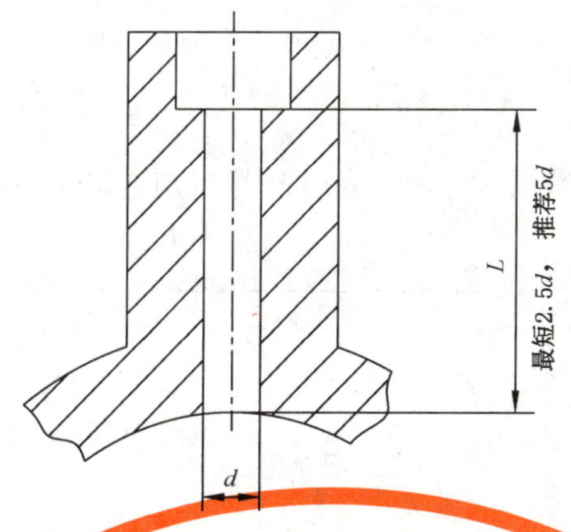

图 E.1 取压孔示意图

E.2 试验介质

试验介质应为 5 ℃～40 ℃的水。

E.3 试验压差

被试阀门前后的压差应大于或等于 35 kPa。当阀门的额定流量系数很小或很大时，在保证阀门雷诺数大于 4×10^4 的前提下，可以选用其他合适的压差值。

E.4 测量误差

测量下述参数时，测量误差应不大于下列规定值：

a) 流量：实际流量的±2%，重复性应在 0.5%以内；

b) 压差：实际压差的±2%；

c) 温度：试验介质温度的±1 ℃；

d) 阀门行程：额定行程的±0.5%。

E.5 流量系数计算公式

流量系数计算公式见式(E.1)：

$$K_v = Q/\sqrt{10}\times\sqrt{\Delta P/\gamma} \qquad \cdots\cdots (E.1)$$

E.6 流量系数的测量和计算

将被试阀门的行程调整到相应的测试点，在大于或等于 35 kPa 的三个压差下(增量大于或等于 15 kPa)测量流量值，并分别求得流量系数，它们的算术平均值即为相应的流量系数。

E.7 额定流量系数的测量和计算

在被试阀门的额定行程值上按E.6方法测量并计算得额定流量系数。

ICS 29.120.60
K 43

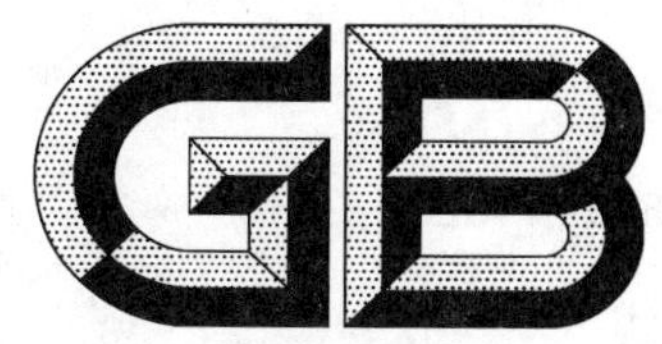

中华人民共和国国家标准

GB/T 11023—2018
代替 GB/T 11023—1989

高压开关设备六氟化硫气体密封试验方法

Test method of SF_6 gas tightness for high-voltage switchgear

2018-12-28 发布 2019-07-01 实施

国家市场监督管理总局
中国国家标准化管理委员会 发布

前　言

本标准按照 GB/T 1.1—2009 给出的规则起草。

本标准代替 GB/T 11023—1989《高压开关设备六氟化硫气体密封试验方法》，本标准与 GB/T 11023—1989 相比主要技术变化如下：

——增加了规范性引用文件，并对后续的章条号进行修改(见第 2 章)；

——增加了“充气隔室”“气体的可控压力系统”等相关术语与定义(见第 3 章)；

——调整试验项目概述，增加基于相对年漏气率 F_y 限值的允许漏气率 F_p 的计算方法，增加了允许漏气率的限值，给出了获得准确的测量体积的推荐方法，将原附录 A 的内容移入该条并进行修改(见 4.1)；

——在常温下的密封试验中，增加可接受的周围温度值(见 4.2)；

——调整高、低温密封试验中与密封试验无关的内容(见 4.3)；

——在定性检漏中增加了 5.1.4“红外成像探漏”和 5.1.5“氦质谱检漏”(见 5.1)；

——调整定量检漏中四种试验方法的顺序，将计算公式调整为使用示踪气体的计算方法，并对充气后静置时间和包扎后时间进行统一规定(见 5.2)；

——在扣罩法中，增加了补气时间间隔 T 与相对年漏气率 F_y 之间的关系式(见 5.2.2)；

——在压力降法中，增加了对于气体的可控压力系统的相对天漏气率 F_d 和每天补气次数 N 的计算方法(见 5.2.4)；

——在附录 A 和附录 B 中增加相关示例(见附录 A、附录 B)；

——增加了附录 C“红外成像探漏原理及图谱示例”(见附录 C)。

本标准由中国电器工业协会提出。

本标准由全国高压开关设备标准化技术委员会(SAC/TC 65)归口。

本标准起草单位：西安高压电器研究院有限责任公司、国网安徽省电力公司电力科学研究院、国网安徽省电力公司、中国电力科学研究院有限公司、西安西电高压开关有限责任公司、上海天灵开关厂有限公司、ABB(中国)有限公司、上海电气输配电试验中心有限公司、北京科锐配电自动化股份有限公司、上海科石科技发展有限公司、厦门 ABB 高压开关有限公司、新东北电气集团高压开关设备有限公司、平高集团有限公司、川开电气有限公司、西安西电电气研究院有限责任公司、西安西电开关电气有限公司、山东泰开高压开关有限公司、浙江开关厂有限公司、北京北开电气股份有限公司、施耐德电气(中国)有限公司、青岛海洋电气设备检测有限公司。

本标准主要起草人：冯武俊、张子骁、田恩文、张晋波、杨为、朱太云、田宇、柯艳国、刘志强、陈楠、郝宇亮、刘颖、张振乾、李娟、路全峰、谭燕、吴卫东、谢建波、柳一熙、黄辉、胡兆明、王岩、金学江、高二平、张一茗、林麟、高宁、赵国强、姬广辉、杨晓群、李树平、蒋煜、肖风良、周庆清、尹弘彦、张文波、束永林、李贤哲。

本标准所代替标准的历次版本发布情况为：

——GB/T 11023—1989。

高压开关设备六氟化硫气体密封试验方法

1 范围

本标准规定了高压开关设备六氟化硫气体密封的术语和定义、试验项目及试验方法。

本标准规定的试验方法用以测定开关设备/隔室的相对年漏气率。

本标准适用于以六氟化硫气体作为绝缘和/或灭弧介质的高压开关设备的气体密封试验。

注：以其他气体作为操作、绝缘和/或灭弧介质的高压开关设备或其他电气设备(例如六氟化硫电流互感器等)的气体密封试验可参照本标准。

2 规范性引用文件

下列文件对于本文件的应用是必不可少的。凡是注日期的引用文件，仅注日期的版本适用于本文件。凡是不注日期的引用文件，其最新版本(包括所有的修改单)适用于本文件。

GB/T 11022—2011 高压开关设备和控制设备标准的共用技术要求

GB/T 15823—2009 无损检测 氦泄漏检测方法

3 术语和定义

GB/T 11022—2011 界定的以及下列术语和定义适用于本文件。为了便于使用，以下重复列出了GB/T 11022—2011 中的某些术语和定义。

3.1

充气隔室 gas-filled compartment

开关设备和控制设备的隔室，隔室内部的气体压力由下列一种系统保持：

a) 可控压力系统；

b) 封闭压力系统；

c) 密封压力系统。

注：几个充气隔室相互间可以永久联接成一公共的气体系统(气密性装配)。

[GB/T 11022—2011，定义 3.6.6.1]

3.2

气体的可控压力系统 controlled pressure system for gas

自动从外部压缩气源或内部气源补气的空间。

注 1：可控压力系统的实例有空气断路器(气吹断路器)或气动操动机构。

注 2：空间可以由几个永久连接的充气隔室组成。

[GB/T 11022—2011，定义 3.6.6.2]

3.3

气体的封闭压力系统 closed pressure system for gas

需要时通过人工连接到外部气源进行补气的空间。

注：改写 GB/T 11022—2011，定义 3.6.6.3。

3.4

气体的密封压力系统 sealed pressure system for gas

在预定的使用寿命期内不需要对气体作进一步处理的空间。

注1：气体的密封压力系统的组成和试验全部在工厂进行。

注2：装置被密封时即为预期使用寿命的开始。

注3：改写 GB/T 11022—2011，定义 3.6.6.4。

3.5

额定充入压力 p_{re}(或密度 ρ_{re}) rated filling pressure p_{re}(or density ρ_{re})

在投运或自动补压前充入充气隔室的绝缘和/或开合用的压力(或密度)，折算到＋20 ℃、101.3 kPa 的标准大气条件下，可以用相对压力或绝对压力表示。

注：改写 GB/T 11022—2011，定义 3.6.5.1。

3.6

报警压力 p_{ae}(或密度 ρ_{ae}) alarm pressure p_{ae}(or density ρ_{ae})

用于绝缘和/或开合的压力(或密度)，在该压力下可以给出监视信号，折算到＋20 ℃、101.3 kPa 的标准大气条件下，可以用相对压力或绝对压力表示。

注：改写 GB/T 11022—2011，定义 3.6.5.3。

3.7

最低功能压力 p_{me}(或密度 ρ_{me}) minimum functional pressure p_{me}(or density ρ_{me})

用于绝缘和/或开合的压力(或密度)，大于或等于此压力时开关设备和控制设备保持其额定特性，折算到＋20 ℃、101.3 kPa 的标准大气条件下，可以用相对压力或绝对压力表示。

注：改写 GB/T 11022—2011，定义 3.6.5.5。

3.8

绝对漏气率 absolute leakage rate

F

单位时间内泄漏气体的总量。

注1：以 Pa·m^3/s 表示。

注2：改写 GB/T 11022—2011，定义 3.6.6.5。

3.9

允许漏气率 permissible leakage rate

F_p

制造厂对部件、元件或分装规定的最大允许绝对漏气率，或是使用密封配合图(TC)对连在一个压力系统上的部件、元件或分装规定的最大允许绝对漏气率。

注：以 Pa·m^3/s 表示。

[GB/T 11022—2011，定义 3.6.6.6]

3.10

相对漏气率 relative leakage rate

F_{rel}

在充有额定充入压力(或密度)的系统中，相对于气体总量的绝对漏气率。

注1：以每年或每天的百分率表示。

注2：通常用 F_y 表示相对年漏气率，用 F_d 表示相对天漏气率。

注3：改写 GB/T 11022—2011，定义 3.6.6.7。

3.11

补气时间间隔 time between replenishments

T

为补偿绝对漏气率 F，当压力(或密度)降至报警值时，人工进行的两次补气间的时间间隔。

注1：该值适用于封闭压力系统。

注 2：改写 GB/T 11022—2011，定义 3.6.6.8。

3.12

每天补气次数 number of replenishments per day

N

为补偿绝对漏气率 F 的补气次数。

注：该值适用于可控压力系统。

[GB/T 11022—2011，定义 3.6.6.9]

3.13

压力降 pressure drop

Δp

在不补气的条件下，在给定的时间内由绝对漏气率 F 引起的压力降低。

[GB/T 11022—2011，定义 3.6.6.10]

3.14

检漏 leakage detecting

检测漏气点和泄漏气体浓度的手段。

注：包括探漏和累计的泄漏量的测量。

3.15

探漏 sniffing

围绕充气隔室缓慢移动检漏仪的探头，或使用其他成像仪器，以定位漏气点的行为。

注 1：常用的成像探漏方法有：红外成像探漏法和激光成像探漏法等。

注 2：改写 GB/T 11022—2011，定义 3.6.6.13。

3.16

累计的泄漏量的测量 cumulative leakage measurement

计及给定总装的所有漏气以确定泄漏率的测量。

注：改写 GB/T 11022—2011，定义 3.6.6.12。

3.17

密封配合图 tightness coordination chart

TC

由制造厂提供的并在对部件、元件或分装进行试验时使用的检测资料，它说明整个系统的密封性和各个部件、元件和/或分装的密封性之间的关系。

[GB/T 11022—2011，定义 3.6.6.11]

3.18

扣罩法 the buckle cover method

将试品置于封闭的塑料罩或金属罩内，经过一定时间后，测定罩内示踪气体的浓度，并通过计算确定相对漏气率的方法。

3.19

局部包扎法 the partial bandaging method

试品的局部用塑料薄膜包扎，经过一定时间后，测定包扎腔内示踪气体的浓度，并通过计算确定相对漏气率的方法。

3.20

压力降法 the pressure drop method

通过测定开关设备/隔室在一定时间间隔内的压力降，计算相对漏气率的方法。

3.21

挂瓶法　the bottle hanging method

用软胶管连接试品检漏孔和挂瓶，经过一定时间后，测定瓶内示踪气体的浓度，并通过计算确定相对漏气率的方法。

3.22

测量体积　volume of measurement

V_m

采集泄漏的密封罩与样品之间的容积。

注1：在该体积中示踪气体的浓度是很低的，罩子一般不需要严密密封。

注2：用于扣罩法和局部包扎法。

注3：改写 GB/T 2423.23—2013，定义 3.9。

4　试验项目

4.1　概述

密封试验的目的是证明绝对漏气率 F 不超过周围温度 20 ℃时允许漏气率 F_p 的规定值，或用于确定相对年漏气率满足相关标准或产品技术条件的要求。

基于相对年漏气率 F_y 限值（见 GB/T 11022—2011 的 5.15.3），周围空气温度 20 ℃时允许漏气率 F_p（Pa·m³/s）的计算如式（1）：

$$F_p = \frac{F_y \times V \times (p_{re} + 10^5)}{31.5 \times 10^6} \qquad \cdots\cdots(1)$$

式中：

V ——试品气体密封系统容积，单位为立方米（m^3）；

p_{re} ——在周围空气温度为 20 ℃时的额定充入压力（相对压力），单位为帕斯卡（Pa）。

如果在周围空气温度回到 20 ℃时，漏气率回落至不超过允许漏气率 F_p 的值，则允许极限温度下（如果相关标准要求进行这样的试验）漏气率有所增加。暂时增加的漏气率不应超过表 1 中的规定值。

表 1　气体系统的允许漏气率

温度 ℃	允许漏气率
运行温度上限值（≥40 ℃）	$3F_p$
标准周围温度（20 ℃）	F_p
运行温度下限值（直到并包含－40 ℃的所有值）	$3F_p$
运行温度下限值（小于－40 ℃的所有值）	$6F_p$

试验地点的周围空气温度应在试品高度一半且距试品 1 m 处进行测量。试品高度上的最大温度偏差应不超过 5 K。

密封试验宜在与运行同样的气体和同样的压力（密度）下进行。如果气体本身不可示踪，可以添加额外的示踪气体，例如氦。如果可行，试验宜在完整的系统上进行。如果不可行，试验可以在部件、元件或分装上进行。在此情况下，整个系统的漏气率应利用密封配合图 TC（参见附录 A），由元件漏气率的总和决定（示例参见附录 B 的 B.2）。不同压力的分装间可能的泄漏也应予以考虑。

试验时，气体系统中充入的气体和/或压力可能不同于正常运行中使用的气体和/或压力，尽管如此，对于型式试验，不应采用较低的充入压力，因为这样降低了开关设备密封上施加的应力。应仔细评估所有与运行条件的偏差来检查它们对测量灵敏度的影响，制造厂应对此提供校正系数加以换算。

应使用累积试验方法来计算漏气率，这种测量方法将给定总装内的所有泄漏都考虑在内以确定漏气率。

累积试验方法的精度取决于三个主要因素：示踪气体探针的灵敏度、测量体积和测量的时间段：

——如果 SF_6 用作示踪气体，推荐最小的灵敏度阈值和分辨率为 0.01 μL/L。

——通过采用适当的校准技术可以降低测量体积（V_m）的不确定度，推荐的校准程序由向封闭罩内注入已知数量的示踪气体组成。将少量的示踪气体（$V_{injected}$）注入到封闭罩内，注入的气体量应与最大允许泄漏率对应的气体量在同一个数量级。封闭罩内示踪气体浓度 C（μL/L）应在注入前后用探针测量，测量体积计算如式（2）：

$$V_m = V_c - V_1 = \frac{V_{injected}}{\Delta C} \qquad \cdots\cdots (2)$$

式中：

V_m ——测量体积，单位为立方米（m^3）；

V_c ——封闭罩容积，单位为立方米（m^3）；

V_1 ——试品体积，单位为立方米（m^3）；

$V_{injected}$——示踪气体体积，单位为立方米（m^3）；

ΔC ——封闭罩内示踪气体浓度的增量，单位为微升每升（μL/L）。

为了计算出较准确的测量体积，该程序应重复两次，两次测量的平均值作为测量体积使用。

——对于气体的可控压力系统，试验时长应足以确定压力降（在充气和补气的压力范围内）。考虑到试验期间周围空气温度的变化，应进行修正。这段时间内补气装置不应工作。

对于气体的封闭压力系统和气体的密封压力系统，如果测量到的漏气率达到了表 1 的规定值，偏差在 +10% 以内，就认为密封试验是合格的。在计算补气间隔时间时，应考虑到这一偏差。

型式试验报告宜包括下面这些资料：

——试品的说明，包括其内部容积和充入气体的性质；

——试品状况：包括其分、合闸位置（如果适用的话）及外形、体积（或充气重量）；

——试验开始和结束时记录的压力和温度，以及补气次数（如果需要）；

——试验时周围空气温度值；

——压力（或密度）控制或监视装置投入和切除的压力整定值；

——用来检测漏气率的仪表校准的说明；

——测量的结果；

——试验气体，以及适用时评定结果的换算因数。

4.2 常温下的密封试验

4.1 的规定适用于本试验。

可接受的试验条件是周围温度在 20 ℃±10 ℃的范围内。

4.3 高、低温密封试验

4.3.1 概述

4.1 的规定适用于高、低温密封试验。

注：人工气候室内的温度可能需要稍低于低温试验要求的温度，或者稍高于高温试验要求的温度，以达到封闭罩内要求的试验温度。

如果高、低温密封试验测量有困难，可在高、低温密封试验前、后，进行常温下的密封试验，以确定是否超过周围温度 20 ℃时允许漏气率 F_p 的规定值。

4.3.2 低温密封试验

应按相关产品标准要求，根据产品使用级别将周围空气温度降低到相应的最低周围空气温度(T_L)，在周围空气温度稳定在 T_L后，再测量试品的漏气率。

可控的电加热器宜安装在封闭罩内部，以便在低温试验顺序期间满足规定的温度变化率。

在产品标准要求的完整的低温试验顺序中，在标准允许的两次补气间隔内，试品累积的泄漏不应使试品达到最低功能压力(但是，达到报警压力是允许的)。

4.3.3 高温密封试验

应按相关产品标准要求，根据产品使用级别将周围空气温度升高到相应的最高周围空气温度(T_H)，在周围空气温度稳定在 T_H后，再测量试品的漏气率。

对于高温密封试验，可以通过临时打开封闭罩以满足封闭罩内的温度变化率，因为该时间段内不需要确定漏气率。

在产品标准要求的完整的高温试验顺序中，在标准允许的两次补气间隔内，试品累积的泄漏不应使试品达到最低功能压力(但是，达到报警压力是允许的)。

5 试验方法

5.1 定性检漏

5.1.1 概述

定性检漏仅作为判断试品漏气与否的一种手段，是定量检漏前的预检。定性检漏推荐如下方法。

5.1.2 抽真空检漏

试品抽真空度为 133×10^{-6} MPa，再维持真空泵运转 30 min 后停泵，30 min 后读取真空度 A，5 h 后再读取真空度 B；如果 $B-A$ 值小于 133×10^{-6} MPa，则认为密封性能良好。

5.1.3 检漏仪检漏

试品先充入不小于 1%(体积比)的示踪气体，再充入干燥气体至额定充入压力，然后用灵敏度不低于0.01 μL/L 的气体检漏仪对各气室密封部位、管道接头等处进行检漏，检漏仪不应报警。

注：示踪气体可以是运行时充入的气体。

5.1.4 红外成像检漏

试品先充入额定充入压力的六氟化硫气体，再使用红外检漏仪，从试品附近的各个不同角度对试品进行检测，若某个部位的红外成像呈现出动态烟云状态，则认为该位置存在六氟化硫气体泄漏。

红外成像检漏原理及图谱示例参见附录 C。

5.1.5 氦质谱检漏

GB/T 15823—2009 的附录 A 和附录 B 适用。

5.2 定量检漏

5.2.1 概述

应使用累积试验方法来计算漏气率。该方法包括在整个的试品周围搭建相对气密的封闭罩，或在每个部分、元件或分装周围搭建若干较小且相对气密的封闭罩。试品宜和运行一样充气至额定充入压力。试验包括测量足够时长内封闭罩内示踪气体含量的增量。如果采用了小容积的封闭罩，则测量时间可以减小；对于很大的封闭罩，测量时间可能需要增加。作为主要原则，时间应足够长，使得在最大允许泄漏率的前提下，计算出的封闭罩内示踪气体含量宜为测量设备最小分辨率的至少3倍。

定量检漏所使用的仪器，应能检测出从试品中泄漏的微量示踪气体，其灵敏度应不低于0.01 μL/L。

定量检漏时先充入试品的示踪气体应不小于1%（体积分数），然后再充入干燥气体至额定充入压力。

定量检漏可以在整台开关设备/隔室或由密封配合图TC规定的部分、元件或分装上进行。

定量检漏通常采用扣罩法、局部包扎法、压力降法、挂瓶法等方法。

制造厂应在产品说明书中提供试品的体积和充气量。

注：如果使用不同于实际工况下的气体，计算泄漏率时需考虑到气体种类、温度和压力的不同，不同检漏条件的漏率修正参见GB/T 32293—2015的附录A。

定量检漏法的应用示例参见附录B。

5.2.2 扣罩法

扣罩法适用于中、小型高压开关设备适合做罩的场合。

当仪表只能指示气体浓度时，可采用一个封闭罩（如塑料薄膜罩）收集试品的泄漏气体。试品充气至额定充入压力6 h后，对试品进行扣罩，至少24 h后用灵敏度不低于0.01 μL/L、经校验合格的气体检漏仪测定罩内示踪气体浓度（视试品的大小测试2～6点，通常是罩的上、下、左、右、前、后共6个点），根据封闭罩中泄漏气体浓度的增量、封闭罩的容积、试品的体积及试验场地的大气压力，计算出绝对漏气率F（Pa·m³/s），计算式见式(3)：

$$F=\frac{\Delta C V_{m} p_{atm}}{\Delta t \times \gamma} \times 10^{-6} \qquad (3)$$

式中：

ΔC ——测量时间段内封闭罩内示踪气体浓度的增量，为各测量点的平均值，单位为微升每升(μL/L)；

V_m ——测量体积，$V_m=V_c-V_1$，单位为立方米(m³)；

V_c ——封闭罩容积，单位为立方米(m³)；

V_1 ——试品体积，单位为立方米(m³)；

p_{atm}——测量期间的大气压力（可以使用10^5 Pa的缺省值），单位为帕斯卡(Pa)；

Δt ——测量ΔC的间隔时间，单位为秒(s)；

γ ——试品气体容积中示踪气体的体积分数，%。

相对年漏气率F_y（%/年）计算式见式(4)：

$$F_y=\frac{F \times 31.5 \times 10^{6}}{V(p_{re}+10^{5})} \times 100 \qquad (4)$$

式中：

V ——试品气体密封系统容积，单位为立方米(m³)；

p_{re}——试品的额定充入压力，相对压力值，单位为帕斯卡(Pa)。

补气时间间隔T（年）计算式见式(5)：

$$T=\frac{(p_{re}-p_{ae})V}{F \times 31.5 \times 10^{6}} \qquad (5)$$

式中：

p_{ae}——报警压力，相对压力值，单位为帕斯卡(Pa)。

注1：在封闭罩内安装风扇有助于在封闭罩内获得均匀的六氟化硫（或示踪气体）浓度。这主要适用于完整开关设

备周围的大型封闭罩。

注 2：因为封闭罩内部的压力等于其外面的大气压力，因此，封闭罩不需要和压力容器一样气密。

补气时间间隔 T（年）与相对年漏气率 F_y（%/年）之间的关系见式(6)：

$$T=\frac{p_{re}-p_{ae}}{p_{re}+10^5}\times\frac{100}{F_y} \quad\cdots\cdots(6)$$

注 3：已有的数据说明，氦质谱检漏法所测得泄漏率值远高于六氟化硫累积法所测得的泄漏率值。因此，需慎重使用该方法。

5.2.3 局部包扎法

局部包扎法一般适用于组装单元和大型产品的场合。

用塑料薄膜按被试品的几何形状围一圈半，使接缝向上，尽可能构成圆形或方形，经整形后边缘用白布带扎紧或用胶带沿边缘粘贴密封。塑料薄膜与被试品间应保留一定的间隙，试品充气至额定充入压力 6 h 后，对试品进行包扎，至少 24 h 后测定包扎腔内示踪气体的浓度。根据式(3)、式(4)、式(5)或式(6)分别计算出试品的绝对漏气率 F、相对年漏气率 F_y和补气时间间隔 T。

5.2.4 压力降法

由于气体的封闭压力系统的漏气率相对较小，压力降法不适用。

压力降法适用于开关设备/隔室漏气量较大时或在运行期间测定漏气率。通过压力降，用式(7)、式(8)分别计算相对年漏气率 F_y（%/年）和补气时间间隔 T（年）：

$$F_y=\frac{\Delta p}{p_{re}+10^5}\cdot\frac{12}{\Delta t}\times 100 \quad\cdots\cdots(7)$$

式中：

$\Delta p=p_1-p_2$；

p_1——压降前的相对压力（换算到标准大气条件下），单位为帕斯卡(Pa)；

p_2——压降后的相对压力（换算到标准大气条件下），单位为帕斯卡(Pa)；

Δt——压降 Δp 经过的时间，单位为月。

$$T=\frac{(p_{re}-p_{ae})\Delta t}{12\Delta p} \quad\cdots\cdots(8)$$

式中：Δp 与 $p_{re}-p_{ae}$具有相同的数量级。

对于气体的可控压力系统，可用式(9)、式(10)计算相对天漏气率 F_d（%/天）和每天补气次数 N：

$$F_d=\frac{\Delta p}{p_{re}+10^5}\cdot\frac{24}{\Delta t}\times 100 \quad\cdots\cdots(9)$$

$$N=\frac{\Delta p}{p_{re}-p_{ae}}\times\frac{24}{\Delta t} \quad\cdots\cdots(10)$$

式中：

$\Delta p=p_1-p_2$；

p_1——压降前的相对压力（换算到标准大气条件下），单位为帕斯卡(Pa)；

p_2——压降后的相对压力（换算到标准大气条件下），单位为帕斯卡(Pa)；

Δt——压降 Δp 经过的时间，单位为小时(h)。

Δp 与 p_1-p_2具有相同的数量级。

5.2.5 挂瓶法

挂瓶法适用于法兰面有双道密封槽的场合。在双道密封圈之间有一个检测孔，试品充气至额定充入压力后，取掉检测孔的螺塞，经 6 h 后，用软胶管分别连接检测孔和挂瓶，24 h 后取下挂瓶，用灵敏度不低于 0.01 μL/L 的气体检漏仪，测定挂瓶内示踪气体的浓度，根据式(11)计算出密封面的绝对漏气率 F(Pa·m³/s)：

$$F=\frac{c\cdot V_2\cdot p_{atm}}{\Delta t\cdot\gamma}\times10^{-6} \qquad\cdots\cdots(11)$$

式中：

c ——挂瓶内示踪气体的浓度，单位为微升每升(μL/L)；

V_2 ——挂瓶容积，单位为立方米(m^3)；

P_{atm}——测量期间的大气压力(可以使用 10^5 Pa 的缺省值)，单位为帕斯卡(Pa)；

Δt ——挂瓶时间，单位为秒(s)；

γ ——试品气体容积中示踪气体的体积分数，%。

附　录　A
（资料性附录）
密封性（信息、实例和指导）

A.1　密封配合图举例 1

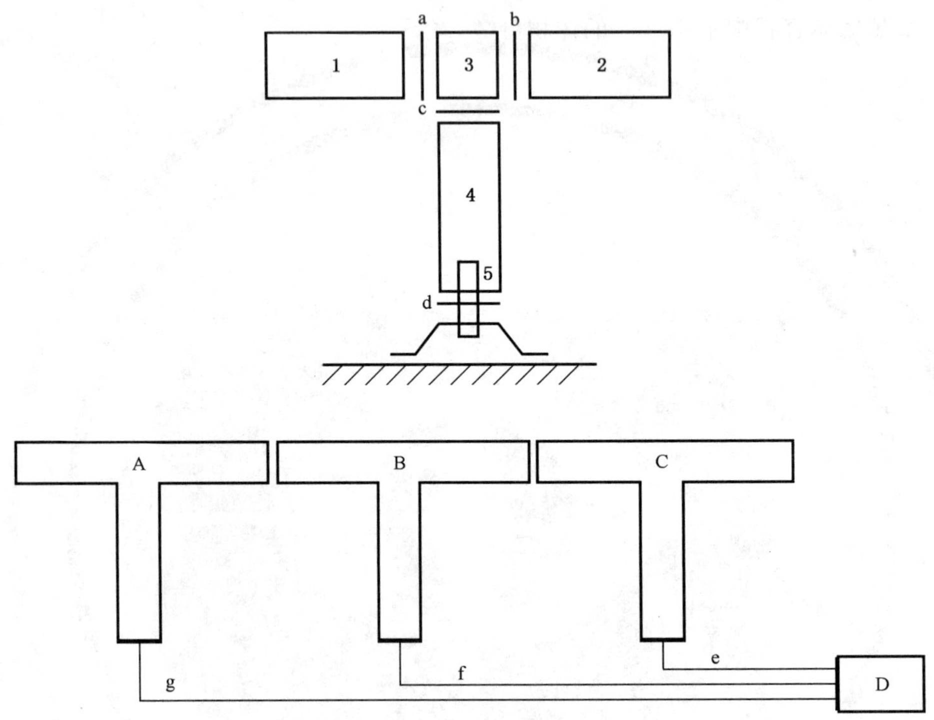

图 A.1　密封配合图

图 A.1 实例：高压交流六氟化硫断路器（三极，单压式）。

额定充入压力 p_{re}：6×10^5 Pa（相对压力）；

报警压力 p_{ae}：5.3×10^5 Pa（相对压力）；

试品气体密封系统总容积 V：0.256 m^3；

试验起始/终止时刻周围空气温度：21.1 ℃/18.6 ℃。

每极分装部件的密封部位	漏气率（10^{-6} Pa·m^3/s）
灭弧室 1	6
灭弧室 2	6
传动箱 3	2
支柱瓷套 4	0.2
操作拉杆 5	2
分装部件间的密封	漏气率（10^{-6} Pa·m^3/s）
O 型圈 a	0.2
O 型圈 b	0.2

O 型圈 c	0.2
O 型圈 d	0.2
漏气率/每极	17
漏气率/每台	51
控制箱 D(包括阀门,表计和监测装置)	6
管路 e	0.2
管路 f	0.2
管路 g	0.2
整台断路器总绝对漏气率 F	57.6×10^{-6} Pa·m³/s

按式(4)计算断路器相对年漏气率 F_y(%/年):

$$F_y=\frac{57.6\times10^{-6}\times31.5\times10^6}{(6\times10^5+10^5)\times0.256}\times100=1.0$$

按式(5)或式(6)计算断路器补气时间间隔 T(年):

$$T=\frac{(6\times10^5-5.3\times10^5)\times0.256}{57.6\times10^{-6}\times31.5\times10^6}=10$$

$$T=\frac{p_{re}-p_{ae}}{p_{re}+10^5}\times\frac{100}{F_y}=\frac{6\times10^5-5.3\times10^5}{6\times10^5+10^5}\times\frac{100}{1.0}=10$$

A.2 密封配合图举例 2

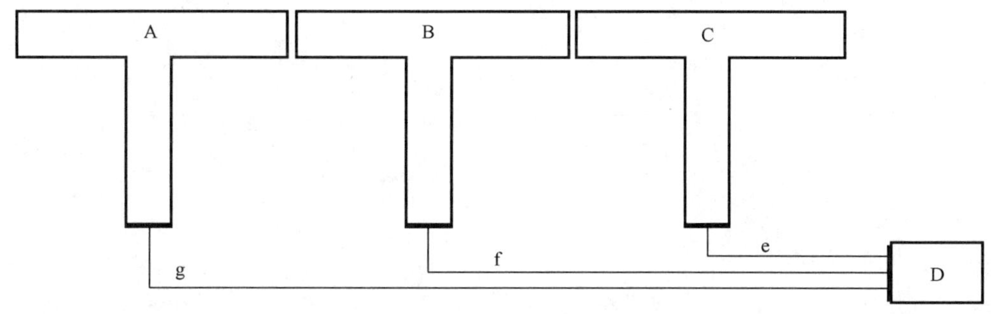

图 A.2 封闭压力系统密封配合图 TC 的实例

图 A.2 实例:气体绝缘金属封闭开关设备,单相密封的、三极断路器隔室接到同一个气体系统。

额定充入压力 p_{re}:6×10^5 Pa(相对压力);

报警压力 p_{ae}:5.4×10^5 MPa(相对压力);

试品气体密封系统总容积 V:0.27 m³;

试验起始/终止时刻周围空气温度:23.4 ℃/26.0 ℃。

每极分装部件的密封部位	漏气率(10^{-6} Pa·m³/s)
隔室 A	19
隔室 B	19
隔室 C	19
控制箱 D(包括阀门,表计和监测装置)	2.3
管路 e	0.2

管路 f　　　　　　　　　　　　　　0.2

管路 g　　　　　　　　　　　　　　0.2

整台断路器总绝对漏气率 F　　　　　　59.9 Pa·m³/s

按式(4)计算断路器相对年漏气率 F_y(%/年)：

$$F_y=\frac{59.9\times10^{-6}\times31.5\times10^6}{(6\times10^5+10^5)\times0.27}\times100=1.0$$

按式(5)或式(6)计算断路器补气时间间隔 T(年)：

$$T=\frac{(6\times10^5-5.4\times10^5)\times0.27}{59.9\times10^{-6}\times31.5\times10^6}=8.6$$

$$T=\frac{p_{re}-p_{ae}}{p_{re}+10^5}\times\frac{100}{F_y}=\frac{6\times10^5-5.4\times10^5}{6\times10^5+10^5}\times\frac{100}{1.0}=8.6$$

附 录 B
（资料性附录）
定量检漏法举例

B.1 扣罩法

试品为某开关的一极（见图B.1）。充气至额定充入压力 3.6×10^5 Pa，6 h后，吹净试品周围的六氟化硫残余气体，用塑料薄膜罩（图B.1中虚线为塑料封闭罩）扣住试品24 h，然后用六氟化硫检漏仪检测罩内上、下、左、右、前、后6个点六氟化硫气体浓度，得平均浓度增量为：

$\Delta C=0.85\ \mu$L/L。

封闭罩容积 $V_c=1.6$ m^3。

试品体积 $V_1=0.130$ m^3。

测量体积 $V_m=V_c-V_1=1.6-0.130=1.470$ m^3。

试品气体密封系统容积 $V=0.065$ m^3。

测量 ΔC 的间隔时间 Δt，s。

额定充入压力（20 ℃时）为 3.6×10^5 Pa（相对压力）。

试验起始/终止时刻周围空气温度：18.6 ℃/20.7 ℃。

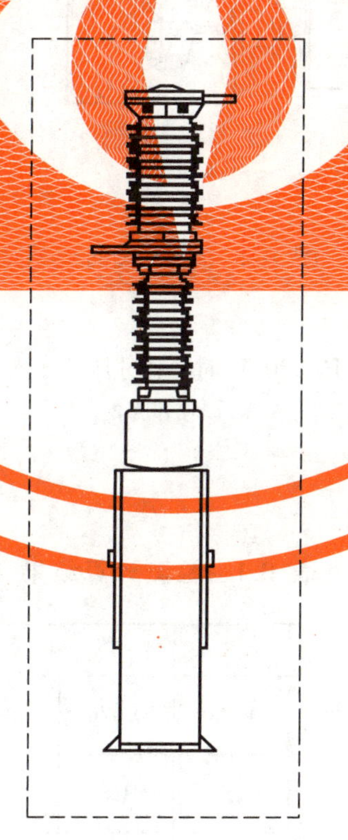

图 B.1 某开关的一极

根据式（3）、式（4）计算出试品的绝对漏气率 F（Pa·m^3/s）和相对年漏气率 F_y（%/年）：

$$F=\frac{\Delta C V_m P_{atm}}{\Delta t\times\gamma}\times10^{-6}=\frac{0.85\times1.470\times10^5}{60\times60\times24\times1}\times10^{-6}=1.45\times10^{-6}$$

$$F_y=\frac{F\times 31.5\times 10^6}{V(P_{re}+10^5)}\times 100=\frac{1.45\times 10^{-6}\times 31.5\times 10^6}{0.065\times(3.6\times 10^5+10^5)}\times 100=0.153$$

B.2 局部包扎法

试品为某开关的一极，包扎部位见图 B.2 编号 1～9。充气至额定充入压力 5×10^5 Pa，6 h 后吹净试品周围的六氟化硫残余气体，用塑料薄膜包扎(图 B.2 中虚线为包扎部位)，24 h 后用六氟化硫气体检漏仪检测包扎部位六氟化硫气体浓度。

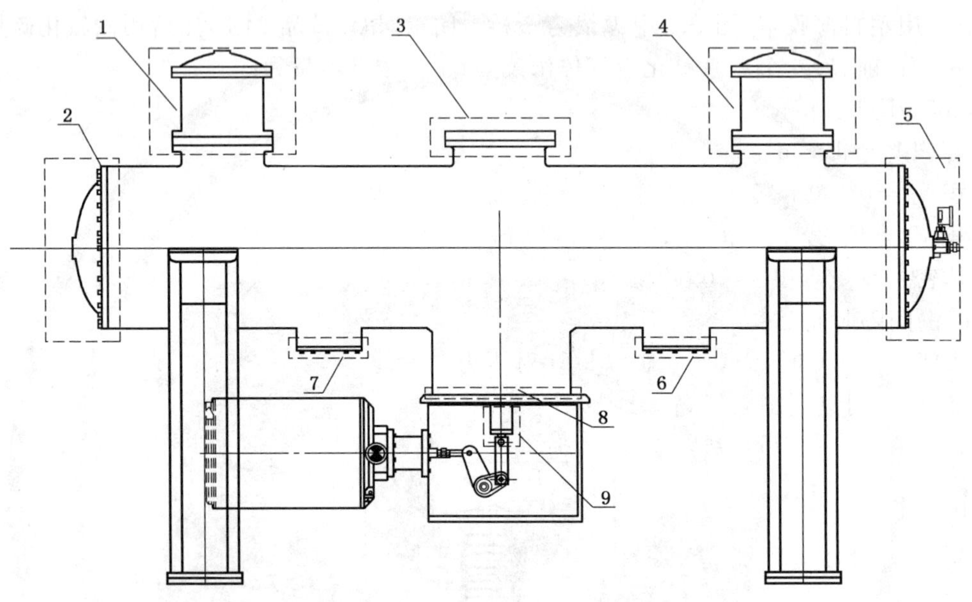

图 B.2 某开关的一极

试品气体密封系统容积 V：4.1 m^3。

六氟化硫额定充入压力为 5×10^5 Pa(20 ℃时，相对压力)。

试验起始/终止时刻周围空气温度：18.5 ℃/19.6 ℃。

测量 ΔC 的间隔时间 Δt，s。

检测计算结果列于表 B.1。

表 B.1 检测计算结果

包扎部位(n)	1	2	3	4	5	6	7	8	9	总计
测量体积 ($V_m=V_c-V_1$) m^3	0.120	0.054	0.020	0.120	0.070	0.013	0.012	0.056	0.003	—
浓度增量 ΔC μL/L	0.8	1.1	0.5	1.3	1.6	0.9	1.0	0.5	1.4	—
绝对漏气率 $F_n\times 10^{-6}$ (Pa·m^3/s)	0.110	0.069	0.012	0.181	0.130	0.014	0.014	0.032	0.005	0.567

表 B.1 中 9 个包扎部位的绝对漏气率 F(Pa·m^3/s)之和为：

$$F=\sum F_n=5.67\times 10^{-7}$$

根据式(4),表 B.1 中 9 个包扎部位的相对年漏气率 F_y(%/年)为:

$$F_y=\frac{5.67\times10^{-7}\times31.5\times10^6}{4.1\times(5\times10^5+10^5)}\times100=0.000\ 7$$

B.3 挂瓶法

试品为某开关的 1/2 极,挂瓶位置见图 B.3 编号 1~15。

试品容积为 0.352 m^3。

六氟化硫额定充入压力为 6×10^5 Pa(20 ℃时,相对压力)。

试验起始/终止时刻周围空气温度:17.5 ℃/18.3 ℃。

试品充气至额定充入压力后,经 6 h,用软胶管分别连接检测孔和挂瓶,24 h 后取下挂瓶,用检漏仪测定挂瓶内六氟化硫气体的浓度。

根据式(11)计算密封面的绝对漏气率 F:

$$F=\frac{c\cdot V_2\cdot p_{atm}}{\Delta t\cdot\gamma}\times10^{-6}$$

式中:

c ——挂瓶内六氟化硫气体的浓度,单位为微升每升(μL/L);

V_2 ——挂瓶容积,单位为 10^{-3} 立方米(10^{-3} m^3);

p_{atm}——测量期间的大气压力(可以使用 10^5 Pa 的缺省值),单位为帕斯卡(Pa);

Δt ——挂瓶时间,单位为秒(s)。

检测计算结果列于表 B.2。

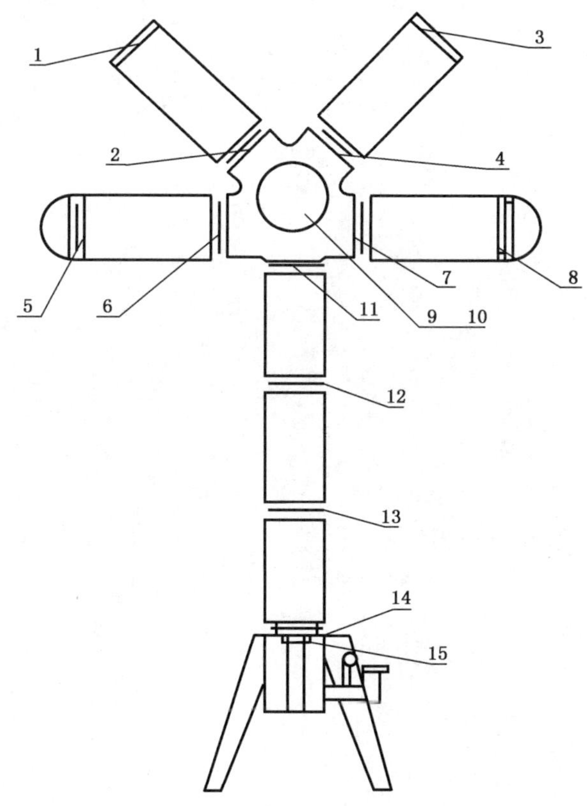

图 B.3 某开关的 1/2 极

表 B.2 检测计算结果

检测位置(n)	1	2	3	4	5	6	7	8	9	10	11	12	13	14	15	总计
检测结果 $\times 10^{-6}$ (Pa·m³/s)	0.2	0.5	0.3	0.5	0.3	0.5	0.5	0.3	0.5	0.3	0.2	0.5	0.2	0.3	0.5	5.6

表 B.2 中 15 个密封面的绝对漏气率 F(Pa·m³/s)之和为：

$$F=\sum F_{\mathrm{n}}=5.6\times10^{-6}$$

根据式(4)，表 B.2 中 15 个密封面的相对年漏气率 F_{y}(%/年)为：

$$F_{\mathrm{y}}=\frac{5.6\times10^{-6}\times31.5\times10^{6}}{0.352\times(6\times10^{5}+10^{5})}\times100=0.07$$

附 录 C
（资料性附录）
红外成像探漏原理及图谱示例

C.1 红外成像探漏原理

较空气而言，SF_6气体对特定波长（10.6 μm）的红外光谱吸收特性较强，当物体发出的红外辐射通过空气和 SF_6气体时，两者反映的红外影像将不同，泄漏气体出现区域的影像将以可见的动态烟云的形式反映出来，从而可直观、准确的发现并定位漏点。红外成像探漏可远距离、非接触地对设备漏点进行检测，无需设备停电，特别适用于现场设备 SF_6气体泄漏的检测与漏点定位。图 C.1 给出了红外成像探漏的原理图。

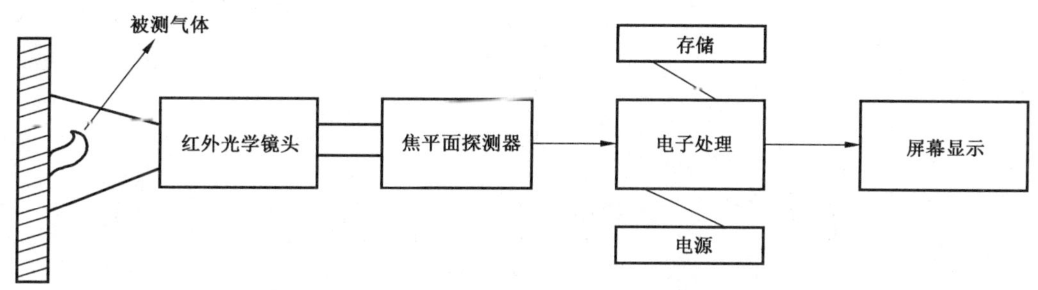

图 C.1 红外成像探漏原理

C.2 红外成像探漏图谱示例

图 C.2 和图 C.3 分别给出了红外成像探漏法检测到的断路器和 GIS 的漏气图谱示例。

图 C.2 断路器顶部漏气

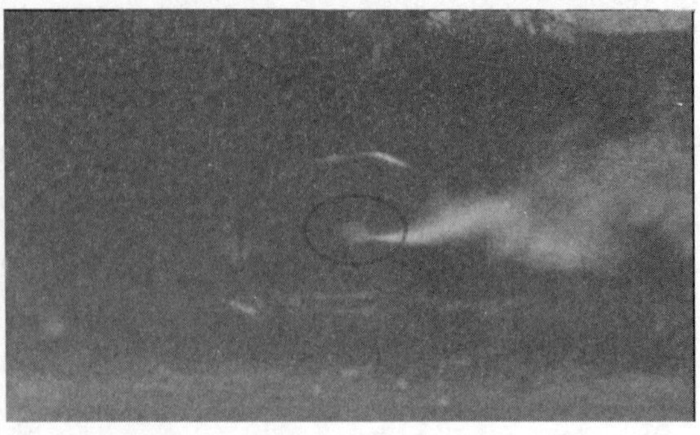

图 C.3　GIS 罐体砂眼漏气

参 考 文 献

[1] GB/T 2423.23—2013 环境试验 第2部分:试验方法 试验Q:密封(IEC 60068-2-17:1994,IDT)

[2] GB/T 2900.20—2016 电工术语 高压开关设备和控制设备(IEC 60050(441):1984,MOD)

[3] GB/T 32293—2015 真空技术 真空设备的检漏方法选择

[4] IEC/TR 62271-306:2012 高压开关设备和控制设备 第306部分:IEC 62271-1、IEC 62271-100以及交流断路器相关的其他IEC标准的导则(Guide to IEC 62271-100,IEC 62271-1 and other IEC standards related to alternating current circit-breakers)

ICS 59.080.30
W 04

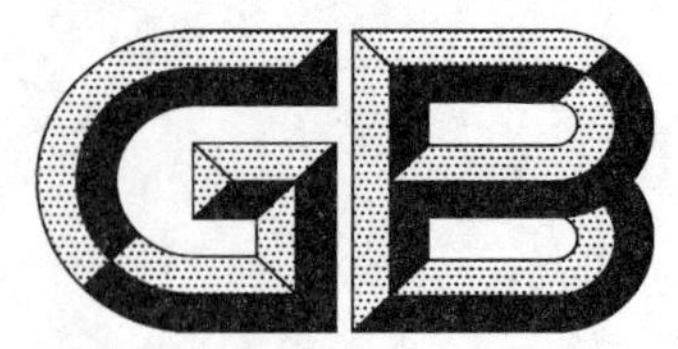

中华人民共和国国家标准

GB/T 11048—2018
代替 GB/T 11048—2008

纺织品　生理舒适性　稳态条件下热阻和湿阻的测定(蒸发热板法)

Textiles—Physiological effects—Measurement of thermal and water-vapour resistance under steady-state conditions (sweating guarded-hotplate test)

(ISO 11092:2014,MOD)

2018-03-15 发布　　　　2018-10-01 实施

中华人民共和国国家质量监督检验检疫总局
中国国家标准化管理委员会　发布

前　言

本标准按照 GB/T 1.1—2009 给出的规则起草。

本标准代替 GB/T 11048—2008《纺织品　生理舒适性　稳态条件下热阻和湿阻的测定》，与 GB/T 11048—2008 相比主要技术变化如下：

——标准名称修改为“纺织品 生理舒适性 稳态条件下热阻和湿阻的测定(蒸发热板法)”；

——删除了第 1 章范围中对 A 型、B 型仪器的描述(2008 年版的第 1 章)；

——删除了第 2 章“克罗值”、“热导率”的术语和定义(2008 年版的 2.5、2.6)；

——删除了第 3 章符号和单位中“k 热导率”、“d 材料的厚度”(2008 年版的第 3 章)；

——删除了原标准中 B 型仪器-静态平板法及其相关条款(2008 年版的 5.2、8.2)；

——删除了原图 3 热护环及底板示意图(2008 年版的图 3)；

——删除了 7.5 其他指标的计算(2008 年版的 7.5)；

——增加了附录 D 易于膨胀的试样的放置(见附录 D)。

本标准使用重新起草法修改采用 ISO 11092:2014《纺织品　生理舒适性　稳态条件下热阻和湿阻的测定(蒸发热板法)》。

本标准与 ISO 11092:2014 的技术性差异如下：

——将国际标准第 1 章中对范围的补充说明调整为“注”；

——在第 7 章的有关计算中增加了“结果保留 3 位有效数字”；

——增加了附录 C“仪器的核查”，将 ISO 11092:2014 中附录 C 顺延调整为附录 D。

本标准由中国纺织工业联合会提出。

本标准由全国纺织品标准化技术委员会(SAC/TC 209)归口。

本标准主要起草单位：中纺标检验认证股份有限公司、温州市大荣纺织仪器有限公司、宁波纺织仪器厂、厦门安踏体育用品有限公司、温州方圆仪器有限公司、晋江中纺标检测有限公司。

本标准主要起草人：任鹤宁、王宝军、龚迎秋、于龙、肖顶、郭小强、张孟胜、李苏、胡君伟、谭万昌、朱克传。

本标准所代替标准的历次版本发布情况为：

——GB/T 11048—1989、GB/T 11048—2008。

引　言

纺织材料的生理舒适性能包括了热和湿传递的复杂组合。每一个过程都可能单独发生，也有可能同时发生。他们与时间有关系，而且应考虑稳态和非稳态的情况。

热阻是辐射、传导、对流的热传递作用相结合的最终结果，它的值取决于其中每一个值对热传递的贡献。虽然热阻是纺织材料的一个固有的特性，但由于受周围环境辐射热传递等因素的影响，它的测定值会随着测试环境的不同而变化。

有多种方法可以用来测定织物的热湿的性能，其中的任何一种方法都与其他的方法有所不同，其结果取决于所设定的条件。

本标准中所描述的蒸发热板（通常把其称作“皮肤模型”）是用来模拟贴近人体皮肤发生的热和湿的传递过程。测试在不同的环境条件下进行，这两个过程可能单独发生，也可能同时发生。用这台仪器测定传递性能，能够在稳态和非稳态状态下模拟不同的穿着和不同的环境状态，在本标准中仅仅采用了稳态条件。

纺织品　生理舒适性　稳态条件下热阻和湿阻的测定(蒸发热板法)

1　范围

本标准规定了在稳态条件下纺织品生理舒适性的热阻和湿阻的测定方法。

本标准适用于各类纺织织物及其制品，涂层织物、皮革以及多层复合材料等可参照执行。

注 1：本标准测定技术的应用受到热阻和湿阻最大测定范围的影响，这两个最大值取决于所用仪器的尺寸和结构性能(例如，适用于本标准的仪器热阻和湿阻测定范围一般不小于 2 $m^2 \cdot K/W$ 和 700 $m^2 \cdot Pa/W$)。

注 2：在本标准中所采用的试验环境不代表特定的舒适性环境，也没有给出舒适性的性能要求。

2　术语和定义

下列术语和定义适用于本文件。

2.1

热阻　thermal resistance

$\boldsymbol{R_{ct}}$

试样两面的温差与垂直通过试样的单位面积热流量之比。

注 1：该干热流量可能包括传导、对流、辐射中的一种或多种形式。

注 2：热阻 R_{ct} 以平方米开尔文每瓦($m^2 \cdot K/W$)为单位。

2.2

湿阻　water-vapour resistance

$\boldsymbol{R_{et}}$

试样两面的水蒸气压力差与垂直通过试样的单位面积蒸发热流量之比。

注 1：蒸发热流量可能由扩散和对流形成。

注 2：湿阻 R_{et} 以平方米帕斯卡每瓦($m^2 \cdot Pa/W$)为单位。

2.3

透湿指数　water-vapour permeability index

$\boldsymbol{i_{mt}}$

热阻与湿阻的比值，由式(1)计算：

$$i_{mt} = \frac{S \times R_{ct}}{R_{et}} \qquad \cdots\cdots(1)$$

式中：

S＝60 Pa/K。

注：i_{mt} 为无量纲，其值介于 0 和 1 之间。$i_{mt}=0$ 意味着材料完全不透湿，有极大的湿阻；$i_{mt}=1$ 意味着材料与同样厚度的空气层具有相同的热阻和湿阻。

2.4

透湿度　water-vapour permeability

$\boldsymbol{W_d}$

由材料的湿阻和温度所决定的特性，由式(2)计算：

$$W_d = \frac{1}{R_{et} \times \Phi_{T_m}} \quad \cdots\cdots(2)$$

式中：

Φ_{T_m}——测试板表面温度为 T_m 时的饱和水蒸气潜热。当 $T_m = 35$ ℃时，$\Phi_{T_m} = 0.627$ W·h/g。

注：透湿度以克每平方米小时帕斯卡[g/(m^2·h·Pa)]为单位。

3 符号

下列符号适用于本文件。

R_{ct}：热阻，单位为 m^2·K/W。

R_{et}：湿阻，单位为 m^2·Pa/W。

i_{mt}：透湿指数，无量纲。

R_{ct0}：为热阻 R_{ct} 的测定而确定的仪器常数，单位为 m^2·K/W。

R_{et0}：为湿阻 R_{et} 的测定而确定的仪器常数，单位为 m^2·Pa/W。

W_d：透湿度，单位为 g/(m^2·h·Pa)。

Φ_{T_m}：测试板表面温度为 T_m 时的饱和水蒸气潜热，单位为 W·h/g。

A：测试板的面积，单位为 m^2。

T_a：气候室中空气的温度，单位为℃。

T_m：测试板的温度，单位为℃。

T_s：热护环的温度，单位为℃。

p_a：水蒸汽压力(在气候室中的温度为 T_a 时)，单位为 Pa。

p_m：饱和水蒸汽压力(当测试板的表面温度为 T_m 时)，单位为 Pa。

v_a：被测试样表面上方的空气的流速，单位为 m/s。

s_v：气流速度 v_a 的标准偏差，单位为 m/s。

R.H.：相对湿度，以%表示。

H：提供给测试板的加热功率，单位为 W。

ΔH_c：热阻测定中加热功率的修正量。

ΔH_e：湿阻测定中加热功率的修正量。

α：ΔH_c 的计算结果的修正量曲线的斜率。

β：ΔH_e 的计算结果的修正量曲线的斜率。

4 原理

将试样覆盖于测试板上，测试板及其周围的热护环、底部的保护板都能保持恒温，以使测试板的热量只能通过试样散失，空气可平行于试样上表面流动。在试验条件达到稳定后，测定通过试样的热流量来计算试样的热阻。

本标准中描述的方法是通过从测定试样加上空气层的热阻值中减去空气层的热阻值得出所测材料的热阻值 R_{ct}。两次测定均在相同的条件下进行。

对于湿阻的测定，需在多孔测试板上覆盖透气但不透水的薄膜，进入测试板的水蒸发后以水蒸气的形式通过薄膜，所以没有液态水接触试样。试样放在薄膜上后，测定一定水分蒸发率下保持测试板恒温所需热流量，与通过试样的水蒸气压力一起计算试样湿阻。

在本标准中描述的方法是通过从测定试样加上空气层的湿阻值中减去空气层的湿阻值得出所测材料的湿阻值 R_{et}。两次测定均在相同的条件下进行。

5 仪器

5.1 具有温度和给水控制的测试部分

由厚约 3 mm，面积至少为 0.04 m^2（例如边长为 200 mm 的正方形）的金属板固定在内含电热丝的导电金属组件上组成测试板（见图 1）。为了湿阻的测定，测试板应是多孔的，它被位于试样台内的热护环所包围。

在 20 ℃环境下，以波长范围 8 μm～14 μm 的光束垂直照射于金属板表面并以半球反射的方式，测得金属板表面的辐射发射率应高于 0.35。

与多孔板相接触的电热丝金属组件的表面为沟槽，使定量供水装置提供的水能够进入测试板。

测试板相对于试样台的位置应是可以调整的，以使放在其上面的试样上表面能与试样台保持平齐。

在测试板或温度测试装置中的热量损耗应降到最低，例如尽可能使线路沿着热护环的内表面设置。

温度控制器，包括测试板的温度传感器，应保持测试板温度 T_m 恒定至±0.1 ℃。在整个量程范围内，应使用精度为±2%的适合的装置测定测试板的加热功率 H。

测试板表面的供水由定量供水装置完成，当水位低于测试板表面约 1.0 mm 时，触及开关而启动泵水装置以保证测试板表面水分的恒速蒸发。信号开关与测试板相连接。

在水进入测试板之前让其先穿过热护环中的管子，预热至测试板的温度。

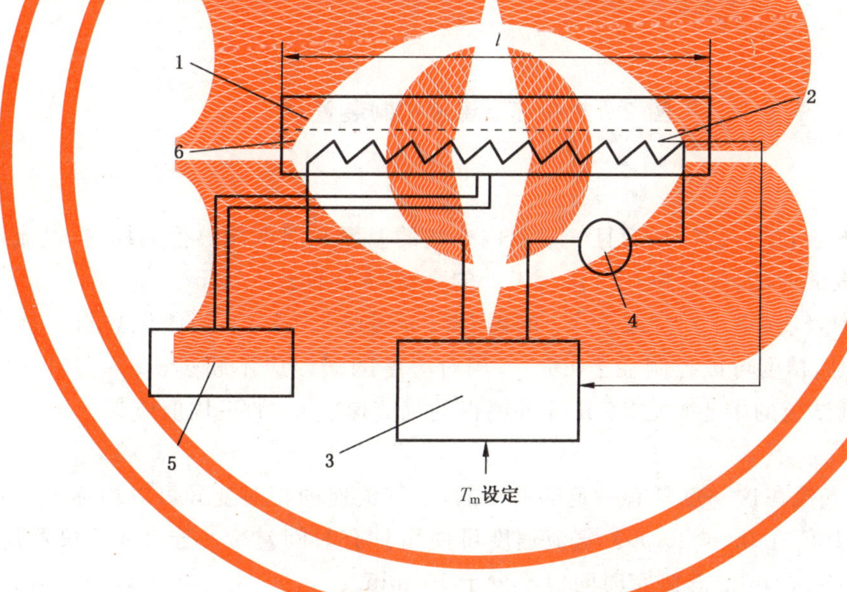

说明：

1——测试板；

2——温度传感器；

3——温度控制器；

4——热量测定装置；

5——定量供水装置；

6——装有加热元件的金属体。

图 1 温度和水控制的测定装置

5.2 具有温度控制的热护环

由高热导率材料（如金属）组成，且包含电热元件。它的作用是防止测试板的边缘及底部的热散失。热护环的宽度 b（见图 2）至少为 15 mm。热护环的表面与测试板表面的间距应不超过 1.5 mm。

热护环像测试板一样，可以配置一个多孔板和定量供水系统。由控制器控制并由温度传感器测得

的热护环的温度 T_s 应与测试板温度 T_m 相同，精度为±0.1 ℃。

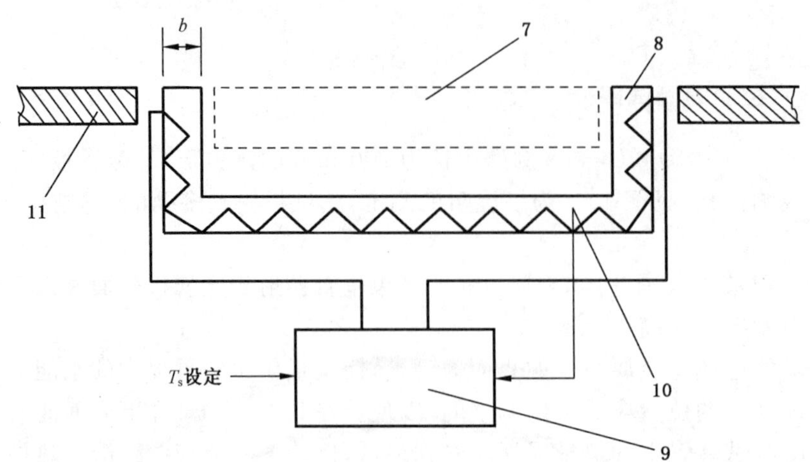

说明：

7 ——5.1 的测定装置；

8 ——热护环；

9 ——温度控制器；

10——温度测定装置；

11——试样台。

图 2 热护环及温度控制装置

5.3 气候室

测试板和热护环安装在气候室内，而且气候室内空气的温度和湿度能够得到控制，气流可以穿过并沿着测试板和热护环表面流动，导流口在试样台以上的高度应不小于 50 mm。

在整个测试过程中，气候室中空气温度 T_a 的偏差应不超过±0.1 ℃，当测试热阻或湿阻的测定值低于 100 $m^2 \cdot Pa/W$ 时，精度可以控制在±0.5 ℃；相对湿度的误差应不超过±3%。当气候室中空气温度 T_a 为 20 ℃，在测试板的中心上方 15 mm 处测得的气流速度 v_a 的平均值应为 1 m/s，误差应不超过±0.05 m/s。

值得注意的是气流在这一点是有一定的波动的，空气流速的相对变异可以用标准偏差与气流速度的比值 s_v/v_a 表示，其值在 0.03～0.07。气流速度可使用具有时间常数小于 1 s 的仪器进行测试，数据采集频次应不少于 10 次/min，总测定时间应不少于 10 min。

6 试样

6.1 材料厚度≤5 mm

试样尺寸应完全覆盖测试板和热护环表面。

每个样品至少取 3 块试样，试样应平整、无折皱。

试验前，试样应在 7.3 或 7.4 规定的试验环境中调湿至少 12 h。

6.2 材料厚度 >5 mm

6.2.1 厚度在此范围内的试样需要一个特殊的程序以避免热量或水蒸气从其边缘散发。

在热阻的测定中，如果试样的厚度超过热护环宽度 b 的 2 倍，则应对热量在边缘处的散失进行修正。热阻和试样厚度之间线性关系的偏差按公式[$1+(\Delta R_{ct}/R_{ctm})$]确定和修正,通过测利用匀质材料(例如泡沫材料)多层叠加(最终达到被测试样的厚度 d)所测定的 R_{ct} 值进行修正,如图 3 所示。

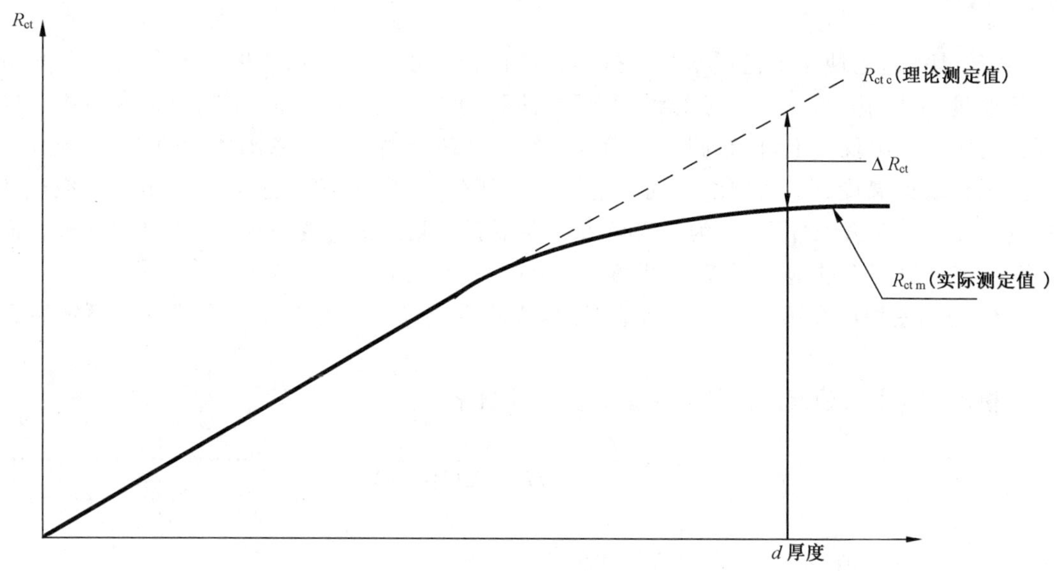

说明:

$R_{ct\,c}$ ——理论测定值;

$R_{ct\,m}$ ——实际测定值。

图 3 热阻测定中边缘热损失的修正

6.2.2 如果热护环不配置像测试板那样的多孔板和供水系统,那么在测定湿阻时,试样应被不能渗透水蒸气的框架包围,其高度大约与试样不受外力放置时的高度一样,其内部尺寸和测试板的各边一样。

6.2.3 通常试样应在 7.3 和 7.4 规定的试验气候中调湿至少 24 h。

6.2.4 如果样品含有松散的填充物或厚度呈不均匀状,例如被子,睡袋、羽绒服等,则试样应按附录 A 进行制备。

7 测试

7.1 仪器常数的测定

以本标准所述装置测得的试样的热阻和湿阻中,包含有固定的仪器常数,这些常数是由测试装置本身的阻力以及附着于试样表面的空气层的阻力决定的,后者受试样上方空气流速和波动程度的影响。

这些仪器常数 R_{ct0} 和 R_{et0} 又称作“空板”值,测定时测试板上表面与试样台应处于同一平面。

7.1.1 R_{ct0} 的测定

调节测试板表面温度 T_m 为 35 ℃,气候室温度 T_a 为 20 ℃,相对湿度为 65%,空气流速 v_a 为 1 m/s,以上各值的误差均应在第 5 章要求的范围内。待测定值 T_m、T_a、$R.H.$、H 都达到稳定后记录它们的值。

空板值 R_{ct0} 由式(3)计算,结果保留 3 位有效数字:

$$R_{ct0}=\frac{(T_m-T_a)\times A}{H-\Delta H_c} \qquad \cdots\cdots(3)$$

式中：

ΔH_c——一个修正值，由附录B中所描述的方法确定。

7.1.2 R_{et0}的测定

7.1.2.1 测定湿阻时，应使用定量供水装置持续给测试板供水。在多孔测试板上覆盖一层光滑的透气而不透水的厚度为10 μm～50 μm的纤维素薄膜，薄膜的安放应确保平整无皱，且薄膜事先应经蒸馏水浸湿。为避免薄膜下出现气泡，供给测试板的水应经过2次蒸馏并经过煮沸才能使用。

7.1.2.2 测试板表面温度 T_m 及周围空气温度均应控制在35 ℃，空气流速 v_a 为1 m/s。空气的相对湿度应保持为40%，其水蒸气分压 p_a 为2 250 Pa。在不影响测试精度的前提下，假定测试板表面水蒸气分压 p_m 等于这个温度下的饱和蒸气压，即5 620 Pa。

以上各值的偏差均应在第5章要求的范围内，待测定值 T_m、T_a、$R.H.$、H 都达到稳定后记录它们的值。

7.1.2.3 空板值 R_{et0} 由式(4)计算，结果保留3位有效数字：

$$R_{et0}=\frac{(p_m-p_a)\times A}{H-\Delta H_e} \qquad (4)$$

式中：

ΔH_e——一个修正值，由附录B中所描述的方法来确定。

7.1.3 参照样

通过测定已标定热阻或湿阻的参照样可以对仪器进行核查，核查方法见附录C。

7.1.4 仪器常数的核查

应定期核查仪器常数 R_{ct0} 和 R_{et0}，当偏差超出仪器精度范围(见第8章)时，应进行调整。大多数情况下，R_{ct0} 和 R_{et0} 的改变是由于试样表面气流速度 v_a 的变化引起的，试样表面上方的气流速度应按5.3规定的技术要求进行定期检查。

试样表面上方的气流(速度和波动程度)影响了附着于试样表面的空气层的阻力，从而影响到了测试结果。

7.2 试样在测试板上的放置

7.2.1 试样的放置方向与气流方向有关，应在试验报告中予以规定和说明。

试样应平置于测试板上，将通常接触人体皮肤的一面朝向测试板，多层织物也是如此。试样应无起泡和起皱，以免试样与测试板间、多层织物的各层之间产生不应出现的空气层。可用防水胶带或一轻质金属架固定在试样边缘以保持其平整。

注：对易于膨胀的试样，参照附录D进行放置。

7.2.2 通常，试样在不受张力作用、多层试样各层之间无空气缝隙的情况下测试。如果试验在拉伸或受压力或夹有空气缝隙时进行，应在试验报告中说明。

7.2.3 当试样的厚度超过3 mm时，应调节测试板高度以使试样的上表面与试样台平齐。

7.3 热阻 R_{ct} 的测定

7.3.1 调节测试板表面温度 T_m 为35 ℃，气候室空气温度 T_a 为20 ℃，相对湿度为65%，空气流速为1 m/s，以上各值的偏差均应在第5章要求的范围内。

如有需要，也可采用其他的温度 T_a、相对湿度 $R.H.$ 和气流速度 v_a，但应在试验报告中说明具体试验条件，并说明这些条件与在本标准规定的环境下进行试验所得结果有差异。

在测试板上放置试样后，待 T_m、T_a、$R.H.$、H 都达到稳定后，记录它们的值。

7.3.2 根据式(5)计算热阻：

$$R_{ct}=\frac{(T_m-T_a)\times A}{H-\Delta H_c}-R_{ct0} \quad \cdots\cdots(5)$$

计算所测试样热阻 R_{ct} 的算术平均值作为样品的检验结果，结果保留 3 位有效数字。

7.4 湿阻 R_{et} 的测定

7.4.1 为测定湿阻，应将能透过水蒸气而不能透过水的薄膜放置在 7.1.2 所述的测试板上。

7.4.2 调节测试板表面温度 T_m 为 35 ℃，空气温度 T_a 为 35 ℃，相对湿度 40%，空气流速为 1 m/s。以上各值的偏差均应在第 5 章要求的范围内。这些等温条件是为了使水蒸气在试样内不致冷凝。

如有需要，可以采用其他的相对湿度 $R.H.$ 和气流速度 v_a，但应在试验报告中说明具体试验条件，并说明这些条件与在本标准规定的环境下进行试验所得结果有差异。如果改变空气温度 T_a，测试板表面温度与大气温度不是等温条件，不属于本标准适用范围。

在测试板上放置试样后，待测定值 T_m、T_a、$R.H.$、H 都达到稳定后，再记录它们的值。

7.4.3 根据式(6)计算湿阻：

$$R_{et}=\frac{(p_m-p_a)\times A}{H-\Delta H_e}-R_{et0} \quad \cdots\cdots(6)$$

计算所测试样湿阻 R_{et} 的算术平均值作为样品的检验结果，结果保留 3 位有效数字。

8 结果的精确度

8.1 重复性

在测定单层织物试样的热阻 R_{ct} 时，如试样的热阻不高于 50×10^{-3} $m^2\cdot K/W$，则其重复性误差为 3.0×10^{-3} $m^2\cdot K/W$；当 R_{ct} 的值超过 50×10^{-3} $m^2\cdot K/W$ 时，其重复性误差为 7%。

在测定单层织物试样的湿阻 R_{et} 时，如果试样的湿阻不高于 10 $m^2\cdot Pa/W$，则其重复性误差为 0.3 $m^2\cdot Pa/W$；当 R_{et} 的值超过 10 $m^2\cdot Pa/W$ 时，其重复性误差为 7%。

8.2 再现性

利用厚度分别为 3 mm，6 mm，12 mm 的泡沫材料在 4 个实验室中进行试验，热阻 R_{ct} 的平均标准偏差为 6.5×10^{-3} $m^2\cdot K/W$，湿阻 R_{et} 的平均标准偏差为 0.67 $m^2\cdot Pa/W$。

9 试验报告

试验报告应至少包括以下内容：

a) 说明试验是按本标准进行的；
b) 样品的详细描述；
c) 试样放置状态说明(7.2)；
d) 试样数量；
e) 试验所使用仪器的型号；
f) 试验条件和参数；
g) 热阻和/或湿阻的算术平均值；
h) 任何偏离本标准的细节及不正常的现象；
i) 试验日期。

附 录 A
（规范性附录）
对含有松散填充物和不均匀厚度的试样的制备

A.1 对含有松散填充物和不均匀厚度的样品，例如被褥、睡袋、羽绒服等，如果可能，每个样品应最少取3块试样，如果条件不允许，应在试验报告中注明实际的试样数。如果材料的不均匀度是由绗缝而引起，则至少要各准备2块试样测定热阻和湿阻。

A.2 试验时试样要放在一个高度约和试样不受外力作用时高度一致的框架中。在测定热阻时，框架的内边尺寸应至少为$(L+2b)$；在测定湿阻时，框架的内边尺寸应和测试板的金属板各边尺寸L一致。(见图1和图2)。

A.3 在准备A.1中规定的至少2块试样时，在样品的中心区域内，一块含尽可能多的绗缝数，另一块含尽可能少的绗缝数。

附　录　B
（规范性附录）
加热功率的修正值的确定

B.1　在热阻和湿阻的测定过程中，测试板和热护环（保护板）的温度被设定为同一个值，但按 5.1 和 5.2 的允差在实际中会造成测试板和热护环间明显的温度差异。在这种情况下，提供给测试板的加热功率不等于穿过试样的热流量，在测定热阻和湿阻的过程中应对加热功率进行修正，修正量分别以 ΔH_c 和 ΔH_e 表示。

B.2　加热功率的修正值 ΔH_c 与测试板和热护环之间的温度差异呈线性关系。由式(B.1)计算：

$$\Delta H_c = \alpha \cdot (T_m - T_s) \qquad \cdots\cdots (B.1)$$

斜率 α 可以通过下面的方式确定：选取一种高绝热性的材料（例如厚度至少为 4 mm 的泡沫材料），剪取足够大的尺寸以使测试板和热护环完全被覆盖；环境温度设定为 20 ℃，测试板温度设定为 35 ℃，调节热护环的温度控制器使热护环温度以 0.2 ℃的梯度在 34 ℃～36 ℃之间递变。在每个设定的值达到稳定后，记录下提供给测试板的加热功率。

由这个加热功率与测试板和热护环间的温度差异的线性关系可作出一条直线，其斜率即为 α。

B.3　加热功率的修正值 ΔH_e 由式(B.2)计算：

$$\Delta H_e - \beta \cdot (T_m - T_s) \qquad \cdots\cdots (B.2)$$

斜率 β 由下述方式确定：测试板被 7.1.2 中描述的薄膜覆盖，并由泵水装置提供水。选取一种不透气的材料（例如 PET 聚酯薄膜）和一种高绝热材料（例如厚度至少为 4 mm 的泡沫材料），剪取足够大的尺寸以使测试板和热护环完全被覆盖。环境温度设定为 35 ℃，相对湿度设定为 40%，热护环的温度被定为 35 ℃。

测试板温度相对于热护环温度以 0.2 ℃为梯度递增。当各个设定值达到稳定时，记录下提供给测试板的加热功率。

由这个加热功率与测试板和热护环间的温度差异的线性关系可作出一条直线，其斜率即为 β。

B.4　在 α、β 的值改变或试验仪器修理后，应对加热功率的修正量斜率 α、β 进行核查。

附 录 C
（规范性附录）
仪器的核查

C.1 热阻的核查

C.1.1 仪器热阻的核查应采用经标定的参照样进行。

C.1.2 对仪器的热阻测定值和线性值应同时进行核查。

C.1.3 按标准条件分别测定空板、1～4 层参照样的总热阻，分别记录为 R_{ct1}、R_{ct2}、R_{ct3}、R_{ct4}。

C.1.4 仪器的核查时，仪器应达到以下要求：

a） 总热阻应该和参照样的测试层数呈线性关系；

b） 曲线的斜率应不超过标准曲线斜率的±10％；

c） 任何一次单独测试值都不能超过标准值的±10％。

C.1.5 如果仪器没能达到以上任何一个要求，应调节仪器直到达到以上要求。

C.1.6 当仪器进行修理之后或长期未用而重新启用时，应对仪器进行核查，应达到以上要求才可使用。

C.1.7 如果仪器不能调整到符合上述要求，如实际偏差呈线性，可以对检验结果进行修正，但应在报告中说明；当实际偏差呈非线性（无规律），则仪器不能再继续使用。

C.1.8 如果利害各方同意，可以仅采用单层参照样进行核查，但应注明。

C.2 湿阻的核查

仪器湿阻的核查与 C.1 热阻的核查程序和要求相同。

附 录 D
（资料性附录）
易于膨胀的试样的放置

D.1 总则

如果样品表面不平整，尽量避免试样出现褶皱和起泡现象，同时尽量避免试样和测试板之间有空隙。

试样和测试板之间的空气会影响到试验的结果。

一些材料在测试和操作过程中会膨胀，尽量避免褶皱和起泡现象。

D.2 易于膨胀的试样的放置

按7.2.1放置试样，用防水胶带固定试样的4个边。

先固定正对空气流动方向的一个边和其相邻的两个边，平衡10 min±30 s，如果在平衡过程中，出现了褶皱和气泡，松开试样的一个或多个边，去除这些褶皱和气泡，之后将松开的边再次固定。如果未产生褶皱和气泡，固定试样的第四个边，若此时出现褶皱和气泡，用图D.1中所示的框架固定试样。

框架放置于试样之上，黄铜部分不覆盖测试板，不锈钢管与空气流向平行。

若使用了框架，试样的第4个边不用固定，空板值 R_{ct0} 需要使用有框架时的值。

注：框架覆盖测试板的面积不应超过8%。

单位为毫米

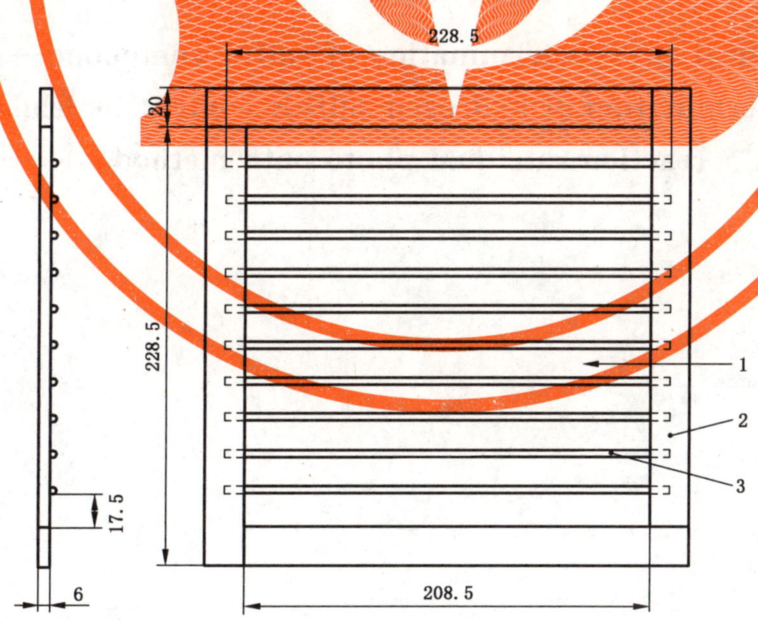

说明：

1——测试中气流的方向；

2——黄铜20 mm×6 mm；

3——不锈钢管（直径1.6 mm）。

图D.1 框架

ICS 75.060
E 24

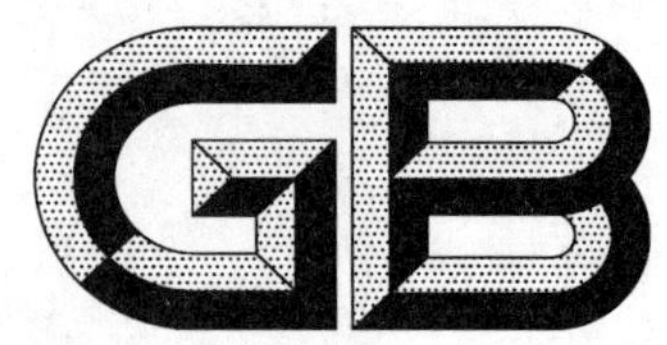

中华人民共和国国家标准

GB/T 11060.3—2018
代替 GB/T 11060.3—2010

天然气 含硫化合物的测定 第3部分:用乙酸铅反应速率双光路检测法测定硫化氢含量

Natural gas—Determination of sulfur compound—
Part 3:Determination of hydrogen sulfide content by lead acetate reaction rate dual photo path method

2018-09-17 发布 2019-04-01 实施

国家市场监督管理总局
中国国家标准化管理委员会 发布

前　言

GB/T 11060《天然气　含硫化合物的测定》分为以下12个部分：

——第1部分：用碘量法测定硫化氢含量；

——第2部分：用亚甲蓝法测定硫化氢含量；

——第3部分：用乙酸铅反应速率双光路检测法测定硫化氢含量；

——第4部分：用氧化微库仑法测定总硫含量；

——第5部分：用氢解-速率计比色法测定总硫含量。

——第6部分：用电位法测定硫化氢、硫醇硫和硫氧化碳含量；

——第7部分：用林格奈燃烧法测定总硫含量[1)]；

——第8部分：用紫外荧光光度法测定总硫含量；

——第9部分：用碘量法测定硫醇硫含量；

——第10部分：用气相色谱法测定硫化合物；

——第11部分：用着色长度检测管法测定硫化氢含量；

——第12部分：用激光吸收光谱法测定硫化氢含量。

本部分为GB/T 11060的第3部分。

本部分按照GB/T 1.1—2009给出的规则起草。

本部分代替GB/T 11060.3—2010《天然气　含硫化合物的测定　第3部分：用乙酸铅反应速率双光路检测法测定硫化氢含量》。与GB/T 11060.3—2010相比，除编辑性修改外主要技术变化如下：

——在范围一章中，增加了“适用于垃圾填埋气、污水处理气体、循环气、燃烧气和燃料气混合物中硫化氢(H_2S)含量的测定。也可用于测定二氧化碳中硫化氢含量”(见第1章)；

——修改了“方法原理”表述(见第3章)；

——删除了“意义和应用”章(见2010年版的第4章)；

——在“试剂和材料”一章中，增加了氮气及要求(见4.2)；

——在“试剂和材料”一章中，修改了硫化氢标准气体的要求(见4.3，2010年版的6.2)；

——在“仪器和设备”一章中，删除了体积计量装置及要求(2010年版的5.1)；

——在“仪器和设备”一章中，修改了样品泵、带传感器的比色速率计和记录仪的要求(见5.1、5.2和5.3，2010年版的5.2、5.3和5.4)；

——删除了“取样”“仪器的准备”“校准”和“样品的测定步骤”章(见2010年版的第7章、第8章、第9章和第10章)；

——增加了“试验准备”和“取样和样品测定”章(见第6章和第7章)；

——删除了“参比标准样品的准备”章(见2010年版的第11章)；

——修改了计算的方法(见8.1，2010年版的12.1)；

——增加了“质量保证和控制”章(见第10章)。

本部分由全国天然气标准化技术委员会(SAC/TC 244)归口。

本部分起草单位：中国石油天然气股份有限公司西南油气田分公司天然气研究院、中国石油天然气股份有限公司大庆油田工程有限公司、中国石油天然气股份有限公司西南油气田分公司输气管理处、中亚管道有限公司。

---

1)　GB/T 11060的第7部分已废止。

本部分主要起草人：涂振权、李飞雪、侯学志、汪玉洁、高立新、杨建明、周理、罗勤、王华青、许文晓、刘鸿、徐冲、李克、付玥。

本部分所代替标准的历次版本发布情况为：

——GB/T 18605.1—2001；

——GB/T 11060.3—2010。

天然气　含硫化合物的测定　第3部分：用乙酸铅反应速率双光路检测法测定硫化氢含量

1　范围

GB/T 11060的本部分规定了用乙酸铅反应速率法测定天然气中硫化氢含量的试验方法。

本部分适用于天然气中硫化氢(H_2S)含量的测定。测定范围为$0.1\times10^{-6}\sim16\times10^{-6}(\varphi)$，约相当于0.1 mg/m^3～22 mg/m^3；并且可通过稀释将测定范围扩展到较高浓度。

本部分也适用于液化石油气(LPG)、天然气代用品、垃圾填埋气、污水处理气体、循环气、燃烧气和燃料气混合物中硫化氢含量的测定。也可用于测定二氧化碳中的硫化氢含量。

本部分不涉及与其应用有关的所有安全问题。在使用本部分前，使用者有责任制定相应的安全和保护措施，并明确其限定的适用范围。

2　规范性引用文件

下列文件对于本文件的应用是必不可少的。凡是注日期的引用文件，仅注日期的版本适用于本文件。凡是不注日期的引用文件，其最新版本(包括所有的修改单)适用于本文件。

GB/T 6682　分析实验室用水规格和试验方法

GB/T 13609　天然气取样导则

3　方法原理

气体样品以一恒定流量加湿后，流经乙酸铅纸带，硫化氢与乙酸铅反应生成硫化铅，纸带上产生棕黑色色斑。反应速率及产生的颜色变化速率与样品中硫化氢浓度成正比。采用光电检测器检测反应生成的硫化铅黑斑，产生的电压信号经采集和一阶导数处理后得到响应值，通过与已知硫化氢标准气的响应值相比较来测定样品中硫化氢含量。

4　试剂和材料

警示——压缩气瓶中硫化氢可燃，吸入、食入后对人体有害或致命。应在良好通风位置处理压缩气瓶，且远离火花和明火。不正确处理装有空气、氮气或烃的压缩气瓶会产生爆炸。氮气或烃的快速释放会导致窒息，压缩空气助燃。

4.1　乙酸溶液(5%)：将1体积冰乙酸与19体积蒸馏水混合配制成5%乙酸溶液。蒸馏水应符合GB/T 6682规定的二级水的技术要求。

4.2　氮气：纯度不低于99.99%(φ)。

4.3　硫化氢标准气：甲烷或氮气中硫化氢标准气，或者底气与被分析的气体类型相同或类似的硫化氢标准气，国家二级气体标准物质。瓶装标准气减压阀应适用于含硫气体，其连接件应对含硫气体呈钝化或惰性。

4.4 乙酸铅纸带：与仪器配套的乙酸铅纸带。

5 仪器和设备

5.1 样品泵：一台可提供 8 mL/s 以上流量、压力为 70 kPa 的泵。

5.2 带传感器的比色速率计：一种能测量最小的色度变化相当于气体样品中硫化氢浓度为 $0.1\times10^{-6}(\varphi)$ 的装置，见图 1。

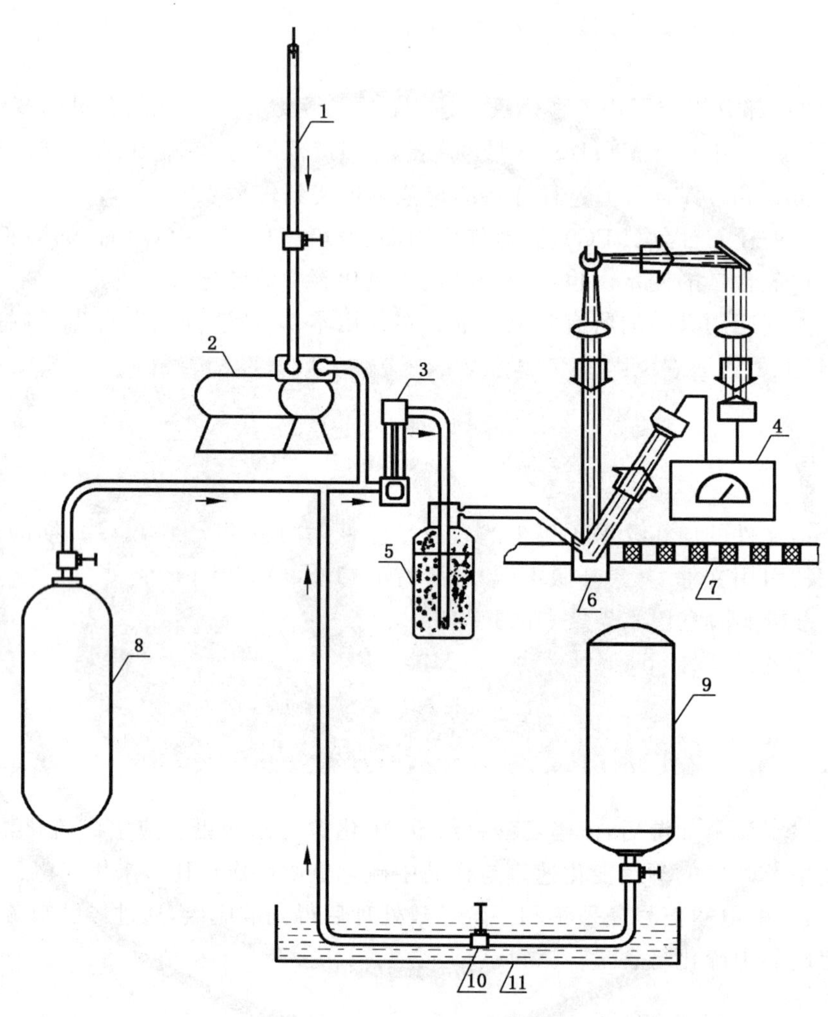

说明：

1 ——不带压气体样品；
2 ——样品泵；
3 ——流量控制装置；
4 ——比色速率计；
5 ——润湿器；
6 ——样品室；
7 ——乙酸铅纸带；
8 ——带压气体态样品；
9 ——带压液体样品(LPG)；
10——汽化泵；
11——热水浴。

图 1 硫化氢测定系统示意图

5.3 数据处理系统：采集、处理和记录反应传感器的输出信号。

6 试验准备

6.1 加乙酸溶液

在润湿器中装入5%乙酸溶液(4.1)至标志处。乙酸溶液每2周更换一次。

6.2 安装乙酸铅纸带

按仪器说明书安装乙酸铅纸带(4.4)。

6.3 开机检查

开机后,按仪器说明书要求对所有操作参数进行检查和调节。

6.4 标定

6.4.1 标准气浓度

根据预期的天然气样品硫化氢浓度,选择合适的3个～4个不同浓度的硫化氢标准气(4.3)。

6.4.2 标定时间间隔

仪器首次或维修后运行,需进行仪器标定。仪器正常运行过程中,每2个月标定一次或用户根据测试目的和要求规定标定时间间隔。

6.4.3 标定步骤

将测定方式转换到标定状态,依次将氮气(4.2)和不同浓度硫化氢标准气(4.3)连接到仪器,按仪器说明书进行标定。仪器可自动或手动生成硫化氢浓度曲线,该曲线通常为线性。在正常使用过程中,每天至少用一种有证的硫化氢标准气校验一次。

7 取样和样品测定

7.1 取样

用铝制、聚四氟乙烯或不锈钢取样导管将样品源直接与仪器的入口相连接,或者用铝制、聚四氟乙烯或不锈钢取样瓶按GB/T 13609取样,然后再连接到仪器的入口。

7.2 样品测定

将测定方式转换到样品测定状态,带压样品按仪器说明书调节压力和流量,不带压样品按仪器说明书开启样品泵和调节流量,仪器自动显示样品中硫化氢含量(φ或ρ)。测定不同的样品前,可分别用氮气(4.2)及样品对仪器气路进行吹扫,以消除样品相互间的影响。当样品中硫化氢浓度高于仪器的测量范围,将样品稀释后进行测定。测试报告中应说明稀释方法。

8 结果的表示

8.1 取两次平行测定的平均值,作为测定结果。样品中硫化氢含量以体积分数(φ,10^{-6})表示,或以质量浓度(ρ)表示,单位为mg/m^3。

8.2 硫化氢的体积分数换算为在20 ℃、101.3 kPa下的质量浓度(ρ),单位为mg/m^3,按式(1)计算:

$$\rho = 1.417\varphi \qquad \cdots\cdots(1)$$

式中：

ρ——未知样品中硫化氢的质量浓度，单位为毫克每立方米（mg/m^3）；

φ——未知样品中硫化氢的体积分数，10^{-6}。

在其他温度和压力时应作适当的校正。

9 精密度

9.1 重复性

在重复性条件下获得的两次独立测试结果的差值不超过图2所示的重复性限，超过重复性限的情况不超过5%。

9.2 再现性

在再现性条件下获得的两次独立测试结果的差值不超过图2所示的再现性限，超过再现性限的情况不超过5%。

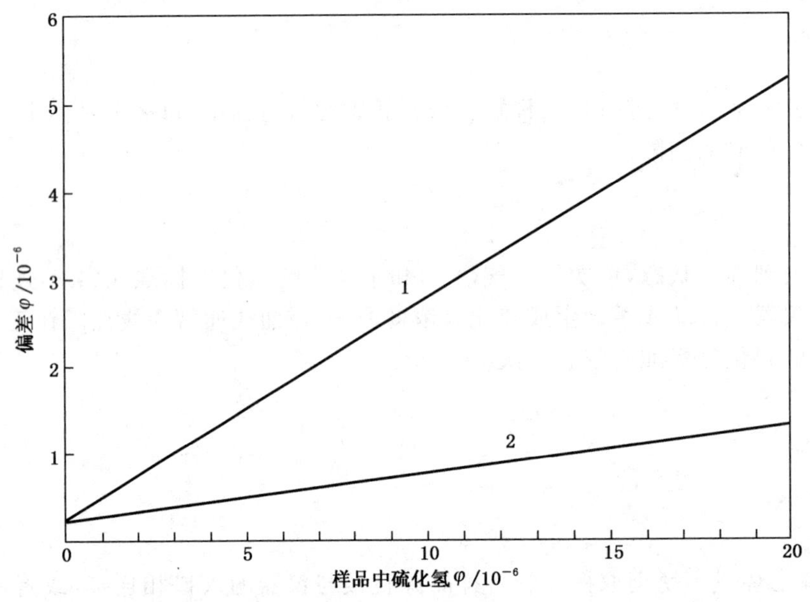

说明：

1——再现性限；

2——重复性限。

图2 重复性和再现性

10 质量保证和控制

10.1 仪器正常使用中，每天应至少分析一种受控的质控样品（有证的硫化氢标准气）保证仪器的性能、试验步骤及试验结果的准确性。

10.2 各检测机构应制定质量控制和质量评价方法，并能确保试验结果的可靠性。

ICS 77.150
H 66

中华人民共和国国家标准

GB/T 11071—2018
代替 GB/T 11071—2006

区熔锗锭

Zone-refined germanium ingot

2018-12-28 发布　　2019-07-01 实施

国家市场监督管理总局
中国国家标准化管理委员会　发布

前　言

本标准按照 GB/T 1.1—2009 给出的规则起草。

本标准代替 GB/T 11071—2006《区熔锗锭》，与 GB/T 11071—2006 相比，除编辑性修改外主要技术变化如下：

——范围进一步明确为“本标准适用于以还原锗锭及锗单晶返料为原料，经区熔提纯工艺制备得到的区熔锗锭。ZGe-0 区熔锗锭主要用于制备半导体及高纯锗探测器用的高纯锗单晶；ZGe-1 区熔锗锭主要用于制备红外光学用的锗单晶、太阳能电池用的锗单晶及各类锗-铬、锗-硅合金等”（见第 1 章）。

——增加了区熔锗锭在(23±0.5)℃下电阻率的要求（见 3.2）。

——“同一根锗锭的最大与最小截面面积之差不大于平均截面面积的 15％”修改为“同一根区熔锗锭的头尾两端的高度差不大于 4 mm”（见 3.3，2006 年版的 3.3）。

——“锭长 100 mm～500 mm”修订为“长度应不小于 100 mm”（见 3.3，2006 年版的 3.3）。

——增加了区熔锗锭的表面应无孔洞的要求（见 3.4，2006 版的 3.4）。

本标准由中国有色金属工业协会提出。

本标准由全国有色金属标准化技术委员会(SAC/TC 243)归口。

本标准起草单位：云南临沧鑫圆锗业股份有限公司、有研光电新材料有限责任公司、中锗科技有限公司、衡阳恒荣高纯半导体材料有限公司、广东先导稀材股份有限公司、锡林郭勒通力锗业有限责任公司、云南东昌金属加工有限公司。

本标准主要起草人：包文东、普世坤、李贺成、冯德伸、惠峰、范德胜、朱知国、李正美、董汝昆、朱刘、尹士平、王晓华。

本标准所代替标准的历次版本发布情况为：

——GB/T 11071—1989、GB/T 11071—2006。

区 熔 锗 锭

1 范围

本标准规定了区熔锗锭的要求、试验方法、检验规则、标志、包装、运输、贮存、质量证明书和订货单(或合同)内容。

本标准适用于以还原锗锭及锗单晶返料为原料,经区熔提纯工艺制备得到的区熔锗锭。ZGe-0 区熔锗锭主要用于制备半导体及高纯锗探测器用的高纯锗单晶;ZGe-1 区熔锗锭主要用于制备红外光学和太阳能电池用的锗单晶及各类锗-铬、锗-硅合金等。

2 规范性引用文件

下列文件对于本文件的应用是必不可少的。凡是注日期的引用文件,仅注日期的版本适用于本文件。凡是不注日期的引用文件,其最新版本(包括所有的修改单)适用于本文件。

GB/T 4326 非本征半导体单晶霍尔迁移率和霍尔系数测量方法

YS/T 602 区熔锗锭电阻率测试方法 两探针法

3 要求

3.1 产品分类

区熔锗锭按电学性能分为两个牌号:ZGe-0、ZGe-1。

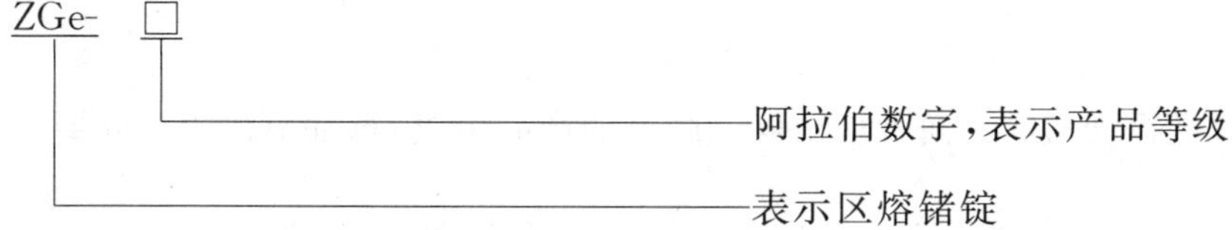

3.2 电学性能

区熔锗锭的电学性能应符合表 1 的规定。电阻率可选择采用在 20 ℃或 23 ℃的条件下进行测试,并满足表 1 的规定。

表 1 电学性能

牌号	电阻率/(Ω·cm)		检测单晶的参数(77 K)	
	(20±0.5)℃	(23±0.5)℃	载流子浓度 cm^{-3}	载流子迁移率 $cm^{-3}/(V·S)$
ZGe-0	≥50	≥47	$\leqslant 1.5\times10^{12}$	$\geqslant 3.7\times10^{4}$
ZGe-1	≥50	≥47	—	—

3.3 尺寸外形

区熔锗锭的横截面应为梯形,同一根区熔锗锭的头尾两端的高度差应不大于 4 mm。区熔锗锭的上宽应不小于 26 mm，下宽应不小于 21 mm，高度应不小于 23 mm，长度应不小于 100 mm。

3.4 表面质量

区熔锗锭的表面应呈银灰色光泽，无氧化膜、裂纹、孔洞和浮渣。

3.5 其他

需方如对产品电学性能和尺寸外形等有其他特殊要求，可由供需双方另行商定。

4 试验方法

4.1 区熔锗锭的电阻率检验按 YS/T 602 的规定沿区熔锗锭底面的中心线纵向进行检验，点间距不大于 30 mm。
4.2 锗单晶的载流子浓度和载流子迁移率的检验按 GB/T 4326 的规定进行，测试样品从头部切取。
4.3 区熔锗锭的横截面尺寸用游标卡尺进行测量，长度用直尺进行测量。
4.4 区熔锗锭的表面质量用目视检查。

5 检验规则

5.1 检查和验收

5.1.1 产品应由供方技术监督部门进行检验，保证产品质量符合本标准(或订货合同)的规定，并填写质量证明书。
5.1.2 需方应对收到的产品按本标准的规定进行检验，如检验结果与本标准(或订货合同)的规定不符时，应在收到产品之日起 1 个月内向供方提出，由供需双方协商解决。如需仲裁，仲裁取样按 5.4 进行。

5.2 组批

区熔锗锭应成批提交验收。每批应由同一牌号的产品组成，每批不大于 100 kg。

5.3 检验项目

5.3.1 每批产品应对电阻率、尺寸外形、表面质量进行检验。
5.3.2 ZGe-0 牌号的产品需制成锗单晶后对载流子浓度、载流子迁移率进行检验。

5.4 取样和制样

5.4.1 尺寸外形和表面质量的检验应逐根进行。
5.4.2 电阻率的检验取样按总根数的 10% 抽取。
5.4.3 ZGe-0 牌号产品的载流子浓度和载流子迁移率的取样按每批随机抽取 1 根，并按附录 A 规定的方法将其制备成锗单晶。

5.5 检验结果的判定

5.5.1 尺寸外形或表面质量的检验结果不合格时，判该根产品不合格。
5.5.2 电阻率的检验结果不合格时，判该批产品不合格。
5.5.3 ZGe-0 牌号产品的载流子浓度或载流子迁移率的检验结果不合格时，判该批产品不合格，或由供需双方协商确定。

6 标志、包装、运输、贮存和质量证明书

6.1 标志

6.1.1 每根区熔锗锭应密封于聚乙烯薄膜袋中，并在袋上贴上标签，注明供方名称、商标、牌号和批号。

6.1.2 区熔锗锭应成箱包装，每箱应注明：

a) 供方名称；

b) 产品名称和牌号；

c) 批号。

6.2 包装

6.2.1 将密封于聚乙烯薄膜袋中的区熔锗锭放在泡沫塑料垫的凹槽内，然后叠放入符合环保要求的包装箱内，并用填料塞紧，以防区熔锗锭窜动。每箱区熔锗锭质量不大于 50 kg。包装箱外用包扎带捆牢，箱外应有“防震”“防潮”“防腐蚀”字样或标志。

6.2.2 ZGe-0 牌号区熔锗锭装箱时，若客户有需求，可在其中放入按附录 A 制备的锗单晶及检测样品。锗单晶和检测样品分别密封装在聚乙烯薄膜袋内，并计入批重，并在箱外注明“内有检测样品”字样。

6.3 运输、贮存

区熔锗锭在运输和贮存过程中要防止机械损伤、防腐蚀、防潮、防震动。

6.4 质量证明书

每批产品应附有质量证明书，其上注明：

a) 供方名称、地址、电话、传真；

b) 产品名称和牌号；

c) 批号；

d) 分析检验结果和技术监督部门印记；

e) 本标准编号；

f) 出厂日期(或包装日期)。

7 订货单(或合同)内容

本标准所列材料的订货单(或合同)应包括下列内容：

a) 产品名称；

b) 牌号；

c) 尺寸外形、电阻率及其他特殊要求；

d) 数量；

e) 本标准编号；

f) 其他。

附 录 A
（规范性附录）
检测用锗单晶的制备方法

A.1 方法原理

ZGe-0 牌号的区熔锗锭，经腐蚀、清洗烘干，装炉，制备成 ϕ25 mm～ϕ30 mm 的锗单晶，用于测试其载流子浓度、载流子迁移率，进而用以判断区熔锗锭的质量。

A.2 试剂材料

A.2.1 盐酸：优级纯及以上。
A.2.2 硝酸：优级纯及以上。
A.2.3 氢氧化铵：优级纯及以上。
A.2.4 丙酮：MOS 级。
A.2.5 过氧化氢：优级纯及以上。
A.2.6 氢气：露点小于－70 ℃，含氧量小于 1×10^{-4} %。
A.2.7 氩气：露点小于－70 ℃，含氧量小于 2×10^{-4} %。
A.2.8 籽晶：用电阻率大于 47 Ω·cm(23 ℃±0.5 ℃)的锗单晶制作，晶向为〈111〉或〈100〉。

A.3 设备

A.3.1 单晶炉。
A.3.2 氢气净化器。
A.3.3 管状沉碳炉。

A.4 试样

将抽取的区熔锗锭打断成块，同籽晶一起置于石英烧杯中，倒入去离子水使之淹没锗块，加热到 90 ℃～100 ℃，然后倒入氢氧化铵(A.2.3)和过氧化氢(A.2.5)(水、氢氧化铵和过氧化氢体积比为 100：2：3)，剧烈反应 3 min～5 min 后放出腐蚀液，迅速倒入去离子水，冲洗并煮沸至中性，取出籽晶烘干。

A.5 部件的清洗处理

A.5.1 将制备锗单晶用的石墨坩埚、加热器、保温筒等石墨部件，用盐酸：硝酸＝3：1(体积比)混合溶液在常温下浸泡 24 h。
A.5.2 浸泡后的石墨部件，用去离子水冲洗煮沸至中性(用 pH 试纸检查)，烘干后放入单晶炉内。在真空度不小于 6.65×10^{-4} Pa、温度不低于 1 300 ℃的单晶炉内煅烧 2 h。
A.5.3 石英坩埚内壁吹砂打毛后，用盐酸：硝酸＝3：1(体积比)混合溶液浸泡 24 h，再用去离子水冲洗至中性，烘干。

A.5.4 以流量为500 mL/min的氩气流过装有丙酮的容器，把丙酮带入管状炉内，在温度(1 000±5)℃使石英坩埚沉碳1 h。

A.5.5 将沉碳后的石英坩埚用去离子水煮沸、冲洗、烘干。

A.6 锗单晶的制备

A.6.1 取不低于1 000 g的区熔锗锭，进行腐蚀清洗表面晾干后，将试料放入单晶炉内的石英坩埚中。

A.6.2 关好炉门，抽真空至真空度大于2.66×10^{-2} Pa。

A.6.3 通入纯氢气至常压后，在氢气流量为1 L/min的条件下升温熔料。如果采用纯氩气为保护气体，则通入纯氩气至常压后停止通气，在密闭的情况下升温使锗料熔化。

A.6.4 锗料熔化后，降温到引晶温度并稳定，以籽晶转速为15 r/min～30 r/min，坩埚转速4 r/min～10 r /min，拉晶速度为1.0 mm/min～1.2 mm/min拉制锗单晶。

A.6.5 锗单晶直径控制在25 mm～30 mm。

A.6.6 熔体全部拉完后缓慢降温，待炉内温度降至室温后打开炉门，取出锗单晶。

ICS 77.160
H 21

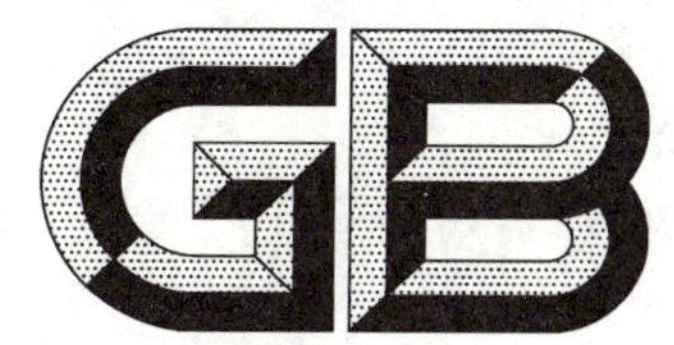

中华人民共和国国家标准

GB/T 11107—2018
代替 GB/T 11107—1989

金属及其化合物粉末比表面积和粒度测定 空气透过法

Metallic and its compound powder—Determination of specific surface and particle size—Air permeating method

2018-09-17 发布　　2019-06-01 实施

国家市场监督管理总局
中国国家标准化管理委员会　发布

前　言

本标准按照 GB/T 1.1—2009 给出的规则起草。

本标准代替 GB/T 11107—1989《金属及其化合物粉末　比表面积和粒度测定　空气透过法》。

本标准与 GB/T 11107—1989 相比，除编辑性修改外主要技术内容变化如下：

——增加了"规范性引用文件"（见第 2 章）；

——将"术语和符号"拆分成"术语及定义"和"符号及名称"（见第 3 章和第 4 章，1989 年版的第 3 章）；

——将"多孔床"改为"粉末床"（见 3.3，1989 年版的 3.1.3）；

——将符号中"Kozeny-carman 系数，商定为 5"改为"本国家标准中 $K=5.0$"（见第 4 章，1989 年版的 3.2）；

——删除"试样取量按粉末的粗细而定，粒度小于 1 μm 的粉末，粉末称量可小于 0. 3 ρ_e 的克数；粒度大于 2 μm 的粉末，称取的质量应大于 1.2ρ_e 的克数"内容，增加 6.1.2（见 6.1.2，1989 年版的 5.1）；

——将"试样的质量称准到 0.001 g"改为"精确到 0.001 g"，并入到 6.1.2 中（见 6.1.2，1989 年版的 5.2）；

——将"试样直径不小于 8 mm，试样厚度不小于 4 mm"改为"试样层的厚度（高度）应不小于平均颗粒直径的 50 倍，试样层的直径应不小于平均颗粒直径的 100 倍"（见 6.2，1989 年版的 5.2）；

——分析天平"用于称量粉末，其感量为 0.001 g 或 0.000 1 g"改为"测量精度应不低于 0.001 g（见 7.1，1989 年版的 6.1）；

——增加"8.1.1 气源压力的校准与调节"和"8.1.2 精密阀的校准"（见 8.1，1989 年版的 7.1）；

——将"精确测出粉末床的厚度 L 和试样管直径 d，依式（10）计算出粉末床的有效孔隙度 ε_p。试样厚度引起的有效孔隙度的误差应不大于 0. 2%。"调整到 8.2.1（见 8.2.1，1989 年版的 7.1）；

——将"粉末及多孔材料测定仪"改为"空气透过法粒度测定仪"（见附录 A，1989 年版的附录 A）。

本标准由中国有色金属工业协会提出。

本标准由全国有色金属标准化技术委员会（SAC/TC 243）归口。

本标准负责起草单位：株洲硬质合金集团有限公司、深圳市注成科技股份有限公司、崇义章源钨业股份有限公司、南昌硬质合金有限责任公司、自贡硬质合金有限责任公司、有色金属技术经济研究院。

本标准主要起草人：张卫东、李惠芳、彭宇、张越、梁鸿、张志伟、阳立庚、邓涛、李思远、杨军、吴艳华。

本标准所代替标准的历次版本发布情况为：

——GB/T 11107—1989。

金属及其化合物粉末
比表面积和粒度测定　空气透过法

1　范围

本标准规定了金属粉末及其化合物粉末比表面积和粒度测定方法——空气透过法。

本标准适用于金属粉末及其化合物粉末比表面积和粒度的测定。

本标准不适用于纤维状、片状粉末的测定，但供需双方协商同意时，也可采用本标准。

本标准不适用于不同材质的混合粉末及含有粘合剂或润滑粉的粉末比表面积和粒度的测定。

2　规范性引用文件

下列文件对于本文件的应用是必不可少的。凡是注日期的引用文件，仅注日期的版本适用于本文件。凡是不注日期的引用文件，其最新版本(包括所有的修改单)适用于本文件。

GB/T 5161　金属粉末　有效密度的测定　液体浸透法

ISO 10070　金属粉末　稳态流动条件粉末层透气性试验　外比表面积的测定(Determination of envelope—Specific surface area from measurements of the permeability to air of a powder bed under steady—State flow conditions)

3　术语和定义

下列术语和定义适用于本文件。

3.1

透过率　permeability

多孔材料输送流体的能力。

注：本标准中流体是指干燥空气。

3.2

间隙孔　interstices

空气能被输送通过的颗粒之间的孔隙。

3.3

有效孔隙度　effective porosity

透过孔隙度　permeable porosity

间隙孔体积与粉末床的体积之比。

3.4

包络体积　envelope volume

粉末有效体积　effective volume of powders

在粉末床中排除间隙孔之外，被粉末颗粒所占据的体积。

3.5

体积比表面　volume specific surface

粉末颗粒的表面积与它的有效体积之比。

注：本标准中，体积比表面分为三种，参见3.5.1、3.5.2、3.5.3。

3.5.1

粘性流体积比表面　viscous flow volume specific surface

涉及有粘性流效应的体积比表面，即仅考虑粘性流动所确定的表面积与粉末的有效体积之比。

3.5.2

分子滑动流体积比表面　molecular slip flow volume specific surface

涉及有分子滑动碰撞效应的体积比表面，即在分子滑动流下所测出的表面积与粉末有效体积之比。

3.5.3

体积全比表面　volume whole specific surface

在空气透过法测定中，具有分子滑动流效应的情况下，所测得的粉末表面积与粉末的有效体积之比。

注：本标准中的体积全比表面与吸附法所测定的体积全比表面是相当的，两者可以相互校对。

3.6

质量比表面　mass specific surface

粉末的全表面积与粉末的质量之比；或者粉末体积全比表面与粉末的有效密度之比。

3.7

粘性流粒度或粘性流等效球形直径　viscous flow particle size or viscous equivalent spherical diameter

非多孔均匀球形粉末，与被测粉末有相同的有效密度，在同一粘性流测定条件下，有相同的粘性流比表面的球形直径。

3.8

全比表面粒度或全比表面等效球形直径　whole specific surface particle size or whole specific surface equivalent spherical diameter

被测粉末的全比表面积与理想光滑均匀球形颗粒有相同的有效密度、相同的全比表面的颗粒直径。

3.9

分子滑动流处理系数　molecular slip flow treatment factor

分子滑动流体积比表面与粘性流体积比表面的比值半倍系数。

3.10

全表面系数　whole surface factor

粉末的体积全比表面与其粘性流体积比表面之比。

3.11

分子碰撞表面相关系数　related coefficient with knocking of the molecules in the surface

分子滑动流的表面效应与孔体积效应的乘积除以粘性流附面层的体积效应。

4　符号及名称

列于表1中的符号及名称适用于本文件。

表1　符号及名称

符号	名称	单位
A	试样横截面积	cm^2
K	Kozeny-carman 系数，本国家标准中 $K=5.0$	—

表 1（续）

符号	名称	单位
L	试样压缩床厚度	cm
d	试样管直径	cm
h	测定时流量计的标定值	mm
m	试样压缩床粉末质量	g
ρ	粉末理论密度	g/cm^3
ρ_e	粉末有效密度	g/cm^3
ε	粉末床总孔隙度	—
ε_p	粉末床有效孔隙度	—
η	空气的粘度	P(泊)
q	流体体积流速率	cm^3/s
Δp	粉末床的压强降	Pa(帕斯卡)或 mmH_2O[a]
λ	空气分子平均自由程	μm
ϕ	总透过率	μm^2
ϕ_k	纯粘性透过率	μm^2
ϕ_m	分子滑动流透过率	μm^2
S_k	粘性流体积比表面	μm^{-1}
S_m	分子滑动流体积比表面	μm^{-1}
S_v	体积全比表面	μm^{-1}
S_w	质量全比表面	m^2/g
D_k	粘性流粒度	μm
D_v	全比表面粒度	μm
β	分子滑动流处理系数	—
δ	全表面系数 $S_v/S_k=\delta$	—
Z	分子碰撞表面相关系数：$Z=\frac{\delta^2-1}{\delta}\times\frac{\varepsilon_p}{(1-\varepsilon_p)\lambda\times S_k}$	—
a	被测粉末下料系数，它等于粉末称量的克数除以有效密度的克数	—
α	仪器常数，无量纲的常数	—

[a] 1 mmH_2O=9.806 65 Pa

5 方法原理

基于稳定空气流动下，气体透过粉末压缩床，气体的透过率受粉末的粒度、形状和床的有效孔隙度的影响。当已知粉末形状、孔隙度并测出其透过率时，按不同的方法就能计算出粉末的粒度和各种比表面积。空气透过粉末床时，一般情况，对粘性流粒度(D_k)大于 10 μm 的粉末，空气透过是粘性流流动；

小于 10 μm 的粉末，是分子滑动流和粘性流的混合流动。

Carman 的粘性流动计算式见式(1)：

$$\phi = \frac{\varepsilon_p^3}{K(1-\varepsilon_p)^2 S_k^2} = \frac{\varepsilon_p^3}{180(1-\varepsilon_p)^2} \times D_k^2 = \frac{q \times \eta \times L}{A \times \Delta p} \quad \cdots\cdots(1)$$

粘性流和分子滑动流的混合流，Carman-malherbe 计算式见式(2)、式(3)：

$$\phi = \phi_k + \phi_m = \frac{\varepsilon_p^3}{K(1-\varepsilon_p)^2 S_v^2} + \frac{\varepsilon_p^2 \times Z \times \lambda}{K(1-\varepsilon_p) S_v} = \frac{q \times \eta \times L}{A \times \Delta p} \quad \cdots\cdots(2)$$

$$\frac{\phi_k}{\phi} + \frac{\phi_m}{\phi} = \frac{S_k^2}{S_v^2} + \frac{S_m}{S_v} = 1 \quad \cdots\cdots(3)$$

从式(1)～式(3)得到式(4)～式(7)：

$$S_m = \frac{\varepsilon_p^2 \times Z \times \lambda}{K(1-\varepsilon_p)\phi} = \left(\frac{1-\varepsilon_p}{\varepsilon_p}\right) Z \times \lambda \times S_k^2 \quad \cdots\cdots(4)$$

$$\beta = \frac{S_m}{2S_k} = \frac{1}{2}\left(\frac{1-\varepsilon_p}{\varepsilon_p}\right) \lambda \times S_k \times Z = \frac{1-\varepsilon_p}{\varepsilon_p} \times \frac{3\lambda}{D_k} \times Z \quad \cdots\cdots(5)$$

$$S_v = (\beta + \sqrt{\beta^2 + 1}) \times S_k = \delta(S_k) \quad \cdots\cdots(6)$$

$$\frac{\delta^2 - 1}{2\delta} = \beta \quad \cdots\cdots(7)$$

上式中 β、δ、Z 可以用吸附法测定的体积全比表面 S_B 来校准，其关系见式(8)、式(9)：

$$\begin{cases} \dfrac{S_B}{S_k} = \dfrac{S_v}{S_k} = \delta = \beta + \sqrt{\beta^2 + 1} \\ \beta = \dfrac{\delta^2 - 1}{2\delta} \end{cases} \quad \cdots\cdots(8)$$

$$Z = \frac{\delta^2 - 1}{\delta} \times \frac{\varepsilon_p}{1-\varepsilon_p} \times \frac{1}{\lambda \times S_k} \quad \cdots\cdots(9)$$

粉末床的总孔隙率和有效孔隙度见式(10)：

$$\begin{cases} \varepsilon_p = 1 - \dfrac{m}{\rho_e \times A \times L} \\ \varepsilon = 1 - \dfrac{m}{\rho \times A \times L} \end{cases} \quad \cdots\cdots(10)$$

粉末床的粒度和比表面的关系见式(11)：

$$\begin{cases} D_k = \dfrac{6}{S_k} \\ D_v = \dfrac{6}{S_v} = \dfrac{6}{S_w \times \rho_e} = \dfrac{6}{\delta \times S_k} = \dfrac{D_k}{\delta} \end{cases} \quad \cdots\cdots(11)$$

粉末常用测量计算式见式(12)：

$$D_k = a\left[\frac{h}{\alpha \times \Delta p}\left(\frac{1-\varepsilon_p}{\varepsilon_p}\right)^3\right]^{\frac{1}{2}} \times L \quad \cdots\cdots(12)$$

6 试样制备与要求

6.1 试样制备

6.1.1 待测粉末可在接收状态下测试也可在适当气氛中干燥后测试，但要确保试样干燥而不氧化。

6.1.2 试样压缩床粉末质量 m 按 $\alpha \times \rho_e$ 的倍数称取粉末质量，以克为单位，精确到 0.001 g；α 取值的原则是：使测量时U形压力计的水柱高度落在满量程的1/3～2/3内。粉末越细，α值应越小；粉末越粗，α值应越大。当D_k＜0.5 μm时，α取值范围为0.03～0.5；当0.5 μm≤D_k＜1 μm时，α取值范围为0.5～1；当1 μm≤D_k＜20 μm时，α取值范围为1～2；当20 μm≤D_k＜120 μm时，α取值范围为2～5，此时滤纸应用针钻孔5～6个消除滤纸阻力。其中ρ_e按照GB/T 5161中的方法测定。

6.1.3 试样装入试样管，试样两端面分别加一片快速滤纸，用多孔塞压紧滤纸和粉末。

6.2 试样要求

试样应符合ISO 10070的规定：试样层的厚度(高度)应不小于平均颗粒直径的50倍，试样层的直径应不小于平均颗粒直径的100倍。试样压缩床孔隙度要求分布均匀。

7 试验仪器

7.1 分析天平

分析天平的测量精度应不低于0.001 g。

7.2 空气透过法粒度测定仪

空气透过法粒度测定仪原理示意图参见附录A。主要部件包括：

——空气泵和稳压装置；

——测高计，用于测量粉末试样厚度L和流量计的水柱高h，读数精确到0.02 mm；

——精密流量计，其等径等臂性精度为0.003，其指示值最高为300 mmH$_2$O，读数精确到0.06 mmH$_2$O。

8 测定步骤

8.1 仪器的校准

8.1.1 气源压力的校准与调节

将空试样管接入气流系统并夹紧。进行空管气路接通试验，大于或等于1 μm的粉末控制压力源为500 mmH$_2$O，调整稳压控制旋转阀，确保压力波动不大于0.5 mmH$_2$O；小于1 μm的粉末，允许用高于500 mmH$_2$O的压力源，压力波动应不大于1.0 mmH$_2$O。

8.1.2 精密阀的校准

试样管接通气路，当垂直压力计指示压力源为500 mmH$_2$O时，压力波动不大于0.5 mmH$_2$O，换下试样空管。在接口处接上校准管，调整第一挡控制阀，使流量计指示值达到校准管所标定的h_1值，完成第一挡的仪器校准。挡次控制旋钮对准第二挡位置，调节第二挡控制阀，使指示值达到校准管所标定的h_2值，完成第二挡的仪器校准。

8.2 试样的测定

8.2.1 按6.1制备试样，精确测出粉末床的厚度L和试样管直径d，依式(10)计算出粉末床的有效孔隙度ε_p。试样厚度引起的有效孔隙度的误差应不大于0.2%。

8.2.2 将制备好的试样，接在测定气路中，控制压力源为500 mmH$_2$O，压力波动不大于0.5 mmH$_2$O，用第一挡完成小于35 μm的粉末测定。当空气通过试样5 min后，有稳定的流量，用测高计测出流量计指示的该值h，以mmH$_2$O为单位，记录到小数点后两位数，读准小数点后第一位。若流量计指示值超过 240 mmH_2O,则应该使用第二挡进行测定。若粉末小于 0.5 μm,则允许用高于 500 mmH_2O 以上的压力源,流量计指示值不应小于 5 mm。

8.2.3 用第二挡测定粉末时,先将空管接通气路,挡次旋钮置于第二挡位置,开通气泵,求出每 1 mmH_2O流量计指示值的管道压力损耗 $\Delta p'$。摘下空管,将被测试样接入气路中,空气通过试样5 min 后,有稳定的流量,记录第二挡流量值 h。

8.2.4 测定的累计读数总误差为 0.01 mm。在 1 μm～8 μm 范围内重复测定,读数的相对误差应小于 1.5%。

9 结果的计算与表达

9.1 测定结果的计算

测定结果按式(12)首先计算出 D_k,依式(5)或式(8)计算出 β,然后按式(11)计算出 S_k、S_v 和 D_v。第二挡测量结果的计算中,试样上的压力降 Δp,还应减去管道的压力损耗 $\Delta p' \cdot h$。

9.2 测定结果的表达

9.2.1 大于 10 μm 的粉末只作 D_k 的测定。

9.2.2 小于 10 μm 的粉末,应测定出 D_k、D_v、S_k、S_v、S_m 和 S_w。

9.2.3 校准性的测定应先有 S_B,得到 δ 和 β,然后适当地改变 ε_p 得到对应的 Z 值。

9.2.4 所有空气透过法测定的比表面积和粒度应标注孔隙度,记入原始测定数据中。

10 测定报告

测定报告包括下列内容:

a) 本标准编号;

b) 委托单位;

c) 被测样品名称、规格和所测项目;

d) 试样处理情况;

e) 记录粉末有效密度和有效孔隙度;

f) 测出的 D_k、D_v、S_k、S_v、S_m 和 S_w 值;

g) 任何对试验有影响的细节;

h) 测定时间、检测人员和责任人员签名。

附 录 A
（资料性附录）
空气透过法粒度测定仪原理示意图

空气透过法粒度测定仪原理示意图见图 A.1。

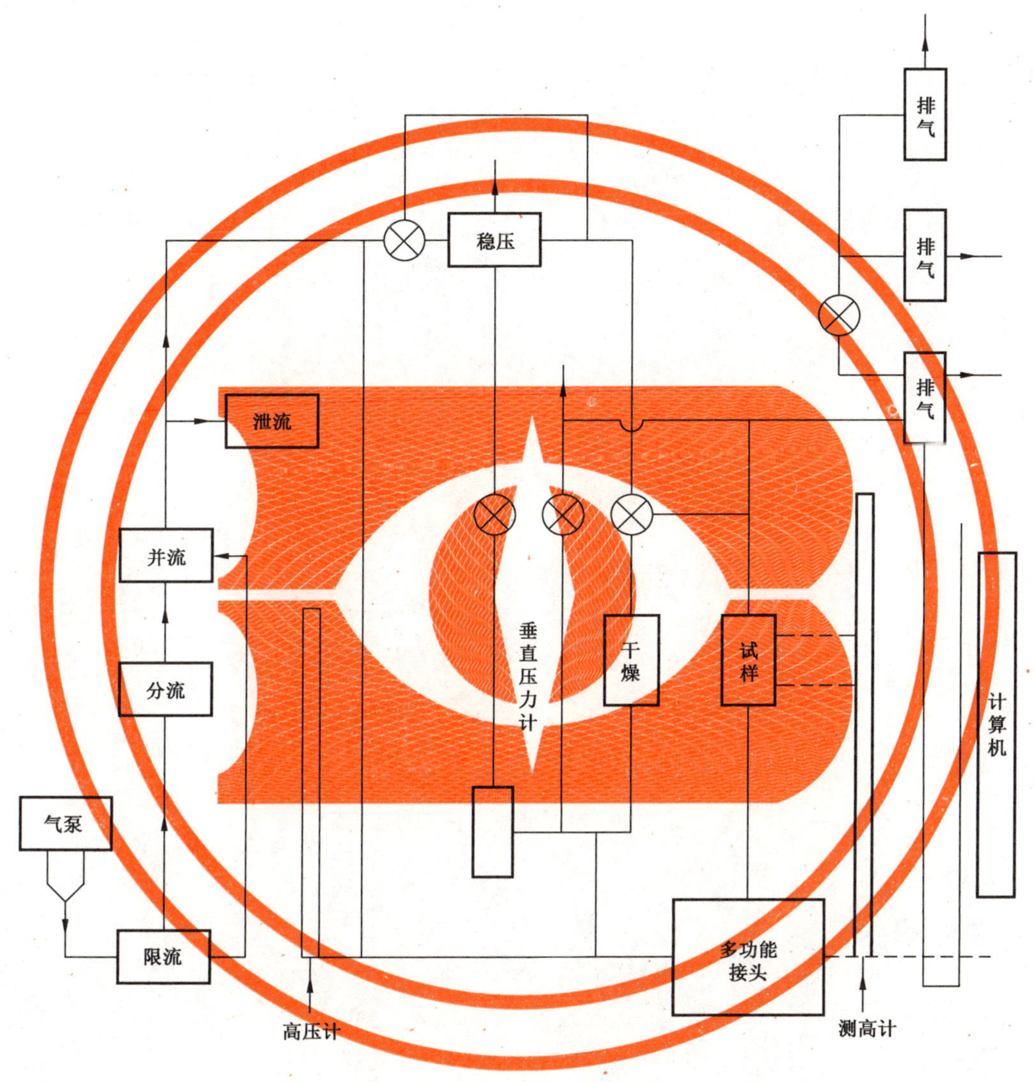

图 A.1 空气透过法粒度测定仪原理示意图

ICS 33.120.30
L 23

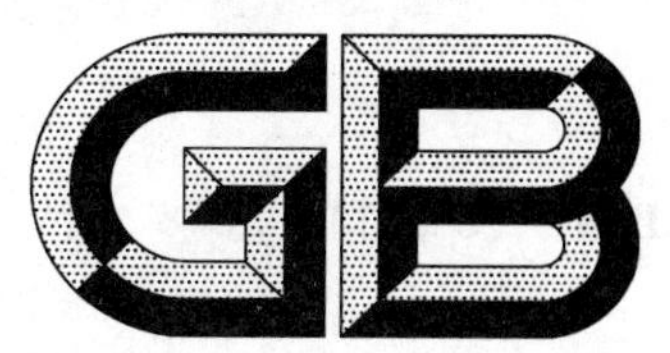

中华人民共和国国家标准

GB/T 11313.11—2018

射频连接器 第11部分:外导体内径为9.5 mm(0.374 in)、特性阻抗为50 Ω、螺纹连接的射频同轴连接器(4.1/9.5型)分规范

**Radio-frequency connectors—
Part 11:Sectional specification for RF coaxial connectors
with inner diameter of outer conductor 9.5 mm (0.374 in)
with screw coupling with characteristic impedance 50 Ω (type 4.1/9.5)**

[IEC 60169-11:1977,Radio-frequency connectors—Part 11:RF coaxial connectors with inner diameter of outer conductor 9.5 mm (0.374 in) with screw coupling—Characteristic impedance 50 ohms (Type 4.1/9.5),NEQ]

2018-09-17 发布　　2019-01-01 实施

国家市场监督管理总局
中国国家标准化管理委员会　发布

前　言

GB/T 11313《射频连接器》已经或计划发布以下部分：

——第1部分：总规范　一般要求和试验方法；

——第2部分：9.52型射频同轴连接器分规范；

——第3部分：双平衡天线馈线用双插针连接器分规范；

——第4部分：外导体内径为16 mm (0.63 in)、特性阻抗为50 Ω、螺纹连接射频同轴连接器(7-16型)；

——第5部分：与60096 IEC 50-17和更大的电缆配接用射频同轴连接器分规范；

——第6部分：与60096 IEC 75-17和更大的电缆配接用射频同轴连接器分规范；

——第7部分：外导体内径为9.5 mm(0.374 in)、特性阻抗为50 Ω、卡口连接的射频同轴连接器(C型)分规范；

——第8部分：外导体内径为6.5 mm(0.256 in)、特性阻抗为50 Ω(75 Ω)、卡口连接的射频同轴连接器(BNC型)分规范；

——第9部分：SMC系列射频同轴连接器分规范；

——第10部分：SMB系列射频同轴连接器分规范；

——第11部分：外导体内径为9.5 mm(0.374 in)、特性阻抗为50 Ω、螺纹连接的射频同轴连接器(4.1/9.5型)分规范；

——第12部分：非匹配螺纹连接射频同轴连接器(UHF型)分规范；

——第13部分：1.6/5.6型和1.8/5.6型射频同轴连接器分规范；

——第14部分：外导体内径为12 mm (0.472 in)、特性阻抗为75 Ω、螺纹连接射频同轴连接器(3.5/12型)分规范；

——第15部分：外导体内径为4.13 mm (0.163 in)、特性阻抗为50 Ω、螺纹连接的射频同轴连接器(SMA型)；

——第16部分：外导体内径为7 mm(0.276 in)、特性阻抗为50 Ω(75 Ω)、螺纹连接的射频同轴连接器(N型)分规范；

——第17部分：外导体内径为6.5 mm(0.256 in)、特性阻抗为50 Ω、螺纹连接的射频同轴连接器(TNC型)分规范；

——第18部分：SSMA系列射频同轴连接器分规范；

——第19部分：SSMB型射频同轴连接器分规范；

——第20部分：外导体内径为2.08 mm (0.082 in)、特性阻抗为50 Ω、螺纹连接的射频同轴连接器(SSMC型)分规范；

——第21部分：外导体内径为9.5 mm (0.374 in)、特性阻抗为50 Ω、具有两种不同螺纹连接形式的射频连接器(SC-A和SC-B型)分规范；

——第22部分：双内导体屏蔽对称电缆用卡口连接的双芯射频连接器(BNO型)分规范；

——第23部分：接3.5 mm硬精密同轴线、外导体内径为3.5 mm (0.1378 in)射频同轴连接器分规范；

——第24部分：75 Ω电缆分配系统用螺纹连接射频同轴连接器(F型)分规范；

——第25部分：接双内导体屏蔽对称电缆、外导体内径为13.56 mm(0.534 in)的双芯螺纹式(3/4-20UNEF)连接连接器(TWHN型)分规范；

——第 26 部分:TNCA 系列射频同轴连接器分规范;
——第 27 部分:75 Ω 电缆分配系统用螺纹连接射频同轴连接器(E 型)分规范;
——第 28 部分:外导体内径为 5.60 mm (0.220 in)、特性阻抗为 75 Ω、卡锁连接射频同轴连接器分规范;
——第 29 部分:50 Ω 和 75 Ω 用特性阻抗为 50 Ω、具有螺纹、推拉、快锁或滑轨式机架或面板用小型射频同轴连接器(1.0/2.3 型)分规范;
——第 31 部分:外导体内径为 1.0 mm (0.039 in)、特性阻抗为 50 Ω、螺纹连接的射频同轴连接器(1.0 型)分规范;
——第 32 部分:外导体内径为 1.85 mm (0.072 in)、特性阻抗为 50 Ω、螺纹连接的射频同轴连接器(1.85 型)分规范;
——第 33 部分:BMA 系列射频连接器分规范;
——第 35 部分:2.92 系列射频连接器分规范;
——第 36 部分:特性阻抗为 50 Ω 的搭锁连接微小型射频同轴连接器(MCX 型);
——第 37 部分:STWX8 系列射频同轴连接器分规范;
——第 38 部分:50 Ω 背板和面板用模块滑入式射频连接器(TMA 型)分规范;
——第 39 部分:CQM 系列快速锁紧射频连接器分规范;
——第 40 部分:2.4 系列射频连接器分规范;
——第 41 部分:CQA 系列快速锁紧射频连接器分规范;
——第 42 部分:CQN 系列快速锁紧射频连接器分规范;
——第 43 部分:RBMA 系列盲配射频同轴连接器分规范;
——第 44 部分:SMP 系列推入式射频同轴连接器分规范;
——第 45 部分:SQMA 系列快速锁紧射频同轴连接器分规范;
——第 47 部分:Fquick 系列 75 Ω 电缆分配系统用插入式射频同轴连接器分规范;
——第 48 部分:BMP 系列盲配射频同轴连接器分规范;
——第 49 部分:SMAA 系列射频同轴连接器分规范;
——第 50 部分:外导体内径为 4.11 mm 、特性阻抗为 50 Ω、快速锁紧射频同轴连接器(QMA 型)分规范;
——第 51 部分:外导体内径为 13.5 mm 、特性阻抗为 50 Ω、刺刀锁紧射频同轴连接器(QLI 型)分规范;
——第 53 部分:S7-16 系列螺纹式射频同轴连接器分规范;
——第 54 部分:外导体内径为 10 mm 、特性阻抗为 50 Ω 射频同轴连接器(4.3-10 系列)分规范;
——第 58 部分:SBMA 系列盲配射频同轴连接器分规范;
——第 59 部分:L32-4 和 L32-5 型螺纹连接多通道射频连接器分规范;
——第 101 部分:MMCX 系列射频同轴连接器分规范;
——第 201 部分:电气试验方法　反射系数和电压驻波比;
——第 202 部分:电气试验方法　插入损耗。

本部分为 GB/T 11313 的第 11 部分。

本部分按照 GB/T 1.1—2009 给出的规则起草。

本部分使用重新起草法参考 IEC 60169-11:1977《射频连接器　第 11 部分:外导体内径为 9.5 mm (0.374 in)的螺纹连接射频同轴连接器　特性阻抗 50 Ω(4.1/9.5 型)》编制,与 IEC 60169-11:1977 的一致性程度为非等效。

本部分与 IEC 60169-11:1977 的主要差别如下:

——本部分的“1 范围”按分规范的格式进行了改编;

——增加了“2 规范性引用文件”；

——本部分所有图形均按我国的制图标准重新进行了绘制(见 3.1.1、3.1.2、3.2.1、3.3.1、3.3.2)；

——螺纹 M20×1 增加精度要求，外螺纹为“M20×1-6g ”，内螺纹为“M20×1-6H”；

——将 IEC 60169-11:1977 中图 1 的尺寸“*e*”由 9.4～9.6 改为 9.45～9.55；

——将 IEC 60169-11:1977 中图 1 的尺寸“*g*”由 0.8～1.6 改为 1.4～1.6；

——将 IEC 60169-11:1977 中图 1 的尺寸“*i*”由 2.0～4.0 改为 3.0～4.0；

——本部分在 IEC 60169-11:1977 图 1 的基础上增加了尺寸“*l*”和“*m*”；

——将 IEC 60169-11:1977 中图 2 的尺寸“*e*”由 9.4～9.6 改为 9.45～9.55；

——将 IEC 60169-11:1977 中图 2 的尺寸“*q*”由 5.8～6.2 改为尺寸“*h*”6.05～6.20；

——本部分在 IEC 60169-11:1977 图 2 的基础上增加了尺寸“*c*”“*i*”“*l*”和“*n*”；

——标准试验连接器(0 级)增加了形位公差要求；

——删除了 IEC 60169-11:1977 中的“2 IEC 型号命名”“7 结构综述”和“8 外形尺寸”；

——将 IEC 60169-11:1977 中的“4 优选的气候类别”列入到本部分“表 6 额定值和特性”的环境性能部分；

——将 IEC 60169-11:1977 中的“3 额定值”和“9 类型试验一览表”列入到本部分“4 质量评定程序”；

——“表 6 额定值和特性”增加了额定功率和无源互调的要求；

——增加了“5 详细规范制定指南”。

请注意本文件的某些内容可能涉及专利。本文件的发布机构不承担识别这些专利的责任。

本部分由中华人民共和国工业和信息化部提出。

本部分由全国电子设备用高频电缆及连接器标准化技术委员会(SAC/TC 190)归口。

本部分起草单位：中航富士达科技股份有限公司、中国电子技术标准化研究院。

本部分主要起草人：杨秋莉、武向文、吴正平。

射频连接器
第11部分:外导体内径为9.5 mm(0.374 in)、特性阻抗为50 Ω、螺纹连接的射频同轴连接器(4.1/9.5型)分规范

1 范围

本部分为GB/T 11313.1—2013的分规范,它给出了制定4.1/9.5型射频同轴连接器详细规范的内容和规则,以及详细规范的空白格式。4.1/9.5型射频同轴连接器具有50 Ω标称阻抗、螺纹连接,工作频率达14 GHz,在微波传输系统中主要用于配接各种射频电缆或微带。

本部分规定了2级通用连接器的插合界面尺寸、0级标准试验连接器的详细尺寸、标准规检测要求、以及从GB/T 11313.1—2013中选取的适用于4.1/9.5型射频同轴连接器的所有详细规范的标准规详细要求和试验程序。

本部分还规定了编写详细规范时应考虑的推荐额定值和特性,并规定了适用于M级和H级评定等级的试验一览表和检验要求。

注:本部分原始尺寸为毫米,所有未注尺寸的图形结构仅供参考。

2 规范性引用文件

下列文件对于本文件的应用是必不可少的。凡是注日期的引用文件,仅注日期的版本适用于本文件。凡是不注日期的引用文件,其最新版本(包括所有的修改单)适用于本文件。

GB/T 11313.1—2013　射频连接器　第1部分:总规范　一般要求和试验方法(IEC 61169-1:1998,IDT)

IEC 61726　电缆组件、电缆、连接器和无源微波组件　屏蔽衰减测量混响室法(Cable assemblies, cables, connectors and passive microwave components—Screening attenuation measurement by the reverberation chamber method)

IEC 62037-3　无源射频和微波装置互调电平测量　第3部分:同轴连接器的无源互调测量(Passive RF and microwave devices, intermodulation level measurement—Part 3: Measurement of passive intermodulation in coaxial connectors)

IEC 62153-4　金属通信电缆试验方法　第4部分(Metallic communication cable test methods—Part 4)

3 插合界面和标准规

3.1 尺寸-通用连接器-2级

3.1.1 插针连接器

插针连接器界面见图1,尺寸见表1。

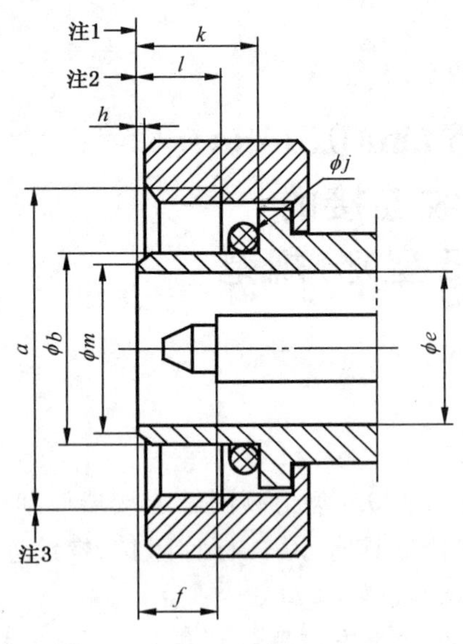

a） 插针连接器界面

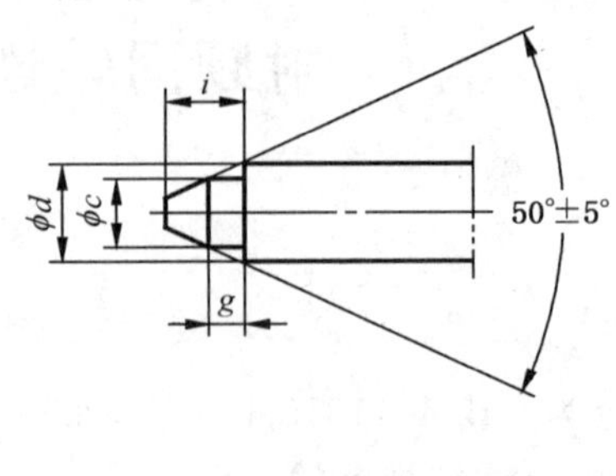

b） 插针中心接触件详图

注 1：机械和电气基准面。

注 2：螺套移动到最前端的尺寸。

注 3：“M20×1-6H”表示具有标称直径为 20 mm，螺距为 1 mm 的公制螺纹。

图 1 插针连接器

表 1 插针连接器尺寸

单位为毫米

代号	最小值	最大值
a	M20×1-6H	
b	11.84	12.02
c	2.855	2.945
d[a]	4.13(标称值)	
e	9.45	9.55
f	5.05	5.35
g	1.4	1.6
h	0	1.0
i	3.0	4.0
j[b]	—	—
k[c]	—	—
l	6.2	—
m	10.8	—

[a] 尺寸公差取决于特性阻抗的公差。

[b] 密封圈尺寸的选取需满足环境、电气性能的要求。

[c] 如果需要密封，应对尺寸 k(图 1)进行调整，以便使所选用的密封圈对插孔连接器(图 2)的前端面(尺寸 m 和 b)施加足够的压力，以确保充分密封。

3.1.2 插孔连接器

插孔连接器界面见图 2，尺寸见表 2。

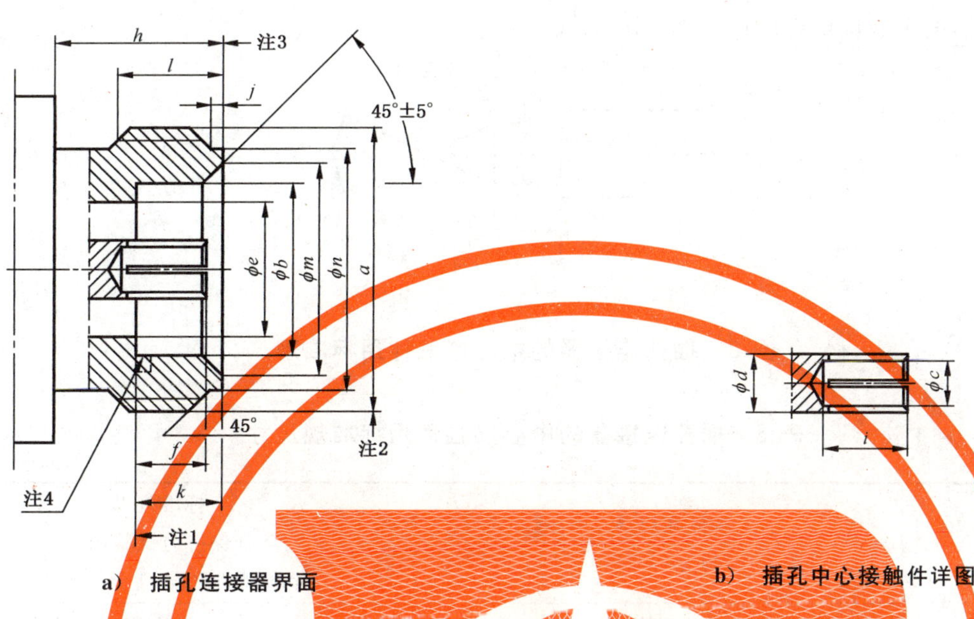

a） 插孔连接器界面

b） 插孔中心接触件详图

注 1：机械和电气基准面。

注 2："M20×1-6g"表示具有标称直径为 20 mm，螺距为 1 mm 的公制螺纹。

注 3：安装法兰或附件的最小距离。

注 4：根切是允许的。

图 2 插孔连接器

表 2 插孔连接器尺寸

单位为毫米

代号	最小值	最大值
a	M20×1-6g	
b	12.03	12.21
c[a]	—	—
d[b]	4.13(标称值)	
e	9.45	9.55
f	4.73	5.03
h	6.5	—
i	5	—
j	1.9	2.3
k	6.05	6.20
l	6	—
m	14.9	15.0
n	18.3	18.4

[a] 孔的直径和开槽设计任意，当与 ϕ2.855 mm～ϕ2.945 mm 的插针插合时需满足机械和电气性能的要求。

[b] 此尺寸的公差取决于特性阻抗的公差。

3.2 标准规

3.2.1 插孔连接器的中心接触件用标准规

插孔连接器的中心接触件用标准规见图3,尺寸见表3。

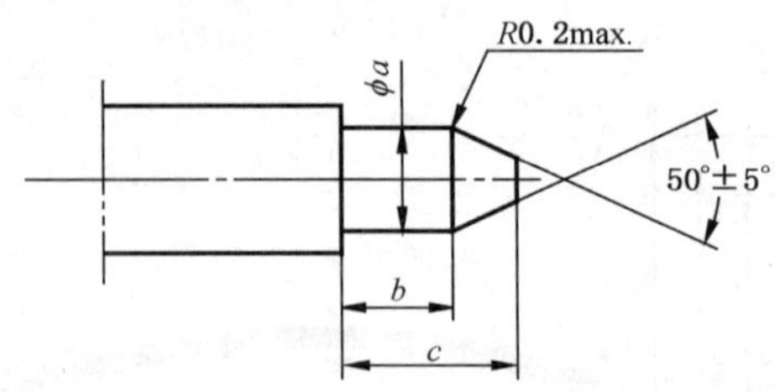

图3 插孔连接器的中心接触件用标准规

表3 插孔连接器的中心接触件用标准规尺寸

单位为毫米

代号	标准规A (稳定尺寸用)		标准规B (保持力试验用) 标准规的质量(重量):150^{+5}_{0}g	
	最小值		最大值	
a	2.945	2.950	2.850	2.855
b	2.0	2.2	2.0	2.2
c	3.3	3.5	3.3	3.5
注:材料为抛光钢材,在长度 *b* 的圆柱表面粗糙度:$Ra \leqslant 0.4\ \mu m$。				

3.2.2 试验程序

试验程序如下:

a) 稳定尺寸试验

把标准规A插入中心接触件三次,这是稳定尺寸操作。

b) 插入力试验

当详细规范规定时,稳定尺寸试验后,把标准规A插入插孔连接器的中心接触件,插入力应不大于10 N。

c) 保持力试验

稳定尺寸试验后,把标准规B插入插孔中心接触件,此时接触件垂直朝下应能保持住标准规B的重量。

3.3 尺寸-标准试验连接器-0级

3.3.1 插针标准试验连接器

插针标准试验连接器界面见图4,尺寸见表4。

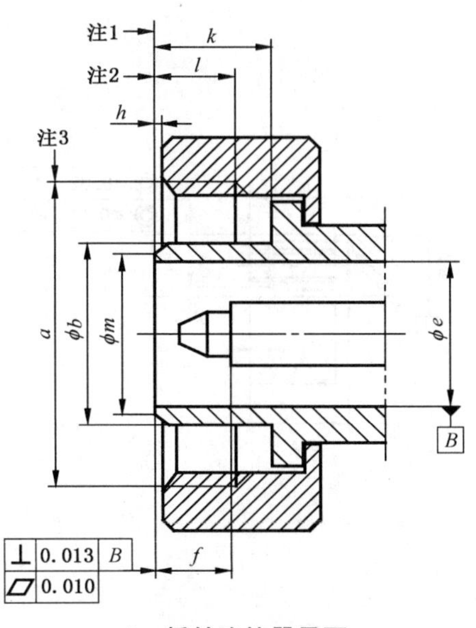

a） 插针连接器界面

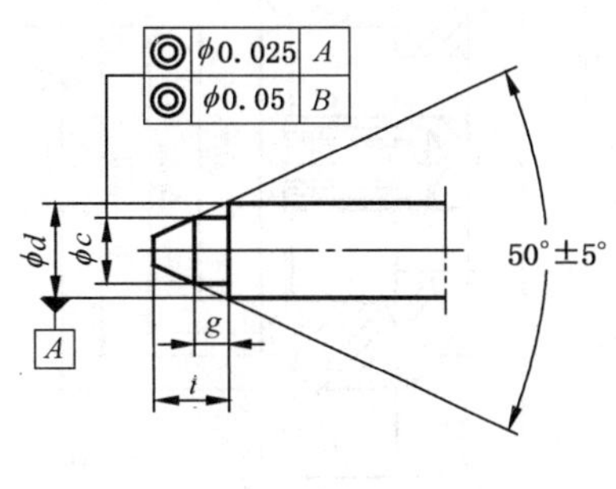

b） 插针中心接触件详图

注 1：机械和电气基准面。

注 2：螺套移动到最前端的尺寸。

注 3："M20×1-6H"表示具有标称直径为 20 mm，螺距为 1 mm 的公制螺纹。

图 4 插针连接器

表 4 插针连接器尺寸

单位为毫米

代号	最小值	最大值
a	M20×1-6H	
b	11.84	12.02
c	2.898	2.902
d	4.126	4.130
e	9.500	9.510
f	5.040	5.060
g	1.4	1.6
h	0	1.0
i	3.0	4.0
k	6.3	—
l	6.2	—
m	10.8	—

3.3.2 插孔标准试验连接器

插孔标准试验连接器界面见图 5，尺寸见表 5。

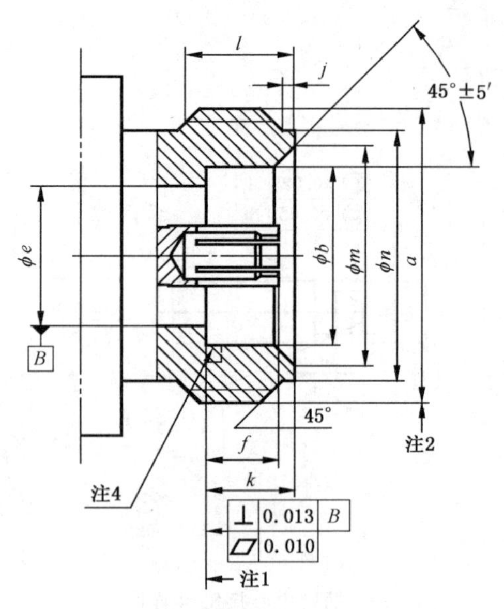

a） 插孔连接器界面

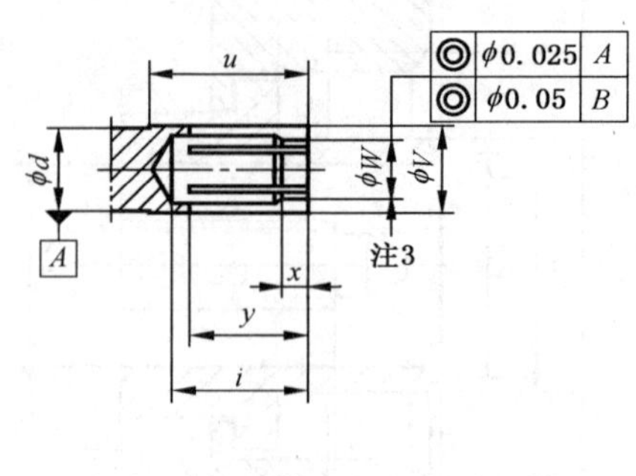

b） 插孔中心接触件详图

注 1：机械和电气基准面。

注 2：“M20×1-6g”表示具有标称直径为 20 mm，螺距为 1 mm 的公制螺纹。

注 3：六槽，60° ± 50′均布，槽宽 0.30 mm。

注 4：根切是允许的。

图 5 插孔连接器

表 5 插孔连接器尺寸

单位为毫米

代号	最小值	最大值
a	M20×1-6g	
b	12.03	12.21
d	4.126	4.130
e	9.500	9.510
f	5.000	5.020
i	5	—
j	1.9	2.3
k	6.05	6.20
l	6	—
m	14.9	15.0
n	18.3	18.4
u[a]	—	—
v[a]	—	—
w[b]	—	—
x[a]	—	—
y[a]	—	—

[a] 回波损耗应当优于 2 级连接器 10 dB。

[b] 当与 φ2.898 mm～φ2.902 mm 的插针插合时需满足机械和电气性能的要求。

4 质量评定程序

4.1 通则

4.2～4.4 规定了当编写详细规范时所应考虑的推荐额定值、特性和测试条件，也规定了相应质量检验水平适用的试验一览表及程序。

4.2 额定值和特性

下列规定值推荐用于 4.1/9.5 型射频同轴连接器，并供详细规范的制定者参考。

没有给出任何推荐值的某些试验通常不作要求。当需要这些试验时，由规范制定者在详细规范中根据自已的判断填入适用的值。

额定值和特性见表 6。

表 6 额定值和特性

额定值和特性	GB/T 11313.1—2013 试验方法章条号	值	备注或与标准试验方法的差异
电气性能			
标称阻抗		50 Ω	
频率范围[a]		DC～14 GHz	或电缆上限频率之较低者
2 级连接器			
反射系数[a] ——直式 ——直角弯式 ——元件安装形式 ——焊线槽和印制板安装式	9.2.1	 ≤0.05(0 GHz～4 GHz) ≤0.10(4 GHz～10 GHz) ≤0.13(10 GHz～14 GHz) 见详细规范 见详细规范 见详细规范	
额定功率	9.2.2	2 GHz，平均功率 500 W	
接触电阻、外导体和屏蔽连续性以及中心导体连续性(插合接有电缆的连接器)	9.2.3		
中心接触件接触电阻[b] ——初始值 ——环境试验后		 ≤1.0 mΩ ≤1.5 mΩ	
外导体接触电阻[b] ——初始值 ——环境试验后		 ≤1.3 mΩ ≤2.6 mΩ	
绝缘电阻 ——初始值 ——环境试验后	9.2.5	 ≥5 000 MΩ ≥200 MΩ	
耐电压[c,d] ——海平面 ——4.4 kPa	9.2.6	 2 500 V 450 V	 (86 kPa～106 kPa) 4.4 kPa 相当于 20 km 的高空

表 6（续）

额定值和特性	GB/T 11313.1—2013 试验方法章条号	值	备注或与标准试验方法的差异
屏蔽效率[f]	9.2.8 IEC 62153-4 或者 IEC 61726	≥90 dB (0 GHz～3 GHz)	施加的连接力矩:10N·m
无源互调	IEC 62037-3	频率: f_1:890 MHz～960 MHz f_2:1 710 MHz～1 880 MHz f_3:1 920 MHz～2 170 MHz PIM3:≤−158 dBc	测试功率:2×20W
放电试验(电晕试验) ——海平面	9.2.9	2 100 V	86 kPa～106 kPa
机械性能			
标准规保持力(弹性接触件) ——中心接触件	9.3.4	≥1.5N	见 3.2
中心接触件固定性 ——轴向力 ——各方向允许位移 ——力矩	9.3.5	≥80 N 0.25 mm 见详细规范	试验后中心接触件满足界面尺寸的要求 试验时中心接触件不应发生转动
啮合力和分离力及转矩	9.3.6		
连接力矩: ——连接螺母摩擦力 ——正常力矩 ——耐力矩		10N·m～15 N·m 20 N·m	手动
电缆固紧装置的机械试验			
——电缆旋转	9.3.7.2	见详细规范	
——电缆拉伸	9.3.8	见详细规范	
——电缆弯曲	9.3.9	见详细规范	
——电缆扭转	9.3.10	见详细规范	
连接机构强度	9.3.11	≥500 N	
碰撞	9.3.13	见详细规范	
振动	9.3.3	100 m/s^2 10 Hz～500 Hz	10g_n 加速度
冲击	9.3.14	500 m/s^2 半正弦波 11 ms	50g_n 加速度
环境性能			
气候类别		40/085/21 55/125/21 55/155/56	A B C

表 6（续）

额定值和特性	GB/T 11313.1—2013 试验方法章条号	值	备注或与标准试验方法的差异
密封——非气密封连接器	9.4.5.1	100 kPa·cm³/h	压差在 100 kPa～110 kPa
密封——气密封连接器	9.4.5.2	见详细规范	
盐雾	9.4.6	48h	持续喷雾
耐久性			
机械耐久性	9.5	500 次	
高温耐久性[e]	9.6	125 ℃,1 000 h	

[a] 这些值适用于通用连接器,实际上,这些值会受到所用电缆的影响,通常应参考详细规范中给出的实际值。
[b] 一对连接器的值。
[c] 除非另有规定,电压值为(40 Hz～65 Hz)时的交流有效电压。
[d] 有些与这些连接器配用的电缆的额定值低于本规范给出的值。
[e] 对于某些连接器,上限温度受到电缆特性的限制,应参照相应的电缆规范。
[f] 当界面完全插合时。

4.3 试验一览表和检验要求

4.3.1 交收试验

对于评定水平 H 和 M,没有 C 组试验。

交收试验见表 7。

表 7 交收试验

	GB/T 11313.1—2013 试验方法章条号	评定等级 M(较高)				评定等级 H(较低)			
		要求试验	IL	AQL %	周期	要求试验	IL	AQL %	周期
A1 组					逐批试验				逐批试验
外观检查	9.1.2	a	Ⅱ	1.0		a	S3	1.5	
B1 组									
外形尺寸	9.1.3.1	a	S4	0.40		a	S3	0.40	
机械互换性	9.1.3.3	a	Ⅱ	1.0		a	S3	1.5	
啮合力和分离力	9.3.6	a	S4	0.40		a	S3	1.5	
标准规保持力(弹性接触件)	9.3.4	ia	Ⅱ	1.0		ia	S3	1.5	
密封性——非气密封连接器	9.4.5.1	ia	Ⅱ	0.65		ia	S3	1.0	
密封性——气密封连接器	9.4.5.2	ia	Ⅱ	0.015		ia	S3	0.025	
耐电压	9.2.6	a	Ⅱ	0.40		a	Ⅱ	4.0	
可焊性——零件(d)	9.3.2.1.1	ia	S4	0.40		ia	S3	4.0	
绝缘电阻	9.2.5	a	S4	0.40		a	S3	4.0	
安全丝孔强度——零件(d)	9.3.15	ia	S4	0.40		ia	S3	4.0	

说明：
a ——适用。
ia ——要求的试验(技术适用时)。
IL ——检验水平。
AQL ——可接受质量水平。
(d) ——破坏性试验方法——试验样品不能返回库存。

4.3.2 周期试验

周期试验见表 8。

表 8 周期试验

	GB/T 11313.1—2013 试验方法章条号	评定等级 M(较高)				评定等级 H(较低)			
		要求试验	样品数	每组允许失效数[a]	周期	要求试验	样品数	每组允许失效数[a]	周期
D1 组(d)			6	1	3 年		3	1	3 年
可焊性——连接器组件	9.3.2.1.1	ia				ia			
耐焊接热	9.3.2.1.2	ia				ia			
电缆固紧装置的机械试验 ——电缆旋转(挠动) ——电缆拉伸 ——电缆弯曲 ——电缆扭转	 9.3.7.2 9.3.8 9.3.9 9.3.10	 ia ia ia ia				 ia ia ia ia			
弯曲力矩(剪切力)	9.3.12	ia				ia			
连接机构强度	9.3.11	ia				ia			
D2 组(d)			6	1	3 年		3	1	3 年
接触电阻、外导体和屏蔽连续性以及中心导体连续性(插合接有电缆的连接器)	9.2.3	a				a			
碰撞	9.3.13	ia				ia			
振动	9.3.3	a				a			
冲击	9.3.14	a				a			
稳态湿热	9.4.3	a				a			
盐雾	9.4.6	a				ia			
D3 组			1[b]	1	3 年		1[b]	1	3 年
尺寸、零件和材料	9.1.3.2	a				a			
D4 组(d)			6	1	3 年		3	1	3 年
机械耐久性	9.5	a				a			
高温耐久性	9.6	ia				ia			
二氧化硫试验	9.4.8	ia				ia			
D5 组(d)			6	1	3 年		3	1	3 年
反射系数	9.2.1	a				a			
屏蔽效率	9.2.8	ia				ia			
浸水试验	9.2.7	ia				ia			

表 8（续）

	GB/T 11313.1—2013 试验方法章条号	评定等级 M(较高)				评定等级 H(较低)			
		要求试验	样品数	每组允许失效数[a]	周期	要求试验	样品数	每组允许失效数[a]	周期
D6 组(d)			6	1	3 年		3	1	3 年
中心接触件固定性	9.3.5	ia				ia			
放电试验(电晕试验)	9.2.9	ia				ia			
温度快速变化	9.4.4	ia				ia			
气候顺序	9.4.2	ia				ia			
D7 组(d)			1[c]		3 年		1[c]		3 年
耐溶剂和污染流体	9.7	ia				ia			

说明：
a ——适用。
ia ——要求的试验(技术适用时)。
na ——不适用。
(d)——破坏性试验——试验样品不能返回库存。

[a] 对于鉴定批准，D1～D7 组只允许两次失效。
[b] 除非使用同样的零部件，否则每种型号和规格均要求一套产品。
[c] D7 组——每种溶剂要求的连接器对数。

4.4 质量一致性检验程序

4.4.1 质量一致性检验

包括以逐批为基础的 A1 组和 B1 组试验。

4.4.2 质量一致性检验及其维持

包括从通过 A1 和 B1 组试验的三个连续批次中抽取试验样品，并成功地通过规定的 D 组周期试验。

5 详细规范制定指南

5.1 通则

详细规范制定者应使用适用的空白详细规范格式。以下列出了用于 4.1/9.5 型射频同轴连接器的空白详细规范，并已列入了有关下列内容：

a) 适用于分规范覆盖的所有系列品种的连接器详细规范的基本规范编号。

b) 连接器的系列代号。

规范制定者应按规定填入要包括的有关连接器品种/规格的详细内容。在空白详细规范的方框中对应位置填入下列内容。

5.2 详细规范的识别

1） 授权出版详细规范的国家标准机构名称，在此机构可买到详细规范。

2） 有关国家或国际机构分配给所认可的详细规范的编号，以及有关符合性标志。

3） 有关 IEC/IECQ 总规范和分规范（适用时）的编号和版本，以及国家标准号（当不同时）。

4） 如果不同于 IEC/IECQ 号，详细规范的国家编号、发布日期以及国家体系要求的更多信息及其更改单编号。

5.3 元件的识别

5） 填入下列内容：

——品种：连接器的品种名称，包括固定和密封类型（适用时）；

——连接：对于中心导体和外导体，选取适用的电缆/导线的连接方式；

——特点和标志：适用时；

——系列代号：用粗体字母/数字，字高约 15 mm。

6） 填入质量评定水平、标称阻抗和气候类别。

7） 填入外形图和面板开孔（适用时）的详细要求。应规定最大外形尺寸、基准面位置，对于固定连接器，还应规定安装面板相对于连接器前端的位置。

对于固定连接器，应规定最大面板厚度。

8） 详细规范包括的所有规格特性，适用时包括下列内容：

——各规格适用的电缆类型（或规格）；

——镀层或防护涂层；

——具有螺纹孔或光孔的安装法兰的详细要求；

——焊接柱或焊接槽的详细要求，包括与微波集成电路元件（适用时）一起使用的详细要求。

5.4 性能

9） 按分规范的要求，列出连接器最重要的性能参数。明确指出与最低要求的偏差。不适用的参数应标上“na”。

5.5 标志、订货文件及有关事项

10） 按适用填入标志和订货文件，以及有关文件和任何引用结构相似性的细则。

5.6 试验、试验条件和严酷度的选择

11） “na”用来表示不适用的试验。所有由详细规范制定者标上“a”的试验是适用的。

当采用空白详细规范规定的正常程序时，按适用在有关分规范的试验一览表中指定为适用性的每项试验对应的“试验要求”中填入字母“a”。对要求的任何附加试验，由规范制定者确定是否也应填入字母“a”。

当需要时，规范制定者也应指出与标准试验方法和试验条件的差异，包括与分规范的试验一览表中给定的任何有关差异。

鉴定批准和质量一致性检验是适用的，并与在系统内提供类似可比较的服务功能的其他连接器相一致，以使国家监督检查机构满意。

5.7 4.1/9.5 型连接器的空白详细规范格式

以下几页包括了完整的空白详细规范格式。

<table>
<tr><td>1)</td><td rowspan="2">2) IECQ</td></tr>
<tr><td rowspan="2">3) 电子元件质量评定按：
总规范：GB/T 11313.1—2013 / IEC 61169-1:1998,IDT
分规范：GB/T 11313.11—2018/IEC 60169-11:1977,NEQ</td></tr>
<tr><td>4)版本
……
……</td></tr>
<tr><td colspan="2">5) 有质量评定的射频同轴连接器详细规范　系列代号(或型号)：4.1/9.5
品种：……　特点和标志：
电缆/导线的连接方式：中心导体　焊接/压接[a]……
外导体　焊接/夹接/压接[a]……</td></tr>
<tr><td colspan="2">6) 质量评定水平 ……　标称阻抗 …… Ω　气候类别…/…/…</td></tr>
<tr><td colspan="2">7) 最大外形尺寸：　面板开孔尺寸和安装详图：

插合界面尺寸和基准面位置见 GB/T 11313.11—2018 中图____和表____。
面板最大厚度：前面安装 …… mm 后面安装 …… mm</td></tr>
<tr><td colspan="2">8) 规格
规格号　规格说明　96IEC　其他电缆
-01 ……　……　……　…… ……
…………　……　……　…… ……
…………　……　……　…… ……
…………　……　……　…… ……
…………　……　……　…… ……
有关拥有按本详细规范鉴定元件的承制方的资料见相关最新版本的合格产品目录。</td></tr>
<tr><td colspan="2">[a] 仅填入适用的内容。</td></tr>
</table>

9） 性能（包括使用的极限条件）

额定值和特性	GB/T 11313.1—2013 试验方法章条号	值	备注或与标准试验方法的差异
电气性能 规格号			
标称阻抗		……Ω	
频率范围		DC～……GHz	测量频率范围
反射系数 -01…… …… …… ……	9.2.1	………………… ………………… ………………… …………………	……………………………………… ……………………………………… ……………………………………… ………………………………………
额定功率 -01…… …… …… ……	9.2.2	………………… ………………… ………………… …………………	
接触电阻、外导体和屏蔽连续性以及中心导体连续性（插合接有电缆的连接器）	9.2.3		
中心接触件接触电阻		≤……………mΩ ≤……………mΩ	初始值 条件试验后
外导体接触电阻		≤……………mΩ ≤……………mΩ	初始值 条件试验后
中心导体连续性 -01…… …… …… …… ……		………………mΩ ………………mΩ ………………mΩ ………………mΩ	初始值 条件试验后
外导体和屏蔽连续性 -01…… …… …… ……		………………mΩ ………………mΩ	初始值 条件试验后
在严酷机械条件试验下中心接触件和外接触件的连续性 -01…… …… …… ……	9.2.4	应无超过 1μs 的瞬断现象	
绝缘电阻	9.2.5	≥……………GΩ ≥……………MΩ	初始值 条件试验后
耐电压[a] -01…… （海平面）…… …… ……	9.2.6	………………kV ………………kV ………………kV ………………kV	86 kPa～106 kPa
耐电压[a] -01…… （4.4kPa）…… …… ……	9.2.6	………………V ………………V ………………V ………………V	……kPa（如果不是 4.4kPa）
环境试验后耐电压[a] -01…… （海平面）…… …… ……	9.2.6	………………V ………………V ………………V ………………V	86 kPa～106 kPa

表（续）

额定值和特性	GB/T 11313.1—2013 试验方法章条号	值	备注或与标准试验方法的差异
电气性能(续)			
环境试验后耐电压[a] (4.4 kPa) -01…… …… …… ……	9.2.6	………………V ………………V ………………V ………………V	……kPa(如果不是 4.4 kPa)
屏蔽效率 -01…… …… …… ……	9.2.8 IEC 62153-4 或者 IEC 61726	≥…dB 在……GHz ≥…dB 在……GHz ≥…dB 在……GHz ≥…dB 在……GHz	
无源互调	IEC 62037-3	频率：f_1：……MHz f_2：……MHz PIM3：≤－……dBc	测试功率：2×……W
-01…… …… …… ……		…dBc 在……GHz …dBc 在……GHz …dBc 在……GHz …dBc 在……GHz	……W ……W ……W ……W
放电试验(电晕试验)	9.2.9	熄灭电压	
在海平面 -01…… …… …… ……		………………V ………………V ………………V ………………V	86 kPa～106 kPa
在 4.4kPa -01…… …… …… ……		………………V ………………V ………………V ………………V	……kPa(如果不是 4.4kPa)
附加的电气性能			
机械性能			
标准规保持力(弹性接触件) ——中心接触件 ——外接触件	9.3.4	 ≥……………N ≥……………N	
中心接触件固定性 ——轴向力 ——各方向允许位移 ——力矩	9.3.5	 ………………N ………………mm ………………N·m	试验后中心接触件满足界面尺寸的要求 试验时中心接触件不应发生转动
啮合力和分离力及转矩	9.3.6		
连接力矩： ——连接螺母摩擦力 ——正常力矩 ——耐力矩		 ≤……………N·m ……～………N·m ………………N·m	手动
电缆固紧装置的机械试验			
1) 电缆旋转 -01…… …… …… ……	9.3.7.2	在整个过程中，电缆在固紧装置内不应有相对连接器的旋转	弯曲半径和旋转次数 ……mm，……次 ……mm，……次 ……mm，……次 ……mm，……次

表（续）

额定值和特性	GB/T 11313.1—2013 试验方法章条号	值	备注或与标准试验方法的差异
机械性能(续)			
2)电缆拉伸 -01…… …… …… ……	9.3.8	 ………………N ………………N ………………N ………………N	力的施加点和时间 ……mm,……s ……mm,……s ……mm,……s ……mm,……s
3)电缆弯曲 -01…… …… …… ……	9.3.9	弯曲循环次数 ……………… ……………… ……………… ………………	弯曲半径和质量 ……mm,……kg ……mm,……kg ……mm,……kg ……mm,……kg
4)电缆扭转 -01…… …… …… ……	9.3.10	力矩 ……………N・m ……………N・m ……………N・m ……………N・m	施加力矩的时间 ………s ………s ………s ………s
连接机构强度	9.3.11	………………N	
弯曲力矩(剪切力)	9.3.12	 ………………N	力的施加点和时间 ……mm,……s
碰撞	9.3.13	……………m/s^2 共……次碰撞	(………g_n 加速度)
振动	9.3.3	……………m/s^2 ……～……Hz	(………g_n 加速度)
冲击	9.3.14	……………m/s^2 ……………波形 ……………ms	(………g_n 加速度)
附加的机械性能			
环境性能			
可焊性	9.3.2.1.1	………………	
气候类别		……/……/……	
密封——非气密封连接器	9.4.5.1	……kPa・cm^3/h	压差在 100 kPa～110 kPa
密封——气密封连接器	9.4.5.2	……Pa・cm^3/s	压差在 100 kPa～110 kPa
浸水试验 -01…… …… …… ……	9.2.7	……V ……MΩ ……V ……MΩ ……V ……MΩ ……V ……MΩ	
盐雾	9.4.6	………………h	持续喷雾
附加的环境性能			
耐久性			
机械耐久性	9.5	………………次	
高温耐久性	9.6	……℃,……h	
其他耐久性			

表（续）

额定值和特性	GB/T 11313.1—2013 试验方法章条号	值	备注或与标准试验方法的差异
化学污染			
二氧化硫试验	9.4.8	………………d	
耐溶剂和污染流体 ——适用的液体	9.7	……………… ……………… ……………… ………………	
[a] 除非另有规定，电压值为 40 Hz～65 Hz 时的交流有效电压。			

10） 补充内容

补充内容
元件标志：按 GB/T 11313.1—2013 中 11.1 的规定，并按如下顺序： 1）制造厂的识别代码：………………………………………………… 2）制造日期代码　………… 3）元件识别代码　　规格号/型号　　标志 ………………… ………………… ………………… ………………… ………………… ………………… ………………… …………………
包装的标志和内容：按 GB/T 11313.1—2013 中 11.2 的规定。 1）按 GB/T 11313.1—2013 中 11.1 的规定详细标上以上内容 2）标称阻抗：…… Ω 3）评定水平字母代码……………… 4）任何要求的附加标志……………
订货文件： 1）详细规范的编号……………………/规格代号…………………………… 2）评定水平字母代码………………………………………………………… 3）壳体涂覆（如果多于一个）……………………………………………… 4）任何附加内容或特殊要求…………………………………………………
有关文件（如果在 GB/T 11313.1—2013 或分规范中没有包括）： …………………………………………………………………………………… ……………………………………………………………
结构类似元件按 GB/T 11313.1—2013 中 10.2.2 的规定。
注：需填入有关基本品种的内容作为规格编号 01 的内容。

ICS 33.120.30
L 23

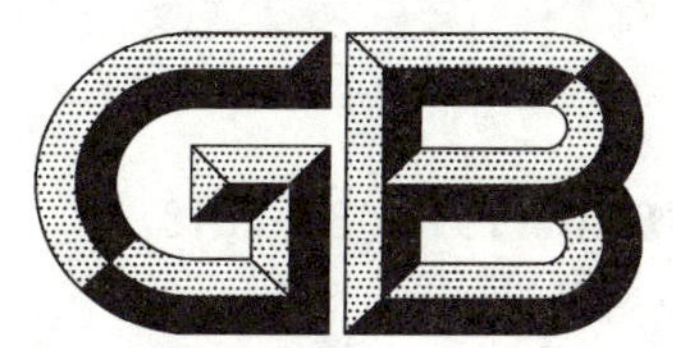

中华人民共和国国家标准

GB/T 11313.13—2018

射频连接器 第13部分:1.6/5.6和1.8/5.6型射频同轴连接器分规范

Radio-frequency connectors—
Part 13:Sectional specification for type 1.6/5.6 and 1.8/5.6 RF coaxial connectors

[IEC 60169-13:1976,Radio-frequency connectors—Part 13:RF coaxial connectors with inner diameter of outer conductor 5.6 mm(0.22 in)—Characteristic impedance 75 ohms(type 1.6/5.6)—Characteristic impedance 50 ohms(type 1.8/5.6)with similar mating dimensions,NEQ]

2018-09-17 发布 2019-01-01 实施

国家市场监督管理总局
中国国家标准化管理委员会 发布

前　言

GB/T 11313《射频连接器》已经或计划发布以下部分：

——第1部分：总规范 一般要求和试验方法；

——第2部分：9.52型射频同轴连接器分规范；

——第3部分：双平衡天线馈线用双插针连接器分规范；

——第4部分：外导体内径为16 mm（0.63 in）、特性阻抗为50 Ω、螺纹连接射频同轴连接器（7-16型）；

——第5部分：与60096 IEC 50-17和更大的电缆配接用射频同轴连接器分规范；

——第6部分：与60096 IEC 75-17和更大的电缆配接用射频同轴连接器分规范；

——第7部分：外导体内径为9.5 mm(0.374 in)、特性阻抗为50 Ω、卡口连接的射频同轴连接器（C型）分规范；

——第8部分：外导体内径为6.5 mm(0.256 in)、特性阻抗为50 Ω(75 Ω)、卡口连接的射频同轴连接器(BNC型)分规范；

——第9部分：SMC系列射频同轴连接器分规范；

——第10部分：SMB系列射频同轴连接器分规范；

——第11部分：外导体内径为9.5 mm(0.374 in)、特性阻抗为50 Ω、螺纹连接的射频同轴连接器(4.1/9.5型)分规范；

——第12部分：非匹配螺纹连接射频同轴连接器(UHF型)分规范；

——第13部分：1.6/5.6型和1.8/5.6型射频同轴连接器分规范；

——第14部分：外导体内径为12 mm（0.472 in）、特性阻抗为75 Ω、螺纹连接射频同轴连接器（3.5/12型）分规范；

——第15部分：外导体内径为4.13 mm（0.163 in）、特性阻抗为50 Ω、螺纹连接的射频同轴连接器（SMA型）；

——第16部分：外导体内径为7 mm(0.276 in)、特性阻抗为50 Ω(75 Ω)、螺纹连接的射频同轴连接器(N型)分规范；

——第17部分：外导体内径为6.5 mm(0.256 in)、特性阻抗为50 Ω、螺纹连接的射频同轴连接器（TNC型）分规范；

——第18部分：SSMA系列射频同轴连接器分规范；

——第19部分：SSMB型射频同轴连接器分规范；

——第20部分：外导体内径为2.08 mm（0.082 in）、特性阻抗为50 Ω、螺纹连接的射频同轴连接器（SSMC型）分规范；

——第21部分：外导体内径为9.5 mm（0.374 in）、特性阻抗为50 Ω、具有两种不同螺纹连接形式的射频连接器(SC-A和SC-B型)分规范；

——第22部分：双内导体屏蔽对称电缆用卡口连接的双芯射频连接器（BNO型）分规范；

——第23部分：接3.5 mm硬精密同轴线、外导体内径为3.5 mm（0.137 8 in）射频同轴连接器分规范；

——第24部分：75 Ω电缆分配系统用螺纹连接射频同轴连接器（F型）分规范；

——第25部分：接双内导体屏蔽对称电缆、外导体内径为13.56 mm(0.534 in)的双芯螺纹式(3/4-20UNEF)连接连接器（TWHN型）分规范；

——第 26 部分:TNCA 系列射频同轴连接器分规范;
——第 27 部分:75 Ω 电缆分配系统用螺纹连接射频同轴连接器(E 型)分规范;
——第 28 部分:外导体内径为 5.60 mm (0.220 in)、特性阻抗为 75 Ω、卡锁连接射频同轴连接器分规范;
——第 29 部分:50 Ω 和 75 Ω 用特性阻抗为 50 Ω、具有螺纹、推拉、快锁或滑轨式机架或面板用小型射频同轴连接器(1.0/2.3 型)分规范;
——第 31 部分:外导体内径为 1.0 mm (0.039 in)、特性阻抗为 50 Ω、螺纹连接的射频同轴连接器(1.0 型)分规范;
——第 32 部分:外导体内径为 1.85 mm (0.072 in)、特性阻抗为 50 Ω、螺纹连接的射频同轴连接器(1.85 型)分规范;
——第 33 部分:BMA 系列射频连接器分规范;
——第 35 部分:2.92 系列射频连接器分规范;
——第 36 部分:特性阻抗为 50 Ω 的搭锁连接微小型射频同轴连接器(MCX 型);
——第 37 部分:STWX8 系列射频同轴连接器分规范;
——第 38 部分:50 Ω 背板和面板用模块滑入式射频连接器(TMA 型)分规范;
——第 39 部分:CQM 系列快速锁紧射频连接器分规范;
——第 40 部分:2.4 系列射频连接器分规范;
——第 41 部分:CQA 系列快速锁紧射频连接器分规范;
——第 42 部分:CQN 系列快速锁紧射频连接器分规范;
——第 43 部分:RBMA 系列盲配射频同轴连接器分规范;
——第 44 部分:SMP 系列推入式射频同轴连接器分规范;
——第 45 部分:SQMA 系列快速锁紧射频同轴连接器分规范;
——第 47 部分:Fquick 系列 75 Ω 电缆分配系统用插入式射频同轴连接器分规范;
——第 48 部分:BMP 系列盲配射频同轴连接器分规范;
——第 49 部分:SMAA 系列射频同轴连接器分规范;
——第 50 部分:外导体内径为 4.11 mm 、特性阻抗为 50 Ω、快速锁紧射频同轴连接器(QMA 型)分规范;
——第 51 部分:外导体内径为 13.5 mm 、特性阻抗为 50 Ω、刺刀锁紧射频同轴连接器(QLI 型)分规范;
——第 53 部分:S7-16 系列螺纹式射频同轴连接器分规范;
——第 54 部分:外导体内径为 10 mm 、特性阻抗为 50 Ω 射频同轴连接器(4.3-10 系列)分规范;
——第 58 部分:SBMA 系列盲配射频同轴连接器分规范;
——第 59 部分:L32-4 和 L32-5 型螺纹连接多通道射频连接器分规范;
——第 101 部分:MMCX 系列射频同轴连接器分规范;
——第 201 部分:电气试验方法　反射系数和电压驻波比;
——第 202 部分:电气试验方法　插入损耗。

本部分为 GB/T 11313 的第 13 部分。

本部分按照 GB/T 1.1—2009 给出的规则起草。

本部分使用重新起草法参考 IEC 60169-13:1976《射频连接器　第 13 部分:外导体内径为 5.6 mm (0.22 in)、标称阻抗为 75 Ω(1.6/5.6 型)和 50 Ω(1.8/5.6 型)、具有较小插合尺寸的射频同轴连接器》(包括修改单 1:1996)编制,与 IEC 60169-13:1976(包括修改单 1:1996)的一致性程度为非等效。

本部分与 IEC 60169-13:1976(包括修订单 1:1996)的主要差别如下:

——对第 1 章范围中的语句表述进行规范;

——新增第 2 章规范性引用文件；
——"额定值""气候类别"和"类型试验一览表"统一第 4 章质量评定程序；
——删除了 "IEC 型号命名""结构综述""外形尺寸"；
——按新的制图和尺寸标注要求重新绘制图纸(见 3.1.1、3.1.2、3.1.3、3.2.1、3.2.2)；
——IEC 60169-13:1976 中的图 2 增加尺寸"f"最大为 0.1；
——IEC 60169-13:1976 中的 5.3 统一描述为"推拉止动式"和"滑轨式"；
——IEC 60169-13:1976 中的图 3b 增加尺寸"y"最小为 3.00；
——IEC 60169-13:1976 中的图 4a 漏标尺寸"p",并将尺寸"n""r"和"p"统一至图 2,相关尺寸统一至表 2；
——IEC 60169-13:1976 中的图 4b 增加尺寸"ϕp"最小为 7.20 和"q"为 3.15～3.30；
——IEC 60169-13:1976 中的图 5b 增加尺寸"r"最大为 1.80；
——IEC 60169-13:1976 中的图 6 优化尺寸"p"由 6.600～6.609 改为 6.595～6.600；
——IEC 60169-13:1976 中的图 7 优化尺寸"q"由 1.026～1.030 和 0.966～0.970 改为 1.030～1.035 和 0.965～0.970;优化尺寸"b"由 5.00～5.10 改为 5.50～6.00；
——螺纹 M9×0.5 增加精度要求,外螺纹为"M9×0.5-6g",内螺纹为"M9×0.5-6H"；
——对于 3.2.1.1"试验程序"和 3.2.2.1"试验程序"按最新国家标准格式略做调整；
——提高 1.6/5.6 型(75 Ω)射频同轴连接器的屏蔽效率:螺纹式连接器在 1 GHz～3 GHz 时≥90 dB;推拉止动式连接器在 1 GHz～3 GHz 时≥80 dB;滑轨式连接器在 1 GHz～3 GHz 时≥80 dB;
——提高 1.8/5.6 型(50 Ω)射频同轴连接器的频率范围至 10 GHz,反射系数:直式连接器≤0.20,直角弯式连接器≤0.30;屏蔽效率:螺纹式连接器在 1 GHz～3 GHz 时≥90 dB;推拉止动式连接器在 1 GHz～3 GHz 时≥80 dB;滑轨式连接器在 1 GHz～3 GHz 时≥80 dB;
——"额定值和特性"中删除电缆型号;中心件接触件接触电阻改为初始值≤3.0 mΩ、环境试验后≤5.0 mΩ;推拉止动式分离力改为 18N min,50N max；
——对于第 4 章的内容按最新国家标准格式略做调整；
——对于第 5 章的内容和空白详细规范格式进行了统一规范。

请注意本文件的某些内容可能涉及专利。本文件的发布机构不承担识别这些专利的责任。

本部分由中华人民共和国工业和信息化部提出。

本部分由全国电子设备用高频电缆及连接器标准化技术委员会(SAC/TC 190)归口。

本部分起草单位:常州金信诺风市通信设备有限公司、中国电子技术标准化研究院。

本部分主要起草人:周新、李玲娜、吴正平。

射频连接器
第13部分:1.6/5.6和1.8/5.6型
射频同轴连接器分规范

1 范围

本部分为GB/T 11313.1—2013的分规范,它给出了制定1.6/5.6型(75 Ω)和1.8/5.6型(50 Ω)射频同轴连接器详细规范的内容和规则,以及详细规范的空白格式。1.6/5.6型(75 Ω)和1.8/5.6型(50 Ω)射频同轴连接器具有螺纹和推拉止动式连接机构,以及适合于滑轨式机架和面板使用的机构。1.6/5.6型(75 Ω)的电缆连接器能在频率达1GHz的范围内正常工作,1.8/5.6型(50 Ω)的电缆连接器能在频率达10GHz的范围内正常工作,均可用于微波传输系统(中配接各种射频电缆或微带)等。

本部分规定了2级通用连接器的插合界面尺寸、标准规检测要求、以及从GB/T 11313.1—2013中选取的适用于1.6/5.6型(75 Ω)和1.8/5.6型(50 Ω)射频同轴连接器所有详细规范的标准规详细要求和试验程序。

本部分还规定了编写详细规范时应考虑的推荐额定值和特性,并规定了适用于M级和H级评定等级的试验一览表和检验要求。

注:本部分原始尺寸为毫米,所有未注尺寸的图形结构仅供参考。

2 规范性引用文件

下列文件对于本文件的应用是必不可少的。凡是注日期的引用文件,仅注日期的版本适用于本文件。凡是不注日期的引用文件,其最新版本(包括所有的修改单)适用于本文件。

GB/T 11313.1—2013 射频连接器 第1部分:总规范 一般要求和试验方法(IEC 61169-1:1998,IDT)

IEC 62037-3 无源射频和微波装置互调电平测量 第3部分:同轴连接器的无源互调测量(Passive RF and microwave devices,intermodulation level measurement—Part 3:Measurement of passive intermodulation in coaxial connectors)

3 插合界面和标准规

3.1 尺寸-通用连接器-2级

3.1.1 插针连接器

插针连接器界面见图1,尺寸见表1。

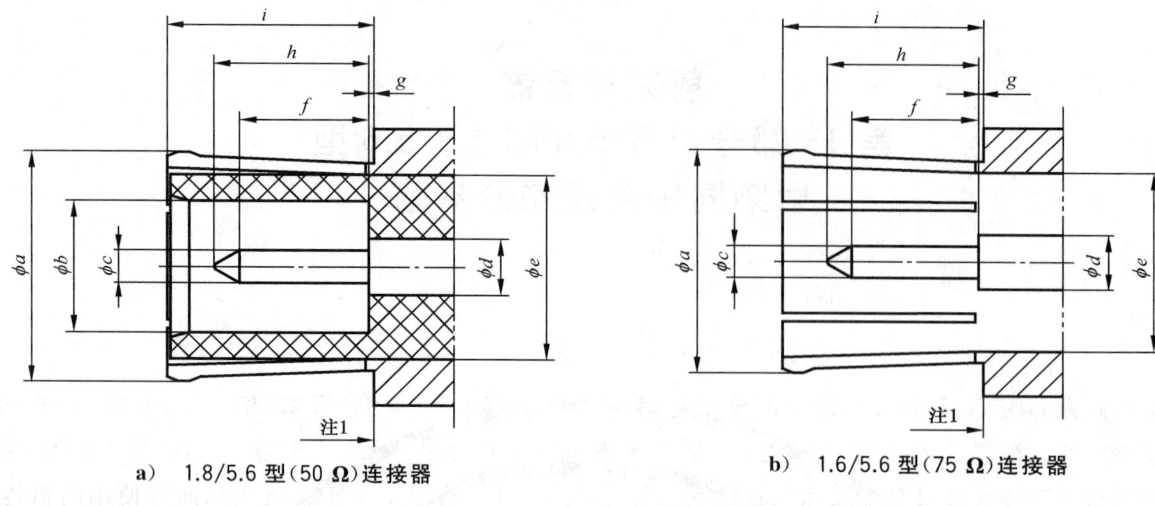

a) 1.8/5.6 型(50 Ω)连接器　　　　b) 1.6/5.6 型(75 Ω)连接器

注：机械基准面。

图 1 插针连接器

表 1 插针连接器尺寸

单位为毫米

代号	最小值	最大值	备注
a[a]	—	—	
b	4.00	—	
c	0.97	1.03	
d	1.60(标称值)		1.6/5.6 型(75 Ω)连接器
	1.80(标称值)		1.8/5.6 型(50 Ω)连接器
e	5.60(标称值)		
f	3.90	4.30	
g	—	0.15	
h	—	5.50	
i	6.40	6.60	

[a] 开槽设计任意，当与 φ6.60 mm～φ6.69 mm 的外壳插合时需满足机械和电气性能的要求。

3.1.2 插孔连接器

插孔连接器界面见图 2，尺寸见表 2。

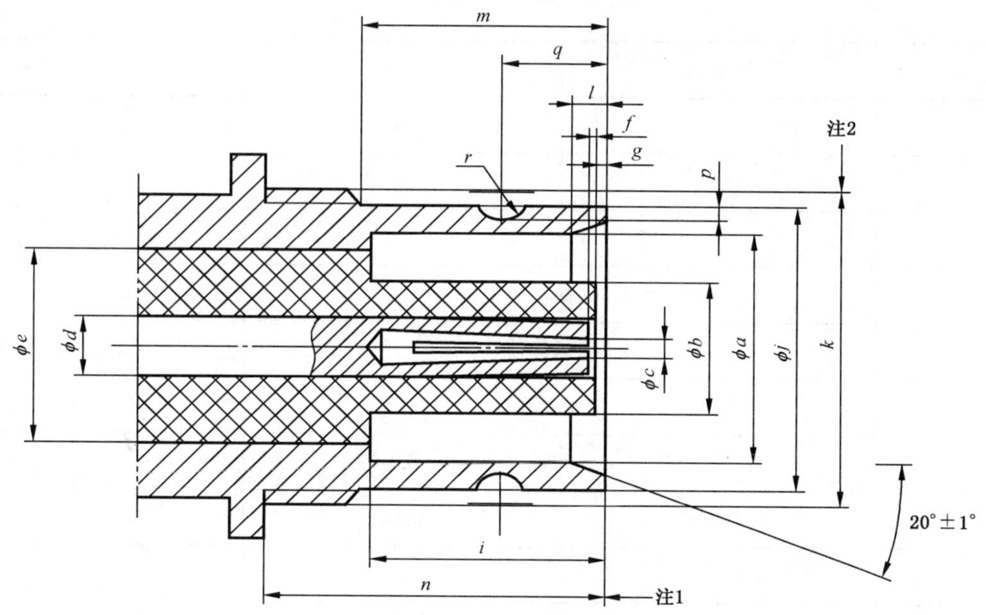

a) 1.8/5.6 型(50 Ω)连接器

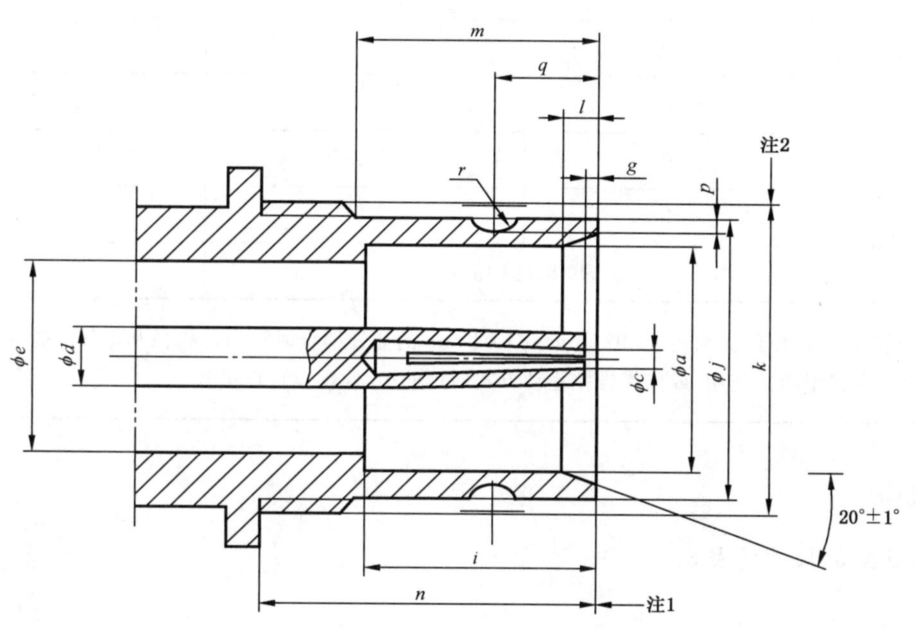

b) 1.6/5.6 型(75 Ω)连接器

注 1：机械基准面。

注 2：M9×0.5-6 g 表示标称直径为 9 mm，螺距为 0.5 mm，精度等级为 6 g 的公制螺纹。

图 2 插孔连接器

表 2 插孔连接器尺寸

单位为毫米

代号	最小值	最大值	备注
a	6.60	6.69	
b	—	3.80	
c[a]	—	—	
d	1.60(标称值)		1.6/5.6 型(75 Ω)连接器
	1.80(标称值)		1.8/5.6 型(50 Ω)连接器
e	5.6(标称值)		
f	—	0.1	
g	0.25	0.75	
i	6.70	—	
j	8.10	8.25	
k[b]	M9×0.5-6 g		
l	0.90	1.10	
m	7.00	7.50	
n	9.70	—	
p	0.40	0.45	
q	2.90	3.10	
r	R0.8(标称值)		

[a] 孔的直径和开槽设计任意,当与 ϕ0.97 mm～ϕ1.03 mm 的插针插合时需满足机械和电气性能的要求。

[b] 如果连接器仅供滑轨式使用,或仅作推拉止动方式使用的话,此螺纹可以去掉。

3.1.3 连接机构

连接机构见图 3,尺寸见表 3。

单位为毫米

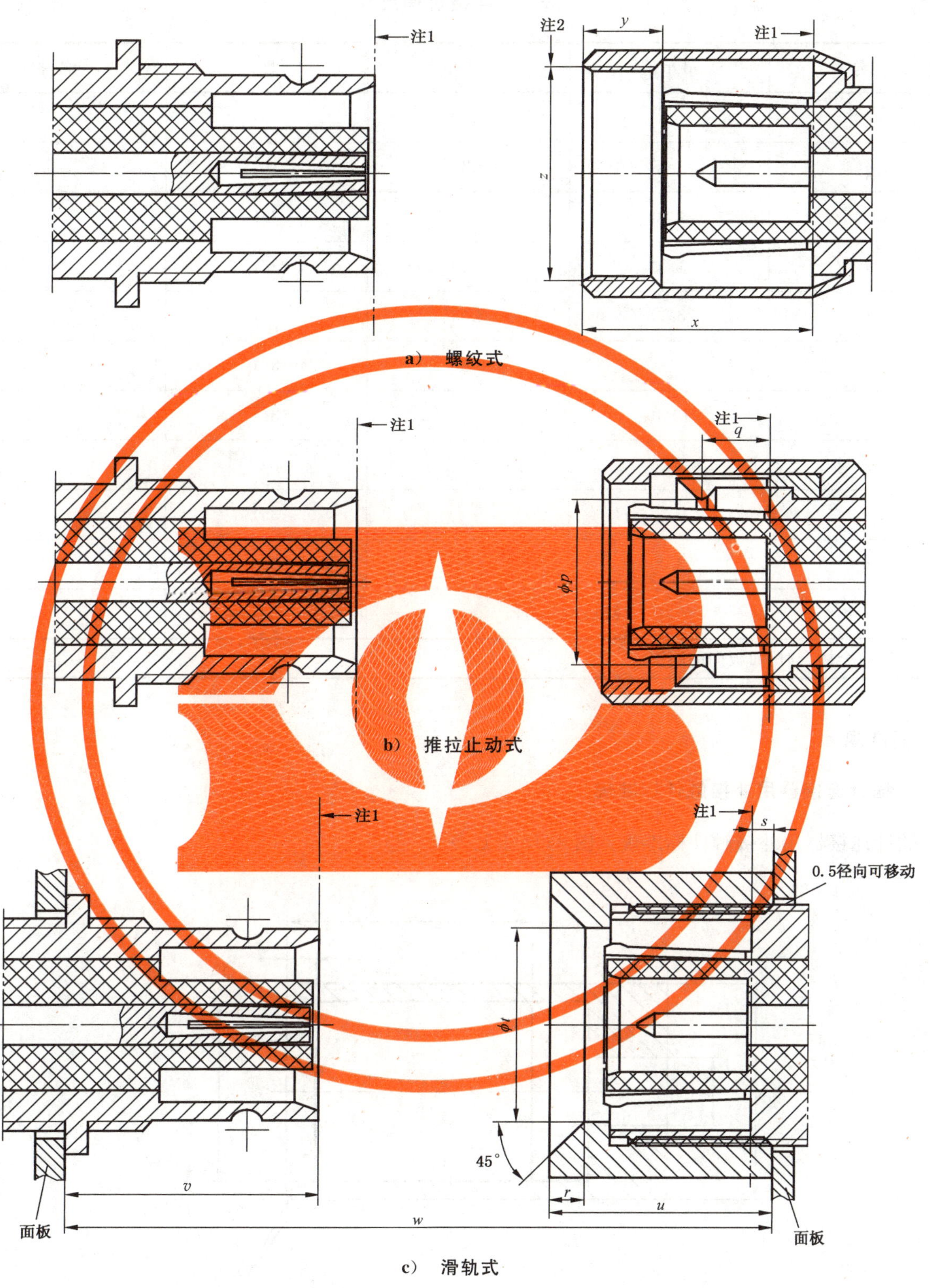

a） 螺纹式

b） 推拉止动式

c） 滑轨式

注 1：机械基准面。

注 2：M9×0.5-6H 表示标称值直径为 9 mm，螺距为 0.5 mm，精度等级为 6H 的公制螺纹。

图 3 连接机构

表 3　连接机构尺寸

单位为毫米

代号	最小值	最大值	图	备注
p	—	7.20	3b)	
q	3.15	3.30	3b)	
r	1.80	—	3c)	
s	1.00	1.25	3c)	
t	8.30	8.39	3c)	
u	—	9.80	3c)	
v	10.40	10.60	3c)	
w[a]	11.90	13.60	3c)	
x	9.20	—	3a)	
y	3.00	—	3a)	
z	M9×0.5-6H		3a)	

[a] 当完全插合时，面板间的距离。

3.2　标准规

3.2.1　插针连接器用外接触件标准规

插针连接器用外接触件标准规见图 4，尺寸见表 4。

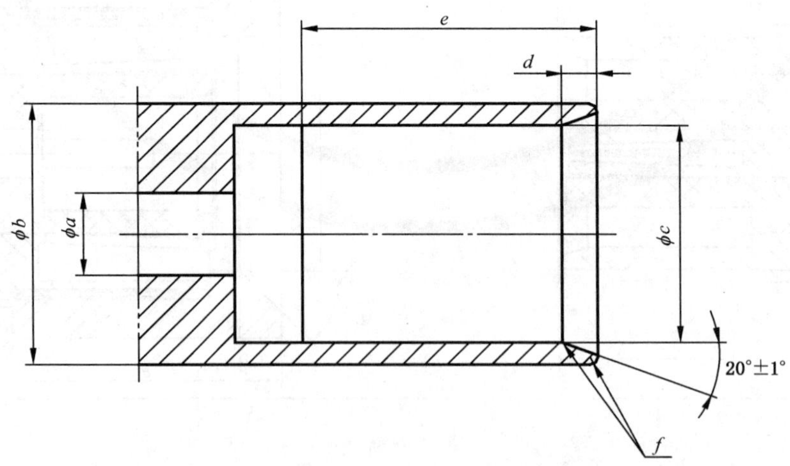

图 4　插针连接器外接触件用标准规

表 4 插针连接器外接触件用标准规尺寸

单位为毫米

代号	标准规 A (稳定尺寸用)		标准规 B (测量外接触件标准规保持力用) 标准规的质量(重量):170^{+10}_{0} g	
	最小值	最大值	最小值	最大值
a	2.50		2.50	
b	7.91	8.00	7.91	8.00
c	6.595	6.600	6.690	6.699
d	1.00	1.10	1.00	1.10
e a	9.00(标称值)		9.00(标称值)	
f	R0.2(标称值)		R0.2(标称值)	

[a] 材料为抛光钢材;尺寸 e 的圆柱表面粗糙度:$Ra \leqslant 0.4$ μm。

试验程序如下:

a) 稳定尺寸试验

把标准规 A 插入插针连接器的外接触件三次,这是稳定尺寸操作。对于推拉止动式连接器[见图 3b)]应在未装上连接机构的外接触件上进行。

b) 保持力试验

稳定尺寸试验后,把标准规 B 插入插针连接器的外接触件,此时外接触件垂直朝下应能保持住标准规的重量。对于推拉止动式连接器[见图 3b)]应在未装上连接机构的外接触件上进行。

3.2.2 插孔连接器的中心接触件用标准规

插孔连接器的中心接触件标准规见图 5,尺寸见表 5。

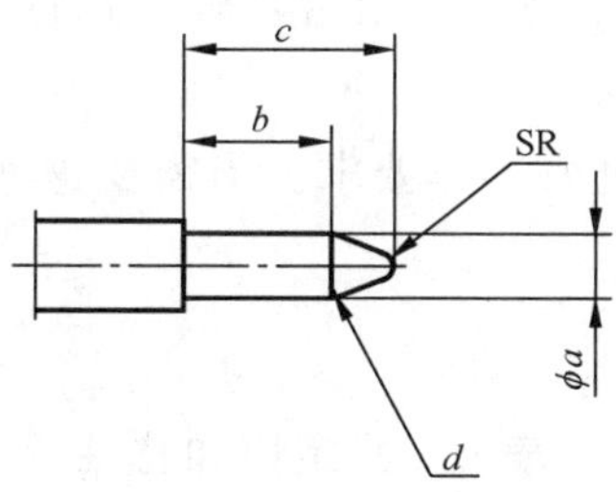

图 5 插孔连接器的中心接触件用标准规

表 5 插孔连接器的中心接触件用标准规尺寸

单位为毫米

代号	标准规 C (稳定尺寸用)		标准规 D (测量中心接触件标准规保持力用) 标准规的质量(重量):50^{+5}_{0} g	
	最小值	最大值	最小值	最大值
a	1.030	1.035	0.965	0.970
b[a]	5.00(标称值)		5.00(标称值)	

表 5（续）

单位为毫米

代号	标准规 C（稳定尺寸用）		标准规 D（测量中心接触件标准规保持力用）标准规的质量（重量）：50^{+5}_{0} g	
	最小值	最大值	最小值	最大值
c	5.50	6.00	5.50	6.00
d	$R0.2$（标称值）		$R0.2$（标称值）	
SR	—	0.64	—	0.64
[a] 材料为抛光钢材；尺寸 b 的圆柱表面粗糙度：$Ra \leqslant 0.4 \mu m$。				

试验程序如下：

a) 稳定尺寸试验

把标准规 C 插入插孔中心接触件三次，插入深度至少 5 mm。

b) 保持力试验

稳定尺寸试验后，把标准规 D 插入插孔中心接触件，此时接触件垂直朝下应能保持住标准规 D 的重量。

4 质量评定程序

4.1 通则

4.2～4.4 规定了当编写详细规范时所应考虑的推荐额定值、特性和测试条件，也规定了相应质量检验水平适用的试验一览表及程序。

4.2 额定值和特性

下列规定值推荐用于 1.6/5.6 型（75 Ω）和 1.8/5.6 型（50 Ω）射频同轴连接器，并供详细规范的制定者参考。

没有给出任何推荐值的某些试验通常不作要求。当需要这些试验时，由规范制定者在详细规范中根据自己的判断填入适用的值。

额定值和特性见表 6。

表 6 额定值和特性

额定值和特性	GB/T 11313.1—2013 试验方法章条号	值		备注或与标准试验方法的差异
		1.6/5.6	1.8/5.6	
电气性能				
标称阻抗		75 Ω	50 Ω	
频率范围[a]		DC～1 GHz	DC～10 GHz	或电缆上限频率之较低者
2 级连接器				

表 6（续）

额定值和特性	GB/T 11313.1—2013 试验方法章条号	值		备注或与标准试验方法的差异
		1.6/5.6	1.8/5.6	
反射系数[a] ——直式 ——直角弯式 ——元件安装形式 ——焊线槽和印制板安装式	9.2.1	 ≤0.10 ≤0.17 见详细规范 见详细规范	 ≤0.20 ≤0.30 见详细规范 见详细规范	
额定功率	9.2.2	见详细规范		
接触电阻、外导体和屏蔽连续性以及中心导体连续性(插合接有电缆的连接器)	9.2.3			
中心接触件接触电阻[b] ——初始值 ——环境试验后	9.2.3	 ≤3.0 mΩ ≤5.0 mΩ		
外导体接触电阻[b] ——初始值 ——环境试验后	9.2.3	 见详细规范 见详细规范		
中心导体连续性[b] ——初始值 ——环境试验后	9.2.3	 见详细规范 见详细规范		
外导体和屏蔽连续性[b] ——初始值 ——环境试验后	9.2.3	 ≤2.0 mΩ ≤4.0 mΩ		
绝缘电阻 ——初始值 ——环境试验后	9.2.5	 ≥10 GΩ ≥500 MΩ		
耐电压[c,d]	9.2.6			
——海平面		1 000 V		86 kPa～106 kPa
——4.4 kPa		180 V		4.4 kPa 相当于 20 km 的高空
环境试验后耐电压[c,d]	9.2.6			
——海平面		400V		86 kPa～106 kPa
——4.4 kPa		90 V		4.4 kPa 相当于 20 km 的高空
屏蔽效率[f] (仅对直式接电缆连接器) ——螺纹式 ——推拉止动式 ——滑轨式	9.2.8	 ≥90dB 1 GHz～3 GHz ≥80 dB 1 GHz～3 GHz ≥80 dB 1 GHz～3 GHz	 ≥90 dB 1 GHz～3 GHz ≥80 dB 1 GHz～3 GHz ≥80 dB 1 GHz～3 GHz	

表 6（续）

额定值和特性	GB/T 11313.1—2013 试验方法章条号	值		备注或与标准试 验方法的差异
		1.6/5.6	1.8/5.6	
无源互调	IEC 62037-3	见详细规范		
放电试验(电晕试验)	9.2.9	熄灭电压		
在海平面		500 V		86 kPa～106 kPa
在 4.4 kPa		见详细规范		
机械性能				
可焊性	9.3.2.1.1			
耐焊接热	9.3.2.1.2			
标准规保持力(弹性接触件) ——中心接触件 ——外接触件	9.3.4	 ≥0.5 N ≥1.7 N		 见 3.2.1 和 3.2.2
标准规插入力(弹性接触件) ——中心接触件 ——外接触件	9.3.4	见详细规范		
中心接触件固定性 ——轴向力 ——各方向允许位移 ——力矩	9.3.5	 ≥30 N 0.25 mm 见详细规范		 试验后中心接触件满足界面尺寸的要求 试验时中心接触件不应发生转动
啮合力和分离力及转矩	9.3.6			
1 螺纹式 连接力矩： ——连接螺母摩擦力 ——正常力矩 ——耐力矩		 — 0.3 N·m 1.0 N·m		 可手动完成
2 推拉止动式 ——轴向力		 ≤50 N 18 N≤f≤50 N		 啮合力 分离力
3 滑轨式 ——啮合力 ——分离力		 ≤12 N 2.2 N≤f≤10 N		
电缆固紧装置的机械试验				
——电缆旋转	9.3.7.2	见详细规范		
——电缆拉伸	9.3.8	见详细规范		
——电缆弯曲	9.3.9	见详细规范		
——电缆扭转	9.3.10	见详细规范		
连接机构强度	9.3.11	300 N		仅适用于螺纹型
弯曲力矩(剪切力)	9.3.12	1 N·m		相对于基准面

表 6（续）

额定值和特性	GB/T 11313.1—2013 试验方法章条号	值		备注或与标准试验方法的差异
		1.6/5.6	1.8/5.6	
碰撞	9.3.13	见详细规范		
振动	9.3.3	150 m/s^2 半正弦波 10 Hz～2 000 Hz		15g_n 加速度
冲击	9.3.14	见详细规范		
安全丝孔强度	9.3.15	见详细规范		
环境性能				
气候类别		40/085/21 55/125/21 55/155/56		A B C
浸水试验	9.2.7	见详细规范		
密封——非气密封连接器	9.4.5.1	100 kPa·cm^3/h		压差在 100 kPa～110 kPa
密封——气密封连接器	9.4.5.2	1 Pa·cm^3/s		压差在 100 kPa～110 kPa
盐雾	9.4.6	48 h		持续喷雾
耐久性				
机械耐久性	9.5	500 次		
高温耐久性[e]	9.6	155 ℃,1 000 h		
化学污染				
二氧化硫试验	9.4.8	见详细规范		
耐溶剂和污染流体——适用的液体	9.7	见详细规范		

a 这些值适用于通用连接器，实际上，这些值会受到所用电缆的影响，通常应参考详细规范中给出的实际值。
b 一对连接器的值。
c 除非另有规定，电压值为 40 Hz～65 Hz 时的交流有效电压。
d 有些与这些连接器配用的电缆的额定值低于本规范给出的值。
e 对于某些连接器，上限温度受到电缆特性的限制，应参照相应的电缆规范。
f 当界面完全插合时。

4.3 试验一览表和检验要求

4.3.1 交收试验

对于评定等级 H 和 M，没有 C 组试验。

交收试验见表 7。

表 7 交收试验

	GB/T 11313.1—2013 试验方法章条号	评定等级 M(较高)				评定等级 H(较低)			
		要求试验	IL	AQL %	周期	要求试验	IL	AQL %	周期
A1 组					逐渐试验				逐批试验
外观检查	9.1.2	a	Ⅱ	1.0		a	S3	1.5	
B1 组									
外形尺寸	9.1.3.1	a	S4	0.40		a	S3	0.40	
机械互换性	9.1.3.3	a	Ⅱ	1.0		a	S3	1.5	
啮合力和分离力	9.3.6	a	S4	0.40		a	S3	1.5	
标准规保持力(弹性接触件)	9.3.4	ia	Ⅱ	1.0		ia	S3	1.5	
密封性——非气密封连接器	9.4.5.1	ia	Ⅱ	0.65		ia	S3	1.0	
密封性——气密封连接器	9.4.5.2	ia	Ⅱ	0.015		ia	S3	0.025	
耐电压	9.2.6	a	Ⅱ	0.40		a	Ⅱ	4.0	
可焊性——零件(d)	9.3.2.1.1	ia	S4	0.40		ia	S3	4.0	
绝缘电阻	9.2.5	a	S4	0.40		a	S3	4.0	
安全丝孔强度——零件(d)	9.3.15	ia	S4	0.40		ia	S3	4.0	

说明：
a——适用。
ia——要求的试验(技术适用时)。
na——不适用。
IL——检验水平。
AQL——可接受质量水平。
(d)——破坏性试验方法——试验样品不能返回库存。

4.3.2 周期试验

周期试验见表 8。

表 8 周期试验

	GB/T 11313.1—2013 试验方法章条号	评定等级 M(较高)				评定等级 H(较低)			
		要求试验	样品数	每组允许失效数[a]	周期	要求试验	样品数	每组允许失效数[a]	周期
D1 组(d)			6	1	3 年		3	1	3 年
可焊性——连接器组件	9.3.2.1.1	ia				ia			
耐焊接热	9.3.2.1.2	ia				ia			

表 8（续）

	GB/T 11313.1—2013 试验方法章条号	评定等级 M(较高)				评定等级 H(较低)			
		要求试验	样品数	每组允许失效数[a]	周期	要求试验	样品数	每组允许失效数[a]	周期
电缆固紧装置的机械试验 ——电缆旋转(挠动) ——电缆拉伸 ——电缆弯曲 ——电缆扭转	 9.3.7.2 9.3.8 9.3.9 9.3.10	 ia ia ia ia				 ia ia ia ia			
弯曲力矩(剪切力)	9.3.12	ia				ia			
连接机构强度	9.3.11	ia				ia			
D2 组(d)			6	1	3 年		3	1	3 年
接触电阻、外导体和屏蔽连续性以及中心导体连续性(插合接有电缆的连接器)	9.2.3	a				a			
碰撞	9.3.13	ia				ia			
振动	9.3.3	a				a			
冲击	9.3.14	a				a			
稳态湿热	9.4.3	a				a			
盐雾	9.4.6	a				a			
D3 组			1[b]	1	3 年		1[b]	1	3 年
尺寸、零件和材料	9.1.3.2	a				a			
D4 组(d)			6	1	3 年		3	1	3 年
机械耐久性	9.5	a				a			
高温耐久性	9.6	ia				ia			
二氧化硫试验	9.4.8	ia				ia			
D5 组(d)			6	1	3 年		3	1	3 年
反射系数	9.2.1	a				a			
屏蔽效率	9.2.8	ia				ia			
浸水试验	9.2.7	ia				ia			
D6 组(d)			6	1	3 年		3	1	3 年
中心接触件固定性	9.3.5	ia				ia			
放电试验(电晕试验)	9.2.9	ia				ia			
温度快速变化	9.4.4	ia				ia			
气候顺序	9.4.2	ia				ia			

表 8 (续)

	GB/T 11313.1—2013 试验方法章条号	评定等级 M(较高)				评定等级 H(较低)			
		要求试验	样品数	每组允许失效数[a]	周期	要求试验	样品数	每组允许失效数[a]	周期
D7 组(d)			1[c]		3 年		1[c]		3 年
耐溶剂和污染流体	9.7	ia				ia			

说明:
a——适用。
ia——要求的试验(技术适用时)。
na——不适用。
(d):破坏性试验,试验样品不能返回库存。

[a] 对于鉴定批准,D1～D7 组只允许两次失效。
[b] 除非使用同样的零部件,否则每种型号和规格均要求一套产品。
[c] D7 组,每种溶剂要求的连接器对数。

4.4 质量一致性检验程序

4.4.1 质量一致性检验

包括以逐批为基础的 A1 组和 B1 组试验。

4.4.2 质量一致性检验及其维持

包括从通过 A1 和 B1 组试验的三个连续批次中抽取试验样品,并成功地通过规定的 D 组周期试验。

5 详细规范制定指南

5.1 通则

详细规范制定者应使用适用的空白详细规范格式。以下列出了用于 1.6/5.6 型(75 Ω)和 1.8/5.6 型(50 Ω)射频同轴连接器的空白详细规范,并已列入了有关下列内容:

a) 适用于分规范覆盖的所有系列品种的连接器详细规范的基本规范编号。

b) 连接器的系列代号。

规范制定者应按规定填入要包括的有关连接器品种/规格的详细内容。在空白详细规范的方框中对应位置填入下列内容。

5.2 详细规范的识别

1) 授权出版详细规范的国家标准机构名称,在此机构可买到详细规范。

2) 有关国家或国际机构分配给所认可的详细规范的编号,以及有关符合性标志。

3) 有关 IEC/IECQ 总规范和分规范(适用时)的编号和版本,以及国家标准号(当不同时)。

4） 如果不同于 IEC/IECQ 号，详细规范的国家编号、发布日期以及国家体系要求的更多信息及其更改单编号。

5.3 元件的识别

5） 填入下列内容：

——品种：连接器的品种名称，包括固定和密封类型（适用时）；

——连接：对于中心导体和外导体，选取适用的电缆/导线的连接方式；

——特点和标志：适用时；

——系列代号：用粗体字母/数字，字高约 15 mm。

6） 填入质量评定水平、标称阻抗和气候类别。

7） 填入外形图和面板开孔（适用时）的详细要求。应规定最大外形尺寸、基准面位置，对于固定连接器，还应规定安装面板相对于连接器前端的位置。

对于固定连接器，应规定最大面板厚度。

8） 详细规范包括的所有规格特性，适用时包括下列内容：

——各规格适用的电缆类型（或规格）；

——镀层或防护涂层；

——具有螺纹孔或光孔的安装法兰的详细要求；

——焊接柱或焊接槽的详细要求，包括与微波集成电路元件（适用时）一起使用的详细要求。

5.4 性能

9） 分规范的要求，列出连接器最重要的性能参数。明确指出与最低要求的偏差。不适用的参数应标上“na”。

5.5 标志、订货文件及有关事项

10） 按适用填入标志和订货文件，以及有关文件和任何引用结构相似性的细则。

5.6 试验、试验条件和严酷度的选择

11） “na”用来表示不适用的试验。所有由详细规范制定者标上“a”的试验是适用的。

当采用空白详细规范规定的正常程序时，按适用在有关分规范的试验一览表中指定为适用性的每项试验对应的“试验要求”中填入字母“a”。对要求的任何附加试验，由规范制定者确定是否也应填入字母“a”。

当需要时，规范制定者也应指出与标准试验方法和试验条件的差异，包括与分规范的试验一览表中给定的任何有关差异。

鉴定批准和质量一致性检验是适用的，并与在系统内提供类似可比较的服务功能的其他连接器相一致，以使国家监督检查机构满意。

5.7 1.6/5.6 型（75 Ω）射频同轴连接器的空白详细规范格式

以下内容包括了完整的空白详细规范。

将 5）中的系列代号（或型号）1.6/5.6 改为 1.8/5.6，该空白详细规范也可用于 1.8/5.6 型（50 Ω）连接器。

1)	(2) IECQ
3) 电子元件质量评定按： 总规范：GB/T 11313.1—2013 分规范：GB/T 11313.13—2018	4) 版本 …… ……

5) 有质量评定的射频同轴连接器详细规范　系列代号(或型号)：**1.6/5.6**

品种：……　特点和标志：

电缆/导线的连接方式：中心导体——焊接/压接[a]……

外导体——焊接/夹接/压接[a]……

6) 质量评定水平 ……　标称阻抗 …… Ω　气候类别…/…/…

7) 最大外形尺寸：　面板开孔尺寸和安装详图：

插合界面尺寸和基准面位置见 GB/T 11313.13—2018 中图____和表____。

面板最大厚度：前面安装 …… mm 后面安装 …… mm

8) 规格

规格号	规格说明	96IEC	其他电缆
—01 ……	……	……	…… ……
…………	……	……	…… ……
…………	……	……	…… ……
…………	……	……	…… ……
…………	……	……	…… ……

有关拥有按本详细规范鉴定元件的承制方的资料见相关最新版本的合格产品目录。

[a] 仅填入适用的内容。

9） 性能(包括使用的极限条件)

额定值和特性	GB/T 11313.1—2013 试验方法章条号	值	备注或与标准试验方法的差异
电气性能 规格号			
标称阻抗		…… Ω	
频率范围		DC～……GHz	测量频率范围
反射系数 —01…… …… …… ……	9.2.1	……………… ……………… ……………… ………………	………………………………………… ………………………………………… ………………………………………… …
功率容量 —01…… …… …… ……	9.2.2	……………… ……………… ……………… ………………	
接触电阻、外导体和屏蔽连续性以及中心导体连续性(插合接有电缆的连接器)	9.2.3		
中心接触件接触电阻		≤…………… mΩ ≤…………… mΩ	初始值 条件试验后
外导体接触电阻		≤…………… mΩ ≤…………… mΩ	初始值 条件试验后
中心导体连续性 —01…… …… …… ……		…………… mΩ …………… mΩ …………… mΩ …………… mΩ	初始值 条件试验后
外导体和屏蔽连续性 —01…… …… …… ……		…………… mΩ …………… mΩ	初始值 条件试验后
在严酷机械条件试验下中心接触件和外接触件的连续性 —01…… …… …… ……	9.2.4	应无超过 1 μs 的瞬断现象	
绝缘电阻	9.2.5	≥……………GΩ ≥…………… MΩ	初始值 条件试验后
耐电压[a] —01…… (海平面) …… …… ……	9.2.6	……………kV ……………kV ……………kV ……………kV	86 kPa～106 kPa
耐电压[a] —01…… (4.4 kPa) …… …… ……	9.2.6	…………… V …………… V …………… V …………… V	…… kPa(如果不是 4.4 kPa)
环境试验后耐电压[a] —01…… (海平面) …… …… ……	9.2.6	…………… V …………… V …………… V …………… V	86 kPa～106 kPa

表（续）

额定值和特性	GB/T 11313.1—2013 试验方法章条号	值	备注或与标准试验方法的差异
环境试验后耐电压[a] (4.4 kPa) —01…… …… …… ……	9.2.6	……………… V ……………… V ……………… V ……………… V	…… kPa(如果不是 4.4 kPa)
浸水试验 —01…… …… …… ……	9.2.7	…… V …… MΩ …… V …… MΩ …… V …… MΩ …… V …… MΩ	
屏蔽效率 —01…… …… …… …	9.2.8	≥…dB 在……GHz ≥…dB 在……GHz ≥…dB 在……GHz ≥…dB 在……GHz	Z_t≤…… mΩ Z_t≤…… mΩ Z_t≤…… mΩ Z_t≤…… mΩ
无源互调	IEC 62037-3	频率：f_1： f_2： PIM3：	测试功率：2×……W
—01…… …… …… ……		…dBc 在……GHz …dBc 在……GHz …dBc 在……GHz …dBc 在……GHz	……W ……W ……W ……W
放电试验(电晕试验)	9.2.9	熄灭电压	
在海平面 —01…… …… …… ……		……………… V ……………… V ……………… V ……………… V	86 kPa～106 kPa
在 4.4 kPa —01…… …… …… ……		……………… V ……………… V ……………… V ……………… V	…… kPa(如果不是 4.4 kPa)
附加的电气性能			
机械性能			
标准规保持力(弹性接触件) ——中心接触件 ——外接触件	9.3.4	≥……………N ≥……………N	
中心接触件固定性 ——轴向力 ——各方向允许位移 ——力矩	9.3.5	………………N ……………… mm ………………N·m	试验后中心接触件满足界面尺寸的要求 试验时中心接触件不应发生转动
啮合力和分离力及转矩	9.3.6		
1 螺纹连接 连接力矩： ——连接螺母摩擦力 ——正常力矩 ——耐力矩		≤……………N·m ……～………N·m ………………N·m	 手动

表（续）

额定值和特性	GB/T 11313.1—2013 试验方法章条号	值	备注或与标准试验方法的差异
2 卡口连接 ——轴向力 ——力矩		 ≤………………N ≤……………N·m	
3 插入式连接 ——啮合力 ——分离力		 ≤……………N >……………N ≥……………N <……………N	
4 其他连接 **注**：不适用于强迫分离连接类型。			
电缆固紧装置的机械试验			
——电缆旋转 —01…… …… …… ……	9.3.7.2	在整个过程中，电缆在固紧装置内不应有相对连接器的旋转	弯曲半径和旋转次数 …… mm，……次 …… mm，……次 …… mm，……次 …… mm，……次
——电缆拉伸 —01…… …… …… ……	9.3.8	 ………………N ………………N ………………N ………………N	力的施加点和时间 …… mm，……s …… mm，……s …… mm，……s …… mm，……s
——电缆弯曲 —01…… …… …… ……	9.3.9	弯曲循环次数 ……………… ……………… ……………… ………………	弯曲半径和质量 …… mm，……kg …… mm，……kg …… mm，……kg …… mm，……kg
——电缆扭转 —01…… …… …… ……	9.3.10	力矩 ……………N·m ……………N·m ……………N·m ……………N·m	施加力矩的时间 ………s ………s ………s ………s
连接机构强度	9.3.11	………………N	
弯曲力矩（剪切力）	9.3.12	 ………………N	力的施加点和时间 …… mm，……s
碰撞	9.3.13	……………m/s² 共……次碰撞	（………g_n 加速度）
振动	9.3.3	……………m/s² ……～……Hz	（………g_n 加速度）
冲击	9.3.14	……………m/s² ……………波形 ……………ms	（………g_n 加速度）
安全丝孔强度	9.3.15	施加的力和时间 ……N，……s	
附加的机械性能			
环境性能			
可焊性	9.3.2.1.1	………………	

表(续)

额定值和特性	GB/T 11313.1—2013 试验方法章条号	值	备注或与标准试验方法的差异
耐焊接热	9.3.2.1.2	………………	
气候类别		……/……/……	
密封——非气密封连接器	9.4.5.1	…… kPa·cm³/h	压差在100 kPa～110 kPa
密封——气密封连接器	9.4.5.2	……Pa·cm³/s	压差在100 kPa～110 kPa
盐雾	9.4.6	………………h	持续喷雾
附加的环境性能			
耐久性			
机械耐久性	9.5	………………次	
高温耐久性	9.6	……℃,……h	
其他耐久性			
化学污染			
二氧化硫试验	9.4.8	………………d	
耐溶剂和污染流体 ——适用的液体	9.7	……………… ……………… ……………… ………………	
[a] 除非另有规定,电压值为40 Hz～65 Hz时的交流有效电压。			

10) 补充内容

元件标志:按GB/T 11313.1—2013中11.1的规定,并按如下顺序: 1) 制造厂的识别代码:………………………………………………… 2) 制造日期代码 ………… 3) 元件识别代码　　规格号/型号　　标志 ………………　……………… ………………　……………… ………………　……………… ………………　………………
包装的标志和内容:按GB/T 11313.1—2013中11.2的规定。 1) 按GB/T 11313.1—2013中11.1的规定详细标上以上内容 2) 标称阻抗:…… Ω 3) 评定水平字母代码……………… 4) 任何要求的附加标志………………
订货文件: 1) 详细规范的编号………………………/规格代号……………………………… 2) 评定水平字母代码………………………………………………………………… 3) 壳体涂覆(如果多于一个)……………………………………………………… 4) 任何附加内容或特殊要求…………………………………………………………
有关文件(如果在GB/T 11313.1—2013或分规范中没有包括): …… ……………………………………………………………………………
结构类似元件按GB/T 11313.1—2013中10.2.2的规定。
注:需填入有关基本品种的内容作为规格编号01的内容。

ICS 33.120.30
L 23

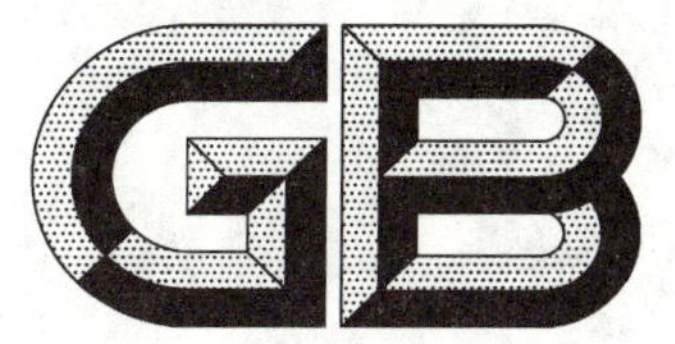

中华人民共和国国家标准

GB/T 11313.15—2018

射频连接器 第15部分：外导体内径为4.13 mm (0.163 in)、特性阻抗为50 Ω、螺纹连接的射频同轴连接器(SMA型)

Radio frequency connectors—
Part 15: R.F. coaxial connectors with inner diameter of outer conductor 4.13 mm (0.163 in), characteristic impedance 50 ohms, screw coupling (Type SMA)

(IEC 60169-15:1979, Radio-frequency connectors—Part 15: R.F. coaxial connectors with inner diameter of outer conductor 4.13 mm (0.163 in) with screw coupling—Characteristic impedance 50 ohms (Type SMA), NEQ)

2018-03-15 发布　　　　2018-10-01 实施

中华人民共和国国家质量监督检验检疫总局
中国国家标准化管理委员会　发布

前　言

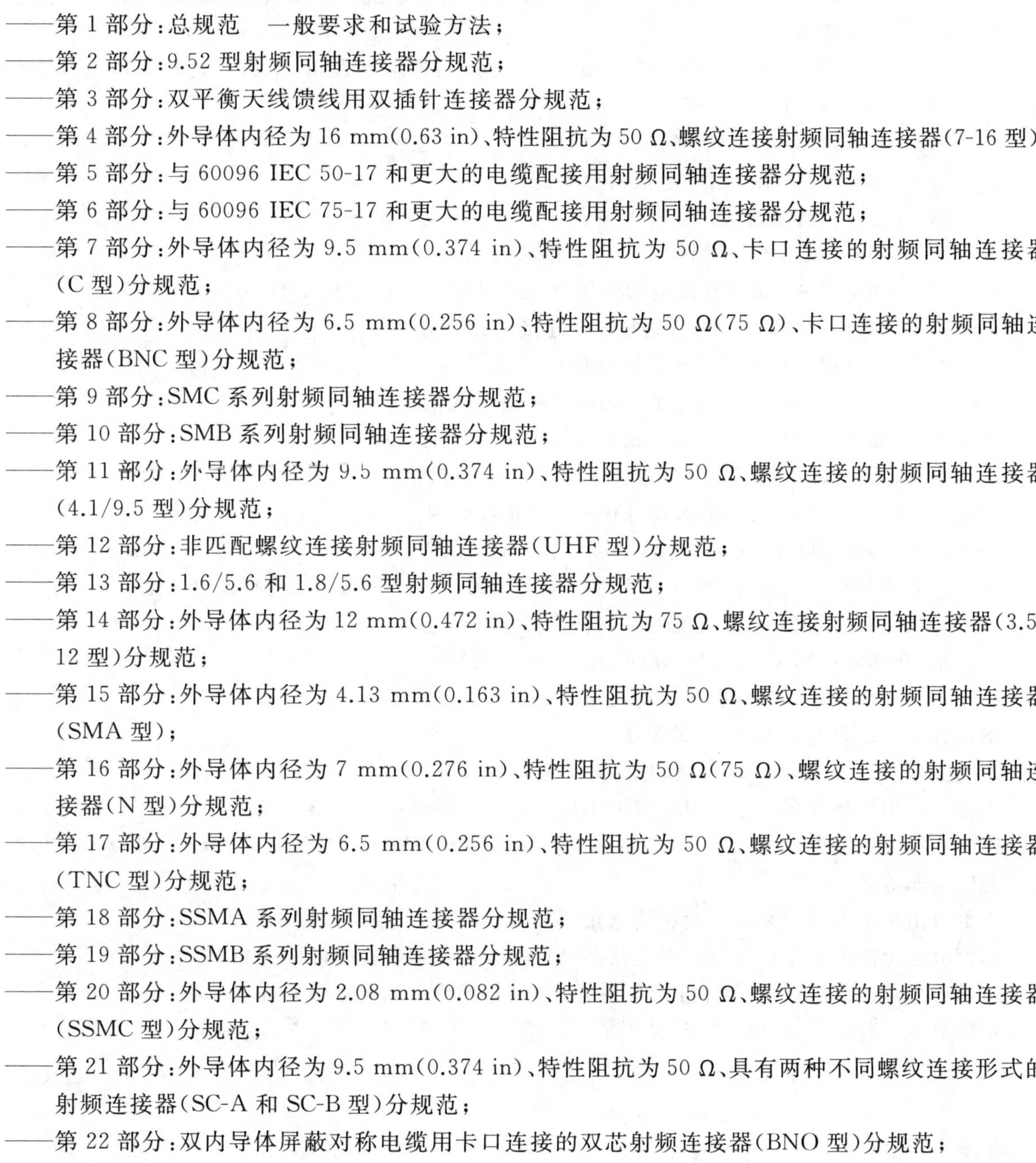

GB/T 11313《射频连接器》已经或计划发布以下部分：

——第1部分：总规范　一般要求和试验方法；

——第2部分：9.52型射频同轴连接器分规范；

——第3部分：双平衡天线馈线用双插针连接器分规范；

——第4部分：外导体内径为16 mm(0.63 in)、特性阻抗为50 Ω、螺纹连接射频同轴连接器(7-16型)；

——第5部分：与60096 IEC 50-17和更大的电缆配接用射频同轴连接器分规范；

——第6部分：与60096 IEC 75-17和更大的电缆配接用射频同轴连接器分规范；

——第7部分：外导体内径为9.5 mm(0.374 in)、特性阻抗为50 Ω、卡口连接的射频同轴连接器(C型)分规范；

——第8部分：外导体内径为6.5 mm(0.256 in)、特性阻抗为50 Ω(75 Ω)、卡口连接的射频同轴连接器(BNC型)分规范；

——第9部分：SMC系列射频同轴连接器分规范；

——第10部分：SMB系列射频同轴连接器分规范；

——第11部分：外导体内径为9.5 mm(0.374 in)、特性阻抗为50 Ω、螺纹连接的射频同轴连接器(4.1/9.5型)分规范；

——第12部分：非匹配螺纹连接射频同轴连接器(UHF型)分规范；

——第13部分：1.6/5.6和1.8/5.6型射频同轴连接器分规范；

——第14部分：外导体内径为12 mm(0.472 in)、特性阻抗为75 Ω、螺纹连接射频同轴连接器(3.5/12型)分规范；

——第15部分：外导体内径为4.13 mm(0.163 in)、特性阻抗为50 Ω、螺纹连接的射频同轴连接器(SMA型)；

——第16部分：外导体内径为7 mm(0.276 in)、特性阻抗为50 Ω(75 Ω)、螺纹连接的射频同轴连接器(N型)分规范；

——第17部分：外导体内径为6.5 mm(0.256 in)、特性阻抗为50 Ω、螺纹连接的射频同轴连接器(TNC型)分规范；

——第18部分：SSMA系列射频同轴连接器分规范；

——第19部分：SSMB系列射频同轴连接器分规范；

——第20部分：外导体内径为2.08 mm(0.082 in)、特性阻抗为50 Ω、螺纹连接的射频同轴连接器(SSMC型)分规范；

——第21部分：外导体内径为9.5 mm(0.374 in)、特性阻抗为50 Ω、具有两种不同螺纹连接形式的射频连接器(SC-A和SC-B型)分规范；

——第22部分：双内导体屏蔽对称电缆用卡口连接的双芯射频连接器(BNO型)分规范；

——第23部分：接3.5 mm硬精密同轴线、外导体内径为3.5 mm(0.1378 in)射频同轴连接器分规范；

——第24部分：75 Ω电缆分配系统用螺纹连接射频同轴连接器(F型)分规范；

——第25部分：接双内导体屏蔽对称电缆、外导体内径为13.56 mm(0.534 in)的双芯螺纹式(3/4-20UNEF)连接连接器(TWHN型)分规范；

——第26部分：TNCA系列射频同轴连接器分规范；

——第 27 部分:75 Ω 电缆分配系统用螺纹连接射频同轴连接器(E 型)分规范;
——第 28 部分:外导体内径为 5.60 mm(0.220 in)、特性阻抗为 75 Ω、卡锁连接射频同轴连接器分规范;
——第 29 部分:50 Ω 和 75 Ω 用特性阻抗为 50 Ω、具有螺纹、推拉、快锁或滑轨式机架或面板用小型射频同轴连接器(1.0/2.3 型)分规范;
——第 31 部分:外导体内径为 1.0 mm(0.039 in)、特性阻抗为 50 Ω、螺纹连接的射频同轴连接器(1.0 型)分规范;
——第 32 部分:外导体内径为 1.85 mm(0.072 in)、特性阻抗为 50 Ω、螺纹连接的射频同轴连接器(1.85 型)分规范;
——第 33 部分:BMA 系列射频连接器分规范;
——第 35 部分:2.92 系列射频连接器分规范;
——第 36 部分:特性阻抗为 50 Ω 的搭锁连接微小型射频同轴连接器(MCX 型);
——第 37 部分:STWX8 系列射频同轴连接器分规范;
——第 38 部分:50 Ω 背板和面板用模块滑入式射频连接器(TMA 型)分规范;
——第 39 部分:CQM 系列快速锁紧射频连接器分规范;
——第 40 部分:2.4 系列射频连接器分规范;
——第 41 部分:CQA 系列快速锁紧射频连接器分规范;
——第 42 部分:CQN 系列快速锁紧射频连接器分规范;
——第 43 部分:RBMA 系列盲配射频同轴连接器分规范;
——第 44 部分:SMP 系列推入式射频同轴连接器分规范;
——第 45 部分:SQMA 系列快速锁紧射频同轴连接器分规范;
——第 47 部分:Fquick 系列 75 Ω 电缆分配系统用插入式射频同轴连接器分规范;
——第 48 部分:BMP 系列盲配射频同轴连接器分规范;
——第 49 部分:SMAA 系列射频同轴连接器分规范;
——第 101 部分:MMCX 系列射频同轴连接器分规范。

本部分为 GB/T 11313 的第 15 部分。

本部分按照 GB/T 1.1—2009 给出的规则起草。

本部分使用重新起草法参考 IEC 60169-15:1979《射频连接器　第 15 部分:外导体内径为 4.13 mm(0.163 in)、特性阻抗为 50 Ω、螺纹连接的射频同轴连接器(SMA 型)》编制,与 IEC 60169-15:1979 的一致性程度为非等效。

本部分由中华人民共和国工业和信息化部提出。

本部分由全国电子设备用高频电缆及连接器标准化技术委员会(SAC/TC 190)归口。

本部分起草单位:镇江蓝箭电子有限公司、中国电子技术标准化研究院。

本部分主要起草人:杨蔚、刘庆、吴正平。

射频连接器 第15部分:外导体内径为4.13 mm (0.163 in)、特性阻抗为50 Ω、螺纹连接的射频同轴连接器(SMA型)

1 范围

GB/T 11313的本部分规定了2级通用连接器的插合界面尺寸、0级标准试验连接器的详细尺寸以及从GB/T 11313.1—2013中选取的适用于SMA型射频同轴连接器的所有详细规范的标准规详细要求和试验程序。

本部分还规定了编写详细规范时应考虑的推荐额定值和特性,并规定了适用于M级和H级评定等级的试验一览表和检验要求以及制定SMA型射频同轴连接器详细规范的内容和规则,以及详细规范的空白格式。

本部分适用于外导体内径为4.13 mm(0.163 in)、特性阻抗为50 Ω、工作频率达到18 GHz的螺纹连接SMA型射频连接器,该类连接器可配接射频电缆、微带等传输线。

2 规范性引用文件

下列文件对于本文件的应用是必不可少的。凡是注日期的引用文件,仅注日期的版本适用于本文件。凡是不注日期的引用文件,其最新版本(包括所有的修改单)适用于本文件。

GB/T 11313.1—2013 射频连接器 第1部分:总规范 一般要求和试验方法(IEC 61169-1:1998,IDT)

3 插合界面和标准规

本部分原始尺寸单位为毫米,所有未注尺寸的图形结构仅供参考。

3.1 通用连接器-2级

3.1.1 插针连接器

插针连接器界面见图1,尺寸见表1。

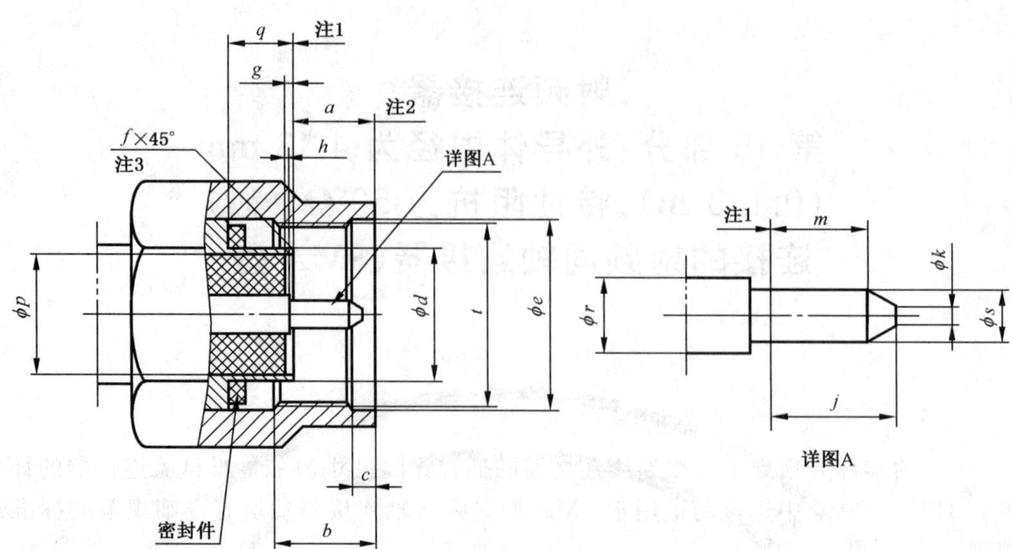

注 1：机械和电气基准面；

注 2：连接螺母拧进的位置；

注 3：0.08 mm max 倒圆，任选。

图 1　插针连接器

表 1　插针连接器尺寸

单位为毫米

代号	最小值	最大值
a	—	3.43
b	2.54	—
c	0.38	1.14
d	4.52	4.59
e	6.35	—
f	—	0.08
g	0.00	0.25
h	0.00	0.25
j	—	2.54
k	—	0.38
m	1.27	—
p	—	4.13
q[a]	—	—
r[b]	1.27(标称值)	
s	0.902	0.935
t	1/4-36UNS-2B	

[a] 尺寸 q 应使得基准面重合，并使连接器满足所需要的环境性能。

[b] 选择能得到 50 Ω标称阻抗要求的尺寸，表中所给出的标称直径，是基于假定使用具有介电常数为 2.02 的聚四氟乙烯介质。

3.1.2 插孔连接器

插孔连接器界面见图 2，尺寸见表 2。

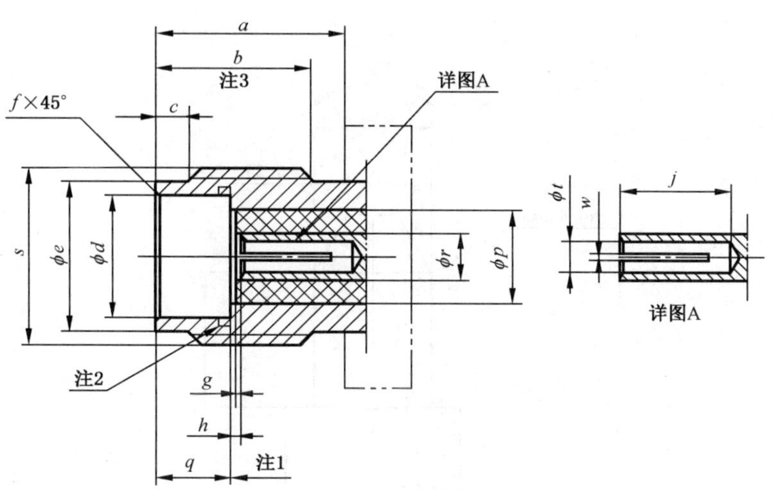

注 1：机械和电气基准面。

注 2：清根，允许根切，不允许倒角。

注 3：最短的全螺纹长度。

图 2 插孔连接器

表 2 插孔连接器界面尺寸

单位为毫米

代号	最小值	最大值
a	5.54	—
b	4.32	—
c	0.38	1.14
d	4.60	4.67
e	5.28	5.49
f	0.00	0.13
g	0.00	0.25
h	0.00	0.25
j	2.67	—
p	—	4.13
q	1.88	1.98
r[a]	1.27(标称值)	
s	1/4-36UNS-2A	
t[b]	—	—
w[c]	—	—

[a] 选择能得到 50 Ω特性阻抗要求的尺寸，表中所给出的标称直径，是基于假定使用具有介电常数为 2.02 的聚四氟乙烯介质。

[b] 当与 ϕ0.902 mm～ϕ0.935 mm 的插针配合时，应满足电气和机械性能要求。

[c] 槽宽、槽深应满足机械和电气性能要求。

3.2 标准规—插孔连接器用标准规

插孔连接器用标准规见图 3,尺寸见表 3。

单位为毫米

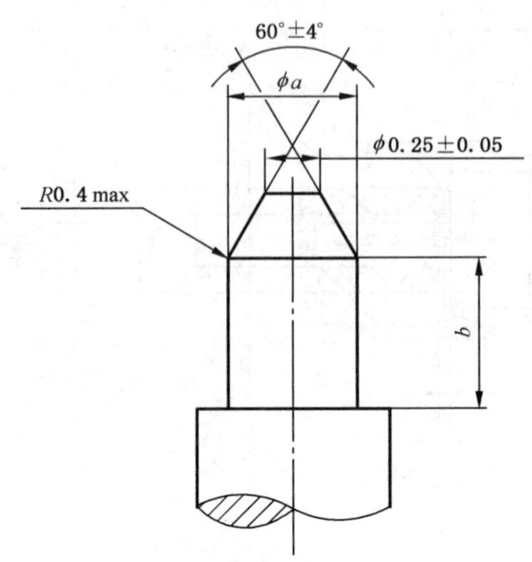

图 3 插孔连接器用标准规

表 3 插孔连接器用标准规尺寸

单位为毫米

<table>
<tr><th rowspan="2">代号</th><th colspan="2">标准规 A
(稳定尺寸用)</th><th colspan="2">标准规 B
(插入力试验用)</th><th colspan="2">标准规 C
(保持力试验用)
标准规的质量(重量):28^{+2}_{0} g</th></tr>
<tr><th>最小值</th><th>最大值</th><th>最小值</th><th>最大值</th><th>最小值</th><th>最大值</th></tr>
<tr><td>a</td><td>0.950</td><td>0.955</td><td>0.935</td><td>0.940</td><td>0.899</td><td>0.902</td></tr>
<tr><td>b</td><td>0.76</td><td>1.14</td><td>1.27</td><td>1.91</td><td>1.27</td><td>1.91</td></tr>
<tr><td colspan="7">注:材料:抛光钢材;表面粗糙度:Ra ≤0.4 μm。</td></tr>
</table>

试验程序如下:

a) 稳定尺寸试验:

把标准规 A 插入中心接触件三次,这是稳定尺寸操作。

b) 插入力试验:

稳定尺寸后,把标准规 B 插入插孔中心接触件,插入力应不大于 8.9 N。此试验仅在从连接器上取出的插孔接触件上进行。

c) 保持力试验:

稳定尺寸或插入力试验后,把标准规 C 沿垂直方向插入插孔中心接触件,此时接触件垂直朝下应能保持住标准规 C 的重量。

3.3 标准试验连接器-0 级

3.3.1 插针标准试验连接器

插针标准试验连接器界面见图 4,尺寸见表 4。

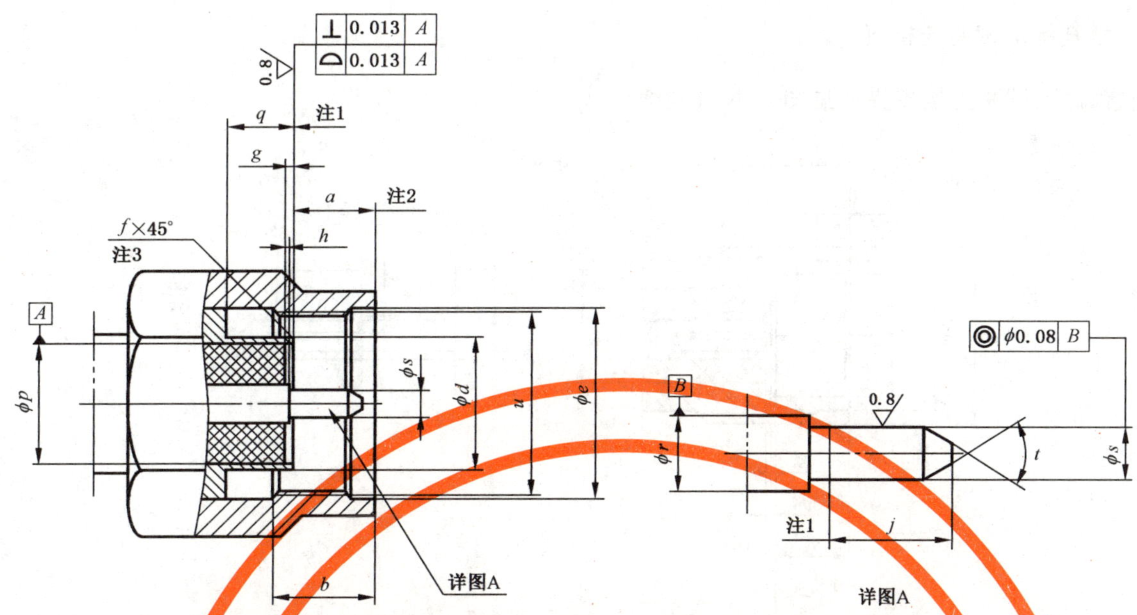

注 1：机械和电气基准面；

注 2：连接螺母拧紧的位置；

注 3：0.08 mm max 倒圆，任选。

图 4　插针标准试验连接器

表 4　插针标准试验连接器界面尺寸

单位为毫米

代号	最小值	最大值
a	2.59	3.35
b	2.54	4.32
d	4.52	4.59
e	6.48	6.73
f	—	0.08
g	0.00	0.05
h	0.00	0.076
j	2.03	2.29
p	4.10	4.13
q	2.03	—
r[a]	1.27(标称值)	
s	0.902	0.927
t	84°	96°
u	1/4-36UNS-2B	

[a] 选择能得到 50 Ω特性阻抗要求的尺寸，表中所给出的标称直径，是基于假定使用具有介电常数为 2.02 的聚四氟乙烯介质。

3.3.2 插孔标准试验连接器

插孔标准试验连接器界面见图5，尺寸见表5。

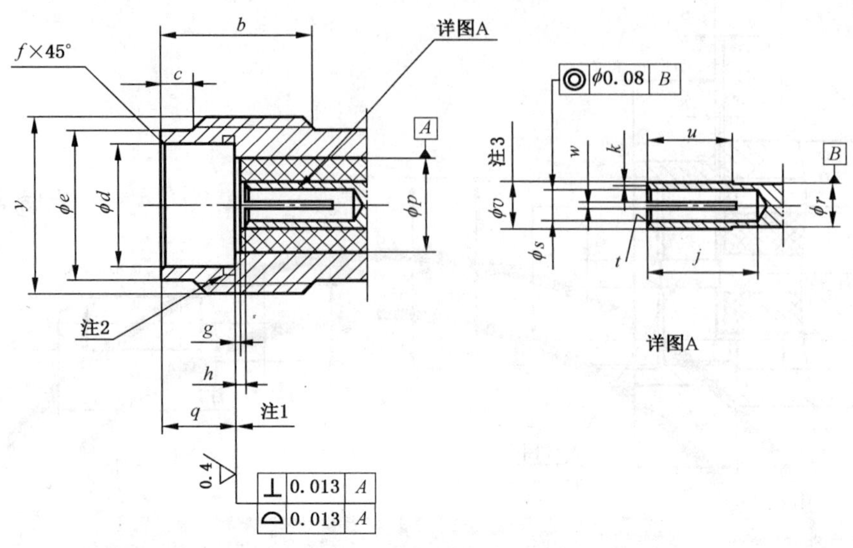

注1：机械和电气基准面；

注2：清根，允许根切，不允许倒角；

注3：直径 v 为未开槽前的尺寸。

图5 插孔标准试验连接器

表5 插孔标准试验连接器界面尺寸

单位为毫米

代号	最小值	最大值
b	3.81	—
c	0.38	1.14
d	4.597	4.666
e	5.283	5.45
f	—	0.13
g	0.00	0.05
h	0.000	0.076
j	3.05	3.30
k	0.08	—
p	4.13(标称值)	
q	1.88	1.98
r[a]	1.27(标称值)	
s	0.965	0.99
t	42°	48°
u	1.650	1.800
v	1.285	1.300

表 5（续）

单位为毫米

代号	最小值	最大值
w[b]	0.150	0.200
y	1/4-36UNS-2A	

[a] 选择能得到 50 Ω特性阻抗要求的尺寸，表中所给出的标称直径，是基于假定使用介电常数为 2.02 的聚四氟乙烯介质。

[b] 槽宽、槽深应满足机械和电气性能要求。

4 质量评定程序

4.1 通则

下列条款规定了当编写详细规范时所应考虑的推荐额定值、特性和测试条件，也规定了相应质量检验水平适用的试验一览表及程序。

4.2 额定值和特性

下列规定值推荐用于 SMA 型射频同轴连接器，并供详细规范的制定者参考。这些值适用于当连接器完全插合时的情况。优选的气候类别见表 6，额定值和特性见表 7。

所列的某些试验没有给出任何推荐值，这些试验通常不作要求。当需要这些试验时，按规范制定者判断在详细规范中填入适用的值。

表 6 优选的气候类别

气候类别标识	字母	温度范围	稳态湿热
40/085/21	A	−40 ℃～+85 ℃	21 d
55/125/21	B	−55 ℃～+125 ℃	21 d

表 7 额定值和特性

额定值和特性	GB/T 11313.1—2013 试验方法章条号	值	备注或与标准试验方法的差异
电气性能			
标称阻抗		50 Ω	
频率范围[a]			
2 级连接器 ——接柔软电缆，直式 ——接半硬电缆，直式 ——直角弯式		 DC～12.4 GHz DC～18 GHz DC～12.4 GHz	或电缆上限使用频率，取较低者
反射系数[a] ——接柔软电缆，直式 ——接柔软电缆，直角弯式	9.2.1	 ≤0.090+0.01f ≤0.090+0.01f	 f:GHz

表 7（续）

额定值和特性	GB/T 11313.1—2013 试验方法章条号	值	备注或与标准试验方法的差异
——接半硬电缆，直式 ——接半柔、半硬电缆，直角弯式 ——元件安装形式 ——焊线槽和印制板安装式		≤0.034+0.004f ≤0.048+0.004f 见详细规范 见详细规范	
中心接触电阻、外导体连续性	9.2.3		
中心接触件接触电阻[b] ——初始值 ——环境试验后		 ≤3.0 mΩ ≤5.0 mΩ	
外导体连续性[b] ——初始值 ——环境试验后		 ≤2.5 mΩ ≤5.0 mΩ	
绝缘电阻 ——初始值 ——环境试验后	9.2.5	 ≥5 GΩ ≥200 MΩ	
耐电压[c,d]（海平面） ——接 SYV-50-3 电缆 ——接 SYV-50-2 电缆 ——接 SYV-50-1 电缆 ——接 ϕ3.58 mm(0.141 in)半硬和半柔电缆 ——接 ϕ2.16 mm(0.085 in)半硬和半柔电缆	9.2.6	 1 000 V 750 V 500 V 1 000 V 750 V	86 kPa～106 kPa
耐电压[c,d]（4.4 kPa） ——接 SYV-50-3 电缆 ——接 SYV-50-2 电缆 ——接 SYV-50-1 电缆 ——接 ϕ3.58 mm(0.141 in)半硬电缆 ——接 ϕ2.16 mm(0.085 in)半硬电缆	9.2.6	 200V 150 V 100 V 200 V 150 V	4.4 kPa 相当于 20 km 高空的气压
环境试验后耐电压[c,d]（海平面） ——接 SYV-50-3 电缆 ——接 SYV-50-2 电缆 ——接 SYV-50-1 电缆 ——接 ϕ3.58 mm(0.141 in)半硬电缆 ——接 ϕ2.16 mm(0.085 in)半硬电缆	9.2.6	 480V 350 V 170 V 335 V 250 V	86kPa～106 kPa

表 7（续）

额定值和特性	GB/T 11313.1—2013 试验方法章条号	值	备注或与标准试验方法的差异
环境试验后耐电压[c,d]（4.4 kPa）	9.2.6		4.4 kPa 相当于 20 km 高空的气压
——接 SYV-50-3 电缆		85 V	
——接 SYV-50-2 电缆		65 V	
——接 SYV-50-1 电缆		45 V	
——接 ϕ3.58 mm(0.141 in)半硬电缆		85 V	
——接 ϕ2.16 mm(0.085 in)半硬电缆		65 V	
屏蔽效率[f]（仅对直式接电缆连接器）	9.2.8	≥100 dB 在 1 GHz	Z_t≤1 mΩ
放电试验（电晕试验）	9.2.9	熄灭电压见详细规范	气压值
机械性能			
中心接触件固定性	9.3.5		试验后中心接触件满足界面尺寸的要求
——轴向力		26.7 N	
——各方向允许位移		≤0.25 mm	
——力矩		0.03 N·m	试验时中心接触件不应发生转动
啮合力和分离力	9.3.6	≤0.23 N·m	
——连接螺母摩擦力		—	按正常方式手动可完成
连接力矩			
——正常力矩		0.79 N·m～1.12 N·m	
——耐力矩		1.69 N·m	
电缆固紧装置的机械试验			
电缆拉伸	9.3.8		
——接 SYV-50-4 电缆		180 N	
——接 SYV-50-3 电缆		90 N	
——接 SYV-50-2 电缆		50 N	
——接 ϕ3.58 mm(0.141 in)半硬电缆		500 N	力矩 0.39 N
——接 ϕ2.16 mm(0.085 in)半硬电缆		250 N	力矩 0.11 N
——接 ϕ3.58 mm(0.141 in)半柔电缆		89 N	力矩 0.11 N
——接 ϕ2.16 mm(0.085 in)半柔电缆		34 N	力矩 0.03 N
电缆扭转	9.3.10		
——接 SYV-50-4 电缆		0.30 N·m	
——接 SYV-50-3 电缆		0.15 N·m	
——接 SYV-50-2 电缆		0.05 N·m	
连接机构强度	9.3.11	180 N	
碰撞	9.3.13		
振动	9.3.3	100 m/s^2 10 Hz～2 000 Hz	（10g_n加速度）

表 7（续）

额定值和特性	GB/T 11313.1—2013 试验方法章条号	值	备注或与标准试验方法的差异
冲击	9.3.14	500 m/s^2 1/2 波形，11 ms	（50g_n加速度）
环境性能			
密封-非气密封连接器	9.4.5.1	1 cm^3/h，max	压差在 100 kPa～110 kPa
密封-气密封连接器	9.4.5.2	1 Pa·cm^3/s	压差在 100 kPa～110 kPa
盐雾	9.4.6	48 h	喷雾时间
耐久性			
机械耐久性	9.5	500 次	
高温耐久性[e]	9.6	155 ℃，1 000 h	

[a] 这些值适用于通用连接器，实际上，这些值会受到所用电缆的影响，通常应参考详细规范中给出的实际值。

[b] 一对连接器的值。

[c] 除另有规定外，电压值为 40 Hz～65 Hz 时的交流有效电压。

[d] 有些与这些连接器配用的电缆的额定值低于本规范给出的值。

[e] 对于某些连接器，上限温度受到电缆特性的限制，应参照相应的电缆规范。

[f] 当界面完全插合时。

4.3 试验一览表和检验要求

4.3.1 交收试验

交收试验见表 8。

表 8 交收试验

	试验方法 GB/T 11313.1—2013 章条号	评定等级 M（较高）				评定等级 H（较低）			
		要求试验	IL	AQL %	周期	要求试验	IL	AQL %	周期
A1 组					逐批试验				逐批试验
外观检查	9.1.2	a	Ⅱ	1.0		a	S-3	1.5	
B1 组									
外形尺寸	9.1.3.1	a	S-4	0.40		a	S-3	4.0	
机械互换性	9.1.3.3	a	Ⅱ	1.0		a	S-3	1.5	
啮合力和分离力	9.3.6	a	S-4	0.40		a	S-3	1.5	
标准规保持力（弹性接触件）	9.3.4	ia	Ⅱ	1.0		ia	S-3	1.5	

表 8（续）

	试验方法 GB/T 11313.1—2013 章条号	评定等级 M(较高)				评定等级 H(较低)			
		要求试验	IL	AQL %	周期	要求试验	IL	AQL %	周期
密封性 ——非气密封 ——气密封	 9.4.5.1 9.4.5.2	 ia a	 Ⅱ Ⅱ	 0.65 0.015	逐批试验	 ia a	 S-3 S-3	 1.0 0.025	逐批试验
耐电压	9.2.6	a	S-4	0.40		a	S-3	4.0	
可焊性(d)	9.3.2.1.1	ia	S-4	0.40		ia	S-3	4.0	
绝缘电阻	9.2.5	a	S-4	0.40		a	S-3	4.0	
安全丝孔强度-零件(d)	9.3.15								

注：

a ——适用。

ia ——要求的试验(技术适用时)。

IL ——检验水平。

AQL ——接收质量限。

(d) ——破坏性试验方法-试验样品不能返回库存。

4.3.2 周期试验

周期试验见表 9，对于评定水平 H 和 M，没有 C 组试验。

表 9 周期试验

	试验方法 GB/T 11313.1—2013 章条号	评定等级 M(较高)				评定等级 H(较低)			
		要求试验	样品数	每组允许失效数[a]	周期	要求试验	样品数	每组允许失效数[a]	周期
D1 组(d)			6	1	3 年		3	1	3 年
可焊性	9.3.2.1.1	ia				ia			
耐焊接热	9.3.2.1.2	ia				ia			
电缆紧固机构的机械试验 1) 电缆旋转(挠动) 2) 电缆拉伸 3) 电缆弯曲 4) 电缆扭转	 9.3.7.2 9.3.8 9.3.9 9.3.10	 ia ia ia ia				 ia ia ia ia			
连接机构强度	9.3.11	a				a			
D2 组(d)			6	1	3 年		3	1	3 年
接触电阻、外导体和屏蔽连续性以及中心导体连续性(插合接有电缆的连接器)	9.2.3	a				a			

表 9（续）

	试验方法 GB/T 11313.1—2013 章条号	评定等级 M(较高)				评定等级 H(较低)			
		要求试验	样品数	每组允许失效数[a]	周期	要求试验	样品数	每组允许失效数[a]	周期
碰撞	9.3.13	a				a			
振动	9.3.3	a				a			
冲击	9.3.14	ia				ia			
稳态湿热	9.4.3	a				a			
盐雾	9.4.6	a				a			
D3 组			1[b]	1	3 年		1[b]	1	3 年
尺寸、零件和材料	9.1.3.2	a				a			
D4 组(d)			6	1	3 年		3	1	3 年
机械耐久性	9.5	a				a			
高温耐久性	9.6	a				a			
二氧化硫试验	9.4.8	na				na			
D5 组(d)			6	1	3 年		3	1	3 年
反射系数	9.2.1	ia				a			
屏蔽效率	9.2.8	ia				a			
D6 组(d)			6	1	3 年		3	1	3 年
中心接触件固定性	9.3.5	ia				a			
放电试验(电晕试验)	9.2.9	a				a			
温度快速变化	9.4.4	a				a			
气候顺序	9.4.2	a				a			
D7 组(d)			1[c]	—	3 年		1[c]		3 年
耐溶剂和污染流体	9.7	ia				ia			

注：

a ——适用。

ia ——要求的试验(技术适用时)。

na ——不适用。

(d)——破坏性试验—试验样品不能返回库存。

[a] 对于鉴定批准，D1～D7 组总共只允许两次失效。

[b] 除非使用同样的零部件，否则每种型号和规格均要求一套产品。

[c] D7 组-每种溶剂要求的连接器对数。

4.3.3 程序

4.3.3.1 质量一致性检验

它包括以逐批为基础的 A1 组和 B1 组试验和以周期为基础的 D1～D7 组试验。

4.3.3.2 鉴定批准及其维持

鉴定批准包括表 8 和表 9 规定的全部试验。

鉴定维持包括从通过 A1 和 B1 组试验的三个连续批次中抽取试验样品，并成功地通过规定的 D 组周期试验。

5 详细规范制定指南

5.1 通则

详细规范制定者应使用适用的空白详细规范格式。以下列出了用于 SMA 型射频同轴连接器的空白详细规范，并已列入了有关下列内容：

a) 适用于分规范覆盖的所有系列品种的连接器详细规范的基本规范编号。

b) 连接器的系列代号。

规范制定者应按规定填入要包括的有关连接器品种/规格的详细内容。在空白详细规范的方框中对应位置填入下列内容。

5.2 详细规范的识别

(1) 授权出版详细规范的国家标准机构名称，在此机构可买到详细规范。

(2) 有关国家或国际机构分配给所认可的详细规范的编号以及有关符合性标志。

(3) 有关 IEC/IECQ 总规范和分规范(适用时)的编号和版本，以及国家标准号(当不同时)。

(4) 如果不同于 IEC/IECQ 号，详细规范的国家编号、发布日期以及国家体系要求的更多信息及其更改单编号。

5.3 元件的识别

(5) 填入下列内容：

——品种：连接器的品种名称，包括固定和密封类型(适用时)。

——连接：对于中心导体和外导体，选取适用的电缆/导线的连接方式。

——特点和标志：适用时。

——系列代号：用粗体字母/数字，字高约 2.5 mm 高。

(6) 填入质量评定水平、标称阻抗和气候类别。

(7) 填入外形图和面板开孔(适用时)的详细要求。应规定最大外形尺寸、基准面位置，对于固定连接器，还应规定安装面板相对于连接器前端的位置。

对于固定连接器，应规定最大面板厚度。

(8) 详细规范包括的所有规格特性，适用时包括下列内容：

——各规格适用的电缆类型(或规格)；

——镀层或防护涂层；

——具有螺纹孔或光孔的安装法兰的详细要求；

——焊接柱或焊接槽的详细要求，包括与微波集成电路元件(适用时)一起使用的详细要求。

5.4 性能

(9) 按分规范的要求，列出连接器最重要的性能参数。明确指出与最低要求的偏差。不适用的参数应标上“na”。

5.5 标志、订货文件及有关事项

(10) 按适用填入标志和订货文件，以及有关文件和任何引用结构相似性的细则。

5.6 试验、试验条件和严酷度的选择

（11） “na”用来表示不适用的试验。所有由详细规范制定者标上“a”的试验是适用的。

当采用空白详细规范规定的正常程序时，按适用在有关分规范的试验一览表中指定为适用性的每项试验对应的“试验要求”中填入字母“a”。对要求的任何附加试验，由规范制定者确定是否也应填入字母“a”。

当需要时，规范制定者也应指出与标准试验方法和试验条件的差异，包括与分规范的试验一览表中给定的任何有关差异。

鉴定批准和质量一致性检验是适用的，并与在系统内提供类似可比较的服务功能的其他连接器相一致，以使国家监督检查机构满意。

5.7 SMA 型连接器的空白详细规范格式

以下包括了完整的空白详细规范。

（1）	（2） IECQ
（3）电子元件质量评定按： 总规范：GB/T 11313.1—2013 分规范：GB/T 11313.15—2018	（4）版本 …… ……

（5）有质量评定的射频同轴连接器详细规范　　型号：**SMA**

品种：……　　特点和标志：

电缆/导线的连接方式：中心导体——焊接/压接[a]……

外导体——焊接/夹接/压接[a]……

（6）质量评定水平 ……　　标称阻抗 ……Ω　　气候类别…/…/…

（7）最大外形尺寸：　　面板开孔尺寸和安装详图：

插合界面尺寸和基准面位置见 GB/T 11313.15—2018 中图 1 和表 1 或图 2 和表 2。

面板最大厚度：前面安装 ……mm　　后面安装 ……mm

（8）规格

规格号	规格说明	60096IEC	其他电缆	
—01……	……	……	……	……
…………	……	……	……	……
…………	……	……	……	……
…………	……	……	……	……
…………	……	……	……	……

有关拥有按本详细规范鉴定元件的承制方的资料见相关最新版本的合格产品目录。

[a] 仅填入适用的内容。

（9）性能（包括使用的极限条件）

额定值和特性	GB/T 11313.1—2013 试验方法章条号	值	备注或与标准试验方法的差异
电气性能 规格号			
标称阻抗		……Ω	
频率范围		DC～……GHz	测量频率范围
反射系数 -01…… …… …… ……	9.2.1	………………… ………………… ………………… …………………	…… ……
额定功率 -01…… …… …… ……	9.2.2	………………… ………………… ………………… …………………	
接触电阻、外导体和屏蔽连续性以及中心导体连续性（插合接有电缆的连接器）	9.2.3		
中心接触件接触电阻		≤……………mΩ ≤……………mΩ	初始值 条件试验后
外导体接触电阻		≤……………mΩ ≤……………mΩ	初始值 条件试验后
中心导体连续性 -01…… …… …… ……		………………mΩ ………………mΩ ………………mΩ ………………mΩ	初始值 条件试验后
外导体和屏蔽连续性 -01…… …… …… ……		………………mΩ ………………mΩ	初始值 条件试验后
在严酷机械条件试验下中心接触件和外接触件的连续性 -01…… …… …… ……	9.2.4	应无超过 1 μs 的瞬断现象	
绝缘电阻	9.2.5	≥……………GΩ ≥……………MΩ	初始值 条件试验后
耐电压[a] -01…… （海平面） …… …… ……	9.2.6	………………kV ………………kV ………………kV ………………kV	86 kPa～106 kPa

表（续）

额定值和特性	GB/T 11313.1—2013 试验方法章条号	值	备注或与标准试验方法的差异
耐电压[a] -01…… (4.4 kPa) …… …… ……	9.2.6	………………V ………………V ………………V ………………V	……kPa(如果不是 4.4 kPa)
环境试验后耐电压[a] -01…… (海平面) …… …… ……	9.2.6	………………V ………………V ………………V ………………V	86 kPa～106 kPa
环境试验后耐电压[a] -01…… (4.4 kPa) …… …… ……	9.2.6	………………V ………………V ………………V ………………V	……kPa(如果不是 4.4 kPa)
电气性能(续)			
浸水试验 -01…… …… …… ……	9.2.7	……V ……MΩ ……V ……MΩ ……V ……MΩ ……V ……MΩ	
屏蔽效率 -01…… …… …… ……	9.2.8	≥…dB 在……GHz ≥…dB 在……GHz ≥…dB 在……GHz ≥…dB 在……GHz	Z_t≤……mΩ Z_t≤……mΩ Z_t≤……mΩ Z_t≤……mΩ
放电试验(电晕试验)	9.2.9	熄灭电压	
在海平面 -01…… …… …… ……		………………V ………………V ………………V ………………V	86 kPa～106 kPa
在 4.4 kPa -01…… …… …… ……		………………V ………………V ………………V ………………V	……kPa(如果不是 4.4 kPa)
附加的电气性能			
机械性能			
标准规保持力(弹性接触件) ——中心接触件 ——外接触件	9.3.4	 ≥……………N ≥……………N	
中心接触件固定性 ——轴向力 ——各方向允许位移 ——力矩	9.3.5	 ………………N ………………mm ………………N·m	试验后中心接触件满足界面尺寸的要求 试验时中心接触件不应发生转动

表（续）

额定值和特性	GB/T 11313.1—2013 试验方法章条号	值	备注或与标准试验方法的差异
啮合力和分离力及转矩	9.3.6		
1 螺纹连接 连接力矩： ——连接螺母摩擦力 ——正常力矩 ——耐力矩		 ≤……………N·m ……～………N·m ……………N·m	 手动
2 卡口连接 ——轴向力 ——力矩		 ≤……………N ≤……………N·m	
3 插入式连接 ——啮合力 ——分离力		 ≤……………N >……………N ≥……………N <……………N	
4 其他连接 **注**：不适用于强迫分离连接类型。			
机械性能（续）			
电缆固紧装置的机械试验			
1） 电缆旋转 -01…… …… …… ……	9.3.7.2	 在整个过程中，电缆在固紧装置内不应有相对连接器的旋转	弯曲半径和旋转次数 ……mm，……次 ……mm，……次 ……mm，……次 ……mm，……次
2） 电缆拉伸 -01…… …… …… ……	9.3.8	 ……………N ……………N ……………N ……………N	力的施加点和时间 ……mm，……s ……mm，……s ……mm，……s ……mm，……s
3） 电缆弯曲 -01…… …… …… ……	9.3.9	弯曲循环次数 …………… …………… …………… ……………	弯曲半径和质量 ……mm，……kg ……mm，……kg ……mm，……kg ……mm，……kg
4） 电缆扭转 -01…… …… …… ……	9.3.10	力矩 ……………N·m ……………N·m ……………N·m ……………N·m	施加力矩的时间 ………s ………s ………s ………s
连接机构强度	9.3.11	……………N	

表(续)

额定值和特性	GB/T 11313.1—2013 试验方法章条号	值	备注或与标准试验方法的差异
弯曲力矩(剪切力)	9.3.12	………………N	力的施加点和时间 ……mm,……s
碰撞	9.3.13	……………m/s² 共……次碰撞	(………g_n加速度)
振动	9.3.3	……………m/s² ……～……Hz	(………g_n加速度)
冲击	9.3.14	……………m/s² ……………波形 ……………ms	(………g_n加速度)
附加的机械特性			
环境性能			
可焊性	9.3.2.1.1	………………	
耐焊接热	9.3.2.1.2	………………	
气候类别		……/……/……	
密封-非气密封连接器	9.4.5.1	……kPa·cm³/h	压差在 100 kPa～110 kPa
密封-气密封连接器	9.4.5.2	……Pa·cm³/s	压差在 100 kPa～110 kPa
盐雾	9.4.6	………………h	喷雾时间
耐久性			
机械耐久性	9.5	………………次	
高温耐久性	9.6	……℃,……h	
其他耐久性			
化学污染			
二氧化硫试验	9.4.8	………………d	暴露天数
耐溶剂和污染流体 ——适用的液体	9.7	……………… ……………… ……………… ………………	

[a] 除另有规定外,电压值为 40 Hz～65 Hz 时的交流有效电压。

(10) 补充内容

元件标志:按 GB/T 11313.1—2013 中 11.1 的规定,并按如下顺序:

1) 制造厂的识别代码:……………………………………………

2) 制造日期代码 …………

3) 元件识别代码　　规格号/型号　　　　标志

……………………　　……………………

……………………　　……………………

………………… …………………

………………… …………………

包装的标志和内容:按 GB/T 11313.1—2013 中 11.2 的规定。

1) 按 GB/T 11313.1—2013 中 11.1 的规定详细标上以上内容

2) 标称阻抗:……Ω

3) 评定水平字母代码………………

4) 任何要求的附加标志……………

订货文件:

1) 详细规范的编号……………………… /规格代号………………………………

2) 评定水平字母代码………………………………………………………………

3) 壳体涂覆(如果多于一个)………………………………………………………

4) 任何附加内容或特殊要求………………………………………………………

有关文件(如果在 GB/T 11313.1—2013 或分规范中没有包括):

……………………………………………………………………………………………………

…………………………………………………………………………………

结构类似元件按 GB/T 11313.1—2013 中 10.2.2 的规定。

注:填入有关基本品种的内容作为规格编号 01 的内容。

ICS 33.120.30
L 23

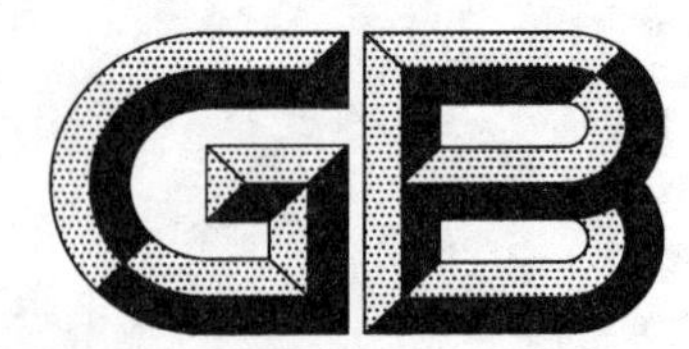

中华人民共和国国家标准

GB/T 11313.38—2018/IEC 61169-38:2008

射频连接器 第38部分:50 Ω背板和面板用模块滑入式射频连接器(TMA型)分规范

Radio-frequency connectors—Part 38: Sectional specification for 50 Ω model, slide-in radio frequency coaxial connectors (type TMA) for rack and panel applications

[IEC 61169-38: 2008, Radio-frequency connectors—Part 38: Sectional specification—Radio frequency coaxial connectors model, slide-in (rack and panel applications)—Characteristic impedance 50 Ω (type TMA)—50 Ω applications, IDT]

2018-06-07 发布 2019-01-01 实施

国家市场监督管理总局
中国国家标准化管理委员会 发布

前　言

GB/T 11313《射频连接器》已经或计划发布以下部分：

——第 1 部分：总规范　一般要求和试验方法；
——第 2 部分：9.52 型射频同轴连接器分规范；
——第 3 部分：双平衡天线馈线用双插针连接器分规范；
——第 4 部分：外导体内径为 16 mm(0.63 in)、特性阻抗为 50 Ω、螺纹连接射频同轴连接器(7-16 型)；
——第 5 部分：与 60096 IEC 50-17 和更大的电缆配接用射频同轴连接器分规范；
——第 6 部分：与 60096 IEC 75-17 和更大的电缆配接用射频同轴连接器分规范；
——第 7 部分：外导体内径为 9.5 mm(0.374 in)、特性阻抗为 50 Ω、卡口连接的射频同轴连接器(C 型）分规范；
——第 8 部分：外导体内径为 6.5 mm(0.256 in)、特性阻抗为 50 Ω(75 Ω)、卡口连接的射频同轴连接器(BNC 型)分规范；

——第 9 部分：SMC 系列射频同轴连接器分规范；
第 10 部分：SMB 系列射频同轴连接器分规范；
——第 11 部分：外导体内径为 9.5 mm(0.374 in)、特性阻抗为 50 Ω、螺纹连接的射频同轴连接器(4.1/9.5 型)分规范；
——第 12 部分：非匹配螺纹连接射频同轴连接器(UHF 型)分规范；
——第 13 部分：1.6/5.6 和 1.8/5.6 型射频同轴连接器分规范；
——第 14 部分：外导体内径为 12 mm (0.472 in)、特性阻抗为 75 Ω、螺纹连接射频同轴连接器(3.5/12 型）分规范；
——第 15 部分：外导体内径为 4.13 mm (0.163 in)、特性阻抗为 50 Ω、螺纹连接的射频同轴连接器(SMA 型)；
——第 16 部分：外导体内径为 7 mm(0.276 in)、特性阻抗为 50 Ω(75 Ω)、螺纹连接的射频同轴连接器(N 型)分规范；
——第 17 部分：外导体内径为 6.5 mm(0.256 in)、特性阻抗为 50 Ω、螺纹连接的射频同轴连接器(TNC 型)分规范；
——第 18 部分：SSMA 系列射频同轴连接器分规范；
——第 19 部分：SSMB 系列射频同轴连接器分规范；
——第 20 部分：外导体内径为 2.08 mm (0.082 in)、特性阻抗为 50 Ω、螺纹连接的射频同轴连接器(SSMC 型)分规范；
——第 21 部分：外导体内径为 9.5 mm (0.374 in)、特性阻抗为 50 Ω、具有两种不同螺纹连接形式的射频连接器(SC-A 和 SC-B 型)分规范；
——第 22 部分：双内导体屏蔽对称电缆用卡口连接的双芯射频连接器(BNO 型)分规范；
——第 23 部分：接 3.5 mm 硬精密同轴线、外导体内径为 3.5 mm (0.1378 in)射频同轴连接器分规范；
——第 24 部分：75 Ω 电缆分配系统用螺纹连接射频同轴连接器(F 型)分规范；
——第 25 部分：接双内导体屏蔽对称电缆、外导体内径为 13.56 mm(0.534 in)的双芯螺纹式(3/4-20 UNEF)连接连接器(TWHN 型)分规范；

——第 26 部分:TNCA 系列射频同轴连接器分规范;
——第 27 部分:75 Ω 电缆分配系统用螺纹连接射频同轴连接器(E 型)分规范;
——第 28 部分:外导体内径为 5.60 mm (0.220 in)、特性阻抗为 75 Ω、卡锁连接射频同轴连接器分规范;
——第 29 部分:50 Ω 和 75 Ω 用特性阻抗为 50 Ω、具有螺纹、推拉、快锁或滑轨式机架或面板用小型射频同轴连接器(1.0/2.3 型)分规范;
——第 31 部分:外导体内径为 1.0 mm (0.039 in)、特性阻抗为 50 Ω、螺纹连接的射频同轴连接器(1.0 型)分规范;
——第 32 部分:外导体内径为 1.85 mm (0.072 in)、特性阻抗为 50 Ω、螺纹连接的射频同轴连接器(1.85 型)分规范;
——第 33 部分:BMA 系列射频连接器分规范;
——第 35 部分:2.92 系列射频连接器分规范;
——第 36 部分:特性阻抗为 50 Ω 的搭锁连接微小型射频同轴连接器(MCX 型);
——第 37 部分:STWX8 系列射频同轴连接器分规范;
——第 38 部分:50 Ω 背板和面板用模块滑入式射频连接器(TMA 型)分规范;
——第 39 部分:CQM 系列快速锁紧射频连接器分规范;
——第 40 部分:2.4 系列射频连接器分规范;
——第 41 部分:CQA 系列快速锁紧射频连接器分规范;
——第 42 部分:CQN 系列快速锁紧射频连接器分规范;
——第 43 部分:RBMA 系列盲配射频同轴连接器分规范;
——第 44 部分:SMP 系列推入式射频同轴连接器分规范;
——第 45 部分:SQMA 系列快速锁紧射频同轴连接器分规范;
——第 47 部分:Fquick 系列 75 Ω 电缆分配系统用插入式射频同轴连接器分规范;
——第 48 部分:BMP 系列盲配射频同轴连接器分规范;
——第 49 部分:SMAA 系列射频同轴连接器分规范;
——第 101 部分:MMCX 系列射频同轴连接器分规范。

本部分为 GB/T 11313 的第 38 部分。

本部分按照 GB/T 1.1—2009 给出的规则起草。

本部分使用翻译法等同采用 IEC 61169-38:2008《射频连接器　第 38 部分:分规范　射频同轴连接器滑动模式(在机架和面板应用中)　50 Ω 特性阻抗(TMA 型) 50 Ω 应用》。

本部分做了下列编辑性修改:

——为与现有标准系列一致,将标准名称改为《射频连接器　第 38 部分:50 Ω 背板和面板用模块滑入式射频同轴连接器(TMA 型)分规范》;
——表 7 中频率范围上加注“a”,并删除“电缆的上限频率”;
——调整了表 7 中的试验条款顺序,并将表 7 环境性能中“1 cm^3/h”统一为“100 kPa · cm^3/h”;
——对于第 5 章的内容与同系列其他标准进行了统一规范。

请注意本文件的某些内容可能涉及专利。本文件的发布机构不承担识别这些专利的责任。

本部分由中华人民共和国工业和信息化部提出。

本部分由全国电子设备用高频电缆及连接器标准化技术委员会(SAC/TC 190)归口。

本部分起草单位:陕西华达科技股份有限公司、中国电子技术标准化研究院。

本部分主要起草人:王榕欣、郭嫵、吴正平。

射频连接器
第38部分:50 Ω背板和面板用模块滑入式射频连接器(TMA型)分规范

1 范围

GB/T 11313的本部分给出了制定TMA型射频连接器详细规范的内容和规则,以及详细规范的空白格式。

TMA型连接器具有50 Ω特性阻抗,用于盲插和中低功率微波应用场合,配接射频电缆或微带等。其工作频率达6 GHz。

本部分也规定了2级通用连接器的插合界面尺寸、0级标准试验连接器的详细尺寸,以及从GB/T 11313.1—2013中选取的适用于TMA型射频同轴连接器的所有详细规范的标准规详细要求和试验程序。

本部分提供了编写一份详细规范时应考虑的推荐额定值和特性,它包括对于M级和H级评定等级的试验一览表和检验要求。

2 规范性引用文件

下列文件对于本文件的应用是必不可少的。凡是注日期的引用文件,仅注日期的版本适用于本文件。凡是不注日期的引用文件,其最新版本(包括所有的修改单)适用于本文件。

GB/T 11313.1—2013 射频连接器 第1部分:总规范 一般要求和试验方法(IEC 61169-1:1998,IDT)

3 插合界面和标准规

3.0 通则

原始尺寸为公制,所有未注尺寸的图形结构仅供参考。

3.1 通用连接器尺寸-2级

3.1.1 插针连接器(见图1)

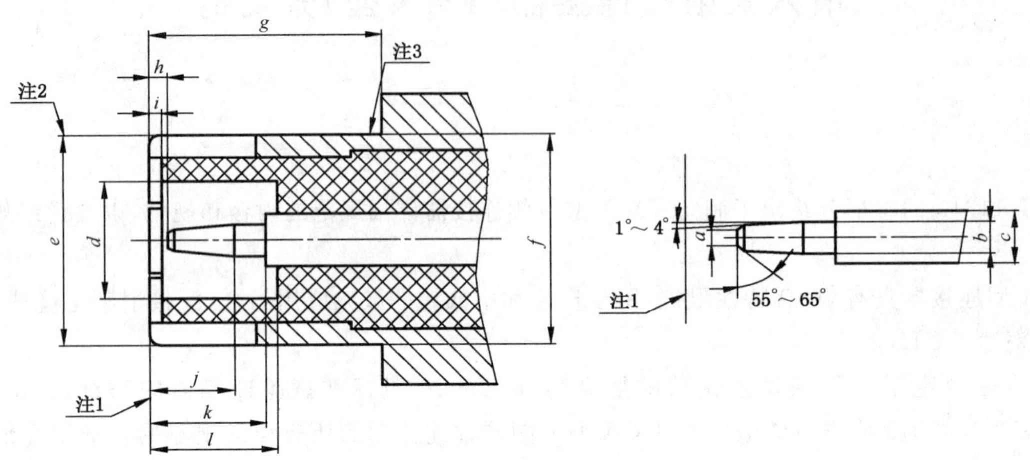

图1 插针连接器(尺寸见表1)

表1 插针连接器尺寸

代号	mm		in		备注
	min	max	min	max	
a	—	0.64	—	0.025	直径
b	1.32	1.37	0.052	0.054	直径
c	2.06	2.21	0.081	0.087	直径
d	4.83	—	0.190	—	直径
e	—	—	—	—	2/直径
f	8.00	8.05	0.315	0.317	直径
g	8.60	—	0.339	—	
h	0.08	1.02	0.003	0.040	
i	0.15	—	0.006	—	
j	1.96	3.05	0.078	0.120	
k	5.33	5.84	0.210	0.230	
l	5.28	5.79	0.208	0.228	

注1：机械和电气基准面。

注2：开槽及涨口需满足电气和机械性能的要求。

注3：密封圈的结构与位置任选，但保证满足环境性能的要求。

3.1.2 插孔中心接触件连接器(见图 2)

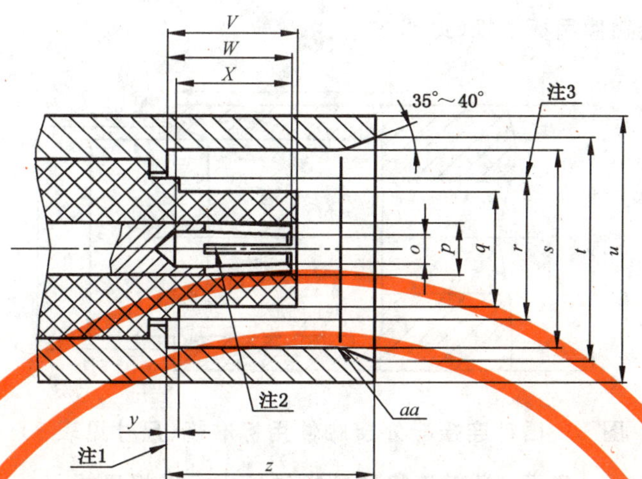

图 2 插孔连接器(尺寸见表 2)

表 2 插孔连接器尺寸

代号	mm		in		备注
	min	max	min	max	
o	—	—	—	—	2/直径
p	2.06	2.21	0.081	0.087	直径
q	—	4.72	—	0.186	直径
r	—	6.50	—	0.256	3/直径
s	8.10	8.15	0.319	0.321	直径
t	10.00	10.15	0.394	0.400	直径
u	12.3	12.4	0.484	0.488	直径
v	4.78	5.28	0.188	0.208	
w	4.72	5.23	0.186	0.206	
x	4.95	—	0.195	—	
y	—	0.15	—	0.006	
z	8.31	8.51	0.327	0.335	
aa	—	—	—	—	4

注 1:机械和电气基准面。

注 2:开槽和收口要满足电气和机械性能的要求。

注 3:仅当绝缘体伸出基准面时适用。

注 4:倒圆。

3.2 标准规

3.2.1 插针连接器

3.2.1.1 插针连接器外接触件用标准规(见图 3)

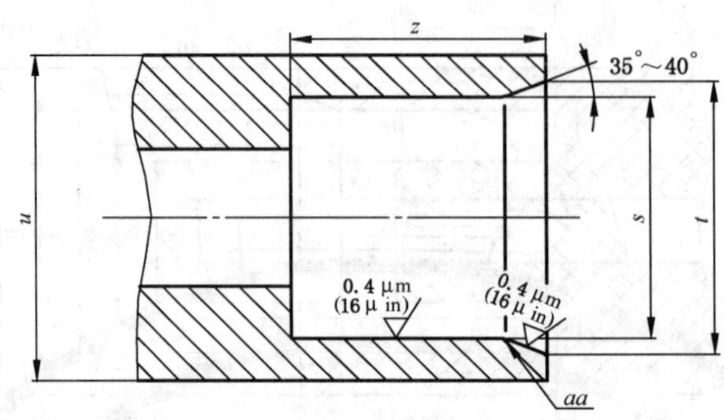

图 3 插针连接器外接触件用标准规(尺寸见表 3)

表 3 插针连接器外接触件用标准规尺寸

代号	标准规 A(稳定尺寸用)				标准规 B(测量外导体标准规保持力用) 标准规的质量(重量):225 g±5 g				备注
	mm		in		mm		in		
	min	max	min	max	min	max	min	max	
s	8.08	8.10	0.318	0.319	8.15	8.18	0.321	0.322	直径
t	10.00	10.15	0.394	0.400	10.00	10.15	0.394	0.400	直径
u	12.4	—	0.488	—	12.4	—	0.488	—	直径
z	8.41	8.46	0.331	0.333	8.36	8.41	0.329	0.331	
aa	0.8		0.031		0.8		0.031		2/半径
注 1:材料:抛光的钢材。 注 2:所示尺寸为参考尺寸。									

3.2.1.2 试验程序

把标准规 A 套在连接器的外接触件上一次。这是一次稳定尺寸操作,并且只宜在绝缘体从连接器中取出的情况下进行。

然后,把标准规 B 以垂直状态套在外接触件上。此时应能保持住标准规。此试验也可以在未取出绝缘体的连接器上进行。

3.2.2 插孔连接器

3.2.2.1 插孔用插针标准规(见图 4)

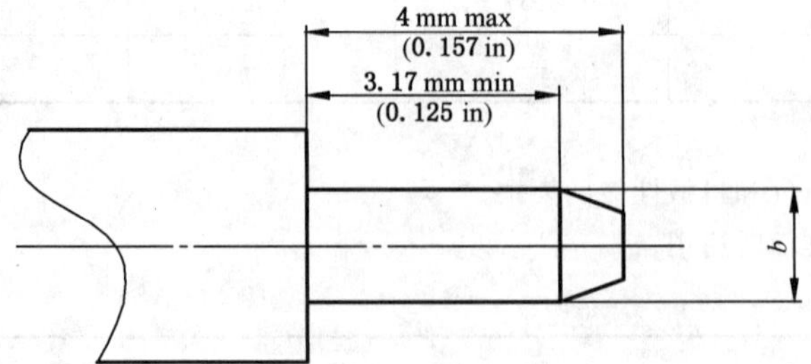

图 4 插孔连接器中心接触件用标准规(尺寸见表 4)

表 4 插孔连接器中心接触件用标准规尺寸

代号	标准规 C(稳定尺寸用)				标准规 D(分离力试验用) 标准规的质量(重量):57 g±1 g				备注
	mm		in		mm		in		
	min	max	min	max	min	max	min	max	
b	1.372	1.377	0.054 0	0.054 2	1.308	1.321	0.051 5	0.052 0	直径
材料:抛光的钢材;表面粗糙度 $Ra \leqslant 0.4$ μm(16 μ in)。									

3.2.2.2 试验程序

把试验标准规 C 插入中心接触件三次,插入深度至少 3.17 mm(0.125 in)。这是稳定尺寸操作,并仅宜在从连接器中上取出的插孔中心接触件上进行。

然后,把标准规 D 插入中心接触件,并保持垂直状态。此时应能保持住标准规。此试验也可以在未取出中心接触件的连接器上进行。

3.3 标准试验连接器尺寸-0 级

3.3.1 插针标准试验连接器(见图 5)

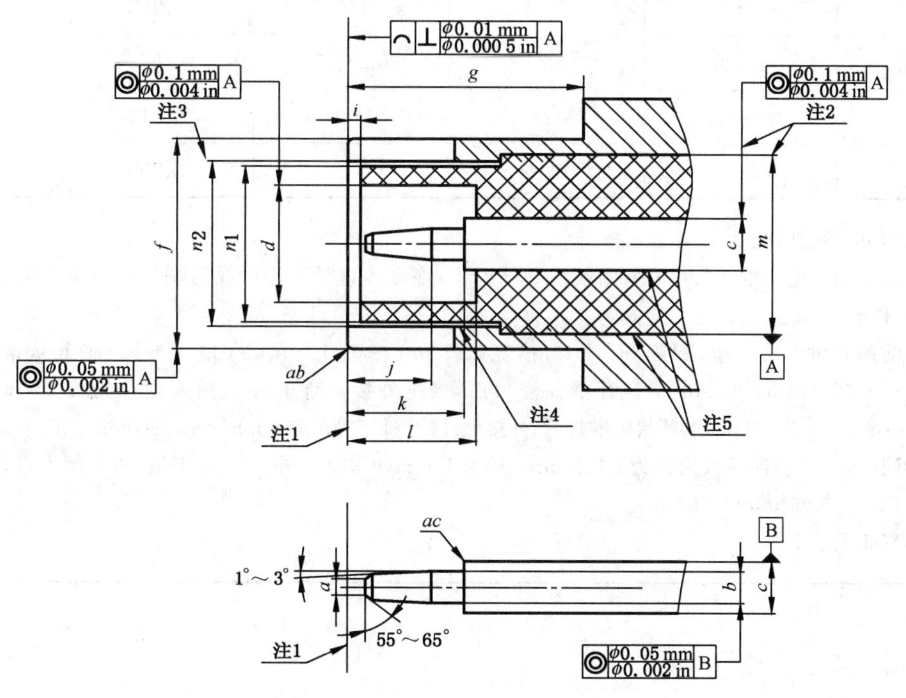

图 5 插针连接器(尺寸见表 5)

表 5 插针连接器尺寸

代号	mm		in		备注
	min	max	min	max	
a	—	0.64	—	0.025	直径
b	1.35	1.37	0.053 0	0.054 1	直径
c	2.140(标称值)		0.084 2(标称值)		2/直径
d	4.88	4.93	0.192	0.194	直径
f	8.06	8.09	0.317 5	0.318 5	3/直径
g	8.60	—	0.339	—	
i	0.15	0.30	0.006	0.012	
j	3.66	3.98	0.144	0.157	
k	5.31	5.38	0.209	0.212	
l	5.38	5.54	0.212	0.218	
m	6.99	7.01	0.275 2	0.276 0	2/直径
*n*1	6.60	6.65	0.260	0.262	直径
*n*2	6.72	6.74	0.264 5	0.265 5	直径
ab	0.1	0.3	0.004	0.012	半径
ac	—	0.13	—	0.005	半径

注 1：机械和电气基准面。

注 2：这些直径是介电常数为2.02的聚四氟乙烯(PTFE)绝缘体直径。传输线的特性阻抗为(50±0.2)Ω,它由直径 *m* 和 *c* 决定。

注 3：开槽前的尺寸。6 个槽，相隔 60°±1°，槽宽0.36 mm～0.41 mm(0.014 in～0.016 in)，槽深5.84 mm～6.10 mm (0.230 in～0.240 in)。开槽并涨口后，当把外接触件的外径插入内径为8.125 mm～8.131 mm (0.319 9 in～0.320 1 in)的环状标准规时，外接触件的内径宜为6.718 mm～6.744 mm(0.264 5 in～0.265 5 in)。

注 4：如果同心，当接触件插入内径为8.125 mm～8.131 mm(0.319 9 in～0.320 1 in)的环规中时，径向空气间隙的标称值为0.05 mm(0.002 in)。

注 5：零空气间隙。

3.3.2 插孔标准试验连接器(见图6)

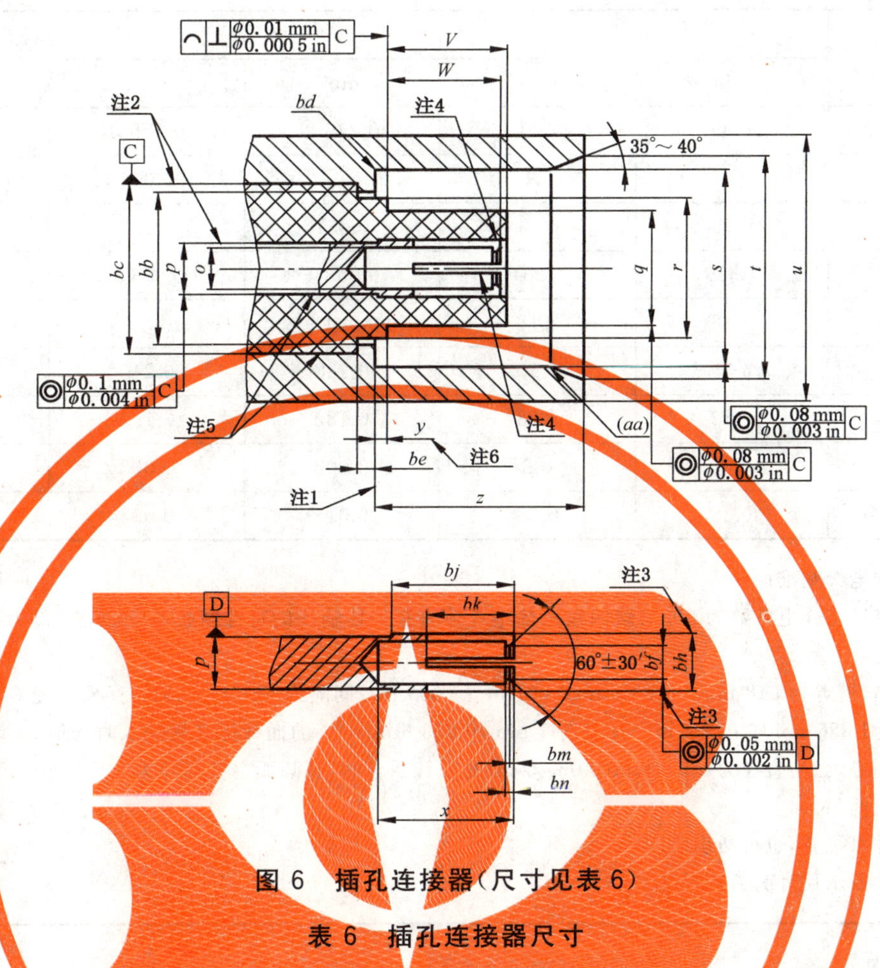

图6 插孔连接器(尺寸见表6)

表6 插孔连接器尺寸

代号	mm		in		备注
	min	max	min	max	
o	1.52	1.63	0.060	0.064	直径
p	2.140(标称值)		0.084 2(标称值)		2/直径
q	4.67	4.72	0.184	0.186	直径
r	6.58	6.68	0.259	0.263	直径
s	8.10	8.15	0.319	0.321	直径
t	10.00	10.15	0.394	0.400	直径
u	12.3	12.4	0.484	0.488	直径
v	5.08	5.23	0.200	0.206	
w	5.21	5.28	0.205	0.208	
x	5.21	—	0.205	—	
y	0.0	0.15	0.00	0.006	6
z	8.36	8.46	0.329	0.333	
aa	0.8		0.031		7/半径
bb	6.71	6.76	0.264	0.266	直径

表 6（续）

代号	mm		in		备注
	min	max	min	max	
bc	6.99	7.01	0.275 2	0.276 0	2/直径
bd	—	0.1	—	0.004	半径
be	0.79	0.84	0.031	0.033	
bf	1.356	1.361	0.053 4	0.053 6	3/直径
bh	2.16	2.18	0.084 9	0.085 9	3/直径
bj	6.05	6.10	0.238	0.240	
bk	4.62	4.88	0.182	0.192	
bm	0.05	0.2	0.002	0.008	
bn	0.38	0.89	0.015	0.035	

注 1：机械和电气基准面。

注 2：这些直径是介电常数为2.02的聚四氟乙烯绝缘体直径。传输线的特性阻抗为 50 Ω±0.2 Ω，它由直径 *p* 和 *bc* 决定。

注 3：四个槽，槽宽为0.18 mm～0.23 mm(0.007 in～0.009 in)；间隔为90.5°～89.5°。直径 *y* 是在开槽并收口后，直径为1.356 mm(0.053 4 in)min；1.361 mm(0.053 6 in)max 的插针标准规插入时的值。

注 4：如果同心，当与直径为1.359 mm(0.053 5 in)的插针插合时，其圆弧空气间隙为0.02 mm(0.000 8 in)。

注 5：零空气间隙。

注 6：绝缘体可平齐，也可凸出。

注 7：括弧中所示尺寸为参考尺寸。

3.4 连接器的模块安装和面板安装通用要求

3.4.1 径向不对准

连接器插合径向不对准是指插针连接器和插孔连接器在插合开始和插合过程中发生同轴偏差 *A*（见图 7）。

固定安装连接器和浮动安装连接器在插合开始时，径向不对准不得超过 0.51 mm。

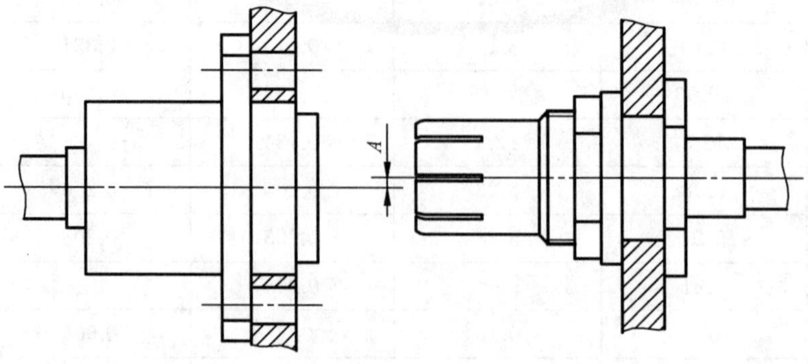

图 7 连接器径向不对准示意图

3.4.2 轴向不对准

对于固定安装连接器和浮动安装连接器,浮动安装允许的总轴向行程为 1.52 mm(0.060 in)。而安装方案应保证轴向行程至少 0.25 mm(0.010 in)[更好 0.76 mm(0.030 in)],确保在工作状态下有足够的插合长度(见图 8)。

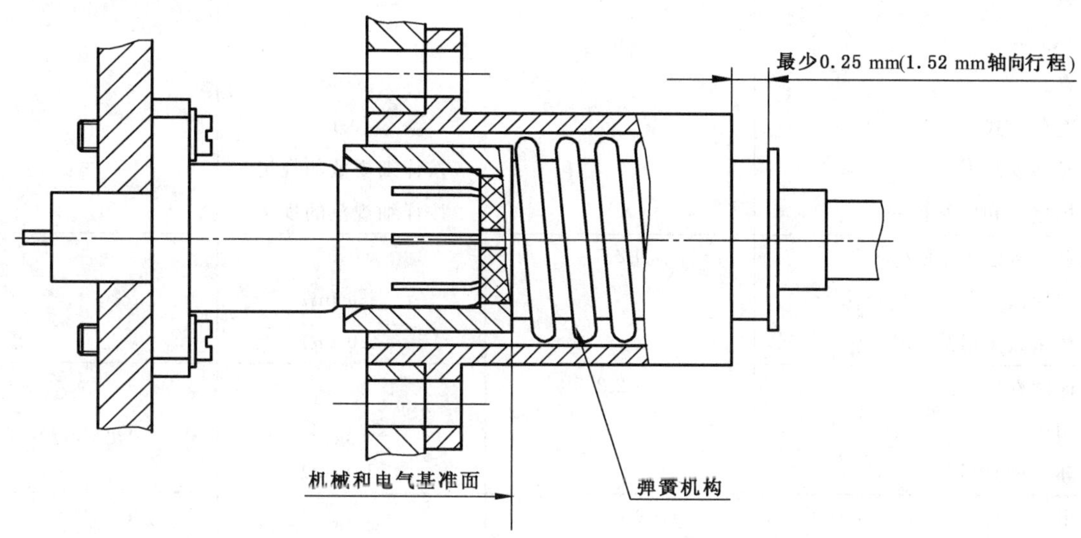

图 8 固定安装连接器和浮动安装连接器插合示意图

4 质量评定程序

4.1 通则

下列条款规定了当编写一个详细规范(DS)时应考虑的推荐额定值、特性和测试条件,也规定了相应试验大纲的一致性检验最低等级、空白详细规范格式以及详细规范制定指南。

4.2 额定值和特性(见 GB/T 11313.1—2013 的第 6 章)

表 7 中的规定值推荐用于 TMA 型连接器,并供详细规范制定者参考。这些值适用于当连接器完全插合时的条件。

所列的某些试验没有给出任何推荐值,这些试验通常不作要求。当需要做这些试验时,由规范制定者决定在详细规范中填入适用值。

表 7 额定值和特性

额定值和特性	GB/T 11313.1—2013 试验方法章条号	值	备注或与标准试验 方法的差异
电气性能			
标称阻抗		50 Ω	
频率范围[a]			
2 级连接器		至 6 GHz	

表 7（续）

额定值和特性	GB/T 11313.1—2013 试验方法章条号	值	备注或与标准试验方法的差异
反射系数[a] 2 级连接器 ——直式 ——直角弯式 ——元件安装形式 ——焊接槽和印制板安装式	9.2.1	 ≤0.13 ≤0.15 按详细规范的规定 按详细规范的规定	
中心接触件接触电阻[b] ——初始值 ——环境试验后的变化	9.2.3	 ≤1.5 mΩ ≤2.0 mΩ	
外导体连续性[b] ——初始值 ——环境试验后	9.2.3	 ≤2.0 mΩ ≤3.0 mΩ	
绝缘电阻[b] ——初始值 ——环境试验后	9.2.5	 ≥5 GΩ ≥200 MΩ	
耐电压[c,d]（海平面） ——接 SYV-50-4 电缆 ——接 SYV-50-3 电缆 ——接 SYV-50-2-1 电缆	9.2.6	 1 000 V 1 000V 750V	
耐电压[c,d]（4.4 kPa） ——接 SYV-50-4 电缆 ——接 SYV-50-3 电缆 ——接 SYV-50-2-1 电缆	9.2.6	 180 V 180 V 150 V	4.4 kPa 近似等于 20 km（70 000 ft）海拔 高空的气压
环境试验后电压[c,d]（海平面） ——接 SYV-50-4 电缆 ——接 SYV-50-3 电缆 ——接 SYV-50-2-1 电缆	9.2.6	 400 V 400 V 350 V	
环境试验后电压[c,d]（4.4 kPa） ——接 SYV-50-4 电缆 —接 SYV-50-3 电缆 ——接 SYV-50-2-1 电缆	9.2.6	 90 V 90 V 85 V	4.4 kPa 近似等于 20 km（70 000 ft）海拔 高空的气压
屏蔽效率（仅对直式接电缆连接器）[f]	9.2.8	60 dB，3 GHz	Z_t≤100 mΩ
放电试验（电晕试验） 在海平面 ——接 SYV-50-3 电缆	9.2.9	 ≥500 V	 熄灭电压
机械性能			
标准规保持力（弹性接触件）	9.3.4		

表 7（续）

额定值和特性	GB/T 11313.1—2013 试验方法章条号	值	备注或与标准试验方法的差异
——中心接触件 ——外接触件		≥0.57 N ≥2.25 N	
中心接触件固定性 ——轴向力 ——力矩	9.3.5	 15 N na	 在各方向最大位移为 0.25 mm
啮合力和分离力 ——啮合力 ——分离力	9.3.6	 ≤20 N ≥2.25 N	
电缆固紧装置的机械试验 ——电缆旋转（挠动） ——电缆拉伸 ——电缆弯曲 ——电缆扭转	 9.3.7.2 9.3.8 9.3.9 9.3.10	 见详细规范 见详细规范 见详细规范 见详细规范	
连接机构强度	9.3.11	na	
弯曲力矩（剪切力）	9.3.12	na	
振动	9.3.3	150 m/s² 10 Hz～2 000 Hz	15g_n加速度
冲击	9.3.14	750 m/s² 锯齿波 11 ms	75g_n加速度
环境性能 气候类别[e] 非气密封 气密封 盐雾	 9.4.1 9.4.5.1 9.4.5.2 9.4.6	 55/155/21 100 kPa · cm³/h 5 Pa · cm³/s 喷雾 48 h	 100 kPa～110 kPa 压差 100 kPa～110 kPa 压差
耐久性 机械耐久性 高温耐久性[e]	 9.5 9.6	 500 次插拔 1 000 h，155 ℃	

注：na＝不适用。

[a] 这些值适用于通用连接器，实际上，这些值会受到所用电缆的影响，通常应参考详细规范中给出的实际值。
[b] 一对连接器的值。
[c] 除另有规定外，电压值都是 40 Hz～65 Hz 交流有效值。
[d] 有些使用这些连接器的电缆的额定值低于本规范给出的值。
[e] 对于某些连接器，上限温度受到电缆特性的限制。应参照相应的电缆规范。当适用半硬电缆时，上限温度最大为 115 ℃。
[f] 当界面完全插合时。

4.3 试验一览表和检验要求

4.3.1 交收试验(见表 8)

表 8 交收试验

	试验方法 GB/T 11313.1—2013 章条号	评定等级 M(较高)				评定等级 H(较低)			
		试验要求	IL	AQL %	周期	试验要求	IL	AQL %	周期
A1 组					逐批试验				逐批试验
外观检查	9.1.2	a	Ⅱ	1.0		a	S-3	1.5	
B1 组									
外形尺寸	9.1.3.1	a	S-4	0.40		a	S-3	4.0	
机械互换性	9.1.3.3	a	Ⅱ	1.0		a	S-3	1.5	
啮合力和分离力	9.3.6	a	S-4	0.40		a	S-3	1.5	
标准规保持力(弹性接触件)	9.3.4	ia	Ⅱ	1.0		ia	S-3	1.5	
密封性 ——非气密封 ——气密封	 9.4.5.1 9.4.5.2	 ia ia	 Ⅱ Ⅱ	 0.65 0.015		 ia ia	 S-3 Ⅱ	 1.0 0.025	
耐电压	9.2.6	a	S-4	0.40		a	Ⅱ	4.0	
可焊性(d)	9.3.2.1.1	ia	S-4	0.40		ia	S-3	4.0	
绝缘电阻	9.2.5	a	S-4	0.40		a	S-3	4.0	

注：
a ——适用。
ia ——要求的试验(技术适用时)。
IL ——检验水平。
AQL ——可接受质量水平。
(d) ——破坏性试验方法——试验样品不能返回库存。

4.3.2 周期试验(见表 9)

对于评定水平 H 和 M,无 C 组试验。

表 9 周期试验

	试验方法 GB/T 11313.1—2013 章条号	评定等级 M(较高)				评定等级 H(较低)			
		试验要求	样品数	每组允许失效数[a]	周期	试验要求	样品数	每组允许失效数[a]	周期
D1 组(d)			6	1	3 年		3	1	3 年
可焊性——连接器组件	9.3.2.1.1	ia				ia			
耐焊接热	9.3.2.1.2	ia				ia			
电缆紧固机构的机械试验									
1)电缆旋转(摇动)	9.3.7.2	ia				ia			
2)电缆拉伸	9.3.8	ia				ia			
3)电缆弯曲	9.3.9	ia				ia			
4)电缆扭转	9.3.10	ia				ia			
D2 组(d)			6	1	3 年		3	1	3 年
接触电阻、外导体和屏蔽连续性以及中心导体连续性	9.2.3	a				a			
振动	9.3.3	a				a			
稳态湿热	9.4.3	a				a			
D3 组			1[b]	1	3 年		1[b]	1	3 年
尺寸、零件和材料	9.1.3.2	a				a			
D4 组(d)			6	1	3 年		3	1	3 年
机械耐久性	9.5	a				a			
高温耐久性	9.6	a				a			
二氧化硫试验	9.4.8	na				na			
D5 组(d)			6	1	3 年		3	1	3 年
反射系数	9.2.1	a				a			
屏蔽效率	9.2.8	a				a			
浸水	9.2.7	ia				ia			
D6 组(d)			6	1	3 年		3	1	3 年
中心接触件固定性	9.3.5	a				a			
温度快速变化	9.4.4	na				na			
气候顺序	9.4.2	a				a			
D7 组(d)			1[c]	—	3 年		1[c]	—	3 年
耐溶剂和污染流体	9.7	ia				ia			

符号、缩略语和程序详细说明:

a:适用;

ia:要求的试验(技术适用时);

na:不适用;

IL:检验水平;

AQL:可接受质量水平;

(d):破坏性试验——试验样品不能返回库存。

[a] 对于鉴定批准,评定等级 H 的 D1～D7 组总共只允许两次失效,评定等级 M 的 D1～D7 组总共只允许一次失效。

[b] 除非使用同样的零部件,否则每种型号和规格均要求一套产品。

[c] D7 组——每种溶剂要求的连接器对的数量。

4.4 程序

4.4.1 质量一致性检验

它包括以逐批为基础的 A1 组和 B1 组试验和以周期为基础的 D1～D7 组试验。

4.4.2 鉴定批准及其维持

这包括通过 A1 和 B1 组试验的三个连续的批，及随后按适用从批中抽取的试验样品组成。这些试验样品应成功地通过规定的 D 组周期试验。

5 制定详细规范的指南

5.1 通则

详细规范（DS）应使用适用的空白详细规范（BDS）。以下列出了用于标称阻抗为 50 Ω 的 TMA 型射频同轴连接器的空白详细规范，并已列入了有关下列内容：

a) 适用于分规范覆盖的所有系列品种的连接器详细规范的基本规范编号；

b) 连接器的系列代号。

规范制定者宜按规定填入要包括的有关连接器品种/规格的详细内容。应在空白详细规范的方框中对应位置填入下列内容。

5.2 详细规范的识别

（1）授权出版详细规范的国家标准机构名称（NSO），在此机构可买到详细规范。

（2）有关国家或国际机构分配给所认可的详细规范（DS）的编号以及有关符合性标志。

（3）有关 IEC/IECQ 总规范和分规范（适用时）的编号和版本以及国家标准号（当不同时）。

（4）如果不同于 IECQ 号，详细规范的国家编号、发布日期以及国家体系要求的更多信息及其更改单编号。

5.3 元件的识别

（5）填入下列内容：

——品种：连接器的品种名称，包括固定和密封类型（适用时）；

——连接：对于中心导体和外导体，选取适用的电缆/导线的连接方式；

——特点和标志：适用时；

——系列代号：用粗体字母/数字，字高约 2.5 mm 高。

（6）填入质量评定水平、标称阻抗和气候类别。

（7）填入外形图和面板开孔（适用时）的详细要求。应规定最大外形尺寸、基准面位置，对于固定连接器，还应规定安装面板相对于连接器前端的位置。

对于固定连接器，应规定最大面板厚度。

（8）详细规范包括的所有规格特性，适用时包括下列内容：

——各规格适用的电缆类型（或规格）；

——镀层或防护涂层；

——具有螺纹孔或光孔的安装法兰的详细要求；

——焊接柱或焊接槽的详细要求，包括与微波集成电路元件（适用时）一起使用的详细要求。

5.4 性能

(9)按分规范的要求,列出连接器最重要的性能参数。明确指出与最低要求的偏差。不适用的参数应标上“na”。

5.5 标志、订货文件及有关事项

(10)按适用填入标志和订货文件,以及有关文件和任何引用结构相似性的细则。

5.6 试验、试验条件和严酷度的选择

(11)“na”用来表示不适用的试验。所有由详细规范制定者标上“a”的试验是强制性的。

当采用空白详细规范规定的正常程序时,适用时,在有关分规范的试验一览表中指定为强制性的每项试验对应的“试验要求”中填入字母“a”。对要求的任何附加试验,由规范制定者确定是否也应填入字母“a”。

当需要时,规范制定者也应指出与标准试验方法和试验条件的差异,包括与分规范的试验一览表中给定的任何有关差异。

鉴定批准和质量一致性检验是适用的,并与在系统内提供类似可比较的服务功能的其他连接器相一致,以使国家监督检查机构(NSI)满意。

5.7 TMA型射频同轴连接器的空白详细规范格式

以下包括了完整的空白详细规范格式。

<table>
<tr><td>(1)</td><td rowspan="2">(2)
IECQ</td></tr>
<tr><td rowspan="2">(3)电子元件质量评定依据：
总规范：GB/T 11313.1—2013
分规范：GB/T 11313.38—2018</td></tr>
<tr><td>(4)版本
……
……</td></tr>
<tr><td colspan="2">(5)射频同轴连接器质量评定详细规定　　系列：TMA
品种：……　　特点和标志：
电缆/导线的连接方式：中心导体-焊接/压接[a]……
外导体-焊接/夹接/压接[a]……</td></tr>
<tr><td colspan="2">(6)质量评定水平……　　标称阻抗 50 Ω……　　气候分类…/…/…</td></tr>
<tr><td colspan="2">(7)最大外形尺寸：　　面板开孔尺寸和安装详图：

插合界面尺寸和基准面位置见 GB/T 11313.38—2018 中图___和表___。
面板最大厚度：前面安装……mm　后面安装……mm</td></tr>
<tr><td colspan="2">(8)规格
规格号　规格说明　60096IEC　其他电缆
—01……　……　……　……　……
…………　……　……　……　……
…………　……　……　……　……
…………　……　……　……　……
…………　……　……　……　……

有关拥有按本详细规范鉴定元件的承制方的资料见相关最新版本的合格产品目录</td></tr>
<tr><td colspan="2">[a] 仅填入适用的内容。</td></tr>
</table>

(9)性能(包括使用的极限条件)

额定值及特性	GB/T 11313.1—2013 试验方法章条号	值	备注或与标准试验方法的差异
电气性能			
标称阻抗		50 Ω	
频率范围		DC～6 GHz	测量频率范围
反射系数　　　—01…… …… …… ……	9.2.1	…………………… …………………… …………………… ……………………	…………………………………………… …………………………………………… …………………………………………… ……………………………………………
中心接触件接触电阻	9.2.3	≤……………… mΩ ≤……………… mΩ	初始值 条件试验后
外导体的连续性　　—01…… …… …… ……	9.2.3	……………… mΩ ……………… mΩ ……………… mΩ ……………… mΩ	初始值 条件试验后
绝缘电阻	9.2.5	≥……………… GΩ ≥……………… MΩ	初始值 条件试验后
耐电压[a]　　　—01…… (海平面)　　　…… …… ……	9.2.6	………………kV ………………kV ………………kV ………………kV	86 kPa～106 kPa
耐电压[a]　　　—01…… (4.4kPa)　　　…… …… ……	9.2.6	………………V ………………V ………………V ………………V	……kPa(如果不是 4.4 kPa)
环境试验后耐电压[a]　—01…… (海平面)　　　…… …… ……	9.2.6	………………V ………………V ………………V ………………V	86 kPa～106 kPa
环境试验后耐电压[a]　—01…… (4.4 kPa)　　　…… …… ……	9.2.6	………………V ………………V ………………V ………………V	……kPa(如果不是 4.4 kPa)
浸水试验　　　—01…… …… …… ……	9.2.7	……V　…… MΩ ……V　…… MΩ ……V　…… MΩ ……V　…… MΩ	
屏蔽效率　　　—01…… …… …… ……	9.2.8	≥…dB 在……GHz ≥…dB 在……GHz ≥…dB 在……GHz ≥…dB 在……GHz	Z_t≤…… mΩ Z_t≤…… mΩ Z_t≤…… mΩ Z_t≤…… mΩ

表（续）

额定值及特性	GB/T 11313.1—2013 试验方法章条号	值	备注或与标准试验方法的差异
电气性能			
放电试验(电晕试验)	9.2.9	熄灭电压	
在海平面　　—01…… …… …… ……		………………V ………………V ………………V ………………V	86 kPa～106 kPa
在 4.4 kPa　　—01…… …… …… ……		………………V ………………V ………………V ………………V	……kPa(如果不是 4.4 kPa)
附加的电气性能			
机械性能			
标准规保持力(弹性接触件) ——中心接触件 ——外接触件	9.3.4	 ≥……………N ≥……………N	
中心接触件固定性 ——轴向力 ——力矩	9.3.5	………………N ………………N·m	试验后中心接触件满足界面尺寸的要求 试验时中心接触件不应发生转动
啮合力和分离力 ——啮合力 ——分离力	9.3.6	≤……………N >……………N ≥……………N <……………N	
电缆固紧装置的机械试验			
1)电缆旋转 —01…… …… …… ……	9.3.7.2	在整个过程中，电缆在固紧装置内不应有相对连接器的旋转	弯曲半径和旋转次数 …… mm，……次 …… mm，……次 …… mm，……次 …… mm，……次
2)电缆拉伸 —01…… …… …… ……	9.3.8	………………N ………………N ………………N ………………N	力的施加点和时间 …… mm，……s …… mm，……s …… mm，……s …… mm，……s

表（续）

额定值及特性	GB/T 11313.1—2013 试验方法章条号	值	备注或与标准试验方法的差异
机械性能			
3)电缆弯曲 —01…… …… …… ……	9.3.9	弯曲循环次数 ……………… ……………… ……………… ………………	弯曲半径和质量 …… mm,……kg …… mm,……kg …… mm,……kg …… mm,……kg
4)电缆扭转 —01…… …… …… ……	9.3.10	力矩 ……………N·m ……………N·m ……………N·m ……………N·m	施加力矩的时间 ………s ………s ………s ………s
连接机构强度	9.3.11	………………N	
弯曲力矩(剪切力)	9.3.12	………………N	力的施加点和时间 …… mm,……s
碰撞	9.3.13	……………m/s² 共……次碰撞	(………g_n加速度)
振动	9.3.3	……………m/s² ……～……Hz	(………g_n加速度)
冲击	9.3.14	……………m/s² ……………波形 ……………ms	(………g_n加速度)
附加的机械特性			
环境性能 气候类别 密封——非气密封连接器 密封——气密封连接器 盐雾 二氧化硫试验 附加的环境性能	 9.4.5.1 9.4.5.2 9.4.6 9.4.8	 ……/……/…… ……kPa·cm³/h 10^{-3} Pa·cm³/s ………………h ………………d	 压差在 100 kPa～110 kPa 喷雾时间 暴露天数
耐久性 机械耐久性 高温耐久性 其他耐久性	 9.5 9.6	 ………………次 ……℃,……h	

表（续）

额定值及特性	GB/T 11313.1—2013 试验方法章条号	值	备注或与标准试验方法的差异
化学污染			
耐溶剂和污染流体 ——适用的液体	9.7	……………… ……………… ……………… ………………	
[b] 除非另有规定，电压值为 40 Hz～65 Hz 时的交流有效电压。			

(10)补充内容

元件标志：按 GB/T 11313.1—2013 中 11.1 的规定，并按如下顺序：

1)制造厂的识别代码：………………………………………………；

2)制造日期代码　　…………；

3)元件识别代码　　规格号/型号　　　　　　　　　　　　　标志

………………　　　　　　　　　　　　………………

………………　　　　　　　　　　　　………………

………………　　　　　　　　　　　　………………

………………　　　　　　　　　　　　………………

包装的标志和内容：按 GB/T 11313.1—2013 中 11.2 的规定：

1)按 GB/T 11313.1—2013 中 11.1 的规定详细标上以上内容

2)标称阻抗：50 Ω

3)评定水平字母代码………………

4)任何要求的附加标志……………

订货文件内容：

1)详细规范的编号……………………/规格代号……………………………

2)评定水平字母代码…………………………………………………………

3)壳体涂覆(如果多于一个)…………………………………………………

4)任何附加内容或特殊要求…………………………………………………

有关文件(如果在 GB/T 11313.1—2013 或分规范中没有包括)：

……………………………………………………………………………………………………

……………………………………………………………………

结构类似元件按 GB/T 11313.1—2013 中 10.2.2 的规定

ICS 33.120.30
L 23

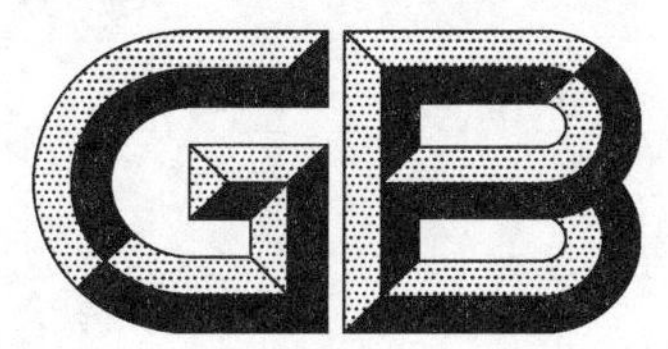

中华人民共和国国家标准

GB/T 11313.39—2018/IEC 61169-39:2009

射频连接器 第39部分:CQM系列快速锁紧射频连接器分规范

Radio frequency connectors—
Part 39:Sectional specification for CQM series quick lock RF connectors

(IEC 61169-39:2009,IDT)

2018-03-15 发布　　2018-10-01 实施

中华人民共和国国家质量监督检验检疫总局
中国国家标准化管理委员会　发布

前　　言

GB/T 11313《射频连接器》已经或计划发布以下部分：

——第1部分：总规范　一般要求和试验方法；

——第2部分：9.52型射频同轴连接器分规范；

——第3部分：双平衡天线馈线用双插针连接器分规范；

——第4部分：外导体内径为16 mm（0.63 in）、特性阻抗为50 Ω、螺纹连接射频同轴连接器（7-16型）；

——第5部分：与60096 IEC 50-17和更大的电缆配接用射频同轴连接器分规范；

——第6部分：与60096 IEC 75-17和更大的电缆配接用射频同轴连接器分规范；

——第7部分：外导体内径为9.5 mm（0.374 in）、特性阻抗为50 Ω、卡口连接的射频同轴连接器（C型）分规范；

——第8部分：外导体内径为6.5 mm（0.256 in）、特性阻抗为50 Ω（75 Ω）、卡口连接的射频同轴连接器（BNC型）分规范；

——第9部分：SMC系列射频同轴连接器分规范；

——第10部分：SMB系列射频同轴连接器分规范；

——第11部分：外导体内径为9.5 mm（0.374 in）、特性阻抗为50 Ω、螺纹连接的射频同轴连接器（4.1/9.5型）分规范；

——第12部分：非匹配螺纹连接射频同轴连接器（UHF型）分规范；

——第13部分：1.6/5.6和1.8/5.6型射频同轴连接器分规范；

——第14部分：外导体内径为12 mm（0.472 in）、特性阻抗为75 Ω、螺纹连接射频同轴连接器（3.5/12型）分规范；

——第15部分：外导体内径为4.13 mm（0.163 in）、特性阻抗为50 Ω、螺纹连接的射频同轴连接器（SMA型）；

——第16部分：外导体内径为7 mm（0.276 in）、特性阻抗为50 Ω（75 Ω）、螺纹连接的射频同轴连接器（N型）分规范；

——第17部分：外导体内径为6.5 mm（0.256 in）、特性阻抗为50 Ω、螺纹连接的射频同轴连接器（TNC型）分规范；

——第18部分：SSMA系列射频同轴连接器分规范；

——第19部分：SSMB系列射频同轴连接器分规范；

——第20部分：外导体内径为2.08 mm（0.082 in）、特性阻抗为50 Ω、螺纹连接的射频同轴连接器（SSMC型）分规范；

——第21部分：外导体内径为9.5 mm（0.374 in）、特性阻抗为50 Ω、具有两种不同螺纹连接形式的射频连接器（SC-A和SC-B型）分规范；

——第22部分：双内导体屏蔽对称电缆用卡口连接的双芯射频连接器（BNO型）分规范；

——第23部分：接3.5 mm硬精密同轴线、外导体内径为3.5 mm（0.137 8 in）射频同轴连接器分规范；

——第24部分：75 Ω电缆分配系统用螺纹连接射频同轴连接器（F型）分规范；

——第25部分：接双内导体屏蔽对称电缆、外导体内径为13.56 mm（0.534 in）的双芯螺纹式（3/4-20UNEF）连接连接器（TWHN型）分规范；

——第 26 部分:TNCA 系列射频同轴连接器分规范;
——第 27 部分:75 Ω 电缆分配系统用螺纹连接射频同轴连接器(E 型)分规范;
——第 28 部分:外导体内径为 5.60 mm (0.220 in)、特性阻抗为 75 Ω、卡锁连接射频同轴连接器分规范;
——第 29 部分:50 Ω 和 75 Ω 用特性阻抗为 50 Ω、具有螺纹、推拉、快锁或滑轨式机架或面板用小型射频同轴连接器(1.0/2.3 型)分规范;
——第 31 部分:外导体内径为 1.0 mm (0.039 in)、特性阻抗为 50 Ω、螺纹连接的射频同轴连接器(1.0 型)分规范;
——第 32 部分:外导体内径为 1.85 mm (0.072 in)、特性阻抗为 50 Ω、螺纹连接的射频同轴连接器(1.85 型)分规范;
——第 33 部分:BMA 系列射频连接器分规范;
——第 35 部分:2.92 系列射频连接器分规范;
——第 36 部分:特性阻抗为 50 Ω 的搭锁连接微小型射频同轴连接器(MCX 型);
——第 37 部分:STWX8 系列射频同轴连接器分规范;
——第 38 部分:50 Ω 背板和面板用模块滑入式射频连接器(TMA 型)分规范;
——第 39 部分:CQM 系列快速锁紧射频连接器分规范;
——第 40 部分:2.4 系列射频连接器分规范;
——第 41 部分:CQA 系列快速锁紧射频连接器分规范;
——第 42 部分:CQN 系列快速锁紧射频连接器分规范;
——第 43 部分:RBMA 系列盲配射频同轴连接器分规范;
——第 44 部分:SMP 系列推入式射频同轴连接器分规范;
——第 45 部分:SQMA 系列快速锁紧射频同轴连接器分规范;
——第 47 部分:Fquick 系列 75 Ω 电缆分配系统用插入式射频同轴连接器分规范;
——第 48 部分:BMP 系列盲配射频同轴连接器分规范;
——第 49 部分:SMAA 系列射频同轴连接器分规范;
——第 101 部分:MMCX 系列射频同轴连接器分规范。

本部分为 GB/T 11313 的第 39 部分。

本部分按照 GB/T 1.1—2009 给出的规则起草。

本部分使用翻译法等同采用 IEC 61169-39:2009《射频连接器　第 39 部分:CQM 系列快速锁紧射频连接器分规范》。

请注意本文件的某些内容可能涉及专利。本文件的发布机构不承担识别这些专利的责任。

本部分由中华人民共和国工业和信息化部提出。

本部分由全国电子设备用高频电缆及连接器标准化技术委员会(SAC/TC 190)归口。

本部分起草单位:中国电子科技集团公司第四十研究所、中国电子技术标准化研究院。

本部分主要起草人:柏雪崧、毛志红、乔长海、吴正平。

射频连接器 第39部分:CQM系列 快速锁紧射频连接器分规范

1 范围

GB/T 11313的本部分给出了制定CQM系列快速锁紧射频连接器详细规范的内容和规则,以及详细规范的空白格式。CQM系列快速锁紧射频连接器具有50 Ω的特性阻抗,用于大功率微波应用场合,配接射频电缆或微带。连接器使用频率至少到4 GHz。

本部分也规定了通用连接器的插合界面尺寸、0级标准试验连接器的具体尺寸以及从GB/T 11313.1—2013中选取适用于CQM系列连接器的所有详细规范的规则内容和试验。

本部分提供了当编写一份详细规范时应考虑的推荐性能特性,它包括对于M级和H级评定水平的试验一览表和检验要求。

2 规范性引用文件

下列文件对于本文件的应用是必不可少的。凡是注日期的引用文件,仅注日期的版本适用于本文件。凡是不注日期的引用文件,其最新版本(包括所有的修改单)适用于本文件。

GB/T 11313.1—2013 射频连接器 第1部分:总规范 一般要求和试验方法(IEC 61169-1:1998,IDT)

3 插合界面和标准规

原始尺寸为公制,所有未注尺寸的图形结构仅供参考。

3.1 通用连接器-2级

3.1.1 具有插针中心接触件的连接器

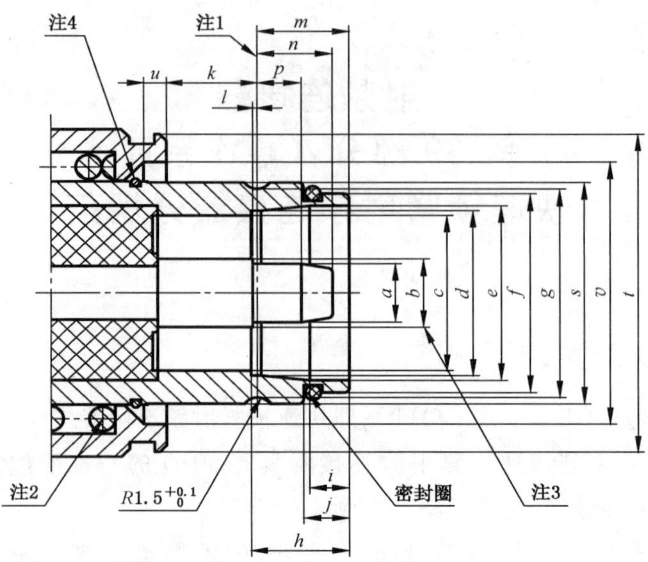

图1 具有插针中心接触件的连接器(尺寸见表1)

表1 插针接触件连接器界面尺寸

代 号	mm		注
	min	max	
a	5.96	6.04	直径
b	7(标称值)		直径
c	15.85	16.25	直径
d	16.90	17.10	直径
e	18.00	18.20	直径
f	21.00	21.20	直径
g	21.90	22.10	直径
h	8.90	9.20	
i	3.70	3.90	
j	4.30	4.50	
k	—	9.80	
l	0.30	0.50	
m	8.80	9.00	
n	7.20	7.40	
p	4.20	4.40	
s	23.20	23.30	直径
t	35.00	35.20	直径
u	2.10	2.30	
v	26.90	27.20	直径

注1:机械基准面。

注2:弹簧的最大力为50 N～60 N。

注3:本尺寸的公差由特性阻抗的公差决定。

注4:卡圈。

3.1.2 具有插孔中心接触件的连接器

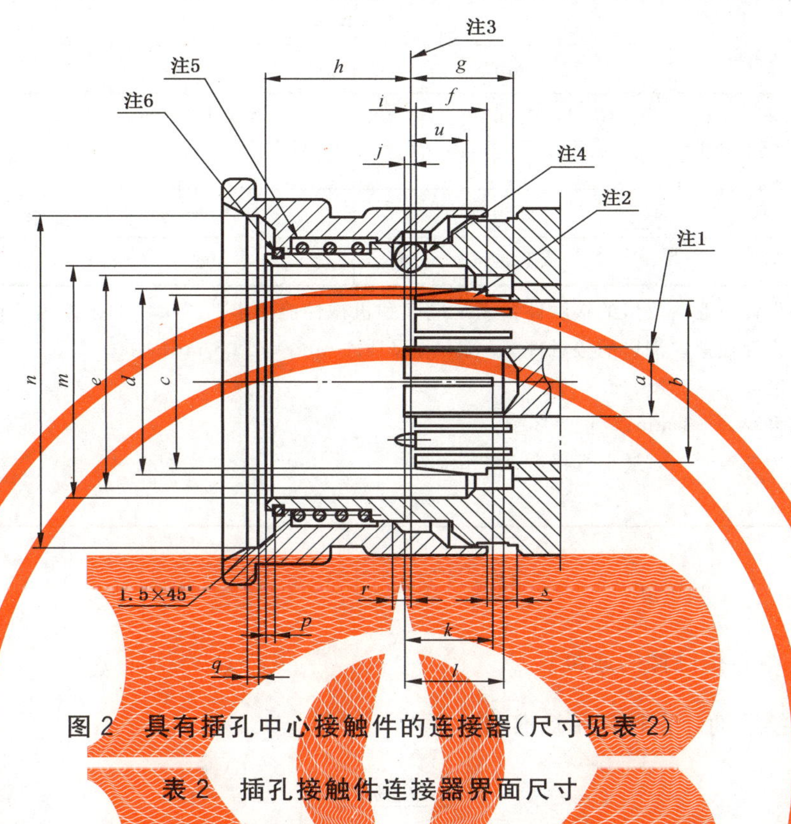

图2 具有插孔中心接触件的连接器(尺寸见表2)

表2 插孔接触件连接器界面尺寸

代号	mm		注
	min	max	
a	7(标称值)		直径
b	15.85	16.25	直径
c	16.70	16.90	直径
d	17.80	18.00	直径
e	22.10	22.30	直径
f	6.30	6.50	
g	9.10	9.30	
h	12.75	12.85	
i	0.20	0.40	
j	—	0.20	
k	7.00	7.50	
l	8.50	9.00	
m	23.60	23.80	直径
n	35.20	35.40	直径
p	0.80	1.00	

表 2（续）

代　号	mm		注
	min	max	
q	1.10	1.30	
r	1.60	—	
s	2.60	—	
u	4.90	5.20	

注 1：开槽的设计任意。收口的接触件要满足电气和机械性能要求。本尺寸的公差由特性阻抗的公差决定。

注 2：开槽的设计任意。涨口的接触件 ϕd 涨口至 ϕ18.4 mm～ϕ18.5 mm。

注 3：机械基准面。

注 4：钢珠的大小为 ϕ3 mm；数量为 3 个。

注 5：弹簧力为 2 N～6 N，最小行程为 1.6 mm。

注 6：卡圈。

3.2 标准规

3.2.1 具有插孔中心接触件的连接器

3.2.1.1 插孔连接器的外接触件用标准规

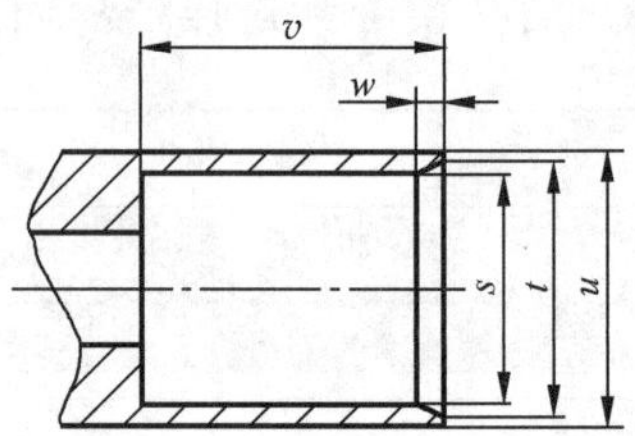

图 3　插孔连接器的外接触件用标准规(尺寸见表 3)

表 3　插孔连接器的外接触件用的标准规尺寸

标准规 A(稳定尺寸用)			标准规 B(测量外导体的标准规保持力用) 标准规的质量(重量)：200 g±5 g		注
代号	mm		mm		
	min	max	min	max	
s	18.05	18.10	18.15	18.18	直径
t	18.70	18.80	18.70	18.80	直径
u	20.00	20.80	20.00	20.80	直径
v	9.50	9.60	9.40	9.50	
w	1.30	1.50	1.30	1.50	

注：材料为抛光的钢材；表面粗糙度 $Ra \leqslant 0.4$ μm。

3.2.1.2 试验程序

把标准规 A 套在连接器的外接触件上一次。然后,把标准规 B 以垂直状态套在外接触件上。此时,应能保持住标准规。此试验也可以在连接器上进行。

3.2.1.3 插孔连接器的中心接触件的插针标准规

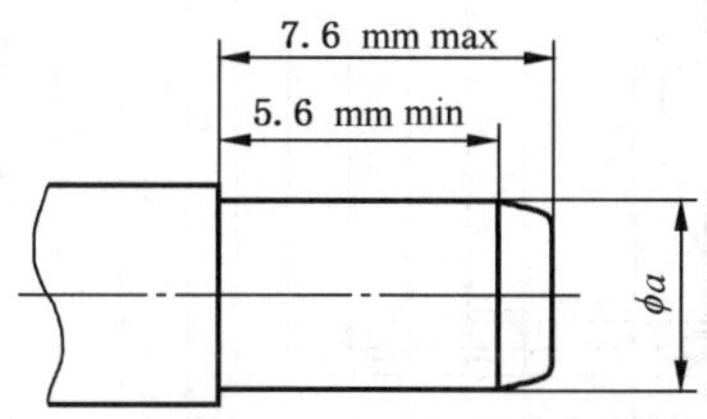

图 4 插孔中心接触件用插针标准规(尺寸见表 4)

表 4 插孔中心接触件用插针标准规尺寸

标准规 C(稳定尺寸用)			标准规 D(测量中心接触件的标准规保持力用) 标准规的质量(重量):600 g±5 g	
代号	mm		mm	
	min	max	min	max
a	6.05	6.10	5.95	6.00
注:材料为抛光的钢材;表面粗糙度 $Ra \leqslant 0.4\ \mu m$。				

3.2.1.4 试验程序

把试验插针标准规 C 插入中心接触件三次,插入最小深度 5.6 mm。这是一次稳定尺寸操作,应仅在把插孔中心接触件从连接器中取出的情况下进行。

然后,把标准规 D 以垂直状态插入中心接触件。此时应能保持住标准规。此试验也可以在未取出中心接触件的连接器上进行。

3.3 标准试验连接器界面尺寸-0 级

3.3.1 具有插针中心接触件的连接器

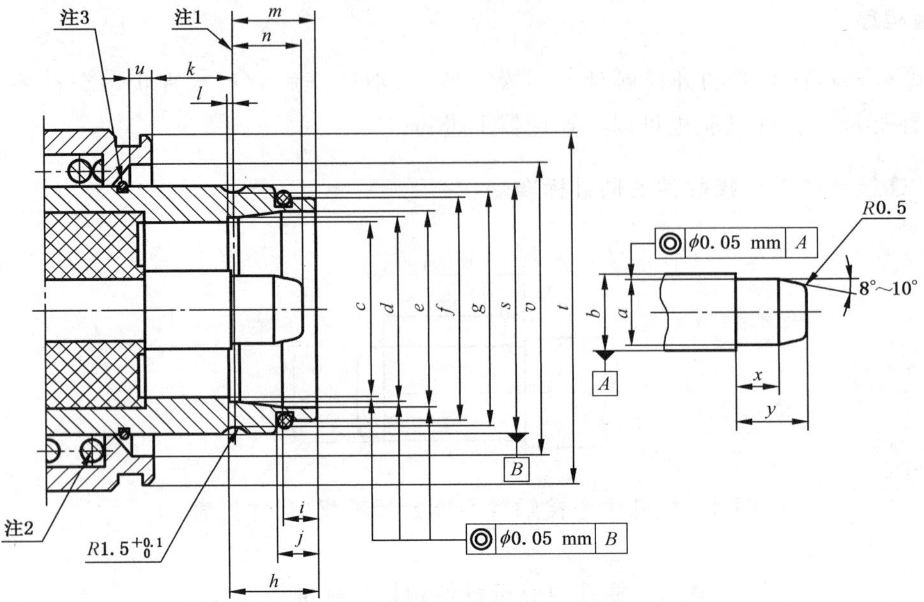

图 5 具有插针中心接触件的连接器(尺寸见表 5)

表 5 插针中心接触件连接器的界面尺寸

代号	mm		注
	min	max	
a	5.99	6.00	直径
b	6.97	6.98	直径
c	16.05	16.07	直径
d	16.96	17.04	直径
e	18.05	18.15	直径
f	21.05	21.15	直径
g	21.95	22.05	直径
h	9.02	9.08	
i	3.77	3.83	
j	4.35	4.45	
k	9.70	9.80	
l	0.30	0.50	
m	8.86	8.94	
n	7.27	7.33	
s	22.20	22.25	直径
t	23.04	23.10	直径
u	2.15	2.25	
v	27.00	27.10	直径

表 5（续）

代号	mm		注
	min	max	
x	4.20	4.40	
y	7.20	7.40	
注 1：机械基准面。 注 2：弹簧的压力为 50 N～60 N。 注 3：卡圈。			

3.3.2 具有插孔中心接触件的连接器

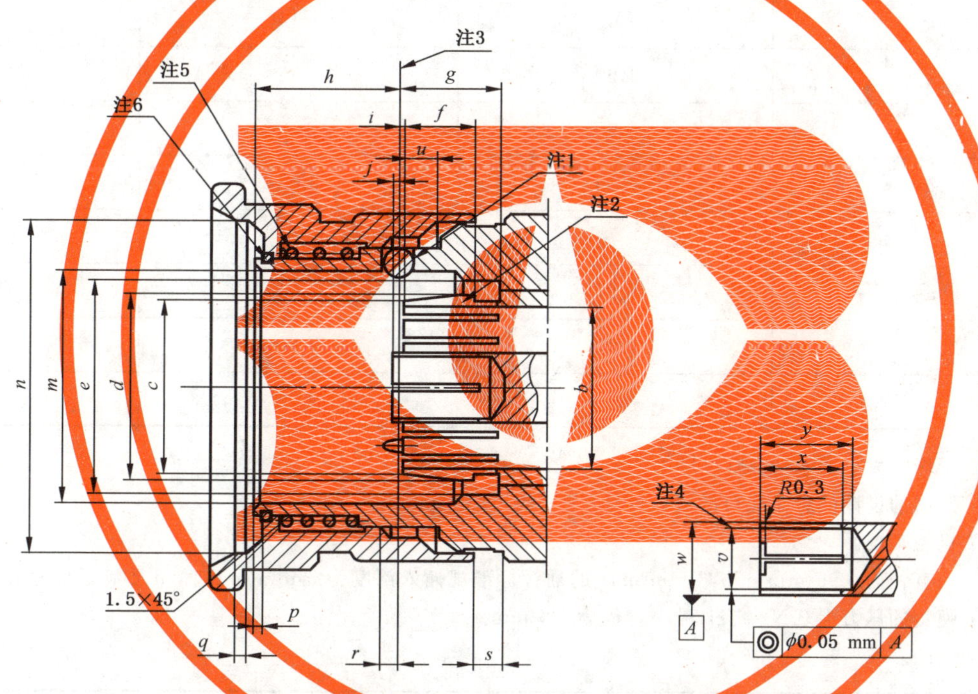

图 6 标准试验插孔接触件连接器(尺寸见表 6)

表 6 标准试验插孔接触件连接器界面尺寸

代号	mm		注
	min	max	
b	16.05	16.07	
c	16.92	16.96	直径
d	18.01	18.05	直径
e	22.18	22.25	直径
f	6.35	6.42	
g	9.18	9.25	

表 6（续）

代号	mm		注
	min	max	
h	12.78	12.81	
i	0.28	0.32	
j	—	0.20	
m	23.68	23.75	直径
n	35.25	35.35	直径
p	0.88	0.96	
q	1.06	1.14	
r	1.60	—	
s	2.60	—	
u	4.95	5.05	
v	—	—	见注 4
w	6.97	7.00	直径
x	7.00	7.20	
y	8.50	9.00	

注 1：钢珠的大小为 ϕ3 mm；数量为 3 个。

注 2：开槽的设计任意。涨口的接触件 ϕd 涨口至 ϕ18.4 mm～ϕ18.5 mm。

注 3：机械基准面。

注 4：当直径为 5.99 mm min，6 mm max 的插针标准规插入深度为 5 mm min 时，v 要满足尺寸 w 的要求。

注 5：弹簧的压力为 2 N～6 N，最小行程为 1.6 mm。

注 6：卡圈。

4 质量评定程序

4.1 概述

下列条款规定了当编写一个详细规范时所应考虑的推荐额定值、性能和测试条件。也规定了一致性检验抽样水平适用的试验一览表，以及空白详细规范的格式和制定详细规范的指南。

4.2 额定值和特性［见 GB/T 11313.1—2013 的第 6 章］

下列规定值推荐用于 CQM 系列连接器（见表 7），并供详细规范的制定者参考。这些值适用于当连接器完全插合时的情况。

所列的某些试验没有给出任何推荐值，这些试验通常不作要求。当需要这些试验时，按规范制定者判断在详细规范中填入适用的值。

表7 额定值和特性

额定值和特性	GB/T 11313.1—2013 试验方法章条号	值	备注或与标准试验方法的差异
电气性能 标称阻抗		50 Ω	
频率范围 2级连接器		达4 GHz	或电缆的上限频率
反射系数[a] ——直式 ——弯式 —— 组合安装 ——焊接槽和印制安装式	9.2.1	≤0.1	 按详细规范的规定 按详细规范的规定 按详细规范的规定
中心接触件电阻[b] —— 初始值 —— 环境试验后	9.2.3	≤3 mΩ ≤5 mΩ	
外导体连续性[b] ——初始值 ——环境试验后	9.2.3	≤3 mΩ ≤5 mΩ	按详细规范的规定 按详细规范的规定
绝缘电阻 —— 初始值 —— 环境试验后	9.2.5	≥5 GΩ ≥500 MΩ	
海平面耐电压[b,c]	9.2.6	2 700 V	86 kPa～106 kPa
在4.4 kPa时的耐电压[c,d]	9.2.6	350 V	4.4 kPa近似等于20 km (70 000 ft)高空的气压
海平面环境试验电压[c,d]	9.4.6	2 000 V	86 kPa～106 kPa
屏蔽效率[g]	9.2.8	a_s≥90 dB(1 GHz)	扭矩为25 N·m时 Z_t≤0.02 mΩ
放电试验(电晕试验) ——海平面	9.2.9	≥1 000 V	按详细规范的规定
机械性能			
中心接触件固定性 ——轴向力 ——力矩	9.3.5	15 N,1 min na[f]	在各方向最大位移为0.25 mm
啮合力和分离力 ——啮合力 ——分离力	9.3.6	≤150 N >10 N且<22 N	

表7(续)

额定值和特性	GB/T 11313.1—2013 试验方法章条号	值	备注或与标准试验 方法的差异
标准规保持力(弹性接触件) ——中心接触件 ——外接触件	9.3.4	 >6 N >2 N	
电缆固紧装置的机械试验 ——电缆旋转(电缆端的挠动) ——电缆拉伸 ——电缆弯曲 ——电缆旋转	9.3.7 9.3.7.2 9.3.8 9.3.9 9.3.10	 见详细规范 见详细规范 见详细规范 见详细规范	
连接机构强度	9.3.11	150 N	
弯曲力矩	9.3.12	na	
振动	9.3.3	100 m/s^2 10 Hz～500 Hz	10 g_n
碰撞	9.3.13		
冲击	9.3.14	750 m/s^{2}半 正弦 6 ms	75g_n
环境性能 气候类别[e]		55/155/56	
密封 ——非气密封	9.4.5.1	100 kPa·cm^3/h 压差	100 kPa～110 kPa
盐雾	9.4.6	喷雾 48 h	
耐久性 机械耐久性 高温耐久性[e]	 9.5 9.6	 500 次插拔 1 000 h,155 ℃	

[a] 这些值适用于普通连接器,实际上,这些值会受到所用电缆的影响,通常应参考详细规范中给出的实际值。

[b] 一对连接器的值。

[c] 除非另有规定,电压值都是 40 Hz～60 Hz 交流有效值。

[d] 有些使用这些连接器的电缆的额定值低于本规范给出的值。

[e] 对于某些连接器,上限温度受到电缆特性的限制。应参照相应的电缆规范。当适用半硬电缆时,上限温度最大为 115 ℃。

[f] na——不适用。

[g] 当界面完全插合时。

4.3 试验一览表和检验要求

4.3.1 交收试验

表8 交收试验

	GB/T 11313.1—2013 试验方法章条号	评定水平 M(较高)				评定水平 H(较低)			
		试验要求	IL	AQL %	周期	试验要求	IL	AQL %	周期
A1 组 外观检查	9.1.2	a	H	1.0		a	S-3	1.5	
B1 组									
外形尺寸	9.1.3.1	a	S-4	0.4	逐	a	S-3	4.0	逐
机械互换性	9.1.3.3	a	Ⅱ	1.0		a	S-3	1.5	
啮合力和分离力	9.3.6	a	S-4	0.4	批	a	S-3	1.5	批
标准规保持力（弹性接触件）	9.3.4	ia	Ⅱ	1.0	试	ia	S-3	1.5	试
密封									
非气密封	9.4.5.1	ia	Ⅱ	0.65	验	ia	S-3	1.0	验
气密封	9.4.5.2	ia	Ⅱ	0.015		ia	S-3	0.025	
耐电压	9.2.6	a	Ⅱ	0.4		a	Ⅱ	4.0	
可焊性	9.3.2.1.1	ia	S-4	0.4		ia	S-3	4.0	
绝缘电阻	9.2.5	a	S-4	0.4		a	S-3	4.0	

注：备注、缩写和程序见表9末尾。

4.3.2 周期试验

对于评定水平H和M，没有C组试验。

表9 周期试验

	GB/T 11313.1—2013 试验方法章条号	评定水平 M(较高)				评定水平 H(较低)			
		试验要求	样品数	每组允许失效数[b]	周期	试验要求	样品数	每组允许失效数[b]	周期
D1 组(d)			6	1	3年		3	1	3年
可焊性　连接器组件	9.3.2.1.1	ia				ia			
耐焊接热	9.3.2.1.2	ia				ia			
电缆固紧装置的机械试验									
——电缆旋转(挠动)	9.3.7.2	na				na			
——电缆拉伸	9.3.8	ia				ia			
——电缆弯曲	9.3.9	ia				ia			
——电缆扭转	9.3.10	ia				ia			

表 9（续）

	GB/T 11313.1—2013 试验方法章条号	评定水平 M(较高)				评定水平 H(较低)			
		试验要求	样品数	每组允许失效数[b]	周期	试验要求	样品数	每组允许失效数[b]	周期
D2 组(d)			6	1	3 年		3	1	3 年
接触电阻	9.2.3	a				a			
外导体和屏蔽连续性									
中心导体连续性									
振动	9.3.3	a							
稳态湿热	9.4.3	a				a			
D3 组			1[a]	1	3 年		1[a]	1	3 年
尺寸、零件和材料	9.1.3.2	a				a			
D4 组(d)			6	1	3 年		3	1	3 年
机械耐久性	9.5	a				a			
高温耐久性	9.6	a				a			
二氧化硫	9.4.8	na				na			
D5 组(d)			6	1	3 年		3	1	3 年
反射系数	9.2.1	a				a			
屏蔽效率	9.2.8	a				a			
浸水	9.2.7	ia				ia			
D6 组(d)			6	1	3 年		3	1	3 年
中心接触件的固定性	9.3.5	a				a			
温度快速变化	9.4.4	na				na			
气候顺序	9.4.2	a				a			
D7(d)			1[c]		3 年		1[c]		3 年
耐溶剂和污染流体	9.7	ia				ia			

说明：
a ——适用；
na ——不适用；
ia ——要求的试验(技术适用时)；
(d)——破坏性试验—试验样品不能返回库存。

[a] 除非使用同样的零部件，否则每种型号和规格均要求一套产品。
[b] 对于鉴定批准，评定水平 H 的 D1～D7 组总共只允许两次失效。
[c] D7 组每种溶剂连接器对的数量。

4.4 程序

4.4.1 质量一致性检验

包括以逐批为基础的 A1 组和 B1 组试验。

4.4.2 鉴定批准及其维持

鉴定维持包括从通过 A1 和 B1 组试验的三个连续批次中抽取试验样品,并成功地通过规定的 D 组周期试验。

5 制定详细规范的指南

5.1 概述

详细规范(DS)应使用适用的空白详细规范(BDS)。以下列出了用于 50 Ω 的 CQM 系列射频连接器的空白详细规范,并已列入了有关下列内容:

a) 适用于所有详细规范的总规范编号,包括分规范规定的连接器系列类型。

b) 连接器的系列代号。

规范制定者应按规定制定填入要包括的有关连接器类型/规格的详细内容。在空白详细规范的方框中对应位置填入下列内容。

5.2 详细规范的识别

(1) 授权出版详细规范的国家标准机构(NSO),在此机构可买到详细规范。

(2) 有关国家或国家机构分配给所认可的详细规范(DS)的编号以及有关符号性标志。

(3) 有关 IEC/IECQ 总规范和分规范(适用时)的编号和版本,以及国家标准号(当不同时)。

(4) 如果不同于 IECQ 号,详细规范的国家编号、发布日期以及国家体系要求的更多信息及其更改单编号。

5.3 元件的识别

(5) 填入下列内容:

——品种:连接器的品种名称,包括固定和密封类型(适用时)。

——连接:对于中心导体和外导体,选取适用的电缆/导线的连接方式。

——特点和标志:适用时。

——系列代号:用粗体字母/数字,字高约 2.5 mm 高。

(6) 填入质量评定水平、标称阻抗和气候类别。

(7) 填入外形图和面板开孔(适用时)的详细要求。应规定最大外形尺寸、基准面位置,对于固定连接器,还应规定安装面板相对于连接器前端的位置。

对于固定连接器,应规定最大面板厚度。

(8) 详细规范包括的所有规格特性,适用时包括下列内容:

——各规格适用的电缆类型(或规格);

——镀层或防护涂层;

——具有螺纹孔或光孔的安装法兰的详细要求;

——焊接柱或焊接槽的详细要求,包括与微波集成电路(MIC)元件(适用时)一起使用的详细要求。

5.4 性能

(9) 按分规范的要求,列出连接器最重要的性能参数。明确指出与最低要求的偏差。不适用的参数应标上“na”。

5.5 标志、订货文件及有关事项

(10) 按适用填入标志和订货文件,以及有关文件和任何引用结构相似性的细则。

5.6 试验、试验条件和严酷度的选择

(11) "na"用来表示不适用的试验。所有由详细规范制定者标上"a"的试验是强制性的。

当采用空白详细规范规定的正常程序时,适用时,在有关分规范的试验一览表中指定为强制性的每项试验对应的"试验要求"中填入字母"a"。对要求的任何附加试验中,由规范制定者确定是否也应填入字母"a"。

当需要时,规范制定者也应指出与标准试验方法和试验条件的差异,包括与分规范的试验一览表中给定的任何有关差异。

鉴定批准和质量一致性检验是适用的,并与在系统内提供类似可比较的服务功能的其他连接器相一致,以使国家监督检查机构(NSI)满意。

5.7 CQM 系列连接器的空白详细规范格式

以下包括了完整的空白详细规范格式。

<table>
<tr><td>(1)</td><td rowspan="2">(2)
IECQ</td></tr>
<tr><td>(3)电子元件质量评定按:
总规范:GB/T 11313.1—2013
分规范:GB/T 11313.39—2018</td></tr>
<tr><td></td><td>(4)版本……</td></tr>
<tr><td colspan="2">(5)射频连接器质量评定详细规定　　　　系列代号:CMQ

品种:……　　　　特点和标志:
连接机构形式:……
电缆/导线的连接方式:中心导体-焊接/压接……
外导体-焊接/夹接/压接……
仅填入适用的内容</td></tr>
<tr><td colspan="2">(6)评定水平……　　　标称阻抗 50 Ω……　　　气候分类…/…/…</td></tr>
<tr><td colspan="2">(7)最大外形尺寸:　　　面板开孔尺寸和安装详图

插合界面尺寸和基准面位置见 GB/T 11313.39—2018
面板最大厚度:前面安装……mm　　　后面安装……mm</td></tr>
<tr><td colspan="2">(8)规格
规格　　规格说明　　60096IEC　　其他电缆
-01……　　………　　………　　………
………　　………　　………　　………

有关拥有按本详细规范鉴定元件的承制方的资料见相关最新版本的合格产品目录。</td></tr>
</table>

(9) 性能(包括使用的极限条件)

额定值及特性	GB/T 11313.1—2013 试验方法章条号	值	备注或与标准试验 方法的差异
电气性能			
标称阻抗		…50 Ω	
频率范围		…4 GHz	测量频率范围
反射系数 —01……	9.2.1	…………	………………
……		…………	………………
……		…………	………………
……		…………	………………
中心接触件电阻	9.2.3	≤……………mΩ	初始值
		≤……………mΩ	条件试验后
中心导体连续性 -01……	9.2.3	………………mΩ	
……		………………mΩ	
……		………………mΩ	………………
……		………………mΩ	………………
外导体连续性 -01……	9.2.3	≤……………mΩ	初始值
……		≤……………mΩ	条件试验后
绝缘电阻	9.2.5	≥……………GΩ	初始值
		≥……………GΩ	条件试验后
耐电压[a] -01……	9.2.6	………………kV	86 kPa~106 kPa
(海平面) ……		………………kV	
……		………………kV	
……		………………kV	
耐电压[a] -01……		………………V	……kPa(如果不是 4.4 kPa)
(4.4kPa) ……		………………V	
……		………………V	
……		………………V	
环境试验电压[a] -01……	9.4.6	………………V	
(海平面)			86 kPa~106 kPa
屏蔽效率 -01……	9.2.8	…dB 在…GHz	
……			Z_t≤…………mΩ
……			
……			
放电试验(电晕试验)	9.2.9	≥……………V	
海平面 -01……		≥……………V	熄灭电压
……		≥……………V	
……		≥……………V	
附加的电气性能			

表（续）

额定值及特性	GB/T 11313.1—2013 试验方法章条号	值	备注或与标准试验 方法的差异
机械性能			
可焊性——焊头尺寸	9.3.2.1.1		
标准规保持力(弹性接触件)	9.3.4		对于标准规细则见 QC222100 图 4 和表 4、图 3 和表 3
——中心接触件		……………………N	
——外接触件		……………………N	
中心接触件的固定性	9.3.5		
——轴向力		……N	
——各方向允许位移		……mm	
——扭矩		……Nmm	
啮合力和分离力	9.3.6		
——啮合力		………N	
——分离力		………N	
——连接机构强度	9.3.11	………N	
电缆紧固装置的机械试验			
1)电缆旋转			
-01……	9.3.7	圈数	
……			
……			
……			弯曲半径和旋转圈数
2)电缆拉伸			
-01……	9.3.8	………N	
……			
……			
……			施加重量的持续时间
3)电缆弯曲			
-01……	9.3.9	循环次数	
……			
……			
……			
4)电缆扭转			电缆长度和重量
-01……	9.3.10	……Nm	
……			
……			
……			
弯曲力矩	9.3.12	……Nm	轴向扭矩和持续时间
碰撞	9.3.13	……m/s^2	
		…～…Hz	相对于参考面
			……g_n加速度
振动	9.3.3	……………… m/s^2	(……g_n加速度)
		………………Hz	
冲击	9.3.14	……………… m/s^2	(……g_n加速度)
		………………波形	
		………………ms	(……g_n加速度)
附加的机械性能			

表（续）

额定值及特性	GB/T 11313.1—2013 试验方法章条号	值	备注或与标准试验方法的差异
环境性能			
气候类别		……/……/……	
密封——非气密连接器	9.4.5.1	……cm^3/h	压差在 100 kPa～110 kPa
密封——气密连接器	9.4.5.2	1Pa·cm^3/s	压差在 100 kPa～110 kPa
浸水	9.2.7	……………	
盐雾	9.4.6	……………h	
附加环境试验			
耐久性			
机械耐久性	9.5	……………次	
高温耐久性	9.6	……℃,……h	
附加耐久性			
化学污染			
耐溶剂和污染流体	9.7	……………	
——使用的流体		……………	
二氧化硫暴露	9.4.8	d	
[a] 除另有规定外，电压值为 50 Hz～60 Hz 时的交流有效电压。			

(10) 补充内容

元件标志：按 GB/T 11313.1—2013 中 11.1 的规定，并按如下顺序：

1) 制造厂的识别代码：……………………
2) 制造日期代码　　年/周
3) 元件识别代码　　规格号/型号　　标志
　　……………… 　……………
　　……………… 　……………
　　……………… 　……………

包装的标记和内容：按 GB/T 11313.1—2013 中 11.2 的规定。

1) 按 GB/T 11313.1—2013 的 11.1 规定的详细标上以上内容
2) 标称阻抗：50 Ω
3) 评定水平字母代码
4) 任何要求的附加标志

订货文件内容：

1) 详细规范的编号　　GB/T 11313.39—2018/规格代号
2) 质量评定字母代码　　……………………………
3) 壳体涂覆(如果多于一个)　　……………………………
4) 任何附加内容或特殊要求　　……………………………

有关文件(如果在 GB/T 11313.1—2013 或分规范中没有包括)：

……………………………………………………………………………

……………………………………………………………………………

结构相似性按 GB/T 11313.1—2013 的 10.2.2 的规定

注： 填入有关基本品种的内容作为规格编号 01 的内容。

ICS 33.120.30
L 23

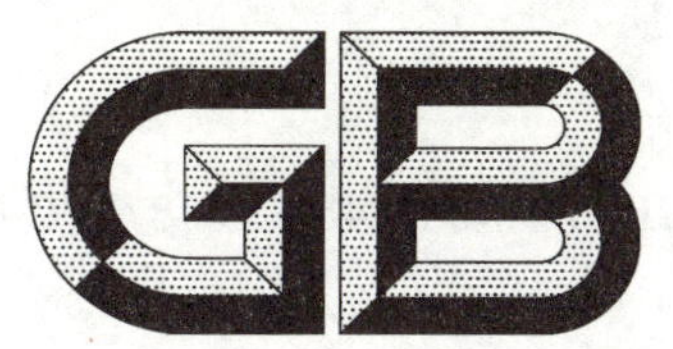

中华人民共和国国家标准

GB/T 11313.43—2018/IEC 61169-43:2013

射频连接器 第43部分:RBMA系列盲配射频同轴连接器分规范

Radio-frequency connectors—
Part 43:Sectional specificaton for RBMA series blind mating RF coaxial connectors

(IEC 61169-43:2013,IDT)

2018-09-17 发布　　　　2019-01-01 实施

国家市场监督管理总局
中国国家标准化管理委员会　发布

前　言

GB/T 11313《射频连接器》已经或计划发布以下部分：

——第1部分：总规范 一般要求和试验方法；

——第2部分：9.52型射频同轴连接器分规范；

——第3部分：双平衡天线馈线用双插针连接器分规范；

——第4部分：外导体内径为16 mm (0.63 in)、特性阻抗为50 Ω、螺纹连接射频同轴连接器(7-16型)；

——第5部分：与60096 IEC 50-17和更大的电缆配接用射频同轴连接器分规范；

——第6部分：与60096 IEC 75-17和更大的电缆配接用射频同轴连接器分规范；

——第7部分：外导体内径为9.5 mm(0.374 in)、特性阻抗为50 Ω、卡口连接的射频同轴连接器(C型) 分规范；

——第8部分：外导体内径为6.5 mm(0.256 in)、特性阻抗为50 Ω(75 Ω)、卡口连接的射频同轴连接器(BNC型)分规范；

——第9部分：SMC系列射频同轴连接器分规范；

——第10部分：SMB系列射频同轴连接器分规范；

——第11部分：外导体内径为9.5 mm(0.374 in)、特性阻抗为50 Ω、螺纹连接的射频同轴连接器(4.1/9.5型)分规范；

——第12部分：非匹配螺纹连接射频同轴连接器(UHF型)分规范；

——第13部分：1.6/5.6型和1.8/5.6型射频同轴连接器分规范；

——第14部分：外导体内径为12 mm (0.472 in)、特性阻抗为75 Ω、螺纹连接射频同轴连接器(3.5/12型) 分规范；

——第15部分：外导体内径为4.13 mm (0.163 in)、特性阻抗为50 Ω、螺纹连接的射频同轴连接器(SMA型)；

——第16部分：外导体内径为7 mm(0.276 in)、特性阻抗为50 Ω(75 Ω)、螺纹连接的射频同轴连接器(N型)分规范；

——第17部分：外导体内径为6.5 mm(0.256 in)、特性阻抗为50 Ω、螺纹连接的射频同轴连接器(TNC型)分规范；

——第18部分：SSMA系列射频同轴连接器分规范；

——第19部分：SSMB型射频同轴连接器分规范；

——第20部分：外导体内径为2.08 mm (0.082 in)、特性阻抗为50 Ω、螺纹连接的射频同轴连接器(SSMC型)分规范；

——第21部分：外导体内径为9.5 mm (0.374 in)、特性阻抗为50 Ω、具有两种不同螺纹连接形式的射频连接器(SC-A和SC-B型)分规范；

——第22部分：双内导体屏蔽对称电缆用卡口连接的双芯射频连接器(BNO型)分规范；

——第23部分：接3.5 mm硬精密同轴线、外导体内径为3.5 mm (0.1378 in)射频同轴连接器分规范；

——第24部分：75 Ω电缆分配系统用螺纹连接射频同轴连接器(F型)分规范；

——第25部分：接双内导体屏蔽对称电缆、外导体内径为13.56 mm(0.534 in)的双芯螺纹式(3/4-20UNEF)连接连接器(TWHN型)分规范；

——第 26 部分:TNCA 系列射频同轴连接器分规范;
——第 27 部分:75 Ω 电缆分配系统用螺纹连接射频同轴连接器(E 型)分规范;
——第 28 部分:外导体内径为 5.60 mm (0.220 in)、特性阻抗为 75 Ω、卡锁连接射频同轴连接器分规范;
——第 29 部分:50 Ω 和 75 Ω 用特性阻抗为 50 Ω、具有螺纹、推拉、快锁或滑轨式机架或面板用小型射频同轴连接器(1.0/2.3 型)分规范;
——第 31 部分:外导体内径为 1.0 mm (0.039 in)、特性阻抗为 50 Ω、螺纹连接的射频同轴连接器(1.0 型)分规范;
——第 32 部分:外导体内径为 1.85 mm (0.072 in)、特性阻抗为 50 Ω、螺纹连接的射频同轴连接器(1.85 型)分规范;
——第 33 部分:BMA 系列射频连接器分规范;
——第 35 部分:2.92 系列射频连接器分规范;
——第 36 部分:特性阻抗为 50 Ω 的搭锁连接微小型射频同轴连接器(MCX 型);
——第 37 部分:STWX8 系列射频同轴连接器分规范;
——第 38 部分:50 Ω 背板和面板用模块滑入式射频连接器(TMA 型)分规范;
——第 39 部分:CQM 系列快速锁紧射频连接器分规范;
——第 40 部分:2.4 系列射频连接器分规范;
——第 41 部分:CQA 系列快速锁紧射频连接器分规范;
——第 42 部分:CQN 系列快速锁紧射频连接器分规范;
——第 43 部分:RBMA 系列盲配射频同轴连接器分规范;
——第 44 部分:SMP 系列推入式射频同轴连接器分规范;
——第 45 部分:SQMA 系列快速锁紧射频同轴连接器分规范;
——第 47 部分:Fquick 系列 75 Ω 电缆分配系统用插入式射频同轴连接器分规范;
——第 48 部分:BMP 系列盲配射频同轴连接器分规范;
——第 49 部分:SMAA 系列射频同轴连接器分规范;
——第 50 部分:外导体内径为 4.11 mm 、特性阻抗为 50 Ω、快速锁紧射频同轴连接器(QMA 型)分规范;
——第 51 部分:外导体内径为 13.5 mm 、特性阻抗为 50 Ω、刺刀锁紧射频同轴连接器(QLI 型)分规范;
——第 53 部分:S7-16 系列螺纹式射频同轴连接器分规范;
——第 54 部分:外导体内径为 10 mm 、特性阻抗为 50 Ω 射频同轴连接器(4.3-10 系列)分规范;
——第 58 部分:SBMA 系列盲配射频同轴连接器分规范;
——第 59 部分:L32-4 和 L32-5 型螺纹连接多通道射频连接器分规范;
——第 101 部分:MMCX 系列射频同轴连接器分规范;
——第 201 部分:电气试验方法 反射系数和电压驻波比;
——第 202 部分:电气试验方法 插入损耗。

本部分为 GB/T 11313 的第 43 部分。

本部分按照 GB/T 1.1—2009 给出的规则起草。

本部分使用翻译法等同采用 IEC 61169-43:2013《射频连接器 第 43 部分:RBMA 系列盲配射频同轴连接器分规范》。

本部分与 IEC 61169-43:2013 相比做了如下编辑性修改:

——将 IEC 61169-43:2013“1 范围”中“螺纹连接”更正为“盲配连接”;
——将 IEC 61169-43:2013 表 2 中“j”尺寸 2.00 更正为 3.00;

——将 IEC 61169-43:2013 图 5 中“f”尺寸的形位公差更正到“e”尺寸，并增加公差。

请注意本文件的某些内容可能涉及专利。本文件的发布机构不承担识别这些专利的责任。

本部分由中华人民共和国工业和信息化部提出。

本部分由全国电子设备用高频电缆及连接器标准化技术委员会(SAC/TC 190)归口。

本部分起草单位:宁波吉品科技股份有限公司、中国电子技术标准化研究院。

本部分主要起草人:陈书义、王波、吴正平。

射频连接器
第43部分:RBMA系列盲配
射频同轴连接器分规范

1 范围

本部分为GB/T 11313.1—2013的分规范,它给出了制定RBMA系列盲配射频同轴连接器详细规范的内容和规则,以及详细规范的空白格式。RBMA系列射频同轴连接器的特性阻抗为50 Ω,适用于无线、微波、通讯等领域,配接射频同轴电缆或微带,工作频率达12.4GHz。

本部分规定了2级通用连接器的插合界面尺寸、0级标准试验连接器的详细尺寸以及从GB/T 11313.1—2013中选取的适用于RBMA系列射频同轴连接器的所有详细规范的标准规详细要求和试验程序。

本部分还规定了编写详细规范时应考虑的推荐额定值和特性,并规定了适用于M级和H级评定等级的试验一览表和检验要求(见表8和表9)。

2 规范性引用文件

下列文件对于本文件的应用是必不可少的。凡是注日期的引用文件,仅注日期的版本适用于本文件。凡是不注日期的引用文件,其最新版本(包括所有的修改单)适用于本文件。

GB/T 11313.1—2013 射频连接器 第1部分:总规范 一般要求和试验方法(IEC 61169-1:1998,IDT)

3 插合界面和标准规

3.1 尺寸-通用连接器-2级

3.1.1 插针连接器

所有未注尺寸的图形结构仅供参考。

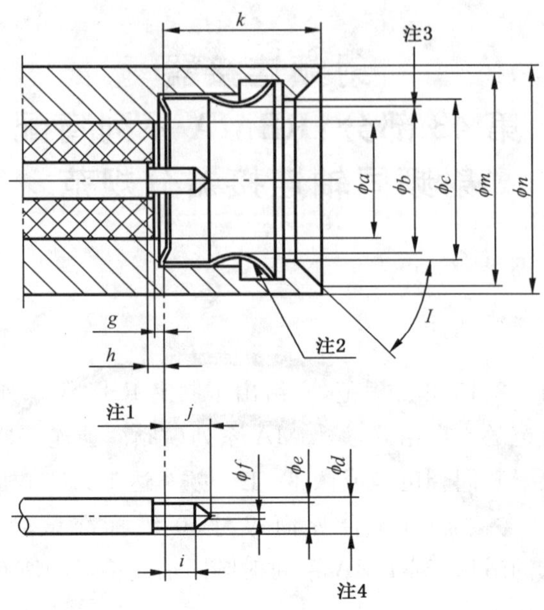

图 1　插针连接器

(尺寸和注见表 1)

表 1　插针连接器尺寸

代号	mm		注
	最小值	最大值	
a	—	4.18	注 4
b	—	—	注 3
c	5.55	5.60	
d	—	—	注 4
e	0.90	0.94	
f	—	0.30	
g	0.00	0.25	
h	0.00	0.25	
i	1.27	—	
j	—	2.54	
k	5.45	5.55	注 2
l	42°	48°	角度
m	7.40	7.60	
n	8.00	—	

注 1：机械和电气基准面。

注 2：簧片，结构任选。

注 3：尺寸的设计需满足机械性能要求。

注 4：按照详细规范规定的 50 Ω 特性阻抗和尺寸“*a*”的直径公差，确定“*d*”尺寸。

3.1.2 插孔连接器

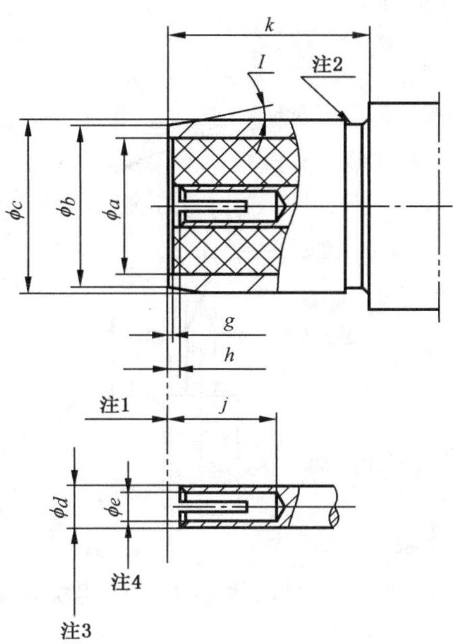

图 2 插孔连接器

（尺寸和注见表 2）

表 2 插孔连接器尺寸

<table>
<tr><th rowspan="2">代号</th><th colspan="2">mm</th><th rowspan="2">注</th></tr>
<tr><th>最小值</th><th>最大值</th></tr>
<tr><td>a</td><td>—</td><td>4.18</td><td>注 3</td></tr>
<tr><td>b</td><td>4.85</td><td>4.95</td><td></td></tr>
<tr><td>c</td><td>5.31</td><td>5.36</td><td></td></tr>
<tr><td>d</td><td>—</td><td>—</td><td>注 3</td></tr>
<tr><td>e</td><td>—</td><td>—</td><td>注 4</td></tr>
<tr><td>g</td><td>0.00</td><td>0.25</td><td></td></tr>
<tr><td>h</td><td>0.00</td><td>0.25</td><td></td></tr>
<tr><td>j</td><td>3.00</td><td>—</td><td></td></tr>
<tr><td>k</td><td>5.60</td><td>—</td><td>注 2</td></tr>
<tr><td>l</td><td>8°</td><td>12°</td><td>角度</td></tr>
<tr><td colspan="4">注 1：机械和电气基准面。
注 2：密封槽结构设计和位置任选，需能满足电气和环境性能要求。
注 3：按照详细规范规定的 50 Ω 特性阻抗和尺寸“a”的直径公差，确定“d”尺寸。
注 4：开槽的设计任选，当与直径为 φ0.90～φ0.94 的插针中心接触件插合时需满足机械和电气性能要求。</td></tr>
</table>

3.2 标准规

3.2.1 插孔连接器中心接触件用标准规

单位为毫米

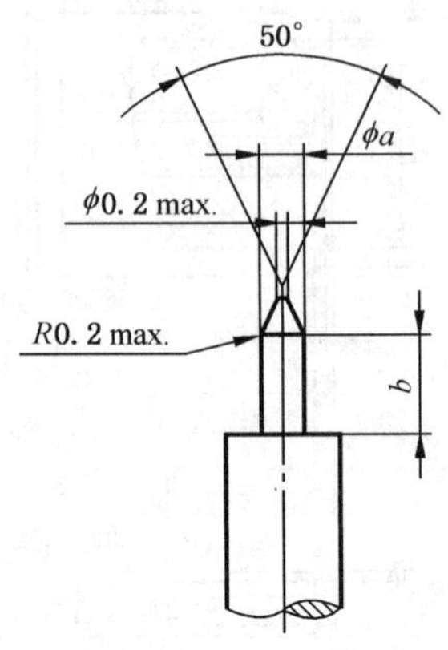

图 3 插孔连接器中心接触件用标准规

（尺寸和注见表 3）

表 3 插孔连接器中心接触件用标准规尺寸

代号	标准规 A （稳定尺寸用） mm		标准规 B （保持力试验用） 标准规的质量（重量）：28^{+2}_{0} g mm	
	最小值	最大值	最小值	最大值
a	0.940	0.945	0.899	0.902
b	0.76	1.14	1.27	1.90
注：材料为抛光钢材，在长度 *b* 的圆柱表面上的表面粗糙度 $Ra \leqslant 0.4$ μm。				

3.2.1.1 试验程序

把标准规 A 插入中心接触件三次，插入深度最小 0.76 mm，这是一次稳定尺寸操作，应仅在把插孔中心接触件从连接器中取出的情况下进行。

然后，把标准规 B 插入中心接触件，标准规拔出力大于 0.28 N。中心接触件应能在垂直状态下保持住标准规的重量。此试验也可以在未取出中心接触件的连接器上进行。

3.2.2 插针连接器外接触件用标准规

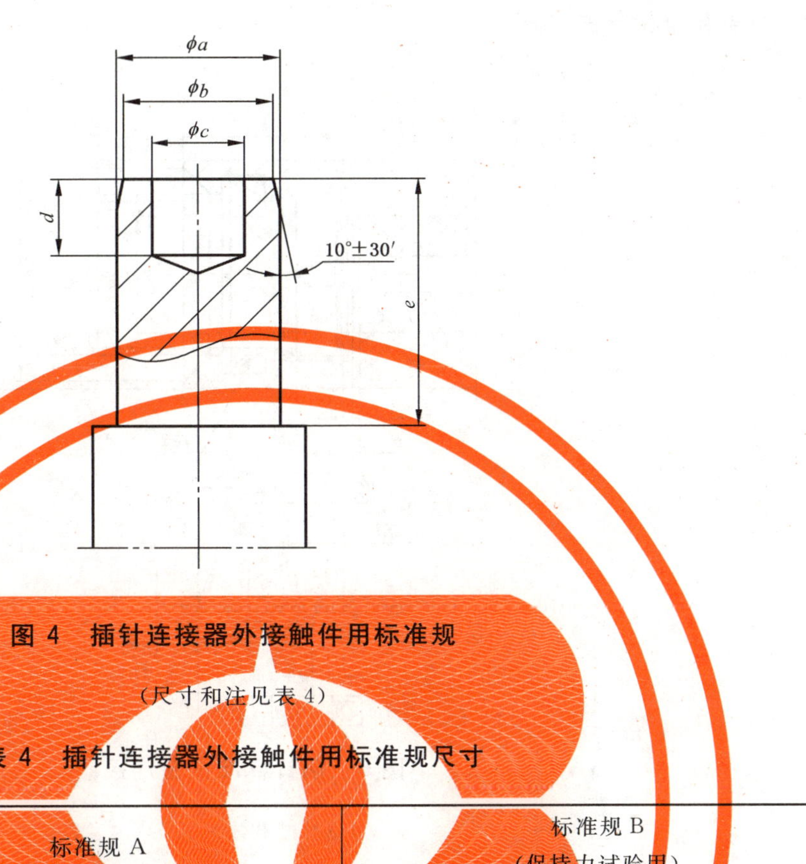

图 4 插针连接器外接触件用标准规

（尺寸和注见表 4）

表 4 插针连接器外接触件用标准规尺寸

代号	标准规 A （稳定尺寸用）		标准规 B （保持力试验用） 标准规的质量（重量）：56^{+2}_{0} g	
	mm		mm	
	最小值	最大值	最小值	最大值
a	5.360	5.365	5.305	5.310
b	4.85	4.95	4.85	4.95
c	2.50	—	2.50	—
d	4.00	—	4.00	—
e	5.60	—	5.60	—
注：材料为抛光钢材，在长度 *e* 的圆柱表面上的表面粗糙度 $Ra \leqslant 0.4\ \mu m$。				

3.2.2.1 试验程序

把标准规 A 插入外接触件二次，这是稳定尺寸操作。

然后，把标准规 B 插入外接触件，标准规拔出力大于 0.56 N。外接触件应能在垂直状态下保持住标准规的重量。

3.3 尺寸-标准试验连接器尺寸-0 级

3.3.1 插针标准试验连接器

单位为毫米

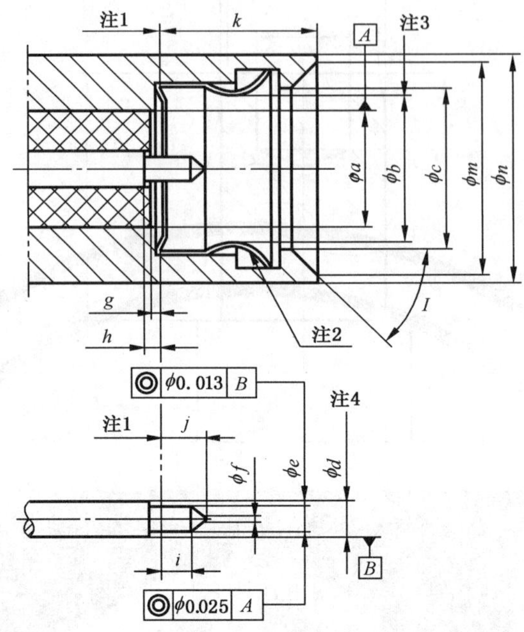

图 5 插针标准试验连接器

（尺寸和注见表 5）

表 5 插针标准试验连接器尺寸

代号	mm		注
	最小值	最大值	
a	4.10	4.13	
b	—	—	注 3
c	5.55	5.60	
d	标称值 1.27		
e	0.902	0.927	
f	—	0.30	
g	0.00	0.15	
h	0.00	0.15	
i	1.27	1.37	
j	2.03	2.29	
k	5.45	5.55	
l	42°	48°	角度
m	7.40	7.60	
n	8.00	—	

注 1：机械和电气基准面。
注 2：簧片，结构任选。
注 3：尺寸的设计应满足机械性能要求。
注 4：所选的直径是假定 PTFE 介质的介电常数为 2.02，并能得到 50 Ω±0.5 Ω 的特性阻抗时的直径。

3.3.2 插孔标准试验连接器

单位为毫米

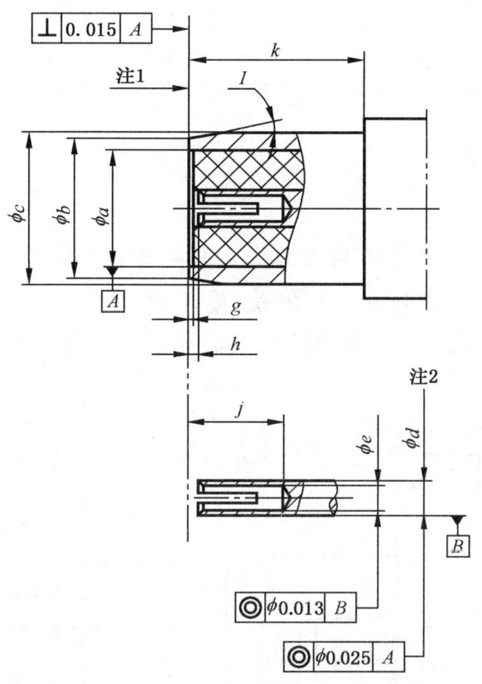

图 6 插孔标准试验连接器

(尺寸和注见表 6)

表 6 插孔标准试验连接器尺寸

代号	mm		注
	最小值	最大值	
a	4.10	4.13	
b	4.85	4.95	
c	5.31	5.36	
d	标称值 1.27		
e	—	—	注 3
g	0.00	0.15	
h	0.00	0.15	
j	3.05	3.30	
k	5.60	—	
l	8°	12°	角度

注 1:机械和电气基准面。

注 2:所选的直径是假定 PTFE 介质的介电常数为 2.02,并能得到 50 Ω±0.5 Ω 的特性阻抗时的直径。

注 3:开槽的设计任选,当与直径为 ϕ0.902~ϕ0.927 的插针中心接触件插合时需满足机械和电气性能要求。

3.4 连接器安装在模块上或面板上的总要求

3.4.1 允许连接器径向不对准和轴向位移的极限值

3.4.1.1 通则

当设计 RBMA 系列连接器的安装排列时，将单对连接器的排列及其啮合控制在下列总极限条件范围内是必须的。

3.4.1.2 径向不对准

插合连接器对之间的径向不对准是指两连接器在开始插合和在插合过程中插针连接器的直径 *c* 中心线与插孔连接器的直径 *c* 中心线之间的中心偏差(见 3.1)。

在开始插合和插合过程中，固定安装的插孔连接器和固定安装的插针连接器的径向不对准应在范围 *aa* (0.095 mm)内(见图 7)。

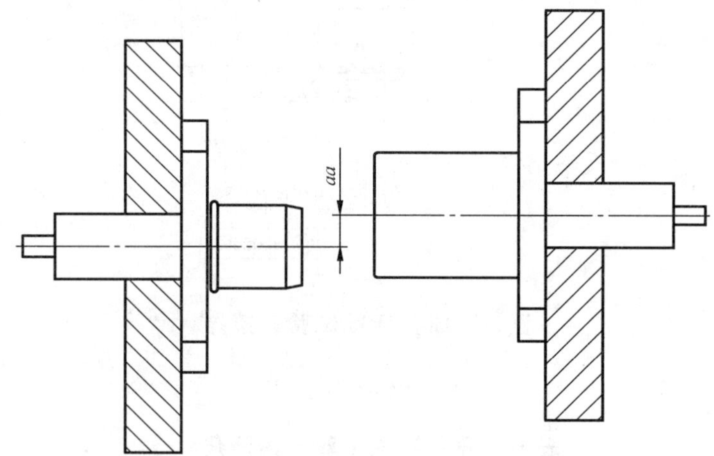

图 7 固定安装的插孔连接器和固定安装的插针连接器的径向不对准极限值

在开始插合时，固定安装的插孔连接器和浮动安装插针连接器的径向不对准应在范围 *bb* (0.6 mm)内(见图 8)。

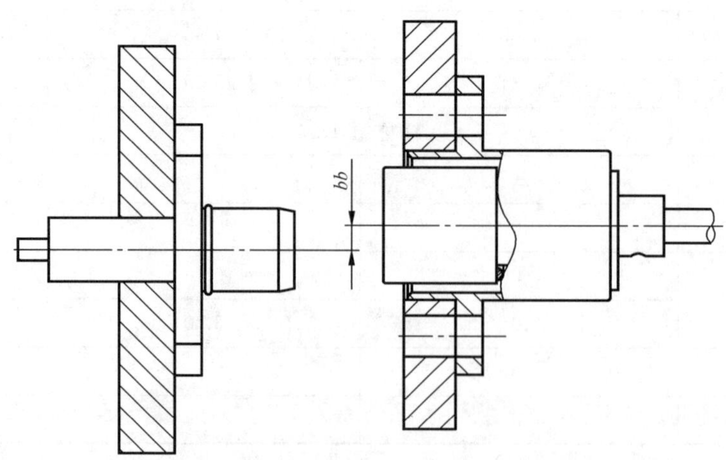

图 8 固定安装的插孔连接器和浮动安装插针连接器的径向不对准极限值

在插合过程中，浮动安装的连接器能被固定安装的连接器调整到 *cc*(0.095 mm)范围内(见图 9)。

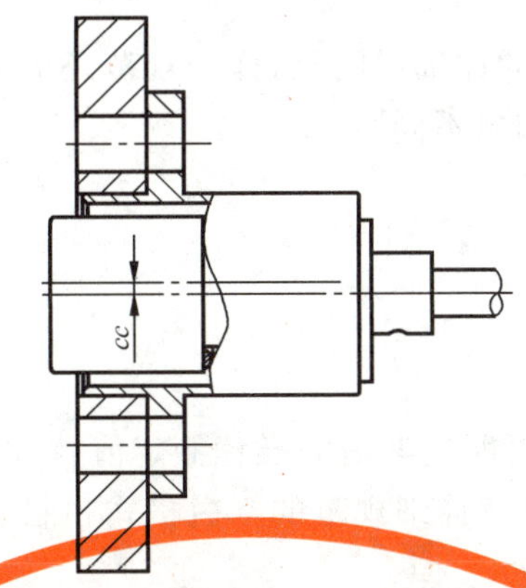

图 9 浮动安装的连接器自行对准

3.4.1.3 轴向位移

固定安装的插孔连接器和固定安装的插针连接器(见图 10)，为保证插合后的电气和环境性能，插合的两连接器基准面间隙应不大于 *dd*(0.38 mm)，若插合的两连接器基准面间隙达 *dd*(0.76 mm)时，将降低电气性能，并使环境性能失效。

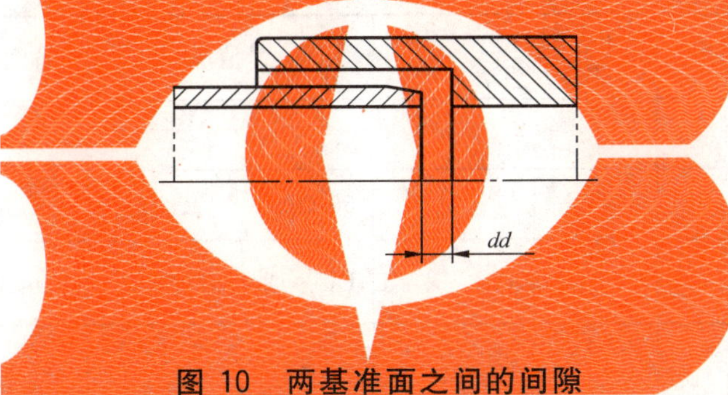

图 10 两基准面之间的间隙

固定安装的插孔连接器和浮动安装的插针连接器(见图 11)，浮动安装允许 *ee* (2.20 mm)的轴向总位移，而安装配置应保证最少 *ee* (0.20 mm)的轴向位移，以保证啮合总长度维持在工作状态。

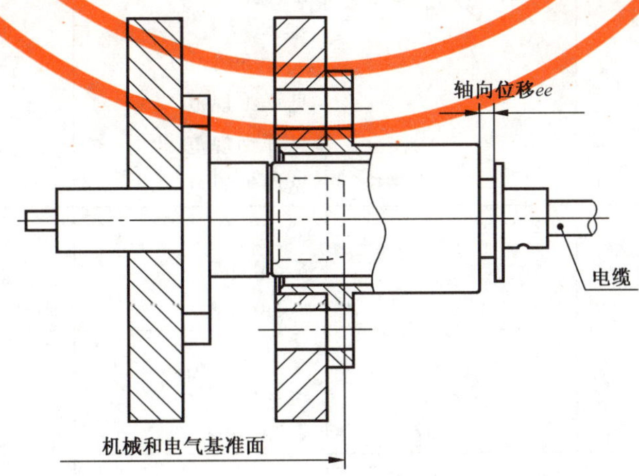

图 11 轴向位移极限值

3.4.2 特殊连接器安装细则

除面板安装尺寸和面板最大厚度的详细说明外，详细规范还应规定两相邻的连接器对之间的最小中心线距离，包括 X 轴和 Y 轴方向(如果不同时)。

4 质量评定程序

4.1 通则

4.2～4.4 规定了当编写详细规范时所应考虑的推荐额定值、特性和测试条件，也规定了最低的一致性检验抽样水平适用的试验一览表，以及详细规范的空白格式和制定详细规范的指南。

4.2 额定值和特性

下列规定值(见表 7)推荐用于 RBMA 系列射频同轴连接器，并供详细规范的制定者参考。这些值适用于当连接器完全插合时的情况。

所列的某些试验没有给出任何推荐值，这些试验通常不作要求。当需要这些试验时，按规范制定者判断在详细规范中填入适用的值。

表 7 额定值和特性

额定值和特性	GB/T 11313.1—2013 试验方法章条号	值	备注或与标准试验方法的差异
电气性能			
标称阻抗		50 Ω	
频率范围 2 级连接器		DC～12.4 GHz	或电缆上限频率之较低者
反射系数[a] 2 级连接器 ——接柔软电缆 ——直式 ——弯式 ——接半硬、半柔电缆 ——直式 ——弯式 ——元件安装 ——焊线槽和印制板安装式	9.2.1	 ≤0.090+0.01f 见详细规范 ≤0.050+0.01f 见详细规范 见详细规范 见详细规范	
中心接触件接触电阻[b] ——初始值 ——环境试验后	9.2.3	 ≤3.0 mΩ ≤6.0 mΩ	
外导体连续性[b] ——初始值 ——环境试验后	9.2.3	 ≤2.5 mΩ ≤3.0 mΩ	
绝缘电阻[b] ——初始值 ——环境试验后	9.2.5	 ≥5 000 MΩ ≥200 MΩ	

表 7（续）

额定值和特性	GB/T 11313.1—2013 试验方法章条号	值	备注或与标准试验方法的差异
耐电压[c,d]（海平面） ——无电缆 ——接 SYV-50-3 电缆 ——接 SYV-50-2 电缆 ——接 SYV-50-1 电缆 ——接 ϕ3.58 mm 半硬（半柔）电缆 ——接 ϕ2.16 mm 半硬（半柔）电缆 ——接 ϕ1.19 mm 半硬（半柔）电缆	9.2.6	 1 000 V 750 V 500 V 350 V 1000 V 750 V 500 V	
耐电压[c,d]（4.4 kPa） ——无电缆 ——接 SYV-50-3 电缆 ——接 SYV-50-2 电缆 ——接 SYV-50-1 电缆 ——接 ϕ3.58 mm 半硬（半柔）电缆 ——接 ϕ2.16 mm 半硬（半柔）电缆 ——接 ϕ1.19 mm 半硬（半柔）电缆	9.2.6	 200 V 150 V 100 V 75 V 200 V 150 V 100 V	4.4 kPa 相当于 20 km 的高空
环境试验后耐电压[c,d]（海平面） ——无电缆 ——接 SYV-50-3 电缆 ——接 SYV-50-2 电缆 ——接 SYV-50-1 电缆 ——接 ϕ3.58 mm 半硬（半柔）电缆 ——接 ϕ2.16 mm 半硬（半柔）电缆 ——接 ϕ1.19 mm 半硬（半柔）电缆	9.2.6	 330 V 200 V 175 V 100 V 330 V 200 V 175 V	
环境试验后耐电压[c,d]（4.4 kPa） ——无电缆 ——接 SYV-50-3 电缆 ——接 SYV-50-2 电缆 ——接 SYV-50-1 电缆 ——接 ϕ3.58 mm 半硬（半柔）电缆 ——接 ϕ2.16 mm 半硬（半柔）电缆 ——接 ϕ1.19 mm 半硬（半柔）电缆	9.2.6	 100 V 75 V 65 V 45 V 100 V 65 V 45 V	4.4 kPa 相当于 20 km 的高空

表 7（续）

额定值和特性	GB/T 11313.1—2013 试验方法章条号	值	备注或与标准试验方法的差异
屏蔽效率[g]	9.2.8	≥60 dB (1 GHz～3 GHz)	
放电试验(电晕试验)	9.2.9	见详细规范	熄灭电压
机械性能			
标准规保持力(弹性接触件) ——中心接触件 ——外接触件	9.3.4	 ≥0.28 N ≥0.56 N	
中心接触件固定性 ——轴向力 ——力矩	9.3.5	 ≥22 N 见详细规范	 试验后中心接触件满足界面尺寸的要求
啮合力和分离力 ——啮合力 ——分离力	9.3.6	 ≤13.3 N 0.56 N～6.7 N	
电缆固紧装置的机械试验 ——电缆旋转 ——电缆拉伸 ——电缆弯曲 ——电缆扭转	 9.3.7.2 9.3.8 9.3.9 9.3.10	 见详细规范 见详细规范 见详细规范 见详细规范	
连接机构强度	9.3.11	na[f]	
弯曲力矩	9.3.12	na[f]	
振动	9.3.3	100 m/s^2 (10 Hz～2 000 Hz)	(10g_n 加速度)
冲击	9.3.14	500 m/s^2 半正弦波 11 ms	(50g_n 加速度)
环境性能			
气候类别	9.4.2	55/125/21	
密封-非气密封连接器	9.4.5.1	na[f]	
密封-气密封连接器	9.4.5.2	na[f]	
盐雾	9.4.6	48 h 喷雾	
耐久性			
机械耐久性	9.5	500 次	
高温耐久性[e]	9.6	125 ℃,250 h	

[a] 这些值适用于通用连接器,实际上,这些值会受到所用电缆的影响,通常应参考详细规范中给出的实际值。

[b] 一对连接器的值。

[c] 除非另有规定,电压值为 40 Hz～65 Hz 时的交流有效电压。

[d] 有些与这些连接器配用的电缆的额定值低于本规范给出的值。

[e] 对于某些连接器,上限温度受到电缆特性的限制,应参照相应的电缆规范。当使用半硬和半柔电缆时,上限温度为 115 ℃。

[f] na——不适用。

[g] 当界面完全插合时。

4.3 试验一览表和检验要求

4.3.1 交收试验

表 8 交收试验

	GB/T 11313.1—2013 试验方法章条号	评定等级 M(较高)				评定等级 H(较低)			
		要求试验	IL	AQL %	周期	要求试验	IL	AQL %	周期
A1 组					逐渐试验				逐批试验
外观检查	9.1.2	a	Ⅱ	1.0		a	S3	1.5	
B1 组									
外形尺寸	9.1.3.1	a	S4	0.40		a	S3	0.40	
机械互换性	9.1.3.3	a	Ⅱ	1.0		a	S3	1.5	
啮合力和分离力	9.3.6	a	S4	0.40		a	S3	1.5	
标准规保持力(弹性接触件)	9.3.4	ia	Ⅱ	1.0		ia	S3	1.5	
密封性									
——非气密封连接器	9.4.5.1	ia	Ⅱ	0.65		ia	S3	1.0	
——气密封连接器	9.4.5.2	ia	Ⅱ	0.015		ia	S3	0.25	
耐电压	9.2.6	a	Ⅱ	0.40		a	Ⅱ	4.0	
可焊性(d)	9.3.2.1.1	ia	S4	0.40		ia	S3	4.0	
绝缘电阻	9.2.5	a	S4	0.40		a	S3	4.0	

说明：
a ——适用。
ia ——要求的试验(技术适用时)。
na ——不适用。
IL ——检验水平。
AQL ——可接受质量水平。
(d) ——破坏性试验方法——试验样品不能返回库存。

4.3.2 周期试验

对于评定水平 H 和 M，没有 C 组试验。

表 9 周期试验

	GB/T 11313.1—2013 试验方法章条号	评定等级 M(较高)				评定等级 H(较低)			
		要求试验	样品数	每组允许失效数	周期	要求试验	样品数	每组允许失效数	周期
D1 组(d)			6	0	3 年		3	0	3 年
可焊性 ——接触件	9.3.2.1.1	ia				ia			

表 9（续）

	GB/T 11313.1—2013 试验方法章条号	评定等级 M(较高)				评定等级 H(较低)			
		要求试验	样品数	每组允许失效数	周期	要求试验	样品数	每组允许失效数	周期
耐焊接热	9.3.2.1.2	ia				ia			
电缆紧固机构的机械试验									
——电缆旋转(挠动)	9.3.7.2	ia				ia			
——电缆拉伸	9.3.8	ia				ia			
——电缆弯曲	9.3.9	ia				ia			
——电缆扭转	9.3.10	ia				ia			
弯曲力矩(剪切力)	9.3.12	ia				ia			
连接机构强度	9.3.11	ia				ia			
D2 组(d)			6	0	3 年		3	0	3 年
接触电阻、外导体和屏蔽连续性以及中心导体连续性	9.2.3	a				a			
碰撞	9.3.13	a[c]				a			
振动	9.3.3	a				a			
冲击	9.3.14	a				a			
盐雾	9.4.6	a				a			
D3 组			[a]	0	3 年		[a]	0	3 年
尺寸、零件和材料	9.1.3	a				a			
D4 组(d)			6	0	3 年		3	0	3 年
机械耐久性	9.5	a				a			
高温耐久性	9.6	a				a			
D5 组(d)			6	0	3 年		3	0	3 年
反射系数	9.2.1	ia				a			
屏蔽效率	9.2.8	ia				a			
浸水试验	9.2.7	Ia[c]				ia			
D6 组(d)			6	0	3 年		3	0	3 年
中心接触件固定性	9.3.5	ia				a			
放电试验(电晕试验)	9.2.9	a				a			
温度快速变化	9.4.4	a				a			
气候顺序	9.4.2	a				a			
D7 组(d)			1[b]	0	3 年		1[b]	0	3 年
耐溶剂和污染流体	9.7	a[c]				ia			

说明：

a ——适用。

ia ——要求的试验(技术适用时)。

(d)——破坏性试验——试验样品不能返回库存。

[a] 除非使用同样的零部件，否则每种型号和规格均要求一套产品。

[b] D7 组——每种溶剂要求的连接器对数。

[c] 见详细规格书。

4.4 程序

4.4.1 质量一致性检验

它包括以逐批为基础的 A1 组和 B1 组试验。

4.4.2 鉴定批准及其维持

它包括从通过 A1 和 B1 组试验的三个连续批次中抽取试验样品，并成功地通过规定的 D 组周期试验。

5 详细规范制定指南

5.1 通则

详细规范(DS)应使用适用的空白详细规范(BDS)。以下列出了用于 RBMA 连接器的空白详细规范，并已列入了有关下列内容：

a) 适用于所有详细规范的总规范编号，包括分规范规定的连接器系列类型。

b) 连接器的系列代号。

规范制定者应按规定制定填入要包括的有关连接器类型/规格的详细内容。在空白详细规范的方框中对应位置填入下列内容。

5.2 元件的识别

1) 填入下列内容：
——品种：连接器的品种名称，包括固定和密封类型(适用时)；
——连接：对于中心导体和外导体，选取适用的电缆/导线的连接方式；
——特点和标志：适用时；
——系列代号：用粗体字母/数字，字高约 15 mm；
——填入质量评定水平、标称阻抗和气候类别。

2) 填入外形图和面板开孔(适用时)的详细要求。应规定最大外形尺寸、基准面位置，对于固定连接器，还应规定安装面板相对于连接器前端的位置。

3) 对于固定连接器，应规定最大面板厚度。

4) 详细规范包括的所有规格特性，适用时包括下列内容：
——各规格适用的电缆类型(或规格)；
——镀层或防护涂层；
——具有螺纹孔或光孔的安装法兰的详细要求；
——焊接柱或焊接槽的详细要求，包括与微波集成电路元件(适用时)一起使用的详细要求。

5.3 性能

5) 按分规范的要求，列出连接器最重要的性能参数。明确指出与最低要求的偏差。不适用的参数应标上“na”。

5.4 标志、订货文件及有关事项

6) 按适用填入标志和订货文件，以及有关文件和任何引用结构相似性的细则。

5.5 试验、试验条件和严酷度的选择

7) “na”用来表示不适用的试验。所有由详细规范制定者标上“a”的试验是适用的。

当采用空白详细规范规定的正常程序时，适用时，在有关分规范的试验一览表中指定为强制性的每项试验对应的“试验要求”中填入字母“a”。对要求的任何附加试验中，由规范制定者确定是否也应填入字母“a”。

当需要时，规范制定者也应指出与标准试验方法和试验条件的差异，包括与分规范的试验一览表中给定的任何有关差异。

5.6 RBMA 系列连接器的空白详细规范格式

以下几页包括了完整的空白详细规范格式。

<table>
<tr><td>1)</td><td rowspan="2">2) IECQ</td></tr>
<tr><td>3) 电子元件质量评定按：
总规范：GB/T 11313.1—2013/IEC 61169-1:1998,IDT
分规范：GB/T 11313.43—2018/IEC 61169-43:2013,IDT</td></tr>
<tr><td></td><td>4) 版本……</td></tr>
<tr><td colspan="2">5) 射频连接器质量评定详细规定　　系列代号：RBMA

品种：……　　特点和标志：
连接机构形式：……
电缆/导线的连接方式：中心导体——焊接/压接[a]……
外导体——焊接/夹接/压接[a]……
仅填入适用的内容</td></tr>
<tr><td colspan="2">6) 评定水平……　　标称阻抗 50 Ω……　　气候分类…/…/…</td></tr>
<tr><td colspan="2">7) 最大外形尺寸：　　面板开孔尺寸和安装详图

插合界面尺寸和基准面位置见 GB/T 11313.43—2018
面板最大厚度：前面安装……mm　　后面安装……mm</td></tr>
<tr><td colspan="2">8) 规格
规格　规格说明　60096IEC　其他电缆
-01……　………　………　………
………　………　………　………

有关拥有按本详细规范鉴定元件的承制方的资料见相关最新版本的合格产品目录。</td></tr>
<tr><td colspan="2">[a] 仅填入适用的内容。</td></tr>
</table>

9) 性能(包括使用的极限条件)

额定值及特性	试验方法 GB/T 11313.1—2013 章条号	值	备注或与标准试验方法的差异
电气性能			
标称阻抗		…50 Ω	
频率范围		…12.4 GHz	测量频率范围
反射系数 -01……	9.2.1	…………	………………
……		…………	………………
……		…………	………………
……		…………	………………
中心接触件电阻	9.2.3	≤……………mΩ	初始值
		≤……………mΩ	条件试验后
中心导体连续性 -01……	9.2.3	………………mΩ	调节电阻变化
……		………………mΩ	
……		………………mΩ	………………
……		………………mΩ	………………
外导体连续性 -01……	9.2.3	≤……………mΩ	初始值
……		≤……………mΩ	条件试验后
绝缘电阻	9.2.5	≥……………GΩ	初始值
		≥……………GΩ	条件试验后
耐电压[a] -01……	9.2.6	………………kV	86 kPa～106 kPa
(海平面) ……		………………kV	
……		………………kV	
……		………………kV	
耐电压[a] -01……		………………V	……kPa(如果不是 4.4 kPa)
(4.4kPa) ……		………………V	
……		………………V	
……		………………V	
环境试验电压[a] -01……	9.4.6	………………V	86 kPa～106 kPa
(海平面)			
屏蔽效率 -01……	9.2.8	…dB 在…GHz	Z_t≤…………mΩ
……			
……			
……			
放电试验(电晕试验)	9.2.9	≥……………V	熄灭电压
海平面 -01……		≥……………V	
……		≥……………V	
……		≥……………V	
附加的电气性能			

[a] 除非另有规定,电压值为 50 Hz～60 Hz 时的交流有效电压。

表(续)

额定值及特性	试验方法 GB/T 11313.1—2013 章条号	值	备注或与标准试验方法的差异
机械性能			
可焊性——焊头尺寸	9.3.2.1.1		
标准规保持力(弹性接触件)	9.3.4		对于标准规细则见图4和表4、图3和表3
——中心接触件		……………………g	
——外接触件		……………………g	
中心接触件的固定性	9.3.5		
——轴向力		……N	
——各方向允许位移		……mm	
——扭矩		……Nmm	
啮合力和分离力	9.3.6		
——啮合力		………N	
——分离力		………N	
连接机构强度	9.3.11	………N	
电缆紧固装置的机械试验			
1) 电缆旋转			
-01……	9.3.7.2	旋转	弯曲半径和旋转圈数
……			
……			
……			
2) 电缆拉伸			
-01……	9.3.8	………N	施力点和持续时间
……			
……			
……			
3) 电缆弯曲			
-01……	9.3.9	循环次数	电缆长度和重量
……			
……			
……			
4) 电缆扭转			
-01……	9.3.10	……Nm	实施扭矩的持续时间
……			
……			
……			
弯曲力矩	9.3.12	……Nm	相对于参考面
碰撞	9.3.13	……m/s^2 ……Hz	(……g_n 加速度)
振动	9.3.3	……………m/s^2 …………Hz	(……g_n 加速度)
冲击	9.3.14	……………m/s^2 ……………波形 ……………ms	(……g_n 加速度)
附加的机械性能			

表(续)

额定值及特性	试验方法 GB/T 11313.1—2013 章条号	值	备注或与标准试验方法的差异
环境性能			
气候类别		……/……/……	
密封——非气密连接器	9.4.5.1	……cm^3/h 10^{-5} bar/cm^3/h	压差在 100 kPa~110 kPa
密封——气密连接器	9.4.5.2		压差在 100 kPa~110 kPa
浸水	9.2.7		
盐雾	9.4.6	……………h	喷雾持续时间
附加环境试验			
耐久性			
机械耐久性	9.5	……………次	
高温耐久性	9.6	……℃,……h	
附加耐久性			
化学污染			
耐溶剂和污染流体	9.7	……………	
——使用的流体		……………	
二氧化硫暴露	9.4.8	天	

10) 补充内容

元件标志:按 GB/T 11313.1—2013 中 11.1 的规定,并按如下顺序: 1)制造厂的识别代码:………………………………………………… 2)制造日期代码　　年/周 3)元件识别代码　　规格号/型号　　标志 …………………　　………………… …………………　　………………… …………………　　………………… …………………　　…………………
包装的标记和内容:按 GB/T 11313.1—2013 中 11.2 的规定。 1)按 GB/T 11313.1—2013 的 11.1 规定的详细标上以上内容 2)标称阻抗:……Ω 3)评定水平字母代码……………… 4)任何要求的附加标志……………
订货文件内容: 1)详细规范的编号……………………… /规格代号………………………… 2)评定水平字母代码……………………………………………… 3)壳体涂覆(如果多于一个)………………………………………… 4)任何附加内容或特殊要求…………………………………………
有关文件(如果在 GB/T 11313.1—2013 或分规范中没有包括): ………………………………………………………………………………………… …………………………………………………………
结构相似性按 GB/T 11313.1—2013 中 10.2.2 的规定。
注:需填入有关基本品种的内容作为规格编号 01 的内容。

ICS 33.120.10
L 27

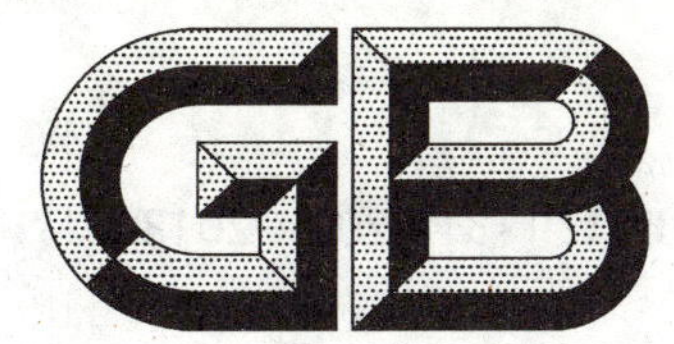

中华人民共和国国家标准

GB/T 11313.201—2018

射频连接器 第201部分：电气试验方法 反射系数和电压驻波比

Radio-frequency connectors—Part 201：Electrical test methods—Reflection coefficient and voltage standing wave ratio

2018-09-17 发布　　2019-01-01 实施

国家市场监督管理总局
中国国家标准化管理委员会　发布

前　言

GB/T 11313《射频连接器》的电气试验方法部分计划发布以下部分：

——第201部分：电气试验方法　反射系数和电压驻波比；

——第202部分：电气试验方法　插入损耗；

——第203部分：电气试验方法　屏蔽效率；

——第204部分：电气试验方法　耐射频高电位电压；

……

本部分为GB/T 11313的第201部分。

本部分按照GB/T 1.1—2009给出的规则起草。

请注意本文件的某些内容可能涉及专利。本文件的发布机构不承担识别这些专利的责任。

本部分由中华人民共和国工业和信息化部提出。

本部分由全国电子设备用高频电缆及连接器标准化技术委员会(SAC/TC 190)归口。

本部分起草单位：中国电子技术标准化研究院、中国电子科技集团公司第四十研究所、通鼎互联信息股份有限公司。

本部分主要起草人：吴正平、王凤、喻志安。

射频连接器
第201部分:电气试验方法
反射系数和电压驻波比

1 范围

GB/T 11313 的本部分规定了射频连接器的反射系数、电压驻波比和回波损耗的测试方法,包括频域法、时域法、门控时域法。

本部分适用于接电缆的射频连接器(以下简称电缆连接器)、接微带射频连接器(以下简称微带连接器)和射频连接器转接器(以下简称转接器)等的测试,也适用于多通道射频连接器和混装连接器中的各射频通道的测试。

2 规范性引用文件

下列文件对于本文件的应用是必不可少的。凡是注日期的引用文件,仅注日期的版本适用于本文件。凡是不注日期的引用文件,其最新版本(包括所有的修改单)适用于本文件。

GB/T 11313.1 射频连接器 第1部分:总规范 一般要求和试验方法

3 术语和定义

GB/T 11313.1 界定的以及下列术语和定义适用于本文件。

3.1

反射系数 reflection factor

在连接器的任一截面上的反射波波矢量的幅值与入射波波矢量的幅值之比,用式(1)表示。

$$\Gamma=\frac{V_r}{V_i}=\frac{Z_L-Z_0}{Z_L+Z_0} \qquad \cdots\cdots(1)$$

式中:

Γ ——反射系数;

V_i ——入射电压;

V_r ——反射电压;

Z_0 ——传输线的标称阻抗,单位为欧姆(Ω);

Z_L ——传输线终端负载阻抗,单位为欧姆(Ω)。

3.2

电压驻波比 voltage standing wave ratio

在连接器的任一截面上的最大电压与最小电压之比,其表达式及与反射系数的关系用式(2)表示。

$$\mathrm{VSWR}=\frac{|V_{max}|}{|V_{min}|}=\frac{|V_i+V_r|}{|V_i-V_r|}=\frac{1+|\Gamma|}{1-|\Gamma|} \qquad \cdots\cdots(2)$$

式中:

VSWR ——电压驻波比;

V_{max} ——最大电压，单位为伏特(V)；

V_{min} ——最小电压，单位为伏特(V)；

V_i ——入射电压，单位为伏特(V)；

V_r ——反射电压，单位为伏特(V)；

Γ ——反射系数。

3.3

回波损耗　return loss

在连接器上的阻抗不连续面的反射信号的功率与入射信号的功率之比，用 dB 表示，其表达式及与反射系数的关系用式(3)表示。

$$RL = -10\ \lg \frac{P_r}{P_i} = -20\ \lg|\Gamma| \qquad \cdots\cdots(3)$$

式中：

RL ——回波损耗，单位为分贝(dB)；

P_i ——入射功率，单位为瓦特(W)；

P_r ——反射功率，单位为瓦特(W)；

Γ ——反射系数。

4　测试图形符号

本部分用图形符号及其含义如下：

符号	含义
	时域反射仪设备
	频域反射仪设备
	插合好的精密无极性连接器
	精密空气线
	精密终端负载
	短路器
	开路器
S S	标准试验连接器界面
X X 或 X X　X X	被测连接器界面，—>表示插针界面，—<表示插孔界面
S 或 S	无极性至标准试验连接器转接器(需要时)
	插针连接器界面
	插孔连接器界面
	无极性连接器界面

5 试验样品的准备

5.1 电缆连接器

电缆连接器应采用预先选择的特性阻抗准确并均匀的电缆，或设计一段特性阻抗准确的同轴空气线作为模拟电缆，制作成双连接器电缆组件作为试验样品(DUT)，如图 1 所示，连接两个相同连接器的电缆或模拟电缆的长度为 l，两端是被测的电缆连接器。其中，端接电缆和模拟电缆的制作要求如下：

a) 长度 l 应保证在测量频域内大于 2 个波节，即 $l>\frac{v}{2(f_2-f_1)}$，其中 v 为电缆或模拟电缆中的波速，f_2 和 f_1 为测试频域的终止和初始频率。

b) 模拟电缆内外导体的比例尽量采用典型值，并与被测连接器适配(可以采用补偿)，内导体的轴向长度是与电长度有关的尺寸，应采用无轴向窜动的结构和较高的尺寸精度。

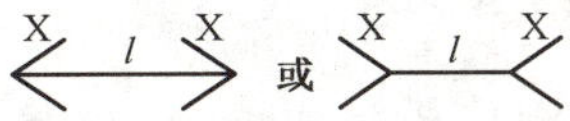

X　l　X　或　X　l　X

图 1　被测双连接器电缆组件试验样品

5.2 微带连接器

微带连接器应在微带端装配上适当的试验夹具后进行试验，带夹具的微带连接器整体视为试验样品(DUT)，也可以做成背靠背的双连接器进行试验。

5.3 转接器

转接器应直接或两端插合上标准试验连接器后进行试验，一个转接器就是一个试验样品(DUT)。

6 测试方法

6.1 频域法

6.1.1 测试方法原理

在低频下，信号波长远大于试验样品的物理长度，在试验样品上的电压和电流测试值大小与测试位置无关。

在高频下，信号波长小于或等于试验样品的物理长度时，特性阻抗反映传输线特性，在试验样品上的不同位置测得的电压/电流会不同。假设试验样品的每个端口屏蔽效果都很好，不受外界干扰，也没有漏泄出去，则传输给试验样品中输入端的信号 a_1，会有一部分信号 b_2 被传输给负载，在输入端和输出端也会分别有一部分信号 b_1 和 a_2 被反射回去，如图 2 所示。

图 2　DUT 信号传输与反射示意

信号在试验样品中的反射和传输特性可以用图 3 中的 S 参数来表示。

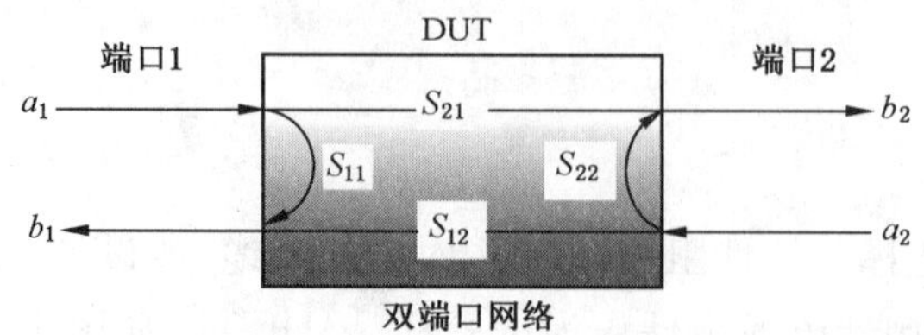

图 3 S 参数表征 DUT 信号传输与反射特性

S 参数的定义是基于信号电压比值的参数，为矢量，分别用式(4)和式(5)表示。

$$b_1 = a_1 S_{11} + a_2 S_{12} \tag{4}$$

$$b_2 = a_1 S_{21} + a_2 S_{22} \tag{5}$$

当试验样品的输出端口端接精密终端负载时，$a2=0$。此时，输入端的反射系数用式(6)表示。

$$S_{11} = \frac{b_1}{a_1} \tag{6}$$

矢量网络分析仪是基于上述原理来测量连接器、电缆和电缆组件等双端口元器件的 S 参数的，这些 S 参数反映了连接器、电缆和电缆组件在频域上的传输和反射特性。由于连接器、电缆和电缆组件等是互易元件，输入端和输出端换向测量时，理论上 S 参数指标不变。但由于系统的误差和方向性，通常需要从正反两个方向测试试验样品的反射特性。

6.1.2 试验设备

频域法试验设备如下：

a) 测试设备：适合的足够精度的矢量网络分析仪(VNA)；

b) 校准件：开路器、短路器、精密终端负载、标准试验转接器或适用的电子校准件。校准件的频率范围应覆盖整个测试频率范围。

注：当没有标准试验转接器时，需提供高性能的试验转接器，其回波损耗需优于被测样品 10 dB，且电长度基本相同。整个测试系统的电压驻波比需优于 $1.02+0.004 \cdot f$(f:GHz)。

6.1.3 试验程序

6.1.3.1 单端口测量

单端口测量程序如下：

a) 将矢量网络分析仪充分预热后，设置测量频率范围，并将测试模式设置为反射系数或电压驻波比或回波损耗。

b) 系统校准：分别用开路器、短路器、精密终端负载校准件对矢量网络分析仪测试系统进行校准，如图 4 所示。

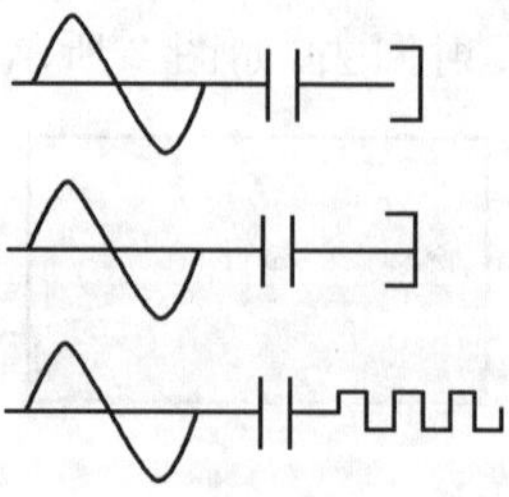

图 4 系统校准示意图

c) 标准试验转接器校验：当矢量网络分析仪的测试电缆端口不能直接与试验样品连接时，需要用标准试验转接器连接。转接器需要按图 5 进行校准和测试。

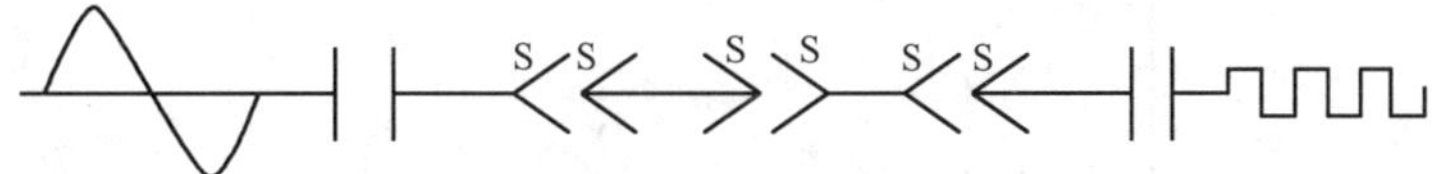

图 5 转接器的校准示意图

d) 试验样品测试：将试验样品(DUT)接到测试仪器和负载之间或两转接器之间进行测试，如图 6 所示，记录测试 S_{11} 曲线。然后将试验样品反过来测试，记录另一端的 S_{11} 曲线。

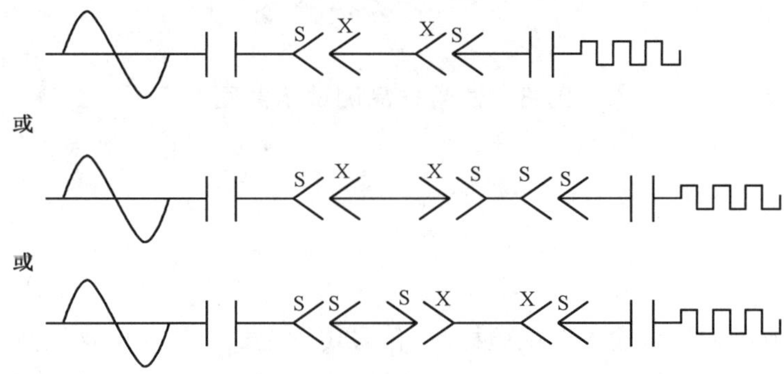

图 6 试验样品测试示意图

6.1.3.2 双端口测量

双端口测量程序如下：

a) 将矢量网络分析仪充分预热后，将测试模式设置为反射系数或电压驻波比或回波损耗。

b) 系统校准：按图 4 所示将矢量网络分析仪的两个端口分别用开路器、短路器、精密终端负载校准件对测试系统进行校准，然后将两个端口直接连接起来进行直通校准或直接用电子校准件对矢量网络分析仪测试系统进行校准。

c) 转接器校准：当矢量网络分析仪的测试电缆端口不能直接与试验样品连接时，需要用标准试验转接器连接。转接器需要按图 7 进行校准和测试。

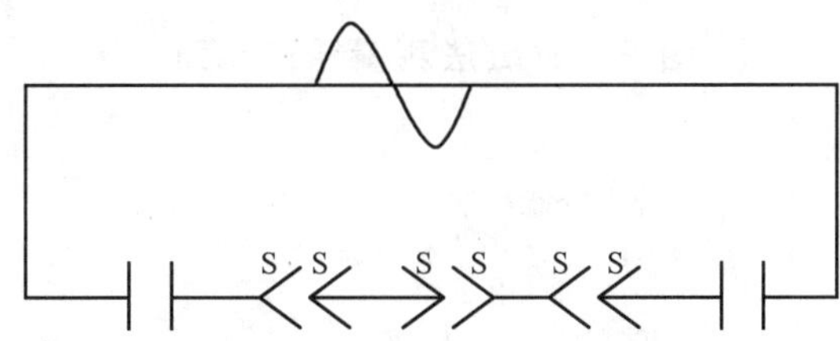

图 7 转接器的校准示意图

d) 试验样品测试：将试验样品接到两测试电缆之间或两转接器之间进行测试，如图 8 所示，测量并记录 S_{11} 和 S_{22} 曲线。

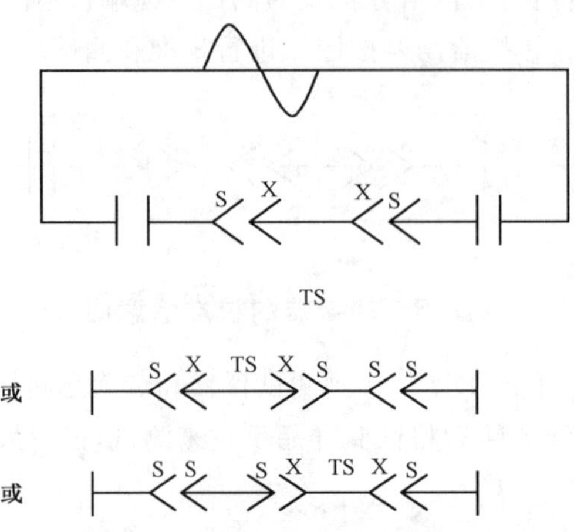

图 8 试验样品测试示意图

6.2 时域法

6.2.1 测试方法原理

将一个阶跃信号或脉冲信号输入至试验样品，信号传输至试验样品的被测点时，一部分能量会被反射回去，通过测量整个信号的传输时间（t，如图 9 所示）可计算输入端到被测点的距离（L）。通过测量入射信号与反射信号的幅度，可以计算该位置的反射系数，如图 9 所示。

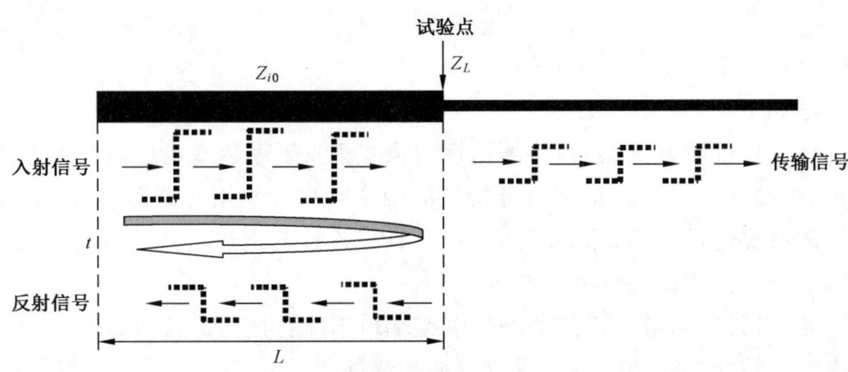

图 9 时域法测量原理示意

被测点的距离用式(7)确定。

$$L=\frac{v\times t}{2}=\frac{c\times t}{2\times\sqrt{\varepsilon_r}} \qquad (7)$$

式中：

L ——被测点的距离，单位为米(m)；

v ——传输速率，单位为米每秒(m/s)；

t ——整个信号的传输时间(如图 9 所示)，单位为秒(s)；

c ——光速(3×10^8 m/s)；

ε_r ——电缆绝缘材料的介电常数。

被测点的反射系数、电压驻波比或回波损耗分别用式(1)、式(2)和式(3)确定。

6.2.2 试验设备

时域法试验设备如下：

a) 测试设备：一台具有足够精度和准确度的时域反射计(TDR)。

b) 校准件：一根已知标称阻抗的精密空气线、精密终端负载(与试样标称特性阻抗相同)、标准试验转接器。校准件的频率范围应覆盖整个测试频率范围。

6.2.3 试验程序

试验程序如下：

a) 将时域反射计充分预热后，设置测试模式为测量试样的反射系数或回波损耗，频率设为相关标准规定的频率。

b) 把精密空气线接入测试仪器和精密负载之间，如图 10 所示。

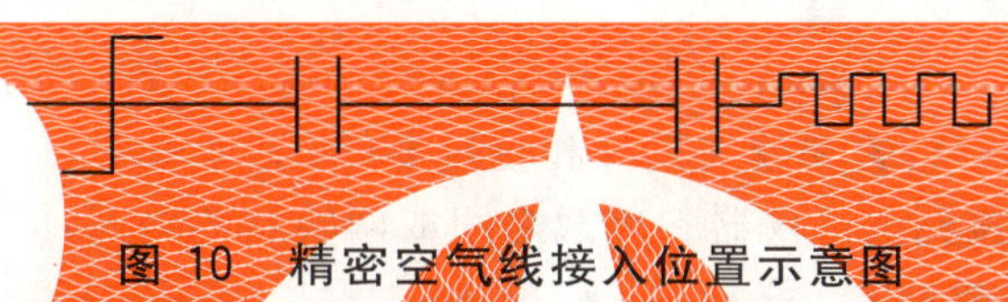

图 10 精密空气线接入位置示意图

c) 把试验样品接到精密空气线和负载之间，当不能直接连接时，用标准试验转接器连接器，如图 11 所示，设置测试仪器的测试范围在被测试样上，然后，测定并记录试样的反射系数或回波损耗或电压驻波比-长度(时间)曲线。

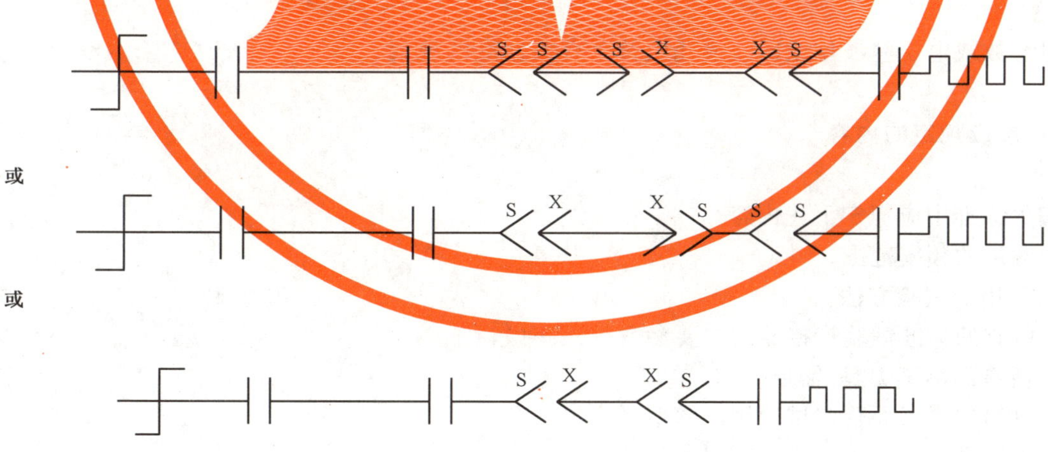

图 11 试验样品接入位置示意图

6.3 门控时域法

6.3.1 测试原理

反射系数等反射特性参数表示为频率的函数。通常应采用频域法进行测量，最好用扫频信号发生器。但由于试验样品固有的不均匀性，在不同的位置，其传输和反射特性是不同的，为了测量不同位置的传输和反射特性,可以用傅立叶变换将频域特性转换为时域特性。矢量网络分析仪的时域测试功能可以直接将频域特性转换为时域特性,也可以将时域特性再转化为频域特性。

利用矢量网络分析仪的频域和时域转换功能,可以先用时域法测量后,利用时域法找出被测连接器的位置,通过设置门控,然后再测量门控内被测连接器的反射特性。这样测量理论上可以减少系统误差,得到被测连接器的准确特性。门控时域法可用来测量单只连接器的反射特性。

6.3.2 试验设备

门控时域法试验设备如下:

a) 测试设备:适合的足够精度且带有时域功能的矢量网络分析仪(VNA);

b) 校准件:开路器、短路器、精密终端负载、标准试验转接器。校准件的频率范围应覆盖整个测试频率范围。

注:当没有标准试验转接器时,需提供高性能的试验转接器,其回波损耗需优于被测样品 10 dB,且电长度基本相同。整个测试系统的电压驻波比需优于 1.02+0.004 · f(f:GHz)。

6.3.3 试验程序

试验程序如下:

a) 按 6.1.3.1 中的 a)~c)设置和校准系统和转接器(需要时);

b) 将试验样品(DUT)接到测试仪器和负载之间或两转接器之间,同时将矢量网络分析仪转化为时域功能,打开门功能;

c) 将测试仪器的测试范围(门的范围)设置在试验样品(DUT)的两端;

d) 将矢量网络分析仪的时域功能转化为频域功能,记录测试 S_{11} 曲线。

7 失效判据

反射系数或电压驻波比或回波损耗应符合有关标准的规定。

8 有关标准应规定的内容

在相关标准中应规定下述内容:

a) 测量的频率范围;

b) 所用的试验方法;

c) 所有的标准试验连接器的主要参数(必要时);

d) 所有的测试夹具(需要时);

e) 电缆连接器要规定试验用电缆型号;

f) 测量要求;

g) 与本试验方法不同之处。

9 试验报告

试验报告应包括内容:

a) 试验名称;

b) 环境条件;

c) 所用的试验设备名称、编号以及计量有效期;

d） 测试所用夹具(需要时)；

e） 试验样品数量和测试频率；

f） 电缆连接器要规定试验用电缆型号；

g） 测试结果,包括测试曲线和单频结果值等；

h） 操作员的姓名和试验日期。

ICS 33.120.10
L 27

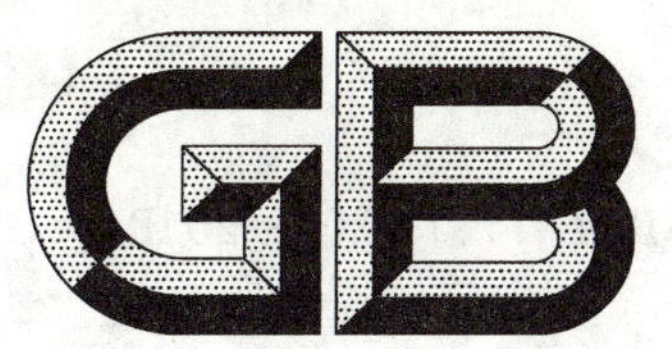

中华人民共和国国家标准

GB/T 11313.202—2018

射频连接器
第202部分:电气试验方法 插入损耗

Radio-frequency connectors—Part 202:Electrical test methods—Insertion loss

2018-09-17 发布 2019-01-01 实施

国家市场监督管理总局
中国国家标准化管理委员会 发布

前　言

GB/T 11313《射频连接器》的电气试验方法部分计划发布以下部分：

——第 201 部分：电气试验方法　反射系数和电压驻波比

——第 202 部分：电气试验方法　插入损耗

——第 203 部分：电气试验方法　屏蔽效率

——第 204 部分：电气试验方法　耐射频高电位电压

……

本部分为 GB/T 11313 的第 202 部分。

本部分按照 GB/T 1.1—2009 给出的规则起草。

请注意本文件的某些内容可能涉及专利。本文件的发布机构不承担识别这些专利的责任。

本部分由中华人民共和国工业和信息化部提出。

本部分由全国电子设备用高频电缆及连接器标准化技术委员会(SAC/TC 190)归口。

本部分起草单位：中国电子技术标准化研究院、中航富士达科技股份有限公司、通鼎互联信息股份有限公司。

本部分主要起草人：吴正平、武向文、喻志安。

射频连接器
第202部分：电气试验方法　插入损耗

1　范围

GB/T 11313的本部分规定了射频连接器插入损耗的测试方法。

本部分适用于接电缆的射频连接器(以下简称电缆连接器)、接微带射频连接器(以下简称微带连接器)和射频连接器转接器(以下简称转接器)等的测试，也适用于多路射频同轴连接器和混装连接器中的射频通道的测试。

2　规范性引用文件

下列文件对于本文件的应用是必不可少的。凡是注日期的引用文件，仅注日期的版本适用于本文件。凡是不注日期的引用文件，其最新版本(包括所有的修改单)适用于本文件。

GB/T 11313.1　射频连接器　第1部分：总规范　一般要求和试验方法(IEC 61169-1:1998,IDT)

3　术语和定义

GB/T 11313.1界定的以及下列术语和定义适用于本文件。

3.1

插入损耗　insertion loss

被测件接入传输系统中时产生的功率损耗。射频连接器的插入损耗用式(1)表示。

$$IL = -10\lg\left(\frac{P_2}{P_1}\right) \qquad \cdots\cdots(1)$$

式中：

IL ——插入损耗，单位为分贝(dB)；

P_1 ——信号源传输给射频连接器的输入功率，单位为瓦(W)；

P_2 ——信号源通过射频连接器传输给负载的输出功率，单位为瓦(W)。

4　试验样品的准备

4.1　电缆连接器

4.1.1　方法1

电缆连接器应采用一段预先选择的特性阻抗准确且均匀的电缆，一端接上被测连接器，另一端接上与被测连接器配对的连接器。电缆的长度应足够长，使得连接器的损耗可以忽略不计。试验样品中的电缆长度定义为电缆剥线后的电缆介质两端面的距离。电缆的衰减用式(2)计算：

$$\alpha = \frac{IL_1}{L_1} \qquad \cdots\cdots(2)$$

式中：

α ——电缆的衰减，单位为分贝每米(dB/m)；

IL_1——长电缆组件的插入损耗，单位为分贝(dB)；

L_1 ——长电缆的长度，单位为米(m)。

然后，将长电缆组件沿离被测连接器近的地方切断，并在电缆端接上与被测连接器配对的连接器制成短电缆组件。短电缆组件应使得由于电缆造成的损耗最小，但应有一个至少在电缆剥线和连接器安装过程中特性阻抗保持不变的足够长度。被测连接器对的插入损耗按式(3)计算：

$$IL = IL_2 - \alpha \times L_2 \qquad (3)$$

式中：

IL ——被测连接器对的插入损耗，单位为分贝(dB)；

α ——电缆的衰减，单位为分贝每米(dB/m)；

IL_2——短电缆组件的插入损耗，单位为分贝(dB)；

L_2 ——短电缆的长度，单位为米(m)。

需要时，单个连接器的插入损耗约为其1/2(假定插针连接器与插孔连接器的插入损耗相等)。

4.1.2 方法2

电缆连接器应采用一段预先选择的特性阻抗准确并均匀的电缆，两端端接标准试验连接器(用S表示，最好能与试验设备的两个端口直接匹配连接)，简称为标准电缆组件，该标准电缆组件用于校准系统。

将标准电缆组件从中切开，并分别接上被测连接器对(用X表示)，电缆不能截短，如图1所示，试验时被测连接器对插合后一起进行试验，测试结果为被测连接器对的插入损耗。

需要时，单个连接器的插入损耗约为其1/2(假定插针连接器与插孔连接器的插入损耗相等)。

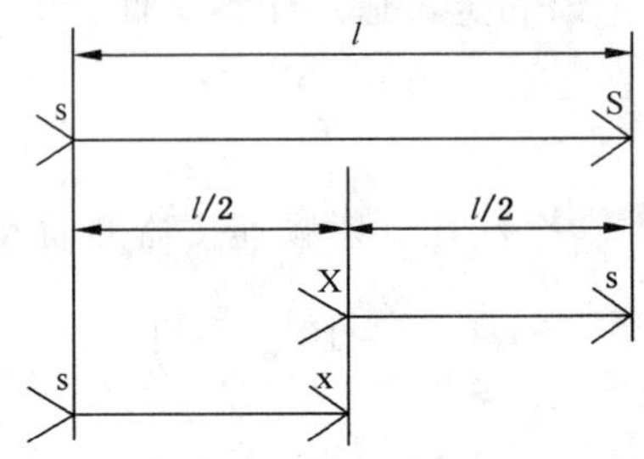

说明：

>插针连接器界面；

<插孔连接器界面。

图1 电缆连接器的端接方法示意图

4.2 微带连接器

微带连接器应在(连接器)微带端装配上适当的试验夹具后进行试验，带夹具的微带连接器整体视为试验样品(DUT)。

两个相同的微带连接器要背对背用适配的试验夹具连接作为试验样品(DUT)，每个微带连接器的插入损耗为测量结果(包括试验夹具)的1/2。

4.3 转接器

转接器应直接或两端插合上标准试验连接器后进行试验，一个转接器就是一个试验样品(DUT)。

5 测试方法

5.1 试验原理

在低频下，信号波长远大于试验样品的物理长度，在试验样品上的电压和电流测试值大小与测试位置无关。

在高频下，信号波长小于或等于试验样品的物理长度时，特性阻抗反映其传输特性，在试验样品上的不同位置测得的电压/电流会不同。假设试验样品的每个端口屏蔽效果都很好，不受外界干扰，也没有漏泄出去，则传输给试验样品中输入端的信号 a_1，会有一部分信号 b_2 被传输给负载，在输入端和输出端也会分别有一部分信号 b_1 和 a_2 被反射回去，如图 2 所示。

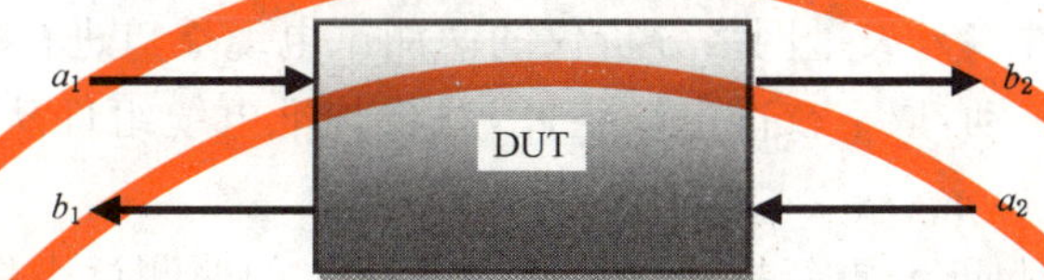

图 2 DUT 信号传输与反射示意图

信号在试验样品中的反射和传输特性可以用图 3 中的 S 参数来表示：

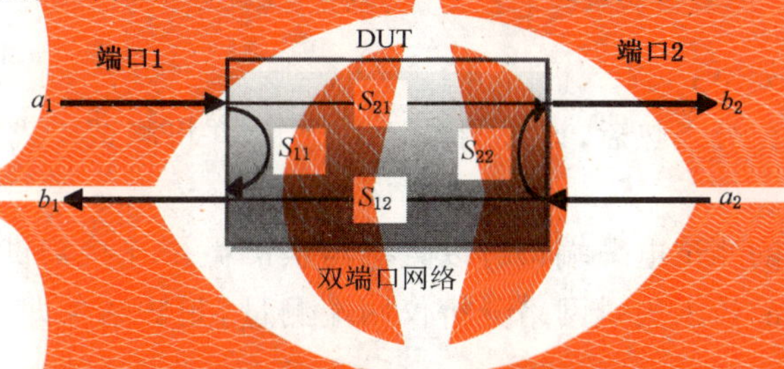

图 3 S 参数表征 DUT 信号传输与反射特性

S 参数的定义是基于信号电压比值的参数，为矢量，其中：

$$b_1 = a_1 S_{11} + a_2 S_{12}$$

$$b_2 = a_1 S_{21} + a_2 S_{22}$$

矢量网络分析仪是基于上述原理来测量连接器、电缆和电缆组件等双端口元器件的 S 参数的，这些 S 参数反映了连接器、电缆和电缆组件在频域上的传输和反射特性。其中 S_{12} 和 S_{21} 代表连接器的正向和反向插入损耗，由于连接器是互易器件，S_{12} 和 S_{21} 基本相同，通常仅在一个方向上测量插入损耗。

5.2 试验设备

试验设备如下：

a) 测试设备：适合的足够精度的矢量网络分析仪（VNA）；

b) 标准件：标准试验转接器（需要时），其频率范围应覆盖整个测试频率范围。

5.3 测试程序

5.3.1 电缆连接器

电缆连接器的插入损耗的测量可以从下列测量方法中任选一种：

a) 方法 1：

测试程序如下：

1） 将矢量网络分析仪充分预热后，设置测量频率范围，并将测试模式设置为测量插入损耗；
2） 将系统进行校准；
3） 将长电缆组件 L_1 接入矢量网络分析仪测量其插入损耗 IL_1；
4） 取下长电缆组件，将短电缆组件 L_2 接入矢量网络分析仪测量其插入损耗 IL_2；
5） 数据处理：假设在长度范围内电缆的衰减量为常数，则连接器对的插入损耗可用式(2)和式(3)计算；
6） 单个被测连接器的插入损耗为测量结果的 1/2。

b） 方法 2：
测试程序如下：
1） 将矢量网络分析仪充分预热后，设置测量频率范围，并将测试模式设置为测量插入损耗；
2） 将校准电缆组件接入矢量网络分析仪的两测试电缆端口进行校零；
3） 保持测试设备不动，取下校准电缆组件，并将校准电缆组件从中间剪断，分别接入被测连接器对，如图 1 所示；
4） 将被测连接器对插合，重新接入矢量网络分析仪的两测试电缆端口测量并记录插入损耗的测量结果(规定频段的最大值)，即为被测连接器对的插入损耗；
5） 单个被测连接器的插入损耗为测量结果的 1/2。

5.3.2 微带连接器

微带连接器的测量程序如下：
a） 将矢量网络分析仪充分预热后，设置测量频率范围，并将测试模式设置为测量插入损耗；
b） 校准系统；
c） 当矢量网络分析仪的测试电缆端口可以直接与被测微带连接器试验样品连接时，直接将被测微带连接器试验样品接入矢量网络分析仪两端测量，测试结果即为微带连接器试验样品的插入损耗；
d） 当矢量网络分析仪的测试电缆端口不能直接与被测微带连接器试验样品连接时，需要用标准试验转接器连接并校零。然后取下其中的一个标准试验转接器，改为与其相同电长度的同极性标准试验转接器，并接入被测微带连接器试验样品测量并记录测试结果，即为微带连接器试验样品的插入损耗；
e） 单个微带连接器的插入损耗为微带连接器试验样品测试结果的 1/2。

5.3.3 转接器

转接器的测量程序如下：
a） 将矢量网络分析仪充分预热后，设置测量频率范围，并将测试模式设置为测量插入损耗；
b） 将系统校准；
c） 当矢量网络分析仪的测试电缆端口可以直接与被测转接器连接时，直接将被测转接器接入矢量网络分析仪两端测量，测试结果即为被测转接器的插入损耗；
d） 当矢量网络分析仪的测试电缆端口不能直接与被测转接器连接时，根据测试需要，使用标准试验转接器连接并校零。再接入被测转接器测量并记录测试结果，即为被测转接器的插入损耗。

6 失效判据

插入损耗应符合有关标准的规定。

7 有关标准应规定的内容

在相关标准中应规定下述内容：

a） 测量的频率范围；

b） 所用的标准试验连接器及其主要参数(需要时)；

c） 所用的测试夹具(需要时)；

d） 电缆连接器要规定试验用电缆型号；

e） 测量要求；

f） 与本试验方法不同之处。

8 试验报告

试验报告应包括内容：

a） 试验名称；

b） 环境条件；

c） 所用的试验设备名称、编号以及计量有效期；

d） 测试所用夹具(需要时)；

e） 试验样品数量和测试频率；

f） 电缆连接器要规定试验用电缆型号；

g） 测试结果，包括测试曲线和单频结果值等；

h） 操作员的姓名和试验日期。

ICS 77.040.20
J 31

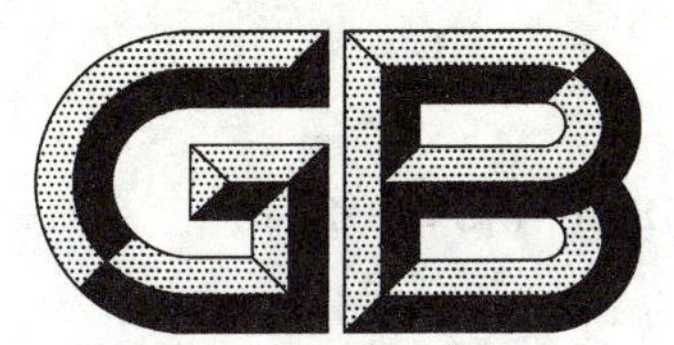

中华人民共和国国家标准

GB/T 11346—2018
代替 GB/T 11346—1989

铝合金铸件射线照相检测　缺陷分级

Radiograpial testing for aluminum alloy castings—Defect levels

2018-07-13 发布　　2018-08-01 实施

国家市场监督管理总局
中国国家标准化管理委员会　发布

前　言

本标准按照 GB/T 1.1—2009 给出的规则起草。

本标准代替 GB/T 11346—1989《铝合金铸件 X 射线照相检验　针孔(圆形)分级》,与GB/T 11346—1989 相比,除编辑性修改外主要技术变化如下:

——修改了范围(见第 1 章,1989 年版的第 1 章);

——修改了规范性引用文件(见第 2 章,1989 年版的第 2 章);

——增加了术语和定义(见第 3 章);

——修改了人员要求(见第 4 章,1989 年版的第 3 章);

——增加了底片关于像质计的要求(见第 5 章,1989 年版的第 4 章);

——增加了气孔、疏松、缩孔等缺陷的分级(见第 6 章);

——修改了底片的评定规则(见第 7 章,1989 年版的第 6 章);

——修改了缺陷的射线照相标准图谱(见附录 A,1989 年版的 5.2)。

本标准由全国铸造标准化技术委员会(SAC/TC 54)提出并归口。

本标准负责起草单位:中车戚墅堰机车车辆工艺研究所有限公司。

本标准参加起草单位:沈阳铸造研究所有限公司、保定市立中车轮制造有限公司、滁州金诺实业有限公司、安徽省恒泰动力科技有限公司、中信戴卡股份有限公司、浙江万丰摩轮有限公司、上海皮尔博格有色零部件有限公司、东莞宜安科技股份有限公司。

本标准主要起草人:万升云、郑小康、蒋田芳、李兴捷、冯志军、陈玖新、刘蕾、马正松、孙春贵、章文显、章高伟、兰天、阿拉腾、刘军、陆仕平、刘建平、赵海峰、李扬德、李卫荣。

本标准所代替标准的历次版本发布情况为:

——GB/T 11346—1989。

铝合金铸件射线照相检测　缺陷分级

1　范围

本标准规定了铝合金铸件(以下简称铸件)射线照相检测的人员要求、底片要求、缺陷分级、等级评定和评定记录。

本标准适用于透照厚度不大于 50 mm 的铝合金铸件射线照相检测的缺陷分级。

本标准不适用于铝合金压铸件。

本标准不适用于裂纹、浇不足、偏芯、冷隔及表面不规则等缺陷的分级。

2　规范性引用文件

下列文件对于本文件的应用是必不可少的。凡是注日期的引用文件,仅注日期的版本适用于本文件。凡是不注日期的引用文件,其最新版本(包括所有的修改单)适用于本文件。

GB/T 5611　铸造术语

GB/T 5677　铸钢件射线照相检测

GB/T 9445　无损检测　人员资格鉴定与认证

GB/T 12604.2　无损检测　术语　射线照相检测

3　术语和定义

GB/T 5611、GB/T 12604.2 界定的以及下列术语和定义适用于本文件。

3.1

夹杂物　foreign materials

铸件内或表面上存在的和基体金属成分不同的质点。

注:夹杂物在底片上以孤立的、不规则或长条形的不同底片黑度出现。包括渣、砂、涂料层、氧化物、硫化物、硅酸盐等。

3.2

气孔　gas holes

铸件内由气体形成的孔洞类缺陷。

注:气孔在底片上以圆形或长条形,边缘光滑的暗点出现,以单个或成群存在,或遍布于铸件。表面比较光滑,主要呈梨形、圆形和椭圆形。一般不在铸件表面露出,大孔常孤立存在,小孔则成群出现。

3.3

针孔　gas porosity

针头大小分布在铸件截面上的析出性气孔。

注:针孔在底片上以分布在整个铸件内的圆形或条形的黑点的形式出现。

3.4

疏松　shrinkage

铸件缓慢凝固区出现的很细小的孔洞。

注:疏松在底片上以局部的花絮状或蜂窝状的局部较暗的区域出现。分布在枝晶内和枝晶间,是弥散性气孔、显微缩松及组织粗大的混合缺陷,使铸件致密性降低。

3.5

缩孔 shrinkage cavity

铸件在凝固过程中，由于补缩不良而产生的孔洞。

注：缩孔在底片上以树枝状、纤维状或锯齿状的暗区出现。形状极不规则、孔壁粗糙并带有枝状晶，常出现在铸件最后凝固的部位。

4 人员要求

实施检测结果评定的人员，应按GB/T 9445或与其相当的标准进行资格鉴定与认证，取得检测相关工业门类的2级或2级以上资格证书。

5 底片要求

底片应符合GB/T 5677的规定。评定前应检查底片合格性，不合格的底片应重新制作。

6 缺陷分级

6.1 铸件射线检测中常见的缺陷有气孔、针孔（圆形）、针孔（长形）、缩孔、疏松、夹杂物（高密度）、夹杂物（低密度）等。

6.2 按照不同的铸件厚度，气孔、针孔（圆形）、针孔（长形）、疏松、夹杂物（高密度）、夹杂物（低密度）缺陷参考底片分为A、B两组，缩孔缺陷底片列入A组，具体见表1。

注：A组标样厚度为6 mm，B组标样厚度为20 mm。

6.3 每种类型的缺陷分成8个等级，缺陷分级底片图见附录A。附录A中，各级缺陷参考底片均为50 mm×50 mm。

7 等级评定

7.1 将待评定的底片与指定参考底片相比较。取铸件射线照相底片上缺陷最严重的区域进行评定。

7.2 评定区的大小为50 mm×50 mm。

7.3 待评定的底片上显示的缺陷处于相邻两级之间时，按严重级别评定。

7.4 同一评定区内的气孔、夹杂物、缩孔，同一类型缺陷的评级应根据缺陷大小、数量和分布情况，按缺陷的累计面积评定缺陷等级。

8 评定记录

评定记录至少应包括铸件图号、底片编号、评定结果、评定人员签字和评定日期。

表1 参考底片缺陷类型及分组

缺陷类型	缺陷参考底片分组	适用铸件厚度 t_2 mm
气孔	A	$t_2 \leqslant 13$
	B	$13 < t_2 \leqslant 50$

表 1（续）

缺陷类型	缺陷参考底片分组	适用铸件厚度 t_2 mm
针孔(圆形)	A	$t_2 \leqslant 13$
	B	$13 < t_2 \leqslant 50$
针孔(长形)	A	$t_2 \leqslant 13$
	B	$13 < t_2 \leqslant 50$
缩孔	A	$t_2 \leqslant 50$
疏松	A	$t_2 \leqslant 13$
	B	$13 < t_2 \leqslant 50$
夹杂物(低密度)	A	$t_2 \leqslant 13$
	B	$13 < t_2 \leqslant 50$
夹杂物(高密度)	A	$t_2 \leqslant 13$
	B	$13 < t_2 \leqslant 50$

附　录　A
（规范性附录）
缺陷图谱

A.1　各级气孔缺陷的射线照相参考图谱

A 组各级气孔缺陷的射线照相的参考图谱见图 A.1，B 组各级气孔缺陷的射线照相的参考图谱见图 A.2。

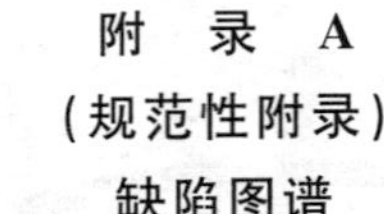

1级　2级　3级　4级

5级 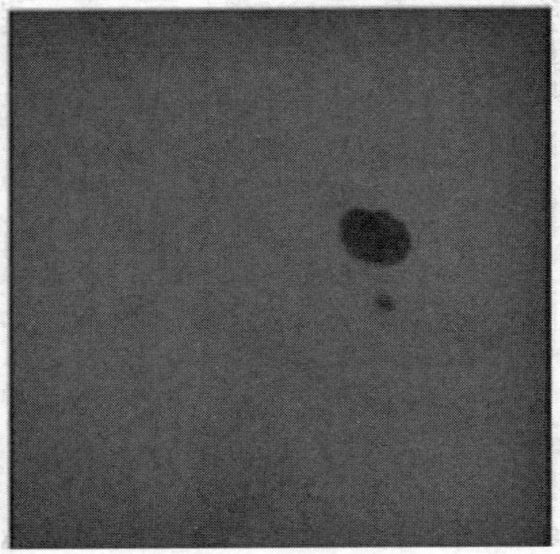　6级 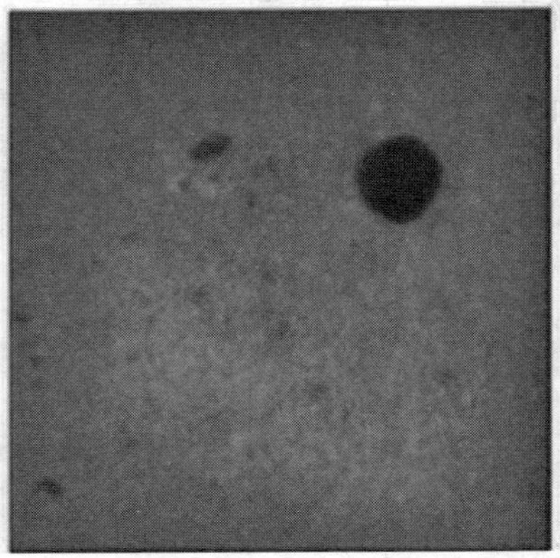　7级 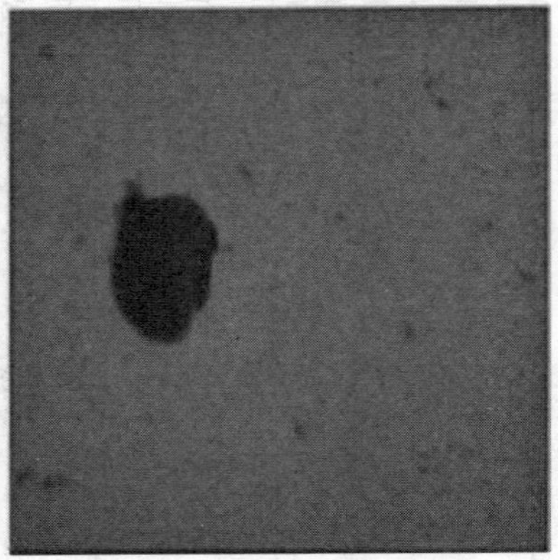　8级

图 A.1　A 组各级气孔缺陷的射线照相的参考图谱

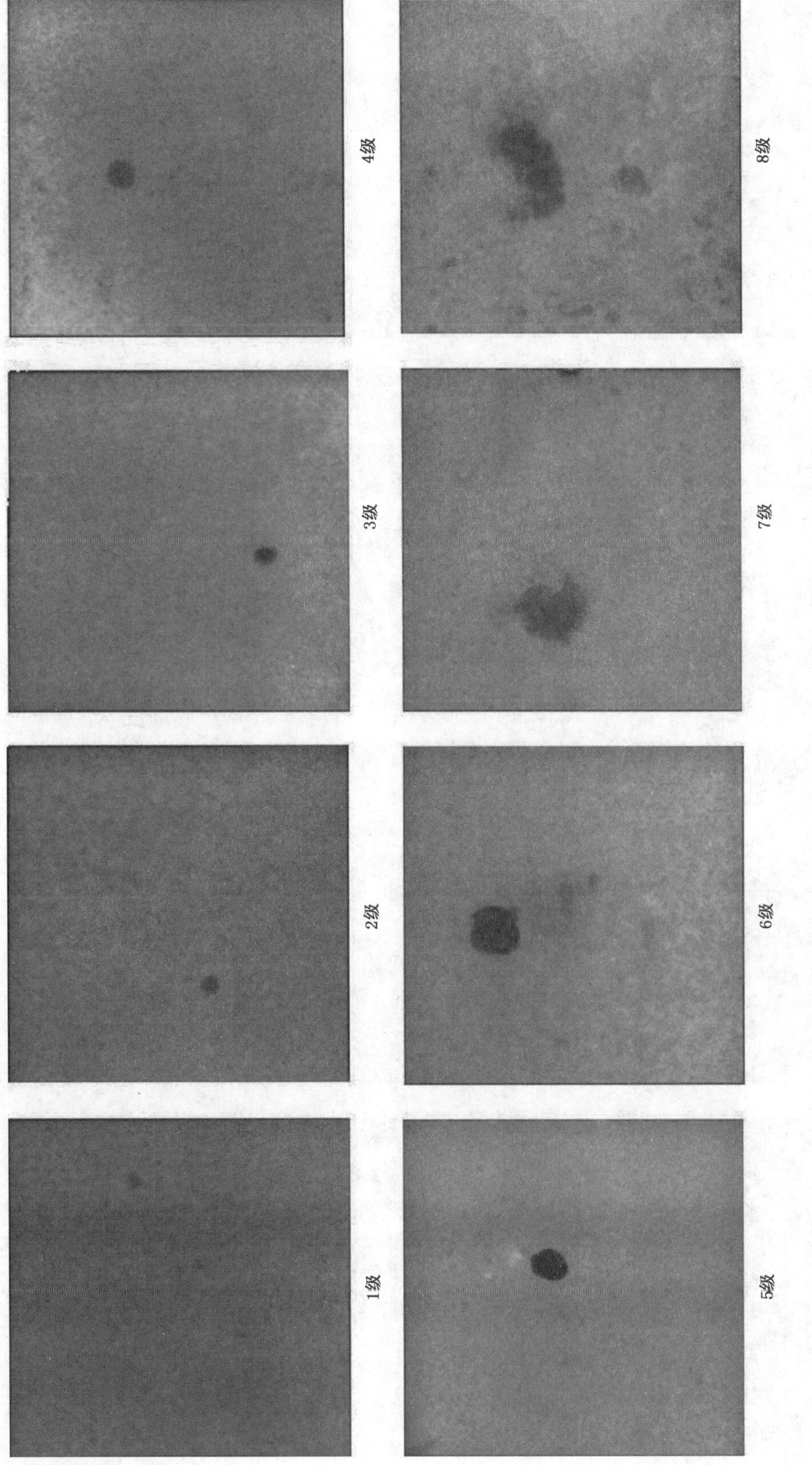

图 A.2 B组各级气孔缺陷的射线照相的参考图谱

A.2 各级针孔(圆形)缺陷的射线照相参考图谱

A 组各级针孔(圆形)缺陷的射线照相的参考图谱见图 A.3,B 组各级针孔(圆形)缺陷的射线照相的参考图谱见图 A.4。

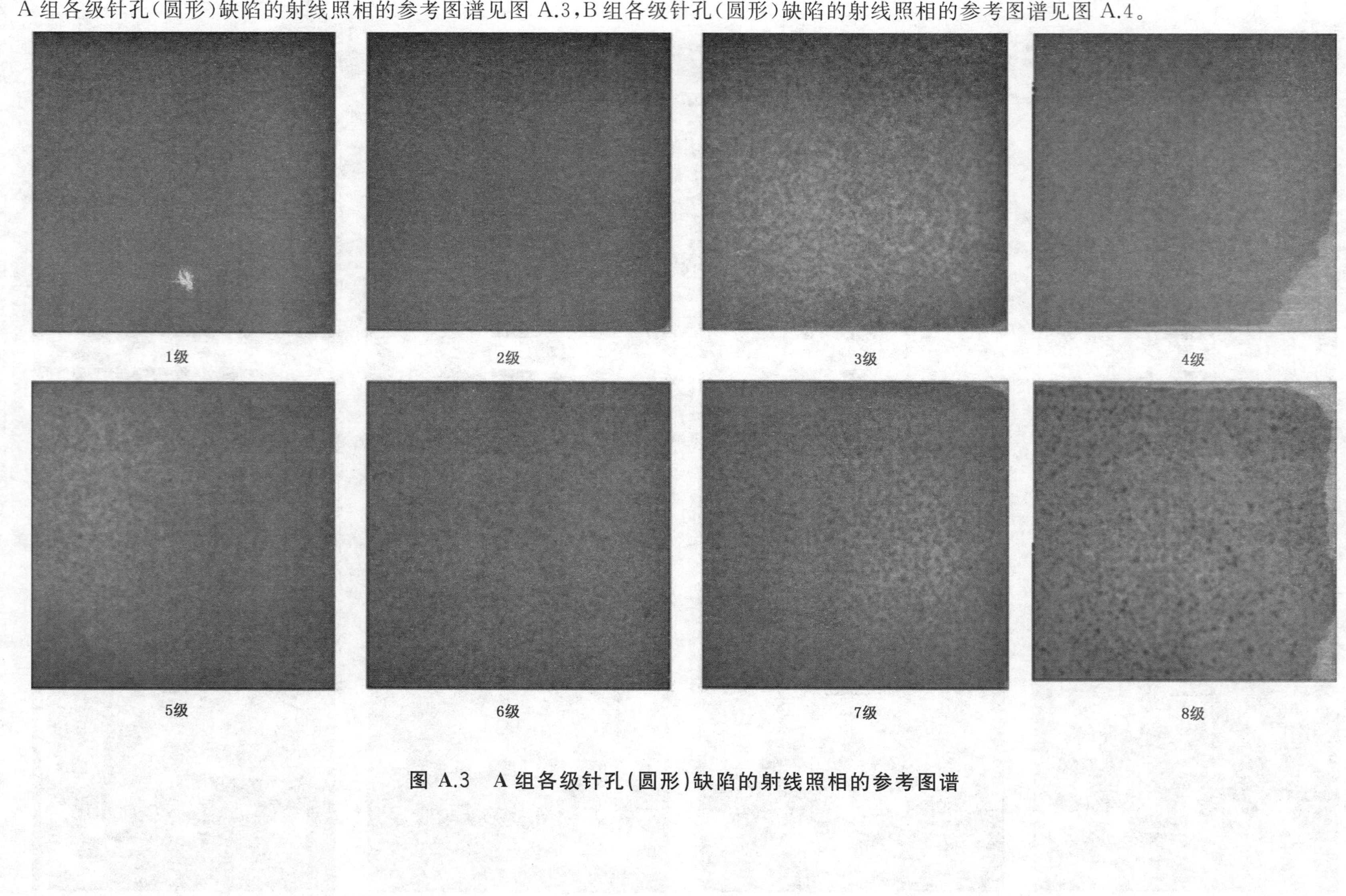

图 A.3 A 组各级针孔(圆形)缺陷的射线照相的参考图谱

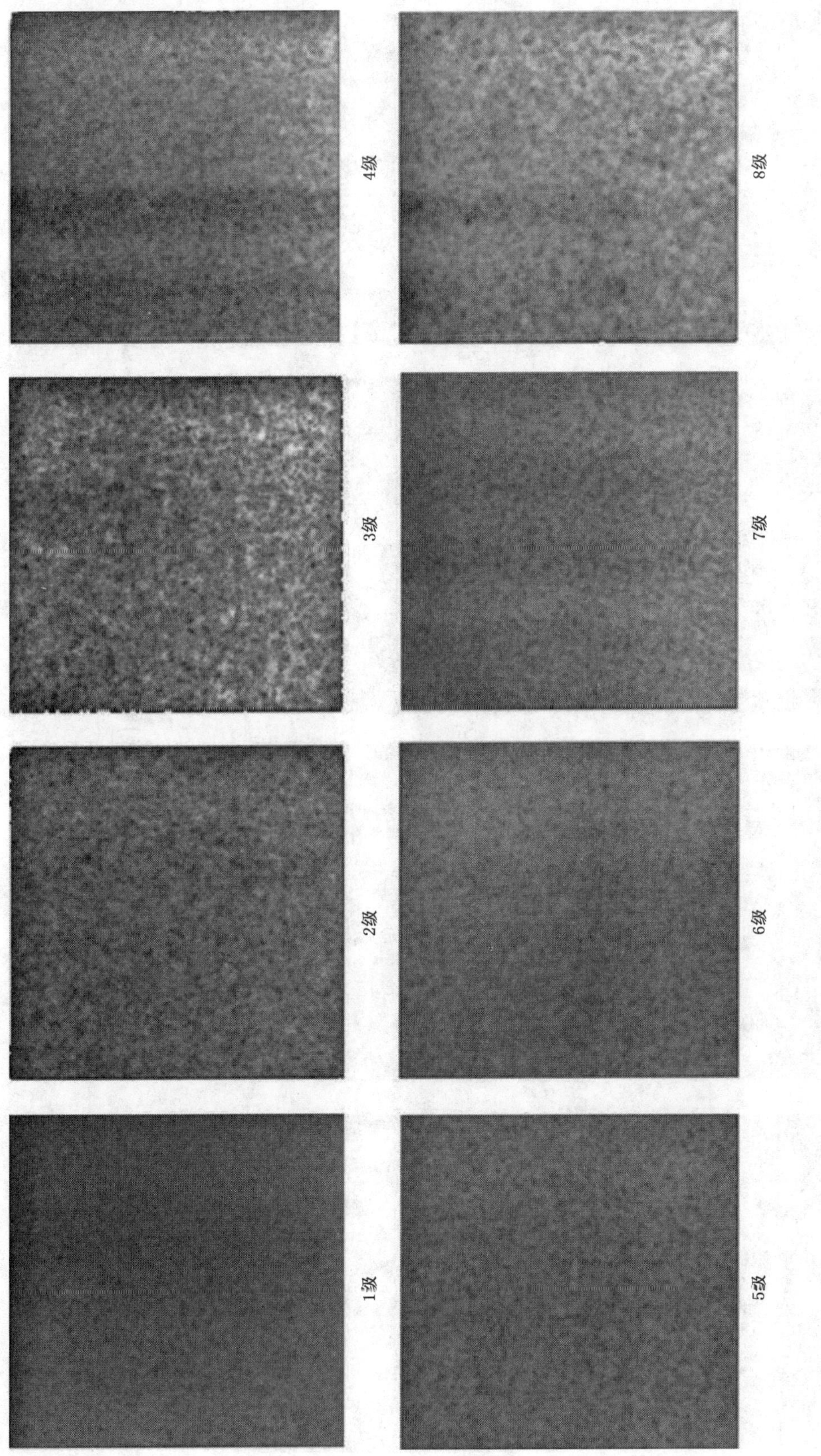

图 A.4 B组各级针孔(圆形)缺陷的射线照相的参考图谱

A.3 各级针孔(长形)缺陷的射线照相参考图谱

A 组各级针孔(长形)缺陷的射线照相的参考图谱见图 A.5,B 组各级针孔(长形)缺陷的射线照相的参考图谱见图 A.6。

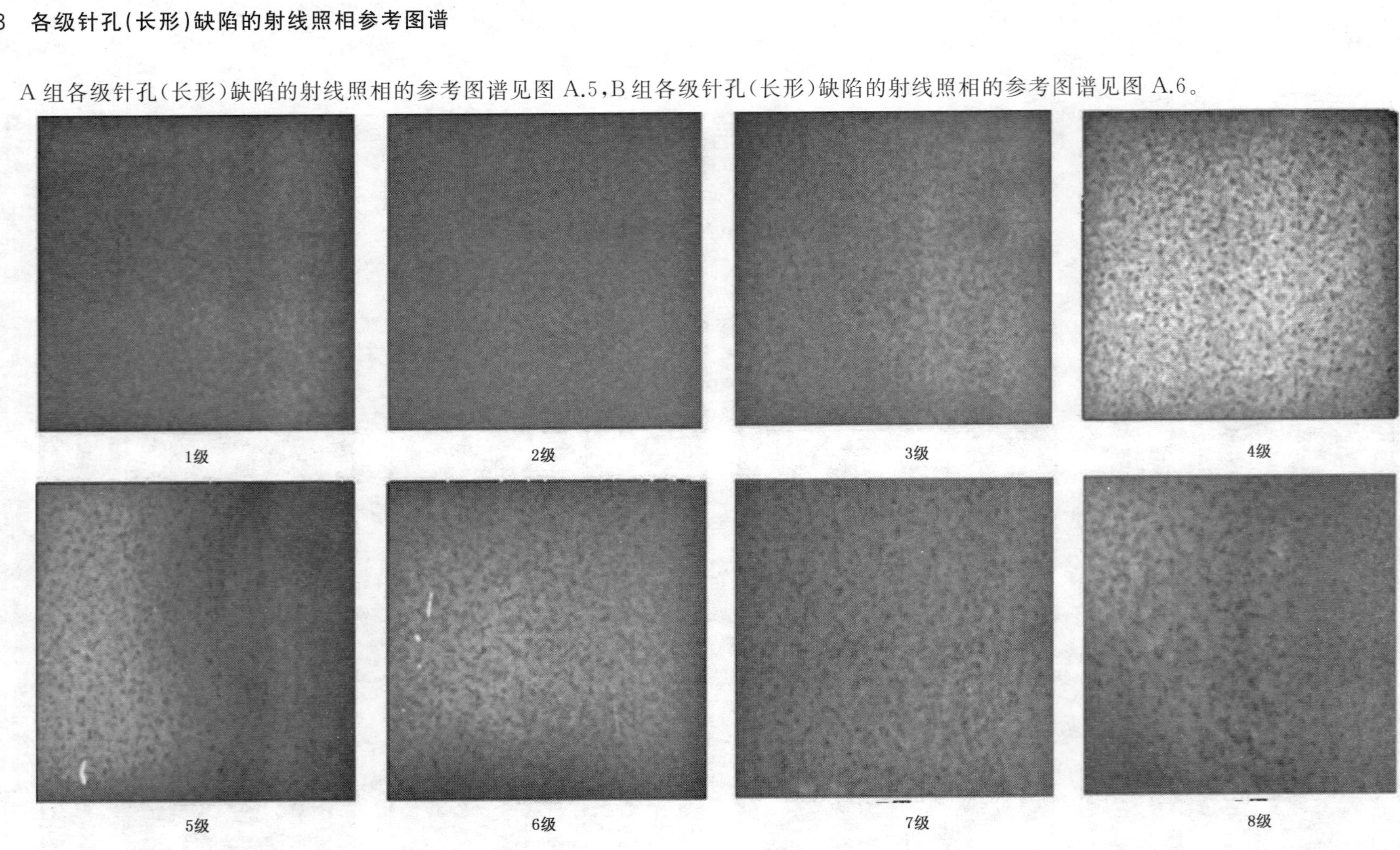

图 A.5 A 组各级针孔(长形)缺陷的射线照相的参考图谱

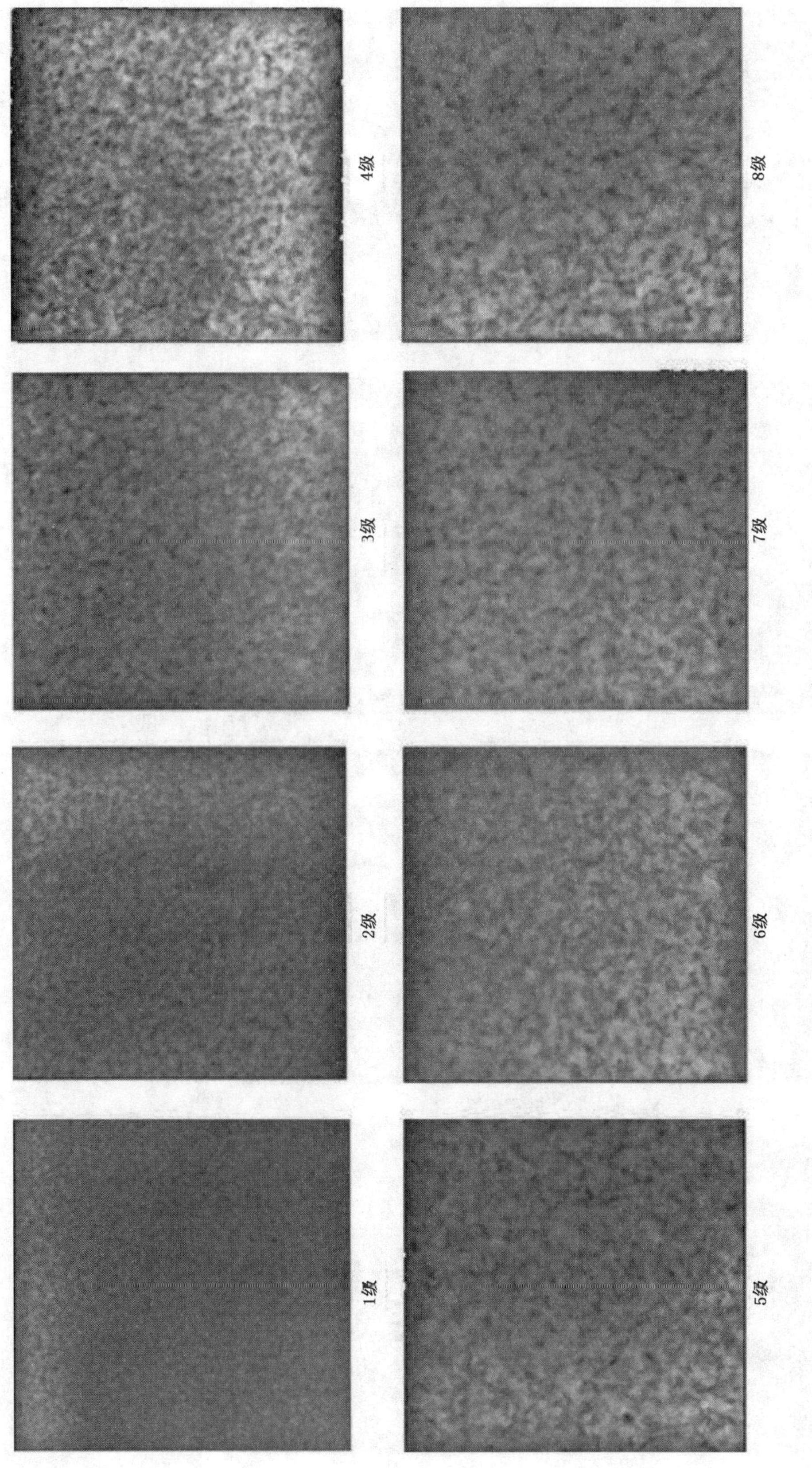

图 A.6 B组各级针孔(长形)缺陷的射线照相的参考图谱

A.4 各级缩孔缺陷的射线照相参考图谱

A 组各级缩孔缺陷的射线照相的参考图谱见图 A.7。

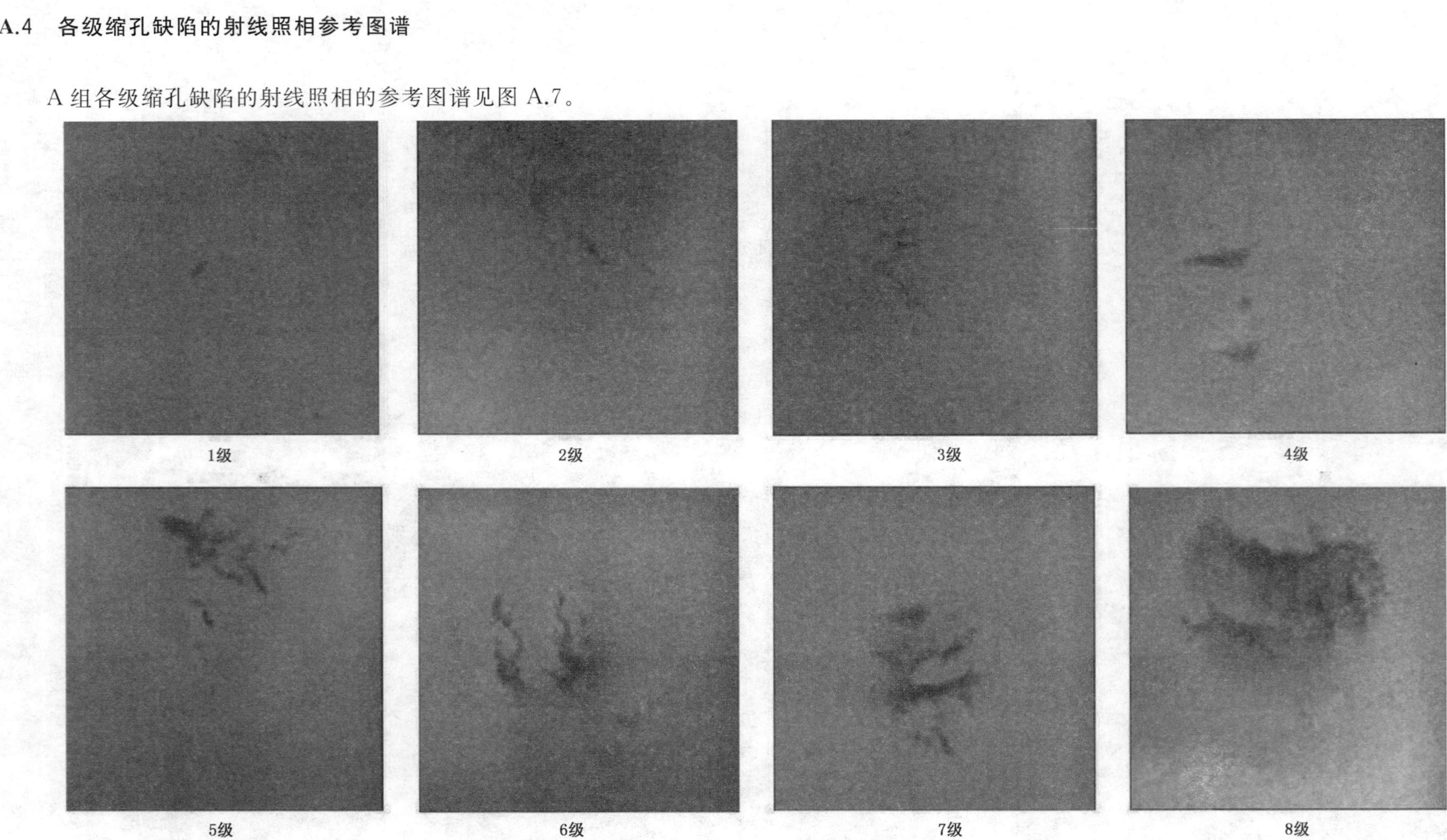

图 A.7　A 组各级缩孔缺陷的射线照相的参考图谱

A.5 各级疏松缺陷的射线照相参考图谱

A 组各级疏松缺陷的射线照相的参考图谱见图 A.8,B 组各级疏松缺陷的射线照相的参考图谱见图 A.9。

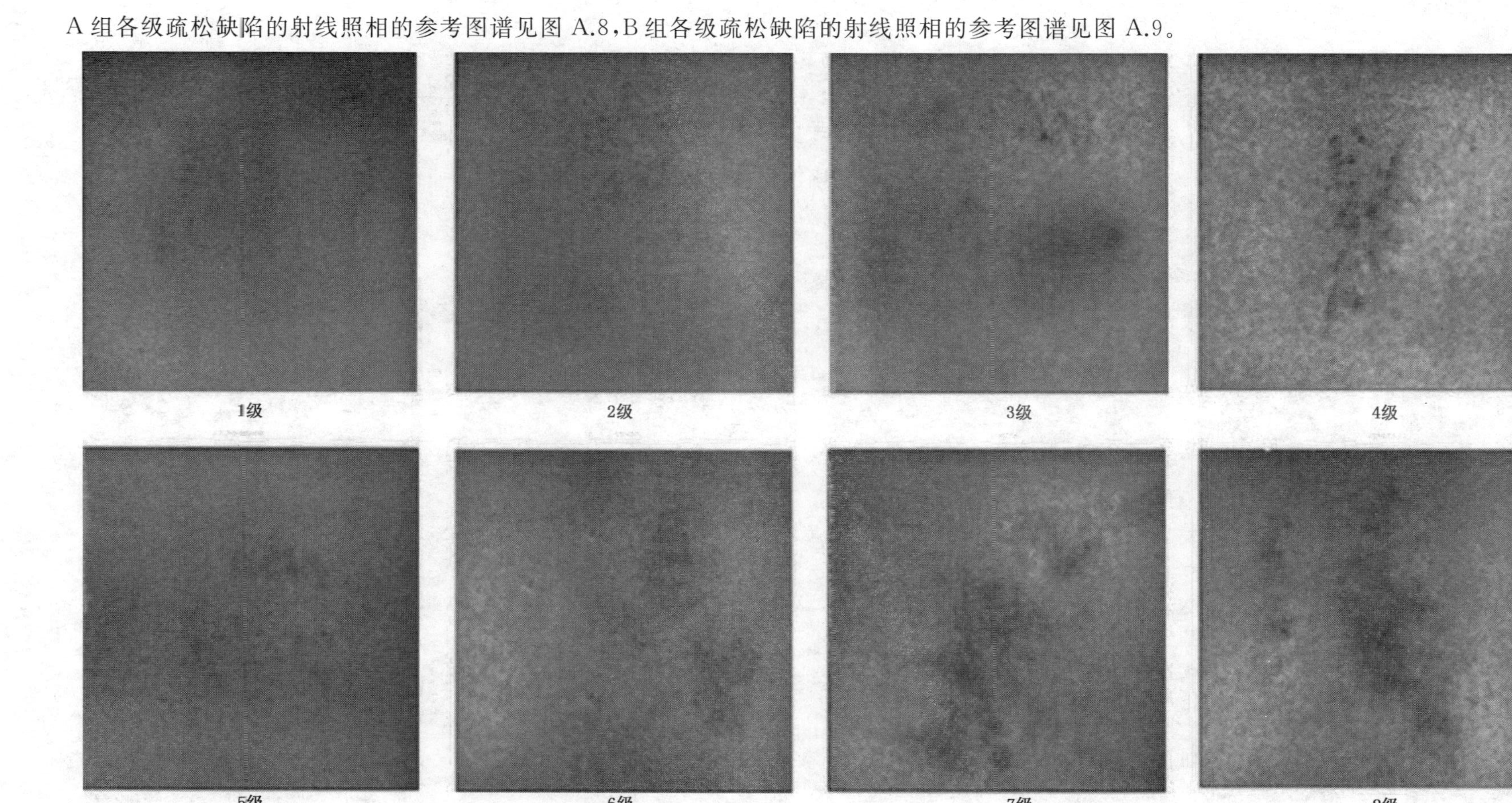

图 A.8　A 组各级疏松缺陷的射线照相的参考图谱

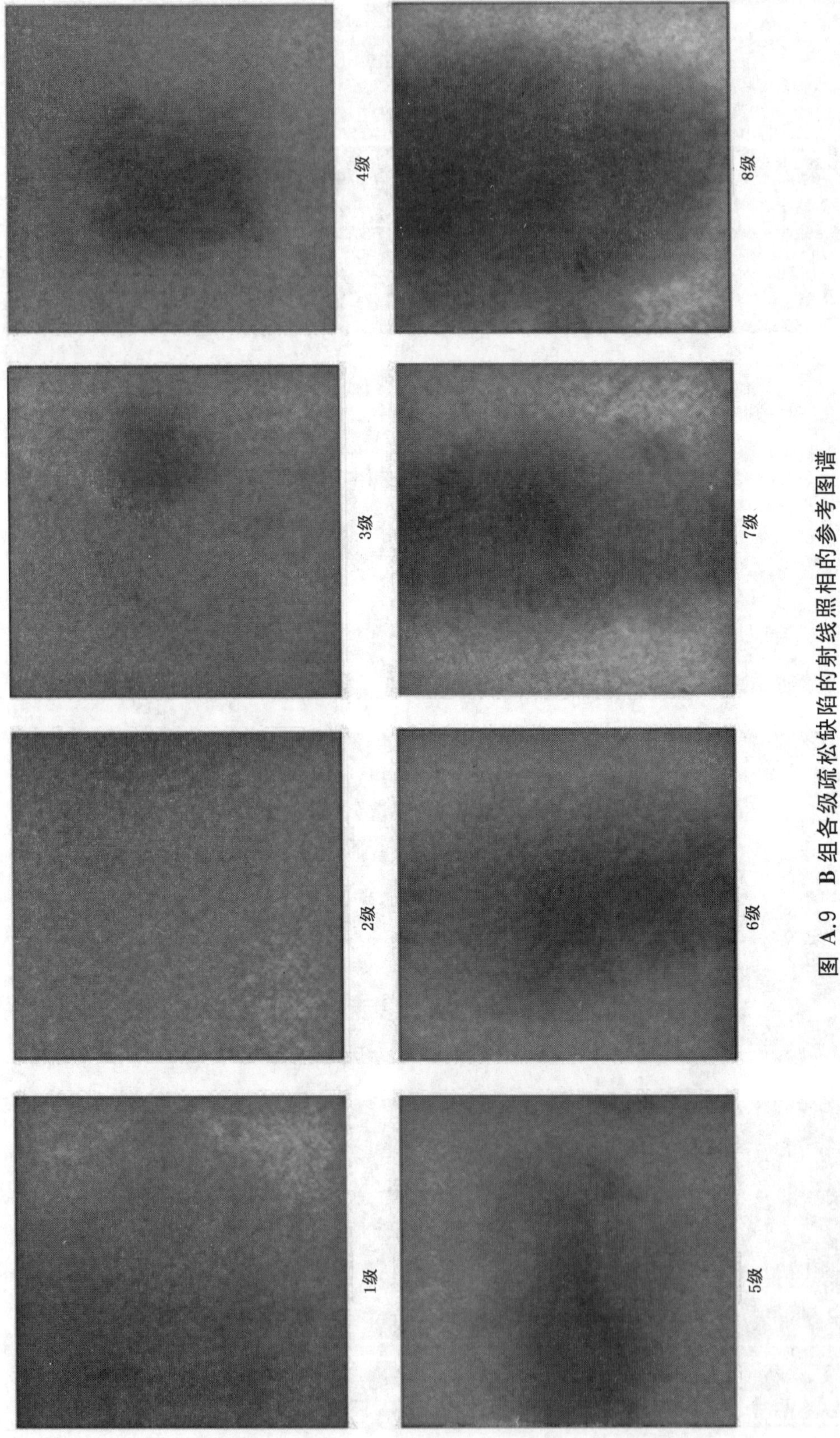

图 A.9　B 组各级疏松缺陷的射线照相的参考图谱

A.6 各级夹杂物(低密度)缺陷的射线照相参考图谱

A 组各级夹杂物(低密度)缺陷的射线照相的参考图谱见图 A.10,B 组各级夹杂物(低密度)缺陷的射线照相的参考图谱见图 A.11。

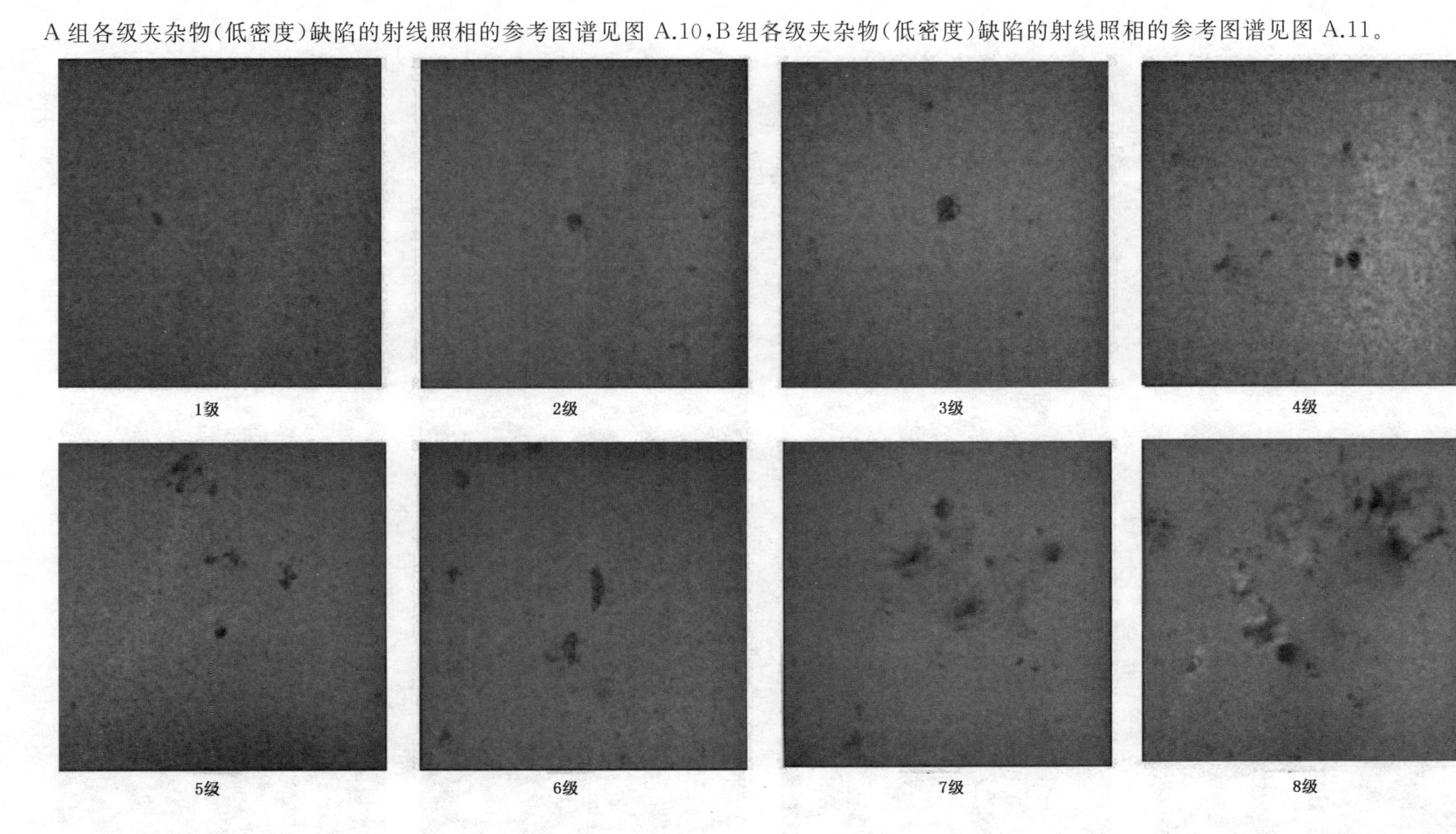

图 A.10 A 组各级夹杂物(低密度)缺陷的射线照相的参考图谱

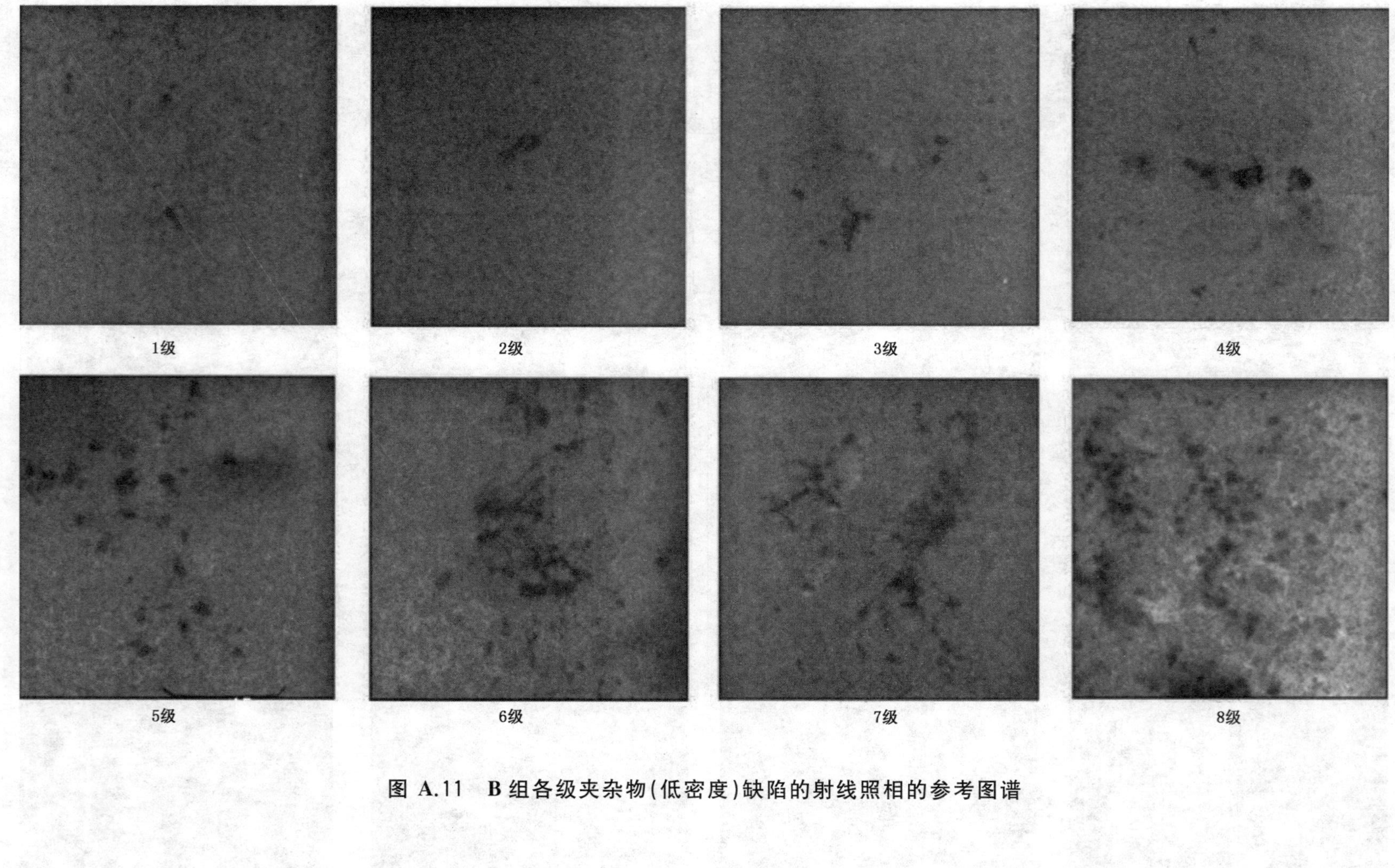

图 A.11 B组各级夹杂物(低密度)缺陷的射线照相的参考图谱

A.7 各级夹杂物(高密度)缺陷的射线照相参考图谱

A 组各级夹杂物(高密度)缺陷的射线照相的标准底片见图 A.12,B 组各级夹杂物(高密度)缺陷的射线照相的标准底片见图 A.13。

1级

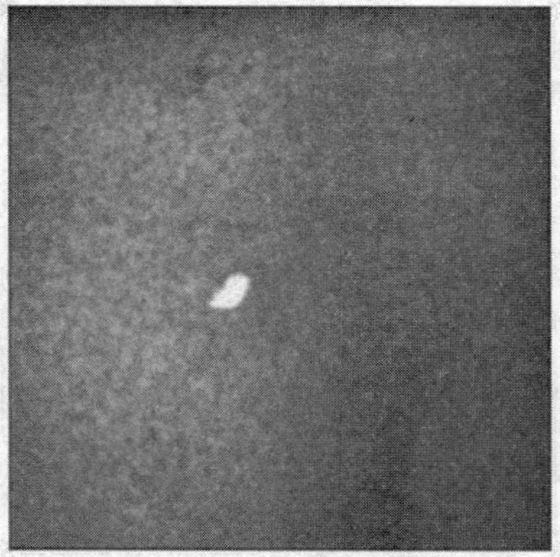

2级

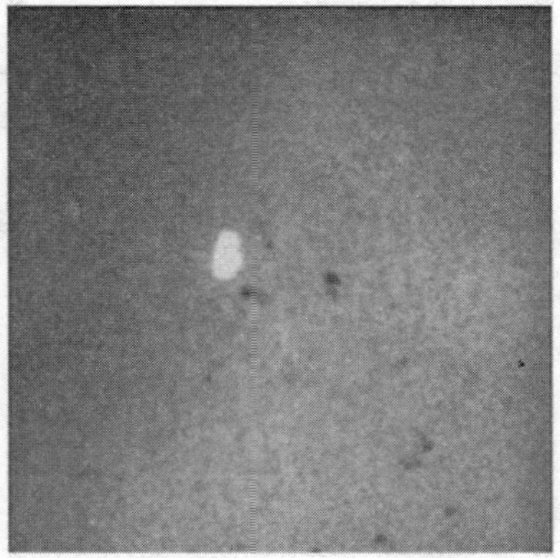

3级

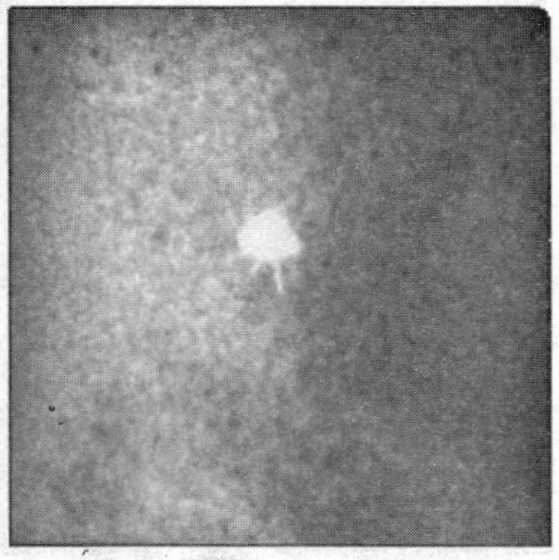

4级

5级

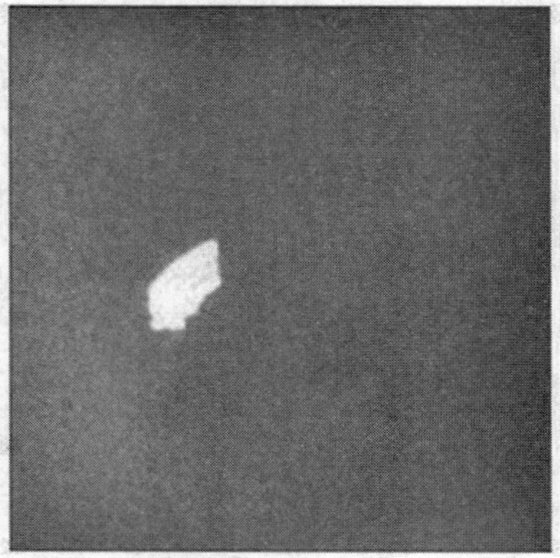

6级

7级

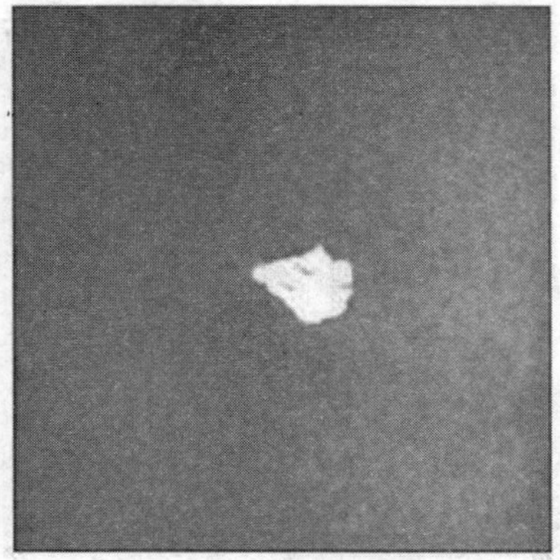

8级

图 A.12 A 组各级夹杂物(高密度)缺陷的射线照相的参考图谱

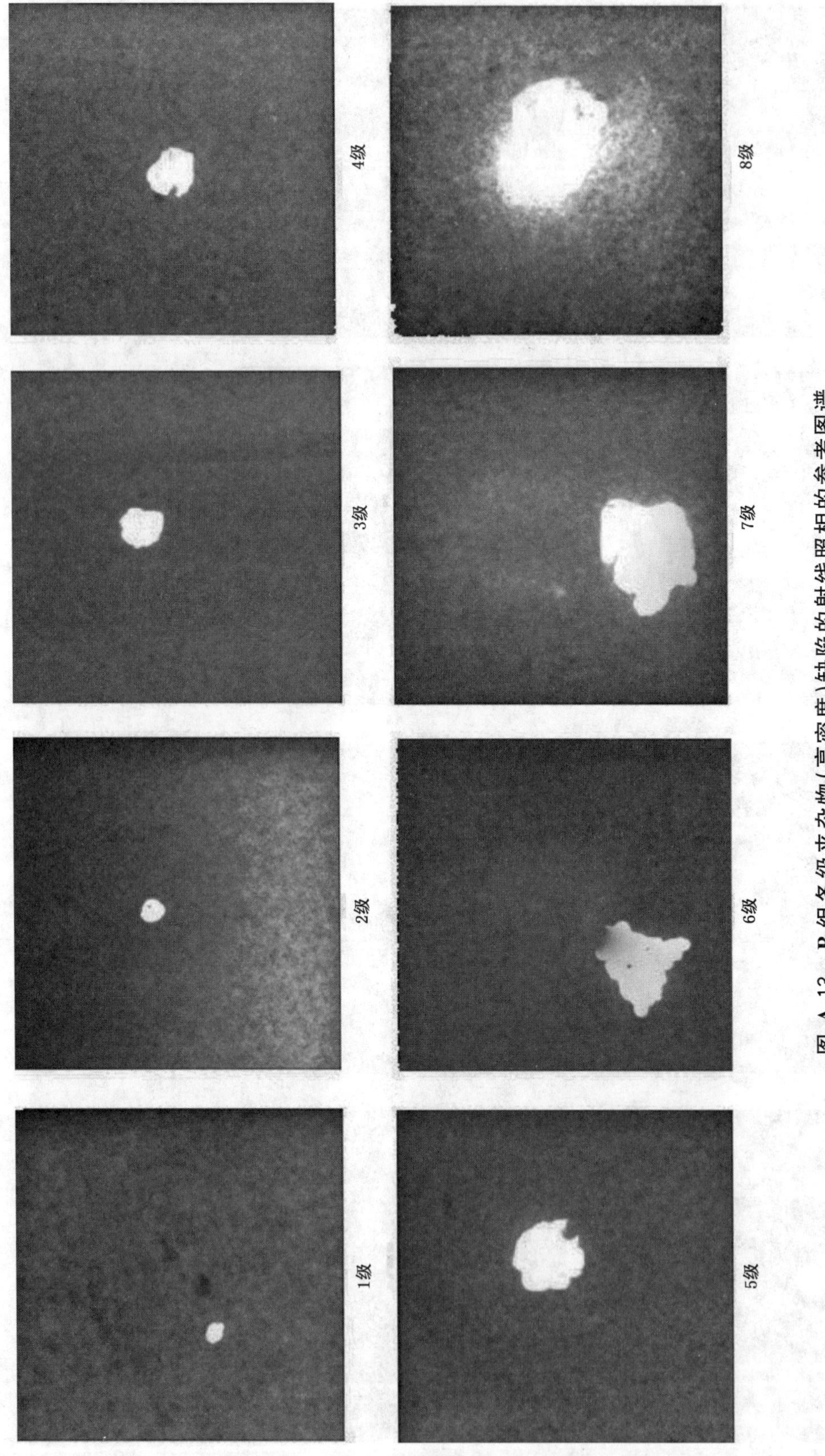

图 A.13 B 组各级夹杂物(高密度)缺陷的射线照相的参考图谱

ICS 17.160
J 04

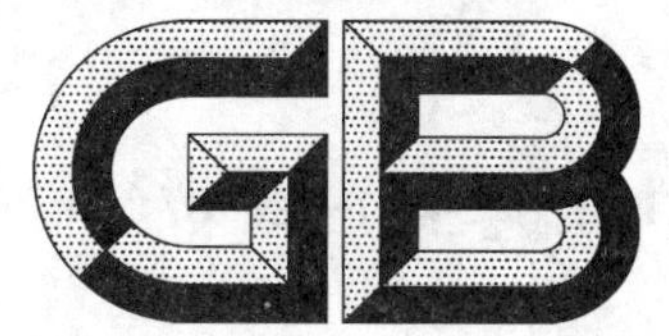

中华人民共和国国家标准

GB/T 11349.1—2018/ISO 7626-1:2011
代替 GB/T 11349.1—2006

机械振动与冲击 机械导纳的试验确定 第1部分:基本术语与定义、传感器特性

Mechanical vibration and shock—Experimental determination of mechanical mobility—Part 1: Basic terms and definitions, and transducer specifications

(ISO 7626-1:2011,IDT)

2018-05-14 发布　　2018-12-01 实施

国家市场监督管理总局
中国国家标准化管理委员会 发布

前　言

GB/T 11349《机械振动与冲击　机械导纳的试验确定》分为以下三个部分：

——第1部分：基本术语与定义、传感器特性；

——第2部分：用激振器作单点平动激励测量；

——第3部分：冲击激励法。

本部分是GB/T 11349的第1部分。

本部分按照GB/T 1.1—2009给出的规则起草。

本部分代替GB/T 11349.1—2006《振动与冲击　机械导纳的试验确定　第1部分：基本定义与传感器》。与GB/T 11349.1—2006相比，除编辑性修改外主要技术差异如下：

——修改了标准名称；

——将“符号与单位”和“术语和定义”合并为第3章“术语、定义和符号”；删除了“其他与导纳有关的频率响应函数”一条术语，保留了表1(见第3章，2009年版的第3章和第4章)；

——将GB/T 11349.1—2006引言中的部分内容作为正文写入“基本原理和一般关系”条款中(见第4章，2009年版的引言)；

——将原补充校准项目中的尺寸、质量、极性、频率响应以及加速度计的横向灵敏度调整到基本校准项目中，补充校准项目中增加了传感器带宽的参考阈值，并对章、条顺序做了相应调整(见6.3，2009年版的6.2)。

——将推荐重复进行基本校准和检验的时间间隔由1年改为2年(见7.1，2009年版的7.1)。

本部分使用翻译法等同采用ISO 7626-1:2011《机械振动与冲击　机械导纳的试验确定　第1部分：基本术语与定义、传感器特性》(英文版第二版)。

与本部分中规范性引用的国际文件有一致性对应关系的我国文件如下：

——GB/T 3769—2010　电声学　绘制频率特性图和极坐标图的标度和尺寸(IEC 60263:1982，IDT)；

——GB/T 13823(所有部分)　振动与冲击传感器的校准方法[ISO 5347(所有部分)]；

——GB/T 20485(所有部分)　振动与冲击传感器校准方法[ISO 16063(所有部分)]。

本部分做了如下编辑性修改：

——增补了符号“δ_f”和“δ_L”，以完善公式(4)和公式(5)的等式(见7.3.2和8.2.3)。

本部分由全国机械振动、冲击与状态监测标准化技术委员会(SAC/TC 53)提出并归口。

本部分起草单位：中国计量科学研究院、上海东昊测试技术有限公司、中机试验装备股份有限公司、郑州机械研究所有限公司。

本部分主要起草人：于梅、胡红波、陈立、王学智、韩国明。

本部分所代替标准的历次版本发布情况为：

——GB/T 11349.1—1989、GB/T 11349.1—2006。

机械振动与冲击 机械导纳的试验确定 第1部分:基本术语与定义、传感器特性

1 范围

GB/T 11349 的本部分定义了基本术语,并规定了测量机械导纳所使用的阻抗头、力传感器和运动响应传感器的适配性所需进行的校准测试、环境试验和物理测量方法。本部分主要为选择、校准和评定适用于机械导纳测量的传感器和测量仪器提供指导。GB/T 11349 的后续部分对各种环境条件下的导纳测量方法做出了规定。

本部分仅给出了测量各种类型驱动点导纳和传递导纳、加速度导纳和位移导纳的基本信息,不涉及约束阻抗的测量。

2 规范性引用文件

下列文件对于本文件的应用是必不可少的。凡是注日期的引用文件,仅注日期的版本适用于本文件。凡是不注日期的引用文件,其最新版本(包括所有的修改单)适用于本文件。

GB/T 2298—2010 机械振动、冲击与状态监测 词汇(ISO 2041:2009,IDT)

ISO 5347(所有部分) 振动与冲击传感器的校准方法(Methods for the calibration of vibration and shock pick-ups)

ISO 16063(所有部分) 振动与冲击传感器校准方法(Methods for the calibration of vibration and shock transducers)

IEC 60263 绘制频率特性图和极坐标图的标度和尺寸(Scales and sizes for plotting frequency characteristics and polar diagrams)

3 术语、定义和符号

3.1 术语和定义

GB/T 2298 界定的以及下列术语和定义适用于本文件

注:本部分中涉及机械导纳的术语,其定义下面给出的注释比 GB/T 2298 更为详细。

3.1.1

频率响应函数 frequency-response function

与频率相关的线性系统运动响应的傅里叶变换与激励力的傅里叶变换之比。

注1:激励可以是时间的简谐、随机或瞬态函数。如果测试结构在某一激励或响应范围内可以被视为一个线性系统,频率响应函数就不再依赖于激发函数的类型。在这种情况下,用一种激励获得的试验结果可用于预测系统对其他任何类型的激励的响应。随机和瞬态激励的相量及其等价量在附录B中讨论。

注2:实际上系统的线性是有条件的,只能近似满足。系统的线性取决于系统的类型和输入的大小。要注意避免非线性的影响,尤其是使用脉冲激励时。不宜对已知的非线性结构(如某些铆接结构)使用脉冲激励试验,并且对这类结构使用随机激励试验时也需要格外细心。

注3:运动可用速度、加速度和位移表示;对应的频率响应函数分别称为导纳(有时称为机械导纳)、加速度导纳(有时也被误称为“惯量”。由于它与“声惯量”的通用定义有冲突,而且也与“惯量”术语的定义相矛盾,故宜避免

使用“惯量”这一术语)和位移导纳(有时称为动柔度)。表1汇总了各频率响应函数的等效定义。这些频率响应函数每一个都是结构上某一个点由于单位力(或力矩)激励的运动响应的相量。这些函数的幅值和相位均与频率相关。对应于图1中所示的导纳图,典型的加速度导纳和位移导纳的幅值图分别如图2和图3所示。

注4:频率响应函数可以进一步区分为:

a) 驱动点的响应函数,为了评价频率响应函数,在同一位置测量激励和响应。如使用阻抗头进行测量(在表1的公式中 $i=j$);

b) 传递响应函数,为了评价频率响应函数,不在同一位置测量激励和响应(在表1的公式中 $i \neq j$)。

注5:改写GB/T 2298—2010,定义2.53。

3.1.2

导纳 mobility

机械导纳 mechanical mobility

Y_{ij}

机械系统 i 点的速度与该点或另一点施加的激励力的复数比。

注1:除了结构在使用中正常支承表现的约束之外,结构上所有其他测量点没有任何约束,允许其自由响应。此时,i 点的复速度响应与 j 点的复激励力的比率即为导纳。

注2:术语“点”是指位置和方向。

注3:速度响应可以是平动或转动,激励力可以是力或力矩。

注4:如果测得的速度响应是一个平动,并且施加的是激励力,在国际单位制(SI)中导纳的单位是米每牛顿秒[m/(N·s)]。典型的曲线图如图1所示。

注5:机械导纳与机械阻抗互为逆矩阵。

注6:改写GB/T 2298—2010,定义2.54。

3.1.3

约束阻抗 blocked impedance

Z_{ij}

当所有输出端的自由度连接到一个无限大机械阻抗负载上时的输入端阻抗。

注1:当结构上所有其他测量点被约束(即限制其速度为零)时,约束阻抗是由 i 点的约束或驱动力响应与在 j 点施加的激励速度的复数比而得到的频率响应函数。

注2:为了获得一个有效的约束阻抗矩阵,需要对完全被约束的结构上所有关注点的所有的力和力矩都进行测量。因此,很少做约束阻抗测量(见参考[16]),并且GB/T 11349的各个部分中均不涉及该内容。

注3:测量点数量或位置的任何改变都将引起所有测量点约束阻抗的改变。

注4:约束阻抗主要用于利用集总质量、刚度和阻尼元件或有限元技术进行结构的数学建模。当将这样的数学模型与试验导纳数据结合或比较时,有必要将解析的约束阻抗矩阵转换成导纳矩阵,反之亦然,见附录A。

注5:改写GB/T 2298—2010,定义2.52。

3.1.4

自由阻抗 free impedance

Z

系统所有其他连接点处于自由状态(即约束力为零)时,施加的复激励力与其复速度响应之比。

注1:以前经常不区分约束阻抗和自由阻抗,因此,在判读发布的数据时宜明确区分。

注2:自由阻抗是导纳矩阵中单一元素的算术倒数。虽然试验确定的自由阻抗可以组成一个矩阵,但该矩阵可能与通过结构数学建模得到的约束阻抗矩阵完全不同。因此,在系统综合理论分析中,它不符合使用机械阻抗的要求。

注3:改写GB/T 2298—2010,定义2.51。

3.1.5

关注的频率范围 frequency range of interest

在给定的试验系列中,要获得导纳数据的最低频率到最高频率的范围。

表 1 与机械导纳相关的各种频率响应函数所用的等效定义

	用速度表征运动	用加速度表征运动	用位移表征运动
术语	导纳[a]	加速度导纳[b]	位移导纳(动柔度)[c]
符号	$Y_{ij}=v_i/F_j$	a_i/F_j	x_i/F_j
单位	m/(N·s)	$m/(N\cdot s^2)=kg^{-1}$	m/N
边界条件	$F_k=0;k\neq j$	$Fk=0;k\neq j$	$F_k=0;k\neq j$
参见	图 1	图 2	图 3
注释	试验时边界条件容易满足		
术语	约束阻抗	约束有效质量	动刚度
符号	$Z_{ij}=F_i/v_j$	F_i/a_j	F_i/x_j
单位	(N·s)/m	$(N\cdot s^2)/m=kg$	N/m
边界条件	$v_k=0;k\neq j$	$a_k=0;k\neq j$	$x_k=0;k\neq j$
注释	试验时边界条件非常困难或不可能实现(可参见 A.2)		
术语	自由阻抗	有效质量(自由有效质量)	自由动刚度
符号	$F_j/v_i=1/Y_{ij}$	F_j/a_i	F_j/x_i
单位	(N·s)/m	$(N\cdot s^2)/m=kg$	N/m
边界条件	$F_k=0;k\neq j$	$F_k=0;k\neq j$	$F_k=0;k\neq j$
注释	边界条件易于实现,但在系统建模中要慎重使用试验结果		

[a] 导纳有时被称为机械导纳。

[b] 加速度导纳有时也被误称为“惯量”。由于它与“声惯量”的通用定义有冲突,而且也与“惯量”术语的定义相矛盾,故宜避免使用该术语。

[c] 位移导纳也被称为“动柔度”。

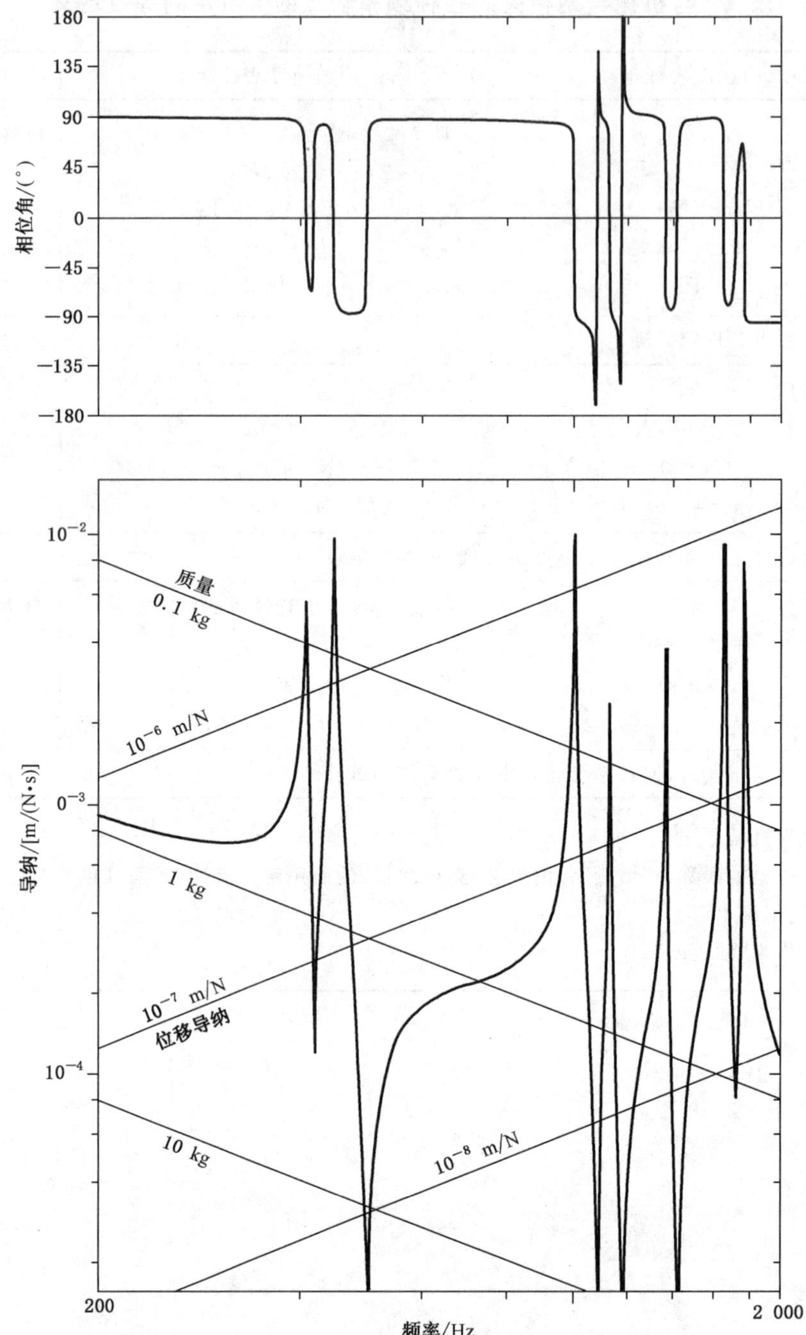

图 1 典型的导纳试验结果图

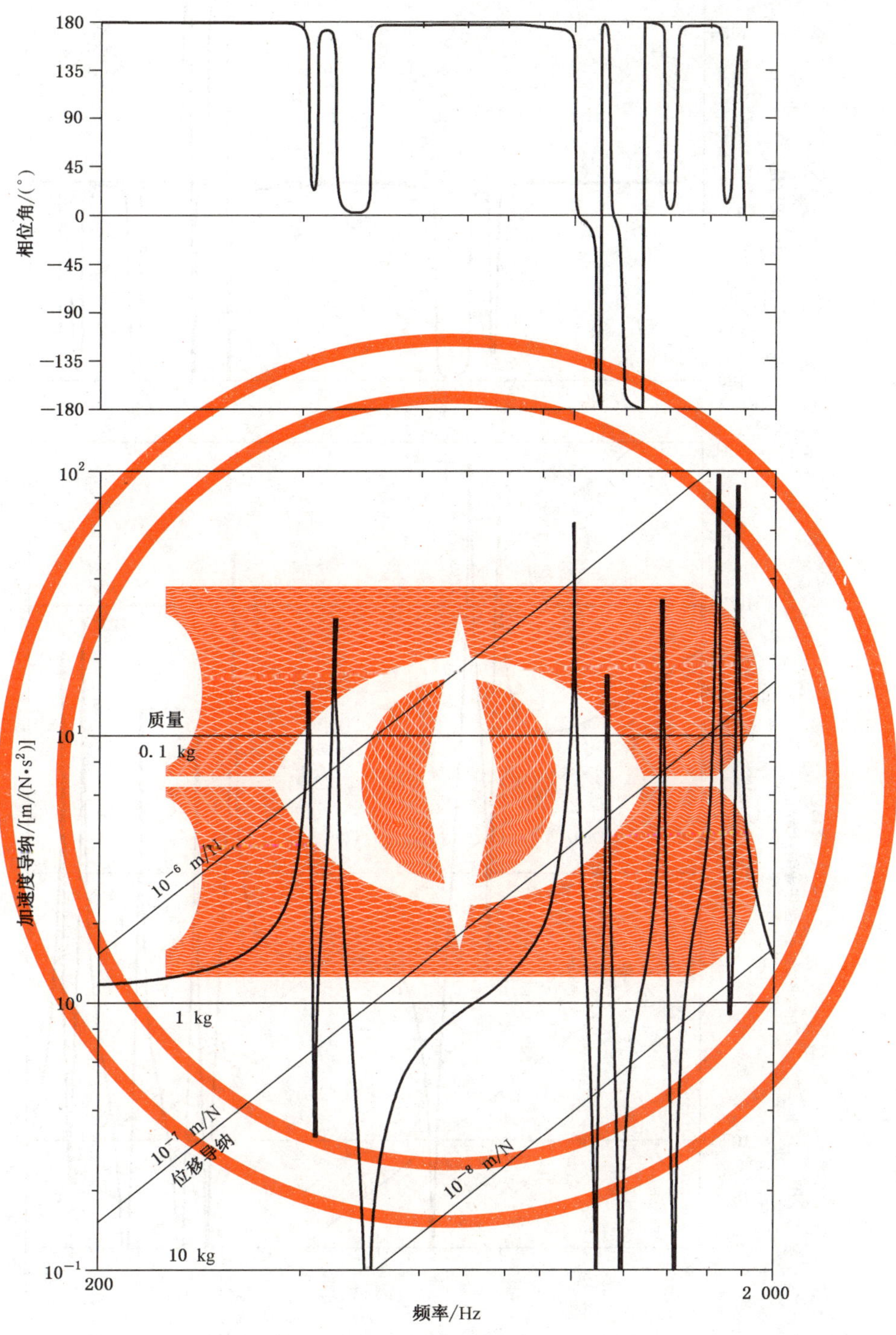

图2 与图1导纳图相对应的加速度导纳图

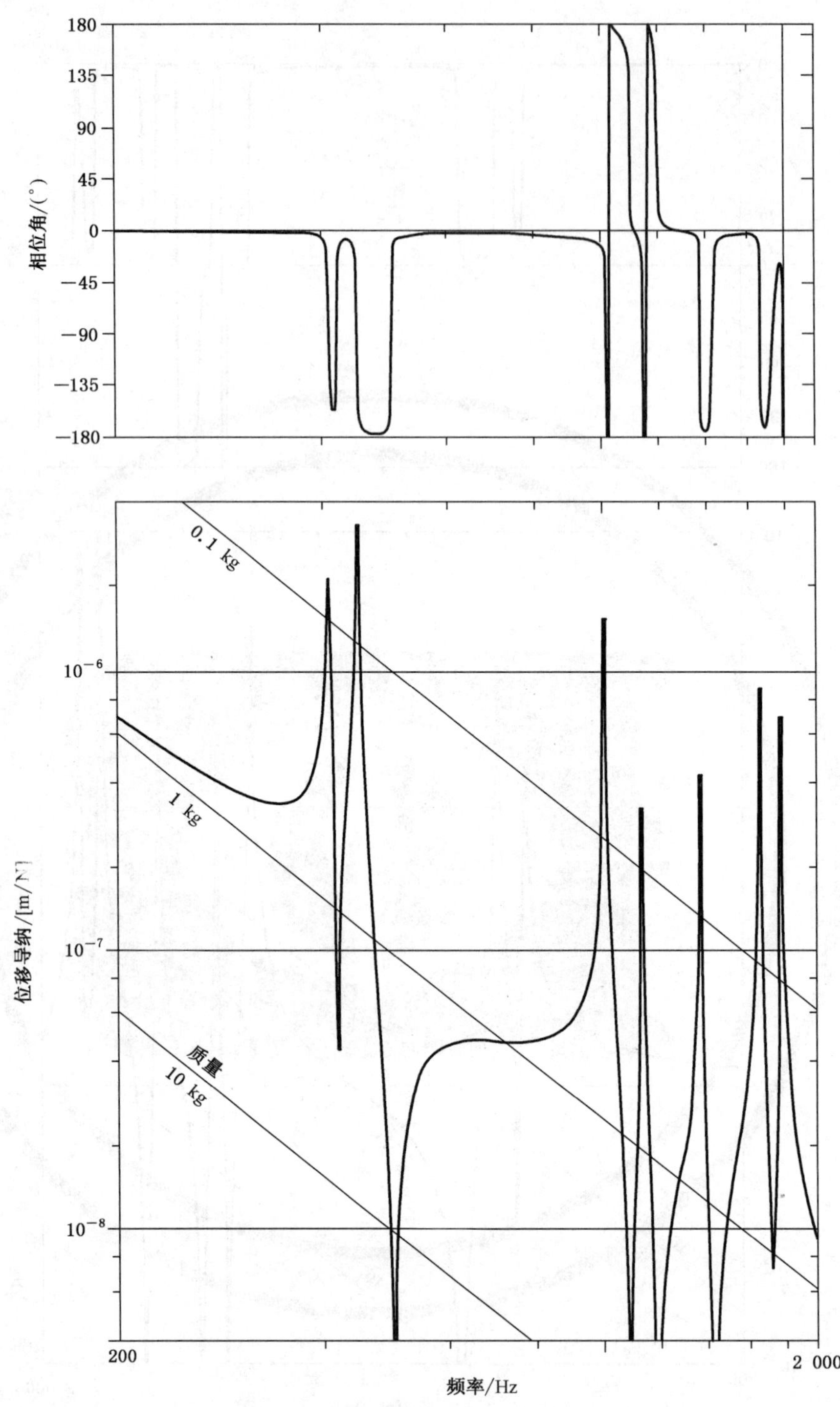

图 3　与图 1 导纳图相对应的位移导纳(动柔度)图

3.2　符号与单位

符号	参量	SI 单位
a	加速度	m/s^2
a_i/F_j	加速度导纳	$m/(N \cdot s^2)$

U	传感器输出	V
f	频率	Hz
F	力	N
k	刚度	N/m
m	质量	kg
S	灵敏度	V/(输入变量的单位)
v	速度	m/s
x	位移	m
x_i/F_j	位移导纳(动柔度)	m/N
Y_{ij}	导纳	m/(N·s)
Z	自由阻抗	(N·s)/m
Z_{ij}	约束阻抗	(N·s)/m

4 基本原理和一般关系

结构的动态特性能够由导纳测量得到的频率函数或与导纳相关的频率响应函数,如加速度导纳和位移导纳(见表1)的测量来确定。只有在分别用加速度或位移替代速度表征运动响应时,加速度导纳和位移导纳才与导纳有区别(见3.1.2)。为了简便起见,GB/T 11349的各部分通常只使用“导纳”这一术语。GB/T 11349规定的所有试验程序和要求也适用于加速度导纳和位移导纳的确定。

导纳测量的典型应用如下:

a) 预测结构对已知或假定的输入激励的动态响应;

b) 确定结构的模态特性(固有频率、模态振型和阻尼比);

c) 预测相连结构间的动态交互作用;

d) 检验结构数学模型的有效性并提高其准确度;

e) 确定单一或复合材料的动态特性(即复弹性模量);

对于某些需要完整描述其动态特性的应用,可以要求对沿着三个相互垂直轴的力和平移运动,以及围绕这三个轴的力矩和旋转运动进行测量。对每个关注的位置,该组测量结果将生成一个6×6的导纳矩阵。对结构上的N个位置,系统有一个$6N\times6N$阶的完整导纳矩阵。

对于大多数的实际应用,没有必要知道完整的$6N\times6N$阶矩阵。通常只需通过单点单方向施加激振力,通过在结构关键点测量平动响应的方法,测量驱动点导纳和几个传递导纳即可。在其他应用中,可以只关注旋转导纳。

由于机械导纳被定义为由平动或转动速度响应的相量与施加的激振力或力矩的相量之比所生成的频率响应函数,所以当用加速度计测量时,需要将加速度转换为速度以得到导纳。或者也可以用加速度导纳(即加速度与力之比)描述结构的特性。在其他情况下,也可以使用位移导纳,即位移与力之比。

注: 习惯上,结构的频率响应函数通常被表示为上述动态特性之一的倒数。机械导纳的算术倒数通常被称为机械阻抗。这是一种误导,因为一般情况下导纳的算术倒数并不代表结构的阻抗矩阵中的任一元素。关于这一点附录A中有详细说明。

导纳的试验数据不能被直接用作结构阻抗模型的一部分。为了实现数据和模型的兼容,应将模型的阻抗矩阵转换为导纳,反之亦然(转换限制见A.3)。

在进行导纳测量之前,有必要对所用的力传感器和运动响应传感器的特性进行评估,以确保在所关注的整个频率范围内可以获得准确的幅值和相位的信息。

5 力和运动测量传感器的基本要求

5.1 概述

为了获取合乎要求的导纳数据,所有测量用的传感器重要的基本特性应满足下列要求:

a) 传感器应具有足够高的灵敏度和较低的噪声,以使测量链在结构导纳的整个动态范围内信噪比满足要求。由于与大阻尼结构相比,小阻尼结构需要有更大的动态范围,因此在对小阻尼结构进行试验时,要特别注意传感器噪声的影响。

b) 如果测量传感器的频率响应函数未经过适当的信号处理而进行补偿,则传感器的固有频率应远低于或远高于所关注的、且未发生不可接受的相移的频率范围。

c) 传感器灵敏度应具有长期稳定性,且直流漂移要小到可以忽略不计。

d) 传感器应对外部环境(如温度、湿度、磁场、电场、声场、应变和横向输入)的影响不敏感。

e) 传感器的质量和转动惯量应尽量小,以避免增加被试结构的动态载荷;或者至少要小到能够对该动态载荷进行修正。

测量系统具有较高抵抗电气接地回路和其他外部信号干扰的性能也很重要。

5.2 运动测量传感器的要求

5.2.1 虽然运动测量传感器需要具有5.1所描述的特性,但其中某些特性比其他特性更为重要。加速度计是机械导纳测量中最常用的运动传感器,有时也使用位移传感器或速度传感器。5.2.2～5.2.5概述了选择传感器时宜考虑的主要特性。

5.2.2 为了使被试结构的附加载荷最小,运动传感器宜采用小质量(或非接触式)的结构设计。

5.2.3 传感器与被测试结构在传感器主测量轴方向上宜刚性连接(见ISO 5348[2])。

5.2.4 为了防止传感器或其安装夹具加大结构的刚度或阻尼,连接处的接触面积宜足够小。

5.2.5 当施加脉冲激励时,由于热电效应,压电加速度计可能会产生零点漂移,从而降低低频段的测量准确度。可以通过选用其他类型的运动传感器(如压阻式、电动式或某些剪切型压电加速度计)来解决此类问题。

5.3 力测量传感器的要求

5.3.1 在选用机械导纳测量用的力传感器时,5.1中列出的某些特性比其他特性更为重要。由于设计要兼顾各个方面,5.3.2～5.3.4所规定的条款均应重点考虑。

5.3.2 有效端部质量(传感器的力敏感元件与结构间的质量)宜足够小,以使由其相关质量产生的附加惯性信号降到最小(见8.4)。

5.3.3 选用的力传感器及其组件的刚度宜使其在所关注的频率范围内不发生共振。作为折衷方案,宜通过采用合适的信号处理技术,对发生这类共振对力敏感元件信号产生的影响进行补偿。

5.3.4 静态预加载应与试验应用所需激振力的范围相适应。带有内置预加载功能的传感器可有效地解决这一问题。

5.4 阻抗头和被试结构连接件的要求

5.4.1 加速度计和力传感器组装成一体、用以导纳测量的装置被称为"阻抗头"。这是基于5.2和5.3所述特性的一种折衷设计。然而,5.4.2～5.4.5给出的一些至关重要的特性也宜重点考虑。

5.4.2 结构和内装加速度计间的总柔度宜较小,因为柔度大会产生加速度测量的误差。

注:总柔度是连接件柔度与阻抗头内部柔度之和。连接件柔度包括被试结构的局部"硬模效应"柔度。总柔度可按

附录C所述方法测量。

5.4.3 有效端部质量(传感器的力敏感元件与结构间的质量)宜比被试结构的自由有效质量要小。

5.4.4 阻抗头相对于连接平面的轴的转动惯量宜足够小,以使其绕轴旋转所引起的结构载荷最小。

注:GB/T 11349.2 给出了避免由阻抗头连接件引入被试结构载荷的进一步指导。

5.4.5 在阻抗头设计中,要求注意避免加速度传感器在作用力下产生的横向灵敏度。

6 校准

6.1 概述

校准分为三类:

a) 测量与分析系统组合的系统校准;

b) 传感器的基本校准;

c) 传感器的补充校准。

6.2 系统校准

测量和分析系统组合的系统校准应在每个测量程序的开始和结束时(以及如有需要在测量过程中)进行。有关各种类型导纳测量的详细程序在本标准相关部分中均有叙述。

组合系统校准比第7章中述及的基本校准更易操作并较为准确,而且应用也更广泛。在自由空间通过激振一已知的自由质量,并将加速度和力测量通道的增益按照后续测量要用的值进行设置,就可完成这类系统的校准。其输出比应与生成的导纳图上对应的质量曲线相一致。如果在进行组合系统校准时遇到困难,则应进行基本校准。

在系统校准过程中,应经常检查响应曲线图上的频率刻度或其他数据输出的准确性。

注1:附录C给出了一个显示阻抗头连接柔度影响的导纳图实例。

注2:如果选用的加速度计、力传感器和放大器在用于导纳测量的整个频率范围内响应近似平坦,且加速度计是小阻尼设计,通常就没必要进行相移校准。但是,比较好的操作方法是用相位计显示力传感器和加速度计输出之间的相位角,并在系统校准时记录力传感器和加速度计输出之间相位角与固有相位角的偏差。

6.3 传感器的基本校准和补充校准

基本和补充校准(见表2)用于确定传感器对导纳测量的适用性。最常使用的是压电传感器。如果使用其他类型的传感器,可能需要修改程序来确定传感器的适用性。

按照本部分相关条款的有关规定,如果在基本或补充校准中发现传感器特性发生了变化,且这些变化是不允许的,就不宜再使用这些传感器。

与特定的放大器或信号适调仪配用的传感器宜在预期使用的条件下进行校准。例如,与电荷放大器配用的压电式力传感器、阻抗头和加速度计,或与具有恒流驱动能力放大器配用的IEPE(integrated electronic piezoelectrics是一种内置电荷放大器)传感器可以一起或单独校准。不再推荐压电传感器配用高阻抗放大器。所有的传感器均宜按制造商给定的电激励模式、规定的负载阻抗等技术条件,与配用的信号适调设备一起校准。

对加速度计、力传感器和阻抗头进行校准时,宜特别注意其安装条件要与制造商规定的相符。安装面的平面度和适当的连接螺钉紧固力矩均十分重要。在高频段使用时,在传感器和安装面之间涂抹一层薄的油膜、润滑脂或蜡,可以增加传感器的耦合性和刚度。如果使用特殊夹具,宜尽量采用与测量导纳时所用的相似的机械装置进行力传感器的校准。

表 2　传感器校准和测试项目汇总表

校准或测试项目	加速度计		力传感器	
	基本项	补充项	基本项	补充项
灵敏度	7.2.1	—	7.2.2	—
频率响应	7.3.1	—	7.3.2	—
横向灵敏度	7.4	—	—	—
质量	7.5	—	7.5	—
尺寸	7.6	—	7.6	—
电阻抗	7.7	—	7.7	—
极性	7.8	—	7.8	—
线性度	—	8.2.2	—	8.2.3
有效端部质量	—	—	—	8.3
传感器柔度	—	—	—	8.4
传感器带宽的阈值	—	8.5.2	—	8.5.2
温度灵敏度	—	8.5.3	—	8.5.3
瞬变温度灵敏度	—	8.5.4	—	8.5.4
预载荷影响	—	—	—	8.5.5
基座应变灵敏度	—	8.5.6	—	—

7　压电传感器的基本校准

7.1　概述

制造商应按表 2 所列出的全部校准和检测项目对每只传感器进行基本校准和测试，并将其结果记录在传感器附带的文件中。用户宜定期重复进行所有的基本校准；如果用户没有足够的校准设备，可委托外部校准实验室进行。

推荐基本校准和检验的时间间隔为 2 年。此外，宜经常进行灵敏度的校准，尤其是传感器在可能改变其灵敏度的环境下使用后宜重新校准。

为了在两次校准期间检查传感器是否存在故障，可在试验前和试验过程中进行特殊测试，例如测试 IEPE（内置电荷放大器）传感器的偏置电压。

7.2　灵敏度

7.2.1　加速度计灵敏度

应按 ISO 5347 和 ISO 16063 的相关部分，使用比较法确定加速度计和阻抗头中加速度计的灵敏度。加速度计应安装在一个合适的激振器上进行校准，该激振器装有一个经过绝对法校准或可溯源到绝对法的参考加速度计。校准的加速度幅值宜在实际测量导纳所使用的范围内,一般为 1.0 m/s^2～100 m/s^2。

至少宜在单一频率(通常为 80 Hz)下进行灵敏度校准。如果 80 Hz 超过了传感器的工作频率范围,或另一个频率对特殊设计的传感器或者传感器的试验应用范围更合适,也可以使用其他频率进行校准。

为了确保获得被试仪器的正确性能,建议进行频率响应校准。

注:通过频率响应的测量,能够检测出加速度计中的某些故障,如压电元件的损坏或预紧力的丧失。

与电荷放大器配用的加速度计的灵敏度以 pC/(m/s^2)单位表示。与电压放大器配用的加速度计、带内置电荷放大器或阻抗变换器的加速度计的灵敏度以 V/(m/s^2)单位表示。

由于与加速度计相连的电荷或电压放大器的输出信号是电压,所以合成的加速度通道的灵敏度宜以 V/(m/s^2) 单位表示。通常,加速度通道的灵敏度是由加速度计和放大器的灵敏度确定。在需要精确测量导纳的情况下,宜将加速度计和与之配用的放大器一起校准,以便直接获得加速度通道的灵敏度。

7.2.2 力传感器灵敏度

应使用质量加载法对力传感器或阻抗头中的力敏感部件进行校准。相关测量技术在参考文献(如参考文献[17])中有描述。

应使用制造商推荐的额定预紧扭矩,将力传感器安装在合适的激振器上进行灵敏度校准。应在力传感器的对面位置安装一只参考加速度计,在单轴方向上以某个控制的加速度幅值 a_0 对力传感器施加振动。应测量与力传感器相连的放大器的电压输出 U_0 和施加的加速度 a_0。然后,应将负载质量 m 安装到力传感器的对面位置,不改变力传感器放大器增益设置,调整激振器的输入使施加的加速度 a 与前面的振幅相等(即:$a=a_0$)时,测量输出电压 U_m,则力通道的灵敏度 S_F 按式(1)计算:

$$S_F=\frac{U_m-U_0}{(m+m_1+m_2+m_3)a-(m_1+m_2+m_3)a_0} \qquad (1)$$

式中:

m ——负载质量;

m_1——参考加速度计的质量;

m_2——螺栓的有效质量;

m_3——力传感器的有效端部质量。

所有质量的单位均为千克(kg),加速度的单位为米每二次方秒(m/s^2)。由于 $a_0=a$,当$(m_1+m_2+m_3)a_0=(m_1+m_2+m_3)a$ 时,式(1)可化简为式(2):

$$S_F=\frac{U_m-U_0}{ma} \qquad (2)$$

重要提示:由于传感器的灵敏度和灵敏度校准都与其预加载有关,因此,对于非预紧装配的力传感器宜格外谨慎,以确保每次使用时安装预加载都相同。

注:使用式(1)和式(2)的复数形式时,允许力传感器的相位响应有偏离。

式(2)给出的力通道(即传感器和放大器组合)的灵敏度单位为伏每牛(V/N)。力传感器的灵敏度能通过式(2)和所使用的放大器的灵敏度推导得出。

与电荷放大器配用的力传感器灵敏度的单位应为皮库每牛(pC/N)。与电压放大器配用的力传感器灵敏度的单位应为伏每牛(V/N)。

当需要精确测量导纳时,为了直接获得力通道的总灵敏度,应将所用的力传感器和与之配用的放大器一起校准。

上述方法仅适用于低于五分之一系统共振频率的频率点。共振频率取决于系统的有效质量和力传感器的刚度 k。通过式(3)能估算出带负载质量的传感器的共振频率 f_m：

$$f_m = \frac{1}{2\pi}\sqrt{\frac{k}{(m+m_1+m_2+m_3)}} \quad \cdots\cdots(3)$$

7.2.3 阻抗头灵敏度

可按 7.2.1 和 7.2.2 给出的方法，通过对加速度计和力传感器分别进行校准来获得阻抗头的灵敏度。阻抗头的现场校准通常包括激励两个或三个不同大小的自由质量，以确保该阻抗头可以在宽量程范围内测量已知的导纳。

7.3 频率响应

7.3.1 加速度计的频率响应

应按照 ISO 5347 或 ISO 16063 的相关部分，选择输出信噪比大于 10(即大于 20 dB)的加速度幅值，在对应于加速度计使用范围的频率范围内，采用比较法对加速度计的频率响应进行校准。可以利用合适的激振器进行谐波或宽带激励来测量频率响应。宽带激励可以是随机的或瞬态的。

谐波激励可用于离散频率或连续扫描。对于第一种情况，应有足够的离散频率点，例如频率每增加 10 倍就增加 10 个频率点，以确保传感器在所关注的频率范围内没有局部或内部共振。如果是在有限的离散频率点下进行校准，那么增加频率扫描对确保相同的目标是有用的。

当使用连续扫描时，频率扫描宜缓慢进行。在整个频率范围内，通过使用参考加速度计的反馈控制系统来保持激励的加速度幅值恒定。

频率响应在所关注的频率范围内应是平坦的，其波动度应在±5%以内。应当注意激振器的横向运动连同传感器的横向灵敏度所引起的测量误差不得超过规定量级的±5%。

7.3.2 力传感器的频率响应

应在与上述加速度计频率响应校准的相同条件下对力传感器频率响应进行校准。但是，力传感器的频率响应校准应对力传感器施加质量负载，并在每个规定的频率点上以恒定的加速度幅值振动。应测量对应每个频率点 f 时力传感器放大器的输出电压 Uf。频率响应偏差 δ_f 按式(4)计算，以百分比表示：

$$\delta_f = \left(\frac{U_f}{U_{\text{ref}}} - 1\right) \times 100\% \quad \cdots\cdots(4)$$

式中：

U_f ——对应每个频率点 f 时力传感器放大器的输出电压，单位为伏(V)；

U_{ref} ——传感器放大器在参考频率(通常为 80 Hz)下输出的参考电压，单位为伏(V)。

施加在力传感器上的惯性负载不要引起与负载质量和传感器柔度相关的系统共振很重要。使用式(3)能够进行检查。在所关注的整个频率范围内，频率响应的最大允许偏差为参考频率点响应的±5%。

注：如果使用的是无内部预加载的力传感器，则与力传感器的灵敏度校准相同，在频率响应整个校准过程中的任何时间，都不要调整力传感器固定螺栓的紧固扭矩，以获得更好的测量准确性。

7.4 加速度计的横向灵敏度

应按 ISO 5347 或 ISO 16063 的相关部分，在低于 500 Hz 的单一频率下对传感器的横向灵敏度进行校准。传感器应安装在与传感器灵敏轴相垂直的激振器台面上。应在已知激振器在垂直于其灵敏轴平面内的运动比其灵敏轴方向的运动至少小100倍的某个频率下，施加简谐激励。对横向灵敏度比远低于1%的测量，则对激振的要求更为苛刻。要想获得这样的横向灵敏度有效数值，需要特别细心和采用特殊技术。

安装传感器并以45°或更小的增量，绕其灵敏轴旋转360°，来确定最大横向响应。如果横向灵敏度比超过轴向灵敏度的5%，或与先前校准相比有显著变化，宜通过进行补充校准对传感器做进一步评价；或必要时，宜对其进行修理。

7.5 质量

规定的质量是传感器的总质量，不包括非传感器组成部分的安装螺栓和电缆。

7.6 尺寸规格

应给出包括长、宽、高、直径和全部安装孔或螺栓的相关尺寸，并应以外形图的形式标注。还应提供接插件，电缆规格和型号的说明。

7.7 电阻抗

7.7.1 传感器的电阻和电容

传感器接线端子间的直流电阻应由制造商用兆欧表测量，测量使用的外加电压不超过50 V。

电容应用阻抗电桥测量，所用的激励电压频率在传感器的工作频率范围内。如果电容随频率变化，应至少在两个频率下测量，其中包括确定参考灵敏度的频率点。对电容随频率变化不明显的传感器，通常应在1 000 Hz下测量。

由于某些压电材料的电容随温度和电压变化，所以应当在(23±3)℃室温和传感器制造商推荐的激励电压下测量电容。在电容测量前或测量期间避免触摸传感器，以使温度变化带来的电容变化量最小。

对于一些内部装有电子元件的传感器，上述阻抗测量的方法可能会产生错误的结果或可能造成损害。在这种情况下，宜采用插入法。

电阻和电容的测量宜以合适的时间间隔(见7.1)重复进行。由于这些测量通常不是很精确，因此，只有在与先前的校准结果相比出现显著变化时才应考虑。例如，如果电阻和(或)电容的变化大于5%，宜通过进行所有基本和补充校准对传感器做进一步评价；或必要时，宜对其进行修理。

7.7.2 绝缘电阻

传感器所有接线端子和其安装面间的直流电阻应由制造商测量，并提供数据。

如果传感器不是绝缘型的，制造商应标明使用该传感器时，实现绝缘所需的安装形式。

7.8 极性

通常传感器的极性由制造商规定。当机械输入是从安装表面向传感器的另一端方向施加，并且是沿着传感器的最大灵敏度轴时，应通过比较法测定其产生的输出电压的变化是正还是负，从而确定传感器的极性。极性的定义对灵敏轴垂直于安装表面的大多数传感器是适用的。

8 补充校准

8.1 概述

制造商应对所生产的每种类型传感器的样品按表2所列项目进行补充校准和测试。此外，为确定传感器特有的工作特性或性能变化,一些补充校准和测试项目宜由用户来完成。

8.2 线性度

8.2.1 概述

应采用比较法以谐波激振方式进行线性度校准(加速度计的校准见 ISO 5347 或 ISO 16063 的相关部分)。

8.2.2 加速度计的线性度

幅值线性度偏差应通过测量参考加速度计与被测加速度计输出之比来确定。制造商至少应在 90%~100%设计量程范围内的三个加速度振级上测量这个比值。这有助于用户检查自己使用范围内的线性度。每个加速度值的幅值线性度偏差应由其比值与所有加速度值的平均比值之差来确定。这个差值用平均比值的百分数表示。如果所有加速度幅值线性度偏差均在±2%之内,则该加速度计适用于导纳测量。

8.2.3 力传感器的线性度

力传感器的线性度校准通常在 80 Hz 频率点,以不同的加速度幅值激振带质量负载的力传感器,从而测出力传感器的放大器在每一激振加速度幅值 a_x(由标准加速度计测定)下的输出电压 U_x。力传感器的线性度偏差 δ_L 应按式(5)计算,并以百分比表示:

$$\delta_L = \left[\frac{U_x/a_x}{(U_x/a_x)_{avg}} - 1\right] \times 100\% \quad \cdots\cdots(5)$$

式中:

$(U_x/a_x)_{avg} = \frac{1}{n}\sum_{i=1}^{n}\left(\frac{U_x}{a_x}\right)_i$ ——所有加速度幅值下,力传感器的放大器输出幅值与加速度幅值之比的平均值。

如果 80 Hz 在传感器工作频率范围之外,或其他频率对特殊设计的传感器或实际应用更适合,也可使用不同的频率点进行线性度校准。

作用力的计算方法如下:在所施加的某一加速度下,将放大器输出电压 U_x 除以 7.2.2 中测得的力传感器通道灵敏度,即可求得该加速度下的作用力。其余校准点的作用力等于上述求得的力乘以该点的加速度与上述求力时所用的加速度之比。

如果作用力在额定力范围内,力传感器或阻抗头中的力传感器线性度偏差大于 2%,则该力传感器不适用于导纳的测量。

8.3 力传感器和阻抗头的有效端部质量

力传感器和阻抗头的有效端部质量是指传感器的力敏感元件与连接试件端部之间的质量。在制造商的产品说明书中宜给出有效端部质量,同时用户也宜知晓:有效端部质量是会随着试验和(或)传感器预加的载荷,以及连接传感器和被测结构所用附件的增加而增大。因此,有效端部总质量是制造商产品说明书中给出的有效端部质量与连接件的质量之和。

8.4 阻抗头的柔度

阻抗头的柔度是其内部加速度计和结构连接点之间的组件部分的柔度(见参考文献[13])。

除了制造商所提供的阻抗头的柔度外,在进行导纳测量时还应考虑连接件的柔度。

附录C给出了通过试验确定总柔度的方法。

8.5 由于环境和副效应的影响需要做的补充校准

8.5.1 概述

实际上,副效应和(或)环境条件的影响会造成传感器输出不是所直接感应的模拟量,因此必须进行某些补充校准。8.5.2～8.5.6所述的补充校准反映了对这类影响量进行定量分析的必要性。

8.5.2 传感器带宽的参考阈值

传感器的阈值可能会影响数据的准确性,尤其是在测量范围的最低端。为了更好地进行数据比较,宜统一规定传感器的阈值。以电输出 U_{Th} 为单位的传感器阈值宜用传感器灵敏度在参考灵敏度的 ±5%内变化的最低频率 f_L 和最高频率 f_U 范围内,所测得的频谱噪声密度 $u(f)$ 的积分来表示:

$$U_{Th}=\sqrt{\int_{f_L}^{f_U}u^2(f)\mathrm{d}f} \qquad (6)$$

通常,用传感器灵敏度 S 作为比例因数,以力学单位来表征传感器的阈值(如加速度计 a_{Th}):

$$a_{Th}=\frac{U_{Th}}{S} \qquad (7)$$

被试结构与多个不同传感器之间形成的多个接地回路可能会对传感器和配套放大器组成的测量链的阈值产生不良影响,宜通过将传感器设计成外壳绝缘或对地绝缘来避免。

8.5.3 传感器灵敏度随温度的变化

在整个预期使用的温度范围内,通常最好选用温度灵敏度偏差不超过±1.0%的传感器。

8.5.4 温度变化产生的传感器输出信号的噪声(瞬变温度灵敏度)

温度变化会在可使用的压电传感器和任何内置传感器的放大器中产生因瞬变温度灵敏度导致的低频噪声。由于压电传感器使用的频率范围一般较高,这就会发生噪声与测得的信号相互干扰,其结果会对超低频部分的导纳测量结果造成影响。ISO 5347-18[1]描述了一种通过将传感器浸没在液体中,导致温度跳变来获得传感器特征数据的方法。

同样,在低频测量时,温度的迅速变化能够产生足够大的噪声,使传感器的电子线路处于饱和状态,从而导致错误的测量结果。

8.5.5 力传感器预载对灵敏度的影响

对于不同的紧固扭矩对非预先组装的力传感器灵敏度的影响,可用不同的紧固扭矩多次安装力传感器,重复进行灵敏度校准的方法来确定。

8.5.6 基座应变的影响

基座应变对传感器灵敏度的影响能够用一根夹紧在刚性支承上的简易悬臂梁来测量。经合适设计的梁的第一阶固有频率约为5 Hz。应将传感器装在悬臂梁的适当位置上,通过贴在梁上传感器安装位置附近的应变片测出应变值。有关基座应变灵敏度的测量方法见ISO 5347或ISO 16063的相关部分。

在参考文献[15]中能查阅到测定基座应变对力传感器和阻抗头灵敏度影响的详细程序。

9 数据的图示

9.1 概述

采用适当的图示对说明导纳试验数据十分有利，不同的显示格式适于不同的用途。

9.2 对数图

当频率远低于结构的最低共振频率或反共振频率时，三种结构的频率响应函数（见表 1）的幅值在对数幅值－对数频率曲线图上几乎都是直线。当频率远低于最低共振频率时，频响曲线往往渐近于恒定的位移导纳（动柔度）曲线；在频率远低于最低反共振频率时，曲线渐近于恒定的质量曲线。在导纳图中，位移导纳（动柔度）曲线按每 10 倍频程幅值增大 10 倍向上倾斜，质量曲线按每 10 倍频程幅值减小 10 倍向下倾斜（如图 1 所示）。

如果用加速度导纳或位移导纳（动柔度）数据绘图时，质量曲线和位移导纳（动柔度）曲线的斜率相应地改变，如图 2 和图 3 所示。

采用对数频率标尺绘制导纳测量结果时，幅值和频率的刻度应符合 IEC 60263。图 4 是推荐的绘制包括质量和位移导纳（动柔度）曲线的导纳数据的一种格式。此图中用户应规定所有质量和位移导纳（动柔度）的导纳指数。

注 1：在国际单位制中，以 10 倍幅值为增量的恒定位移导纳（动柔度）曲线、恒定质量曲线与恒定导纳曲线，总是在 $1/2\pi$、$10/2\pi$、$100/2\pi$ 等频率点相交，频率 159 Hz（$=1\ 000/2\pi$）是一个很实用的参考点，在这个频率上，质量、加速度导纳、导纳和位移导纳（动柔度）互相之间存在如下的倍数关系：

质量	0.1 kg	1 kg	10 kg
加速度导纳	$10\ m/(N\cdot s^2)$	$1\ m/(N\cdot s^2)$	$10^{-1}\ m/(N\cdot s^2)$
导纳	$10^{-2}\ m/(N\cdot s)$	$10^{-3}\ m/(N\cdot s)$	$10^{-4}\ m/(N\cdot s)$
位移导纳（动柔度）	$10^{-5}\ m/N$	$10^{-6}\ m/N$	$10^{-7}\ m/N$

注 2：根据 IEC 60263，十进制标尺的幅值坐标和频率坐标长度之比应为 2/5，图 4 中的格式就遵循了这个原则。

注 3：可根据试验结果，使用合适的以 10 为幂的指数确定导纳、质量和位移导纳（动柔度），以利于绘制数据和在图中标注。

9.3 其他绘图法

除绘制导纳试验结果的幅值和相位图外，有时绘制成频率响应函数的实部图和虚部图更为有利，如图 5 所示。还可以将试验结果绘制在极坐标系中，如图 6 所示（乃奎斯特图）。极坐标图的优点是可通过绘制拟合圆来增加数据，这点对于从试验数据中提取模态阻尼系数是重要的。

注 1：在图 6 中用直线将实测的数据点相连接，这些直线并不是实测数据，而是用来帮助区分数据点是属于结构的一个模态或属于另一个模态。

注 2：图 6 中连接实测数据点的直线并不接近一个通过数据点的圆这一事实表明，在共振频率附近没有测得足够的、用以直接确定真实共振频率、峰值响应以及模态阻尼的数据。为了正确识别这些参数，宜测量更多的数据，或者对测得的测试数据应用合适的拟合圆程序。

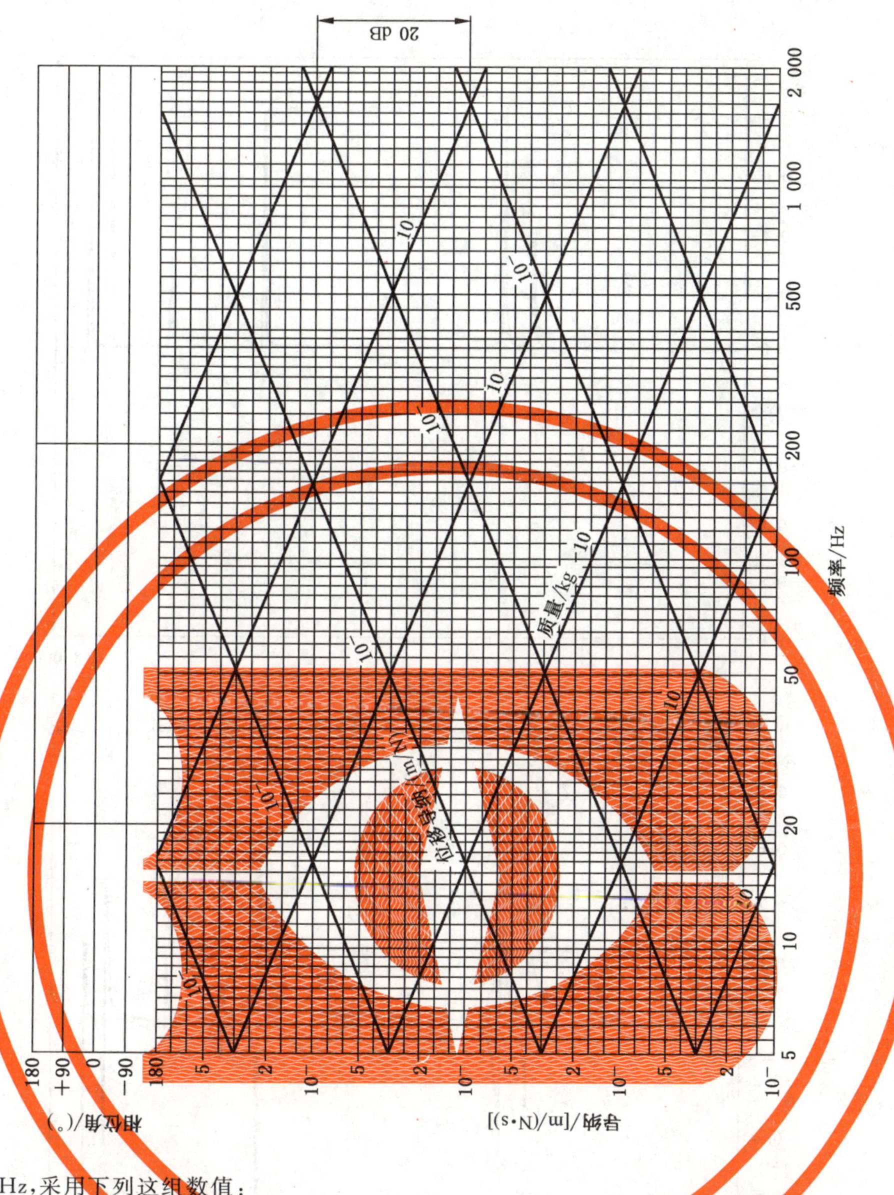

注 1：在 159 Hz，采用下列这组数值：

导纳	位移导纳(动柔度)	质量
10^{-3} m/(N·s)	10^{-6} m/N	1.0 kg
10^{-4} m/(N·s)	10^{-7} m/N	10.0 kg

注 2：指数范围由用户指定。

图 4　导纳曲线绘制图表

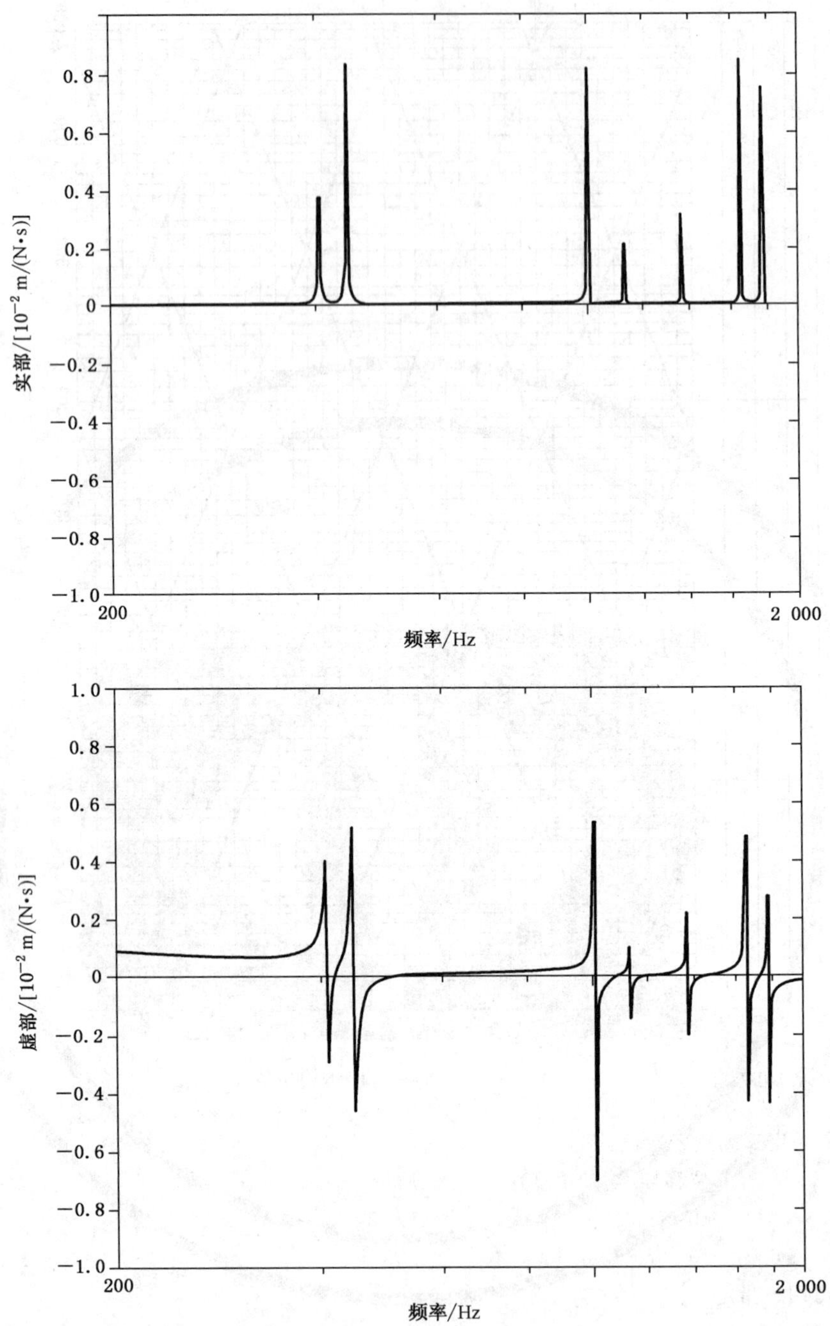

图 5　与图 1 相对应的导纳实部图和虚部图

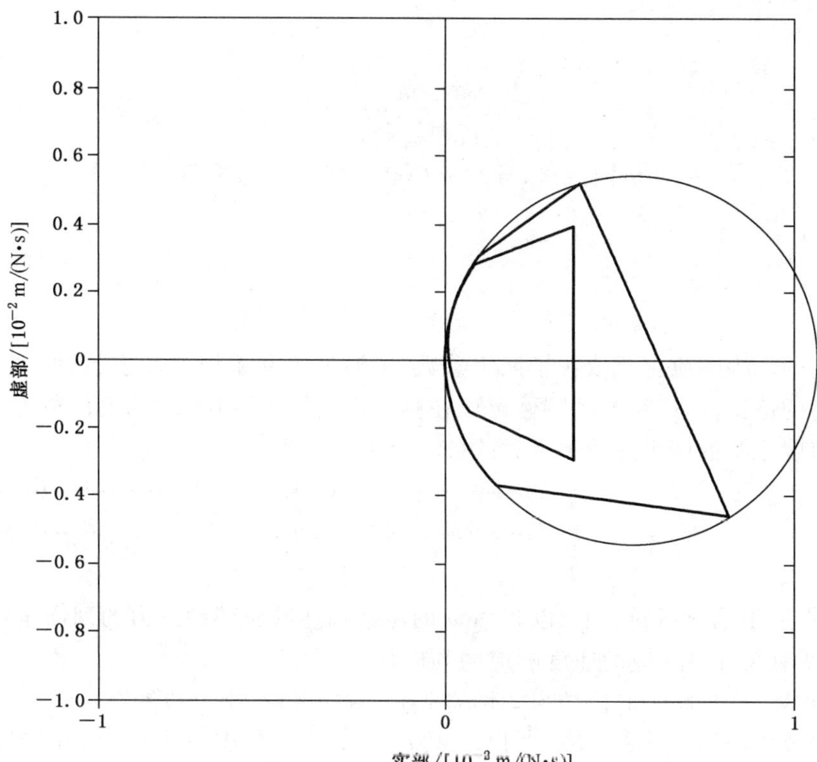

图 6　图 1 中最低两阶模态频率的导纳结果极坐标图

附 录 A
（资料性附录）
机械阻抗、导纳和模态分析之间的关系

A.1 概述

一个机械系统的动力响应主要依赖于两组参数，即激振力和系统的动态特性。如果激振力大小在系统基本上呈线性的范围内，则系统的特性可以在频域内用导纳矩阵[Y]或阻抗矩阵[Z]描述。由此得到激振力与响应速度之间的两个等效关系式式(A.1)和式(A.2)：

$$\{v(\omega)\}=[Y]\{F(\omega)\} \qquad \text{(A.1)}$$

$$\{F(\omega)\}=[Z]\{v(\omega)\} \qquad \text{(A.2)}$$

式中：

$\{F(\omega)\}$——作用于系统不同点上、以频率 ω 的函数描述的外部动态力的列向量；

$\{v(\omega)\}$——所有关注点对应的速度响应的列向量。

注：术语“点”指的是一个位置和相应的方向。术语“坐标”也常用于表达同样的含义。

因为一般都要考虑结构上的多个点，所以式(A.1)和式(A.2)用矩阵符号表示很方便。如果 N 是所要考虑的运动响应点的数加上外力(激振力或反作用力)作用点的数，则式(A.1)和式(A.2)中的列向量为 N 阶，矩阵为($N\times N$)阶。

由式(A.1)和式(A.2)得到式(A.3)

$$[Z]=[Y]^{-1} \qquad \text{(A.3)}$$

宜注意，式(A.3)表示的矩阵求逆是指阻抗矩阵中的元素 Z_{ij}，而不是导纳矩阵中元素 Y_{ij} 的算术倒数，反之亦然。

A.2 边界条件

导纳试验中，每次在结构上单点施加动态激振力，有：

$$F_k=0, k\neq j \qquad \text{(A.4)}$$

式中：

j——激振点；

k——其他所关注的点。

式(A.4)规定了试验确定机械导纳的边界条件，这些边界条件在试验过程中容易满足(见表1)。在这些给定边界条件下，测量在 i 点的速度响应和在 j 点的激振力，得到导纳矩阵的 i 行 j 列元素，见式(A.5)：

$$Y_{ij}=\frac{v_i}{F_j} \qquad \text{(A.5)}$$

其边界条件为 $F_k=0, k\neq j$。这就是3.1.2中给出的导纳定义的数学表达式。

相反，式(A.3)中的阻抗矩阵 Z 的元素为式(A.6)：

$$Z_{ij}=F_i/v_j \qquad \text{(A.6)}$$

边界条件为式(A.7)：

$$v_k=0; k\neq j \qquad \text{(A.7)}$$

式(A.6)和(A.7)是3.1.3中给出的约束阻抗定义的数学表达式。在实际的试验过程中，要满足式

(A.7)的边界条件是很困难的或者是不可能的(见表1)。因此,通常不可能通过试验手段确定阻抗矩阵 Z 的元素。

式(A.4)和(A.7)边界条件的差异对于正确使用导纳和阻抗数据非常重要。要注意的是,如关注的只是结构(激振点)上一个点(和方向)的特殊情形,这个差异就无关紧要。

这种特殊情形在实际中并不少见。常用的阻抗定义为激振力与速度响应之比,而不限定边界条件。只有在这种特殊情况下,阻抗矩阵和导纳矩阵仅有一项,因此阻抗是导纳的算术倒数。要注意这个特殊的阻抗是3.1.4中定义的自由阻抗,而不是一般结构的($N \times N$)阶阻抗矩阵的一个元素。

A.3 阻抗和导纳数据的比较

结构动态特性试验研究得到的是导纳类型的数据。但在数学建模中,一般更容易使用质量和刚度矩阵。在频率域内得到的是约束阻抗数据。当对导纳和约束阻抗数据进行比较时,有必要转换为另一种形式。但转换时宜特别小心,约束机械阻抗取决于所考虑的自由度数(见参考文献[4]),而不是结构不变的特性。因此,只有当两个矩阵所有的自由度(点和方向)都相同时,阻抗矩阵元素才能与逆导纳矩阵元素进行比较。如果数学模型(及其阻抗矩阵)比试验得出的导纳矩阵自由度多(实际中常有这类情况),则要将阻抗转换为导纳,以便与试验得出的导纳矩阵中相应的元素相比较,而不是反过来做。这是因为导纳不受人为约束的影响,而阻抗并非如此。

A.4 模态分析

模态分析是链接试验分析与数学建模的非常有用的工具,它对预测相连子结构的动态交互作用特别方便。

在使用试验导纳数据时,模态分析可用统计方法在所关注的频率范围内求出模态参数,包括固有频率、阻尼和模态质量(或刚度)。几种不同的方法可用来准确地识别这些参数,以及考虑所关注频率范围之外的模态的影响。

在使用数学模型时,可通过采用特征值和特征向量计算或其他矩阵降阶程序,由子结构的质量、刚度和阻尼矩阵求出模态参数。这些方法通常比整个阻抗矩阵直接求逆更为有效。

附 录 B
（资料性附录）
作为频率响应函数的导纳

B.1 简谐激振

若一个时间函数可表示为式(B.1)：

$$x(t)=A\cos(\omega t+\varphi) \tag{B.1}$$

式中：

A ——简谐波形的幅值；

ω ——圆频率；

t ——时间；

φ ——初相位角。

则此函数可在复平面上表示为式(B.2)：

$$\overline{x}(t)=Ae^{j(\omega t+\varphi)} \tag{B.2}$$

式中：

$j=\sqrt{-1}$；

$x(t)$——$\overline{x}(t)$在实轴上的投影。

$\overline{x}(t)$可以认为是以复平面原点为中心的旋转矢量，该旋转矢量通常称为相量[1)]。如果在给定频率求出两个相量之比，其结果是一个复数，而不是时间的函数。如果对关注的所有频率点构成一组这样的复数，其结果称为频率响应函数。如果两个相量为：

$$\overline{x}_1(\omega,t)=A_1(\omega)e^{j[\omega t+\varphi_1(\omega)]}$$

$$\overline{x}_2(\omega,t)=A_2(\omega)e^{j[\omega t+\varphi_2(\omega)]}$$

则式(B.3)成立：

$$H(\omega)=\overline{x}_1/\overline{x}_2=B(\omega)e^{j\theta(\omega)} \tag{B.3}$$

式中：

$B(\omega)=A_1(\omega)/A_2(\omega)$；

$\theta(\omega)=\varphi_1(\omega)-\varphi_2(\omega)$。

$B(\omega)$和$\theta(\omega)$都是圆频率ω的函数，频率响应函数$H(\omega)$可以以极坐标形式，用幅值[$B(\omega)$]和相位[$\theta(\omega)$]表示，或以直角坐标形式表示为实部和虚部分量，见式(B.4)。

$$H(\omega)=R(\omega)+jI(\omega) \tag{B.4}$$

式中：

$R(\omega)=B(\omega)\cos[\theta(\omega)]$；

$I(\omega)=B(\omega)\sin[\theta(\omega)]$。

可将导纳视为由速度相量与力相量之比给出的频率响应函数。对其他与导纳类的物理量同理。

B.2 随机激振

在平稳高斯分布的随机振动中，式(B.5)为线性可逆系统的输入与输出的基本方程为：

1) 某些作者将$Ae^{j\varphi}$定义为相量。由于本部分只涉及相量的比值，故使用的“相量”术语与两种定义相一致。

$$G_{12}(\omega)=H(\omega)G_{22}(\omega) \qquad (B.5)$$

式中：

$G_{12}(\omega)$——系统输入和输出间的互谱密度；

$G_{22}(\omega)$——输入的自谱密度；

$H(\omega)$ ——输入的频率响应函数。

G_{12}是频率的复函数，G_{22}是频率的实函数，因此 $H(\omega)$是频率的复函数。导纳可视为由速度与力激励间的互谱密度与力激励(输入)的自谱密度之比给出的频率响应函数。在实际应用中，只能使用自谱与互谱的估计值，因此，只能用随机激励估计导纳，可以使估计误差小于其他测量误差，并且不必要限制测量的准确度。

B.3 瞬态激励

在瞬态振动中，式(B.6)为线性系统的输出和输入关系式：

$$X_1(\omega)=H(\omega)X_2(\omega) \qquad (B.6)$$

式中：

$X_1(\omega)$——输出 $x_1(t)$的傅里叶变换；

$X_2(\omega)$——输入 $x_2(t)$的傅里叶变换；

$H(\omega)$ ——系统的频率响应函数。

式(B.6)中所有的量都是频率的复函数。$H(\omega)$的逆傅里叶变换是系统的单位脉冲响应函数 $h(t)$，即若输入一单位脉冲，系统的输出由 $h(t)$给出。可将导纳视为由速度响应的时间历程傅里叶变换与输入力的时间历程傅里叶变换之比给出的频率响应函数。

在实际应用时，用离散傅里叶变换(DFT)近似代替连续傅里叶变换。慎重选择采样频率和样本长度，可将近似引入的误差降至低于其他测量误差的水平。因此，使用 DFT 不必要限制测量的准确度。

附 录 C
（资料性附录）
阻抗头连接柔度和阻尼的确定

包括激振器与被测结构连接件的导纳测试装置的整体校准和灵敏度测定，都可按下述试验方法完成。该方法还提供阻抗头的连接柔度以及结构阻尼的数据（见参考文献[13]）。

试验要求将一个大的刚性块安装在一个具有足够柔性的支承上，使其固有频率小于或等于 2 Hz。为了使反共振频率（响应骤降）在关注的频率范围内，宜使用质量足够大的圆柱刚性块。其质量 m 的大小（单位为 kg）可按式（C.1）估算：

$$m=1/[(2\pi f)^2C] \qquad \text{(C.1)}$$

式中：

f ——在机械导纳测量频率范围内的一个较高频率，单位为赫兹（Hz）；

C ——阻抗头以及传感器与被试结构之间连接件的柔度估算值，单位为米每牛（m/N）。

为设计该校准块的柔性支承，对质量为 m 的刚性块，式（C.2）给出了其支承柔度 C_s 的最低要求：

$$C_s=1/[(2\pi f_s)^2m] \qquad \text{(C.2)}$$

式中：

f_s ——柔性支承上刚性块的固有频率（2 Hz 或更低），单位为赫兹（Hz）；

m ——试验选用的刚性块的质量，单位为千克（kg）。

阻抗头（或力传感器）应与校准块的重心共线安装，宜严格遵守传感器说明书规定的螺栓紧固扭矩。所用的安装紧固件宜尽可能与结构测量时相同。宜按导纳测量的方式连结激振器与阻抗头（或力传感器）。激振器产生的激励波形应与导纳测量时用的相同。用于带校准块的试验频率范围上限宜超出所关注的频率范围。

注 1：这套校准试验装置的数学模型在参考文献[7]中给出。

力传感器和运动响应传感器的输出信号应采取与导纳测量相同的方法处理并记录（如在合适的坐标纸上画出导纳或加速度导纳曲线）。

导纳数据的典型曲线见图 C.1。图 C.1 所示结果是用一个 5.5 kg 的质量校准块获得，它描述了一个相当典型的、约为 8×10^{-10} m/N 的阻抗头的连接柔度。在 30 Hz 至 1 100 Hz 的频率范围内，测出的导纳曲线与校准块质量加上阻抗头力传感器以下部分质量以及连接件质量的导纳曲线十分接近。如果导纳测量结果低频部分显示的质量与整个校准系统的质量不相等，则导纳测量系统有缺陷，宜予以修正。其原因可能是灵敏度不准确、校准方法不正确或电子仪器有问题。

导纳曲线上 2 400 Hz 处的反共振点（频率骤降）表明，在该频率处校准块的导纳与阻抗头连接柔度产生的导纳幅值相同。由于这两个导纳实质上是反相的，所以总导纳幅值在反共振频率点趋近于零。残留的有限幅值是阻抗头和校准块结合面间的阻尼造成的，这也是反共振点处相角为 0°的原因。

在 2 400 Hz 反共振点以上的频率点，导纳曲线渐近地趋近于安装紧固件柔度和阻抗头本身柔度的串联组合。如果连接件阻尼相当大，就很难检查总柔度。如果反共振下降不是很陡，导纳曲线在高频段将不会与有效柔度渐近线相趋近。

注 2：图 C.1 中测得的导纳曲线上，在 4 600 Hz 处显示的无规律是阻抗头对连接点作横向摆动造成的结果。

如果将整体校准和灵敏度试验扩展到足够高的频率，导纳曲线就会受控于阻抗头及连接件的有效阻尼。有效阻尼的大小很少可以计算，因此，本附录介绍的试验只是确定力传感器与被试结构耦合中阻尼的一种实用方法。

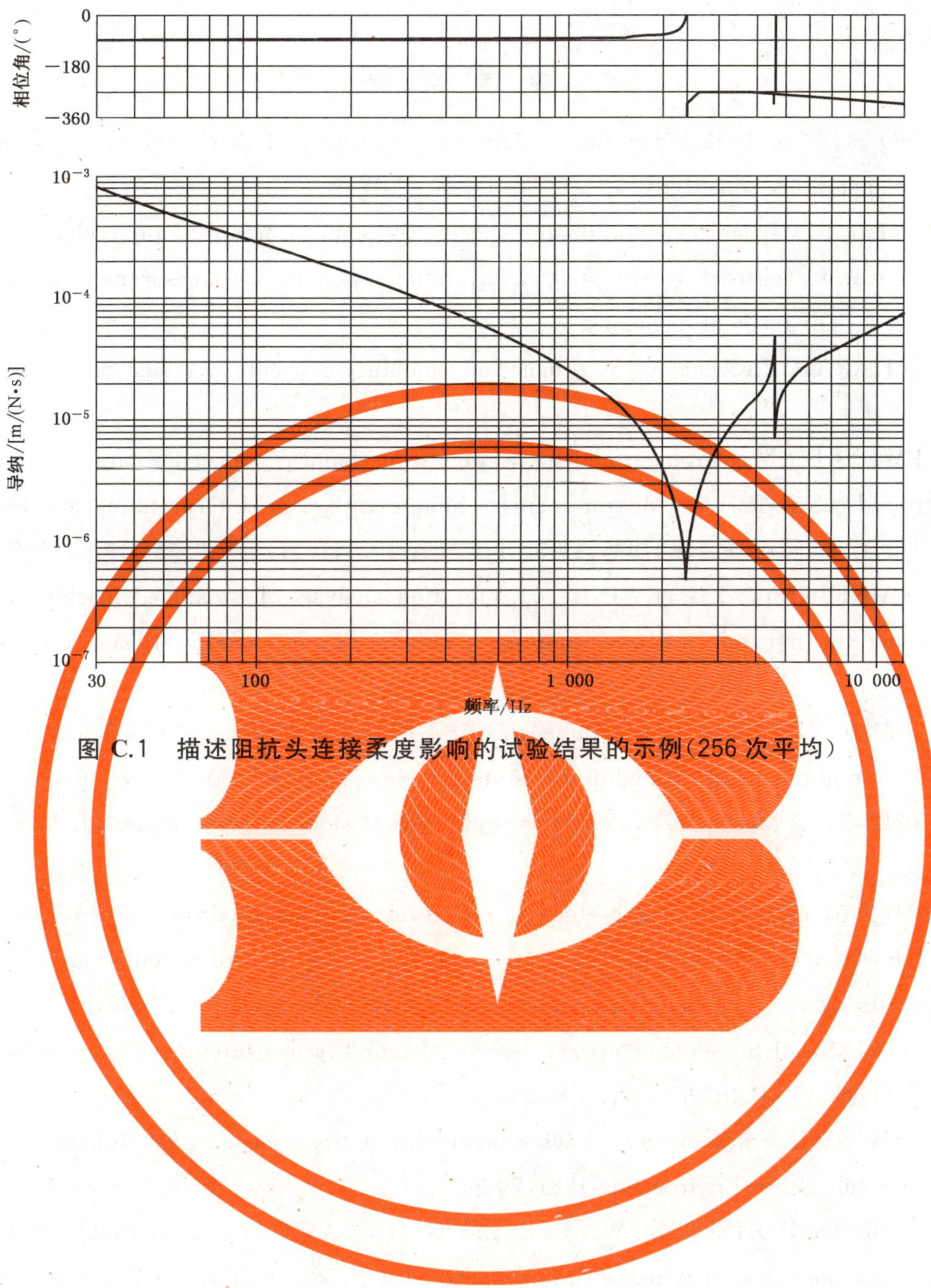

图 C.1 描述阻抗头连接柔度影响的试验结果的示例(256 次平均)

参 考 文 献

[1] ISO 5347-18,Methods for the calibration of vibration and shock pick-ups—Part 18: Testing of transient temperature sensitivity.

[2] ISO 5348,Mechanical vibration and shock—Mechanical mounting of accelerometers.

[3] ISO 10846 (all parts),Acoustics and vibration—Laboratory measurement of vibro-acoustic transfer properties of resilient elements.

[4] O'HARA,G.J.Mechanical impedance and mobility concepts.J.Acoust.Soc.Am.1967,41,pp. 1180-1184.

[5] EWINS,D.J.Measurement and application of mechanical impedance data: Part 1—Introduction and ground rules; Part 2—Measurement techniques; Part 3—Interpretation and application of measured data.J.Soc.Environ.Eng.1975,14(3),pp.3-13; 1976,15(1),pp.22-33; 1976,15(2),pp.7-17.

[6] SAINSBURY,M.G.,EWINS,D.J.Vibration analysis of a damped machinery foundation structure using the dynamic stiffness coupling technique. Trans. ASME—J. Eng. Ind. 1974, 96, pp. 1000-1005.

[7] HIXSON,E.J.Mechanical impedance. In: PIERSOL, A.G., PAEZ, T.L., editors. Harris' shock and vibration handbook,6th edition,Chapter 10.New York,NY: McGraw-Hill,2009.

[8] RUBIN, S. Mechanical immittance-and transmission-matrix concepts, J. Acoust. Soc. Am. 1967,41,pp.1171-1179.

[9] EWINS,D.J.Whys and wherefores of modal testing.J.Soc.Environ.Eng.1979,18(3),pp.3-15.

[10] EWINS,D.J.,GRIFFIN,J.A state-of-the-art assessment of mobility measurement techniques—Results for the mid-range structures (30-3000 Hz).J.Sound Vib.1981,78,pp.197-222.

[11] EWINS,D.J.State-of-the-art assessment of mobility measurements—A summary of European results.Shock Vib.Bull.1981,51,pp.15-35.

[12] EWINS,D.J.State-of-the-art assessment of mobility measurement techniques (SAMM)—Summary of results.J.Soc.Environ.Eng.1981,20,pp.3-13.

[13] BROWNJOHN, J. M. W., STEELE, G. H., CAWLEY, P., ADAMS, R. D. Errors in mechanical impedance data obtained with impedance heads.J.Sound Vib.1980,73,pp.461-468.

[14] KLAASSEN,K.B.Piezoelectric accelerometers.In: REGTIEN,P.P.L,,editor,Modern electronic measuring systems,chap.III.Delft: Delft University Press,1978.

[15] BOUCHE,R.K.Calibration of shock and vibration measuring transducers.Shock and Vibration Information Center,U.S.Department of Defense,1979.(Monograph SVM-11.).

[16] CANSDALE,R.,GAUKROGER,D.R.,SKINGLE,C.W.A technique for measuring impedances of a spinning model rotor.Farnborough: Royal Aircraft Establishment,1971.(Technical Report TR 71092.).

[17] KUMME,R.A new calibration facility for dynamic forces up to 10 kN.In: Proc.17th IMEKO World Congress,pp.305-308,2003.

[18] ISO 7626-2, Vibration and shock—Experimental determination of mechanical mobility—Part 2: Measurements using single-point translation excitation with an attached vibration exciter.

ICS 21.220.10
J 18

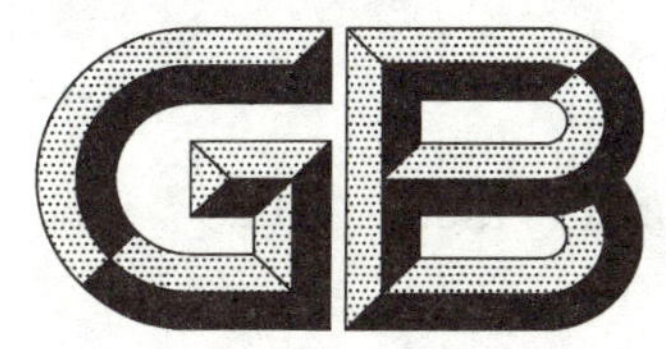

中华人民共和国国家标准

GB/T 11361—2018
代替 GB/T 11361—2008

同步带传动 节距型号 MXL、XXL、XL、L、H、XH 和 XXH 梯形齿带轮

Synchronous belt drives—Trapezoidal toothed pulleys with pitch code MXL, XXL, XL, L, H, XH and XXH

(ISO 5294:2012, Synchronous belt drives—Pulleys, MOD)

2018-12-28 发布　　2019-11-01 实施

国家市场监督管理总局
中国国家标准化管理委员会　发布

前言

本标准按照 GB/T 1.1—2009 给出的规则起草。

本标准代替 GB/T 11361—2008《同步带传动　梯形齿带轮》。与 GB/T 11361—2008 相比，除编辑性修改外主要技术差异如下：

——增加了带轮型号及标记（见第 3 章）；

——修改了刀具节距的极限偏差（见表 1，2008 年版的表 1）；

——增加了单边挡圈轮宽尺寸及图示（见 5.1）；

——增加了带轮挡圈最小厚度（见表 7）；

——修改了挡圈弯曲处直径（见 5.3，2008 年版的 4.3）；

——修改了外径 50.8 mm 以下带轮的端面圆跳动公差（见 6.2，2008 年版的 5.1）；

——修改了外径 101.6 mm 以下带轮的径向圆跳动公差（见 6.2，2008 年版的 5.2）；

——修改了带轮圆柱度和平行度，增加了按轮宽分级的表格（见 6.1、6.3，2008 年版的 5.3、5.4）；

——增加了带轮材质、表面粗糙度及平衡（见第 7 章）。

本标准使用重新起草法修改采用 ISO 5294：2012《同步带传动　带轮》。

本标准与 ISO 5294：2012 相比在结构上有较多调整，附录 A 中列出了本标准与 ISO 5294：2012 的章条编号对照一览表。

本标准与 ISO 5294：2012 相比存在技术性差异，这些差异涉及的条款已通过在其外侧页边空白位置的垂直单线（|）进行了标示，附录 B 中给出了相应技术性差异及其原因的一览表。

本标准做了下列编辑性修改：

——改变了标准名称以便与我国现有标准协调一致；

——删除了以英寸为单位的参数和公差。

本标准由中国机械工业联合会提出。

本标准由全国带轮与带标准化技术委员会（SAC/TC 428）归口。

本标准起草单位：石家庄凯普特动力传输机械有限责任公司、四川德恩精工科技股份有限公司、机械科学研究总院集团有限公司、中机生产力促进中心、宁波丰茂远东橡胶有限公司、宁波凯驰胶带有限公司。

本标准主要起草人：刘立民、孔祥建、雷永志、秦书安、周玉杰、王军成、应建丽。

本标准所代替标准的历次版本发布情况为：

——GB/T 11361—1989、GB/T 11361—2008。

同步带传动 节距型号 MXL、XXL、XL、L、H、XH 和 XXH 梯形齿带轮

1 范围

本标准规定了梯形齿带轮(以下简称带轮)的型号及标记、轮槽尺寸、带轮尺寸、带轮几何公差和带轮材质、表面粗糙度及平衡。

本标准适用于一般工业用同步带传动。

2 规范性引用文件

下列文件对于本文件的应用是必不可少的。凡是注日期的引用文件,仅注日期的版本适用于本文件。凡是不注日期的引用文件,其最新版本(包括所有的修改单)适用于本文件。

GB/T 11357 带轮的材质、表面粗糙度及平衡(GB/T 11357—2008,ISO 254:1998,MOD)

3 型号及标记

3.1 型号

带轮按节距分为 MXL、XXL、XL、L、H、XH 和 XXH 七种型号。

3.2 标记

带轮标记由带轮代号 P、齿槽数、型号和轮宽代号组成:

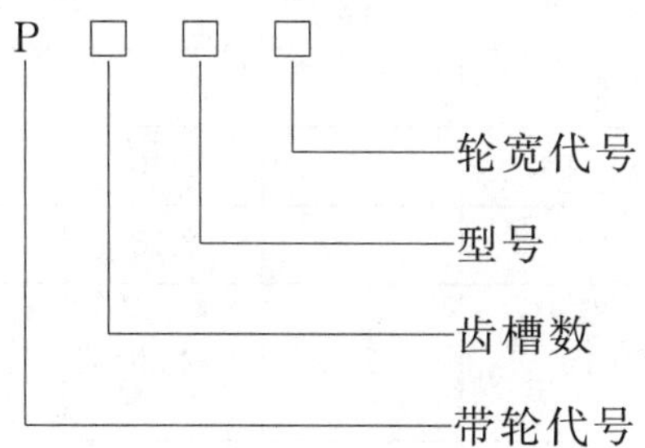

示例:齿槽数 20,型号 XL,轮宽代号 025 的带轮标记为:P20XL025

4 轮槽尺寸

4.1 渐开线齿槽

加工渐开线齿槽的齿条刀具的尺寸及极限偏差见图 1 和表 1。

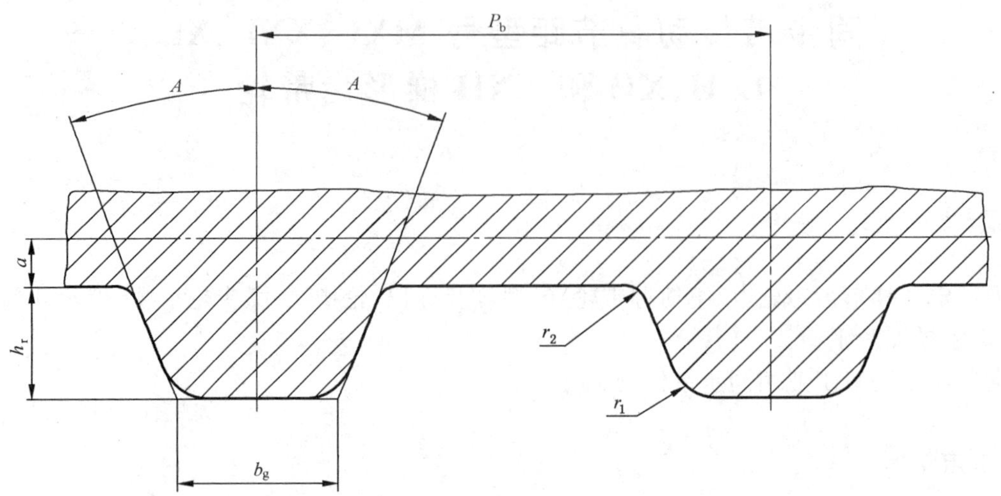

图 1 加工渐开线齿槽的齿条刀具

表 1 加工渐开线齿槽的刀具尺寸及极限偏差

型号	齿数 个	节距 P_b mm	齿半角 $A\pm0.12$ (°)	齿高 $h_r{}^{+0.05}_{0}$ mm	齿顶厚 $b_g{}^{+0.05}_{0}$ mm	齿顶圆角半径 $r_1\pm0.03$ mm	齿根圆角半径 $r_2\pm0.03$ mm	两倍节根距 $2a$ mm
MXL	10～23	2.032±0.008	28	0.64	0.61	0.30	0.23	0.508
	≥24		20		0.67			
XXL	≥10	3.175±0.011	25	0.84	0.96	0.30	0.28	0.508
XL	≥10	5.08±0.011	25	1.40	1.27	0.61	0.61	0.508
L	≥10	9.525±0.012	20	2.13	3.10	0.86	0.53	0.762
H	14～19	12.7±0.015	20	2.59	4.24	1.47	1.04	1.372
	≥20						1.42	
XH	≥18	22.225±0.019	20	6.88	7.59	2.01	1.93	2.794
XXH	≥18	31.75±0.025	20	10.29	11.61	2.69	2.82	3.048

4.2 直边齿槽

直边齿槽尺寸及极限偏差见图 2 和表 2。

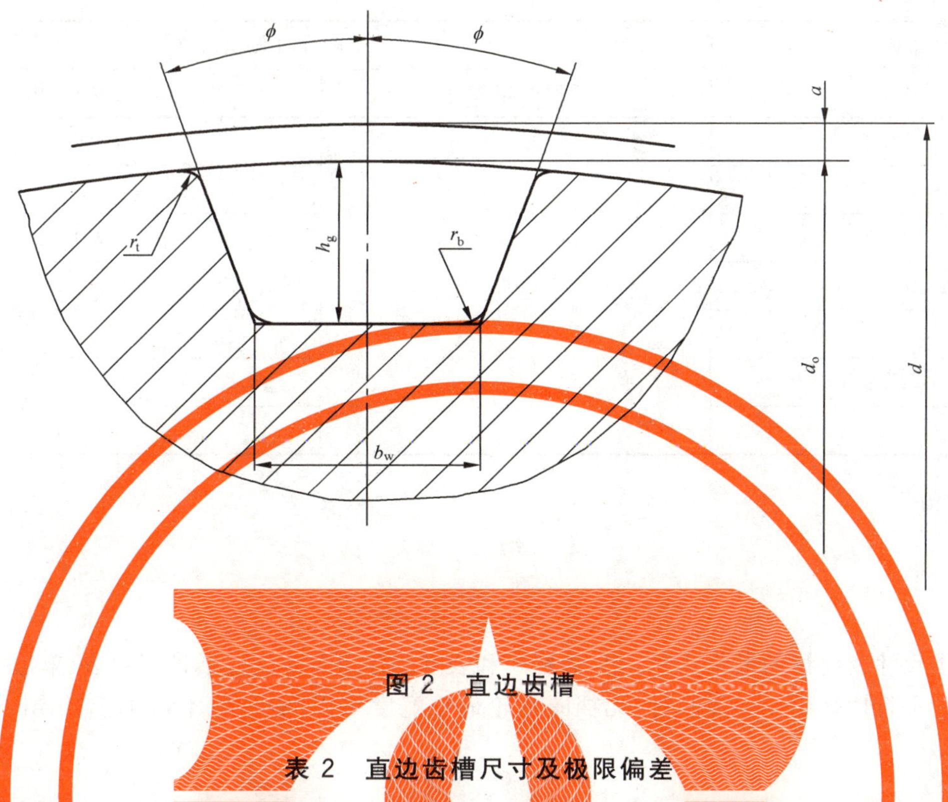

图 2 直边齿槽

表 2 直边齿槽尺寸及极限偏差

型号	齿槽底宽 b_w mm	齿槽深 h_g mm	齿槽半角 $\phi\pm1.5$ (°)	齿顶圆角半径 r_t mm	最大齿根圆角半径 r_b mm	两倍节顶距 2α mm
MXL	0.84±0.05	$0.69_{-0.05}^{0}$	20	$0.13_{0}^{+0.05}$	0.25	0.508
XXL	$0.96_{0}^{+0.05}$	$0.84_{-0.05}^{0}$	25	0.30±0.05	0.35	0.508
XL	1.32±0.05	$1.65_{-0.08}^{0}$	25	$0.64_{0}^{+0.05}$	0.41	0.508
L	3.05±0.1	$2.67_{-0.10}^{0}$	20	$1.17_{0}^{+0.13}$	1.19	0.762
H	4.19±0.13	$3.05_{-0.13}^{0}$	20	$1.60_{0}^{+0.13}$	1.6	1.372
XH	7.90±0.15	$7.14_{-0.13}^{0}$	20	$2.39_{0}^{+0.13}$	1.98	2.794
XXH	12.17±0.18	$10.31_{-0.13}^{0}$	20	$3.18_{0}^{+0.13}$	3.96	3.048

4.3 节距偏差

带轮相邻齿间的节距允许偏差值及 90°弧以内的节距累积允许偏差值见表 3。

表 3　节距偏差

单位为毫米

带轮外径 d_o	节距允许偏差值	
	任意两相邻齿	90°弧内累积
$d_o \leqslant 25.4$	0.03	0.05
$25.4 < d_o \leqslant 50.8$		0.08
$50.8 < d_o \leqslant 101.6$		0.10
$101.6 < d_o \leqslant 177.8$		0.13
$177.8 < d_o \leqslant 304.8$		0.15
$304.8 < d_o \leqslant 508$		0.18
$d_o > 508$		0.20

5　带轮尺寸

5.1　轮宽

轮宽基本尺寸及允许的最小实际宽度见图 3 和表 4。有挡圈带轮包括带有双边、单边挡圈的带轮。当传动中带轮平行性得到足够控制时，无挡圈带轮最小宽度可以减小，但不得小于有挡圈带轮的最小宽度。

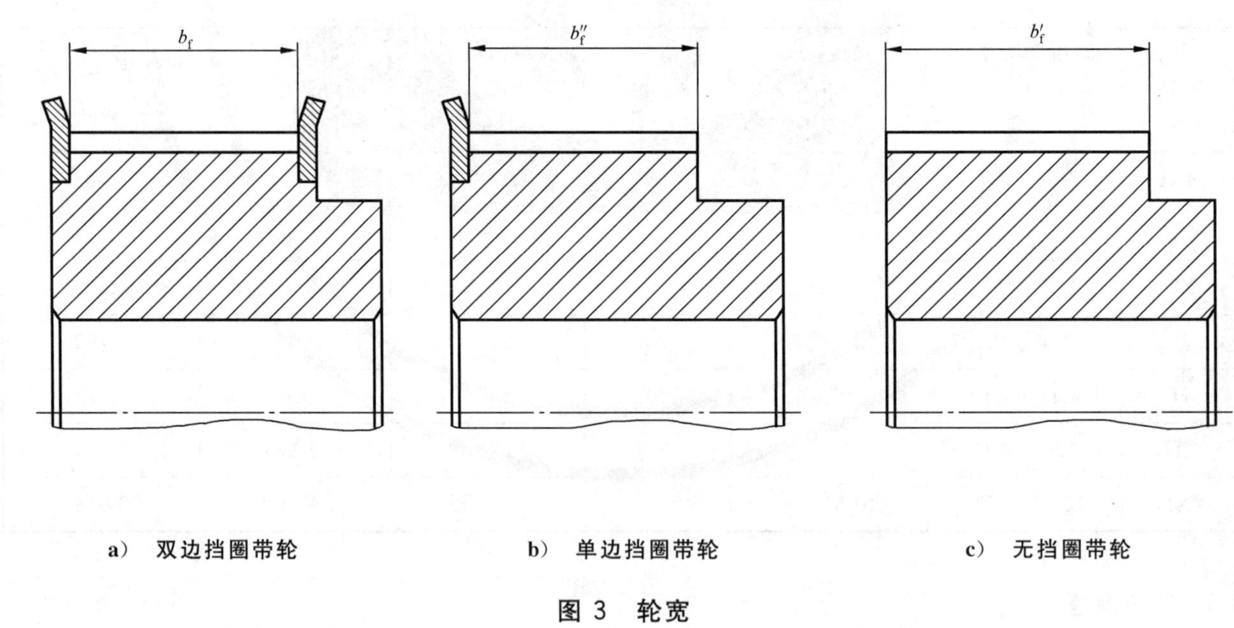

a）　双边挡圈带轮　　b）　单边挡圈带轮　　c）　无挡圈带轮

图 3　轮宽

表 4 轮宽

单位为毫米

型号	轮宽代号	轮宽基本尺寸	最小轮宽	
			有挡圈 b_f 或 b_f''	无挡圈 b_f'
MXL	012	3.2	3.8	5.6
	019	4.8	5.3	7.1
	025	6.4	7.1	8.9
XXL	012	3.2	3.8	5.6
	019	4.8	5.3	7.1
	025	6.4	7.1	8.9
XL	025	6.4	7.1	8.9
	031	7.9	8.6	10.4
	037	9.5	10.4	12.2
L	050	12.7	14.0	17.0
	075	19.1	20.3	23.3
	100	25.4	26.7	29.7
H	075	19.1	20.3	24.8
	100	25.4	26.7	31.2
	150	38.1	39.4	43.9
	200	50.8	52.8	57.3
	300	76.2	79.0	83.5
XH	200	50.8	56.6	62.6
	300	76.2	83.8	89.8
	400	101.6	110.7	116.7
XXH	200	50.8	56.6	64.1
	300	76.2	83.8	91.3
	400	101.6	110.7	118.2
	500	127.0	137.7	145.2

5.2 带轮直径

带轮直径见表 5,带轮外径极限偏差见表 6。带轮外径 $d_o = d - 2a$,节顶距 a 见表 2。

表 5 带轮直径

单位为毫米

齿数	型号													
	MXL		XXL		XL		L		H		XH		XXH	
	节径 d	外径 d_o	节径 d	外径 d_o	节径 d	外径 d_o	节径 d	外径 d_o	节径 d	外径 d_o	节径 d	外径 d_o	节径 d	外径 d_o
10	6.47	5.96	10.11	9.60	16.17	15.66	30.32	29.56						
11	7.11	6.61	11.12	10.61	17.79	17.28	33.35	32.59						
12	7.76	7.25	12.13	11.62	19.40	18.90	36.38	35.62						
13	8.41	7.90	13.14	12.63	21.02	20.51	39.41	38.65						
14	9.06	8.55	14.15	13.64	22.64	22.13	42.45	41.68	56.60	55.22				
15	9.70	9.19	15.16	14.65	24.26	23.75	45.48	44.72	60.64	59.27				
16	10.35	9.84	16.17	15.66	25.87	25.36	48.51	47.75	64.68	63.31				
17	11.00	10.49	17.18	16.67	27.49	26.98	51.54	50.78	68.72	67.35				
18	11.64	11.13	18.19	17.68	29.11	28.60	54.57	53.81	72.77	71.39	127.34	124.55	181.91	178.87
19	12.29	11.78	19.20	18.69	30.72	30.22	57.61	56.84	76.81	75.44	134.41	131.62	192.02	188.97
20	12.94	12.43	20.21	19.70	32.34	31.83	60.64	59.88	80.85	79.48	141.49	138.69	202.13	199.08
(21)	13.58	13.07	21.22	20.72	33.96	33.45	63.67	62.91	84.89	83.52	148.56	145.77	212.23	209.19
22	14.23	13.72	22.23	21.73	35.57	35.07	66.70	65.94	88.94	87.56	155.64	152.84	222.34	219.29
(23)	14.88	14.37	23.24	22.74	37.19	36.68	69.73	68.97	92.98	91.61	162.71	159.92	232.45	229.40
(24)	15.52	15.02	24.26	23.75	38.81	38.30	72.77	72.00	97.02	95.65	169.79	166.99	242.55	239.50
25	16.17	15.66	25.27	24.76	40.43	39.92	75.80	75.04	101.06	99.69	176.86	174.07	252.66	249.61
(26)	16.82	16.31	26.28	25.77	42.04	41.53	78.83	78.07	105.11	103.73	183.94	181.14	262.76	259.72
(27)	17.46	16.96	27.29	26.78	43.66	43.15	81.86	81.10	109.15	107.78	191.01	188.22	272.87	269.82
28	18.11	17.60	28.30	27.79	45.28	44.77	84.89	84.13	113.19	111.82	198.08	195.29	282.98	279.93
(30)	19.40	18.90	30.32	29.81	48.51	48.00	90.96	90.20	121.28	119.90	212.23	209.44	303.19	300.14

表 5（续）

单位为毫米

齿数	型号													
	MXL		XXL		XL		L		H		XH		XXH	
	节径 d	外径 d_o	节径 d	外径 d_o	节径 d	外径 d_o	节径 d	外径 d_o	节径 d	外径 d_o	节径 d	外径 d_o	节径 d	外径 d_o
32	20.70	20.19	32.34	31.83	51.74	51.24	97.02	96.26	129.36	127.99	226.38	223.59	323.40	320.35
36	23.29	22.78	36.38	35.87	58.21	57.70	109.15	108.39	145.53	144.16	254.68	251.89	363.83	360.78
40	25.87	25.36	40.43	39.92	64.68	64.17	121.28	120.51	161.70	160.33	282.98	280.18	404.25	401.21
48	31.05	30.54	48.51	48.00	77.62	77.11	145.53	144.77	194.04	192.67	339.57	336.78	485.10	482.06
60	38.81	38.3	60.64	60.13	97.02	96.51	181.91	181.15	242.55	241.18	424.47	421.67	606.38	603.33
72	46.57	46.06	72.77	72.26	116.43	115.92	218.30	217.53	291.06	289.69	509.36	506.57	727.66	724.61
84							254.68	253.92	339.57	338.20	594.25	591.46	848.93	845.88
96							291.06	290.30	388.08	386.71	679.15	676.35	970.21	967.16
120							363.83	363.07	485.10	483.73	848.93	846.14	1 212.76	1 209.71
156									630.64	629.26				
括号内的尺寸尽量不采用。														

表 6 带轮外径极限偏差

单位为毫米

外径 d_o	极限偏差
$d_o \leqslant 25.4$	$^{+0.05}_{0}$
$25.4 < d_o \leqslant 50.8$	$^{+0.08}_{0}$
$50.8 < d_o \leqslant 101.6$	$^{+0.10}_{0}$
$101.6 < d_o \leqslant 177.8$	$^{+0.13}_{0}$
$177.8 < d_o \leqslant 304.8$	$^{+0.15}_{0}$
$304.8 < d_o \leqslant 508$	$^{+0.18}_{0}$
$508 < d_o \leqslant 762$	$^{+0.20}_{0}$
$762 < d_o \leqslant 1\,016$	$^{+0.23}_{0}$
$d_o > 1\,016$	$^{+0.25}_{0}$

5.3 挡圈尺寸

带轮挡圈尺寸见图 4 和表 7。

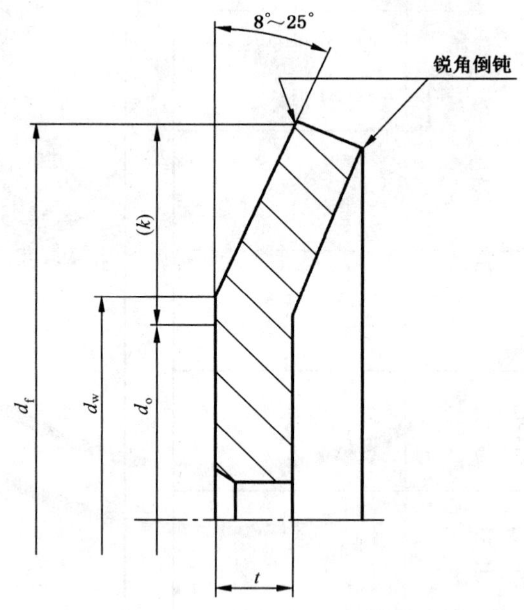

说明：

d_o ——带轮外径，单位为毫米(mm)；

d_w ——挡圈弯曲处最小直径，单位为毫米(mm)；

$d_w = d_o + 0.5$；

k ——挡圈最小高度，单位为毫米(mm)；

d_f ——挡圈外径，单位为毫米(mm)；

$d_f = d_o + 2k$；

t ——挡圈最小厚度，单位为毫米(mm)。

图 4 挡圈尺寸

表 7　带轮挡圈尺寸

单位为毫米

型　号	挡圈最小高度 k	挡圈最小厚度 t
MXL	0.5	0.5
XXL	0.8	0.5
XL	1.0	1.0
L	1.5	1.5
H	2.0	1.5
XH	4.8	2.5
XXH	6.1	3.0

6　带轮几何公差

6.1　圆柱度

带轮外径在表 6 给定的公差范围内时，带轮圆柱度公差 t_1 见图 5 和表 8。

表 8　带轮圆柱度

单位为毫米

轮宽基本尺寸	公差 t_1
3.2～12.7	0.02
19.1～38.1	0.04
50.8～76.2	0.08
101.6～127	0.12

6.2　圆跳动

带轮径向圆跳动公差 t_2 和带轮端面圆跳动公差 t_3 见图 5 和表 9。

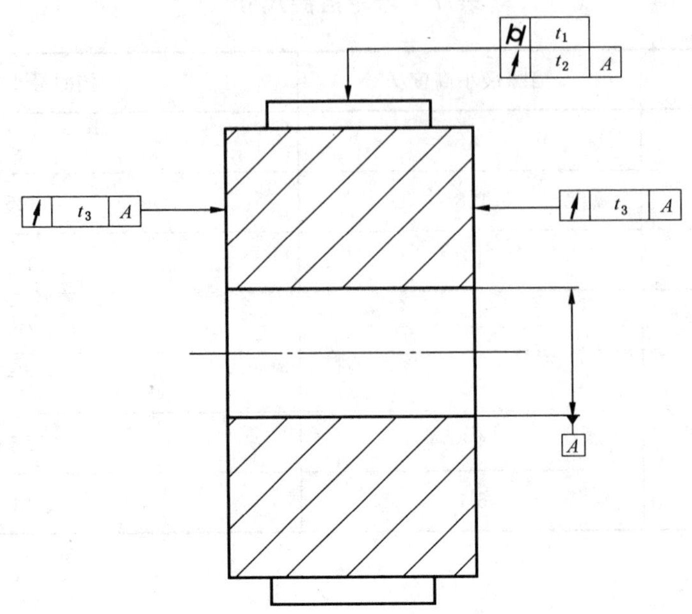

图 5　带轮几何公差标注

表 9　带轮径向圆跳动和端面圆跳动

单位为毫米

外径 d_o	径向圆跳动公差 t_2	端面圆跳动公差 t_3
$d_o \leqslant 25.4$	0.05	0.05
$25.4 < d_o \leqslant 50.8$	0.07	0.08
$50.8 < d_o \leqslant 101.6$	0.10	0.10
$101.6 < d_o \leqslant 203.2$	0.13	$0.001d_o$
$203.2 < d_o \leqslant 254$	$0.13+0.000\,5(d_o-203.2)$	$0.001d_o$
$d_o > 254$	$0.13+0.000\,5(d_o-203.2)$	$0.25+0.000\,5(d_o-254)$

6.3　平行度

齿槽应与轮孔的轴线平行，其平行度公差见表 10。

表 10　带轮平行度

单位为毫米

轮宽基本尺寸	公差
3.2～38.1	0.03
50.8～76.2	0.04
101.6～127	0.05

7　带轮材质、表面粗糙度及平衡

带轮材质、表面粗糙度及平衡应符合 GB/T 11357 的规定。

附　录　A
（资料性附录）
本标准与 ISO 5294:2012 相比的结构变化情况

本标准与 ISO 5294:2012 相比在结构上有较多调整，具体章条编号对照情况见表 A.1。

表 A.1　本标准与 ISO 5294:2012 的章条编号对照情况

本标准章条编号	对应的 ISO 5294:2012 章条编号
1	1
2	2
3	6
3.1	—
3.2	6.1,6.2
4	3
4.1	3.1
4.2	3.2
4.3	3.2
5	4
5.1	4.1
5.2	4.2
5.3	A.1
6	4.3
6.1	4.3.4
6.2	4.3.1,4.3.2
6.3	4.3.3
7	5

附 录 B
（资料性附录）
本标准与ISO 5294:2012的技术性差异及其原因

表B.1给出了本标准与ISO 5294:2012的技术性差异及其原因。

表B.1 本标准与ISO 5294:2012的技术性差异及其原因

本标准章条编号	技术性差异	原因
2	关于规范性引用文件，本标准做了具有技术性差异的调整，调整的情况集中反映在第2章“规范性引用文件”中，具体调整如下： ——用修改采用国际标准的GB/T 11357代替ISO 254； ——删除了引用国际标准ISO 1101和ISO 5296	采用国际标准时按GB/T 1.1—2009的规定编写 删除了引用标准是因为此标准中不含有相关要求
5.1、表4	增加了单边挡圈轮宽尺寸及图示	进一步规范产品质量，符合我国产品标准要求
图4、表7	增加了带轮挡圈最小厚度	进一步规范产品质量，符合我国产品标准要求
图5	增加了同步带轮端面圆跳动检测和同步带轮径向圆跳动检测、圆柱度检测图示	表达更加清楚

参 考 文 献

[1] GB/T 11616—2013 同步带传动 节距型号 MXL、XXL、XL、L、H、XH 和 XXH 同步带尺寸

ICS 31.200
L 57

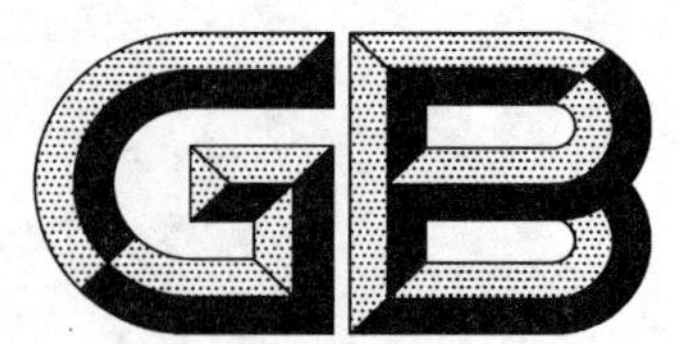

中华人民共和国国家标准

GB/T 11498—2018/IEC 60748-21:1997
代替 GB/T 11498—1989

半导体器件　集成电路　第21部分：膜集成电路和混合膜集成电路分规范(采用鉴定批准程序)

Semiconductor devices—Integrated circuits—Part 21: Sectional specification for film integrated circuits and hybrid film integrated circuits on the basis of the qualification approval procedures

(IEC 60748-21:1997, IDT)

2018-12-28 发布　　2019-07-01 实施

国家市场监督管理总局
中国国家标准化管理委员会　发布

前　言

《半导体器件　集成电路》已经或计划发布以下部分：

——GB/T 16464—1996　半导体器件　集成电路　第1部分：总则(idt IEC 60748-1:1984)

——GB/T 17574—1998　半导体器件　集成电路　第2部分：数字集成电路(idt IEC 60748-2:1985)

——GB/T 17940—2000　半导体器件　集成电路　第3部分：模拟集成电路(idt IEC 60748-3:1986)

——GB/T 18500.1—2001　半导体器件　集成电路　第4部分：接口集成电路　第一篇：线性数字/模拟转换器(DAC)空白详细规范(idt IEC 60748-4-1:1993)

——GB/T 18500.2—2001　半导体器件　集成电路　第4部分：接口集成电路　第二篇：线性模拟/数字转换器(ADC)空白详细规范(idt IEC 60748-4-2:1993)

——GB/T 20515—2006　半导体器件　集成电路　第5部分：半定制集成电路(idt IEC 60748-5)

——GB/T 12750—2006　半导体器件　集成电路　第11部分：半导体集成电路分规范(不包括混合电路)(idt IEC 60748-11:1990)

——GB/T 8976—1996　膜集成电路和混合膜集成电路总规范(idt IEC 60748-20:1988)

——GB/T 11498—2018　半导体器件　集成电路　第21部分：膜集成电路和混合膜集成电路分规范(采用鉴定批准程序)(IEC 60748-21:1997,IDT)

——GB/T 13062—2018　半导体器件　集成电路　第21-1部分：膜集成电路和混合膜集成电路空白详细规范(采用鉴定批准程序)(IEC 60748-21-1:1997,IDT)

——GB/T 16465—1996　膜集成电路和混合膜集成电路分规范(采用能力批准程序)(idt IEC 60748-22)

——GB/T 16466—1996　膜集成电路和混合膜集成电路空白详细规范(采用能力批准程序)(idt IEC 60748-22-1)

本部分为《半导体器件　集成电路》的第21部分。

本部分按照GB/T 1.1—2009给出的规则起草。

本部分代替GB/T 11498—1989《膜集成电路和混合膜集成电路分规范(采用鉴定批准程序)》，与GB/T 11498—1989相比主要技术变化如下：

——试验程序由一个鉴定程序扩展为程序A和程序B两个鉴定程序。

本部分使用翻译法等同采用IEC 60748-21:1997《半导体器件　集成电路　第21部分：膜集成电路和混合膜集成电路分规范(采用鉴定批准程序)》。

本部分做了下列编辑性修改：

——IEC原文为"以逐批和周期试验为基础的鉴定批准程序见表2和表3或表6和表7"有误，现改为"以逐批和周期试验为基础的质量一致性检验程序见表2和表3或表6和表7"(见3.2)；

——IEC原文为"评定水平应从表2或表6和表3或表2中选取"有误，改为"评定水平应从表2或表6和表3或表7中选取"(见3.3)；

——表3b的C2、C3、C4、D1分组试验后，增加脚注，建议试验后进行终点电测试(见表3b)。

——表5中1.2分组可焊性试验原文为"ND"即非破坏性，有误该项试验性质为破坏性，因此改为"D"(见表5)。

请注意本文件的某些内容可能涉及专利，本文件的发布机构不承担识别这些专利的责任。

本部分由中华人民共和国工业和信息化部提出。

本部分由全国半导体器件标准化技术委员会(SAC/TC 78)归口。

本部分起草单位:中国电子科技集团公司第四十三研究所、中国电子技术标准化研究院。

本部分主要起草人:冯玲玲、陈裕焜、雷剑、王琪、王婷婷、管松林。

本部分所代替标准的历次版本发布情况为:

——GB/T 11498—1989。

半导体器件 集成电路 第21部分：膜集成电路和混合膜集成电路分规范（采用鉴定批准程序）

1 范围和目的

《半导体器件 集成电路》的本部分适用于作为目录内电路或定制电路而制造的、其质量是以鉴定批准为基础评定的膜集成电路和混合膜集成电路。

本部分的目的是为额定值和特性提供优先值，从总规范中选择合适的试验和测量方法，并且给出根据本部分制定的膜集成电路和混合膜集成电路详细规范使用的通用性能要求。

优先值的概念直接应用于目录内电路，但是不必应用于定制电路。

参照本部分制定的详细规范所规定的试验严酷等级和要求可等于或高于分规范的性能水平，不准许有更低的性能水平。

同本部分相联系的有一个或多个空白详细规范，每个空白详细规范均给以编号。按照2.3规定填写空白详细规范，即构成一个详细规范。按IECQ体系的规定，该类详细规范可用于膜集成电路和混合膜集成电路鉴定批准的授与和质量一致性检验。

注：对于试验程序有两个选择：程序A和程序B。但是不准许在程序A和程序B之间进行个别试验项目的调换。通常，程序A更适用于基于无源元件的膜集成电路，程序B更适用于基于半导体集成电路技术的膜集成电路。

2 总则、优先特性、额定值和环境试验严酷等级

2.1 规范性引用文件

下列文件对于本文件的应用是必不可少的。凡是注日期的引用文件，仅注日期的版本适用于本文件。凡是不注日期的引用文件，其最新版本（包括所有的修改单）适用于本文件。

GB/T 2471—1995 电阻器和电容器优先数系（idt IEC 60063:1963）

GB/T 8976—1996 膜集成电路和混合膜集成电路总规范（idt IEC 60748-20:1988）

IEC 60748-20-1:1994 半导体器件 集成电路 第20-1部分：膜集成电路和混合膜集成电路总规范 第1部分：内部目检要求（Semiconductor devices—Integrated circuits—Part 20: Generic specification for film integrated circuits and hybrid film integrated circuits—Section 1: Requirements for internal visual examination ）

2.2 优先额定值和特性

电压和电流应选用GB/T 17573—1998中给出的优先值；电阻器和电容器应选用GB/T 2471—1995中给出的优先值；定制电路可以自行选择额定值和公差。

2.3 详细规范应规定的内容

详细规范根据有关空白详细规范制订。

详细规范规定的严酷等级应不低于总规范或分规范规定的严酷等级。若包括更严要求时，应列入详细规范，并在试验表中指出，如用“*”表示。

注：尺寸、特性和额定值的数据可以采用表格形式。

每个详细规范应给出以下内容。采用值应优先从本部分适用的条款中选择。

每个详细规范应规定逐批检验和周期检验所要求的各项试验和测试要求。至少要包括本部分中给出的有关试验及其方法和严酷等级。

2.3.1 外形图和尺寸

应当有电路外形图，以便容易识别，并同其他电路比较。详细规范应规定那些影响互换性和安装的尺寸及其关联的公差。所有尺寸用毫米表示。

通常，应给出壳体的长、宽和高以及引出端间距的数值；对于圆柱形应给出壳体的直径、长度和引出端的直径。

当需要时，例如当一个详细规范含有一种以上的封装时，尺寸及其关联的公差应在图下的一个表中列出。

当其结构与上述不同时，详细规范应规定能充分描述电路的尺寸信息。

2.3.2 安装

详细规范应规定电路在常规使用及在振动、碰撞或冲击试验中所用的安装方法。在电路使用中有时要求电路设计有特殊的安装夹具，在这种情况下，详细规范应规定安装夹具，并且在进行振动、碰撞或冲击试验时应使用这些夹具。

2.3.3 环境试验的严酷等级

详细规范应规定从总规范第4章中选择适用的试验方法和严酷等级。

2.3.4 标志

详细规范应规定在电路和外包装上的标志内容。与总规范2.6不一致处应该明确指出。

2.3.5 订货信息

详细规范应规定订购电路时所要求的下述信息：

a) 电路类型(例如，混合厚膜集成电路)；

b) 包含产品型号及评定水平的详细规范的编号及版本号(适用时)；

c) 电路功能(适用时)；

d) 基本功能特性及其公差(适用时)。

2.3.6 附加信息(不作检验用)

详细规范可以规定一些附加内容(这些内容通常不需要按检验程序验证)，如：线路图、曲线、附图及用于说明详细规范的注解。

3 鉴定批准程序

鉴定批准程序见总规范3.5和以下具体规定。

3.1 结构相似性

如果选取的代表电路型号的试验对编组在一起的其他型号至少能给出相同的质量水平，则可用结构相似性来进行该项评定试验。

检验负责人应申报制造厂内实施“结构相似性”方案的办法，并从每个结构相似的组中确定代表型号，以使国家监督检查机构(NSI)认可。

对于鉴定批准程序而言，当两种或两种以上电路具有相同电路功能类型、采用相同设计规则、材料、工艺和方法(例如，采用同种浆料的一系列 T 型厚膜衰减器；或者采用相同膜材料和来源于同一供应商的相同外加的元器件制作的薄膜 D/A 转换器)时，就可以认为它们在结构上是相似的。一项试验所要求的样品应从这种组合产品中抽取。

对于仅要求目检项为标志、尺寸、密封、可焊性和引出端强度的电路，而又采用相同外壳时，可采用空封和(或)电性能不合格品。

3.2 鉴定批准

鉴定批准试验和程序在总规范 3.5 中给出。

基于固定样本大小为基础的鉴定批准程序见表 1 或表 5。

以逐批和周期试验为基础的质量一致性检验程序见表 2 和表 3，或表 6 和表 7。

鉴定批准程序表(固定样本大小程序)和质量一致性检验程序表(逐批和周期检验)共同规定了成品电路的最少试验程序。

制造厂可自行选择采用评定水平 K、L 或 M，但仅能按以下规定放行产品：

评定水平	放行评定水平
K	K、L 或 M
L	L 或 M
M	M

制造厂可以通过完成有关试验来改变其已经批准的评定水平。如果直到当前的试验间隔日期期满为止，尚没有继续进行周期试验时，经 NSI 同意制造厂可以将产品降级。

为了特定的应用所需要的附加试验，应在详细规范中规定。

应在详细规范中规定环境试验后相关的电特性极限值。

3.2.1 鉴定批准(固定样本大小程序)

3.2.1.1 抽样

选取的样本应能代表希望被批准的电路范围。样本大小及合格判定数取决于表 2 或表 7 所规定的评定水平。

当试验表中追加分组时，“0”组要求的电路数也应增加，增加的数量等于追加组所要求的数量。

3.2.1.2 试验

为了使一个详细规范中所覆盖的全部电路都通过鉴定批准，需要完成表 1 或表 5 规定的全部试验。每组试验应按给出的顺序进行。

全部样品都应经受“0 组”试验，然后分配给其他组。

在“0 组”试验里发现不合格的电路不能用于其他组。

当一个电路不能通过一个组的全部或部分试验时，就计为“一个不合格品”。

当不合格品数未超过每组(或分组)规定的允许不合格品数和允许不合格品总数时，则给予批准。

表 1 鉴定批准试验程序(程序 A)

章条号、试验和试验程序	D/ND	试验条件	性能要求
0 组 01 分组 4.3.1 封盖前目检	ND	[h]	
02a 分组 4.3.2 外部目检和标志检查	ND		
02b 分组 4.3.3 尺寸	ND		
03 分组[e,g] 4.5.16 易燃性(仅作为信息)	D		
04 分组[a] 4.5.9 密封	ND		
05 分组 4.4.11 室温下主要静态和动态电特性	ND		
06 分组 4.4.11 极限工作温度下主要静态和动态电特性	ND		
1 组 顺序[a,b] 初始测试 4.5.6 变频振动 和 4.5.7 恒定加速度 或[c] 4.5.5 冲击 和 4.5.7 恒定加速度 终点电测试	D /ND	4.4.11 05 分组 4.5.9 密封 4.4.11 05 分组	
2 组 顺序 初始测试 4.5.11 耐焊接热 4.5.15.2 电路耐溶剂性[g] 4.5.8 温度变化 4.5.3 稳态湿热[d] 终点电测试	D	4.4.11 05 分组 4.5.9 密封[a] 4.4.11 05 分组 4.3.2 外部目检和标志检查	

表 1（续）

章条号、试验和试验程序	D/ND	试验条件	性能要求
3 组 顺序[e] 4.5.10 可焊性 4.5.12.1 拉力 4.5.12.3 弯曲(圆引线或带状引线) 终点电测试 或[c] 4.5.10 可焊性 4.5.12.1 拉力 4.5.12.3 弯曲(整排) 4.5.12.2 推力 终点电测试	D	4.5.9 密封[a] 4.5.9 密封[a]	
4 组 顺序 初始测试 4.5.2 低温 4.5.1 高温贮存 终点电测试	ND	4.4.11 05 分组 温度:℃ 温度:℃ 4.4.11 05 分组	
5 组 初始测试 4.5.14 耐久性:1 000 h 耐久性:2 000 h[f] 终点电测试	D	4.4.11 05 分组 4.4.11 05 分组	

注 1：各评定水平的样本大小和合格判定数在表 2 中详细规定。
注 2：章条号引自总规范第 4 章。
注 3：D——破坏性试验，ND——非破坏性试验。

[a] 仅适用于空封电路。
[b] 安装条件按详细规范规定。
[c] 按详细规范规定选择。
[d] 对于非密封的电路，详细规范可允许免做湿热试验。
[e] 允许使用电性能不合格品。
[f] 在评定水平 K 中：
1 000 h 后，暂时批准；
2 000 h 后，正式批准。
[g] 适用于有机材料封装。
[h] 见 IEC 60748-20-1。

3.2.2 质量一致性检验

3.2.2.1 检验批的构成

一个检验批应由结构相似的电路组成(见 3.1)。

有要求时，应对拟交付的全部电路进行筛选。

检验批应从一周之内生产的产品中抽取，或者从制造厂申报的其他时期制造的产品抽取，但周期最长不超过一个月。

3.2.2.2 试验

逐批检验和周期检验程序在相应的空白详细规范中规定。

为了维持一个详细规范中所包括的全部电路的鉴定批准，需要完成所规定的全部试验。

每组试验应按给出的顺序进行。

当一个电路不能通过一个组的全部或部分试验时，就计为“一个不合格品”。

当不合格品数量未超过每组规定的允许不合格品数和允许不合格品总数时，则批准可以维持。

3.3 评定水平

用于鉴定批准（见表 1 或表 5）和质量一致性检验（见相应空白详细规范）的评定水平应从表 2 或表 6 和表 3 或表 7 中选取。

表 2 鉴定批准评定水平和合格判定数（程序 A）

<table>
<tr><th rowspan="3" colspan="2">表 1 的检验组或分组</th><th colspan="9">评定水平</th></tr>
<tr><th colspan="3">K</th><th colspan="3">L</th><th colspan="3">M</th></tr>
<tr><th>n</th><th colspan="2">c</th><th>n</th><th colspan="2">c</th><th>n</th><th colspan="2">c</th></tr>
<tr><td colspan="2">01</td><td>100%</td><td colspan="2">—</td><td>—</td><td colspan="2">—</td><td>—</td><td colspan="2">—</td></tr>
<tr><td colspan="2">02a</td><td>75[a]</td><td colspan="2">2</td><td>64[a]</td><td colspan="2">2</td><td>43</td><td colspan="2">2</td></tr>
<tr><td colspan="2">02b</td><td>8</td><td colspan="2">1</td><td>8</td><td colspan="2">1</td><td>8</td><td colspan="2">1</td></tr>
<tr><td colspan="2">03（仅作为信息）</td><td>2</td><td colspan="2">—</td><td>2</td><td colspan="2">—</td><td>2</td><td colspan="2">—</td></tr>
<tr><td colspan="2">04</td><td>39</td><td>1</td><td rowspan="3">2</td><td>26</td><td>1</td><td rowspan="3">2</td><td>13</td><td>1</td><td rowspan="3">2</td></tr>
<tr><td colspan="2">05</td><td>71[a]</td><td>1</td><td>60[a]</td><td>1</td><td>39</td><td>1</td></tr>
<tr><td colspan="2">06</td><td>26</td><td>1</td><td>13</td><td>1</td><td>8</td><td>1</td></tr>
<tr><td colspan="2">1</td><td>10</td><td>1</td><td rowspan="4">2</td><td>8</td><td>1</td><td rowspan="4">2</td><td>—</td><td>—</td><td rowspan="4">2</td></tr>
<tr><td colspan="2">2[b]</td><td>13</td><td>1</td><td>10</td><td>1</td><td>8</td><td>1</td></tr>
<tr><td colspan="2">3</td><td>13</td><td>1</td><td>10</td><td>1</td><td>8</td><td>1</td></tr>
<tr><td colspan="2">4</td><td>13</td><td>1</td><td>10</td><td>1</td><td>8</td><td>1</td></tr>
<tr><td rowspan="2">5</td><td>（1 000 h）</td><td>—</td><td colspan="2">—</td><td>20</td><td colspan="2">1</td><td>13</td><td colspan="2">1</td></tr>
<tr><td>（2 000 h）</td><td>20</td><td colspan="2">1</td><td>—</td><td colspan="2">—</td><td>—</td><td colspan="2">—</td></tr>
</table>

注 1：n——样本大小本。

注 2：c——合格判定数（允许不合格品数、允许不合格品总数）。

注 3：表中的“—”指不作要求。

[a] 当不要求 1 组试验时，可减掉该分组所需样品数。

[b] 对每种规定溶剂最少试验 4 只电路。

表 3　质量一致性检验的评定水平和合格判定数(程序 A)

表 3a　以抽样为基础所进行的逐批试验(程序 A)

检验组或分组	评定水平					
	K		L		M	
筛选(见表 4)	要 求		不 要 求		不 要 求	
	IL	AQL	IL	AQL	IL	AQL
A1 分组 4.3.2 外部目检和标志检查	Ⅱ	1	Ⅱ	2.5	Ⅰ	2.5
A2 分组 4.4.11 室温下主要静态和动态电特性	Ⅱ	0.25	Ⅱ	0.4	Ⅱ	1
A3 分组 4.4.11 极限工作温度下主要静态和动态电特性	S4	1	—	—	—	—
B1 分组 4.5.10 可焊性	S3	2.5	S3	2.5	S3	2.5
B2 分组 4.3.3 尺寸	S4	1	S4	1	S4	1
注 1: IL——检查水平(见 IEC 60410)。 **注 2:** AQL——接收质量限(见 IEC 60410)。 **注 3:** 章条号引自总规范第 4 章。						

表 3b　以抽样为基础所进行的周期检验(程序 A)

检验组或分组	评定水平											
	K				L				M			
	p	n	c		p	n	c		p	n	c	
C1 分组 4.4.11 极限工作温度下的主要静态和动态电特性	6	20	1		6	13	1		6	8	1	
C2 分组顺序 [a,b] 4.5.6 变频振动 和 4.5.7 恒定加速度 或[c] 4.5.5 冲击 和 4.5.7 恒定加速度 [h]	6	10	1	2	12	8	1	2	—	—	—	2
C3 分组顺序 4.5.11 耐焊接热 4.5.15.2 电路耐溶剂性[g] 4.5.8 温度变化 4.5.3 稳态湿热[d] [h]	6	13	1		12	10	1		12	8	1	

表 3b（续）

检验组或分组		评定水平								
		K			L			M		
		p	*n*	*c*	*p*	*n*	*c*	*p*	*n*	*c*
C4 分组顺序 4.5.2 低温 4.5.1 高温贮存 h		6	13	1 2	12	12	1 2	12	8	1 2
D1 分组 4.5.14 电耐久性： h	1 000 h	—	—	—	6	20	1	6	13	1
	1 000 h[f]	6	20	1	—	—	—	—	—	—
D2 分组 顺序[e] 4.5.10 可焊性 4.5.12.1 拉力 4.5.12.3 弯曲(圆引线或带状引线) 或[c] 4.5.10 可焊性 4.5.12.1 拉力 4.5.12.3 弯曲(整排) 4.5.12.2 推力		12	13	1	12	10	1	12	8	1
4.5.16 易燃性[e,g] (仅作为信息)		12	2	—	12	2	—	12	2	—

注 1：*p*——周期(月)。

注 2：*n*——样本大小。

注 3：*c*——合格判定数(允许不合格品数、允许不合格品总数)。

注 4：章条号引自总规范第 4 章。

[a] 仅用于空封电路。

[b] 安装条件按详细规范规定。

[c] 按详细规范规定选择。

[d] 对于非密封电路，详细规范可以允许免做湿热试验。

[e] 允许使用电性能不合格品。

[f] 在评定水平 K 中：
1 000 h 后，暂时批准；
2 000 h 后，正式批准。

[g] 适用于有机材料封装。

[h] 试验后建议进行终点电测试。

筛选顺序按表 4 规定。

表 4 筛选

步骤	检查或试验	总规范章条号	详细要求和条件	顺序				
				A	B	C	D	E
1[a]	封盖前目检	4.3.1	[c]	×				
2	高温贮存	4.5.1	最高贮存温度下 24 h	×	×	×		×
3	温度变化	4.5.8	10 次循环 最低贮存温度/最高贮存温度	×	×	×		×
4[a]	恒定加速度	4.5.7	在最严格的方向上,加速度值按详细规范规定	×	×	×		
5[a]	密封	4.5.9		×	×	×		
6	电测试(老炼前)		选择参数 剔除不合格品	×[b]	×		×	
7	老炼		按详细规范规定	× 168 h	× 72 h		× 48 h	
8	电测试(老炼后)		按第 6 项规定剔除不合格品,如不合格数超过 10%,则批拒收	×	×	×	×	×

注 1:筛选一般在 A 组、B 组和 C 组检验前进行。当筛选在通过 A 组、B 组的逐批检验和 C 组周期检验要求以后进行时,应重做可焊性、密封和 A 组试验。

注 2:按空白详细规范的规定可以要求追加筛选后试验。

注 3:本表中的“×”为要求项目。

[a] 除详细规范中另有规定外,一般不适用于非空封器件。

[b] 除详细规范中另有规定外,宜记录测量结果。

[c] 见 IEC 60748-20-1。

3.4 拒收批的再提交(用于逐批检验)

电性能测试后的任何拒收批应退回到生产线,针对确定的缺陷进行返工或再筛选,在该批中不应该含有新的电路。

然后,应将该批再提交并在加严检验的条件下进行检验。

该批应保持相同的批号,并且记录再提交的细节。同一批的提交不应超过三次。

3.5 被批准制造厂在非 IEC 成员国的制造工序

如果符合总规范中 3.2 的条件时,对于本部分中包括的膜集成电路和混合膜集成电路允许申请扩展制造厂批准。

4 试验和测量程序

本章包括应用于膜集成电路和混合膜集成电路的所有典型试验和测量程序,而这些在总规范第 4 章中没有规定。

每个详细规范应规定逐批检验和周期试验要求的所有试验和测量程序,最少应包括本规范所给出的有关试验及规定的方法和严酷等级。

5 试验程序(程序 B)表

表 5 鉴定批准试验程序(程序 B)

章条号和试验	D/ND	试验条件	性能要求
0 组 01a 分组 4.3.2 外部目检和标志检查	ND		
01b 分组 4.3.3 尺寸			
02 分组 4.4.11 25 ℃下功能特性(适用时)	ND		
03 分组 4.4.11 25 ℃下静态特性	ND		
04a 分组 4.4.11 最高工作温度下静态特性 同 03 分组	ND		
1.2 分组 4.5.10 可焊性	D		
04b 分组 4.4.11 最低工作温度下静态特性 同 03 分组	ND		
05 分组 4.4.11 除另有规定外,25 ℃下动态特性	ND		
1 组 1.1 分组 4.5.12 引出端强度	D		
1.3 分组 4.5.11 耐焊接热	D		终点电测试 (同 02 分组和 03 分组)
2 组 2.1 分组 4.5.8 快速温度变化 4.5.4 交变湿热(适用于非空封器件) 4.5.9 密封(适用于空封器件)终点电测试(同 02 分组和 03 分组)	D	[a]	与详细规范一致
2.2 分组 4.5.5 冲击或 4.5.6 振动 4.5.7 恒定加速度(适用于空封器件)	D	按规定	终点电测试 (同 02 分组和 03 分组)
3 分组 3.1 分组 电耐久性	D	按详细规范规定 评定水平: K:3 000 h L:2 000 h M:1 000 h	终点电测试 (同 02 分组和 03 分组)

表 5（续）

章条号和试验	D/ND	试验条件	性能要求
3.2 分组 高温贮存	D	除另有规定外，最高贮存温度，最少 1 000 h	终点电测试（同 02 分组和 03 分组）
3.3 分组 4.5.3 稳态湿热	D	评定水平 [b] K：2 000 h L：1 000 M：500 h	终点电测试（同 02 分组和 03 分组）
3.4 分组 4.5.15.1 标志耐溶剂性	D		
3.5 分组 4.5.16 易燃性（仅作为信息）	D		
注 1：各评定水平的样本大小和合格判定数在表 6 中详细规定。 注 2：章条号引自总规范第 4 章。			
[a] 适用于非空封电路： ——评定水平 K：200 次循环； ——评定水平 L 和 M：100 次循环。 [b] 适用于非空封电路。			

表 6 鉴定批准评定水平和合格判定数（程序 B）

表 5 的检验组或分组		评定水平					
		K		L		M	
		n	c	n	c	n	c
0 组	01a 分组，01b 分组	38	1	38	1	38	1
	02 分组	38	1	38	1	38	1
	03 分组	38	1	38	1	38	1
	04a 分组，04b 分组	38	1	38	1	38	1
	05 分组	38	1	38	1	38	1
1 组	11 分组	20	1	18	1	13	1
	1.2 分组	20	1	18	1	13	1
	1.3 分组	20	1	18	1	13	1
2 组	2.1 分组	20	1	18	1	13	1
	2.2 分组	20	1	18	1	13	1
3 组	3.1 分组	20	1	18	1	13	1
	3.2 分组	20	1	18	1	13	1
	3.3 分组	20	1	18	1	13	1
	3.4 分组	8	1	8	1	8	1
	3.5 分组	2	—	2	—	2	1
注 1：n——样本大小。 注 2：c——合格判定数（允许不合格品数）。 注 3：本表中的“—”指不作要求。							

表 7　质量一致性检验的评定水平和合格判定数(程序 B)

表 7a　以抽样为基础所进行的逐批检验(A 组检验)(程序 B)

检验组或分组	LTPD[a]			AQL					
	评定水平			K		L		M	
	K	L	M	IL	AQL	IL	AQL	IL	AQL
A1 分组 4.3.2 外部目检和标志检查	7	7	20	Ⅱ	1.0	Ⅱ	1.0	Ⅱ	2.5
A2 分组 4.4.11 除另有规定外,25 ℃下功能检验	5	5	10	Ⅱ	0.65	Ⅱ	0.65	Ⅱ	1.5
A2a 分组 (不适用于评定水平 M) 4.4.11 最低工作温度和最高工作温度下功能检验[b]	7	7	—	Ⅱ	1.0	Ⅱ	1.0	—	—
A3 分组 4.4.11 25 ℃下静态电特性	5	5	10	Ⅱ	0.65	Ⅱ	0.65	Ⅱ	1.5
A3a 分组 4.4.11 最低工作温度和最高工作温度下静态电特性[b]	7	10	20	S4	1.0	S4	1.5	S4	2.5
A4 分组 4.4.11 除另有规定外,25 ℃下动态电特性	7	10	20	S4	1.0	S4	1.5	S4	2.5
A4a 分组 (不适用于评定水平 M) 4.4.11 最低工作温度和最高工作温度下动态电特性[b]	20	20	—	S4	2.5	S4	2.5	—	—

检验组或分组	LTPD[a]					
	评定水平					评定水平 L 和 M
	筛选顺序					
	A	B	C	D	E	
B1 分组 4.3.3 尺寸	15	20	20	20	20	20
B2c 分组 4.4.11 电参数额定值检验	30	30	30	30	30	30
B4 分组 4.5.10 可焊性	30	30	30	30	30	30
B8 分组 4.5.14 电耐久性	20	20	20	20	20	30
CRRL 放行批认证记录	B8 分组提供检验结果					

注 1:LTPD——批允许不合格品率。

注 2:IL——检查水平。

注 3:AQL——接收质量限。

注 4:章条号引自总规范第 4 章。

注 5:本表中的"—"指不作要求。

[a] LTPD 为批允许不合格品率,最大合格判定数为 3。

[b] 如果制造厂能定期证明两个极限温度下的测试结果与 25 ℃下的测试结果的相关性,则制造厂可以使用 25 ℃下的测试结果。

表 7b　以抽样为基础所进行的周期试验(程序 B)

检验组或分组	LTPD [a]									
	评定水平 K						评定水平			
	p	筛选顺序					L		M	
		A	B	C	D	E	p		p	
C1 分组 4.3.3 尺寸	3	30	30	30	30	30	6	30	12	30
C2a 分组 4.4.11 环境温度下电特性	3	30	30	30	30	30	6	30	12	30
C2b 分组 4.4.11 最低和最高工作温度下电特性	3	30	30	30	30	30	6	30	12	30
C2c 分组 4.4.11 电参数额定值检验:瞬态能量额定值	3	30	30	30	30	30	6	30	12	30
C3 分组 4.5.12 引出端强度	3	30	30	30	30	30	6	30	12	30
C4 分组 4.5.11 耐焊接热	3	30	30	30	30	30	6	30	12	30
C5 分组 4.5.8 快速温度变化 a) 空封器件 快速温度变化 电测试 4.5.9.1 密封,细检漏 4.5.9.2 密封,粗检漏 b) 非空封器件 快速温度变化 4.3.2 外部目检 4.5.3 稳态湿热 电测试	3	30	30	30	30	30	6	30	12	30
C6 分组 4.5.7 恒定加速度 (适用于空封器件)	3	30	30	30	30	30	6	30	12	30
C7 分组 4.5.3 稳态湿热	3	20	20	20	20	20	6	30	12	30
C8 分组 4.5.14 电耐久性	3	20	20	20	20	20	6	30	12	30
C9 分组 4.5.1 高温贮存	3	20	30	30	30	30	6	30	12	30
C11 分组 4.5.15.1 标志耐溶剂性	3	30	30	30	30	30	6	30	12	30

表 7b(续)

检验组或分组	LTPD[a]									
	评定水平 K						评定水平			
	p	筛选顺序					L		M	
		A	B	C	D	E	p		p	
CRRL 放行批认证记录	C3、C4、C5、C6、C7、C8、C9 和 C11 分组提供检验结果									
D 分组 4.5.14 电耐久性 (不适用于评定水平 M) 评定水平 K 3 000 h L 2 000 h	12	20	20	20	20	20	12	30	—	—
注 1:p—周期(月)。 **注 2**:章条号引自总规范第 4 章。										
[a] LTPD 为批允许不合格品率,最大合格判定数为 3。										

ICS 47.020.50
U 21

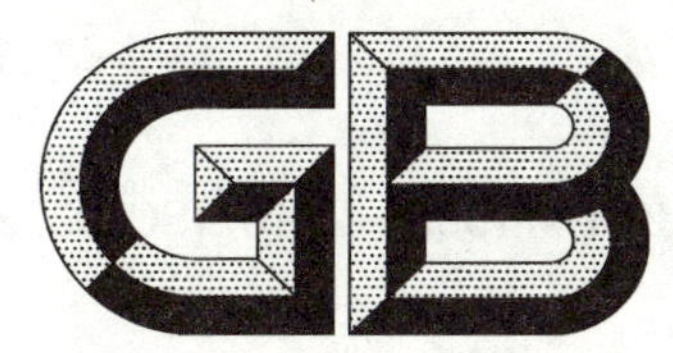

中华人民共和国国家标准

GB/T 11586—2018/ISO 13728:2012
代替 GB/T 11586—1989

船舶与海上技术　船舶系泊和拖带设备　巴拿马导缆孔

Ships and marine technology—Ship's mooring and towing fittings—Panama chocks

(ISO 13728:2012,IDT)

2018-06-07 发布　　2019-01-01 实施

国家市场监督管理总局
中国国家标准化管理委员会　发布

前　言

本标准按照 GB/T 1.1—2009 给出的规则起草。

本标准代替 GB/T 11586—1989《巴拿马运河导缆孔》，与 GB/T 11586—1989 相比，主要技术变化如下：

——修改了导缆孔的型式、公称尺寸和重量（见第 5 章，1989 年版的第 2 章和第 3 章）；

——增加了安全工作负荷及其标记（见第 3 章、第 5 章和第 9 章）；

——增加了强度校核衡准（见附录 A）。

本标准使用翻译法等同采用 ISO 13728:2012《船舶与海上技术　船舶系泊和拖带设备　巴拿马导缆孔》。

本标准做了下列编辑性修改：

——将图 2 右上图中的 R_3 更正为 R_2；

——增加了资料性附录 NA，对标记进行说明。

本标准由全国船舶舾装标准化技术委员会（SAC/TC 129）提出并归口。

本标准起草单位：中国船舶工业综合技术经济研究院、广船国际有限公司。

本标准主要起草人：张美玲、袁鑫、魏伟、冯慧君。

本标准所代替标准的历次版本发布情况为：

——GB/T 11586—1989。

船舶与海上技术　船舶系泊和拖带设备 巴拿马导缆孔

1　范围

本标准规定了巴拿马导缆孔的设计、尺寸和技术要求。

本标准适用于安装在通过巴拿马运河的船舶上、使用钢质拖缆的巴拿马导缆孔的设计、制造和验收。

本标准规定的巴拿马导缆孔满足正常系泊要求和巴拿马运河规定。

2　规范性引用文件

下列文件对于本文件的应用是必不可少的。凡是注日期的引用文件，仅注日期的版本适用于本文件。凡是不注日期的引用文件，其最新版本(包括所有的修改单)适用于本文件。

IMO Circular MSC/Circ.1175　船舶拖带和系泊设备指南(Guidance on shipboard towing and mooring equipment)

巴拿马运河规定　关于海运 N-1-2010 船规(Panama canal requirements—OP Notice to shipping N-1-2010—Vessel requirements)

3　术语和定义

下列术语和定义适用于本文件。

3.1

安全工作负荷　safe working load;SWL

在正常工作条件下，系泊缆绳允许承受的最大拉力，单位为千牛(kN)。

4　分类

4.1　型式

巴拿马导缆孔按照安装位置分为下列两种型式：

a)　A 型——甲板式巴拿马导缆孔；

b)　B 型——舷墙式巴拿马导缆孔。

4.2　公称尺寸

巴拿马导缆孔的公称尺寸用以毫米为单位的导缆孔开口宽度表示。分为 310 和 360 两种规格。

5　尺寸

5.1　巴拿马导缆孔的结构和尺寸按表 1 和表 2、图 1 和图 2。

单位为毫米

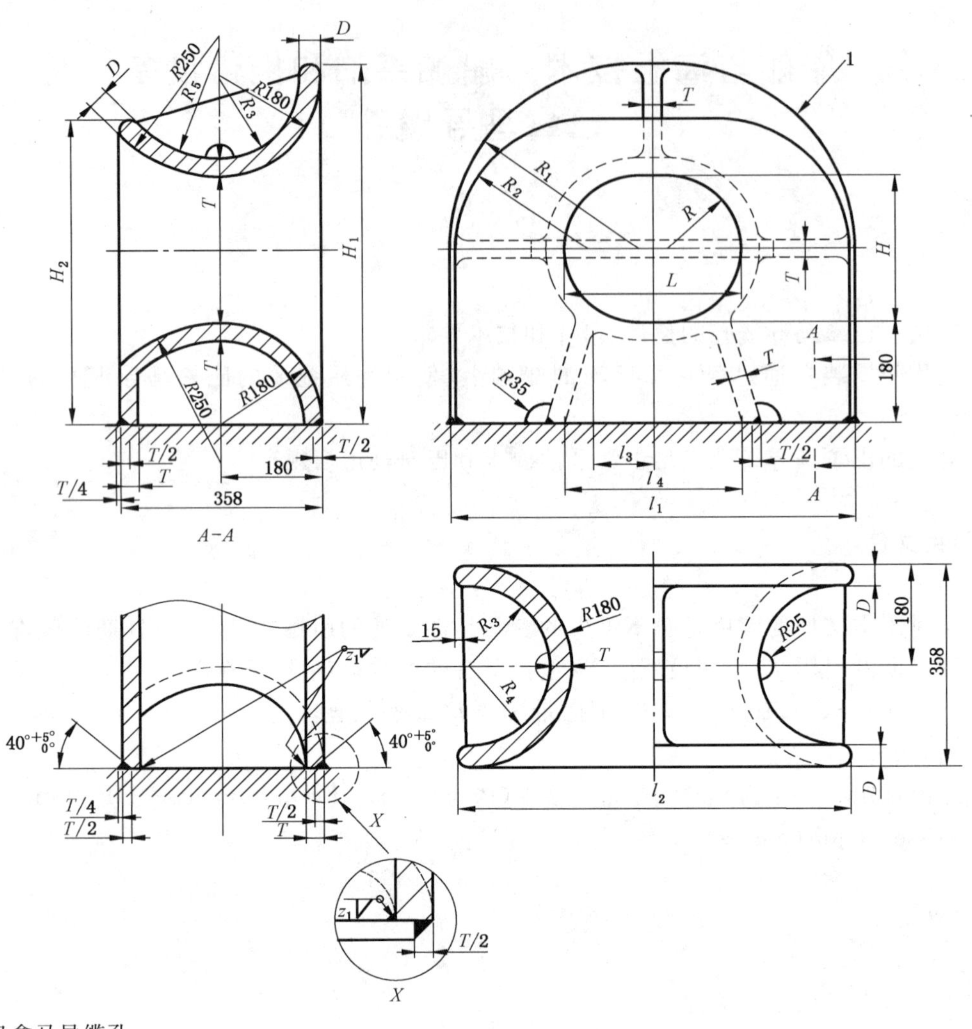

说明：

1 ——巴拿马导缆孔；

X ——替代焊接方法。

图 1　A 型巴拿马导缆孔

表 1　A 型巴拿马导缆孔的尺寸和 SWL

单位为毫米

公称尺寸	L	l_1	l_2	l_3	l_4	H	H_1	H_2	R	R_1	R_2
310	310	708	688	105	310	260	639	541	130	329	231
360	360	760	740	130	360	260	640	543	130	330	233

公称尺寸	R_3	R_4	R_5	T	D	焊脚长度[a]	SWL[b]		计算重量[c]
						z_1	kN	t	kg
310	142	140	198	32	38	8	471	48	257
360	140	138	196	34	40	8,5	687	70	286

[a] 焊接方法在保证相同的焊接容量/强度的前提下可以有所不同。

[b] 表中的 SWL 值仅供参考。这些参考值是根据附录 A 中的负荷值计算得出的。SWL 可根据实际负荷情况做相应调整，并且实际标志值应经过使用方与制造方双方认可。

[c] 计算重量仅供参考。

单位为毫米

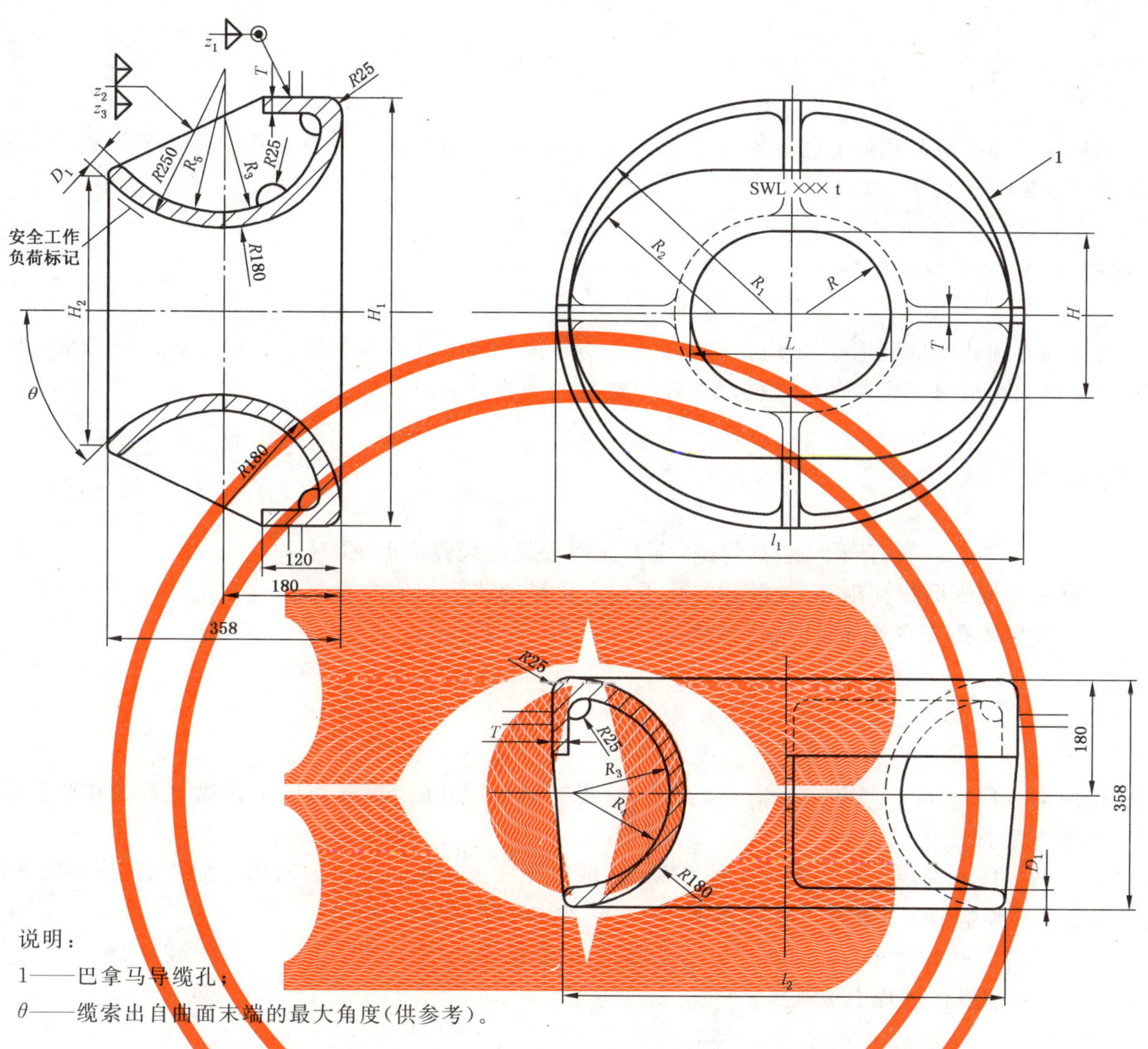

说明：

1——巴拿马导缆孔；

θ——缆索出自曲面末端的最大角度(供参考)。

图 2　B 型巴拿马导缆孔

表 2　B 型巴拿马导缆孔的尺寸和 SWL

单位为毫米

公称尺寸	L	l_1	l_2	H	H_1	H_2	R	R_1	R_2	R_3	R_4
310	310	720	681	260	670	453	130	335	226.5	149	147
360	360	770	733	260	670	456	130	335	228	147	145

公称尺寸	R_5	T	D_1	θ	焊脚长度[a]			SWL[b]		计算重量[c]
					z_1	z_2	z_3	kN	ton	kg
310	205	25	31	44°	10	6	4	687	70	228
360	203	27	33	43°	10	6	5	775	79	248

[a] 焊接方法在保证相同的焊接容量/强度的前提下可以有所不同。

[b] 表中的 SWL 值仅供参考。这些参考值是根据附录 A 中的负荷值计算得出的。SWL 可根据实际负荷情况做相应调整，并且实际标志值应经过使用方与制造方双方认可。

[c] 计算重量仅供参考。

5.2 巴拿马导缆孔的最小开孔尺寸应符合《巴拿马运河规定 关于海运 N-1-2010 船规》的规定。

6 材料

巴拿马导缆孔应采用屈服强度不小于 235 N/mm^2 的铸钢或同等材料制造。考虑到可焊性，铸钢材料的碳含量应不大于 0.23%。

7 结构

巴拿马导缆孔的底座取决于实际承重方向。与船体连接的底座和焊接方式应可靠保证巴拿马导缆孔在承受最大负荷时不会使船体结构产生任何塑性变形或开裂。

8 制造和检查

8.1 巴拿马导缆孔的所有表面，包括焊缝，应无任何可见的裂隙或瑕疵。

8.2 为避免缆绳因磨损而损坏，导缆孔内孔不应有粗糙的或不均匀的表面。

8.3 巴拿马导缆孔应在外部涂防腐保护涂层。

9 标志

9.1 按照 IMO Circular MSC/Circ.1175 的规定，巴拿马导缆孔的 SWL 应标示在船上系泊和拖带布置图中，供船长参照使用。

9.2 巴拿马导缆孔在船上实际能承受的 SWL 还取决于底座和甲板下方的结构加强情况，该实际 SWL 应标示在系泊和拖带布置图中。实际 SWL 不应超过本标准规定的 SWL。

9.3 巴拿马导缆孔应清晰地以电焊焊珠或类似方式标出 SWL。SWL 应以吨(符号“t”)为单位，标志的位置不应在系泊操作过程中被遮挡。

示例：SWL ××× t

注 1：实际标注时，按相关船级社、国家法定计量单位及用户的要求，可使用千牛(kN)。

注 2：导缆孔的产品标记参见附录 NA。

9.4 安全工作负荷(SWL)应标示在导缆孔底座上或甲板上。

9.5 图 1 和图 2 中未标注的边缘和拐角最小半径为 25 mm。

附 录 A
（资料性附录）
巴拿马导缆孔的强度评定基础

A.1 通则

巴拿马导缆孔根据巴拿马运河的下列技术规定进行设计：

——支撑面半径不小于 180 mm。

——单孔导缆孔的最小开口面积为 650 cm²，开口尺寸为 305 mm×230 mm，SWL 为 45.36 t。

——双孔导缆孔的最小开口面积为 900 cm²，开口尺寸为 355 mm×255 mm，SWL 为 64.00 t。

巴拿马导缆孔的强度是按照以下设计衡准，使用有限元模型分析进行评估确定的。

A.2 负荷

巴拿马导缆孔按可承受水平和垂直两个方向的负荷设计。

水平负荷和垂直负荷仅考虑为单独出现，不考虑两种负荷同时出现的情况。

A.2.1 情况 1——水平负荷

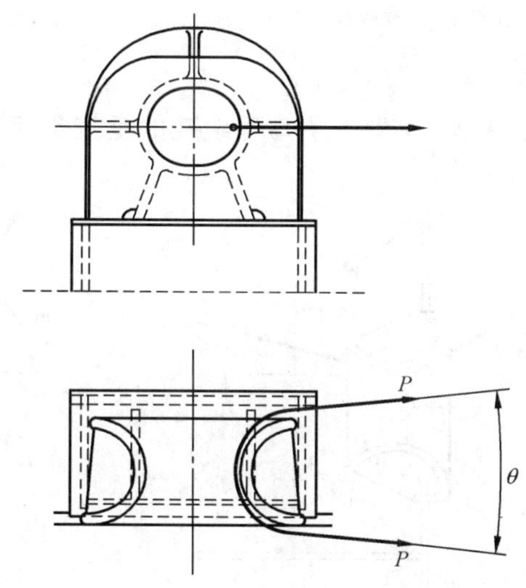

说明：

P——系泊力或拖带力。

注：负荷按穿过巴拿马导缆孔的缆绳偏转 180°（即 $\theta=0°$）计。

图 A.1 水平负荷

A.2.2 情况 2——垂直负荷

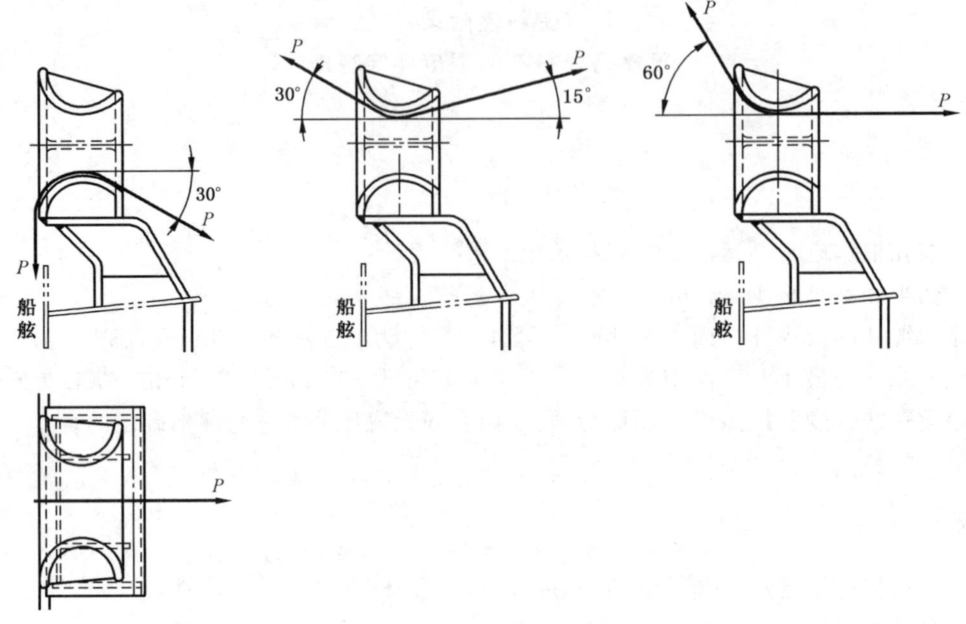

注：负荷分别按穿过巴拿马导缆孔的缆绳偏转下列角度计：

1）垂直向下：舷外向下 90°，舷内向下 30°；

2）垂直向上：舷外向上 30°，舷内向上 15°，或

舷外向上 60°，舷内向上 0°。

图 A.2 A 型巴拿马导缆孔的垂直负荷

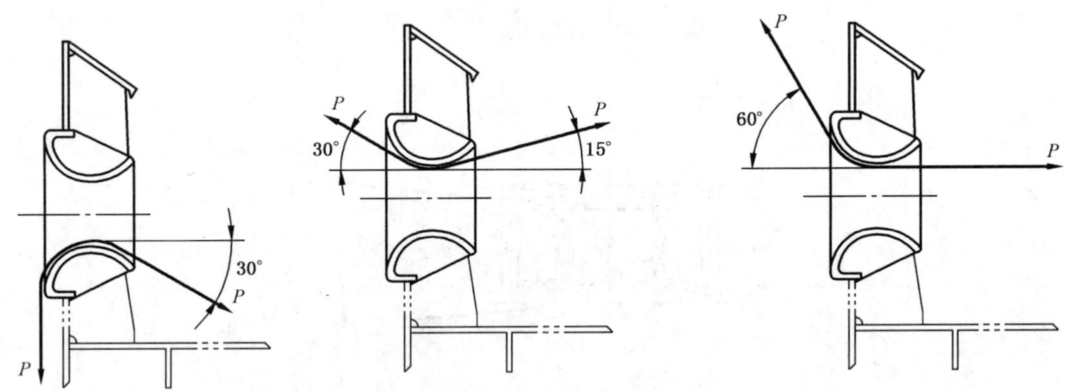

说明：

P——系泊力或牵引力。

注：负荷分别按穿过巴拿马导缆孔的缆绳偏转下列角度计：

1）垂直向下：舷外向下 90°，舷内向下 30°；

2）垂直向上：舷外向上 30°，舷内向上 15°，或

舷外向上 60°，舷内向上 0°。

a） B 型巴拿马导缆孔的垂直负荷（舷墙不倾斜情况）

图 A.3 B 型巴拿马导缆孔的垂直负荷

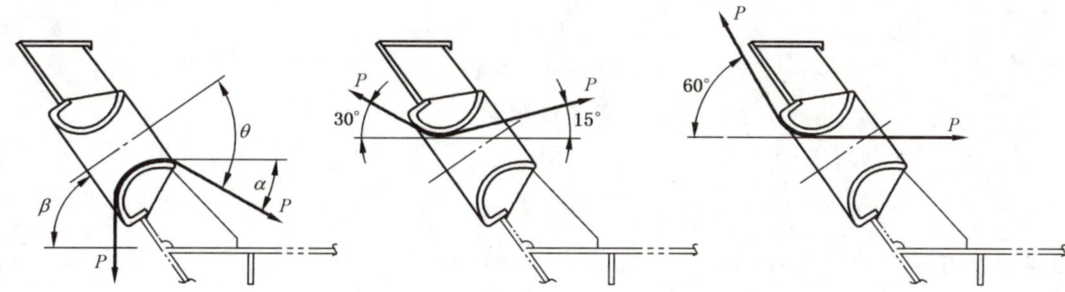

说明：

P——系泊力或牵引力。

注：负荷分别按穿过巴拿马导缆孔的缆绳偏转下列角度计：

1）垂直向下：舷外向下 90°，舷内向下 θ(°)不大于表 2 中的数值。[以下表为例，设计舷墙角度 β=60°时 α(°)的值]

设计舷墙角度 β= 60°时 α(°)的值

公称尺寸	α/(°) (最大角度)
310	14
360	13

2）垂直向上：舷外向上 30°，舷内向上 15°，或
舷外向上 60°，舷内向上 0°。

b） B 型巴拿马导缆孔的垂直负荷(舷墙倾斜情况)

图 A.3(续)

A.3 负荷和应力标准

在安全工作负荷(SWL)下，巴拿马导缆孔的合成应力应不超过材料屈服强度的 85%。

A.4 磨损余量和腐蚀裕度

磨损余量和腐蚀裕度已经包括在安全系数中。

附　录　NA
（资料性附录）
标记

NA.1　型号表示方法

巴拿马导缆孔的型号表示方法如下：

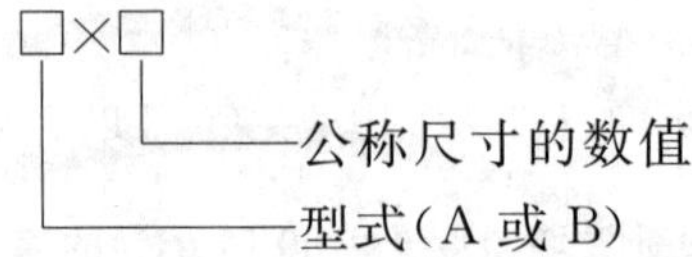

NA.2　标记示例

公称尺寸为 DN310 的甲板型巴拿马导缆孔标记如下：

巴拿马导缆孔 GB/T 11586—2018 A×310

参 考 文 献

[1] IACS UR A2,Shipboard fittings and supporting hull structures associated with towing and mooring on conventional vessels

[2] OCIMF, Mooring Equipment Guidelines(MEG3)

[3] ISO 4990 Steel castings—General technical delivery requirements

ICS 79.040
B 68

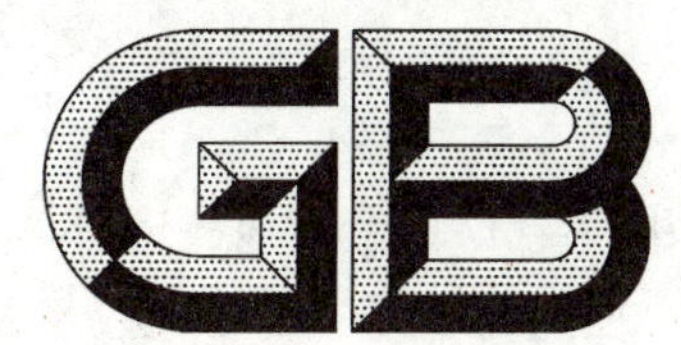

中华人民共和国国家标准

GB/T 11716—2018
代替 GB/T 11716—2009

小径原木

Logs of small diameter

2018-05-14 发布　　2018-12-01 实施

国家市场监督管理总局
中国国家标准化管理委员会　发布

前　言

本标准按照 GB/T 1.1—2009 给出的规则起草。

本标准代替 GB/T 11716—2009《小径原木》。本标准与 GB/T 11716—2009 相比，主要技术变化如下：

——修改了规范性引用文件(见第 2 章)；

——增加了术语和定义(见第 3 章)；

——修改了检尺径要求(见 4.2.3)；

——修改了心材腐朽缺陷允许限度(见 4.3)；

——修改了虫眼缺陷允许限度(见 4.3)；

——修改了弯曲检量方法(见 4.3)；

——修改弯曲缺陷允许限度(见 4.3)；

——增加了检量工具要求(见第 5 章)；

——删除了附录 A(见 2009 年版的 4.3)。

本标准由国家林业和草原局提出。

本标准由全国木材标准化技术委员会(SAC/TC 41)归口。

本标准起草单位：黑龙江省木材科学研究所、黑龙江省林业科学院、黑龙江省森林工业总局、福建省木材检验技术协会。

本标准主要起草人：李晓秀、李刚、黄海娇、何林、刘奇、吴新宇、梁宇祥、罗玉亮、罗旭、冯燕滨、邓晓华、孔庆子、丁艳、杨红艺、谢熙华。

本标准所代替标准的历次版本发布情况为：

——GB/T 11716—1989、GB/T 11716—1999、GB/T 11716—2009。

小 径 原 木

1 范围

本标准规定了小径原木的术语和定义、要求、检量工具、抽样和判定方法、检量方法、材积计算和产品标志。

本标准适用于木材生产、流通领域，也适用于农业、轻工业、手工业木制品及民需其他木料。

2 规范性引用文件

下列文件对于本文件的应用是必不可少的。凡是注日期的引用文件，仅注日期的版本适用于本文件。凡是不注日期的引用文件，其最新版本(包括所有的修改单)适用于本文件。

GB/T 144 原木检验

GB/T 155 原木缺陷

GB/T 4814 原木材积表

GB/T 15787 原木检验术语

GB/T 17659.1 原木锯材批量检查抽样、判定方法 第1部分:原木批量检查抽样、判定方法

LY/T 1511 原木产品 标志 号印

3 术语和定义

GB/T 155 和 GB/T 15787 界定的术语和定义适用于本文件。

4 要求

4.1 树种

所有针叶、阔叶树种。

4.2 尺寸及公差

4.2.1 检尺长:2 m～6 m，按 0.2 m 进级。

4.2.2 长级公差:$^{+6}_{-2}$ cm。

4.2.3 检尺径:4 cm～13 cm，以 1 cm 进级，尺寸不足 1 cm 时，足 0.5 cm 进级，不足 0.5 cm 舍去。

4.3 缺陷允许限度

缺陷允许限度应符合表1的规定。

表1　缺陷允许限度

缺陷名称	检量方法		允许限度
漏节	全材长范围内的个数		≤1个
边材腐朽	腐朽深度与检尺径之比		≤10%
心材腐朽	腐朽直径与检尺径之比	小头	不许有
		大头	≤15%
虫眼	任意材长1 m范围内的个数		≤6个
弯曲	最大拱高与该内曲水平长之比		≤5%

5　检量工具

5.1　检量使用的工具，应采用国家计量部门认证认可，专业工厂生产的钢卷尺、钢板尺等。

5.2　钢卷尺、钢板尺的精度为1 mm。

6　抽样和判定方法

抽样和判定方法按GB/T 17659.1的规定执行。

7　检量方法

尺寸、缺陷检量按GB/T 144的规定执行。

8　材积计算

材积计算按GB/T 4814的规定执行。

9　产品标志

产品标志按LY/T 1511的规定执行。

ICS 79.040
B 68

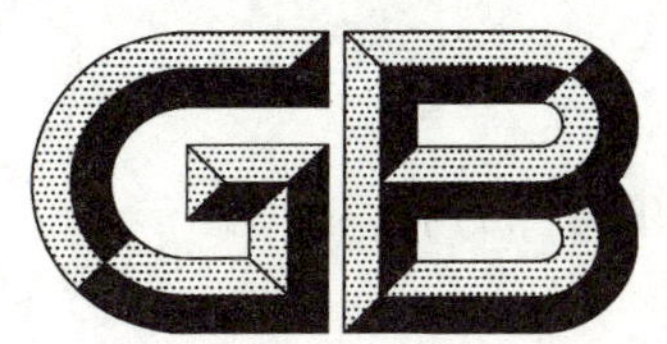

中华人民共和国国家标准

GB/T 11717—2018
代替 GB/T 11717—2009

造纸用原木

Pulp logs

2018-06-07 发布　　2019-01-01 实施

国家市场监督管理总局
中国国家标准化管理委员会　发布

前　言

本标准按照 GB/T 1.1—2009 给出的规则起草。

本标准代替 GB/T 11717—2009《造纸用原木》。本标准与 GB/T 11717—2009 相比，主要技术变化如下：

——修改了范围(见第 1 章，2009 年版的第 1 章)；

——修改了规范性引用文件(见第 2 章，2009 年版的第 2 章)；

——增加了术语和定义(见第 3 章)；

——修改了树种(见 4.1，2009 年版的 3.1)；

——增加了尺寸与公差(见 4.2)；

——修改了检尺径(见 4.2.2，2009 年版的 3.3)；

——修改了缺陷允许限度(见表 1，2009 年版的表 1)；

——修改了材积计算(见 5.3，2009 年版的 4.3)；

——增加了造纸用原木材积表(见附录 A)。

本标准由国家林业和草原局提出。

本标准由全国木材标准化技术委员会(SAC/TC 41)归口。

本标准起草单位：黑龙江省木材科学研究所、黑龙江省林业科学院。

本标准主要起草人：张冬梅、何金存、徐蕊、周志芳、张妍、黄在华、邓晓华、李彬、刘秀艳、高丹丹、王赫昱、高鹏。

本标准所代替标准的历次版本发布情况为：

——GB/T 11717—1989、GB/T 11717—2009。

造 纸 用 原 木

1 范围

本标准规定了造纸用原木的术语和定义、要求、抽样方法、检验方法、材积计算及产品标志。

本标准适用于造纸用原木的生产、流通及监督检验领域。

2 规范性引用文件

下列文件对于本文件的应用是必不可少的。凡是注日期的引用文件，仅注日期的版本适用于本文件。凡是不注日期的引用文件，其最新版本（包括所有的修改单）适用于本文件。

GB/T 144 原木检验

GB/T 155 原木缺陷

GB/T 4814 原木材积表

GB/T 15787 原木检验术语

GB/T 17659.1 原木锯材批量检查抽样、判定方法 第1部分：原木批量检查抽样、判定方法

LY/T 1511 原木产品 标志 号印

3 术语和定义

GB/T 155 和 GB/T 15787 界定的术语和定义适用于本文件。

4 要求

4.1 树种

所有针、阔叶适用树种。

4.2 尺寸与公差

4.2.1 检尺长

1 m～4 m。自 2 m 以上按 0.2 m 进级，不足 2 m 按 0.1 m 进级，长级公差：$^{+6}_{-2}$ cm。

4.2.2 检尺径

自 4 cm 以上。4 cm～13 cm 按 1 cm 进级，尺寸不足 1 cm 时，足 0.5 cm 进级，不足 0.5 cm 舍去；14 cm 以上按 2 cm 进级，尺寸不足 2 cm 时，足 1 cm 进级，不足 1 cm 舍去。

4.3 缺陷限度

4.3.1 缺陷允许限度

缺陷允许限度应符合表 1 规定。

表 1 缺陷允许限度

缺陷名称	允许限度
边材腐朽	腐朽厚度不得超过检尺径的 20%
心材腐朽	腐朽直径不得超过检尺径的 65%
注：本表未列缺陷不计。	

4.3.2 不适于造纸的原木

4.3.2.1 因风倒、病倒困山的腐朽木。

4.3.2.2 树干已炭化的火烧木。

5 抽样方法、检验方法、材积计算及产品标志

5.1 抽样、判定方法

按 GB/T 17659.1 的规定执行。

5.2 检验方法

按 GB/T 144 的规定执行。

5.3 材积计算

按 GB/T 4814 的规定执行。检尺长和检尺径超出 GB/T 4814 所列范围的，按造纸用原木材积表规定执行，见附录 A。

5.4 产品标志

按 LY/T 1511 的规定执行。

附 录 A
（规范性附录）
造纸用原木材积表

造纸用原木材积表见表 A.1。

表 A.1 造纸用原木材积表

检尺长/m	检尺径/cm			
	4	5	6	7
	材积/m³			
1.0	0.001 6	0.002 4	0.003 4	0.004 5
1.1	0.001 8	0.002 7	0.003 8	0.005 0
1.2	0.002 0	0.003 0	0.004 2	0.005 5
1.3	0.002 2	0.003 3	0.004 6	0.006 1
1.4	0.002 5	0.003 6	0.005 0	0.006 6
1.5	0.002 7	0.004 0	0.005 5	0.007 2
1.6	0.002 9	0.004 3	0.005 9	0.007 8
1.7	0.003 2	0.004 7	0.006 4	0.008 4
1.8	0.003 5	0.005 0	0.006 9	0.009 0
1.9	0.003 7	0.005 4	0.007 3	0.009 6

ICS 67.200.10
X 14

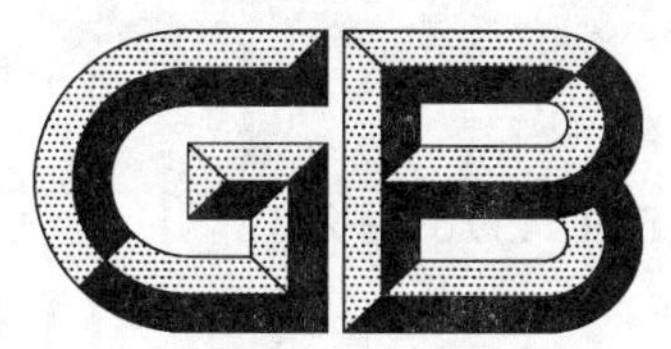

中华人民共和国国家标准

GB/T 11765—2018
代替 GB/T 11765—2003

油 茶 籽 油

Oil-tea camellia seed oil

2018-05-14 发布 2018-12-01 实施

国家市场监督管理总局
中国国家标准化管理委员会 发布

前　言

本标准按照 GB/T 1.1—2009 给出的规则起草。

本标准是对 GB/T 11765—2003《油茶籽油》的修订。

本标准与 GB/T 11765—2003《油茶籽油》相比，主要技术变化如下：

——修改了有关术语和定义(见 3.2、3.3、3.4、3.5，2003 年版的 3.1、3.2、3.3、3.4)；

——删除了部分术语和定义(见 2003 年版的 3.5、3.7、3.8、3.9、3.16、3.17)；

——增加了部分术语和定义(见 3.1、3.6)；

——修改了分类(见第 4 章，2003 年版的第 4 章)；

——增加了基本组成和主要物理参数章节(见第 5 章，2003 年版的 5.1 特征指标)；

——删除了质量要求中折光指数、碘值、皂化值、不皂化物指标(见 2003 年版的 5.1)；

——修改了油茶籽油质量等级指标，浸出成品油茶籽油由四级调整为三级(见表 2～表 4，2003 年版的表 1～表 3)；

——修改了油茶籽油质量指标中的色泽、透明度、水分及挥发物含量、酸值、加热试验、含皂量、烟点(见 6.2，2003 年版的 5.2)；

——修改了卫生指标为食品安全要求(见 6.3，2003 年版的 5.3)；

——修改了型式检验(见 8.3.2，2003 年版的 7.3.2)；

——修改了标签要求(见第 9 章，2003 年版的第 8 章)；

——修改了储存、运输要求，增加了销售要求(见 10.2、10.3 和 10.4，2003 年版的 9.2、9.3)。

本标准由国家粮食和物资储备局提出。

本标准由全国粮油标准化技术委员会(SAC/TC 270)归口。

本标准起草单位：国家粮食局科学研究院、国家粮食局标准质量中心、贵州省粮油产品质量监督检验站、江西省粮油质量监督检验中心、江西春源绿色食品有限公司、中粮食品营销有限公司、浙江省粮油产品质量检验中心、湖南康奕达健康产业有限公司、江西绿海油脂有限公司、安徽华银茶油有限公司。

本标准主要起草人：薛雅琳、李玥、王莉蓉、袁毅、莫逆、王照飞、陈玉军、潘俊升、骆倩、徐峰、安骏、张东、朱琳、李秀娟。

本标准所代替标准的历次版本发布情况为：

——GB/T 11765—1989、GB/T 11765—2003。

油 茶 籽 油

1 范围

本标准规定了油茶籽油的术语和定义、分类、基本组成和主要物理参数、质量要求、检验方法及规则、标签、包装、储存、运输和销售等。

本标准适用于压榨法、水酶法、浸出法等加工技术生产的商品油茶籽油。

油茶籽原油的质量指标仅适用于油茶籽原油的贸易。

2 规范性引用文件

下列文件对于本文件的应用是必不可少的。凡是注日期的引用文件,仅注日期的版本适用于本文件。凡是不注日期的引用文件,其最新版本(包括所有的修改单)适用于本文件。

GB/T 5009.37 食用植物油卫生标准的分析方法

GB 5009.168 食品安全国家标准 食品中脂肪酸的测定

GB 5009.227 食品安全国家标准 食品中过氧化值的测定

GB 5009.229 食品安全国家标准 食品中酸价的测定

GB 5009.236 食品安全国家标准 动植物油脂水分及挥发物的测定

GB 5009.262 食品安全国家标准 食品中溶剂残留量的测定

GB/T 5524 动植物油脂 扦样

GB/T 5525 植物油脂 透明度、气味、滋味鉴定法

GB/T 5526 植物油脂检验 比重测定法

GB/T 5531 粮油检验 植物油脂加热试验

GB/T 5533 粮油检验 植物油脂含皂量的测定

GB 7718 食品安全国家标准 预包装食品标签通则

GB/T 15688 动植物油脂 不溶性杂质含量的测定

GB/T 17374 食用植物油销售包装

GB/T 20795 植物油脂烟点测定

GB 28050 食品安全国家标准 预包装食品营养标签通则

3 术语和定义

下列术语和定义适用于本文件。

3.1

油茶籽油 oil-tea camellia seed oil

以油茶(*Camellia oleifera* A.)及其相应近缘种的籽实或仁为原料制取的油脂。

注:油茶籽油又称为山茶油(或山柚油)。

3.2

油茶籽原油 crude oil-tea camellia seed oil

采用油茶籽制取的不能直接供人食用的油品。

3.3

成品油茶籽油　finished product oil-tea camellia seed oil

经加工处理的供人食用的油品。

3.4

压榨油茶籽油　pressing oil-tea camellia seed oil

采用机械压力挤压油茶籽制取的油品。

3.5

浸出油茶籽油　solvent extraction oil-tea camellia seed oil

利用溶剂溶解油脂的特性,从油茶籽预榨饼中提取的原油经精炼加工制成的油品。

3.6

水酶法油茶籽油　aqueous enzymatic extraction oil-tea camellia seed oil

油茶籽仁(全脱壳)通过色选除去霉变籽粒,经研磨后,与水混合加热,在特定酶的作用下,释放油脂,离心分离出含水的油茶籽油,脱水干燥,加工制成的油品。

4　分类

按照品质分为油茶籽原油和成品油茶籽油两类。

按照加工工艺分为压榨油茶籽油、水酶法油茶籽油和浸出油茶籽油三类。

5　基本组成和主要物理参数

油茶籽油的基本组成和主要物理参数见表1。这些组成和参数表示了油茶籽油的基本特性,当被用于真实性判定时,仅作参考使用。

表1　油茶籽油基本组成和主要物理参数

项　目			指　标
相对密度(d_{20}^{20})			0.912～0.922
主要脂肪酸组成/%	豆蔻酸(C14:0)	≤	0.8
	棕榈酸(C16:0)		3.9～14.5
	棕榈一烯酸(C16:1)	≤	0.2
	硬脂酸(C18:0)		0.3～4.8
	油酸(C18:1)		68.0～87.0
	亚油酸(C18:2)		3.8～14.0
	亚麻酸(C18:3)	≤	1.4
	花生酸(C20:0)	≤	0.5
	花生一烯酸(C20:1)	≤	0.7
	芥酸(C22:1)	≤	0.5
	二十四碳一烯酸(C24:1)	≤	0.5

6 质量要求

6.1 油茶籽原油质量指标

油茶籽原油质量指标见表2。

表2 油茶籽原油质量指标

项目			质量指标
气味、滋味			具有油茶籽原油固有的气味和滋味，无异味
水分及挥发物含量/%		≤	0.20
不溶性杂质含量/%		≤	0.20
酸价(以KOH计)/(mg/g)		≤	4.0
过氧化值/(g/100 g)		≤	0.25
溶剂残留量/(mg/kg) ≤	浸出法		100
	压榨法、水酶法		不得检出

6.2 成品油茶籽油质量指标

成品油茶籽油质量指标见表3和表4。

表3 水酶法、压榨油茶籽油质量指标

项目		质量指标	
		一级	二级
色泽		淡黄色至橙黄色	淡黄色至棕黄色
透明度(20 ℃)		清澈	微浊
气味、滋味		具有油茶籽油固有的气味和滋味，无异味	
水分及挥发物含量/%	≤	0.10	0.20
不溶性杂质含量/%	≤	0.05	0.05
酸价(以KOH计)/(mg/g)	≤	2.0	3.0
过氧化值/(g/100 g)	≤	0.25	

表4 浸出油茶籽油质量指标

项目	质量指标		
	级	一级	三级
色泽	淡黄色至黄色	淡黄色至橙黄色	淡黄色至棕红色
气味、滋味	无异味，口感好	无异味，口感良好	具有油茶籽油固有气味和滋味，无异味
透明度(20 ℃)	澄清、透明	澄清	允许微浊

表 4（续）

项　目		质量指标		
		一级	二级	三级
水分及挥发物含量/%	≤	0.10	0.15	0.20
不溶性杂质含量/%	≤	0.05	0.05	0.05
酸价(以 KOH 计)/(mg/g)	≤	0.50	2.0	3.0
过氧化值/(g/100 g)	≤	0.25		
加热试验(280 ℃)		—	无析出物，允许油色变浅或不变化	微量析出物，允许油色变浅、不变化或变深
含皂量/%	≤	—	0.02	0.03
烟点/℃	≥	190	—	—
注：划有“—”者不做检测。				

6.3 食品安全要求

按食品安全标准和法律法规要求规定执行。

6.4 其他

油茶籽油中不得掺有其他食用油和非食用油；不得添加任何香精和香料。

7 检验方法

7.1 透明度、气味、滋味检验：按 GB/T 5525 执行。
7.2 色泽检验：按 GB/T 5009.37 执行。
7.3 相对密度检验：按 GB/T 5526 执行。
7.4 水分及挥发物含量检验：按 GB 5009.236 执行。
7.5 不溶性杂质含量检验：按 GB/T 15688 执行。
7.6 过氧化值检验：按 GB 5009.227 执行。
7.7 酸价检验：按 GB 5009.229 执行。
7.8 加热试验：按 GB/T 5531 执行。
7.9 含皂量检验：按 GB/T 5533 执行。
7.10 脂肪酸组成检验：按 GB 5009.168 执行。
7.11 溶剂残留量检验：按 GB 5009.262 执行。
7.12 烟点检验：按 GB/T 20795 执行。

8 检验规则

8.1 扦样

油茶籽油扦样方法按照 GB/T 5524 的要求执行。

8.2 出厂检验

8.2.1 应逐批检验,并出具检验报告。

8.2.2 按6.1、6.2的规定检验。

8.3 型式检验

8.3.1 当原料、设备、工艺有较大变化或监督管理部门提出要求时,均应进行型式检验。

8.3.2 按第5章和第6章的规定检验。当检测结果与表1的规定不符合时,可用生产该批产品的油茶籽原料进行检验,佐证。

8.4 判定规则

8.4.1 成品油茶籽油未标注质量等级时,按不合格判定。

8.4.2 经检验,油茶籽原油有一项不符合6.1规定,成品油茶籽油不符合6.2规定时,按不合格判定。

9 标签

9.1 应符合GB 7718和GB 28050的要求。

9.2 应在包装或随行文件上标识加工工艺(如:压榨法、水酶法和浸出法)。

10 包装、储存、运输和销售

10.1 包装

应符合GB/T 17374的要求。

10.2 储存

应储存在卫生、阴凉、干燥、避光的地方,不得与有害、有毒物品一同存放,尤其要避开有异常气味的物品。

如果产品有效期限依赖于某些特殊条件,应在标签上注明。

10.3 运输

运输中应注意安全,防止日晒、雨淋、渗漏、污染和标签脱落。散装运输应使用专用罐车,保持车辆及油罐内外的清洁、卫生。不得使用装运过有毒、有害物质的车辆。

10.4 销售

预包装的成品油茶籽油在零售终端不得脱离原包装散装销售。

ICS 47.020.40
U 22

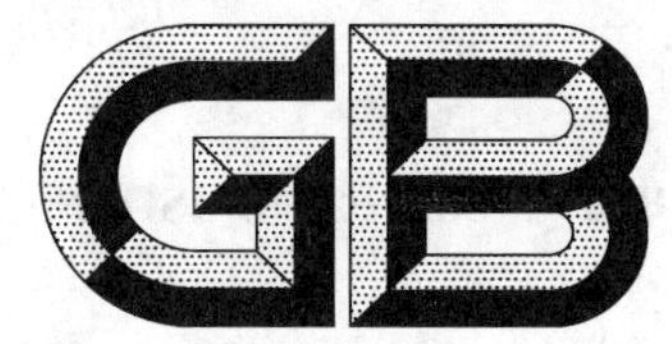

中华人民共和国国家标准

GB/T 11869—2018/ISO 7365:2012
代替 GB/T 11869—2007

造船和海上结构物　甲板机械
远洋拖曳绞车

Shipbuilding and marine structures—Deck machinery—
Towing winches for deep sea use

(ISO 7365:2012,IDT)

2018-09-17 发布　　2019-04-01 实施

国家市场监督管理总局
中国国家标准化管理委员会　发布

前　言

本标准按照 GB/T 1.1—2009 给出的规则起草。

本标准代替 GB/T 11869—2007《远洋船用拖曳绞车》。

本标准与 GB/T 11869—2007 相比主要有下列技术变化：

——修改了部分术语，增加了公称速度、放出负载、中间式绞车、两侧式绞车、瀑布式绞车的术语(第 3 章，2007 年版第 3 章)；

——增加了单卷筒两侧式绞车、双卷筒瀑布式两侧式绞车的示意图(3.2.6，2007 年版 4.1)；

——增加了卷筒负载为 100 kN、200 kN、320 kN、560 kN、2 500 kN、3 000 kN、3 500 kN、4 000 kN、4 500 kN、5 000 kN、6 000 kN 绞车的基本参数(表 1，2007 年版表 1)；

——修改了卷筒负载为 160 kN、250 kN、400 kN、630 kN、800 kN、1 000 kN、1 250 kN、1 600 kN、2 000 kN绞车的部分基本参数(表 1，2007 年版表 1)；

——修改了堵转负载、卷筒负载应力计算值的要求(4.2，2007 年版 5.2)；

——删除了设计和操作中对负载限制装置的要求(2007 年版 5.3)；

——增加了设计和操作中对负载报警装置的要求(4.3)；

——修改了卷筒设计中对卷筒直径的要求(4.5.2，2007 年版 5.5.2)；

——修改了卷筒设计中对卷筒的法兰高度的要求(4.5.5，2007 年版 5.5.5)；

——删除了辅助设备中对排绳装置的要求(2007 年版 5.6.1)；

——增加了辅助设备中对控制台及其布置的要求(4.6.1)；

——增加了验收试验中应急释放试验的要求(6.4)；

——增加了产品铭牌的要求(7.3)。

本标准使用翻译法等同采用 ISO 7365:2012《造船和海上结构物　甲板机械　远洋拖曳绞车》。

与本标准中规范性引用的国际文件有一致性对应关系的我国文件如下：

——GB/T 3893—2008　造船及海上结构物　甲板机械　术语和符号(ISO/FDIS 3828:2007，IDT)

——GB/T 20118—2006　一般用途钢丝绳(ISO/DIS 2408:2002，MOD)

——CB/T 3827—1998　绞缆筒(ISO 6482:1980，NEQ)

本标准主要做了下列编辑性修改：

——第 4 章中，将国际标准原文中的“表 2”修改为“表 1”、“表 1”修改为“表 2”，并将“表 1 绞车基本参数”挪至 4.1 后；

——第 4 章表 1 中，将国际标准原文中编辑性错误卷筒负载栏的“300”修改为“3 000”；

——第 4 章表 2 中，将国际标准原文中编辑性错误最小钢丝绳破断强度“F_{max}”修改为“F_{min}”。

本标准由全国船用机械标准化技术委员会(SAC/TC 137)提出并归口。

本标准起草单位：中国船舶工业综合技术经济研究院、南京中船绿洲机器有限公司、宁波新宏液压有限公司、上海船舶研究设计院。

本标准主要起草人：王琮、祁超、陈建锋、朱宏国、施礼军、叶兵兵、周小宝、王剑平、李建平。

本标准所代替标准的历次版本发布情况为：

——GB/T 11869—1989、GB/T 11869—2007。

造船和海上结构物　甲板机械
远洋拖曳绞车

1　范围

本标准规定了电动、液压、柴油机或蒸汽驱动的远洋拖曳绞车的设计、操作、性能和验收试验等要求。

本标准适用于远洋拖曳绞车。纤维绳绞车可参照执行。

2　规范性引用文件

下列文件对于本文件的应用是必不可少的。凡是注日期的引用文件，仅注日期的版本适用于本文件。凡是不注日期的引用文件，其最新版本(包括所有的修改单)适用于本文件。

ISO 2408　一般用途钢丝绳　最低要求(Steel wire ropes for general purposes—Minimum requirements)

ISO 3828　造船及海上结构物　甲板机械　术语和符号(Shipbuilding and marine structures—Deck machinery—Vocabulary and symbols)

ISO 6482　造船　甲板机械　绞缆筒外形(Shipbuilding—Deck machinery—Warping end profiles)

3　术语和定义

ISO 3828 界定的以及下列术语和定义适用于本文件。

3.1　一般术语

3.1.1

公称速度　nominal speed

绞车承受卷筒负载时，绞车能保持的最大绳速。

3.1.2

放出负载　rendering load

原动机调定在限定的转矩，且在卷筒卷绕单层钢丝绳条件下，当卷筒以相反于被施加的驱动转矩的方向刚开始转动时，在卷筒出绳处测得的最大绳索张力。

3.2　绞车的型式(见图 1)

3.2.1

右式绞车　right-hand winch

当观察者位于原动机或控制器一边时，减速齿轮箱或卷筒驱动装置位于卷筒右侧的绞车。

3.2.2

左式绞车　left-hand winch

当观察者位于原动机或控制器一边时，减速齿轮箱或卷筒驱动装置位于卷筒左侧的绞车。

3.2.3

中间式绞车　central winch

卷筒的减速齿轮箱或驱动装置位于两个卷筒中间的绞车。

3.2.4

两侧式绞车　winch operable from both sides

卷筒的减速齿轮箱或驱动装置位于卷筒两侧的绞车。

3.2.5

瀑布式绞车　waterfall winch

多个卷筒呈前后高低布置的绞车。

3.2.6

绞车的结构型式

绞车的结构型式与卷筒跟动力源的相对位置、卷筒数量及卷筒中心高度有关，本标准用结构型式代号来表示，其标记方法如下：

注 1：图 1 名称括号内为绞车结构型式代号。

注 2：每幅示意图下方均有绞车结构型式代号的名称图解。

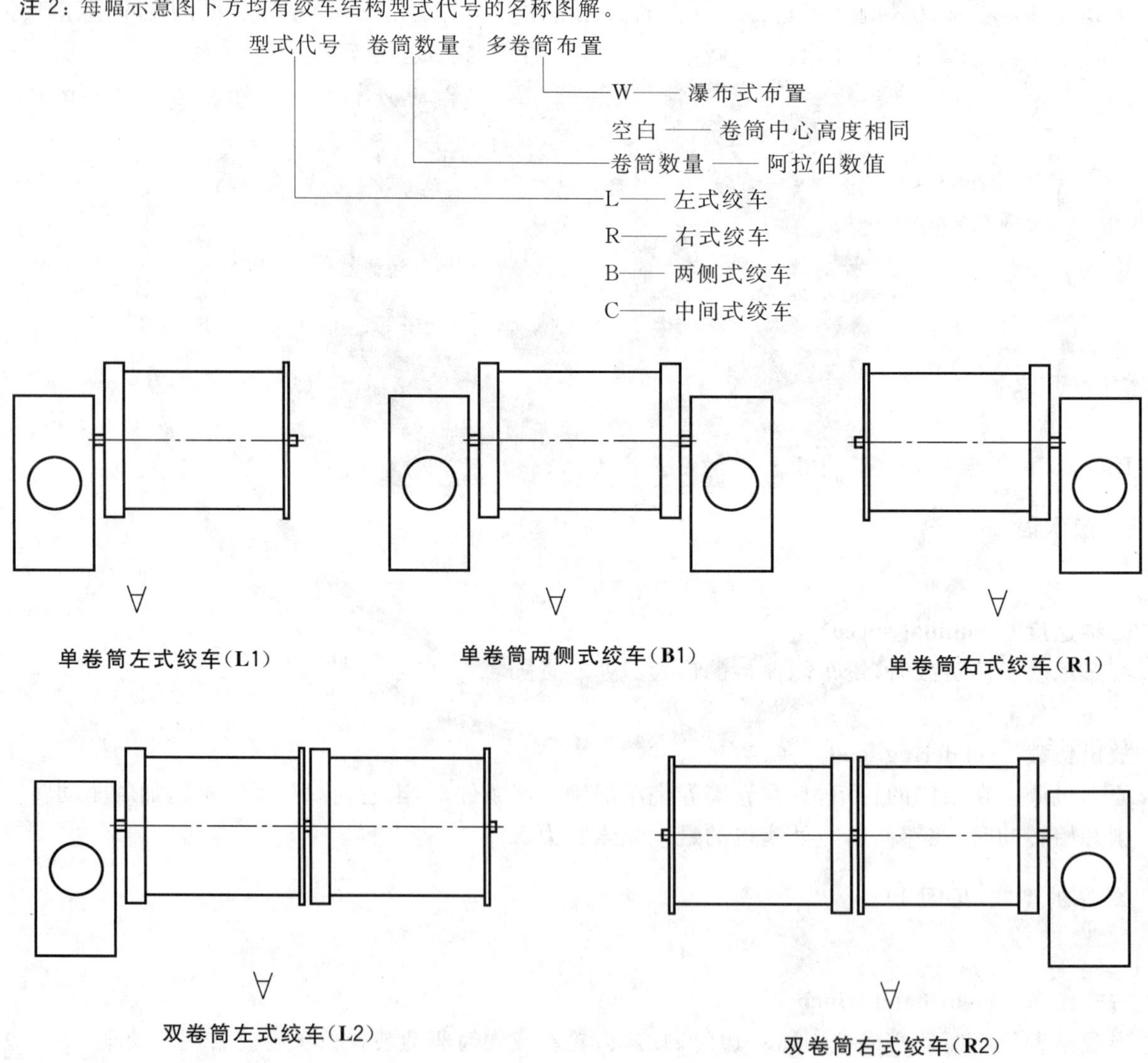

图 1　绞车结构型式示意图

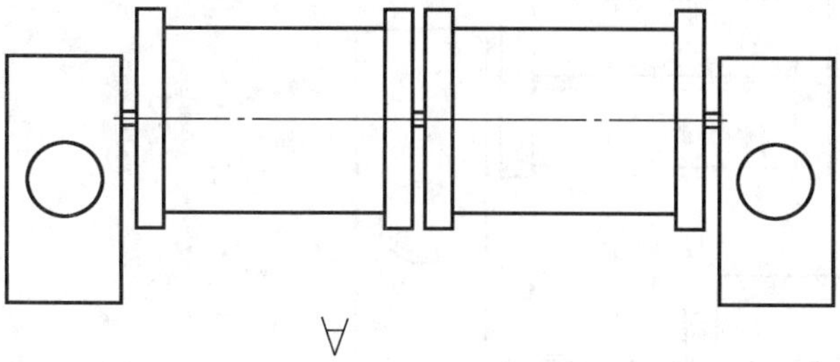

双卷筒两侧式绞车(B2)

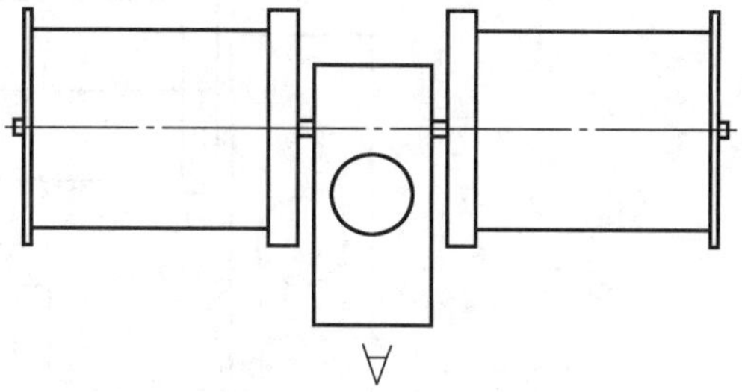

双卷筒中间式绞车(C2)

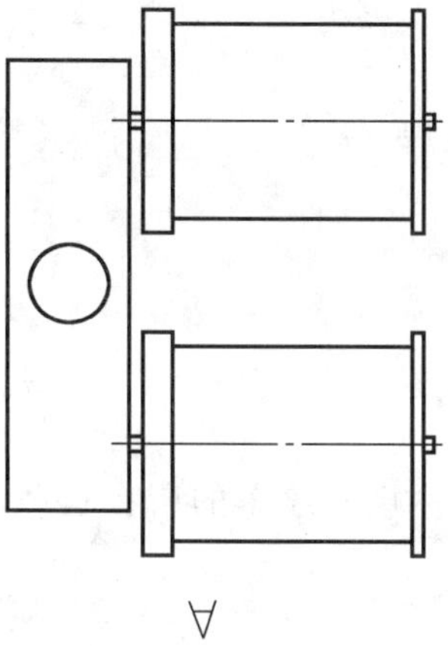

双卷筒瀑布式左式绞车(L2W)

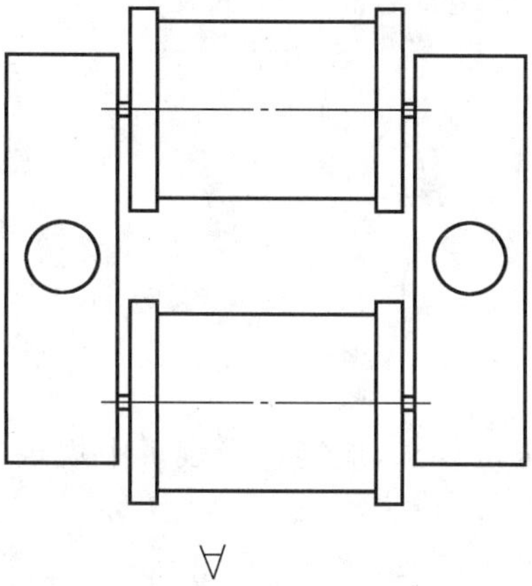

双卷筒瀑布式两侧式绞车(B2W)

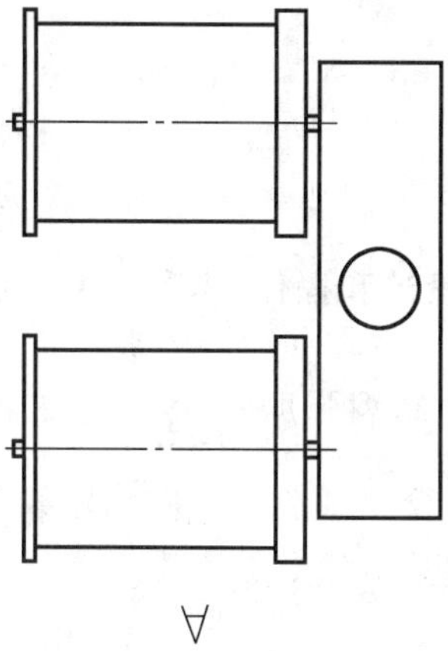

双卷筒瀑布式右式绞车(R2W)

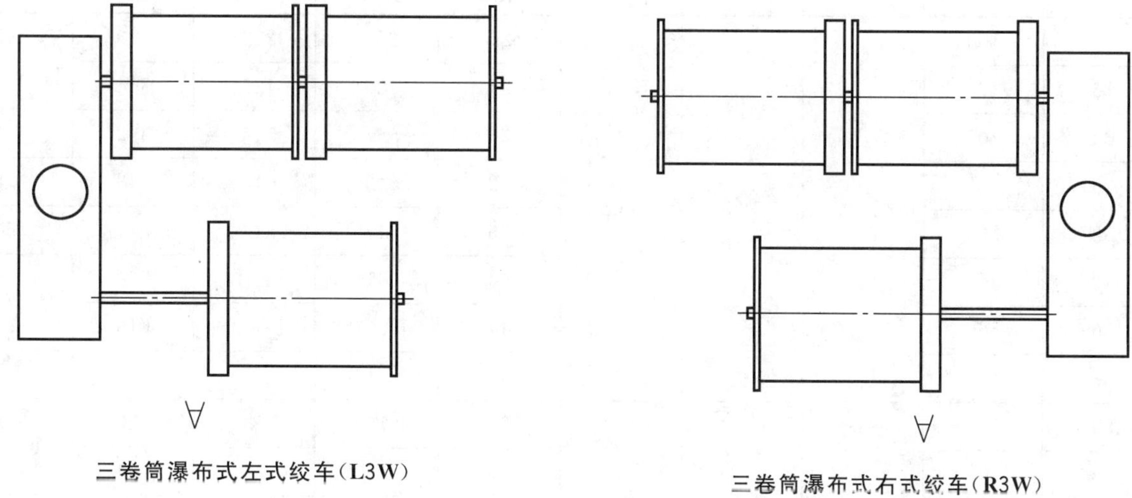

三卷筒瀑布式左式绞车(L3W)

三卷筒瀑布式右式绞车(R3W)

图 1(续)

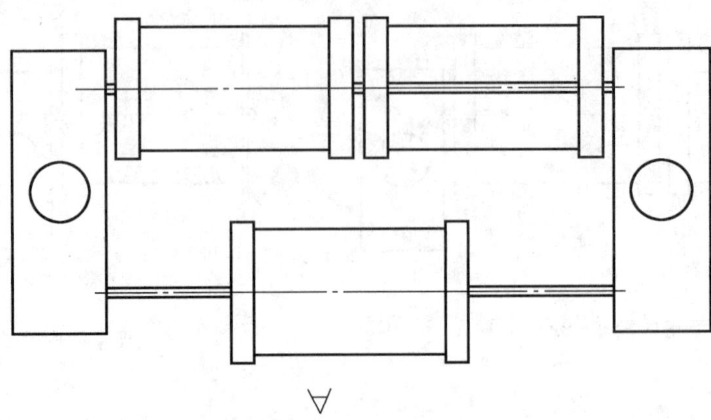

三卷筒瀑布式两侧式绞车(B3W)

图 1(续)

4 设计和操作

4.1 材料强度

绞车制造厂商应确定绞车零件强度要求,应能承受表1中规定的各公称规格绞车的所有负载。绞车的基本参数见表1。

表 1 绞车基本参数

公称规格	卷筒负载 kN	公称速度(最小值) m/s	空载速度(最小值) m/s	爬行速度(最大值) m/s	设计基准钢丝绳直径 mm	设计钢丝绳最小破断强度 kN	支持负载(最小值) kN	卷筒直径(最小值) mm	卷筒容绳量 m
10	100	0.125	0.25	0.05	20	252[a]	252[a]	280	450
16	160				26	426[a]	426[a]	364	500
20	200				28	547[b]	547[b]	392	
25	250				32	645[a]	645[a]	448	550
32	320				36	817[a]	817[a]	504	600
40	400				40	1 010[a]	1 010[a]	560	750
56	560				44	1 350[b]	1 350[b]	616	
63	630				45	1 410[b]	1 410[b]	630	850
80	800	0.08	0.16	0.04	52	1 700[a]	1 700[a]	728	1 000
100	1 000				56	2 190[b]	2 190[b]	784	
125	1 250				60	2 510[b]	2 510[b]	840	1 200
160	1 600				70	3 320[c]	3 320[c]	980	
200	2 000				78	4 130[c]	4 130[c]	1 092	1 500
250	2 500				86	5 020[c]	5 020[c]	1 232	2 000

表 1（续）

公称规格	卷筒负载 kN	公称速度（最小值） m/s	空载速度（最小值） m/s	爬行速度（最大值） m/s	设计基准钢丝绳直径 mm	设计钢丝绳最小破断强度 kN	支持负载（最小值） kN	卷筒直径（最小值） mm	卷筒容绳量 m
300	3 000	0.08	0.16	0.04	96	6 250[c]	6 250[c]	1 344	2 000
350	3 500				102	7 060[c]	7 060[c]	1 428	2 500
400	4 000				110	8 210[c]	8 210[c]	1 568	3 000
450	4 500				116	9 130[c]	9 130[c]	1 652	
500	5 000				122	10 100[c]	10 100[c]	1 736	3 500
600	6 000				134	12 200[c]	12 200[c]	1 904	

[a] ISO 2408 钢丝绳抗拉强度 1 770 N/mm²。

[b] ISO 2408 钢丝绳抗拉强度 1 960 N/mm²。

[c] ISO 2408 未规定的直径系列：钢丝绳抗拉强度 1 960 N/mm²。

4.2 基本计算

4.2.1 堵转负载

在堵转负载下，根据简单的弹性理论方法计算出的任何绞车受力零件，其许用应力计算值不应超过零件材料 0.9 倍的上屈服强度(R_{eH})或 0.2% 规定非比例延伸强度($R_{P0.2}$)。

4.2.2 卷筒负载

在卷筒负载下，根据简单的弹性理论方法计算出的任何绞车受力零件，其许用应力计算值不应超过零件材料 0.4 倍的上屈服强度(R_{eH})或 0.2% 规定非比例延伸强度($R_{P0.2}$)。

4.2.3 支持负载

在支持负载下，根据简单的弹性理论方法计算出的任何绞车受力零件，其许用应力计算值不应超过零件材料 0.9 倍的上屈服强度(R_{eH})或 0.2% 规定非比例延伸强度($R_{P0.2}$)。

4.3 负载报警装置

绞车应配备报警装置，当绳索拉力达到所使用钢丝绳最小破断强度的 50%时，该装置应发出报警信号。

4.4 制动装置

4.4.1 电动绞车应设置自动制动装置，无论绞车是否受力，应在控制器“停止”或“制动”情况下发生作用。制动器应能支持 1.25 倍的卷筒负载，并应能停止卷筒在最高转速时的转动而不受到破坏。对于其他驱动型式的绞车，其合适的制动装置可由制造厂商与用户商定，其制动装置应能支持 1.25 倍的卷筒负载。

4.4.2 绞车均应设置卷筒制动器(即拖缆制动器)，制动器应具有正常制动和应急制动两种功能。应急制动力应不小于最小钢丝绳破断强度的 80%，且无需依靠常规动力源。正常制动的支持负载见 5.1.1。若制动器是动力操纵的，则其应能用手动操纵。

4.5 卷筒设计

4.5.1 设计基准钢丝绳

根据 ISO 2408,采用公称抗拉强度为 1 770 N/mm^2 或 1 960 N/mm^2 8 股钢丝绳作为设计卷筒的基础。除制造厂商和用户另有协议外,钢丝绳的最小破断强度按表 2 选取。

注:不排除实际使用中采用其他类型的钢丝绳。

表 2 钢丝绳的最小破断强度与卷筒负载

卷筒负载 T	效用系数 K
$T \leqslant 200$ kN	$K=2.5$
$T \geqslant 1\ 000$ kN	$K=2$
$T=200 \sim 1\ 000$ kN	采用线性插入法确定
最小钢丝绳破断强度 $F_{min}=K \times T$	

4.5.2 卷筒直径

卷筒直径应不小于设计基准钢丝绳直径的 14 倍,见表 1。

4.5.3 卷筒容绳量

卷筒的正常容绳量应按表 1,若有特殊要求用户可另行提出。应符合船旗国主管机关的相关规定。

4.5.4 卷筒的长度

卷筒的底层容纳的钢丝绳长度应不少于 50 m。

4.5.5 卷筒的法兰高度

当把全部钢丝绳卷绕在卷筒上时,凸缘超出外层绳索的高度应不小于钢丝绳直径的 1.5 倍。

4.5.6 钢丝绳与卷筒的连接强度

钢丝绳末端与卷筒的连接强度最大应为钢丝绳破断强度的 15%。

4.5.7 卷筒的离合器

卷筒应能与驱动装置脱开,动力操纵的离合器应可用手动操纵。

4.6 辅助设备

4.6.1 控制台及其布置

主控制台应位于驾驶室,从主控制台应能清晰观察到甲板区域、绞车及排绳装置。

应分别在绞车旁和驾驶室设置用于应急停止和应急释放的控制台。

控制台的其他要求由制造厂商和用户商定。

4.6.2 绞缆筒

绞车可以设置或不设置绞缆筒。若设置的绞缆筒用手动来操纵钢丝绳时,则绞缆筒上的拉力不应超过 100 kN,绞缆筒外形应符合 ISO 6482 的规定。

4.6.3 负载测量装置

绞车应设置连续负载监控装置，其应能在任何时间测出收绳、放绳或制动时从卷筒引出的钢丝绳上的负载，并记录瞬时拉力，同时设有超载报警器。

驾驶室内应设置负载显示器和防止超载装置。绞车旁是否设置负载显示器和防止超载装置，由制造厂商和用户协商。

4.7 速度控制

4.7.1 绞车速度

绞车的速度应能在停止到最大速度之间逐级调整，并应能在绞车工作过程中进行调节。

4.7.2 操纵装置的动作方向

当手轮或曲柄摇手按顺时针方向或手柄朝着操作者的方向动作时，则应收进钢丝绳。所有操纵件上应有操纵方向的永久标志。

4.7.3 回复到停止位置

除制造厂商和用户另有协议外，无论采用何种动力源，操纵装置应设计成当操纵者松开控制器时能自动回复到停止的位置。

4.8 应急释放

4.8.1 绞车应设计成当收、放钢丝绳或卷筒被制动时，使卷筒能应急释放。从释放动作开始到卷筒脱开允许的最长延迟时间为 10 s。

4.8.2 应在驾驶室设置应急释放卷筒的操纵装置。若驾驶室较宽且制造厂商和用户同意，在左舷或右舷均应能实现应急释放。

4.8.3 在任何情况下，即使在正常动力源失效时，在不同的位置只要操纵功能相同的控制器，就应能进行应急释放。在断电期间，也应能进行应急释放。

4.8.4 应急释放后，卷筒制动器应能立即恢复正常的功能，绞车原动机不应在应急释放后自动再运行。

4.8.5 应急释放用控制手柄、按钮等应有保护装置，防止误操作。

注：必要时参照国家相关应急释放的安全规则。

5 性能

绞车的规格和性能参数，按表 1。

注：除制造厂商和用户另有协议外，设计基准钢丝绳直径、设计钢丝绳最小破断强度及卷筒容绳量按表 1 选取。

5.1 负载

绞车应符合表 1 中规定的公称规格对应的卷筒负载、支持负载。

5.1.1 支持负载

绞车的支持负载应不小于设计基准钢丝绳最小破断强度的 100% 。

5.1.2 放出负载

绞车的放出负载应不大于设计基准钢丝绳最小破断强度的 50%。

5.2 速度

绞车的速度应不低于表1中的规定。

6 验收试验

绞车出厂验收之前，应作下列工厂试验。

注1：若制造厂商和用户同意，本试验可在工厂内进行，也可在船上进行。

注2：需注意相关国家有关主管当局或船级社的要求。

6.1 卷筒制动器支持负载试验

当卷筒上转矩等于规定的制动器支持负载转矩时，卷筒不应转动。若制造厂商和用户达成协议，卷筒制动器支持负载试验可以由计算或样机试验数据来验证，设计计算时带式制动器摩擦带的最大摩擦系数为0.30。

6.2 负载运行试验

绞车在卷筒负载下连续15 min收、放钢丝绳。

在试验期间应进行下列检查：

a) 测量实际速度；

b) 轴承温度；

c) 功率消耗；

d) 控制器的工作情况；

e) 有无异常噪声和振动；

f) 排绳装置的工作情况(若设置)。

6.3 控制系统效用试验

应检查控制装置、自动制动装置(若设置)和测量装置等的工作情况。

6.4 应急释放试验

当绞车处于空载收缆、放缆或制动状态下，进行应急释放动作试验。

7 标志

7.1 产品型号标识

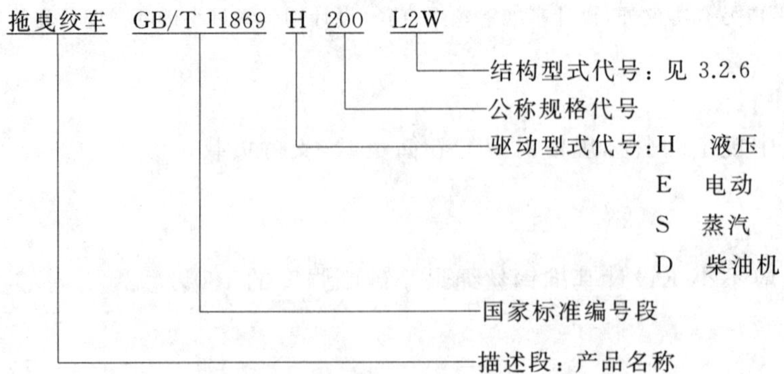

示例：

按照 GB/T 11869 制造的液压驱动，卷筒负载为 2 000 kN，结构型式为 L2W 的拖曳绞车，标记示例如下：

拖曳绞车：GB/T 11869-H-200-L2W

7.2 产品铭牌

应在拖曳绞车明显位置安装永久耐腐蚀的铭牌，铭牌应包括以下内容：

a) 产品名称；
b) 产品型号；
c) 卷筒负载；
d) 公称速度；
e) 支持负载；
f) 制造编号；
g) 制造日期；
h) 制造厂商名称。

ICS 59.060.10
W 04

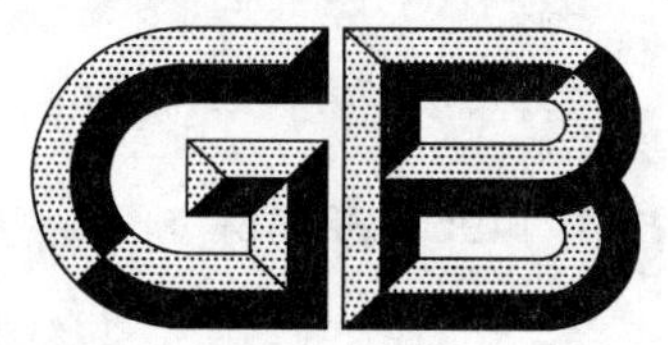

中华人民共和国国家标准

GB/T 11951—2018
代替 GB/T 11951—1989

天然纤维 术语

Natural fibres—Terminology

(ISO 6938:2012,Textiles—Natural fibres—
Generic names and definitions, MOD)

2018-02-06 发布 2018-09-01 实施

中华人民共和国国家质量监督检验检疫总局
中国国家标准化管理委员会 发布

前　言

本标准按照 GB/T 1.1—2009 给出的规则起草。

本标准代替 GB/T 11951—1989《纺织品　天然纤维　术语》，本标准与 GB/T 11951—1989 的主要差异为：

——修改了标准名称；

——修改了标准范围；

——“动物纤维”中增加了“软体动物分泌纤维”的分类(见 2.2 与 3.1.2)；

——增加了 7 个术语(见 3.1.1.3、3.2.2.13、3.2.2.14、3.2.3.10～3.2.3.13)；

——修改了 3 个英文属名(见 3.1.1.1、3.1.1.2 和 3.2.3.2，1989 年版的 3.1.1.1、3.1.1.2 和 3.2.3.6)；

——修改了 2 个植物英文学名(见 3.2.2.12 和 3.2.3.9，1989 年版的 3.2.2.8 和 3.2.3.4)；

——将“羊毛”改为“绵羊毛”，并增加注释(见 3.1.3.1，1989 年版的 3.1.2.1)；

——将“羊驼绒”改为“羊驼毛”，“原驼绒”改为“原驼毛”，“美洲驼绒”改为“美洲驼毛”，“骆马绒”改为“骆马毛”(见 3.1.3.2、3.1.3.6、3.1.3.7、3.1.3.9，1989 年版的 3.1.2.2、3.1.2.6、3.1.2.7、3.1.2.9)；

——删除了“中卫山羊毛”术语(1989 年版的 3.1.2.12)；

——增加了马毛的注释(见 3.1.3.15)；

——增加了大麻的注释(见 3.2.2.1)；

——“韧皮纤维”中增加了“黄麻及同类纤维”的注释(见 3.2.2 脚注 c)；

——删除原附录 A 中文索引和附录 B 英文索引，增加资料性附录“纤维术语、英文属名与俗称索引表”(见附录 A)。

本标准使用重新起草法修改采用 ISO 6938:2012《纺织品　天然纤维　属名与定义》。

本标准与 ISO 6938:2012 的技术性差异为：

——修改了标准名称；

——增加了 3 个术语(见 3.1.1.6～3.1.1.8)；

——增加了 7 个同义词(见 3.1.3 脚注[b]、3.2.1 脚注[b]、3.2.2 脚注[c]～脚注[e]、3.2.3 脚注[b] 和脚注[c])；

——增加了大麻的注释(见 3.2.2.1)；

——将第 4 章修改为资料性附录(见附录 A)。

本标准由中国纤维检验局提出。

本标准由全国纤维标准化技术委员会(SAT/TC 513)归口。

本标准起草单位：上海市质量监督检验技术研究院纤维检验所、中国纤维检验局、纺织工业标准化研究所、湖南省纤维检验局、内蒙古自治区纤维检验局、广西壮族自治区纤维检验所、东华大学生态纺织教育部重点实验室。

本标准主要起草人：李卫东、成嫣、冯平、陈效文、郑宇英、瞿健、田文亮、黎一清、王新厚。

本标准代替标准的历次版本发布情况为：

——GB/T 11951—1989。

天然纤维　术语

1　范围

本标准根据纤维来源或组成界定了纺织用主要天然纤维的术语和定义，提供了相应的英文属名和俗称。

本标准适用于纺织用天然纤维。

注：本标准界定的各种天然纤维的英文俗称参见附录A。

2　天然纤维分类

2.1　天然纤维

天然纤维按来源分为动物纤维、植物纤维、矿物纤维。

2.2　动物纤维

动物纤维主要包括：

——丝纤维：由一些昆虫丝腺所分泌的、特别是由鳞翅目幼虫所分泌的两根丝素蛋白长丝，由丝胶粘合形成的纤维。

——软体动物分泌纤维：由软体动物分泌的纤维。

——毛发纤维：自动物毛囊生长具有多细胞结构、由角蛋白组成的纤维。

2.3　植物纤维

植物纤维主要包括：

——种子纤维：从植物种子表皮细胞生长成的单细胞结构纤维，主要由纤维素组成。

——韧皮纤维：从植物的韧皮或茎部取得的纤维，主要由纤维素及其伴生物质和细胞间质（果胶、半纤维素、木质素等）组成。

——叶纤维：从植物的叶子取得的纤维，主要由纤维素及其伴生物质和细胞间质（木质素和半纤维素等）组成。

——果实纤维：从植物的果实取得的纤维，主要由纤维素及其伴生物质和细胞间质（木质素和半纤维素等）组成。

2.4　矿物纤维

从纤维状结构的岩石取得的纤维，主要由硅酸盐等组成。

3　术语和定义

3.1　动物纤维

3.1.1　丝纤维，见表1。

表 1 丝纤维术语和定义

条目号	术语	英文属名[a]	定义
3.1.1.1	桑蚕丝	SILK (Soie)	由桑蚕(*Bombyx mori*)分泌的纤维
3.1.1.2[b]	柞蚕丝	TASAR (Tasar)	由柞蚕(*Antheraea mylitta*, *Antheraea pernyi*, *Antheraea yama-may*, *Antheraea roylei*, *Antheraea proylei*)分泌的纤维
3.1.1.3[b]	蒙加丝	MUGA (Muga)	由阿萨姆蚕(*Antheraea assamensis*)分泌的纤维
3.1.1.4[b]	蓖麻蚕丝	ERI (Éri)	由蓖麻蚕(*Phylosamia ricini*)分泌的纤维
3.1.1.5[b]	阿拉菲野蚕丝	ANAPHE (Anaphe)	由阿拉菲野蚕(*Anaphe*)分泌的纤维
3.1.1.6[b]	木薯蚕丝	CASSAVA (Manioc)	由木薯蚕(*Philosamia Cynthia ricini*)分泌的纤维
3.1.1.7[b]	樗蚕丝	AILANTHUS (Ailanthus)	由樗蚕(*Philosamia cynthia*) 分泌的纤维
3.1.1.8[b]	樟蚕丝	CAMPHOR (Camphre)	由樟蚕 (*Eriogna pyretorum*) 分泌的纤维

[a] 括号中给出该纤维对应的法语名称。

[b] 3.1.1.2～3.1.1.8 的英文属名后可加词缀"silk"。

3.1.2 软体动物分泌纤维,见表 2。

表 2 软体动物分泌纤维术语和定义

条目号	术语	英文属名[a]	定义
3.1.2.1	海丝	BYSSUS (Byssus)	由软体动物海丝(*Pinna nobilis*)分泌的纤维

[a] 括号中给出该纤维对应的法语名称。

3.1.3 毛发纤维,见表 3。

表 3 毛发纤维术语和定义

条目号	术语	英文属名[a]	定义
3.1.3.1	绵羊毛[b]	WOOL (Laine)	从绵羊(*Ovis aries*)身上取得的纤维
3.1.3.2[c]	羊驼毛	ALPACA (Alpaga)	从羊驼(*Lama pacos*)身上取得的纤维
3.1.3.3[c]	安哥拉兔毛	ANGORA (Angora)	从安哥拉兔(*Oryctolagus cuniculus*)身上取得的纤维

表 3（续）

条目号	术语	英文属名[a]	定义
3.1.3.4[c]	山羊绒	CASHMERE (Cachemire)	从山羊(*Capra hircus laniger*)身上取得的绒纤维
3.1.3.5[c]	骆驼毛、骆驼绒	CAMEL (Chameau)	从骆驼(*Camelus bactianus*)身上取得的纤维
3.1.3.6[c]	原驼毛	GUANACO (Guanaco)	从原驼(*Lama huanaco*)身上取得的纤维
3.1.3.7[c]	美洲驼毛	LLAMA (Lama)	从美洲驼(*Lama glama*)身上取得的纤维
3.1.3.8[c]	马海毛	MOHAIR (Mohair)	从安哥拉山羊(*Capra hircus aegagrus*)身上取得的纤维
3.1.3.9[c]	骆马毛	VICUNA (Vigogne)	从骆马(*Lama vicugna*)身上取得的纤维
3.1.3.10[c]	牦牛毛、牦牛绒	YAK (Yack)	从牦牛[*Bos* (*Poëphagus*) *grunniens*]身上取得的纤维
3.1.3.11[d]	牛毛	COW (Boeuf)	从牛(*Bos taurus*)身上取得的纤维
3.1.3.12[c]	河狸毛	BEAVER (Castor)	从河狸(*Castor canadensis*)身上取得的纤维
3.1.3.13[d]	鹿毛	DEER (Daim)	从鹿(*Genus cervus*)身上取得的纤维
3.1.3.14[d]	山羊毛	GOAT (Chèvre)	从山羊(*Genus capra*)身上取得的毛纤维
3.1.3.15[d]	马毛[e]	HORSE (Cheval)	从马(*Equus caballus*)身上取得的纤维
3.1.3.16[d]	兔毛	RABBIT (Lapin)	从家兔(*Oryctolagus cuniculus*)身上取得的纤维
3.1.3.17[d]	野兔毛	HARE (Lièvre)	从野兔(*Lepus europaeus* 和 *Lepus timidus*)身上取得的纤维
3.1.3.18[c]	水獭毛	OTTER (Loutre)	从水獭(*Lutra lutra*)身上取得的纤维
3.1.3.19[d]	河狸鼠毛	NUTRIA (Myocastor)	从河狸鼠(*Myocastor coypus*)身上取得的纤维
3.1.3.20[d]	海豹毛	SEAL (Phoque)	从鳍足科海豹(*Family pinnipedia*)身上取得的纤维
3.1.3.21[d]	麝鼠毛	MUSKRAT (Rat musqué)	从麝鼠(*Fiber zibathicus*)身上取得的纤维
3.1.3.22[d]	驯鹿毛	REINDEER (Renne)	从驯鹿(*Genus rangifer*)身上取得的纤维

表 3(续)

条目号	术语	英文属名[a]	定义
3.1.3.23[d]	水貂毛	MINK (Vison)	从水貂[*Mustela* (*Lutreola*) *vison*]身上取得的纤维
3.1.3.24[d]	貂毛	MARTEN (Martre)	从貂(*Mustela martes*)身上取得的纤维
3.1.3.25[d]	黑貂毛	SABLE (Zibeline)	从黑貂(*Mustela zibellina*)身上取得的纤维
3.1.3.26[d]	鼬鼠毛	WEASEL (Belette)	从鼬鼠(*Mustela misalis*)身上取得的纤维
3.1.3.27[d]	熊毛	BEAR (Ours)	从熊(*Ursus arctos*)身上取得的纤维
3.1.3.28[d]	银鼠毛	ERMINE (Hermine)	从银鼠(*Mustela eminea*)身上取得的纤维
3.1.3.29[d]	北极狐毛	ARTIC FOX (Renard arctique)	以北极狐(*Vulpus lagopus*,*Canis isatis*)身上取得的纤维

[a] 括号中给出该纤维对应的法语名称。
[b] 同义词:羊毛。
[c] 3.1.3.2～3.1.3.10、3.1.3.12 以及 3.1.3.18 的英文属名后可加词缀“wool”和“hair”。
[d] 3.1.3.11～3.1.3.29,除 3.1.3.12 和 3.1.3.18 外,英文属名后可加词缀“hair”。
[e] 从马鬃和马尾部位的取得的纤维称为马鬃尾毛(horse-hair fiber),从身体其他部位取得的纤维称为马正身毛(horse-coat fibre)。

3.2 植物纤维

3.2.1 种子纤维,见表 4。

表 4 种子纤维术语和定义

条目号	术语	英文属名[a]	定义
3.2.1.1	棉	COTTON (Coton)	从棉属(*Gossypium*)植物的种子上取得的单细胞纤维
3.2.1.2	牛角瓜纤维	AKUND (Akund)	从牛角瓜和大牛角瓜(*Calotropis gigantea* 和 *Calotropis procera*)种子上取得的纤维
3.2.1.3	木棉[b]	KAPOK (Kapok)	从木棉树(*Ceiba pentandra*)荚果的种子上取得的单细胞纤维

[a] 括号中给出该纤维对应的法语名称。
[b] 同义词:攀枝花。

3.2.2 韧皮纤维,见表 5。

表 5 韧皮纤维术语和定义

条目号	术语	英文属名[a]	定义
3.2.2.1	大麻[b]	HEMP (Chanvre)	从大麻(*Cannabis sativa*)茎的韧皮部取得的纤维
3.2.2.2	金雀花麻	BROOM (Genêt)	从金雀花和鹰爪豆(*Cytisus scoparius* 和 *Spartium junceum*)茎的韧皮部取得的纤维
3.2.2.3	黄麻[c]	JUTE (Jute)	从黄麻和长蒴黄麻(*Corchorus capsularis* 和 *Corchorus olitorius*)茎的韧皮部取得的纤维
3.2.2.4	槿麻[c,d]	KENAF (Kénaf)	从槿麻(*Hibiscus cannabinus*)茎的韧皮部取得的纤维
3.2.2.5	亚麻	FLAX (Lin)	从亚麻(*Linum usitatissimum*)茎的韧皮部取得的纤维
3.2.2.6	苎麻	RAMIE (Ramie)	从苎麻(*Boehmeria nivea*, *Boehmeria tenacissima*)茎的韧皮部取得的纤维
3.2.2.7	玫瑰茄麻[c]	ROSELLE (Roselle)	从玫瑰茄(*Hibiscus sabdariffa*)茎的韧皮部取得的纤维
3.2.2.8	菽麻	SUNN (Sunn)	从菽麻(*Crotalaria juncea*)茎的韧皮部取得的纤维
3.2.2.9	肖梵天花麻[c]	URENA (Urène)	从梵天花和肖梵天花(*Urena lobata* 和 *Urena sinuata*)茎的韧皮部取得的纤维
3.2.2.10	苘麻[c,e]	ABUTILON (Abutilon)	从苘麻(*Abutilon angulatum*, *Abutilon avicennae* 和 *Abutilon theophrasti*)茎的韧皮部取得的纤维
3.2.2.11	刺蒴麻[c]	PUNGA (Punga)	从刺蒴麻(*Clappertonia ficifolia*, *Triumfetta cordifolia* 和 *Triumfetta rhomboidea*)茎的韧皮部取得的纤维
3.2.2.12	罗布麻[f]	BLUISH DOGBANE (Bluish dogbane)	从罗布麻(*Apocynum androsae mifolium*, *Apocynum cannabinum*)茎的韧皮部取得的纤维
3.2.2.13	荨麻	NETTLE (Ortie)	从荨麻(*Urica dioica*)茎的韧皮部取得的纤维
3.2.2.14	竹纤维	BAMBOO (Bambou)	从竹子(*bambusa textilis*)的茎部取得的纤维
3.2.2.15	蓖麻	CASTOR (Ricin)	从蓖麻(*Ricinus communis*)茎的韧皮部取得的纤维

[a] 括号中给出该纤维对应的法语名称。
[b] 又称为“汉麻、火麻”。
[c] 又称为“黄麻及同类纤维”。
[d] 同义词:红麻、洋麻。
[e] 同义词:青麻。
[f] 同义词:红野麻。

3.2.3 叶纤维,见表 6。

表 6　叶纤维术语和定义

条目号	术语	英文属名[a]	定义
3.2.3.1	蕉麻[b]	ABACA (Abaca)	从蕉麻(*Musa textilis*)的叶部取得的纤维
3.2.3.2	针茅麻	ALFA (Alfa)	从针茅麻(*Stipa tenacissima* 和 *Lygeum spartum*)的叶部取得的纤维
3.2.3.3	芦荟麻	ALOE (Aloès)	从芦荟(*Furcraea gigantea*)的叶部取得的纤维
3.2.3.4	菲奎麻	FIQUE (Fique)	从菲奎(*Furcraea macrophylla*)的叶部取得的纤维
3.2.3.5	赫纳昆麻	HENEQUEN (Henequen)	从龙舌兰属赫纳昆(*Agave fourcroydes*)的叶部取得的纤维
3.2.3.6	马奎麻	MAGUEY (Maguey)	从龙舌兰属马奎(*Agave cantala*)的叶部取得的纤维
3.2.3.7	新西兰麻	PHORMIUM (Phormium)	从新西兰麻(*Phormium tenax*)的叶部取得的纤维
3.2.3.8	剑麻[c]	SISAL (Sisal)	从龙舌兰属剑麻(*Agave sisalana*)的叶部取得的纤维
3.2.3.9	坦皮科大麻	TAMPICO (Tampico)	从龙舌兰属坦皮科大麻(*Agave lechuguilla Torr*)的叶部取得的纤维
3.2.3.10	帕尔马丝兰属叶纤维	PALMA IXTLE (Ixtle de Palma)	从丝兰属大西班牙剑(*Yucca carnerosana*)的叶部取得的纤维
3.2.3.11	菠萝叶纤维	PINEAPPLE LEAF (Feuille d'ananas)	从菠萝(*Anannas comosus Merr*)的叶部取得的纤维
3.2.3.12	附生凤梨纤维	PITA (Pita)	从马格达莱纳附生凤梨(*Aechmea magdalenae*)的叶部取得的纤维
3.2.3.13	白毛羊胡子草纤维	PEAT FIBRE (Fibre de tourbe)	从白毛羊胡子草(*Eriophorum vaginatum*)的叶鞘取得的纤维

[a] 括号中给出该纤维对应的法语名称。

[b] 同义词:马尼拉麻。

[c] 同义词:西沙尔麻。

3.2.4　果实纤维,见表 7。

表 7　果实纤维术语和定义

条目号	术语	英文属名[a]	定义
3.2.4.1	椰壳纤维	COIR (Coco)	从椰子(*Cocos nucifera*)外壳部取得的纤维

[a] 括号中给出该纤维对应的法语名称。

3.3 矿物纤维

见表8。

表8 矿物纤维术语和定义

条目号	术语	英文属名[a]	定义
3.3.1	石棉	ASBESTOS (Amiante)	从纤维状结构的天然硅酸盐岩石取得的纤维
[a] 括号中给出该纤维对应的法语名称。			

附 录 A
（资料性附录）
纤维术语、英文属名与俗称索引表

纤维术语、英文属名与俗称见表 A.1。

表 A.1 纤维术语、英文属名与俗称

术语	英文属名	英文俗称	条目号
阿拉菲野蚕丝	ANAPHE	ANAPHE	3.1.1.5
		Non-mulberry silk	3.1.1.5
		Wild silk	3.1.1.5
安哥拉兔毛	ANGORA	ANGORA	3.1.3.3
北极狐毛	ARTIC FOX	ARTIC FOX	3.1.3.29
蓖麻	CASTOR	Castor	3.2.2.15
蓖麻蚕丝	ERI	ERI	3.1.1.4
		Gem	3.1.1.4
		Non-mulberry silk	3.1.1.4
		Wild silk	3.1.1.4
菠萝叶纤维	PINEAPPLE LEAF	Pina	3.2.3.11
		PINEAPPLE LEAF	3.2.3.11
樗蚕丝	AILANTHUS	AILANTHUS	3.1.1.7
刺蒴麻	PUNGA	PUNGA	3.2.2.11
大麻	HEMP	HEMP	3.2.2.1
		Sireta	3.2.2.1
貂毛	MARTEN	MARTEN	3.1.3.24
菲奎麻	FIQUE	FIQUE	3.2.3.4
海豹毛	SEAL	SEAL	3.1.3.20
海丝	BYSSUS	BYSSUS	3.1.2.1
河狸毛	BEAVER	BEAVER	3.1.3.12
河狸鼠毛	NUTRIA	NUTRIA	3.1.3.19
赫纳昆麻	HENEQUEN	Cuban sisal[a]	3.2.3.5
		HENEQUEN	3.2.3.5
		Mexican sisal[a]	3.2.3.5
黑貂毛	SABLE	SABLE	3.1.3.25
黄麻	JUTE	JUTE	3.2.2.3
剑麻	SISAL	SISAL	3.2.3.8

表 A.1（续）

术语	英文属名	英文俗称	条目号
蕉麻	ABACA	ABACA	3.2.3.1
		Manila hemp[a]	3.2.3.1
金雀花麻	BROOM	BROOM	3.2.2.2
槿麻	KENAF	Ambari	3.2.2.4
		Awaste hemp[a]	3.2.2.4
		Bimbli	3.2.2.4
		Brazilian jute[a]	3.2.2.4
		Da，dha，dah	3.2.2.4
		Deccan hemp[a]	3.2.2.4
		Gambo hemp[a]	3.2.2.4
		Guinea hemp[a]	3.2.2.4
		KENAF	3.2.2.4
		Mesta	3.2.2.4
		SIAM jute[a]	3.2.2.4
		Stockroos	3.2.2.4
		Teal	3.2.2.4
芦荟麻	ALOE	ALOE	3.2.3.3
		Mauritius hemp[a]	3.2.3.3
鹿毛	DEER	DEER	3.1.3.13
罗布麻	BLUISH DOGBANE	BLUISH DOGBANE	3.2.2.12
骆马毛	VICUNA	VICUNA	3.1.3.9
骆驼毛、骆驼绒	CAMEL	CAMEL	3.1.3.5
马海毛	MOHAIR	MOHAIR	3.1.3.8
马奎麻	MAGUEY	Cantala	3.2.3.6
		MAGUEY	3.2.3.6
		Nanas sabrong	3.2.3.6
		Poepoes	3.2.3.6
马毛	HORSE	HORSE	3.1.3.15
牦牛毛、牦牛绒	YAK	YAK	3.1.3.10
玫瑰茄麻	ROSELLE	Gogu	3.2.2.7
		Java jute[a]	3.2.2.7
		ROSELLE	3.2.2.7
		SIAM jute[a]	3.2.2.7
美洲驼毛	LLAMA	LLAMA	3.1.3.7

表 A.1(续)

术语	英文属名	英文俗称	条目号
蒙加丝	MUGA	MUGA	3.1.1.3
		Non-mulberry silk	3.1.1.3
		Wild silk	3.1.1.3
绵羊毛	WOOL	WOOL	3.1.3.1
棉	COTTON	COTTON	3.2.1.1
木棉	KAPOK	KAPOK	3.2.1.3
木薯蚕丝	CASSAVA	CASSAVA	3.1.1.6
白毛羊胡子草纤维	PEAT FIBRE	PEAT FIBRE	3.2.3.13
牛角瓜纤维	AKUND	AKUND	3.2.1.2
牛毛	COW	COW	3.1.3.11
帕尔马丝兰属叶纤维	PALMA IXTLE	IXTLE OF PALMA	3.2.3.10
荨麻	NETTLE	NETTLE	3.2.2.13
苘麻	ABUTILON	ABUTILON	3.2.2.10
		Chinese jute[a]	3.2.2.10
		Chingma	3.2.2.10
桑蚕丝	SILK	Mulberry silk	3.1.1.1
	SILK	SILK	3.1.1.1
山羊毛	GOAT	GOAT	3.1.3.14
山羊绒	CASHMERE	CASHMERE	3.1.3.4
麝鼠毛	MUSKRAT	MUSKRAT	3.1.3.21
石棉	ASBESTOS	ASBESTOS	3.3.1
菽麻	SUNN	Benaris hemp[a]	3.2.2.8
		Bombay hemp[a]	3.2.2.8
		Brown hemp[a]	3.2.2.8
		Coconada hemp[a]	3.2.2.8
		Indian hemp[a]	3.2.2.8
		Itersi hemp[a]	3.2.2.8
		Jubblepore hemp[a]	3.2.2.8
		Madras hemp[a]	3.2.2.8
		Philibit black hemp[a]	3.2.2.8
		Seonie hemp[a]	3.2.2.8
		St.Helena hemp[a]	3.2.2.8
		SUNN	3.2.2.8
水貂毛	MINK	MINK	3.1.3.23

表 A.1（续）

术语	英文属名	英文俗称	条目号
水獭毛	OTTER	OTTER	3.1.3.18
坦皮科大麻	TAMPICO	TAMPICO	3.2.3.9
兔毛	RABBIT	RABBIT	3.1.3.16
肖梵天花麻	URENA	Ake-ire	3.2.2.9
		Aramina	3.2.2.9
		Bamia	3.2.2.9
		Ban ochra	3.2.2.9
		Bolo-Bolo	3.2.2.9
		Brazilian jute[a]	3.2.2.9
		Caesar weed	3.2.2.9
		Candillo-a	3.2.2.9
		Canhamo	3.2.2.9
		Carrapicho	3.2.2.9
		Congo jute[a]	3.2.2.9
		Cousin rouge	3.2.2.9
		Cuban jute[a]	3.2.2.9
		Culotan	3.2.2.9
		Culut	3.2.2.9
		Gonama	3.2.2.9
		Grand cousin	3.2.2.9
		Guaxima	3.2.2.9
		Guiazo	3.2.2.9
		Malva	3.2.2.9
		Ototo	3.2.2.9
		Paka	3.2.2.9
		Toja	3.2.2.9
		URENA	3.2.2.9
		Vocima	3.2.2.9
新西兰麻	PHORMIUM	Formio	3.2.3.7
		New Zealand flax[a]	3.2.3.7
		New Zealand hemp[a]	3.2.3.7
		PHORMIUM	3.2.3.7
熊毛	BEAR	BEAR	3.1.3.27
驯鹿毛	REINDEER	REINDEER	3.1.3.22

表 A.1（续）

术语	英文属名	英文俗称	条目号
亚麻	FLAX	FLAX	3.2.2.5
羊驼毛	ALPACA	ALPACA	3.1.3.2
椰壳纤维	COIR	Coconut fibre	3.2.4.1
		COIR	3.2.4.1
附生凤梨纤维	PITA	PITA	3.2.3.12
野兔毛	HARE	HARE	3.1.3.17
银鼠毛	ERMINE	ERMINE	3.1.3.28
鼬鼠毛	WEASEL	WEASEL	3.1.3.26
原驼毛	GUANACO	GUANACO	3.1.3.6
樟蚕丝	CAMPHOR	CAMPHOR	3.1.1.8
针茅麻	ALFA	ALFA	3.2.3.2
		Esparto	3.2.3.2
竹纤维	BAMBOO	Bamboo	3.2.2.14
苎麻	RAMIE	China grass	3.2.2.6
		RAMIE	3.2.2.6
		Rhea	3.2.2.6
柞蚕丝	TASAR	Non-mulberry silk	3.1.1.2
		TASAR	3.1.1.2
		Tussah	3.1.1.2
[a] 这些英文俗称中采用“hemp”“jute”“flax”和“sisal”后缀不合适。			

ICS 03.220
V 54

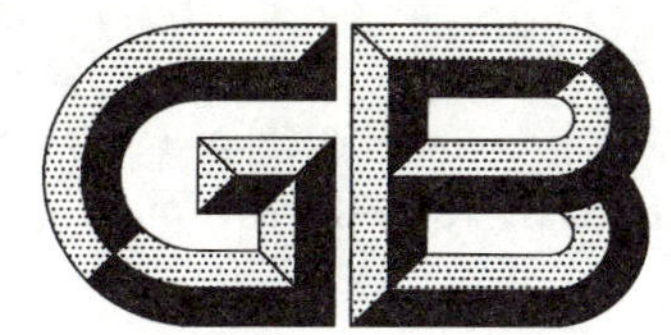

中华人民共和国国家标准

GB/T 12182—2018
代替 GB/T 12182—1990

空中交通管制二次监视雷达通用规范

General specification for secondary surveillance radar of air traffic control

2018-09-17 发布 2019-01-01 实施

国家市场监督管理总局
中国国家标准化管理委员会 发布

前　言

本标准按照 GB/T 1.1—2009 给出的规则起草。

本标准代替 GB/T 12182—1990《空中交通管制二次监视雷达通用技术条件》。本标准与 GB/T 12182—1990相比，主要技术变化如下：

——修改了“范围”描述(见第 1 章，1990 年版的第 1 章)；
——修改了“规范性引用文件”(见第 2 章，1990 年版的第 2 章)；
——增加了 13 个术语，删除“询问波瓣”“控制波瓣”“控制脉冲”术语(见第 3 章，1990 年版的第 3 章)；
——删除了“产品分类”(见 1990 年版的第 4 章)；
——增加了“组成”要求(见 4.1)；
——修改了“作用距离”要求(见 4.2.1，1990 年版的 5.1.1)；
——删除了“发现概率”(见 1990 年版的 5.1.2)；
——增加了“精度”“工作模式”“目标处理能力”要求(见 4.2.2，4.2.4 和 4.2.5)；
——修改了“分辨力”要求(见 4.2.3，1990 年版的 5.1.3)；
——修改了“询问模式”(见 4.2.4.1，1990 年版的 5.3.6)，将内容移至“工作模式”(见 4.2.4)；
——增加了“交互模式”和“S 模式”内容(见 4.2.4.1.2，和 4.2.4.1.3)；
——增加了“应答信号”和“S 模式询问和应答信息字段”要求(见 4.2.4.2 和 4.2.4.3)；
——修改了“可靠性及可维修性”要求(见 4.2.6 和 4.2.7，1990 年版的 5.1.4)；
——修改了“接口”要求(见 4.2.8，1990 年版的 5.1.5)；
——修改了“高温”“低温”“恒定湿热”“低气压”等要求(见 4.2.9.1～4.2.9.4，1990 年版的5.1.6)；
——修改了“抗风”和“淋雨”要求(见 4.2.9.5 和 4.2.9.6，1990 年版的 5.2.9 和 5.2.10)，将内容移至“环境适应性”(见 4.2.9)；
——修改了“电源适应性”要求(见 4.2.10，1990 年版的 5.1.7)；
——修改了“电磁兼容性”要求(见 4.2.11，1990 年版的 5.1.8)；
——修改了“安全性”要求(见 4.2.12，1990 年版的 5.1.9)；
——修改了“连续工作能力”要求(见 4.2.13，1990 年版的 5.1.10)；
——增加了“尺寸、重量”要求(见 4.2.14)；
——修改了“天线波束”要求(见 4.3.1.2，1990 年版的 5.2.2)；
——修改了“副瓣及尾瓣电平”要求(见 4.3.1.7，1990 年版的 5.2.7)；
——增加了“天线转台”要求(见 4.3.2)；
——修改了“天线转速”要求(见 4.3.2，1990 年版的 5.2.8)；
——修改了“发射频率”要求(见 4.4.1，1990 年版的 5.3.1 和 5.3.2)；
——修改了“脉冲峰值功率”要求(见 4.4.2，1990 年版的 5.3.3)；
——修改了“发射脉冲重复频率”要求(见 4.4.3，1990 年版的 5.3.4)；
——修改了“询问脉冲特性”要求(见 4.4.4，1990 年版的 5.3.7～5.3.11)；
——修改了“3 dB 带宽”要求(见 4.5.3，1990 年版的 5.4.4)；
——增加了“译码灵敏度”和“镜频抑制”(见 4.5.4 和 4.5.5)；
——删除了“外同步脉冲重复频率”(1990 年版的 5.3.5)；
——修改了“动态范围”要求(见 4.5.6，1990 年版的 5.4.5)；

——删除了“本振频率”(见1990年版的5.4.1)；
——增加了“录取器及航迹处理器”“监控器与维护显示器”要求(见4.6和4.7)；
——增加了“测试条件”(见5.1)；
——增加了“组成”方法(见5.2)；
——增加了“精度”“工作模式”“目标处理能力”方法(见5.3.2,5.3.4和5.3.5)；
——修改了“分辨力”方法(见5.3.3,1990年版的6.1.2)；
——修改了“可靠性”和“维修性”方法(见5.3.6,5.3.7,1990年版的6.1.3)；
——修改了“接口”方法(见5.3.8,1990年版的6.1.4)；
——修改了“环境适应性”方法(见5.3.9,1990年版的6.1.5)；
——修改了“抗风”“防雨”方法(见5.3.9.5和5.3.9.6,1990年版的6.2.8和6.2.9)；
——修改了“电源适应性”方法(见5.3.10,1990年版的6.1.6)；
——修改了“电磁兼容性”方法(见5.3.11,1990年版的6.1.7)；
——修改了“安全性”方法(见5.3.12,1990年版的6.1.8)；
——修改了“连续工作能力”方法(见5.3.13,1990年版的6.1.9)；
——修改了“工作频率范围”方法(见5.4.1,1990年版的6.2.1)；
——修改了“极化方式”方法(见5.4.3,1990年版的6.2.3)；
——修改了“驻波比”方法(见5.4.4,1990年版的6.2.4)；
——修改了“增益”方法(见5.4.5,1990年版的6.2.5)；
——修改了“波束宽度、副瓣及尾瓣电平”方法(见5.4.6,1990年版的6.2.6)；
——增加了“天线转台”方法(见5.4.7)；
——增加了“天线转速”的“自动测试”方法(见5.4.7.1)；
——修改了“发射分系统”的“测试框图”(见5.5.1,1990年版的6.3.1)；
——修改了“发射频率”方法(见5.5.2.1,1990年版的6.3.2.1和6.3.2.2)；
——修改了“脉冲峰值功率”方法(见5.5.2.2,1990年版的6.3.2.3)；
——修改了“发射脉冲重复频率”方法(见5.5.2.3,1990年版的6.3.2.4)；
——删除了“外同步脉冲重复频率”方法(1990年版的6.3.2.5)；
——修改了“询问脉冲特性”方法(见5.5.2.4,1990年版的6.3.2.6和6.3.2.7)；
——修改了“接收分系统”中“测试框图”(见5.6.1,1990年版的6.4.1)；
——删除了“本振频率”方法(见1990年版的6.4.2.1)；
——增加了“接收频率”“译码灵敏度”和“镜频抑制”方法(见5.6.2.1,5.6.2.5和5.6.2.6)；
——修改了“工作频率范围”方法(见5.6.2.2,1990年版的6.4.2.2)；
——修改了“正切灵敏度”方法(见5.6.2.3,1990年版的6.4.2.3)；
——修改了“3 dB带宽”方法(见5.6.2.4,1990年版的6.4.2.4)；
——修改了“动态范围”方法(见5.6.2.7,1990年版的6.4.2.5)；
——增加了“录取器及航迹处理器”方法(见5.7)；
——增加了“监控器与维护显示器”方法(见5.8)；
——修改了“检验规则”(见第6章,1990年版的第7章)；
——修改了“检验分类”和“检验项目”(见6.1和6.2,1990年版的7.1和7.2)；
——删除了表4(见1990年版的7.2)；
——增加了表14(见6.2)；
——删除了“定型检验”(见1990年版的7.3)；
——增加了“鉴定检验”(见6.3)；
——删除了“交收检验”“例行检验”和“检验后样机的处理”(见1990年版的7.4、7.5和7.6)；

——增加了“质量一致性检验”(见6.4);

——修改了“标志、包装、运输和贮存”方法(见第7章,1990年版的第8章)。

请注意本文件的某些内容可能涉及专利。本文件的发布机构不承担识别这些专利的责任。

本标准由中华人民共和国工业和信息化部提出。

本标准由工业和信息化部(电子)(339-1)归口。

本标准起草单位:四川九洲电器集团有限责任公司。

本标准主要起草人:欧刚、谭源泉、李海军、苗东、李正勇、张庆军、何思亮、莫斌。

本标准所代替标准的历次版本发布情况为:

——GB/T 12182—1990。

空中交通管制二次监视雷达通用规范

1 范围

本标准规定了空中交通管制二次监视雷达(以下简称二次监视雷达)的技术要求、测试方法、质量评定程序,标志、包装、运输和贮存要求。

本标准适用于常规或单脉冲体制的二次监视雷达的设计、生产和验收,是编制各型二次监视雷达产品标准的基本依据。

2 规范性引用文件

下列文件对于本文件的应用是必不可少的。凡是注日期的引用文件,仅注日期的版本适用于本文件。凡是不注日期的引用文件,其最新版本(包括所有的修改单)适用于本文件。

GB/T 3784 电工术语 雷达

GJB 74A—1998 军用地面雷达通用规范

GJB 150.2A—2009 军用装备实验室环境试验方法 第2部分:低气压(高度)试验

GJB 150.3A—2009 军用装备实验室环境试验方法 第3部分:高温试验

GJB 150.4A—2009 军用装备实验室环境试验方法 第4部分:低温试验

GJB 150.9A—2009 军用装备实验室环境试验方法 第9部分:湿热试验

GJB 151A—1997 军用设备和分系统电磁发射和敏感度要求

GJB 152A—1997 军用设备和分系统电磁发射和敏感度测量

GJB 899A—2009 可靠性鉴定和验收试验

GJB 2072 维修性试验与评定

GJB 3262—1998 雷达天线分系统性能测试方法 增益

GJB 3310—1998 雷达天线分系统性能测试方法 方向图

国际民用航空组织附件10《航空电信》第四卷 监视雷达和防撞系统(ICAO Annex 10 Volume Ⅳ Surveillance Radar and Collision Avoidance Systems)

3 术语和定义

GB/T 3784 界定的以及下列术语和定义适用于本文件。

3.1

单脉冲二次监视雷达 mono-pulse secondary surveillance radar;MSSR

采用单脉冲测角技术对装有应答机的飞行器进行空间坐标测量的二次监视雷达。

3.2

距离分辨力 range resolution

在同一方位上,雷达区分相邻飞行器最小距离间隔的能力。

3.3

距离精度 range accuracy

雷达测距估值的均方误差。

3.4

方位分辨力　azimuth resolution

在同一距离上,雷达区分相邻飞行器最小方位角的能力。

3.5

方位精度　azimuth accuracy

雷达探测方位估值的均方误差。

3.6

异步干扰　fruit

二次监视雷达收到其他二次监视雷达询问应答所引起的干扰。

3.7

同步串扰　garble

应答脉冲组相互重叠,且脉冲位置相互占用的应答。

3.8

询问脉冲　interrogate pulse

二次监视雷达辐射的脉冲信号。

3.9

询问模式　interrogate mode

二次监视雷达辐射的询问脉冲组合。

3.10

询问旁瓣抑制　interrogation side lobe suppression;ISLS

抑制询问波束旁瓣方向的应答机对旁瓣询问的应答。

3.11

正切灵敏度　tangent sensitivity

接收机输出的视频信号与噪声峰值相切时,接收机输入端的射频信号幅度值。

3.12

译码灵敏度　decoding sensitivity

二次监视雷达能正确译码(3/A 模式正确解码概率为:≥98%,C 模式正确解码概率为:≥95%,S 模式正确解码概率为:≥99%)时,接收机输入端的射频信号幅度值。

3.13

镜频抑制　image rejection

接收机对镜象频率的抑制能力。

4　要求

4.1　组成

二次监视雷达一般应由天线分系统(含天线、转台等)、发射分系统、接收分系统、录取器及航迹处理器、监控器与维护显示器等组成。

4.2　使用性能

4.2.1　作用距离

通常情况下,作用距离要求为:

a)　常规二次监视雷达作用距离(发现概率 90%)应不小于 370 km;

b） 单脉冲二次监视雷达作用距离（发现概率 90%）应不小于 450 km。

4.2.2 精度

包括距离精度和方位精度：

a） 距离精度：应不大于 30 m；

b） 方位精度：

1） 常规二次监视雷达：应不大于天线水平波束宽度（3 dB）的 1/2；

2） 单脉冲二次监视雷达：应不大于天线水平波束宽度（3 dB）的 1/20。

4.2.3 分辨力

包括距离分辨力和方位分辨力：

a） 距离分辨力：应不大于 80 m；

b） 方位分辨力：

1） 常规二次监视雷达：应与天线水平波束宽度（3 dB）相当；

2） 单脉冲二次监视雷达：应不大于天线水平波束宽度（3 dB）的 1/4。

4.2.4 工作模式

4.2.4.1 询问模式

询问模式包括 1 模式、2 模式、3/A 模式、B 模式、C 模式、D 模式、交互模式和 S 模式八种。其中：

a） 常规模式包括 1 模式、2 模式、3/A 模式、B 模式、C 模式和 D 模式；

b） 交互模式包括 A/C/S 全呼叫模式和仅 A/C 全呼叫模式；

c） S 模式包括仅 S 模式全呼、广播和点名询问模式。

可以采用单一模式工作，也可采用多模式交替工作。具体选用询问模式由产品标准规定。

4.2.4.1.1 常规模式

常规模式类型如下：

a） 1 模式：安全识别模式；

b） 2 模式：个别识别模式；

c） 3/A 模式：交通识别模式，用于引发应答机对识别和监视功能的应答；

d） B 模式、D 模式：备用；

e） C 模式：获取高度信息，用于引发应答机对传送自动气压高度和监视功能的应答。

常规询问模式波形如图 1 所示，模式区分由 P_1 和 P_3 的时间间隔确定，询问旁瓣抑制脉冲 P_2 在 P_1 脉冲之后，相关参数见表 1。

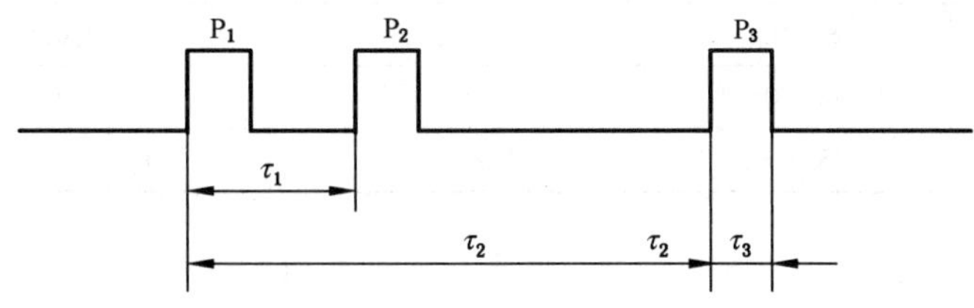

图 1 常规询问模式波形图

表 1　常规询问模式脉冲宽度和间隔

单位为微秒

项目	1 模式	2 模式	3/A 模式	B 模式	C 模式	D 模式
P_1P_2 间隔(τ_1)	2±0.1	2±0.1	2±0.1	2±0.1	2±0.1	2±0.1
P_1P_3 间隔(τ_2)	3±0.1	5±0.1	8±0.1	17±0.1	21±0.1	25±0.1
P_1、P_2、P_3 脉冲宽度(τ_3)	0.8±0.1	0.8±0.1	0.8±0.1	0.8±0.1	0.8±0.1	0.8±0.1
上升时间	0.05～0.1	0.05～0.1	0.05～0.1	0.05～0.1	0.05～0.1	0.05～0.1
下降时间	0.05～0.2	0.05～0.2	0.05～0.2	0.05～0.2	0.05～0.2	0.05～0.2
用途	安全识别	个别识别	交通识别	备用	高度信息	备用

4.2.4.1.2　交互模式

交互模式类型如下：

a)　A/C/S 全呼叫模式：引发 A/C 模式应答机的监视应答和 S 模式应答机的应答；

b)　仅 A/C 全呼叫模式：引发 A/C 模式应答机的监视应答，S 模式应答机不应答。

交互询问模式波形如图 2 所示，相关参数见表 2。

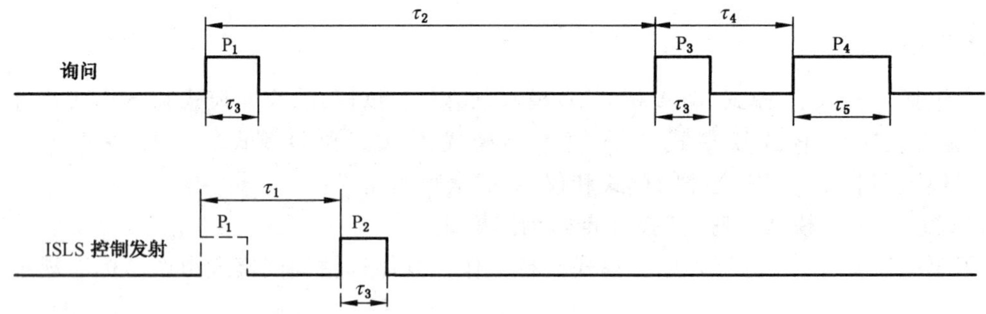

注 1：A/C/S 模式全呼叫：P_4 脉冲宽度为 1.6 μs，用 P_4L 表示。

注 2：仅 A/C 模式全呼叫：P_4 脉冲宽度为 0.8 μs，用 P_4S 表示。

图 2　交互询问模式波形

表 2　交互询问模式脉冲宽度和间隔

单位为微秒

项目	A/S-P_4S	C/S-P_4S	A/S-P_4L	C/S-P_4L
P_1P_2 间隔(τ_1)	2±0.1	2±0.1	2±0.1	2±0.1
P_1P_3 间隔(τ_2)	8±0.1	21±0.1	8±0.1	21±0.1
P_1、P_2、P_3 脉冲宽度(τ_3)	0.8±0.1	0.8±0.1	0.8±0.1	0.8±0.1
P_3P_4 间隔(τ_4)	2±0.1	2±0.1	2±0.1	2±0.1
P_4 脉冲宽度(τ_5)	0.8±0.1	0.8±0.1	1.6±0.1	1.6±0.1
上升时间	0.05～0.1	0.05～0.1	0.05～0.1	0.05～0.1
下降时间	0.05～0.2	0.05～0.2	0.05～0.2	0.05～0.2

4.2.4.1.3　S 模式

4.2.4.1.3.1　S 模式询问类型

S 模式的询问类型如下：

a) S模式全呼：只引发S模式应答机的应答；

b) S模式广播：对所有S模式应答机发送信号，S模式应答机不作应答；

c) S模式点名询问：用于对单个S模式应答机进行监视或通信，每次询问只引发由询问决定的唯一地址的应答机应答。

4.2.4.1.3.2 S模式询问编码波形

S模式询问编码波形如图3所示，相关参数见表3。

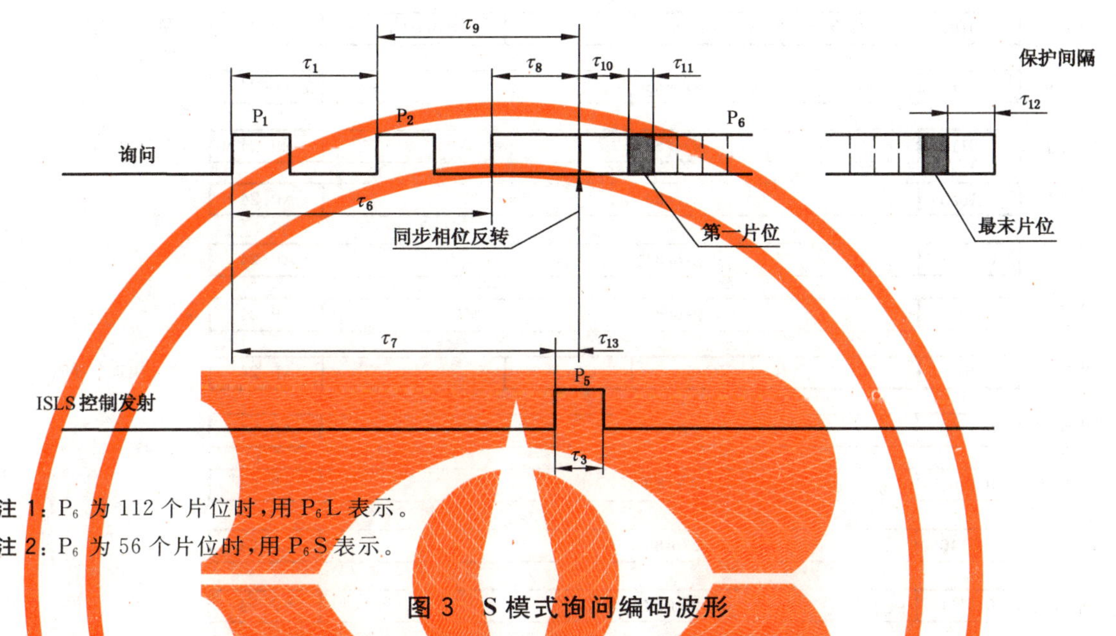

注1：P_6为112个片位时，用P_6L表示。

注2：P_6为56个片位时，用P_6S表示。

图3 S模式询问编码波形

表3 S模式询问脉冲宽度和间隔

单位为微秒

项目	时间间隔/脉冲宽度	上升时间	下降时间
P_1、P_2、P_5脉冲宽度(τ_3)	0.8±0.1	0.05～0.1	0.05～0.2
P_6S	16.25±0.25	0.05～0.1	0.05～0.2
P_6L	30.25±0.25	0.05～0.1	0.05～0.2
P_1P_2间隔(τ_1)	2.0±0.1	—	—
P_1P_6间隔(τ_6)	3.5±0.1	—	—
P_1P_5间隔(τ_7)	4.35±0.1	—	—
同步相位反转点(τ_8)	P_6脉冲上升沿后1.25±0.05	—	—
P_2前沿与同步相位反转点间隔(τ_9)	2.75±0.1	—	—
同步相位反转点与第一片位间隔(τ_{10})	0.5±0.1	—	—
数据位宽度(τ_{11})	0.25	—	—
保护间隔(τ_{12})	0.5±0.1	—	—
P_5前沿与同步相位反转点间隔(τ_{13})	0.4±0.1	—	—
注：同步相位反转点后，数据位为(n×0.25±0.02)，其中n=2，…，56(P_6S)；或者n=2，…，112(P_6L)。			

4.2.4.1.3.3 S模式询问信息格式

S模式询问信息格式定义如图4所示，共有25种询问信息格式。

UF	字段								说明
UF=0	0 0000	3	RL:1	4	AQ:1	DS:8	-10-	AP:24	短报文空-空监视 (ACAS)
UF=1	0 0001	27or83						AP:24	
UF=2	0 0010	27or83						AP:24	
UF=3	0 0011	27or83						AP:24	
UF=4	0 0100	PC:3	RR:5	DI:3	SD:16			AP:24	监视:高度请求
UF=5	0 0101	PC:3	RR:5	DI:3	SD:16			AP:24	监视:识别请求
UF=6	0 0110	27or83						AP:24	
UF=7	0 0111	27or83						AP:24	
UF=8	0 1000	27or83						AP:24	
UF=9	0 1001	27or83						AP:24	
UF=10	0 1010	27or83						AP:24	
UF=11	0 1011	PR:3	IC:5	CL:3	16			AP:24	仅S模式全呼叫
UF=12	0 1100	27or83						AP:24	
UF=13	0 1101	27or83						AP:24	
UF=14	0 1110	27or83						AP:24	
UF=15	0 1111	27or83						AP:24	
UF=16	1 0000	3	RL:1	4	AQ:1	18	MU:56	AP:24	长报文空-空监视 (ACAS)
UF=17	1 0001	27or83						AP:24	
		27or83							
UF=18	1 0010	27or83						AP:24	
UF=19	1 0011	Military Application:107							军事运用(预留)
UF=20	1 0100	PC:3	RR:5	DI:3	SD:16	MA:56		AP:24	通讯-A高度请求
UF=21	1 0101	PC:3	RR:5	DI:3	SD:16	MA:56		AP:24	通讯-A识别请求
UF=22	1 0110	27or83						AP:24	
UF=23	1 0111	27or83						AP:24	
UF=24	11	RC:1	NC:4	MC:80				AP:24	通讯-C(ELM)

注 1：XX:M 表示分配 M 位的"XX"字段。例如：PC:3，表示 3 位的 PC 字段。

注 2：N 表示未分配的 N 位代码，发送时这些位显示为"0"。例如：27 或 83，表示 27 位或者 83 位为"0"。

注 3：对于上行格式(UF)0～23，格式号码相当于用询问前 5 位表示的二进制。格式号 24 规定前两位由"11"开始，后 3 位可随询问内容确定。

注 4：此图完整显示了所有格式，但其中部分格式尚未使用和设置。针对未使用的格式，将来可能设置为短格式(56 位)或长格式(112 位)。

图 4　S 模式询问信息格式

4.2.4.2 应答信号

4.2.4.2.1 常规模式应答信号

4.2.4.2.1.1 应答编码波形

常规模式应答信号应由两个间隔为20.3 μs 的 F_1 和 F_2 脉冲组成为框架脉冲；应答脉冲信息包含在两个框架脉冲之间，且自第一个框架脉冲 F_1 起，按 1.45 μs 的增量排列组成，包括 A、B、C 和 D 四组代码。

常规模式应答编码波形如图 5 所示，应答脉冲的宽度和间隔见表 4。

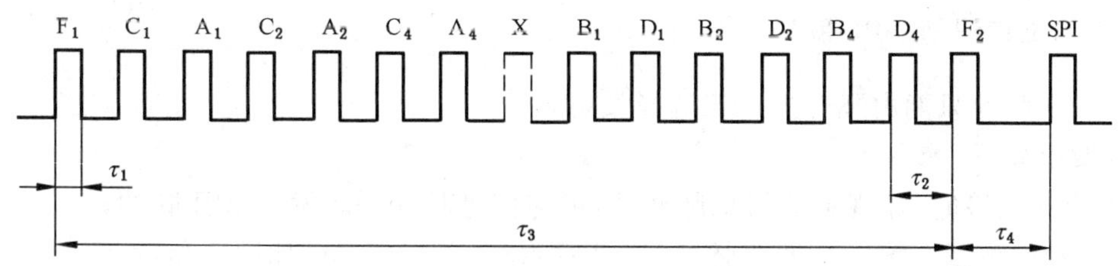

注：X 脉冲位通常为 0。

图 5 常规模式应答编码波形

表 4 常规模式应答脉冲宽度和间隔

单位为微秒

项目	时间间隔/脉冲宽度
所有脉冲宽度(τ_1)	0.45±0.1
信息脉冲增量间隔(τ_2)	1.45±0.1
F_1F_2 间隔(τ_3)	20.3±0.1
F_2 与 SPI 脉冲前沿间隔(τ_4)	4.35±0.1
上升时间	0.05～0.1
下降时间	0.05～0.2

4.2.4.2.1.2 信息脉冲

信息脉冲由 A、B、C 和 D 四组数字组成，采用二—八进制编码表示，如图 5 所示。常规模式应答信息编码组合应符合表 5 的规定。

表 5 常规模式应答信息脉冲组合关系

项目	1 模式	2 模式	3/A 模式	B 模式	C 模式	D 模式
应答编码排列顺序（从高位到低位排列）	A_4 A_2 A_1 B_2 B_1	A_4 A_2 A_1 B_4 B_2 B_1 C_4 C_2 C_1 D_4 D_2 D_1	A_4 A_2 A_1 B_4 B_2 B_1 C_4 C_2 C_1 D_4 D_2 D_1	备用	D_1 D_2 D_4 A_1 A_2 A_4 B_1 B_2 B_4 C_1 C_2 C_4	备用

表 5（续）

项目	1 模式	2 模式	3/A 模式	B 模式	C 模式	D 模式
编码方式	二-八进制	二-八进制	二-八进制	备用	DAB 为标准循环码(Gray 码)，C 为五周期循环码	备用
编码范围	00～73	0000～7777	0000～7777	备用	−1 200 ft～126 700 ft	备用
代码组数	32 组	4 096 组	4 096 组	备用	1 280 组	备用

4.2.4.2.1.3 特殊位置识别(SPI)脉冲

特殊位置识别脉冲只能由飞行员人工选择发射。

主要技术要求如下：

a) 在 A 模式应答时，除规定的信息脉冲外，可与信息脉冲一起发送 SPI 脉冲；

b) SPI 脉冲的位置在第二个框架脉冲 F_2 之后 4.35 μs±0.1 μs，如图 5 所示；

c) 启动 SPI 功能后，15 s～30 s 内的每次应答均包含 SPI 脉冲。

4.2.4.2.1.4 A 模式的应急码

应符合国际民用航空组织附件 10《航空电信》第四卷中 A 模式应答代码的要求，A 模式应答代码为二-八进制编码，从“0000”～“7777”，共 4 096 种识别代码，其中 A 模式的三个特殊应答代码为应急码，其作用见表 6。

表 6 A 模式应答代码中三个应急码的作用

应急码	作用
7500	表示飞行器受到非法干扰(HIJ)
7600	表示通信故障(COM)
7700	表示紧急状态或机械故障(EMG)

4.2.4.2.1.5 C 模式高度代码

C 模式的应答编码应为飞行器的气压高度代码，该代码应由标准循环码(Gray 码)和五周期循环码组成。C 模式应答编码排列顺序见表 7，五周期循环码规则见表 8。

表 7 C 模式应答编码排列顺序

标准循环码(Gray 码，高位到低位排列)	五周期循环码(高位到低位排列)
D_1 D_2 D_4 A_1 A_2 A_4 B_1 B_2 B_4	C_1 C_2 C_4

注 1：标准循环码的字母 D_1 代表最高位(MSB)，通常情况下 D_1 常为 0，标准循环码增量约为 150 m(500 ft)。

注 2：五周期循环码的字母 C_4 代表最低位(LSB)，五周期循环码增量约为 30 m(100 ft)。

表 8 五周期循环码规则

标准循环码对应数值	五周期循环码 C_1 C_2 C_4(LSB)	五周期循环码对应数值
偶数	0 0 1	0
	0 1 1	1
	0 1 0	2
	1 1 0	3
	1 0 0	4
奇数	1 0 0	0
	1 1 0	1
	0 1 0	2
	0 1 1	3
	0 0 1	4

4.2.4.2.2 **S 模式应答信号**

4.2.4.2.2.1 **S 模式应答信号编码波形**

S 模式应答信号编码波形如图 6 所示，应答脉冲的宽度和间隔见表 9。

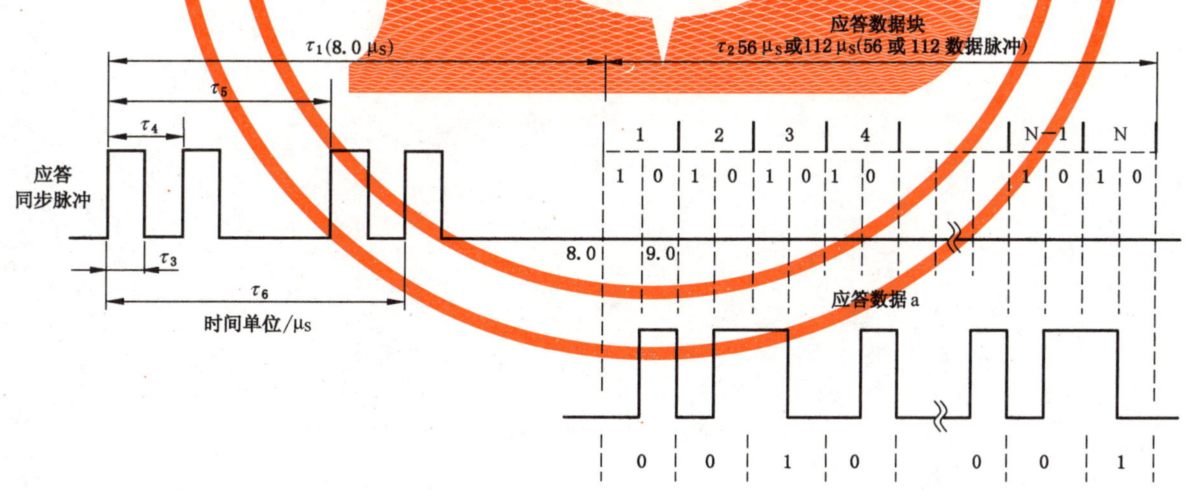

注：图中应答数据 a 为位序 0010……001 的应答数据模块示例。

图 6 S 模式应答信号编码波形

表 9　S 模式应答脉冲宽度和间隔

单位为微秒

项目	时间间隔/脉冲宽度
应答第一同步脉冲前沿与应答数据块前沿间隔(τ_1)	8.0±0.1
应答数据块宽度(τ_2)	56 或 112 (56 或 112 个数据脉冲)
应答同步脉冲宽度(τ_3)	0.5±0.1
第一同步脉冲与第二同步脉冲前沿间隔(τ_4)	1.0±0.1
第一同步脉冲与第三同步脉冲前沿间隔(τ_5)	3.5±0.1
第一同步脉冲与第四同步脉冲前沿间隔(τ_6)	4.5±0.1
上升时间	0.05～0.1
下降时间	0.05～0.2

4.2.4.2.2.2　S 模式应答信息格式

S 模式应答信息格式如图 7 所示,共有 25 种应答信息格式。

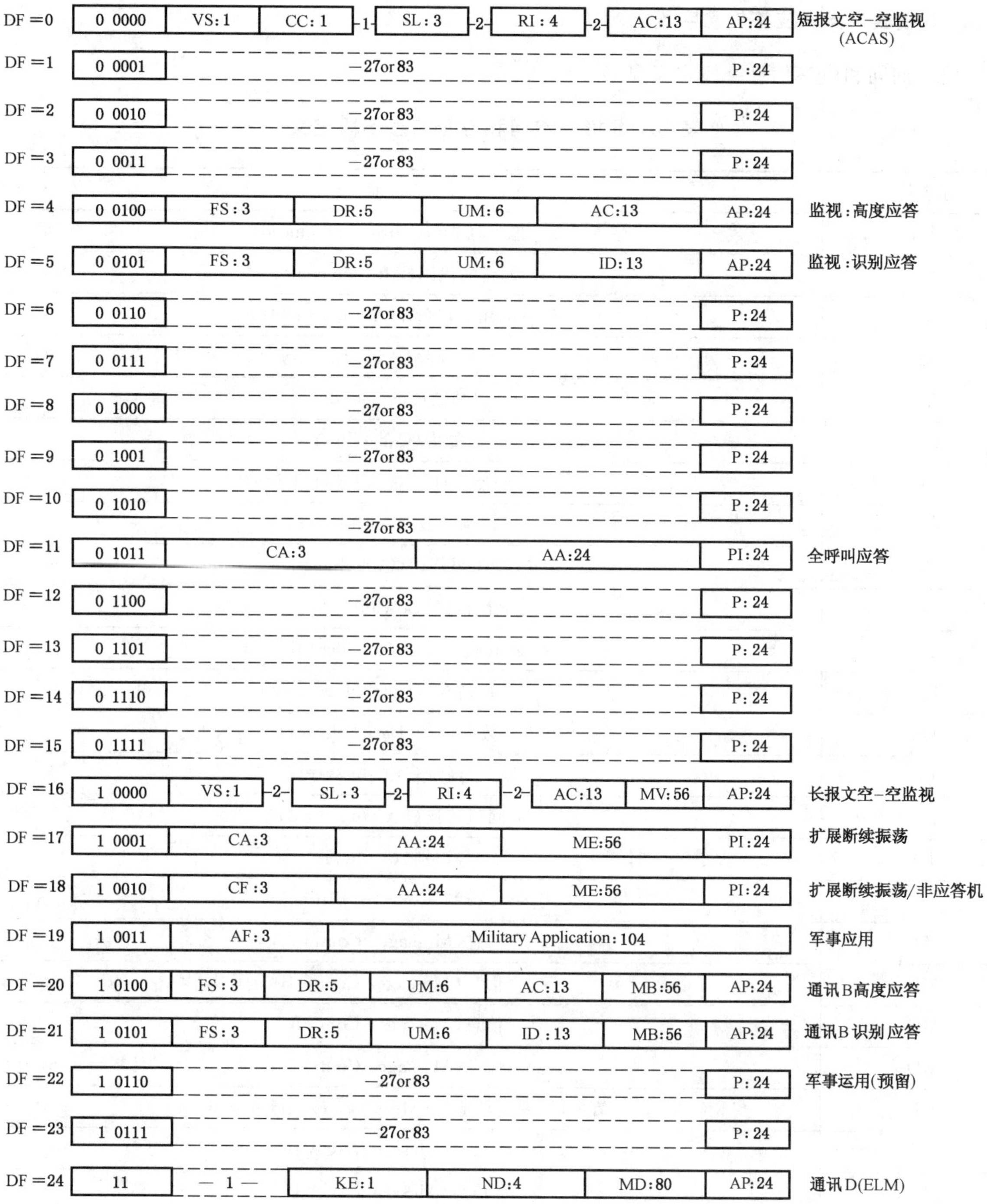

DF											说明
DF=0	0 0000	VS:1	CC:1	1	SL:3	2	RI:4	2	AC:13	AP:24	短报文空-空监视 (ACAS)
DF=1	0 0001	—27or 83								P:24	
DF=2	0 0010	—27or 83								P:24	
DF=3	0 0011	—27or 83								P:24	
DF=4	0 0100	FS:3	DR:5	UM:6	AC:13					AP:24	监视:高度应答
DF=5	0 0101	FS:3	DR:5	UM:6	ID:13					AP:24	监视:识别应答
DF=6	0 0110	—27or 83								P:24	
DF=7	0 0111	—27or 83								P:24	
DF=8	0 1000	—27or 83								P:24	
DF=9	0 1001	—27or 83								P:24	
DF=10	0 1010	—27or 83								P:24	
DF=11	0 1011	CA:3	AA:24							PI:24	全呼叫应答
DF=12	0 1100	—27or 83								P:24	
DF=13	0 1101	—27or 83								P:24	
DF=14	0 1110	—27or 83								P:24	
DF=15	0 1111	—27or 83								P:24	
DF=16	1 0000	VS:1	2	SL:3	2	RI:4	2	AC:13	MV:56	AP:24	长报文空-空监视
DF=17	1 0001	CA:3	AA:24	ME:56						PI:24	扩展断续振荡
DF=18	1 0010	CF:3	AA:24	ME:56						PI:24	扩展断续振荡/非应答机
DF=19	1 0011	AF:3	Military Application:104								军事应用
DF=20	1 0100	FS:3	DR:5	UM:6	AC:13	MB:56				AP:24	通讯B高度应答
DF=21	1 0101	FS:3	DR:5	UM:6	ID:13	MB:56				AP:24	通讯B识别应答
DF=22	1 0110	—27or 83								P:24	军事运用(预留)
DF=23	1 0111	—27or 83								P:24	
DF=24	11	—1—	KE:1	ND:4	MD:80					AP:24	通讯D(ELM)

注1:XX:M表示分配M位的"XX"字段。例如:FS:3,表示3位的FS字段。

注2:P:24表示留给奇偶校验信息的24位字段。

注3:N表示未分配的N位代码,发送时这些位显示为"0"。例如:27或83,表示27位或者83位为"0"。

注4:下行格式(DF)0~23,对应于应答信号的前5位。格式号24规定前面位由"11"起始,其他3位数据由询问信号的内容确定。

注5:此图完整显示了所有格式,但其中部分格式尚未使用和设置。针对未使用的格式,将来可能设置为短格式(56位)或长格式(112位)。

图7 S模式应答信息格式

4.2.4.3 S模式询问和应答信息字段

S模式询问和应答信息字段定义见表10。

表10 S模式询问和应答信息字段定义

标志符	功能
AA	地址通告(Address announced)
AC	高度代码(Altitude code)
AF	应用字段(Application Field)
AP	地址/校验(Addressparity)
AQ	捕获(Acquisition)
CA	能力(Capability)
CC	互联能力(Cross-link Capability)
CF	控制字段(Control Field)
CL	代码标识(Code Label)
DF	下行格式(Downlink format)
DI	指定识别(Designator Identification)
DR	下行请求(Downlink request)
DS	数据选择(Data Selector)
FS	飞行状态(Flight status)
IC	询问机代码(Interrogator code)
ID	识别(Identity)
KE	控制(Control, ELM)
MA	信息(Message, Comm-A)
MB	信息(Message, Comm-B)
MC	信息(Message, Comm-C)
MD	信息(Message, Comm-D)
ME	信息,扩展间歇应答(Message, extended squitter)
MU	信息(Message,ACAS)
MV	信息(Message,ACAS)
NC	C段数量(Number of C-segment)
ND	D段数量(Number of D-segment)
P	地址/校验(Addressparity)
PC	协议(Protocol)
PI	校验/询问机识别码(Parity/interrogator identifier)
PR	应答概率(Probability of reply)
RC	应答控制(Reply control)

表 10（续）

标志符	功 能
RI	应答信息(Reply information)
RL	应答长度(Reply length)
RR	应答请求(Reply request)
SD	特殊符号(Special designator)
SL	交通报警及防撞系统灵敏度等级报告(TCAS Sensitivity Level Report)
UF	上行格式(Uplink format)
UM	有用信息(Utility message)
VS	垂直状态(Vertical status)

4.2.5 目标处理能力

转速在 15 r/min 时，目标处理能力应满足下列要求：

a) 天线每转一周能处理 400 批以上目标；

b) 在 11.25°扇区内能处理 64 批以上目标。

4.2.6 可靠性

通常情况下，可靠性要求为：

a) 单通道配置时，平均故障间隔时间(MTBF)应不小于 1 500 h；

b) 双通道配置时，平均严重故障间隔时间(MTBCF)应不小于 20 000 h。

具体指标由产品标准规定。

4.2.7 维修性

平均故障修复时间(MTTR)应不大于 0.5 h。

4.2.8 接口

通常情况下，接口要求为：

a) 能与空中交通管制一次监视雷达配合工作；

b) 二次监视雷达输出信号应包括视频信号或目标的点迹/航迹数据信号，输出方式有多路数据信号输出和视频/数据信号混合输出两种，输出信号特性由产品标准规定；

c) 目标数据输出接口：应包括串口和网口等。

4.2.9 环境适应性

4.2.9.1 高温

在贮存、运输和使用过程中应能承受表 11 中规定的高温环境条件。

表 11 高温环境条件

单位为摄氏度

<table>
<tr><th>使用场所</th><th>工作温度</th><th>贮存温度</th></tr>
<tr><td>室内</td><td>40 45</td><td rowspan="2">60 65 70</td></tr>
<tr><td>室外</td><td>50 55</td></tr>
</table>

4.2.9.2 低温

在贮存、运输和使用过程中应能承受表 12 中规定的低温环境条件。

表 12 低温环境条件

单位为摄氏度

<table>
<tr><th>使用场所</th><th>工作温度</th><th>贮存温度</th></tr>
<tr><td>室内</td><td>0 −10 −20</td><td rowspan="2">−40 −45 −50 −55</td></tr>
<tr><td>室外</td><td>−35 −40 −45</td></tr>
</table>

4.2.9.3 恒定湿热

二次监视雷达应能承受表 13 中规定的恒定湿热试验条件。

表 13 恒定湿热试验条件

<table>
<tr><th>使用场所</th><th>相对湿度
%</th><th>环境温度
℃</th><th>试验时间
h</th></tr>
<tr><td>室内</td><td>90～96</td><td>30</td><td rowspan="2">48 96</td></tr>
<tr><td>室外</td><td>95～98</td><td>30 35</td></tr>
</table>

4.2.9.4 低气压

应能在海拔 3 000 m 以下正常工作。

4.2.9.5 抗风

针对天线和转台，要求如下：

a) 风速不大于 22 m/s 时，应能正常工作；

b) 风速不大于 33 m/s 时，除转速不均匀外，应能工作；

c) 风速不大于 45 m/s 时，应不损坏；

d) 天线结冰时，风速不大于 18 m/s 时，除转速不均匀外，应能工作。

4.2.9.6 淋雨

针对天线和转台，应具有防淋雨性能，并应符合 GJB 74A—1998 中 3.13.11 的要求。

4.2.10 电源适应性

电源适应性要求如下：

a) 用三相 AC380(1±10%)V 和(或)单相 AC220(1±10%)V，频率 50(1±5%)Hz 供电，设备应

能正常工作；

b） 功耗由产品标准规定。

4.2.11 电磁兼容性

应符合 GJB 151A—1997 的有关规定。具体指标由产品标准规定。

4.2.12 安全性

应符合 GJB 74A—1998 中 3.10 的有关规定。具体指标由产品标准规定。

4.2.13 连续工作能力

由产品标准规定。

4.2.14 尺寸、重量

由产品标准规定。

4.3 天线分系统

4.3.1 天线

4.3.1.1 工作频率范围

主要技术要求如下：

a） 发射：1 030 MHz±3 MHz；

b） 接收：1 090 MHz±5 MHz。

4.3.1.2 天线波束

常规体制天线至少应具有询问波束、控制波束两种波束，控制波束应覆盖询问波束的副瓣和尾瓣。

单脉冲体制天线应具有询问波束、差波束和控制波束三种波束，控制波束应覆盖询问波束的副瓣和尾瓣。

4.3.1.3 极化方式

应为垂直极化。

4.3.1.4 驻波比

由产品标准规定。

4.3.1.5 增益

由产品标准规定。

4.3.1.6 波束宽度

由产品标准规定。

4.3.1.7 副瓣及尾瓣电平

由产品标准规定。

4.3.2 天线转台

天线转台要求如下：

a） 天线转速选用范围为 3 r/min～15 r/min；

b） 输出正北信息和方位脉冲编码信息；

c） 方位编码信息至少 12 位。

具体指标由产品标准规定。

4.4 发射分系统

4.4.1 发射频率

A/C 模式二次监视雷达发射频率应为：1 030 MHz±0.2 MHz。

S 模式二次监视雷达发射频率应为：1 030 MHz±0.01 MHz。

4.4.2 脉冲峰值功率

输出功率可控，满足作用距离的要求。具体指标由产品标准规定。

4.4.3 发射脉冲重复频率

应在 100 Hz～450 Hz 范围选用。具体指标由产品标准规定。

4.4.4 询问脉冲特性

询问脉冲特性要求如下：

a） 基本特性分别见表 1、表 2 和表 3；

b） 脉冲序列中任何一个脉冲相对于其他脉冲的幅度变化不超过 1 dB；

c） 脉冲上升时间介于 0.05 μs 与 0.1 μs 之间；

d） 脉冲下降时间介于 0.05 μs 与 0.2 μs 之间。

4.5 接收分系统

4.5.1 接收频率

应为 1 090 MHz±3 MHz。

4.5.2 正切灵敏度

应不大于－85 dBm（接收机输入端）。具体指标由产品标准规定。

4.5.3 3 dB 带宽

应为 9 MHz±1 MHz。

4.5.4 译码灵敏度

应不大于－80 dBm（接收机输入端）。具体指标由产品标准规定。

4.5.5 镜频抑制

应大于 70 dB。具体指标由产品标准规定。

4.5.6 动态范围

应不小于 65 dB。具体指标由产品标准规定。

4.6 录取器及航迹处理器

应具备以下主要功能：

a) 具备对常规模式应答信号、S 模式应答信号的解码能力；

b) 具有分辨同步串扰应答的能力；

c) 能形成目标点迹数据；

d) 点迹处理能力应满足目标处理能力的要求，能进行航迹跟踪和航迹处理；

e) 具有抑制异步干扰、窄脉冲干扰等能力。

4.7 监控器与维护显示器

应具备以下主要功能：

a) 监控器用于监视二次监视雷达的运行状态及控制、配置等操作；

b) 维护显示器用于监视二次监视雷达的工作状态及设备的维修和调整。

5 测试方法

5.1 测试条件

5.1.1 测试环境

除另有规定外，所有测试应在测试用标准大气条件下进行：

a) 温度：15 ℃～35 ℃；

b) 相对湿度：25％～75％；

c) 气压：86 kPa～106 kPa。

5.1.2 测试仪器、仪表

测试仪器、仪表应符合下列要求：

a) 应符合被测产品标准规定的精度要求，其测量误差应小于被测指标允许误差的三分之一；

b) 应经过计量单位校准且在有效期内。

5.2 组成

用目测方法进行检查。

5.3 使用性能

5.3.1 作用距离

按 GJB 74A—1998 附录 A 中 A1.6 的规定，进行现场检飞考核。

5.3.2 精度

按 GJB 74A—1998 附录 A 中 A1.7 的规定，进行现场检飞考核。

5.3.3 分辨力

按 GJB 74A—1998 附录 A 中 A1.8 的规定，进行现场检飞考核。

5.3.4 工作模式

5.3.4.1 测试框图

测试框图如图 8 所示，测试仪器用数字示波器。

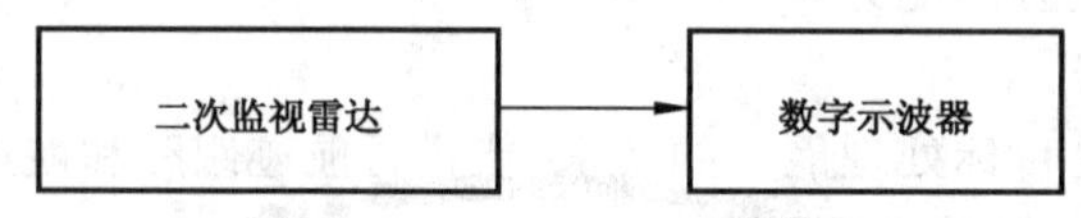

图 8 工作模式测试框图

5.3.4.2 测试方法

测试方法如下：

a) 将数字示波器与二次监视雷达的测试端口相连；

b) 用数字示波器观测询问模式信号；

c) 用数字示波器观测相应模式的应答信号，并从监控器上观察接收应答信号译码是否正确。

5.3.5 目标处理能力

5.3.5.1 测试框图

测试框图如图 9 所示，测试仪器用二次监视雷达目标模拟器。

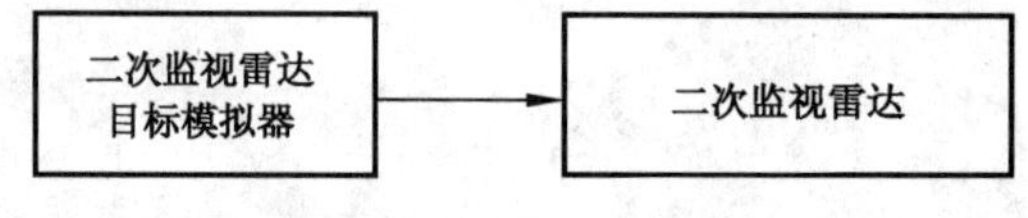

图 9 工作模式测试框图

5.3.5.2 测试方法

测试方法如下：

a) 将目标模拟器与二次监视雷达的测试端口相连；

b) 按 4.2.5 的要求，在目标模拟器上设置天线转速为 15 r/min，产生天线每转一周均匀分布 400 批或以上模拟目标，从二次监视雷达监控器上观察模拟目标是否能连续跟踪、正确解码；

c) 按 4.2.5 的要求，在目标模拟器上设置天线转速为 15 r/min，产生在 11.25°扇区内均匀分布 64 批或以上模拟目标，从二次监视雷达监控器上观察模拟目标是否能连续跟踪、正确解码。

5.3.6 可靠性

平均故障间隔时间(MTBF)和平均严重故障间隔时间(MTBCF)按 GJB 899A—2009 规定的方法进行。

5.3.7 维修性

平均故障修复时间(MTTR)按 GJB 2072 规定的方法进行。

5.3.8 接口

按产品标准规定的方法进行测试。

5.3.9 环境适应性

5.3.9.1 高温

按GJB 150.3A—2009规定的方法进行测试。测试过程中，初始检测、中间检测、最后检测的检测项目和测试时间由产品标准规定。

5.3.9.2 低温

按GJB 150.4A—2009规定的方法进行测试。测试过程中，初始检测、中间检测、最后检测的检测项目和测试时间由产品标准规定。

5.3.9.3 恒定湿热

按GJB 150.9A—2009规定的方法进行测试。测试过程中，初始检测、中间检测和最后检测的检测项目由产品标准规定。

5.3.9.4 低气压

按GJB 150.2A—2009规定的方法进行测试。测试过程中，初始检测、中间检测和最后检测的检测项目由产品标准规定。

5.3.9.5 抗风

按GJB 74A—1998中4.7.12.13规定的方法进行测试。

5.3.9.6 淋雨

按GJB 74A—1998中4.7.12.11规定的方法进行测试，测试过程中的初始检测和最后检测项目由产品标准规定。

5.3.10 电源适应性

按4.2.10规定的要求，改变电源频率和电压范围，检查二次监视雷达是否告警，航迹输出是否连续、正常。

5.3.11 电磁兼容性

按GJB 152A—1997规定的方法进行测试。

5.3.12 安全性

按GJB 74A—1998中4.7.9规定的方法进行测试。

5.3.13 连续工作能力

按产品标准规定的方法进行测试。

5.3.14 尺寸、重量

按产品标准规定的方法进行测试。

5.4 天线分系统

5.4.1 工作频率范围

按产品标准规定的方法进行测试。

5.4.2 天线波束

按产品标准规定的方法进行测试。

5.4.3 极化方式

按 GJB 3262—1998 规定的方法进行测试。

5.4.4 驻波比

用矢量网络分析仪或具有同等功能和精度的其他仪器测量天线驻波比。

5.4.5 增益

按 GJB 3262—1998 规定的方法进行测试。

5.4.6 波束宽度、副瓣及尾瓣电平

按 GJB 3310—1998 规定的方法进行测试。

5.4.7 天线转台

5.4.7.1 天线转速

可用自动或手动测试方法进行测试，推荐使用自动测试方法，具体测试方法如下：

a） 自动测试：按 4.3.2 规定的要求，选择天线转速，从监控器上观察扫描线，用系统时间进行测试并统计；

b） 手动测试：按 4.3.2 规定的要求，选择天线转速，用秒表进行测试并统计。

5.4.7.2 方位信息

将数字示波器连接到天线控制器的方位信息输出端，测试天线转台输出的方位信息。

5.5 发射分系统

5.5.1 测试框图

测试框图如图 10 所示，测试仪器用峰值功率计或频谱仪、衰减器和数字示波器，或具有同等精度的专用仪器。

将峰值功率计或频谱仪通过衰减器与二次监视雷达的发射端口相连；数字示波器测试发射脉冲信号或其他能表征发射的信号。

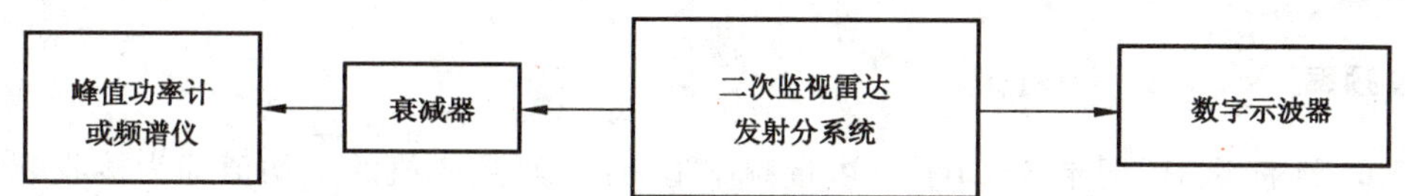

注：禁止出现发射端口空载或连接不到位的现象；电缆的衰减值包含在计算内。

图 10　发射分系统测试框图

5.5.2　测试方法

5.5.2.1　发射频率

将频谱仪通过衰减器与二次监视雷达的发射端口相连，开启二次监视雷达并处于发射状态，从频谱仪上读取频率峰值即为发射频率。

5.5.2.2　脉冲峰值功率

将峰值功率计通过衰减器与二次监视雷达的发射端口相连，开启二次监视雷达并处于发射状态，从峰值功率计上读取发射脉冲的峰值功率即为脉冲峰值功率。

5.5.2.3　发射脉冲重复频率

将数字示波器与二次监视雷达的测试端口相连，开启二次监视雷达并处于发射状态，从数字示波器上读取发射检波脉冲的重复频率即为发射脉冲重复频率。

5.5.2.4　询问脉冲特性

将峰值功率计通过衰减器与二次监视雷达的发射端口相连，开启二次监视雷达并处于发射状态，从峰值功率计上读取发射脉冲的幅度、间隔、宽度、上升时间、下降时间等脉冲特性参数。

5.6　接收分系统

5.6.1　测试框图

测试框图如图 11 所示，测试仪器用脉冲信号发生器、射频信号源和数字示波器，或具有同等精度的专用仪器。

将脉冲信号发生器产生的周期脉冲信号送到射频信号源，射频信号源将周期脉冲信号调制为射频信号，再将射频信号送到二次监视雷达的接收端口；数字示波器用于测试接收机输出的视频信号或其他能表征接收的信号。

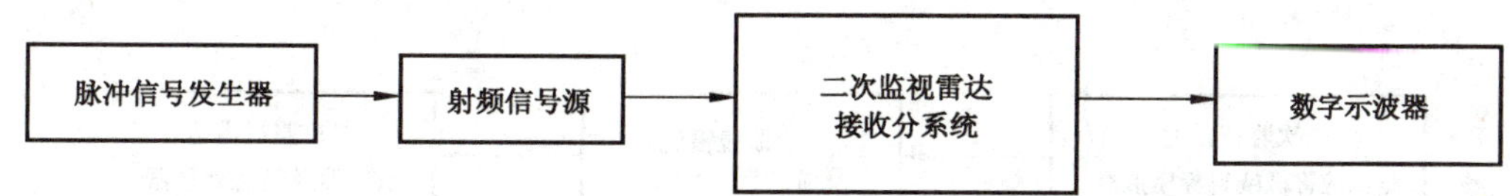

注：本测试方法为建议测试方法，具体按产品标准规定执行；电缆的衰减值包含在计算内。

图 11　接收分系统测试框图

5.6.2 测试方法

5.6.2.1 接收频率

在进行 5.6.2.4 测试时，记录 3 dB 上下边带频率值，计算两频率值的平均值即为接收频率。

5.6.2.2 工作频率范围

在进行 5.6.2.4 测试时，同时检查工作频率范围。

5.6.2.3 正切灵敏度

将射频信号调制为 1 090 MHz 的模拟应答信号，并输入到二次监视雷达接收端口，调整射频信号源衰减值，在数字示波器上观测接收机输出的视频信号与噪声相切，此时射频信号源上显示输出 1 090 MHz 射频信号的幅度值，即为正切灵敏度。

5.6.2.4 3 dB 带宽

将射频信号的幅度设置为－50 dBm，记录数字示波器上幅度值；再将信号幅度增加 3 dB，上下偏调射频信号源频率，使数字示波器上的信号幅度等于第一次记录的幅度值，计算上下频率间隔值即为 3 dB 带宽。

5.6.2.5 译码灵敏度

将射频信号调制为 1 090 MHz 的模拟应答信号，并输入到二次监视雷达接收端口，调整射频信号源衰减值，从监控器上观察二次目标能正确解码的射频信号临界值即为译码灵敏度。

5.6.2.6 镜频抑制

将射频信号调制为镜像频率，并输入到二次监视雷达接收端口，调整射频信号源衰减值，在数字示波器上观测接收机输出的视频信号与噪声相切，记录此时射频信号源上的幅度值，该幅度值与正切灵敏度的差值即为镜频抑制值。

5.6.2.7 动态范围

将射频信号调制为 1 090 MHz 的模拟应答信号，并输入到二次监视雷达接收端口，调整射频信号源衰减值，在数字示波器上观测接收机输出的视频信号出现饱和时，记录信号的幅度值，该幅度值与正切灵敏度的差值即为动态范围。

5.7 录取器及航迹处理器

5.7.1 测试框图

测试框图如图 12 所示，测试仪器用二次监视雷达测试应答机或目标模拟器。

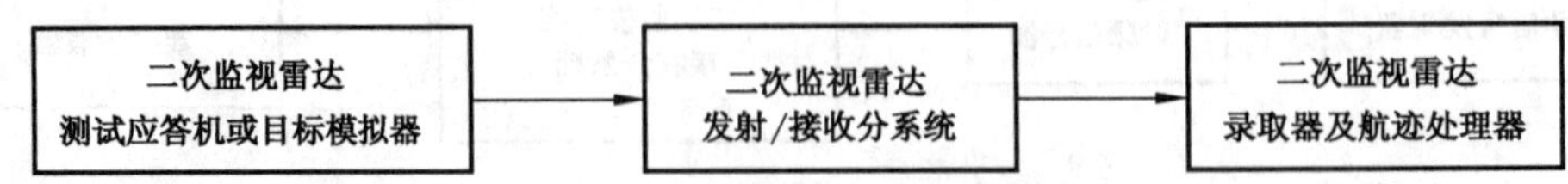

图 12 录取器及航迹处理器测试框图

5.7.2 测试方法

录取器及航迹处理器测试方法如下：

a) 用二次监视雷达测试应答机或目标模拟器模拟常规模式应答信号和S模式应答信号，从监控器上观测目标解码是否正确，测试解码能力；
b) 用二次监视雷达测试应答机或目标模拟器模拟同步串扰应答信号，从监控器上观测分辨重叠应答目标解码是否正确，测试分辨同步串扰应答脉冲组的能力；
c) 用二次监视雷达测试应答机或目标模拟器模拟常规模式应答信号和S模式应答信号，从监控器上观测是否能正常输出目标点迹信号，测试目标点迹生成能力；
d) 按5.3.5方法测试点迹处理能力；
e) 按5.3.5方法测试航迹跟踪和处理能力；
f) 用目标模拟器模拟干扰信号，从监控器上观测是否有异常目标生成，测试干扰抑制能力。

5.8 监控器与维护显示器

5.8.1 测试框图

测试框图如图13所示，测试仪器用二次监视雷达测试应答机或目标模拟器。

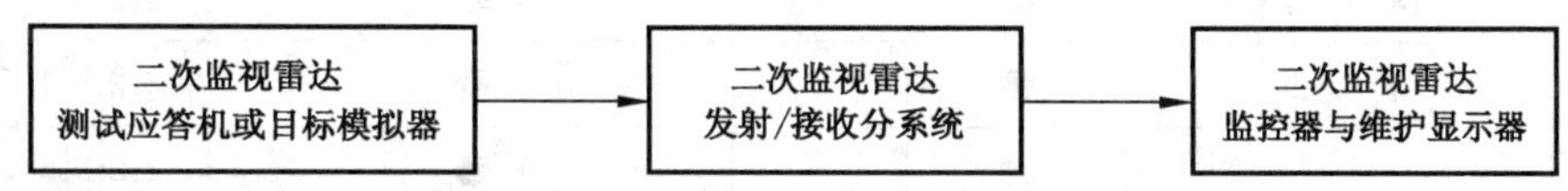

图13 监控器与维护显示器测试框图

5.8.2 测试方法

监控器与维护显示器测试方法如下：

a) 用测试应答机或目标模拟器模拟应答目标，从监控器观测目标显示、控制、告警和状态监控等设备运行状态；
b) 用测试应答机或目标模拟器模拟应答目标，从维护显示器观测状态监控、目标显示、参数配置、性能检测等设备工作状态及设备的维修和调整。

6 质量评定程序

6.1 检验分类

检验分为：

a) 鉴定检验；
b) 质量一致性检验。

6.2 检验项目

各类检验项目见表14。

表 14　检验项目表

序号	检验项目		鉴定检验	质量一致性检验				要求的章条号	测试方法的章条号
				A组	B组	C组	D组		
1	组成		●	—	—	—	—	4.1	5.2
2	作用距离		●	—	—	—	—	4.2.1	5.3.1
3	精度		●	—	—	—	—	4.2.2	5.3.2
4	分辨力		●	—	—	—	—	4.2.3	5.3.3
5	工作模式		●	●	—	—	—	4.2.4	5.3.4
6	目标处理能力		●	—	○	—	—	4.2.5	5.3.5
7	可靠性		●	—	—	—	●	4.2.6	5.3.6
8	维修性		●	—	—	—	—	4.2.7	5.3.7
9	接口		●	●	—	—	—	4.2.8	5.3.8
10	环境适应性	高温	●	—	—	●	—	4.2.9.1	5.3.9.1
11		低温	●	—	—	●	—	4.2.9.2	5.3.9.2
12		恒定湿热	●	—	—	●	—	4.2.9.3	5.3.9.3
13		低气压	●	—	—	●	—	4.2.9.4	5.3.9.4
14		抗风	●	—	—	●	—	4.2.9.5	5.3.9.5
15		淋雨	●	—	—	●	—	4.2.9.6	5.3.9.6
16	电源适应性		●	—	—	—	—	4.2.10	5.3.10
17	电磁兼容性		●	—	—	—	—	4.2.11	5.3.11
18	安全性		●	●	—	—	—	4.2.12	5.3.12
19	连续工作能力		●	—	●	—	—	4.2.13	5.3.13
20	尺寸、重量		●	—	●	—	—	4.2.14	5.3.14
21	天线分系统	工作频率范围	●	—	○	—	—	4.3.1.1	5.4.1
22		天线波束	●	—	○	—	—	4.3.1.2	5.4.2
23		极化方式	●	—	○	—	—	4.3.1.3	5.4.3
24		驻波比	●	—	○	—	—	4.3.1.4	5.4.4
25		增益	●	—	○	—	—	4.3.1.5	5.4.5
26		波束宽度	●	—	○	—	—	4.3.1.6	5.4.6
27		副瓣及尾瓣电平	●	—	○	—	—	4.3.1.7	5.4.6
28		天线转台	●	—	○	—	—	4.3.2	5.4.7
29	发射分系统	发射频率	●	●	—	—	—	4.4.1	5.5.2.1
30		脉冲峰值功率	●	●	—	—	—	4.4.2	5.5.2.2
31		发射脉冲重复频率	●	●	—	—	—	4.4.3	5.5.2.3
32		询问脉冲特性	●	●	—	—	—	4.4.4	5.5.2.4

表 14(续)

序号	检验项目		鉴定检验	质量一致性检验				要求的章条号	测试方法的章条号
				A组	B组	C组	D组		
33	接收分系统	接收频率	●	●	—	—	—	4.5.1	5.6.2.1
34		工作频率范围	●	●	—	—	—	4.5.1	5.6.2.2
35		正切灵敏度	●	●	—	—	—	4.5.2	5.6.2.3
36		3 dB 宽度	●	●	—	—	—	4.5.3	5.6.2.4
37		译码灵敏度	●	●	—	—	—	4.5.4	5.6.2.5
38		镜频抑制	●	●	—	—	—	4.5.5	5.6.2.6
39		动态范围	●	●	—	—	—	4.5.6	5.6.2.7
40	录取器及航迹处理器		●	●	—	—	—	4.6	5.7
41	监控器与维护显示器		●	●	—	—	—	4.7	5.8
42	包装		●	—	—	—	—	7	7
注:“●”表示必作项目;“○”根据条件选作项目;“—”表示不作项目。									

6.3 鉴定检验

按 GJB 74A—1998 中 4.4 的规定执行。

6.4 质量一致性检验

按 GJB 74A—1998 中 4.5 的规定执行。

7 标志、包装、运输和贮存

7.1 标志

7.1.1 产品标志

产品标志通常应包含以下内容:

a) 制造厂名称或商标;

b) 产品型号;

c) 生产批号;

d) 生产日期。

产品标志的其他要求应符合 GJB 74A—1998 中 5.4 的规定。

7.1.2 包装箱面标志

应符合 GJB 74A—1998 中 5.4.3 的规定。

7.2 包装

产品包装应符合以下要求:

a) 基本要求应符合 GJB 74A—1998 中 5.1 的规定;

b) 防护要求应符合 GJB 74A—1998 中 5.1 的规定；

c) 包装箱容器应符合 GJB 74A—1998 中 5.2.1 的规定；

d) 随机文件应符合 GJB 74A—1998 中 5.1.10 的规定。

7.3 运输

包装后的二次监视雷达在不受雨、雪和烈日的直接影响下，适用于公路、铁路、水路、空中等单一运输或上述任一组合运输。

运输的其他要求应符合 GJB 74A—1998 中 5.3.1 的规定。

7.4 贮存

包装后的二次监视雷达贮存环境温度为 0 ℃～40 ℃，相对湿度应不大于 80％，无酸碱腐蚀，无强烈机械振动，无强磁场作用和通风良好的库房内。

贮存的其他要求应符合 GJB 74A—1998 中 5.3.2 的规定。

ICS 03.220
V 54

中华人民共和国国家标准

GB/T 12183—2018
代替 GB/T 12183—1990

空中交通管制机载应答机通用规范

General specification for airbrone transponder of air traffic control

2018-09-17 发布　　　　2019-01-01 实施

国家市场监督管理总局
中国国家标准化管理委员会　发布

前　言

本标准按照 GB/T 1.1—2009 给出的规则起草。

本标准代替 GB/T 12183—1990《空中交通管制机载应答机通用技术条件》。本标准与 GB/T 12183—1990 相比，主要技术变化如下：

——修改了“范围”描述（见第 1 章，1990 年版的第 1 章）；
——修改了“规范性引用文件”（见第 2 章，1990 年版的第 2 章）；
——增加了“产品分类”（见第 3 章）；
——删除了“一般要求”（见 1990 年版的 3.1）；
——修改了“应答模式”要求（见 4.1.1.1，1990 年版的 3.2.1）；
——修改了“应答特性”要求（见 4.1.1.2，1990 年版的 3.2.2）；
——修改了“特殊位置识别（SPI）脉冲”要求（见 4.1.1.2.3，1990 年版的 3.2.2.3）；
——修改了“应答代码”要求（见 4.1.1.2.4，1990 年版的 3.2.2.4）；
——修改了“应答脉冲波形”要求（见 4.1.1.2.5，1990 年版的 3.2.2.5）；
——修改了“应答脉冲位置偏差”要求（见 4.1.1.2.6，1990 年版的 3.2.2.6）；
——删除了“回答信号载频”要求（1990 年版的 3.2.2.7）；
——修改了“接收频率”要求（见 4.1.2.1.1，1990 年版的 3.3.1.1）；
——修改了“灵敏度”要求（见 4.1.2.1.2，1990 年版的 3.3.1.2）；
——修改了“带宽”要求（见 4.1.2.1.3，1990 年版的 3.3.1.3）；
——修改了“动态范围”要求（见 4.1.2.1.4，1990 年版的 3.3.1.4）；
——修改了“镜频抑制”要求（见 4.1.2.1.6，1990 年版的 3.3.1.6）
——修改了“译码器”要求，将其改为“处理性能”要求（见 4.1.2.2，1990 年版的 3.3.2）；
——修改了“应答条件”要求（见 4.1.2.2.1，1990 年版的 3.3.2.1）；
——修改了“不应答条件”要求（见 4.1.2.2.2，1990 年版的 3.3.2.2）；
——修改了“旁瓣抑制”要求（见 4.1.2.2.4，1990 年版的 3.3.2.4）；
——修改了“应答速率和应答速率限制”要求（见 4.1.2.2.8，1990 年版的 3.3.2.8）；
——修改了“发射功率”要求（见 4.1.2.3.2，1990 年版的 3.3.3.2）；
——增加了“S 模式应答机”的“主要使用性能要求”“技术性能要求”内容（见 4.2、4.2.1、4.2.2）；
——修改了“天线”要求，将其改为“天馈单元”要求（见 4.3，1990 年版的 3.3.4）；
——修改了天线的“工作频率”要求（见 4.3.1，1990 年版的 3.3.4.1）；
——修改了天线的“方向性”要求（见 4.3.3，1990 年版的 3.3.4.3）；
——修改了“环境条件”要求，将其改为“环境适应性”要求（见 4.4，1990 年版的 3.2.9）；
——增加了“维修性”要求（见 4.9）；
——增加了“尺寸、重量”要求（见 4.11）；
——修改了“测试方法”要求（见第 5 章，1990 年版的第 4 章）；
——增加了“应答特性”测试（见 5.2.1.2.2）；
——增加了“框架脉冲”测试（见 5.2.1.2.2.1）；
——增加了“特殊位置识别（SPI）脉冲”测试（见 5.2.1.2.2.3）；
——增加了“接收性能”测试（见 5.2.2.1）；
——增加了“处理性能”测试（见 5.2.2.2）；

——增加了“发射性能”测试(见 5.2.2.3);
——修改了“测试框图”(见 5.3.1.1,1990 年版的 4.2.1);
——增加了“S 模式应答机”测试(见 5.3.1.2);
——增加了“天馈单元”测试(见 5.4);
——增加了“外部接口”测试(见 5.7);
——增加了“连续工作能力”测试(见 5.8);
——修改了“可靠性”测试(见 5.9,1990 年版的 4.2.4);
——增加了“维修性”测试(见 5.10);
——增加了“安全性”测试(见 5.11);
——增加了“尺寸、重量”测试(见 5.12);
——增加了“包装”测试(见 5.13);
——修改了“检验分类”(见 6.1,1990 年版的 5.1);
——修改了“检验项目表”(见 6.2 中表 6、表 7,1990 年版的 5.2 中表 2);
——删除了“定型检验”(见 1990 年版的 5.3);
——增加了“鉴定检验”(见 6.3);
——增加了“质量一致性检验”(见 6.4);
——删除了“交收检验”“例行试验”(见 1990 年版的 5.4、5.5);
——修改了“包装箱面标志”(见 7.1.2,1990 年版的 6.1.2);
——修改了“包装”(见 7.2,1990 年版的 6.2);
——修改了“贮存”(见 7.4,1990 年版的 7.4)。

请注意本文件的某些内容可能涉及专利。本文件的发布机构不承担识别这些专利的责任。

本标准由中华人民共和国工业和信息化部提出。

本标准由工业和信息化部(电子)(339-1)归口。

本标准起草单位:四川九洲电器集团有限责任公司。

本标准主要起草人:张银、谭源泉、郭小杰、苗东、游华春、邓永清、张庆军、莫斌、何思亮。

本标准所代替标准的历次版本发布情况为:

——GB/T 12183—1990。

空中交通管制机载应答机通用规范

1 范围

本标准规定了空中交通管制机载应答机(以下简称应答机)的技术要求、测试方法、质量评定程序，标志、包装、运输和贮存要求。

本标准适用于应答机的设计、生产和验收，是编制应答机产品标准的基本依据。

2 规范性引用文件

下列文件对于本文件的应用是必不可少的。凡是注日期的引用文件，仅注日期的版本适用于本文件。凡是不注日期的引用文件，其最新版本(包括所有的修改单)适用于本文件。

GJB 74A—1998 军用地面雷达通用规范

GJB 150.2A—2009 军用装备实验室环境试验方法 第2部分:低气压(高度)试验

GJB 150.3A—2009 军用装备实验室环境试验方法 第3部分:高温试验

GJB 150.4A—2009 军用装备实验室环境试验方法 第4部分:低温试验

GJB 150.5A—2009 军用装备实验室环境试验方法 第5部分:温度冲击试验

GJB 150.9A—2009 军用装备实验室环境试验方法 第9部分:湿热试验

GJB 150.15A—2009 军用装备实验室环境试验方法 第15部分:加速度试验

GJB 150.16A—2009 军用装备实验室环境试验方法 第16部分:振动试验

GJB 150.18A—2009 军用装备实验室环境试验方法 第18部分:冲击试验

GJB 151A—1997 军用设备和分系统电磁发射和敏感度要求

GJB 152A—1997 军用设备和分系统电磁发射和敏感度测量

GJB 181B—2012 飞机供电特性

GJB 899A—2009 可靠性鉴定和验收试验

GJB 2072—1994 维修性试验与评定

国际民用航空组织附件10《航空电信》第四卷 监视雷达和防撞系统(ICAO Annex 10 Volume Ⅳ Surveillance Radar and Collision Avoidance Systems)

3 产品分类

应答机根据应答模式通常分为:A/C模式应答机和S模式应答机。

4 要求

4.1 A/C模式应答机

4.1.1 主要使用性能要求

4.1.1.1 应答模式

应能正确检测询问机A/C模式的询问，并做出应答，询问格式如图1所示。

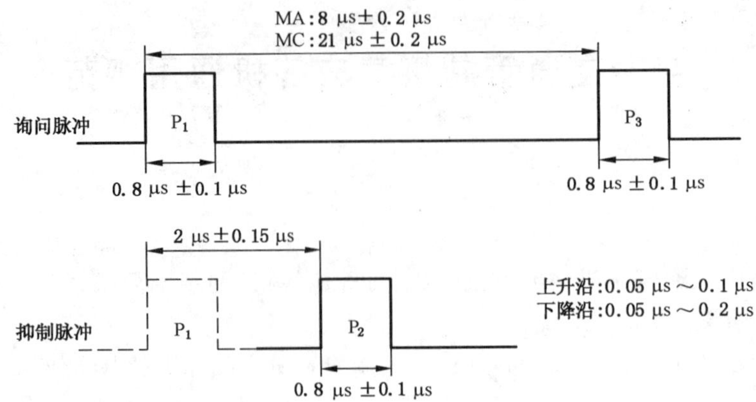

图 1 A/C 模式询问格式

4.1.1.2 应答特性

4.1.1.2.1 框架脉冲

框架脉冲应由两个间隔为 20.3 μs±0.1 μs 的脉冲 F_1 和 F_2 组成,如图 2 所示。

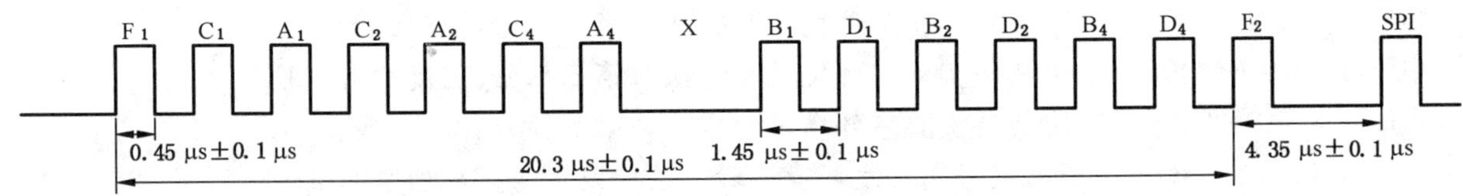

图 2 应答代码的组成

4.1.1.2.2 信息脉冲

信息脉冲从第一个框架脉冲起,应以 1.45 μs 的增量间隔排列(如图 2 所示),其代号和时序位置排列见表 1。

表 1 信息脉冲代号和时序位置排列

单位为微秒

信息脉冲代号	时序位置
C_1	1.45
A_1	2.90
C_2	4.35
A_2	5.80
C_4	7.25
A_4	8.70
X	10.15
B_1	11.60
D_1	13.05
B_2	14.50

表 1（续）

单位为微秒

信息脉冲代号	时序位置
D_2	15.95
B_4	17.40
D_4	18.85
注：X 脉冲位为 0。	

4.1.1.2.3 特殊位置识别(SPI)脉冲

在 A 模式应答时，除规定的信息脉冲外，可与信息脉冲一起发送 SPI 脉冲。SPI 脉冲的位置应在第二个框架脉冲之后 4.35 μs±0.1 μs 处(如图 2 所示)，发送持续时间应为 15 s～30 s。

4.1.1.2.4 应答代码

4.1.1.2.4.1 A 模式代码

应为二-八进制编码，从“0000”到“7777”共 4 096 种识别代码，排列顺序为 $A_4A_2A_1B_4B_2B_1C_4C_2C_1D_4D_2D_1$，其中包括 3 个特殊代码：

a) “7 500”表示飞行器受到非法干扰(HIJ)；

b) “7 600”表示通信故障(COM)；

c) “7 700”表示紧急状态或机械故障(EMG)。

4.1.1.2.4.2 C 模式代码

接收绝对大气高度数据，按照国际民用航空组织附件 10《航空电信》第四卷第 3 章附录中二次雷达气压高度转换表的要求，转换成 C 模式代码。

4.1.1.2.5 应答脉冲波形

主要技术要求如下：

a) 脉冲宽度为 0.45 μs±0.1 μs；

b) 脉冲上升时间介于 0.05 μs 与 0.1 μs 之间；

c) 脉冲下降时间介于 0.05 μs 与 0.2 μs 之间；

d) 脉冲序列中任何一个脉冲相对于其他脉冲的幅度变化不超过 1 dB。

4.1.1.2.6 应答脉冲位置偏差

应答脉冲序列中每一个脉冲相对于第一框架脉冲间隔容差应为±0.10 μs。应答脉冲序列中任一脉冲相对于(除第一脉冲外)其他脉冲的间隔容差应为±0.15 μs。

4.1.2 技术性能要求

4.1.2.1 接收性能

4.1.2.1.1 接收频率

应为 1 030 MHz±0.2 MHz。

4.1.2.1.2 灵敏度

在下列条件下，最低触发电平(MTL)容限应为－77 dBm～－69 dBm：

a) 译码率应不小于90%；

b) 测试点为应答机天线端口。

4.1.2.1.3 带宽

3 dB带宽应不小于6 MHz。

4.1.2.1.4 动态范围

信号在MTL＋3 dB～－21 dBm之间时，应答率应不小于90%。

信号为－81 dBm时，应答率应不大于10%。

4.1.2.1.5 模式间灵敏度变化值

当脉冲间隔和脉冲宽度为标称值时，各种模式之间灵敏度的变化应不大于1 dB。

4.1.2.1.6 镜频抑制

应不小于60 dB。

4.1.2.2 处理性能

4.1.2.2.1 应答条件

在满足下列所有条件下，应答率应不小于90%：

a) P_3 幅度变化从低于 P_1 幅度1 dB到高于 P_1 幅度3 dB；

b) 在 P_1 以后1.3 μs～2.7 μs间隔内没有收到脉冲，或收到脉冲的幅度至少比 P_1 小9 dB；

c) P_1、P_3 的幅度比收到随机脉冲幅度大10 dB。

4.1.2.2.2 不应答条件

出现下列条件之一，应答率应不大于10%：

a) P_1 和 P_3 脉冲之间的间隔大于或小于规定值1 μs；

b) 脉冲特性、幅度与正常询问相似的单个脉冲。

4.1.2.2.3 寂静时间

识别到一个正确的询问后，在应答脉冲序列的持续时间内，A/C模式应答机不应答其余任何询问。寂静时间最迟在应答脉冲序列的最后一个脉冲后125 μs内结束。

4.1.2.2.4 旁瓣抑制

主要技术要求如下：

a) P_2 幅度不小于 P_1 幅度，且 P_1 和 P_2 间隔为2 μs±0.15 μs时，应答被抑制；

b) 抑制时间为35 μs±10 μs；

c) 抑制应可在抑制时间结束后的2 μs内再次触发。

4.1.2.2.5 脉冲宽度识别

主要技术要求如下：

a) 收到的信号幅度在 MTL 到高于此电平 6 dB 范围内，宽度小于 0.3 μs 时，A/C 模式应答机不应答或抑制；

b) 除信号脉冲幅度的变化接近于一个询问信号外，在 MTL 到高于此电平 50 dB 范围内，宽度大于 1.5 μs 的单个脉冲时，不应答或抑制。

4.1.2.2.6 回波抑制和恢复

A/C 模式应答机应具有回波抑制功能，以保证当空间信号出现回波时还可能正常运行。此功能应满足 4.1.2.2.4 中所述抑制要求。

灵敏度降低：在收到宽度大于 0.7 μs 的任何脉冲(即退敏脉冲)时，接收机应降低灵敏度，灵敏度范围在退敏脉冲幅度到此脉冲幅度增加 9 dB 之间，除在退敏脉冲后的第一微秒内，其他时候应不低于退敏脉冲的幅度。

恢复：灵敏度降低后，接收机在收到信号幅度高于 MTL＋50 dB 的退敏脉冲 15 μs 以内，应恢复灵敏度(MTL＋3 dB 以内)。恢复应是线性变化，平均速度应不超过 3.5 dB/μs。

注：宽度小于 0.7 μs 的单个脉冲，不要求降低灵敏度。

4.1.2.2.7 随机触发速率

在 300 次间隔相等的随机触发(随机触发信号速率不应超过载机平台上所有可能产生干扰的设备最大的干扰水平)或 30 s 内(以较少者为准)的条件下，且无有效询问信号，应答机每秒不应产生超过 30 次 A 模式或 C 模式应答。

4.1.2.2.8 应答速率和应答速率限制

主要技术要求如下：

a) 速率：对 15 个脉冲编码的应答，应答机应具有至少每秒应答 1 200 次的能力。除非只工作在 4 500 m 高度以下的应答机，才允许应答机具有至少每秒应答 1 000 次的能力；

b) 速率限制：应答机应具有应答速率限制能力，应答速率可调范围为 500 次/s～2 000 次/s，或最高应答率可少于 2 000 次/s。应答率超过选定值的 90％时，灵敏度应降低至少 3 dB，当应答率超过选定值 150％时，灵敏度应至少降低 30 dB。

4.1.2.2.9 应答延时和不稳定性

主要技术要求如下：

a) 询问信号 P_3 脉冲的前沿与应答框架脉冲 F_1 前沿之间的延时为 3 μs±0.5 μs；

b) 在 MTL＋3 dB～MTL＋50 dB 范围内，应答脉冲序列的抖动(相对于 P_3)应不大于 0.1 μs；

c) 不同模式之间应答的延时变化应不大于 0.2 μs。

4.1.2.3 发射性能

4.1.2.3.1 发射频率

应为 1 090 MHz±3 MHz。

4.1.2.3.2 发射功率

在应答机天线端口，发射峰值功率应在 21 dBW～27 dBW 之间。只工作在 4 500 m 以下的应答机，天线端口的发射峰值功率应在 18.5 dBW～27 dBW 之间。

4.2 S模式应答机

4.2.1 主要使用性能要求

4.2.1.1 应答模式

应具备对A模式、C模式、交互模式、S模式4种询问模式的应答能力。A模式和C模式询问格式如图1所示,交互模式询问格式如图3所示,S模式询问格式如图4所示。

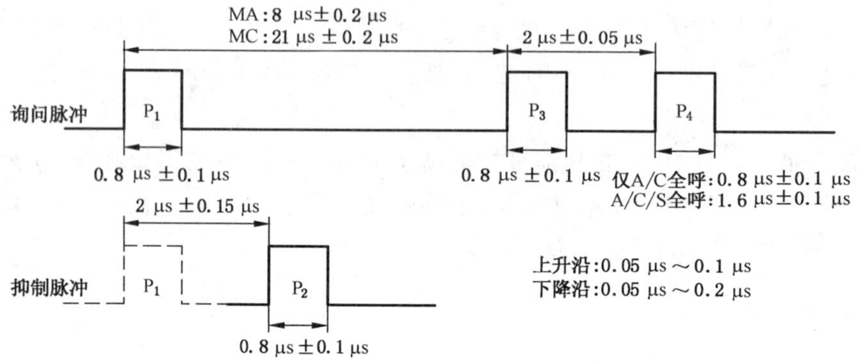

图3 交互模式询问格式

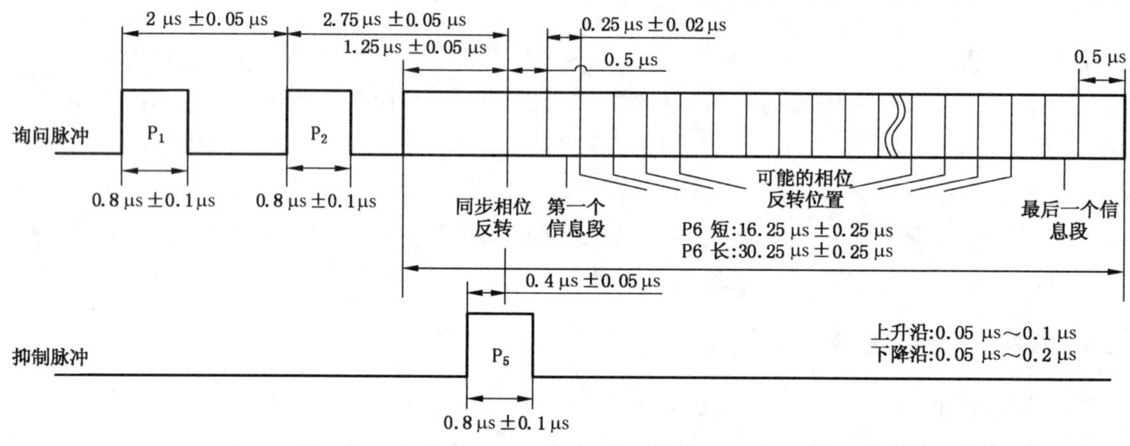

图4 S模式询问格式

4.2.1.2 应答能力

S模式应答机应至少符合国际民用航空组织附件10《航空电信》第四卷中定义的5级能力中一级的要求。

4.2.1.3 应答特性

4.2.1.3.1 A/C模式应答特性

同4.1.1.2。

4.2.1.3.2 **S模式应答特性**

S模式应答信号格式如图5所示。

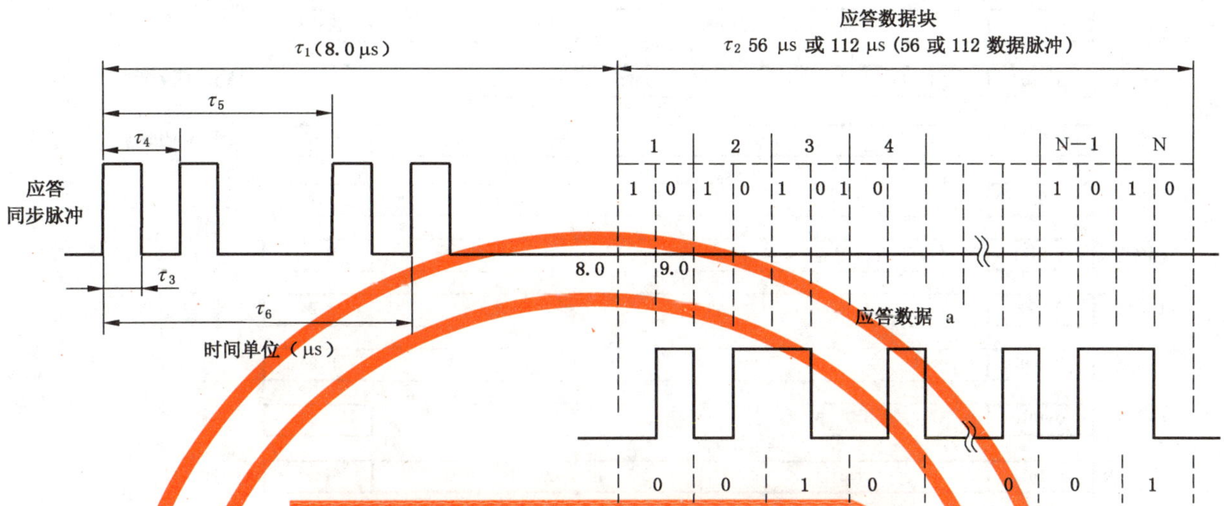

注：图中应答数据a为位序001 0……001的应答数据模块示例。

图5 S模式应答信号格式

4.2.1.3.3 **特殊位置识别(SPI)脉冲**

同4.1.1.2.3。

4.2.1.3.4 **A/C模式应答代码**

4.2.1.3.4.1 **A模式代码**

同4.1.1.2.4.1。

4.2.1.3.4.2 **C模式代码**

同4.1.1.2.4.2。

4.2.1.3.5 **S模式应答代码**

S模式应答信息格式如图6所示。

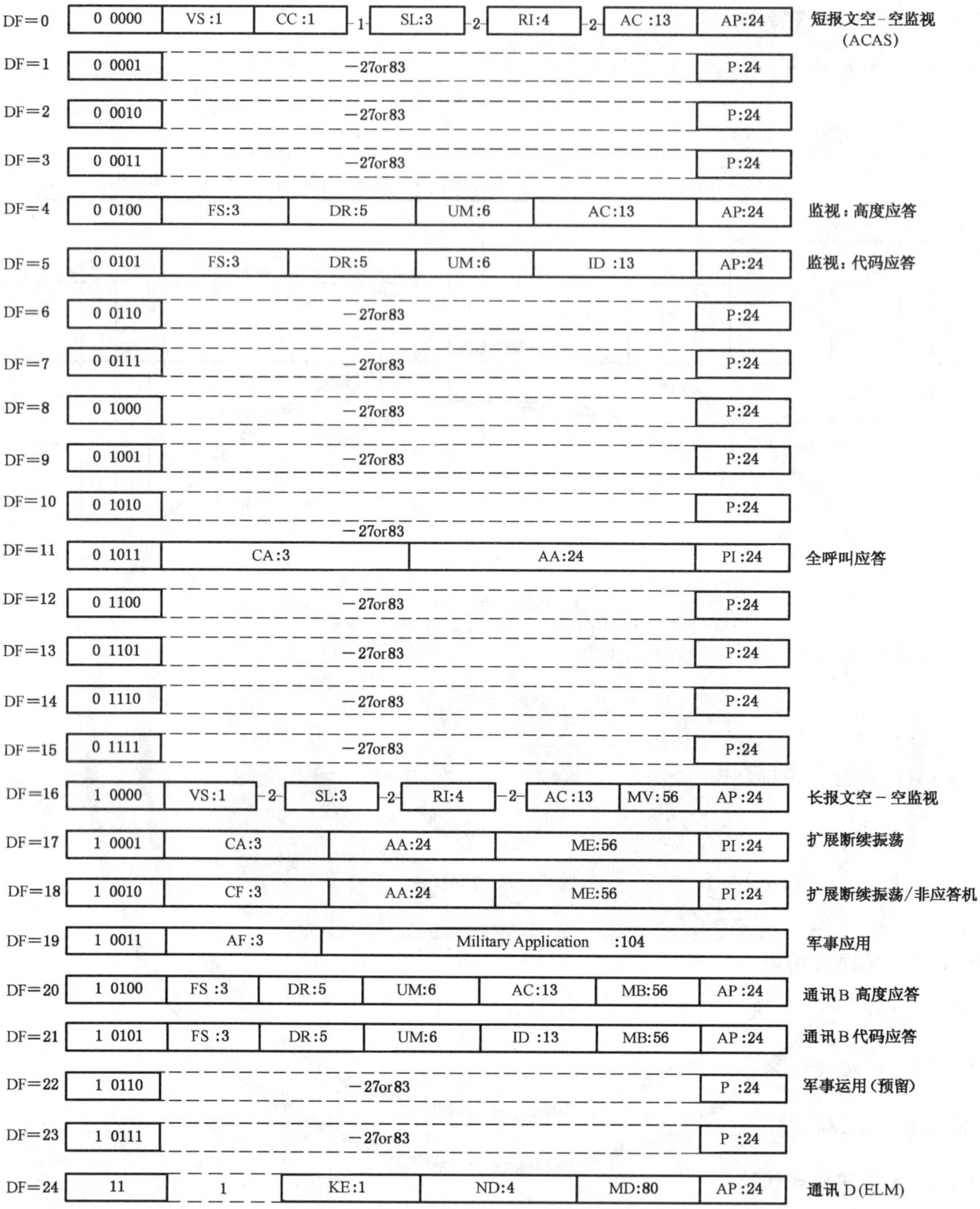

DF											
DF=0	0 0000	VS:1	CC:1	1	SL:3	2	RI:4	2	AC:13	AP:24	短报文空-空监视(ACAS)
DF=1	0 0001	—27or83								P:24	
DF=2	0 0010	—27or83								P:24	
DF=3	0 0011	—27or83								P:24	
DF=4	0 0100	FS:3	DR:5	UM:6	AC:13					AP:24	监视：高度应答
DF=5	0 0101	FS:3	DR:5	UM:6	ID:13					AP:24	监视：代码应答
DF=6	0 0110	—27or83								P:24	
DF=7	0 0111	—27or83								P:24	
DF=8	0 1000	—27or83								P:24	
DF=9	0 1001	—27or83								P:24	
DF=10	0 1010	—27or83								P:24	
DF=11	0 1011	CA:3	AA:24							PI:24	全呼叫应答
DF=12	0 1100	—27or83								P:24	
DF=13	0 1101	—27or83								P:24	
DF=14	0 1110	—27or83								P:24	
DF=15	0 1111	—27or83								P:24	
DF=16	1 0000	VS:1	2	SL:3	2	RI:4	2	AC:13	MV:56	AP:24	长报文空-空监视
DF=17	1 0001	CA:3	AA:24	ME:56						PI:24	扩展断续振荡
DF=18	1 0010	CF:3	AA:24	ME:56						PI:24	扩展断续振荡/非应答机
DF=19	1 0011	AF:3	Military Application :104								军事应用
DF=20	1 0100	FS:3	DR:5	UM:6	AC:13	MB:56				AP:24	通讯B高度应答
DF=21	1 0101	FS:3	DR:5	UM:6	ID:13	MB:56				AP:24	通讯B代码应答
DF=22	1 0110	—27or83								P:24	军事运用(预留)
DF=23	1 0111	—27or83								P:24	
DF=24	11	1	KE:1	ND:4	MD:80					AP:24	通讯D(ELM)

注1：XX:M 表示分配M位的“XX”字段。

注2：P:24 表示留给奇偶校验信息的24位字段。

注3：N 表示未分配的N位代码，发送时这些位显示为“0”。

注4：下行格式(DF)0到23，对应于应答信号的前5位。格式号24规定前面位由“11”起始，其他3位数据由询问信号的内容确定。

注5：此图完整显示了所有格式，但其中部分格式尚未使用和设置。针对未使用的格式，将来可能设置为短格式(56位)或长格式(112位)。

图6　S模式应答信息格式

S模式应答信息字段定义见表2。

表2　S模式应答信息字段定义

标志符	功　能
AA	地址通告(Address announced)
AC	高度代码(Altitude code)
AF	应用字段(Application Field)
AP	地址/校验(Address parity)
CA	能力(Capability)
CC	互联能力(Cross-link Capability)
CF	控制字段(Control Field)
DF	下行格式(Downlink format)
DR	下行请求(Downlink request)
FS	飞行状态(Flight status)
ID	识别(Identity)
KE	控制(Control, ELM)
MB	信息(Message, Comm-B)
MD	信息(Message, Comm-D)
ME	信息,扩展间歇应答(Message, extended squitter)
MV	信息(Message,ACAS)
ND	D段数量(Number of D-segment)
P	地址/校验(Address parity)
PI	校验/询问机识别码(Parity/interrogator identifier)
RI	应答信息(Reply information)
SL	交通报警及防撞系统灵敏度等级报告(TCAS Sensitivity Level Report)
UM	有用信息(Utility message)
VS	垂直状态(Vertical status)

4.2.1.3.6　应答脉冲波形

4.2.1.3.6.1　A/C模式应答脉冲波形

同4.1.1.2.5。

4.2.1.3.6.2　S模式应答脉冲波形

主要技术要求如下:

a)　脉冲宽度为0.5 μs±0.1 μs;

b)　脉冲上升时间介于0.05μs与0.1 μs之间;

c)　脉冲下降时间介于0.05μs与0.2 μs之间;

d)　应答脉冲序列中任何一个脉冲相对于其他脉冲的幅度变化不超过2 dB。

4.2.2 技术性能要求

4.2.2.1 接收性能

4.2.2.1.1 接收频率

应为 1 030 MHz±0.2 MHz。

4.2.2.1.2 灵敏度

最低触发电平(MTL)容限应为−77 dBm～−71 dBm。

4.2.2.1.3 动态范围

信号在 MTL+3 dB～−21 dBm 之间时,应答率应不小于 99%。
信号为−81 dBm 时,应答率应不大于 10%。

4.2.2.1.4 带宽和带外抑制

带宽:同 4.1.2.1.3。
带外抑制:低于 1 005 MHz 和高于 1 055 MHz 时,带外抑制至少 60 dB。

4.2.2.2 处理性能

4.2.2.2.1 A/C 模式询问

同 4.1.1.1。

4.2.2.2.2 脉冲译码特性

4.2.2.2.2.1 A/C/S 全呼叫模式识别

询问信号在 MTL+1 dB～−21 dBm,P_4 位置及宽度应满足图 3 中 A/C/S 全呼叫格式的要求,且 P_4 幅度:

a) 大于 P_3 幅度−1 dB,应识别为 A/C/S 全呼叫询问;
b) 小于 P_3 幅度−6 dB,应识别为 A/C 模式询问。

4.2.2.2.2.2 仅 A/C 全呼叫模式识别

询问信号在 MTL+1 dB～−21 dBm,P_4 位置及宽度应满足图 3 中仅 A/C 全呼叫格式的要求,且 P_4 幅度:

a) 大于 P_3 幅度−1 dB,应不接受该询问;
b) 小于 P_3 幅度−6 dB,应识别为 A/C 模式询问。

4.2.2.2.3 询问脉冲位置容限

脉冲位置容限要求如下:

a) 若 P_1-P_3 脉冲间隔在标准间隔(A 模式:8 μs;C 模式:21 μs)的±0.2 μs 内,则识别为有效 A/C 模式询问;
b) 若 P_1-P_3 脉冲间隔在标准间隔的±0.2 μs 内,且 P_3-P_4 脉冲间隔在标准间隔的±0.05 μs 内,则识别为有效的 A/C/S 全呼叫询问;
c) 若 P_1-P_3 脉冲间隔比标准值偏差≥1 μs,则识别为无效的 A/C 模式询问、A/C/S 全呼叫询问以及仅 A/C 全呼叫询问；

d) 若在 P_3 上升沿后的 1.7 μs～2.3 μs 时间内没有检测到 P_4 上升沿，则认为 A/C/S 全呼叫询问无效。

4.2.2.2.4 询问脉冲宽度容限(A/C 模式询问)

若 P_1、P_3 脉冲宽度在 0.7 μs～0.9 μs，则认为 A/C 模式询问有效。

4.2.2.2.5 询问脉冲宽度容限(A/C/S 全呼叫询问)

A/C/S 全呼叫询问宽度脉冲容限要求如下：

a) 若 P_1、P_3 脉冲宽度都在 0.7 μs～0.9 μs，并且 P_4 的脉冲宽度在 1.5 μs～1.7 μs，则认为 A/C/S 全呼叫询问有效；

b) 若 P_4 脉冲宽度小于 1.2 μs 或大于 2.5 μs，则认为 A/C/S 全呼叫询问无效。

4.2.2.2.6 窄脉冲的应答率

信号幅度在 MTL～－45 dBm 的范围内，如果 P_1 或 P_3 脉冲宽度不大于 0.3 μs，应答机对 A/C 模式询问或 A/C/S 全呼叫询问的应答率应不大于 10%。

4.2.2.2.7 同步相位反转脉冲位置容限

同步相位反转脉冲位置容限要求如下：

a) 如果应答机根据 P_2 脉冲来检测同步相位反转：
   1) 当其在 P_2 上升沿后 2.7 μs～2.8 μs 被接收到时，则接受该同步相位反转脉冲；
   2) 当其在 P_2 上升沿后小于 2.55 μs 或大于 2.95 μs 时，则不接受该同步相位反转脉冲；
   3) 当处于范围 2.55 μs～2.7 μs 或 2.8 μs～2.95 μs 内时，可接受也可不接受该同步相位反转脉冲。

b) 如果应答机根据 P_6 脉冲来检测同步相位反转：
   1) 当其在 P_6 上升沿后 1.2 μs～1.3 μs 被接收到时，则接受该同步相位反转脉冲；
   2) 当其在 P_6 上升沿后小于 1.05 μs 或大于 1.45 μs 时，则不接受该同步相位反转脉冲；
   3) 当处于范围 1.05 μs～1.2μs 或 1.3 μs～1.45 μs 内时，可接受也可不接受该同步相位反转脉冲。

4.2.2.3 发射性能

4.2.2.3.1 发射频率

应为 1 090 MHz±1 MHz。

4.2.2.3.2 应答延迟和不稳定度

4.2.2.3.2.1 A/C 模式应答

同 4.1.1.2。

4.2.2.3.2.2 A/C/S 模式全呼叫应答

P_4 脉冲前沿和 S 模式应答信号的第一个前导头脉冲前沿之间的时间延迟应为 128 μs±0.5 μs。

在 MTL+3 dB～－21 dBm 范围内，应答脉冲序列的抖动应不大于 0.1 μs。

4.2.2.3.2.3 S模式应答

同步相位反转脉冲前沿和S模式应答信号的第一个前导头脉冲前沿之间的时间延迟应为128 μs±0.25 μs。

在MTL+3 dB～−21 dBm范围内,应答脉冲序列的抖动应不大于0.08 μs。

4.2.2.3.3 应答速率

4.2.2.3.3.1 A/C应答速率

同4.1.2.2.8。

4.2.2.3.3.2 S模式应答速率

应不小于50次/s。

4.2.2.3.4 断续振荡

S模式应答机应能产生断续振荡信号,断续振荡信号的周期为1 s±0.2 s。

4.2.2.3.5 应答脉冲幅度差

4.2.2.3.5.1 A/C模式应答脉冲幅度差

同4.1.1.2.5。

4.2.2.3.5.2 S模式应答脉冲幅度差

应不大于2 dB。

4.2.2.3.6 寄生发射

待机状态下,输出功率应不大于−70 dBm。

4.3 天馈单元

4.3.1 工作频率

应为1 030 MHz～1 090 MHz。

4.3.2 极化方式

应为垂直极化。

4.3.3 方向性

应为水平全向。

4.3.4 驻波比

应不大于1.5。

4.4 环境适应性

4.4.1 高温

若平台无特殊要求,应能承受表3规定的高温环境条件。

表 3　高温环境条件　单位为摄氏度

工作温度	贮存温度
+55　+70	+85

4.4.2　低温

若平台无特殊要求，应能承受表 4 规定的低温环境条件。

表 4　低温环境条件　单位为摄氏度

工作温度	贮存温度
−15　−20　−45　−55	−55

4.4.3　温度冲击

若平台无特殊要求，应能承受表 5 规定的温度冲击试验条件。

表 5　温度冲击试验条件　单位为摄氏度

低温	高温
−15　−20　−45　−55	+55　+70

4.4.4　低气压(高度)

应满足平台要求。

4.4.5　湿热

应符合 GJB 150.9A—2009 的有关规定或满足平台要求。

4.4.6　振动

应符合 GJB 150.16A—2009 的有关规定或满足平台要求。

4.4.7　冲击

应符合 GJB 150.18A—2009 的有关规定或满足平台要求。

4.4.8　加速度

应符合 GJB 150.15A—2009 的有关规定或满足平台要求。

4.5　电磁兼容性

应符合 GJB 151A—1997 的有关规定。具体指标由产品标准规定。

4.6　外部接口

4.6.1　控制

应具有控制接口，电气接口根据平台确定。

4.6.2 气压高度

应具有气压高度接口，电气接口根据平台确定。

4.6.3 电源适应性

直流 28 V 或交流 115 V，应符合 GJB 181B—2012 的有关规定或满足平台要求。

4.7 连续工作能力

由产品标准规定。

4.8 可靠性

由产品标准规定。

4.9 维修性

由产品标准规定。

4.10 安全性

由产品标准规定。

4.11 尺寸、重量

由产品标准规定。

5 测试方法

5.1 测试环境、测试仪表

5.1.1 测试环境

除另有规定外，所有测试应在下列测试用标准大气条件下进行：

a) 温度：15 ℃～35 ℃；

b) 相对湿度：25%～75%；

c) 气压：86 kPa～106 kPa。

5.1.2 测试仪器、仪表

测试仪器、仪表应符合下列要求：

a) 应符合被测产品标准规定的精度要求，其测量误差应小于被测指标允许误差的三分之一；

b) 应经过计量单位校准且在有效期内。

5.2 A/C 模式应答机的测试方法

5.2.1 主要使用性能测试

5.2.1.1 测试框图

测试框图如图 7 所示。

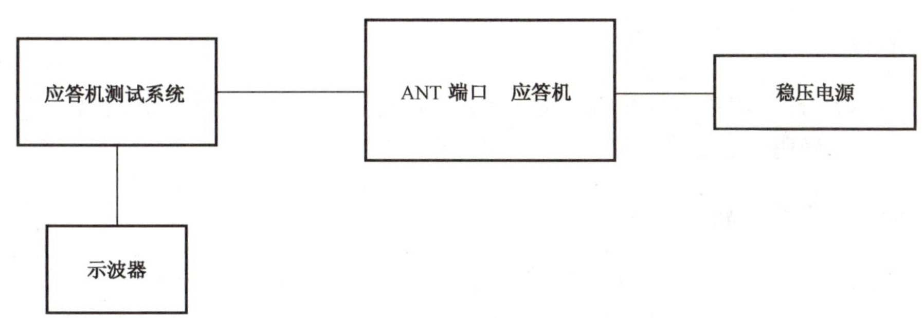

图 7 应答模式和应答特性测试框图

5.2.1.2 测试内容

5.2.1.2.1 应答模式

设置应答机测试系统产生满足 4.1.1.1 中的询问模式时，检查应答机对选择的询问模式是否作出正确应答。

5.2.1.2.2 应答特性

5.2.1.2.2.1 框架脉冲

设置应答机测试系统输出 A 模式询问，选择代码为“0000”时，用示波器测试框架脉冲是否满足图 2 的要求。

5.2.1.2.2.2 信息脉冲、应答代码、应答脉冲波形和应答脉冲位置偏差

设置应答机测试系统输出 A 模式询问，设置 A 代码为任一代码，观察示波器是否有符合 4.1.1.2.2 和 4.1.1.2.4 要求的所选代码的信息脉冲出现，且应答脉冲波形是否满足 4.1.1.2.5 的要求，应答脉冲位置偏差是否符合 4.1.1.2.6 的要求。

5.2.1.2.2.3 特殊位置识别(SPI)脉冲

设置应答机测试系统输出 A 模式询问，设置 A 代码为任一代码，按下识别按钮，观察示波器上框架脉冲 F_2 之后是否有 SPI 脉冲出现，若有 SPI 脉冲出现，其存在时间是否满足 4.1.1.2.3 的要求。

5.2.2 技术性能测试

5.2.2.1 接收性能

5.2.2.1.1 接收频率、灵敏度

按图 7 连接，设置应答机测试系统输出 A 模式询问，调整应答机测试系统输出信号频率，是否满足 4.1.2.1.1 的要求。

调整应答机测试系统输出电平，当测试系统译码率不小于 90% 时，测试系统输出的电平即为灵敏度，观察其是否满足 4.1.2.1.2 的要求。

5.2.2.1.2 带宽

采用应答机测试系统测试带宽，当测试系统应答率不小于 90% 时，观察其带宽是否满足 4.1.2.1.3 的要求。

5.2.2.1.3 动态范围

测试方法同5.2.2.1.1。调整应答机测试系统的输出电平，从MTL到高于该电平50 dB范围内，观测应答机测试系统，当译码率不小于90%时，是否满足4.1.2.1.4的要求。

5.2.2.1.4 模式间灵敏度变化值

测试方法同5.2.2.1.1。调整应答机测试系统的输出模式。测试各种模式的MTL即为模式间灵敏度变化值，是否满足4.1.2.1.5的要求。

5.2.2.1.5 镜频抑制

测试方法同5.2.2.1.1。调整应答机测试系统输出镜像频率，且信号电平强度高于最低触发电平60 dB，当译码率不大于10%时，是否满足4.1.2.1.6的要求。

5.2.2.2 处理性能

5.2.2.2.1 应答条件

按图7连接，用应答机测试系统观察，是否满足4.1.2.2.1的要求。

5.2.2.2.2 不应答条件

按图7连接，用应答机测试系统观察，是否满足4.1.2.2.2的要求。

5.2.2.2.3 寂静时间

按图7连接，操作S模式应答机测试系统分别输入A模式和C模式两个询问信号，并使询问信号的重复频率均为500 Hz，代码为“0000”，且询问信号电平强度高于最低触发电平50 dB，同时使C模式P_1前沿相对于A模式P_3后沿延时125 μs。操作S模式应答机测试系统逐渐缩短C模式P_1前沿相对于A模式P_3后沿的延时间隔时间，观察测试系统直至应答机对C模式不应答为止。此时，C模式P_1前沿相对于A模式P_3后沿的延时间隔时间即为寂静时间，且是否满足4.1.2.2.3的要求。

5.2.2.2.4 旁瓣抑制

按图7连接，使用应答机测试系统产生旁瓣抑制信号，观察其输出是否满足4.1.2.2.4的要求。

5.2.2.2.5 脉冲宽度识别

按图7连接，调整输入信号脉冲宽度，使其满足4.1.2.2.5的规定，观察其输出是否满足4.1.2.2.5的要求。

5.2.2.2.6 回波抑制和恢复

按图7连接，输入规定的信号，重复频率500 Hz。在P_1前加入脉冲宽度为1 μs的单个降低灵敏度脉冲，使其信号强度高于最低触发电平50 dB。将降低灵敏度脉冲后沿与P_1脉冲前沿的间隔由1 μs变化到15 μs，在产生90%应答率条件下确定P_1和P_3的信号强度，观察是否满足4.1.2.2.6的要求。

5.2.2.2.7 随机触发频率

按图7连接，使应答机测试系统输出满足4.1.2.2.7约定的信号，观察应答机输出的响应是否满足4.1.2.2.7的要求。

5.2.2.2.8 应答速率和应答速率限制

按图7连接,输入规定的信号,重复频率从500 Hz~2 000 Hz变化,测试应答机应答重复频率。增大高频信号发生器输出电平,分别高于灵敏度3 dB和30 dB,观察其输出是否满足4.1.2.2.8的要求。

5.2.2.2.9 应答延时和不稳定性

按图7连接,输入规定的信号,观察应答延迟和不稳定性,观察其输出是否满足4.1.2.2.9的要求。

5.2.2.3 发射性能

5.2.2.3.1 发射频率

按图7连接,输入规定的信号,观察发射机的发射频率,观察其输出是否满足4.1.2.3.1的要求。

5.2.2.3.2 发射功率

按图7连接,输入规定的信号,观察发射机的发射功率,观察其输出是否满足4.1.2.3.2的要求。

5.3 S模式应答机的测试方法

5.3.1 主要使用性能测试

5.3.1.1 测试框图

同图7。

5.3.1.2 测试方法

5.3.1.2.1 应答模式

调整S模式应答机测试系统,当产生符合4.2.1.1中的询问模式时,应答机对选择的询问模式作出应答。

5.3.1.2.2 应答能力

按产品标准的规定方法进行测试。

5.3.1.2.3 应答特性

5.3.1.2.3.1 A/C模式应答特性

同5.2.1.2.2。

5.3.1.2.3.2 S模式应答特性

按图7连接,调整S模式应答机测试系统输出为S模式询问,观察S模式应答机测试系统的结果是否满足4.2.1.3.2的要求。

5.3.1.2.3.3 特殊位置识别(SPI)脉冲

同5.2.1.2.2.3。

5.3.1.2.3.4 A/C模式应答代码

同5.2.1.2.2.2。

5.3.1.2.3.5 **S模式应答代码、应答脉冲波形**

按图7连接，调整S模式应答机测试系统输出为S模式询问，观察S模式应答机测试系统接收的应答信号是否满足4.2.1.3.5的要求；观察示波器上应答脉冲波形是否满足4.2.1.3.6.2的要求。

5.3.2 **技术性能测试**

5.3.2.1 **接收性能**

5.3.2.1.1 **接收频率**

按图7连接，操作S模式应答机测试系统产生标准的A模式询问信号，在1 029.8 MHz～1 030.2 MHz范围内改变RF信号的频率值，将RF信号输出幅度设置为MTL+3 dB，从S模式应答机测试系统上读取此时S模式应答机的应答率是否不小于90%。

5.3.2.1.2 **灵敏度**

按图7连接，操作S模式应答机测试系统产生标准的A模式、A/S模式全呼、仅S模式询问信号，改变RF信号幅度大小，记录能使S模式应答机达到90%以上应答率的RF信号幅度的最小值，此时RF信号幅度为以上模式的灵敏度值，观察是否满足4.2.2.1.2的要求。

5.3.2.1.3 **动态范围**

按图7连接，操作S模式应答机测试系统分别产生标准的A模式、A/S模式全呼叫和仅S模式询问信号。在MTL+3 dB和−21 dBm范围内以5 dB的步进值改变RF信号幅度大小，从S模式应答机测试系统上读取此时S模式应答机的应答率。将RF信号幅度大小设置为−81 dBm，从S模式应答机测试系统上读取此时S模式应答机的应答率，观察其结果是否满足4.2.2.1.3的要求。

5.3.2.1.4 **带宽及带外抑制**

带宽测试方法同5.2.2.1.2。

带外抑制测试方法：操作S模式应答机测试系统产生标准的A模式询问信号，将RF信号的频率值设置为1 005 MHz，将RF信号输出幅度设置为MTL+60 dB，从S模式应答机测试系统上读取此时S模式应答机的应答率是否不大于10%。

操作S模式应答机测试系统产生标准的A模式询问信号，将RF信号的频率值设置为1 055 MHz，将RF信号输出幅度设置为MTL+60 dB，从S模式应答机测试系统上读取此时S模式应答机的应答率是否不大于10%。

5.3.2.2 **处理性能**

5.3.2.2.1 **A/C模式询问**

同5.2.1.2.1。

5.3.2.2.2 **脉冲译码特性**

按图7连接，改变P_4脉冲的幅度及P_3脉冲的位置，测试输出是否满足4.2.2.2.2的要求。

5.3.2.2.3 **询问脉冲位置容限(P_1-P_3脉冲)**

按图7连接，改变P_1脉冲及P_3脉冲的位置，测试输出是否满足4.2.2.2.3的要求。

5.3.2.2.4 询问脉冲位置容限(P_4 脉冲)

按图7连接,改变 P_4 脉冲的位置,测试输出是否满足4.2.2.2.5的要求。

5.3.2.2.5 询问脉冲宽度容限(A/C 模式询问)

按图7连接,改变 P_1、P_3 脉冲脉冲的宽度,测试输出是否满足4.2.2.2.4的要求。

5.3.2.2.6 询问脉冲宽度容限(A/C/S 模式询问)

按图7连接,改变 P_1、P_3、P_4 脉冲脉冲的宽度,测试输出是否满足4.2.2.2.5的要求。

5.3.2.2.7 窄脉冲的应答率

按图7连接,改变 P_1、P_3 脉冲的宽度,测试输出是否满足4.2.2.2.6的要求。

5.3.2.2.8 同步相位反转脉冲位置容限

分别调节同步相位反转脉冲上升沿到 P_2、P_6 上升沿的间隔,测试输出是否满足4.2.2.2.7的要求。

5.3.2.3 发射性能

5.3.2.3.1 发射频率

按图7连接,操作S模式应答机测试系统产生规定的询问信号,观察S模式应答机测试系统上的发射频率值,测试输出是否满足4.2.2.3.1的要求。

5.3.2.3.2 应答延迟和不稳定度

按图7连接,操作S模式应答机测试系统产生标准的A模式询问信号,在MTL+3 dB~−21 dBm之间改变RF信号幅度大小,从S模式应答机测试系统上读取应答延迟时间和不稳定度。

操作S模式应答机测试系统产生标准的A/S模式全呼叫询问信号,在MTL+3 dB~−21 dBm之间改变RF信号幅度大小,从S模式应答机测试系统上读取应答延迟时间和不稳定度。

操作S模式应答机测试系统产生标准的仅S模式询问信号,在MTL+3 dB~−21 dBm之间改变RF信号幅度大小,从S模式应答机测试系统上读取应答延迟时间和不稳定度。

测试输出是否满足4.2.2.3.2的要求。

5.3.2.3.3 应答速率

按图7连接,操作S模式应答机测试系统产生标准的A模式询问信号,将S模式应答机测试系统的询问次数设置为1 200次/s,RF信号幅度设置为MTL+3 dB,从S模式应答机测试系统上读取此时S模式应答机的应答率。

操作S模式应答机测试系统产生标准的A模式询问信号,将S模式应答机测试系统的询问次数设置为1 500次/s,RF信号幅度设置为MTL+3 dB,从S模式应答机测试系统上读取此时S模式应答机的应答率。

操作S模式应答机测试系统产生标准的仅S模式询问信号,将S模式应答机测试系统的询问次数设置为50次/s,RF信号幅度设置为MTL+3 dB,从S模式应答机测试系统上读取此时S模式应答机的应答率。

测试输出是否满足4.2.2.3.3的要求。

5.3.2.3.4 断续振荡

按图7连接，打开S模式应答机测试系统的专用菜单，观察S模式应答机测试系统上S模式应答机发出的断续振荡信号的格式、内容和相邻两次断续振荡信号之间的间隔时间。测试输出是否满足4.2.2.3.4的要求。

5.3.2.3.5 应答脉冲幅度差

测试框图如图8所示。

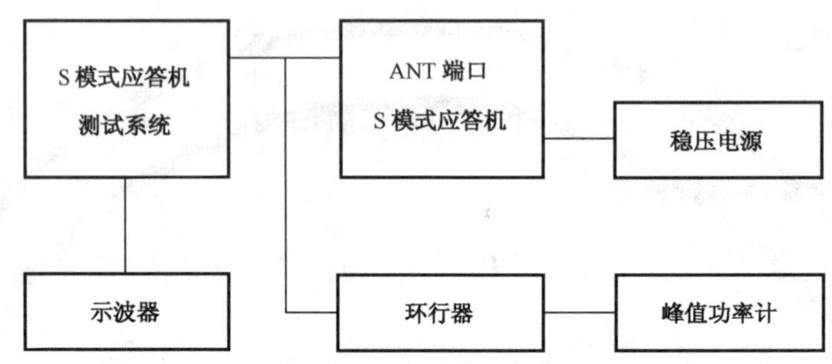

图8 应答脉冲幅度差测试框图

按图8连接，操作S模式应答机测试系统产生标准的A模式询问信号，将S模式应答机测试系统的询问次数设置为500次/s，用峰值功率计测量A模式应答脉冲的幅度差。

操作S模式应答机测试系统产生标准的仅S模式询问信号，将S模式应答机测试系统的询问次数设置为50次/s，用峰值功率计测量S模式应答脉冲的幅度差。

测试输出是否满足4.2.2.3.5的要求。

5.3.2.3.6 寄生发射

测试框图如图9所示。

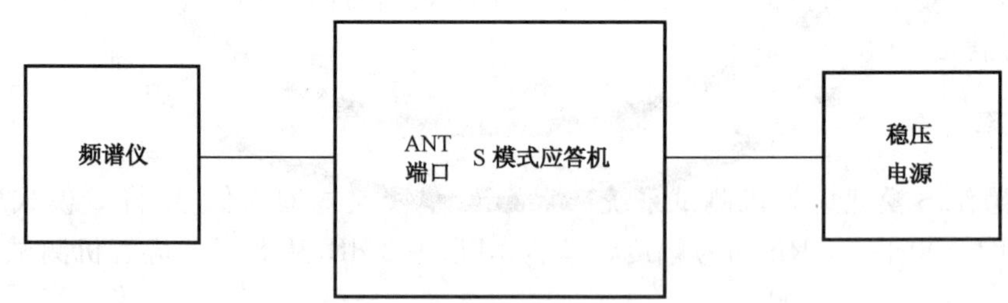

图9 寄生发射测试框图

按图9连接，操作S模式应答机处于待机状态。将频谱仪频率设为1 090 MHz，带宽130 MHz，扫描时间2 s进行测试，此时显示的功率值即为寄生发射功率。测试输出是否满足4.2.2.3.6的要求。

5.4 天馈单元

按产品标准规定的方法进行。

5.5 环境适应性

5.5.1 高温

按 GJB 150.3A—2009 的规定测试。测试过程中的初始检测、中间检测、最后检测的检测项目和测试时间由产品标准规定。

5.5.2 低温

按 GJB 150.4A—2009 的规定测试。测试过程中的初始检测、中间检测、最后检测的检测项目和测试时间由产品标准规定。

5.5.3 温度冲击

按 GJB 150.5A—2009 的规定测试。测试过程中的初始检测、中间检测和最后检测的检测项目和测试时间由产品标准规定。

5.5.4 低气压(高度)

按 GJB 150.2A—2009 的规定测试，其中工作和贮存测试压力为海拔高度 15 250 m(12 kPa)。测试过程中的初始检测、中间检测和最后检测项目由产品标准规定。

5.5.5 湿热

按 GJB 74A—1998 中 4.7.12.3.2 的规定测试。测试持续时间为 48 h。测试过程中的初始检测、中间检测和最后检测的检测项目和测试时间由产品标准规定。

5.5.6 振动

按 GJB 150.16A—2009 的规定测试。测试过程中的初始检测和最后检测的检测项目、中间检测和测试时间由产品标准规定。

5.5.7 冲击

按 GJB 150.18A—2009 的规定测试。测试过程中的初始检测和最后检测的检测项目、中间检测和测试时间由产品标准规定。

5.5.8 加速度

按 GJB 150.15A—2009 的规定测试。测试过程中的初始检测、中间检测和最后检测的检测项目和测试时间由产品标准规定。

5.6 电磁兼容性

按 GJB 152A—1997 的规定测试。测试过程中的初始检测、中间检测和最后检测的检测项目和测试时间由产品标准规定。

5.7 外部接口

按产品标准规定的方法进行。

5.8 连续工作能力

测试项目由产品标准确定。

5.9 可靠性

平均故障间隔时间(MTBF)应按 GJB 899A—2009 规定的方法进行。

5.10 维修性

平均故障修复时间(MTTR)应按 GJB 2072—1994 规定的方法进行。

5.11 安全性

按产品标准规定的方法测试。

5.12 尺寸、重量

按产品标准规定的方法测试。

5.13 包装

根据 7.2 的要求,按产品标准、包装设计文件和工艺文件,对照实物进行检查和试验。

6 质量评定程序

6.1 检验分类

本标准规定的检验分为:

a) 鉴定检验;

b) 质量一致性检验。

6.2 检验项目

检验项目见表 6、表 7。

表 6 A/C 模式应答机检验项目表

序号	检验项目		鉴定检验	质量一致性检验				要求的章条号	测试方法章条号
				A 组	B 组	C 组	D 组		
1	应答模式		●	●	—	—	—	4.1.1.1	5.2.1.2.1
2	应答特性		●	●	—	—	—	4.1.1.2	5.2.2.1.1
3	接收性能	接收频率	●	●	—	—	—	4.1.2.1.1	5.2.2.1.1
4		灵敏度	●	●	—	—	—	4.1.2.1.2	5.2.2.1.1
5		带宽	●	●	—	—	—	4.1.2.1.3	5.2.2.1.2
6		动态范围	●	●	—	—	—	4.1.2.1.4	5.2.2.1.3
7		模式间灵敏度变化值	●	●	—	—	—	4.1.2.1.5	5.2.2.1.4
8		镜频抑制	●	—	—	—	—	4.1.2.1.6	5.2.2.1.5

表6（续）

序号	检验项目		鉴定检验	质量一致性检验				要求的章条号	测试方法章条号
				A组	B组	C组	D组		
9	处理性能	应答条件	●	●	—	—	—	4.1.2.2.1	5.2.2.1.5
10		不应答条件	●	●	—	—	—	4.1.2.2.2	5.2.2.2.2
11		寂静时间	●	—	—	—	—	4.1.2.2.3	5.2.2.2.3
12		旁瓣抑制	●	●	—	—	—	4.1.2.2.4	5.2.2.2.4
13		脉冲宽度识别	●	—	—	—	—	4.1.2.2.5	5.2.2.2.5
14		回波抑制和恢复	●	—	—	—	—	4.1.2.2.6	5.2.2.2.6
15		随机触发频率	●	●	—	—	—	4.1.2.2.7	5.2.2.2.7
16		应答速率和应答速率限制	●	●	—	—	—	4.1.2.2.8	5.2.2.2.8
17		应答延时和不稳定性	●	●	—	—	—	4.1.2.2.9	5.2.2.2.9
18	发射性能	发射频率	●	●		—		4.1.2.3.1	5.2.2.3.1
19		发射功率	●	●	—	—	—	4.1.2.3.2	5.2.2.3.2
20	天馈单元	工作频率	●	—	○	—	—	4.3.1	5.4
21		极化方式	●	—	○	—	—	4.3.2	
22		方向性	●	—	○	—	—	4.3.3	
23		驻波比	●	—	○	—	—	4.3.4	
24	环境适应性	高温	●	—	—	●	—	4.4.1	5.5.1
25		低温	●	—	—	●	—	4.4.2	5.5.2
26		温度冲击	●	—	—	●	—	4.4.3	5.5.3
27		低气压（高度）	●	—	—	●	—	4.4.4	5.5.4
28		湿热	●	—	—	●	—	4.4.5	5.5.5
29		振动	●	—	—	●	—	4.4.6	5.5.6
30		冲击	●	—	—	●	—	4.4.7	5.5.7
31		加速度	●	—	—	●	—	4.4.8	5.5.8
32	电磁兼容性		●	—	—	—	—	4.5	5.6
33	外部接口	控制	●	●	—	—	—	4.6.1	5.7
34		气压高度	●	●	—	—	—	4.6.2	
35		电源适应性	●	●	—	—	—	4.6.3	
36	连续工作能力		●	—	●	—	—	4.7	5.8
37	可靠性		●	—	—	—	○	4.8	5.9
38	维修性		●	—	—	—	—	4.10	5.11
39	安全性		●	—	—	—	—	4.11	5.12
40	尺寸、重量		●	—	●	—	—	4.11	5.12
41	包装		●	—	—	—	—	7.2	5.13

注："●"表示必做项目；"○"表示选做的项目；"—"表示不做项目。

表7 S模式应答机检验项目表

序号	检验项目		鉴定检验	质量一致性检验				要求的章条号	测试方法章条号
				A组	B组	C组	D组		
1	应答模式		●	●	—	—	—	4.2.1.1	5.3.1.2.1
2	应答能力		●	●	—	—	—	4.2.1.2	5.3.1.2.2
3	应答特性		●	●	—	—	—	4.2.1.3	5.3.1.2.3
4	接收性能	接收频率	●	●	—	—	—	4.2.2.1.1	5.3.2.1.1
5		灵敏度	●	●	—	—	—	4.2.2.1.2	5.3.2.1.2
6		动态范围	●	●	—	—	—	4.2.2.1.3	5.3.2.1.3
7		带宽和带外抑制	●	●	—	—	—	4.2.2.1.4	5.3.2.1.4
8	处理性能	A/C模式询问	●	●	—	—	—	4.2.2.2.1	5.3.2.1.4
9		脉冲译码特性	●	●	—	—	—	4.2.2.2.2	5.3.2.2.2
10		询问脉冲位置容限(P_1-P_3)	●	—	—	—	—	4.2.2.2.3	5.3.2.2.3
11		询问脉冲位置容限(P_4)	●	—	—	—	—	4.2.2.2.3	5.3.2.2.4
12		询问脉冲宽度容限(A/C模式询问)	●	—	—	—	—	4.2.2.2.4	5.3.2.2.5
13		询问脉冲宽度容限(A/C/S模式询问)	●	—	—	—	—	4.2.2.2.5	5.3.2.2.6
14		窄脉冲下的应答率	●	—	—	—	—	4.2.2.2.6	5.3.2.2.7
15		同步相位反转脉冲位置容限	●	—	—	—	—	4.2.2.2.7	5.3.2.2.8
16	发射性能	发射频率	●	●	—	—	—	4.2.2.3.1	5.3.2.3.1
17		应答延迟	●	●	—	—	—	4.2.2.3.2	5.3.2.3.2
18		应答速率	●	●	—	—	—	4.2.2.3.3	5.3.2.3.3
19		断续振荡	●	●	—	—	—	4.2.2.3.4	5.3.2.3.4
20		应答脉冲幅度差	●	●	—	—	—	4.2.2.3.5	5.3.2.3.5
21		寄生发射	●	●	—	—	—	4.2.2.3.6	5.3.2.3.6
22	天馈单元	工作频率	●	—	○	—	—	4.3.1	5.4
23		极化方式	●	—	○	—	—	4.3.2	
24		方向性	●	—	○	—	—	4.3.3	
25		驻波比	●	—	○	—	—	4.3.4	
26	环境适应性	高温	●	—	—	●	—	4.4.1	5.5.1
27		低温	●	—	—	●	—	4.4.2	5.5.2
28		温度冲击	●	—	—	●	—	4.4.3	5.5.3
29		低气压(高度)	●	—	—	●	—	4.4.4	5.5.4
30		湿热	●	—	—	●	—	4.4.5	5.5.5
31		振动	●	—	—	●	—	4.4.6	5.5.6
32		冲击	●	—	—	●	—	4.4.7	5.5.7
33		加速度	●	—	—	●	—	4.4.8	5.5.8

表7（续）

序号	检验项目		鉴定检验	质量一致性检验				要求的章条号	测试方法章条号
				A组	B组	C组	D组		
34	电磁兼容性		●	—	—	—	—	4.5	5.6
35	外部接口	控制	●	●	—	—	—	4.6.1	5.7
36		气压高度	●	●	—	—	—	4.6.2	
37		电源适应性	●	●	—	—	—	4.6.3	
38	连续工作能力		●	—	●	—	—	4.7	5.8
39	可靠性		●	—	—	—	○	4.8	5.9
40	维修性		●	—	—	—	—	4.9	5.10
41	安全性		●	—	—	—	—	4.10	5.11
42	尺寸、重量		●	—	●	—	—	4.11	5.12
43	包装		●	—	—	—	—	7.2	5.13
注：“●”表示必做项目；“○”表示选做的项目；“—”表示不做项目。									

6.3 鉴定检验

按GJB 74A—1998中4.4的规定执行。

6.4 质量一致性检验

按GJB 74A—1998中4.5的规定执行。

7 标志、包装、运输和贮存

7.1 标志

7.1.1 产品标志

产品标志通常包含以下内容：

a) 制造厂名称或商标；

b) 产品型号；

c) 生产批号；

d) 生产日期。

产品标志的其他要求应符合GJB 74A—1998中5.4的规定。

7.1.2 包装箱面标志

应符合GJB 74A—1998中5.4.3的规定。

7.2 包装

产品包装应符合以下要求：

a) 基本要求应符合GJB 74A—1998中5.1的规定；

b) 防护要求应符合 GJB 74A—1998 中 5.1 的规定;

c) 包装箱容器应符合 GJB 74A—1998 中 5.2.1 的规定;

d) 随机文件应符合 GJB 74A—1998 中 5.1.10 的规定。

7.3 运输

包装好的 A/C 模式或 S 模式应答机在不受雨、雪和烈日的直接影响下,适用于公路、铁路、水路、空中等单一运输或上述任一组合运输。

运输的其他要求应符合 GJB 74A—1998 中 5.3.1 的规定。

7.4 贮存

包装好的 A/C 模式或 S 模式应答机应贮存在环境温度为 0 ℃～40 ℃,相对湿度应不大于 80%,无酸碱腐蚀,无强烈机械振动,无强磁场作用和通风良好的库房内。

贮存的其他要求应符合 GJB 74A—1998 中 5.3.2 的规定。

ICS 23.060.01
J 16

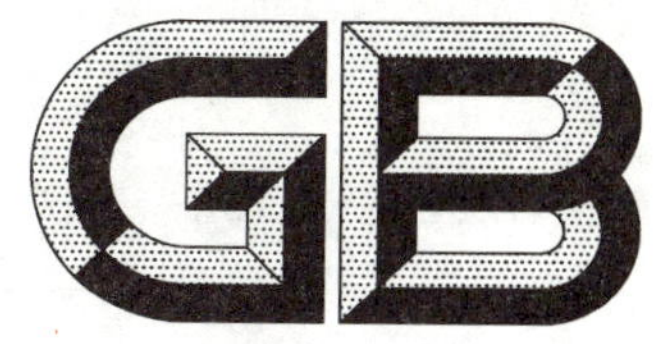

中华人民共和国国家标准

GB/T 12225—2018
代替 GB/T 12225—2005

通用阀门　铜合金铸件技术条件

General purpose industrial valves—Specification of copper alloy castings

2018-05-14 发布　　2018-12-01 实施

国家市场监督管理总局
中国国家标准化管理委员会　发布

前　言

本标准按照 GB/T 1.1—2009 给出的规则起草。

本标准代替 GB/T 12225—2005《通用阀门　铜合金铸件技术条件》。本标准与 GB/T 12225—2005 相比，主要技术内容变化如下：

——增加铜合金牌号 ZCuZn31Al2、ZCuAl9Fe4Ni4Mn2；

——力学性能中的布氏硬度按照新的表示方法；

——按 GB/T 228.1 修改拉伸试样图；

——按 GB/T 12220 修改铸件标志。

本标准由中国机械工业联合会提出。

本标准由全国阀门标准化技术委员会(SAC/TC 188)归口。

本标准负责起草单位：合肥通用机械研究院、宁波埃美柯铜阀门有限公司、浙江万得凯流体设备科技股份有限公司、浙江盾安智控科技股份有限公司、凯瑞特阀业有限公司。

本标准参与起草单位：台州多合机械有限公司、永和流体智控股份有限公司、浙江苏明阀门有限公司、浙江华龙巨水科技股份有限公司、台州能实暖通科技有限公司、玉环秀辉阀业有限公司、伯特利阀门集团有限公司、合肥通用环境控制技术有限责任公司。

本标准主要起草人：张继伟、郑雪珍、查昭、丁春兰、李运龙、姚胜勇、苏宗尧、章银宗、陈伟峰、刘文秀、金克雨、胡春艳。

本标准所代替标准的历次版本发布情况为：

——GB/T 12225—1989、GB/T 12225—2005。

通用阀门　铜合金铸件技术条件

1　范围

本标准规定了铜合金铸件的铸件分级、铸件牌号、标记方法和代号、技术要求、检验方法和检验规则以及标志、包装、运输和贮存。

本标准适用于砂型铸造和金属型铸造(非压力铸造)的阀门及管件的铜合金铸件(以下简称铸件)。

2　规范性引用文件

下列文件对于本文件的应用是必不可少的。凡是注日期的引用文件,仅注日期的版本适用于本文件。凡是不注日期的引用文件,其最新版本(包括所有的修改单)适用于本文件。

GB/T 228.1　金属材料　拉伸试验　第1部分:室温试验方法

GB/T 231.1　金属材料　布氏硬度试验　第1部分:试验方法

GB/T 1176　铸造铜及铜合金

GB/T 6414　铸件　尺寸公差与机械加工余量

GB/T 11351　铸件重量公差

GB/T 13927　工业阀门　压力试验

3　铸件分级

铸件分为四级,其分类级别和考核要求见表1。

表1　铸件考核要求

铸件级别	考核要求
Ⅰ	化学成分、力学性能
Ⅱ	力学性能
Ⅲ	化学成分
Ⅳ	不作考核

4　铸件牌号、标记方法和代号

4.1　铸件牌号

铸件的牌号见表2。

表 2 铸件牌号

合金牌号	合金名称	合金牌号	合金名称
ZCuSn3Zn11Pb4	3-11-4 锡青铜	ZCuZn25Al6Fe3Mn3	25-6-3-3 铝黄铜
ZCuSn5Pb5Zn5	5-5-5 锡青铜	ZCuZn31Al2	31-2 铝黄铜
ZCuSn10Pb1	10-1 锡青铜	ZCuZn38Mn2Pb2	38-2-2 锰黄铜
ZCuSn10Zn2	10-2 锡青铜	ZCuZn33Pb2	33-2 铅黄铜
ZCuAl9Mn2	9-2 铝青铜	ZCuZn40Pb2	40-2 铅黄铜
ZCuAl10Fe3	10-3 铝青铜	ZCuZn16Si4	16-4 硅黄铜
ZCuAl9Fe4Ni4Mn2	9-4-4-2 铝青铜	—	—

4.2 标记方法

铸件标记方法如图 1 所示：

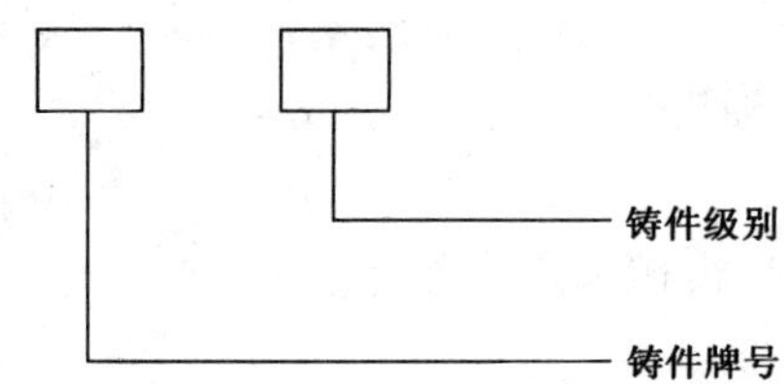

注：铸件级别中Ⅳ级铸件不表示。

图 1 铸件标记

示例：Ⅱ级 10-3 铸造铝青铜，标记为：ZCuAl10Fe3 Ⅱ；Ⅳ级 16-4 铸造硅黄铜，标记为：ZCuZn16Si4。

4.3 铸造方法代号

砂型铸造代号用“S”表示，金属型铸造代号用“J”表示。

5 技术要求

5.1 铸造

铸件生产单位可按用户的要求，使用由用户提供的原材料、工艺装备或图样铸造。并应在订货合同中注明。

5.2 化学成分

对Ⅰ、Ⅲ级铸件，其化学成分和杂质含量应符合表 3 和表 4 的规定。

表 3 铸件化学成分

合金牌号	合金名称	主要元素含量(质量分数)/%									
		Sn	Zn	Pb	P	Ni	Al	Fe	Mn	Si	Cu
ZCuSn3Zn11Pb4	3-11-4 锡青铜	2.0～4.0	9.0～13.0	3.0～6.0	—	—	—	—	—	—	其余
ZCuSn5Pb5Zn5	5-5-5 锡青铜	4.0～6.0	4.0～6.0	4.0～6.0	—	—	—	—	—	—	其余
ZCuSn10Pb1	10-1 锡青铜	9.0～11.5	—	—	0.8～1.1	—	—	—	—	—	其余
ZCuSn10Zn2	10-2 锡青铜	9.0～11.0	1.0～3.0	—	—	—	—	—	—	—	其余
ZCuAl9Mn2	9-2 铝青铜	—	—	—	—	—	8.0～10.0	—	1.5～2.5	—	其余
ZCuAl10Fe3	10-3 铝青铜	—	—	—	—	—	8.5～11.0	2.0～4.0	—	—	其余
ZCuAl9Fe4Ni4Mn2	9-4-4-2 铝青铜	—	—	—	—	4.0～5.0*	8.5～10.0	4.0～5.0*	0.8～2.5	—	其余
ZCuZn25Al6Fe3Mn3	25-6-3-3 铝黄铜	—	其余	—	—	—	4.5～7.0	2.0～4.0	2.0～4.0	—	60.0～66.0
ZCuZn31Al2	31-2 铝黄铜	—	其余	—	—	—	2.0～3.0	—	—	—	66.0～68.0
ZCuZn38Mn2Pb2	38-2-2 锰黄铜	—	其余	1.5～2.5	—	—	—	—	1.5～2.5	—	57.0～60.0
ZCuZn33Pb2	33-2 铅黄铜	—	其余	1.0～3.0	—	—	—	—	—	—	63.0～67.0
ZCuZn40Pb2	40-2 铅黄铜	—	其余	0.5～2.5	—	—	0.2～0.8	—	—	—	58.0～63.0
ZCuZn16Si4	16-4 硅黄铜	—	其余	—	—	—	—	—	—	2.5～4.5	79.0～81.0

注：“*”符号表示铁的含量不能超过镍的含量。

表 4 铸件杂质含量

合金牌号	杂质元素含量(质量分数)/% ≤													
	Fe	Al	Sb	Si	P	S	As	C	Ni	Sn	Zn	Pb	Mn	总和
ZCuSn3Zn11Pb4	0.5	0.02	0.3	0.02	0.05	—	—	—	—	—	—	—	—	1.0
ZCuSn5Pb5Zn5	0.3	0.01	0.25	0.01	0.05	0.10	—	—	2.5*	—	—	—	—	1.0
ZCuSn10Pb1	0.1	0.01	0.05	0.02	—	0.05	—	—	0.10	—	0.05	0.25	0.05	0.75
ZCuSn10Zn2	0.25	0.01	0.3	0.01	0.05	0.10	—	—	2.0*	—	—	1.5*	0.2	1.5
ZCuAl9Mn2	—	—	0.05	0.20	0.10	—	0.05	—	—	0.2	1.5*	0.1	—	1.0
ZCuAl10Fe3	—	—	—	0.20	—	—	—	—	3.0*	0.3	0.4	0.2	1.0*	1.0
ZCuAl9Fe4Ni4Mn2	—	—	—	0.15	—	—	—	0.1	—	—	—	0.02	—	1.0
ZCuZn25Al6Fe3Mn3	—	—	—	0.10	—	—	—	—	3.0*	0.2	—	0.2	—	2.0
ZCuZn31Al2	0.8	—	—	—	—	—	—	—	—	1.0*	—	1.0*	0.5	1.5
ZCuZn38Mn2Pb2	0.8	1.0*	0.1	—	—	—	—	—	—	2.0*	—	—	—	2.0
ZCuZn33Pb2	0.8	0.1	—	0.05	0.05	—	—	—	1.0*	1.5*	—	—	0.2	1.5
ZCuZn40Pb2	0.8	—	0.05	—	—	—	—	—	1.0*	1.0*	—	—	0.5	1.5
ZCuZn16Si4	0.6	0.1	0.1	—	—	—	—	—	—	0.3	—	0.5	0.5	2.0

注 1：有“*”符号的元素不计入杂质总和。

注 2：未列出的杂质元素，计入杂质总和。

5.3 力学性能

5.3.1 铸件的力学性能按表5的规定。

表5 铸件力学性能

合金牌号	铸造方法	室温力学性能			
		抗拉强度 R_m MPa	屈服强度 $R_p0.2$ MPa	伸长率 A %	布氏硬度 HBW
ZCuSn3Zn11Pb4	S	175	—	8	60
	J	215	—	10	60
ZCuSn5Pb5Zn5	S、J	200	90	13	60*
ZCuSn10Pb1	S	220	130	3	80*
	J	310	170	2	90*
ZCuSn10Zn2	S	240	120	12	70*
	J	245	140	6	80*
ZCuAl9Mn2	S	390	150	20	85
	J	440	160	20	95
ZCuAl10Fe3	S	490	180	13	100*
	J	540	200	15	110*
ZCuAl9Fe4Ni4Mn2	S	630	250	16	160
ZCuZn25Al6Fe3Mn3	S	725	380	10	160*
	J	740	400	7	170*
ZCuZn31Al2	S	295	—	12	80
	J	390	—	15	90
ZCuZn38Mn2Pb2	S	245	—	10	70
	J	345	—	18	80
ZCuZn33Pb2	S	180	70	12	50*
ZCuZn40Pb2	S	220	95	15	80*
	J	280	120	20	90*
ZCuZn16Si4	S	345	180	15	90
	J	390	—	20	100
注：有“*”符号的数据为参考值。					

5.3.2 拉伸试样采用砂型铸造或金属型铸造的单铸试块加工而成，尺寸按图 2 的要求。金属型试块尺寸按图 3 的要求。

单位为毫米

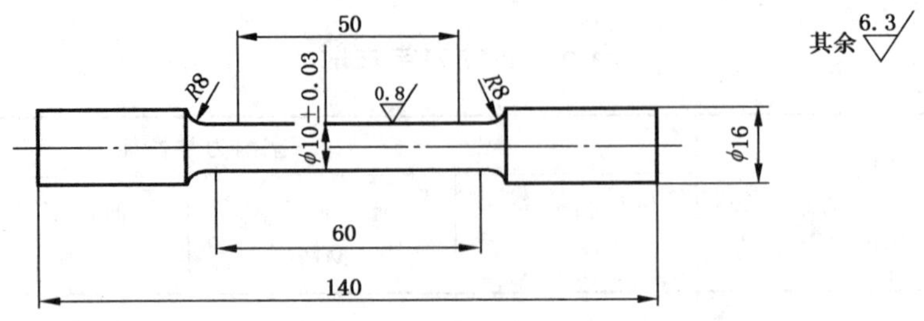

图 2 拉伸试样

单位为毫米

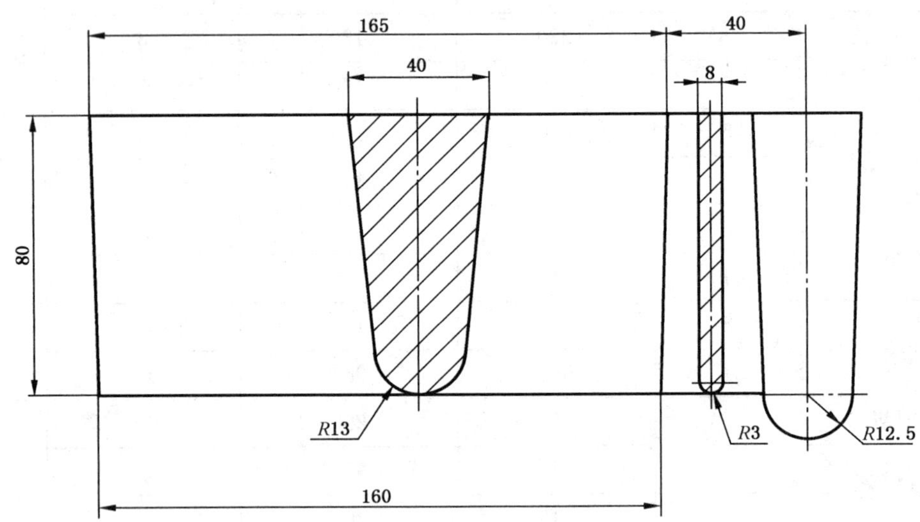

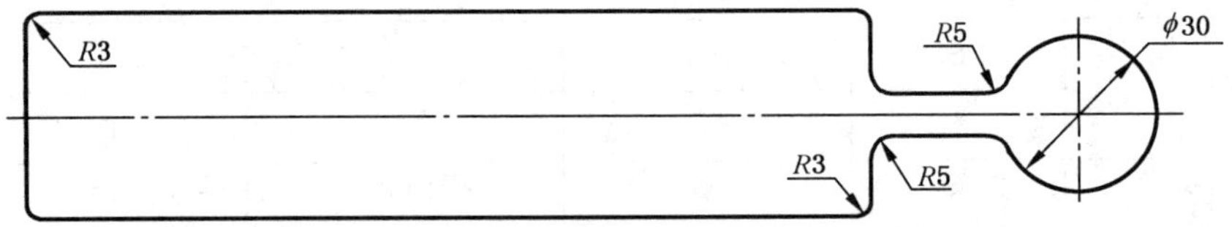

图 3 金属型试块

5.3.3 拉伸试样允许取自铸件本身，本体的试样尺寸应符合图 4 的要求。

单位为毫米

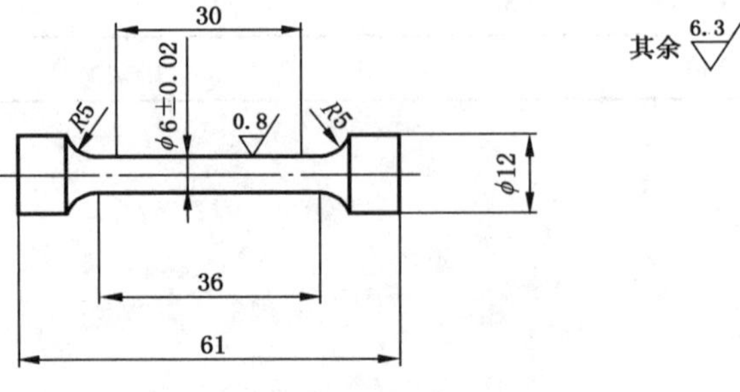

图 4 本体切去的拉伸试样

5.3.4 硬度试样可取自拉伸试样的端部或单铸。

5.3.5 砂型铸件本体试样的抗拉强度应不低于表 5 规定值的 80%，伸长率应不低于表 5 规定值的 50%。

5.4 质量要求

5.4.1 铸件不得有裂纹、冷隔、砂眼、气孔、渣孔、缩松和氧化夹渣等缺陷。

5.4.2 铸件的非加工表面应光洁、平整，铸字标志应清晰，浇、冒口清理后与铸件表面应齐平。

5.4.3 铸件的尺寸和重量偏差应符合 GB/T 6414 或 GB/T 11351 的规定或按需方提供的图样或模型。

5.4.4 铸件不得用锤击、堵塞或浸渍等方法消除渗漏。

5.4.5 焊补

5.4.5.1 铸件的密封面、螺纹部位和承受高温、强腐蚀等部件上的缺陷，不准许修补。

5.4.5.2 除 5.4.5.1 的规定外，表面较浅的小孔、小裂纹等铸件缺陷，允许用焊接或其他方法进行修补，但应符合图样或订货合同的规定。承压件还需满足壳体试验要求。

6 检验方法和检验规则

6.1 化学成分

6.1.1 铸件化学成分的测定按 GB/T 1176 的规定，但在保证准确度的情况下，也允许按供需双方同意的其他方法进行测定。

6.1.2 加工同一产品的一个时间段为一班次，同一产品连续加工完成的量为批量。对Ⅰ、Ⅲ级铸件，按每一熔炼炉次检验材料的主要化学成分和杂质含量。但在原材料和工艺稳定的情况下，允许按班次或批量进行检验，但需有可追溯检查的试样。也可按供需双方在订货合同中商定的要求进行检验，分析结果应符合表 3、表 4 的规定。

6.1.3 对Ⅰ、Ⅲ级铸件材料化学成分第一次测定不合格时，允许重新取样复测一次，如仍不合格，则该炉(批)铸件材料的化学成分不合格。

6.2 力学性能

6.2.1 Ⅰ、Ⅱ级铸件按每一熔炼次检验合金的力学性能。但在原材料和工艺稳定的情况下，允许按班次或批量进行检验，也可按供需双方在订货合同中商定的要求进行检验。

6.2.2 拉伸试验按 GB/T 228.1 的规定。其结果应符合表 5 的规定。

6.2.3 硬度测定方法按 GB/T 231.1 的规定。其结果应符合表 5 的规定。

6.2.4 每一炉次(批)取一根试样试验，合格时该炉次(批)铸件材料的力学性能合格；若不合格，再取两根试样试验，若均合格，则该炉次(批)铸件的力学性能合格。

6.2.5 铸件材料的力学性能不合格时，允许将铸件和试块(样)一起进行热处理，按 6.2.4 规定再试验。重新热处理不得超过两次。

6.2.6 单铸试样不合格时，可在本体上切取试样，并按 6.2.4 规定再试验。

6.2.7 当铸件上不能切取试样时，可按 GB/T 228.1 的规定切取扁平试样，其切取的部位，可由供需双方商定。

6.2.8 因试样有缺陷而造成试验不合格时，则该试验无效，应另作试验。若为本体切样，则判定铸件力学性能不合格。

6.3 壳体试验

6.3.1 铸件壳体试验应按 GB/T 13927 的规定。

6.3.2 铸件的壳体试验可在铸件生产单位交货前或需方机械加工后进行，或按订货合同的规定，但铸件生产单位应对壳体试验铸件的质量负责。

7 标志、包装、运输和贮存

7.1 阀体阀盖等承压铸件应铸出公称尺寸 DN 或 NPS、公称压力 PN 或压力等级 Class、制造商的厂名或商标、材料代号、炉(批)号。在铸出标记有困难时，允许用压印的标记方法，至少标记出公称尺寸、公称压力、制造商的厂名或商标，或按订货合同的规定。

7.2 凡经焊补的铸件，在制造过程中应做出明显的识别标记，检验时应注意。承压铸件焊补应进行记录并征得需方同意。

7.3 铸件供货应随带质量证明文件及合格证，其主要内容应包括：

a) 铸件名称及图号；

b) 铜合金牌号及铸件等级；

c) 炉号或批号；

d) 化学成分分析报告；

e) 力学性能试验报告；

f) 特殊工艺处理内容；

g) 检验结论；

h) 检验员和检查负责人签章。

7.4 铸件的供货包装、运输和贮存应保证铸件不受损伤和腐蚀，或按订货合同的规定执行。

ICS 45.100
J 81

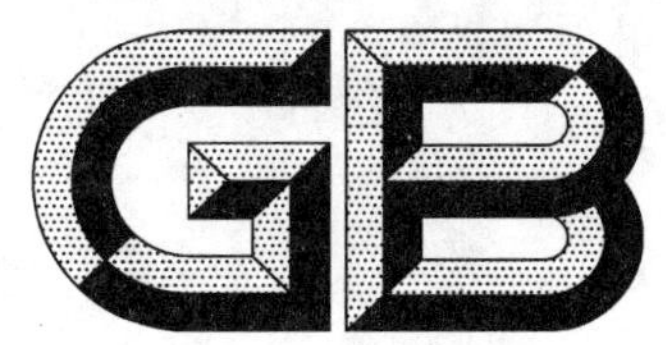

中华人民共和国国家标准

GB 12352—2018
代替 GB 12352—2007

客运架空索道安全规范

Safety code for passengers aerial ropeways

2018-05-14 发布　　　　2018-12-01 实施

国家市场监督管理总局
中国国家标准化管理委员会　发布

前　言

本标准的第1章、第2章、3.1.3.1、3.6.7、3.7.1.2、4.1.4、7.1.7、7.1.9.1、7.2.4、8.5.5、8.7.4、9.1.2、9.4.3、9.5.2～9.5.4、9.6.1、10.1.6、10.2.4、第12章为推荐性的，其余为强制性的。

本标准按照GB/T 1.1—2009给出的规则起草。

本标准代替GB 12352—2007《客运架空索道安全规范》。本标准与GB 12352—2007相比，除编辑性修改外主要技术变化如下：

——修改了规范性引用文件(见第2章，2007年版的第2章)；

——修改了运载工具允许摆动(见3.1.4.1表1，2007年版的3.1.4.1)；

——修改了运载工具的偏摆要求(见3.1.4.5表2，2007年版的3.1.4.5)；

——增加了最小风压的选取(见3.1.5.1)；

——增加了吊椅式索道最小离地距离(见3.1.8.1)；

——增加了跨越滑雪场雪道的高度(见3.1.9.2)；

——修改了跨越其他索道时应符合的要求(见3.1.9.3，2007年版的3.1.9.3)；

——修改了通讯电缆与空载钢丝绳沿索道线路的相互位置要求(见3.1.9.4，2007年版的3.1.9.4)；

——修改了运载工具的向心加速度不应超过2.5 m/s^2(见3.2.3，2007年版的3.2.3)；

——修改了固定抱索器吊椅式索道吊椅之间的最小时间间隔(见3.3.1表5，2007年版的3.3.1)；

——增加了吊椅式滑雪索道和非滑雪索道的单个吊椅最大载客人数(见3.4.1)；

——增加了线路托压索轮上最小荷载(见3.5.2.2)；

——修改了自重和有效载荷为荷载(见3.6.1，2007年版的3.6.1)；

——修订了阻力系数(见3.6.3.2表7，2007年版的3.6.3.2)；

——删除了"所有部件的可追溯性相关技术资料应认真保存"的内容(见2007年版的3.8.2.2)；

——修改了符合JB 4730中的2级改为符合NB/T 47013中的1级[见3.8.2 b)，2007年版的3.8.2.3]；

——修改了新钢丝绳的抗拉安全系数(见4.2.1表8，见2007年版的4.2.1表8)；

——删除了不计入索道起、制动时的惯性力(见2007年版的4.2.1.3)；

——修改了最小张力与运载工具产生的最大横向力之比(见4.2.2.2表10，2007年版的4.2.2.2表10)；

——增加了钢丝绳及固定末端的报废应符合GB/T 9075的有关规定(见4.4.4)；

——删除了"钢丝绳的报废"的内容(见2007年版的4.5)；

——修改了钢丝绳的检验为检验和报废(见4.4，2007年版的4.4)；

——修改了运行速度(见5.1.3.1，2007年版的5.1.3.1)；

——修改了索道驱动轮的摩擦系数的选取(见5.1.5.5，2007年版的5.1.5.5)；

——修改了张紧装置的行程至少为以下各项之和的数据(见5.4.2，2007年版的5.4.2)；

——修改了张紧装置的行程不考虑钢丝绳的伸长的要求(见5.4.3，2007年版的5.4.3)；

——修订了重锤张紧装置符合的要求(见5.4.5，2007年版的5.4.4)；

——修订了脱开挂接装置(见5.5，2007年版的5.5)；

——修改了加减速装置(见5.6，2007年版的5.6)；

——修改了位置指示器(见5.9，2007年版的5.9)；

——修改了固定抱索器吊椅索道的上车区装设的上车皮带的要求(见6.2.2.6，2007年版的6.2.2.5)；

——修改了其他位置上的净空由0.5 m改为0.6 m(见6.2.3.1，2007年版的6.2.3.1)；

——修改了基础设计工作的寿命(见7.1.7，2007年版的7.1.7)；

——修订了有客车制动器的承载索鞍座的条件(见 7.2.1.7,2007 年版的 7.2.1.5);

——增加了大于设计允许值时要有报警信号(见 7.2.3.11);

——增加了托(压)索轮制造的符合标准(见 7.2.3.13);

——修改了摩擦系数由 0.13 改为 0.16(见 8.3.4,2007 年版的 8.3.4);

——修改了横向摆动由 0.35 rad 改为 0.34 rad(见 8.3.6,2007 年版的 8.3.6);

——增加了横向摆动 0.20 rad 不触及侧板的要求(见 8.3.6);

——增加了槽深的要求(见 8.4.2);

——增加了扶手的强度(见 8.6.3);

——删除了“配备有救援车的索道,车厢端部应设门或活动窗”的内容(见 2007 年版的 8.7.9);

——删除了 2007 版“对于将承载索封闭的 A 形吊架,重心的偏斜值不应大于±50 mm”的内容(见 2007 年版的 8.9.7);

——增加了维修吊具(见 8.12);

——修改了安全回路电压(见 9.3.6,2007 年版的 9.4.3);

——修改了安装一般规定(见 10.1.1,2007 年版的 10.1.1);

——删除了 2007 版“钢结构调整后,应采用强度等级比基础混凝土强度等级高一级的细石混凝土进行灌浆,灌浆层应密实平整,其厚度不宜小于 30 mm”的内容(见 2007 年版的 10.2.3);

——修改了站内钢结构的安装的要求(见 10.4.1,2007 年版的 10.4.1);

——修改了运行段轨道安装允许偏差(见 10.4.2,2007 年版的 10.4.3);

——修改了道岔安装符合要求(见 10.4.3,2007 年版的 10.4.4);

——修改了张紧装置符合要求(见 10.4.6,2007 年版的 10.4.8);

——删除了“钢结构之间的联接面应接触紧密,接触面不少于 70%”的内容(见 2007 年版的 10.4.2);

——删除了 2007 版导向板、护轨和挡轨的安装要求(见 2007 年版的 10.4.5);

——修改了试车条件(见 11.3.1.2,见 2007 年版的 11.3.1.2);

——修改了抱索器检查的特殊要求(见 12.3.3,2007 年版的 12.3.3);

——增加了航空障碍标志(见 13.3);

——增加了吊椅索道特殊提示(见 13.4);

——增加了对双线循环式索道上站出站制动距离 1.2 倍的要求(见 3.1.3.3);

——增加了可不受双线循环式索道上站出站制动距离 1.2 倍的要求限制的条件(见 3.1.3.3);

——增加了对双承载单牵引循环式索道的要求(见 3.1.4.1、3.2.1);

——增加了对跨距长度可缩短的特殊要求(见 3.1.3.2);

——增加了对无客车制动器的双线往复式索道横向摆动吊厢之间净空由 1.0 m 改为 0.2 m(见 3.1.4.2);

——修改了相遇运载工具之间净空要求(见 3.1.4.4,2007 年版的 3.1.4.4);

——增加了钢丝绳横向偏摆量的计算(见 3.1.5.2);

——增加了脱挂索道在站内纵向偏摆的要求(见 3.1.6);

——删除了在有速度相对降低装置时允许更高速度的内容(见 2007 年版的 3.2.3);

——增加了运行小车通过支架时对向心加速度的要求(见 3.2.3);

——修订了承载索、运载索及牵引索动态垂度附加值(见 3.1.8.2,2007 年版的 3.1.8.2);

——修订了(降低)固定抱索器索道不同吊具的运行速度(见 3.2.1 表 3,2007 年版的 3.2.1 表 3);

——修订了(降低)固定抱索器索道不同吊具在站内的运行速度(见 3.2.2 表 4,2007 年版的 3.2.2 表 4);

——修订了脱挂吊椅滑雪索道的间隔时间 5 s 改为 6 s(见 3.3.2,2007 年版的 3.3.2);

——修订了固定抱索器吊厢(篮)索道间隔时间:8 倍改为 10 倍,12 s 改为 10 s(见 3.3.3,2007 年版的 3.3.3);

——增加了固定抱索器吊厢(篮)索道 4 人吊厢的间隔要求(见 3.3.3);
——增加了对吊具混编索道的速度和间隔的阐述(见 3.3.5);
——增加和修订了单线循环索道的吊具人数的限制(见 3.4);
——删除了对往复式索道吊厢人数的要求(见 2007 年版的 3.4.2.2);
——修订了紧急制动减速度的值(按索道类型制定)(见 3.6.2.2,2007 年版的 3.6.2.2);
——增加了合成树脂的 μ 值(见 3.6.3.1 表 6);
——增加了在跨距弦长上作用的换算风压(见 3.6.4.1);
——增加了通用风压的计算公式,可用于 36 m/s 风速的风压计算;(见 3.6.4.1);
——增加了风压均匀分布的跨间钢绳时的风压计算(见 3.6.4.2);
——修订了对雪荷载的计算和使用(见 3.6.5,2007 年版的 3.6.5);
——增加了动载荷(见 3.6.6);
——增加了安装和维修时的作用力(见 3.6.7);
——增加了额外作用力(见 3.6.8);
——修改了钢丝绳应符合的标准(见 4.1.1,2007 年版的 4.1.1);
——增加了编接钢丝绳最大安全系数的规定(见 4.2.1.4);
——增加了牵引索、运载索等在固定卷筒上的弯绕比(见 4.2.3 表 11);
——删除了包角$>\pi$的叙述,增加了脱挂索道选用要求(见 2007 年版的 4.2.3 表 11);
——增加了牵引索的固定与连接的一般要求(见 4.3);
——增加了钢丝绳固定与连接的要求(见 4.3.2～4.3.7);
——删除了与钢丝绳检验和报废规范(GB/T 9075)相重叠的部分(见 2007 年版的 4.4、4.5);
——增加了驱动装置制造的要求(见 5.1.1.4);
——增加了对工作制动器的要求(见 5.1.7.9);
——增加了对安全制动器的要求(见 5.1.7.10);
——增加了对制动器电气装置的要求(见 5.1.7.11);
——增加了对制动器液压装置的要求(见 5.1.7.12);
——修改了对轴的疲劳计算系数(见 5.3.2,2007 年版的 5.3.2);
——增加了对抱索器测力的要求(见 5.5);
——删除了 2007 版"若仅在一个站装设了限制车辆间距的阻车器,则在另一个站不得改变发车间距"的内容(见 2007 年版的 5.7.3);
——删除了发车间隔误差的要求(见 2007 年版的 5.7.1);
——修改了吊椅罩开闭的要求(见 5.8.2,2007 年版的 5.8.2);
——增加了开关门机构导向轨的要求(见 5.8.3);
——修改了支索器的要求并把章节位置从 5.12 移至 7.3(见 7.3,2007 年版的 5.12);
——增加了站内地面输送设备的要求(见 5.12);
——修改了车槽长度的要求(见 6.2.1.5,2007 年版的 6.2.1.1);
——修改了对支架强度的计算要求(见 7.1.8,2007 年版的 7.1.8);
——增加了支架疲劳计算的方法(见 7.1.9);
——增加了对鞍座的安全要求(见 7.2.1.8、7.2.1.9、7.2.1.10);
——增加了捕捉器安装位置的要求(见 7.2.3.3);
——增加了托(压)索轮组的脱索保护的要求(见 7.2.3.4);
——修改了托索轮组均衡梁屈服安全系数,按受力进行了细化(见 7.2.3.9,2007 年版的 7.2.3.10);
——增加了内侧板的计算要求(见 7.2.3.12);
——增加了托(压)索轮制造的要求(见 7.2.3.13);

——增加了应考虑救护装置的吊挂位置和吊挂方式要求(见 8.1.7);
——增加了脱挂索道车厢人的冲击力(见 8.2);
——修改了运载工具承载构件安全系数由破断强度 5 改为屈服强度 3(见 8.2.2,2007 年版的 8.2.2);
——增加了对导靴的要求(见 8.4.3);
——增加了往复索道不加客车制动器条件的牵引绳直径和驱动轮摩擦系数两项要求(见 8.5.1);
——修改了对制动器制动力的要求(见 8.5.5,见 2007 年版的 8.5.5);
——删除了对制动器摩擦片磨损 4 mm 的要求(见 2007 年版的 8.5.9);
——增加了对吊厢扶手的强度要求(见 8.6.3);
——增加了对 4 人吊厢应两侧开门的要求(见 8.6.7);
——增加了对吊椅护圈的安全要求(见 8.10.2);
——删除了运载工具控制点(见 2007 年版的 9.1.8);
——删除了"如采用双驱动结构,则所有电机在每种作业工况都应工作"的内容(见 2007 年版的 9.2.7);
——删除了"应能改变车辆在线路上的行驶方向"和"即使位置行程指示器损坏,也应具备车辆位置的控制功能"的内容(见 2007 年版的 9.3.8);
——增加了脱挂抱索器抱紧力的测试(见 9.6.1);
——增加了实际值与电机转数及设定转数的误差要求(见 9.2.4.5);
——增加了监控运行速度及减速监控的要求(见 9.3.7、9.3.8、9.3.10);
——增加了对控制室的要求(见 9.3.5、9.3.7);
——增加或修改了对停车控制的要求(见 9.2.4.7 至 9.2.4.16);
——增加了对运行控制的要求(见 9.2.5.1、9.2.5.2、9.2.5.7、9.2.5.10、9.2.5.11)。

本标准由国家市场监督管理总局提出并归口。

本标准负责起草单位:北京起重运输机械设计研究院。

本标准主要起草人:张海乔、黄鹏智、黄越峰、刘旭升、杨祥义、樊俊宏、姜红旗、里鑫、温新婕、徐伟、张强、杜俊明、王旭、李刚、闫登华。

本标准所代替标准的历次版本发布情况为:
——GB 12352—1990、GB 12352—2007。

客运架空索道安全规范

1 范围

本标准规定了客运架空索道的设计、制造、安装、检验、使用与管理等方面最基本的安全要求。

本标准适用于往复式客运架空索道和循环式客运架空索道。

本标准不适用于货运索道、地面缆车、拖牵索道、非公用客运索道以及矿山井下专业用途的通勤索道。

2 规范性引用文件

下列文件对于本文件的应用是必不可少的。凡是注日期的引用文件,仅注日期的版本适用于本文件。凡是不注日期的引用文件,其最新版本(包括所有的修改单)适用于本文件。

GB 146.2 标准轨距铁路建筑限界

GB/T 188 762毫米轨距铁路机车车辆限界和建筑接近限界分类及基本尺寸

GB/T 229 金属材料 夏比摆锤冲击试验方法

GB/T 352 密封钢丝绳

GB/T 1031 产品几何技术规范(GPS) 表面结构 轮廓法 表面粗糙度参数及其数值

GB/T 8918 重要用途钢丝绳

GB/T 9075 索道用钢丝绳检验和报废规范

GB/T 24731 客运索道驱动装置通用技术条件

GB/T 24732 客运索道托(压)索轮通用技术条件

GB/T 26722 索道用钢丝绳

GB 50007 建筑地基基础设计规范

GB 50009—2012 建筑结构荷载规范

GB 50010 混凝土结构设计规范

GB 50017 钢结构设计规范

GB 50061 工业与民用66千伏及以下架空电力线路设计规范

GB 50231 机械设备安装工程施工及验收通用规范

NB/T 47013(所有部分) 承压设备无损检测

DL/T 1561.1～1561.17 电气装置安装工程质量检验及评定规程

3 一般规定

3.1 线路

3.1.1 线路的选择

3.1.1.1 选择索道线路时,应考虑当地气候、地理条件、索道要经过的交通要道和跨越的其他建筑设施以及紧急救援的要求。

3.1.1.2 索道线路中心线在水平面上的投影应为一直线(带转角站及三角形索道例外)。

3.1.1.3 索道线路和站址应避免建在下列地区：

——山地风口，并与主导风向正交的地段上；

——有雪崩、滑坡、塌方、溶洞、风暴、海啸、洪水、火灾等危及索道安全的地区，经过主管部门的批准，采取预防措施时例外；

——凡是建在军事设施附近的索道，应按照军事基地管理单位的要求采取相应的措施。

3.1.2 最大倾角

循环式客运架空索道其钢丝绳的最大倾角不应超过 0.785 rad。

3.1.3 跨距长度

3.1.3.1 线路上任一跨距中空载索[1)]或空索[2)]（根据设备类型而定）与满载索[3)]在此跨距端部切线倾角的变化不宜大于 0.15 rad。对于双承载的往复式和循环式索道上述规定不适用。

3.1.3.2 单线循环式脱挂抱索器索道相邻站房一跨的俯角（弦倾角）不应大于 0.01 rad。站内任一检测抱索器挂接可靠性的开关至站口向下变坡点的距离应不小于该开关所触发的制动行程的 1.2 倍；对于单线双环路索道不受上述 1.2 倍制动距离的限制。

3.1.3.3 对双线循环式脱挂抱索器架空索道，承载索应仰角出站，仰角（弦倾角）应不小于 0.1 rad。站内任一检测抱索器挂接可靠性的开关至站口向下变坡点的距离应不小于该开关所触发的制动行程的 1.2 倍；当采用特定的防未挂接装置以满足脱挂抱索器出站时和牵引索可靠挂接的条件，可以不受上述 1.2 倍制动距离的限制。防未挂接装置应具备：

——应是非电控的机械式结构；

——对抱索器与牵引索的挂接具有强制性或约束性功能；

——该装置的状态可监控；

——该装置应经过可靠性试验。

3.1.4 横向净空

3.1.4.1 运载工具与支架间的净空应符合表 1 的规定。

表 1 运载工具与支架间的净空要求

运载工具	支架情况	允许摆动/rad	离支架距离/m
封闭式	无导向装置	0.34	—
封闭式无乘务员且 $V>5.0$ m/s	有导向装置	0.24	—
封闭式无乘务员且 $V\leqslant 5.0$ m/s	有导向装置	0.20	—
封闭式有乘务员并不能在车内控制停车且 $V>7.0$ m/s	有导向装置	0.15	—
封闭式有乘务员并能在车内控制停车且 $V\leqslant 7.0$ m/s	有导向装置	0.12	—
敞开式（无乘客）	无导向装置	0.34	—
敞开式（有乘客）	无导向装置	0.20	0.5

1) 空载索：按要求的间隔挂有空运载工具的承载索或运载索。

2) 空索：没有运载工具的承载索或运载索。

3) 满载索：按要求的间隔挂有满额定荷载运载工具的承载索或运载索。

对于双承载往复式和循环式架空索道、单线双环路架空索道，在没有导向装置的情况下，允许横向偏摆 0.15 rad，离支架的安全距离为 0.3 m。

3.1.4.2 往复式客运索道两客车在跨间相对运行时，同时向内侧摆动 0.20 rad，相遇时两客车之间的净空不应小于 0.2 m。

3.1.4.3 单侧往复运行的索道，客车向内侧摆动 0.20 rad 时，与另一侧牵引索水平投影的最小净空不应小于 2.0 m。

3.1.4.4 对于单线循环式客运索道，两吊具在跨间运行时同时向内侧摆动 0.20 rad 时，相遇时两封闭式吊具之间的净空不应小于 0.2 m；两敞开式吊具之间的净空应不小于 1 m；在进站口或出站口应不小于 0.5 m。

3.1.4.5 客车与外侧障碍物的水平净空应符合表 2 的规定。

表 2 客车与外侧障碍物的水平净空要求

运载工具偏摆	障碍物	净空/m
向外偏摆(0.34 rad)	建筑物(无人员通行)	1.5
	建筑物(有人员通行)	2.5
	林间通道、公路、山体	1.5
	架空电力线路	按有关标准规定
注：对站房区域不受此限。		

3.1.4.6 两条索道线路平行靠近时，其中心线的距离 A 应按式(1)计算：

$$A = 0.5(K_1 + K_2 + B_1 + B_2) + 0.2(h_1 + h_2 + \Delta_s) + 1.5 \quad \cdots\cdots(1)$$

式中：

K_1，K_2——两条线路索距，单位为米(m)；

B_1，B_2——两条线路上运载工具宽度，单位为米(m)；

h_1，h_2——两条线路上运载工具高度，单位为米(m)；

Δ_s——两条线路上承载索或运载索之间的最大垂直距离，单位为米(m)。

3.1.5 索距

3.1.5.1 在确定索距时应满足 3.1.4 的有关规定。在线路跨间的索距，还应加上线路一侧钢丝绳受运行时风压作用产生的横向偏摆量，最小风压按 3.6.4.1 选取。当跨距弦长大于 400 m 时，按换算风荷载(见 3.6.4.2)计算作用在钢丝绳的横向偏摆量。对于往复式索道在站口处不受此限。

3.1.5.2 跨中钢丝绳横向偏摆量 f 按式(2)计算：

$$f = \frac{C \times q \times d \times L_H^2}{8 \times S_{min}} \quad \cdots\cdots(2)$$

式中：

C——体型系数(见 3.6.4.3)；

q——风压，单位为千牛每平方米(kN/m²)；

d——钢丝绳直径，单位为米(m)；

S_{min}——跨中钢丝绳的最小张力，单位为千牛(kN)；

L_H——换算弦长(见 3.6.4.2)，单位为米(m)。

3.1.5.3 通常索道的索距应保持不变，当需要改变时，应计算钢丝绳在水平面上所形成的偏斜，在未考虑风力和动荷载影响时，允许偏差如下：

——在任何静荷载情况下钢丝绳由于偏斜而引起的水平力不应超过钢丝绳垂直力的 10%；

——对双线架空索道，承载索在鞍座上形成的水平角不应超过 0.005 rad；

——对单线架空索道，运载索在托(压)索轮组上形成的水平角不应超过 0.005 rad；

——对于不符合上述要求的较大偏斜，应采取安全措施保证运载工具安全通过支架。

3.1.6 运载工具的纵向偏摆

循环式索道运载工具在线路上及站内纵向偏摆 0.34 rad 后不应触及钢丝绳和线路支架；往复式索道车辆在线路上纵向偏摆不应超过 0.34 rad 并不应触及支架鞍座，在站内纵向偏摆 0.15 rad 后不应触及任何站内结构，并保证人员通行的安全距离；脱挂索道在站内纵向偏摆 0.34 rad 后不应触及除站内地面导向装置以外任何站内结构。

3.1.7 允许最大的离地高度

3.1.7.1 架空索道的最大离地高度除考虑最不利荷载情况和地面的横向坡度的影响，还应考虑运载工具型式和救护的可能。

3.1.7.2 封闭式运载工具的架空索道允许的线路最大离地高度不应大于 45 m。对于循环式脱挂抱索器吊厢索道及脉动循环式固定抱索器吊厢索道，当每侧超过 45 m 区段的吊厢总数不超过 5 辆吊厢时，该区段的最大离地高度允许达 60 m，若超过 60 m，应具备可将乘客进行水平营救的设施。对于往复式索道最大离地高度允许超过 60 m，当超过 100 m 时应具备可将乘客进行水平营救的设施。

3.1.7.3 敞开式运载工具的架空索道，对于旅游用吊椅索道，允许的线路最大离地高度不应大于 15 m。对于滑雪用吊椅索道，当索道线路每侧局部地段总长不大于 200 m 时，该段最大离地高度允许达 20 m；当索道线路每侧局部地段总长在 50 m 内时，该段最大离地高度允许达 25 m。

3.1.7.4 对于吊篮索道允许的线路最大离地高度不应大于 25 m。当索道线路每侧局部地段总长不大于 200 m 时，该段最大离地高度允许达 30 m；当索道线路每侧局部地段总长在 50 m 内时，该段最大离地高度允许达 35 m。

3.1.8 允许最小的离地距离

3.1.8.1 满载客车的最低点与地面之间的距离应不小于以下各值：

——无人通行的地区或是禁止通行的隔离地带为 2 m；

——在线路下面允许行人通过的地面为 3 m；

——跨越道路和公用设施的地段，应符合 3.1.9 的规定。

注 1：在站房和站口支架之间可不受此限。

注 2：离地最小距离应考虑积雪厚度对其影响。

3.1.8.2 在确定离地最小距离时，除以静态位置为依据外，还应考虑动态附加值，即应减去下列数据中的最大值：

——与相邻支架间距的 1%；

——承载索静垂度 5%；

——运载索垂度的 25%；

——牵引索和平衡索垂度的 20%。

3.1.9 线路的立交与避让

3.1.9.1 与铁路、公路、索道、电线、通航河流等相交叉跨越或平行走向时，应彼此不干涉，在正常运行和进行维修时能够保证安全，且不会影响正常救护工作。

3.1.9.2 当索道跨越下列地区时，索道或防护设施的最低点与所跨越物的最小垂直距离应符合下列要求：

——跨越国家干线时应符合 GB 146.2 的规定；

——跨越地方铁路干线时应符合 GB/T 188 的规定；

——跨越电气管线时应符合 GB 50061 的规定，在与电力线路交叉时索道线路尽可能从电力线路下方通过，如果只能从上方通过，则在索道的下方应装设安全保护设施；

——跨越一、二级公路不应小于 5.0 m；跨越三、四级公路不应小于 4.5 m；

——跨越通航河流上空时，与最大洪水位(加上壅水和浪高)船只桅杆顶的垂直距离不应小于 1.0 m；

——跨越居民区或耕地时离地垂直距离不应小于 5.0 m；

——跨越建筑物时与建筑物顶垂直距离不应小于 2.0 m；

——跨越果林经济作物林，与林木最高点的距离不应小于 1.5 m，同时还应考虑修剪周期内林木生长的高度；

——跨越滑雪场雪道时，距雪道面应不小于 3.5 m。

3.1.9.3　跨越其他索道时应符合下列要求：

——吊具的最低边缘或牵引索与下面索道的支架或其他构筑物的距离不应小于 1.5 m；

——牵引索在最大垂度时，与下面运载索处在最高位置时的距离不应小于 3.0 m；

——牵引索在最大垂度时，与下面空载承载索在张力增大 10%时的距离不应小于 3.0 m；

——跨越拖牵式索道时，除了与其通讯电缆的距离不应小于 3.0 m 外，离开拖牵式索道空载钢丝绳的最高位置也不应小于 3.0 m。

3.1.9.4　当通讯电缆沿索道的支架架设时，其线路应位于空载钢丝绳线路的上方或在吊具满载运行轨迹的下方；当吊具横向偏摆 0.20 rad 时，与其的安全距离不应小于 0.5 m。

3.2　运行速度

3.2.1　运载工具在线路上的最大运行速度不应超过表 3 的值。

表 3　运载工具在线路上的最大运行速度要求

<table>
<tr><th colspan="2">索道型式</th><th colspan="3">使用条件</th><th>最大运行速度/(m/s)</th></tr>
<tr><td rowspan="7">往复式索道</td><td rowspan="5">双线</td><td rowspan="2">车厢内有乘务员并可控制停车时</td><td colspan="2">在跨间时</td><td>12.0</td></tr>
<tr><td colspan="2">过支架及在硬轨上运行时</td><td>10.0</td></tr>
<tr><td rowspan="3">车厢内无乘务员</td><td colspan="2">在跨间时</td><td>7.0</td></tr>
<tr><td rowspan="2">过支架时</td><td>单承载索</td><td>6.0</td></tr>
<tr><td>双承载索</td><td>7.0</td></tr>
<tr><td rowspan="2">单线</td><td colspan="3">在跨间时</td><td>6.0</td></tr>
<tr><td colspan="3">过支架时</td><td>5.0</td></tr>
<tr><td colspan="2" rowspan="2">双线脉动循环式索道</td><td colspan="3">车厢内无乘务员时</td><td>5.0</td></tr>
<tr><td colspan="3">车厢内有乘务员时</td><td>7.0</td></tr>
<tr><td rowspan="4">循环式脱挂抱索器索道</td><td rowspan="2">双线</td><td colspan="3">单承载索</td><td>6.0</td></tr>
<tr><td colspan="3">双承载索</td><td>7.0</td></tr>
<tr><td rowspan="2">单线</td><td colspan="3">一根运载索</td><td>6.0</td></tr>
<tr><td colspan="3">二根运载索(单线双环路)</td><td>7.0</td></tr>
<tr><td rowspan="7">循环式固定抱索器索道</td><td>单线脉动</td><td colspan="3">半封闭式或封闭式吊具</td><td>5.0</td></tr>
<tr><td rowspan="6">单线连续</td><td rowspan="4">敞开式吊椅</td><td rowspan="3">运送滑雪者</td><td>单人或两人</td><td>2.0</td></tr>
<tr><td>3 人或 4 人</td><td>1.8</td></tr>
<tr><td>6 人</td><td>1.5</td></tr>
<tr><td colspan="2">运送非滑雪者</td><td>1.25</td></tr>
<tr><td colspan="3">两人吊厢、吊篮</td><td>1.0</td></tr>
<tr><td colspan="3">四人吊厢、吊篮</td><td>0.8</td></tr>
</table>

3.2.2 运载工具在站内(上下车位置)的最大运行速度不应超过表 4 的值。

表 4 运载工具在站内(上下车位置)的最大运行速度要求

索道型式	使用条件		最大运行速度/(m/s)
循环式脱挂抱索器索道	封闭式运载工具		0.5
	敞开式运载工具	运送滑雪者	1.2
		运送非滑雪者人从前面上下	1.0
		人从侧面上下	0.5
循环式固定抱索器索道	运送滑雪者	单人或两人吊椅	2.0
		3 人或 4 人吊椅	1.8
		6 人吊椅	1.5
	运送非滑雪者	单人或两人吊椅	1.25
		两人吊厢、吊篮	1.0
		四人吊厢、吊篮	0.8
脉动循环式索道	封闭式运载工具		0.5

3.2.3 任意类型的索道其运载工具在通过线路支承结构时,运载工具的向心加速度不应超过 2.5 m/s^2。

3.3 运载工具的最小间隔时间

3.3.1 对于固定抱索器吊椅式索道吊椅之间的最小间隔时间,见表 5。

表 5 允许的最小间隔

索道型式		允许的最小间隔
单人乘坐		不小于 5 s
双人乘坐	两人同时上下时	不小于 8 s
	两人不同时上下时	不小于 10 s
运送滑雪者		不小于 7 s

3.3.2 运送滑雪者的脱挂抱索器吊椅索道吊椅之间的最小间隔时间不应小于 6 s。

3.3.3 固定抱索器两人吊厢、两人吊篮式索道,吊厢(或吊篮)之间的最小间隔时间为 10 倍运行速度且不小于 10 s,对于四人吊厢最小间隔时间应不小于 18 s。

3.3.4 脱挂抱索器吊厢索道,吊厢之间的最小间距不应小于正常停车行程的 1.5 倍,且不小于 9 s。

3.3.5 运载工具混编的索道,应依据运载工具类型取 3.3.1、3.3.2、3.3.3、3.3.4 中的大值。

3.4 允许载客人数

3.4.1 吊椅式滑雪索道的单个吊椅最大载客人数为 6 人;吊椅式非滑雪索道的单个吊椅最大载客人数为 2 人。

3.4.2 单线循环式固定抱索器索道的吊厢(篮)最大载客人数为 4 人。

3.4.3 单线循环式脱挂抱索器索道和单线循环脉动式固定抱索器索道的运载工具最大载客人数为 8 人,不包括单线双环路索道。

3.5 钢丝绳在支架鞍座上、托(压)索轮上的安全性

3.5.1 双线索道

3.5.1.1 在承载索最大拉力增加了40%时，承载索对支架鞍座的最小载荷不应为负值；在索最小拉力下降40%时，承载索承载对偏斜鞍座(仅在站房)的最小载荷不应为负值。

3.5.1.2 空承载索在支架鞍座上的折角不应小于0.02 rad。

3.5.1.3 承载索对支架鞍座的最小荷载不应小于相邻跨距承载索弦长所承受0.5 kN/m^2 风压的向上风力之和的一半。

3.5.1.4 承载索空载时对支架鞍座的最小荷载和水平风力的合力应当作用在绳槽内。

3.5.1.5 在匀速运动状态下，牵引索最大张力增加40%时，牵引索对支架托索轮组的最小荷载不应为负值。

3.5.1.6 当索道停运时，牵引索在支架托索轮组上的最小压力不应小于0.8 kN/m^2 风压作用在相邻两跨牵引索向上风力的一半。

3.5.2 单线索道

3.5.2.1 线路支架上的最小支承力：

——匀速运行时，托索支架应按风压0.25 kN/m^2 作用在相邻两跨空载索或空索较长跨弦长上所产生的向上风力的1.5倍计算最小支架荷载；

——停运时，应按风压0.8 kN/m^2 作用在相邻两跨空载索或空索弦长上所产生的向上风力之和的一半计算支架最小荷载；

——匀速运动时，压索支架应按风压0.25 kN/m^2 作用在相邻两跨满载索较长跨弦长上产生的向下风力的1.5倍计算最小支架荷载。

3.5.2.2 线路托(压)索轮上最小荷载：

——在凹陷地段的托索支架上，当运载索最大张力增加40%时，运载索在托索轮组上最小荷载不应出现负值；

——在压索支架上当运载索最小张力降低20%，同时有效荷载增加25%时，运载索不应离开压索轮。

3.5.2.3 匀速运动的运载索最小轮压不应小于500 N并满足式(3)：

$$A \geqslant 500 + 50[d - (D_1 - D_2)] \quad \cdots\cdots\cdots(3)$$

式中：

A ——最小轮压，单位为牛(N)；

d ——钢丝绳直径，单位为毫米(mm)；

D_1——整轮外径，单位为毫米(mm)；

D_2——新轮衬槽底直径，单位为毫米(mm)。

空索时式(3)的值允许减少50%。

3.5.2.4 组合式托(压)索轮组中的托(压)索轮相对运载索的最小轮压仍应根据3.5.2.3确定。

3.5.3 托(压)索轮的折角

3.5.3.1 单线索道每个托(压)索轮上的最大折角不应大于0.08 rad。

3.5.3.2 双线索道上牵引索或平衡索在每个托(压)索轮上的折角不应大于0.08 rad。

3.6 线路计算和钢丝绳计算的作用力

3.6.1 荷载

3.6.1.1 钢丝绳和运载工具的自重应依据制造厂的说明。实际的质量与设计质量的偏差不应大于

±3%,实际质量应与进行线路计算和钢丝绳计算所取的值相符。

3.6.1.2 有效荷载:15 人以下时平均每人重力按 740 N 计算;16 人以上时,平均每人重力按 690 N 计算;对于运送滑雪者的索道还应每人加上 50 N 装备的重力。

3.6.2 动态作用力(惯性力)

3.6.2.1 启动加速度最小为 0.15 m/s^2 时的惯性力。

3.6.2.2 减速度为下列值时的惯性力:

——工作制动减速度最小为 0.4 m/s^2;

——紧急制动减速度对循环式索道,制动系统制动减速度不应大于 1.5 m/s^2;对于往复式、脱挂式双线循环,脉动式索道,制动系统制动减速度不应大于 2.0 m/s^2。

3.6.2.3 特殊情况应验证下列动态作用力:

——当设备有两根或多根牵引索时,由于一根牵引索破断引起的动态作用力;

——设备有客车制动器,当客车制动器制动之后在整个牵引索环线的动态作用力。

3.6.3 摩擦系数 μ_{zul}

3.6.3.1 为了计算驱动轮传递的力(见 5.1.5),应采用表 6 中的许用摩擦系数 μ_{zul}。

表 6 许用摩擦系数 μ_{zul}

衬垫材料	匀速运动时的摩擦系数	启动及制动时的摩擦系数
钢绳槽或铸铁绳槽	0.07	0.07
橡胶、塑料衬垫等	0.2	0.22
软铝衬垫(布氏硬度≤500 N/mm^2)	0.2	0.2
合成树脂	0.25	0.3
注:其他工程材料实际的摩擦系数通过试验得到。		

3.6.3.2 线路计算时,应采用表 7 的阻力系数。

表 7 阻力系数

设备名称		阻力系数
托(压)索轮	橡胶衬	0.025
	塑料衬	0.020
运行小车车轮	橡胶衬	0.020
	塑料衬	0.020
导向轮	采用滚动轴承	0.003
	采用滑动轴承	0.010
承载索滚子链	带滚动轴承	0.005
	带滑动轴承	0.010
张紧小车		0.010
承载索鞍座		0.10

3.6.4 风荷载

3.6.4.1 进行计算时,按下述风荷载乘以体型系数:

a) 运行时:$q=0.25\ \mathrm{kN/m^2}$。

停运时:$q=0.8\ \mathrm{kN/m^2}$,风速大于 36 m/s 的 q 值按 GB 50009—2012 第 8 章和附录 E 的有关规定计算取值。

b) 海拔 3 000 m 以上时,上述 q 值允许降低 20%。

c) 如果由风压形成的荷载是均匀分布在跨间线路钢丝绳的全长上,则该风压可根据跨距弦长 L 按式(4)选取(只适用于停运状态):

$$q_{\mathrm{red}}=\beta\times q \qquad (4)$$

式中:

q_{red}——在跨距弦长上作用的换算风荷载,单位为千牛每平方米($\mathrm{kN/m^2}$);

β ——换算系数;

q ——风荷载,单位为千牛每平方米($\mathrm{kN/m^2}$)。

β 值根据跨距弦长 L 按以下选取:

——对 $L\leqslant 200$ m　　$\beta=1.0$;

——对 $L\geqslant 900$ m　　$\beta=0.65$;

——对 L 在 200 m～900 m 之间的 β 值可利用直线插值法求得。

3.6.4.2 按下述风压计算钢丝绳由风荷载产生的侧向偏摆:

a) 运行时:$q=0.20\ \mathrm{kN/m^2}$。

停运时:$q=0.8\ \mathrm{kN/m^2}$。

b) 当跨距长度大于 400 m 时,按式(5)换算钢丝绳风荷载:

$$q'=q\left(\frac{L_{\mathrm{H}}}{L}\right)^2 \qquad (5)$$

式中:

q' ——换算风荷载,单位为千牛平每方米($\mathrm{kN/m^2}$);

q ——规定风荷载,单位为千牛每平方米($\mathrm{kN/m^2}$);

L_{H}——换算弦长,单位为米(m);

L ——跨距弦长,单位为米(m)。

c) 400 m 以上的跨度在计算风力时,换算弦长按式(6)计算:

$$L_{\mathrm{H}}=240+0.4L \qquad (6)$$

式中:

L_{H}——换算弦长,单位为米(m);

L ——跨距弦长,单位为米(m)。

3.6.4.3 体型系数:

——密封式钢丝绳:1.15;

——多股钢丝绳:1.25;

——行走机构及吊架:1.6;

——矩形车厢:1.3;

——带圆角的矩形车厢:$1.3-2r/L$(r=车厢倒角半径;L=车厢长度);

——托索轮:1.6;

——圆管形支架:1.2;

——方管及轧制型材支架:2。

注:允许使用风洞实验所取得的数据。

3.6.4.4 对于没有外罩的空吊椅，其侧向体型系数与迎风面积(m^2)的乘积为 $0.2+0.1n$；满载吊椅为$0.4+0.2n$。其中 n 为每个吊椅的人数。

3.6.5 雪荷载及冰荷载

3.6.5.1 在进行土建结构和各站设备棚罩设计时应考虑雪荷载，雪荷载按 GB 50009—2012 中第 7 章和附录 E 设计。

3.6.5.2 冰冻地区应考虑钢丝绳或支架上的冰荷载。冰层厚度按 25mm，容积质量按 600 kg/m^3 计算。

3.6.5.3 承载索计算时应考虑停运时风载和冰载同时作用：风荷载按 0.8 kN/m^2 取值；冰荷载取3.6.5.2计算值的 0.4 倍。

3.6.6 动荷载

3.6.6.1 在进行土建结构计算时应考虑满载运载工具通过支架所产生的荷载。计算时动力系数 ϕ 按下述说明选取：

a) 单线和单线双环路架空索道：
   ——压索支架，托压索组合支架，以及相似的结构 $\phi=1.0$；
   ——托索支架，$\phi=0.5$；

b) 双线架空索道，线路支撑结构 $\phi=0.2$。

3.6.6.2 由于抱索器通过支架所产生的作用力，这些力沿运行方向作用于支架结构的两侧。其值按下述情况选取：

——压索或者托/压索支架，作用在一个轮子上实际荷载的 50%；

——托索支架，作用在一个轮子上实际荷载的 25%。

3.6.7 安装和维修工作时的作用力

3.6.7.1 支架结构应考虑安装或维修时出现的偏荷载，该偏荷载可采用线路总体计算时根据设备形式和使用状况计算出的空绳或空载绳在该支撑处的作用力。

3.6.7.2 当利用支架结构进行钢丝绳的抬起或锚固时，支架结构所受的抬起力或绳张力可按总体计算中根据设备型式和使用状况计算出的空绳或空载在该支架处的支撑力或张力。该支撑力或张力应考虑 ±0.09 rad(±5°)的偏移。

3.6.8 额外作用力

3.6.8.1 由制动器的制动力产生额外作用力按下列工况取值：

a) 当轨道制动器未按规定突然制动时：承载索所承受的作用力应按 1.3 倍的轨道制动器的制动力计算。

b) 当高速轴制动器(工作制动器)或驱动轮制动器未按规定突然制动时，站房支承结构应按低速制动器(安全制动器)产生制动力的 1.5 倍考虑。

3.6.8.2 脱索时钢丝绳在捕捉器上的作用力：

a) 运行时若钢丝绳在支架上脱索落在捕捉器上，钢丝绳将在捕捉器上产生摩擦力。钢丝绳与捕捉器之间的摩擦系数为 0.30，压力值为线路计算中在该处最大支承力的 1.3 倍(托索支架)，2 倍(压索支架)。

b) 停运时若钢丝绳在支架上脱索后落在捕捉器上，按线路计算时在该处支架最大支承力的 1.3 倍(托索支架)，2 倍(压索支架)取值。

c) 考虑一个抱索器被挂住的附加力(当抱索器不能从捕捉器上驶过)：其值为抱索器最大脱开力的 1.1 倍和支架最大支承力的 1.1 倍。

3.6.8.3 停运时空的运载工具上所受风力作用力值根据3.6.4.1求得(脱挂和往复式索道空车按规定不停留在线路上除外)。

3.7 救援

3.7.1 一般规定

3.7.1.1 所有架空索道在发生设备停车的故障时,操作负责人应通知并安抚乘客。应优先考虑恢复运行,若不能恢复运行,应按照应急救援预案,实施对乘客的救援。

3.7.1.2 一般应在3.5 h内将乘客从索道上救至安全区域。

3.7.1.3 夜间救援时,应有照明设施。

3.7.1.4 救援设备应有完整、清晰的使用说明。

3.7.2 垂直救援

3.7.2.1 在满足下述条件情况下,允许采用垂直救援方式将乘客救援到地面:

——救援高度在允许的最大离地高度范围内(见3.1.7);

——地形条件适合于此种救援或进行了相应的准备工作。

3.7.2.2 垂直救援设备包括锚固点应在现场进行适用性测试。垂直救援设备应按要求进行使用、保存、维护、检查、测试和报废,对所有替换部件或备件的可互换性进行确认。

3.7.2.3 救援设备应具有完整、清晰的使用说明。

3.7.3 水平救援(沿钢丝绳进行救援)

3.7.3.1 若索道线路的全部或部分不能够将乘客垂直救援到地面,则应提供全部或部分沿钢丝绳进行救援所需的设备。

3.7.3.2 相应的机械设备应作为永久设备装配到位,在救援计划中应清晰地注明合理的操作人员数量和所需要的最长时间。

3.7.3.3 救援设备应具有一个独立于主驱动的驱动系统或者具有一个可自行提供动力的车辆。

3.8 质量保证

3.8.1 索道重要受力部件的材料应有材质证明。

3.8.2 对于若失效或发生故障就会对安全造成危害的部件,应满足下列要求:

a) 生产和召回的可追溯性。能够确认材料的来源、提供各个生产阶段的生产工艺文件、保证相关人员的配置。

b) 至少下列部件应进行无损探伤,并符合NB/T 47013中的I级要求:

——抱索器内、外抱卡、轴;

——驱动轮、迂回轮、导向轮的主轴;

——托(压)索轮组的轴系;

——绳头套筒;

——钢丝绳末端固定轴;

——运载工具的轴及吊杆或吊架;

——驱动轮和迂回轮轮体主要受力焊缝。

c) 索道设备出厂时应按有关标准进行严格检验,并出具合格证书,不符合设计要求的设备,严禁出厂。涉及人身安全的设备,应经过设计文件鉴定及型式试验合格后,才能在工程中使用。

4 钢丝绳

4.1 钢丝绳的选用原则

4.1.1 钢丝绳应符合 GB/T 26722、或 GB/T 8918 的要求，密封钢丝绳应符合 GB/T 352 的要求。

4.1.2 承载索应采用整根的，且全部由钢丝捻制而成的密封型钢丝绳，不应采用敞开式螺旋型和有任何类型纤维芯的钢丝绳作承载索。

4.1.3 牵引索、平衡索、运载索、循环式救护索应选用线接触或面接触、同向捻带纤维芯的股式结构钢丝绳，在有腐蚀环境中推荐选用镀锌钢丝绳。

4.1.4 张紧索应采用挠性好耐弯曲的钢丝绳，按 4.2.3 中规定用在大直径的张紧轮(或滚子链)时除外。

4.2 钢丝绳参数的确定

4.2.1 抗拉安全系数

4.2.1.1 钢丝绳的抗拉安全系数即钢丝绳的最小破断拉力与钢丝绳最大工作拉力之比，不应小于表 8 所列数值。

表 8 抗拉安全系数

钢丝绳的种类	荷载情况	安全系数
承载索	正常运行荷载	3.15
	考虑了客车制动器作用力的影响	2.7
	考虑了停运时风和冰的作用力	2.25
牵引索、平衡索、制动索	带客车制动器的往复式索道	4.5
	没有客车制动器的往复式索道	5.0
	双线循环式索道	4.5
运载索		4.5
张紧索[a]		5.5
救护索	封闭环线的钢丝绳(运行状态)	3.5
	封闭环线的钢丝绳(停运状态)	3.0
	在绞车上的钢丝绳	5.0
信号索和锚拉索	没有考虑结冰的情况	3.0
	考虑结冰的情况	2.5
[a] 当采用两根或多根平行的张紧索时，每根张紧索的安全系数要提高 20%。		

4.2.1.2 承载索的最大工作拉力应包括：

——承载索张紧重锤的重力(两端锚固时为计算起点的设计拉力)，并考虑温度变化的影响；

——承载索在滚子链上或张紧索在导向轮上的阻力；

——由高差引起的承载索重力和由运载工具引起的拉力的变化；

——承载索在鞍座上的摩擦阻力。

4.2.1.3 运载索最大工作拉力应包括下列力值：

——张紧装置开始的初张力；
——由高差引起的运载索重力和重车重力的分力；
——各支架托(压)索轮组的阻力；
——站内各有关设备的运行阻力；
——液压张紧装置张紧力正常允许增加值(增加值不超过3%可忽略不计)。

4.2.1.4　对于编接的钢丝绳，未考虑动态作用力时，抗拉安全系数不应超过15。

4.2.2　横向荷载与轮压的关系

4.2.2.1　钢丝绳张紧时，其最小张力与单个车轮产生的最大横向轮压之比应大于表9所给出的值。

表9　最小张力与单个车轮的最大横向轮压比

钢丝绳类型	衬块情况	比值
运载索	带柔性衬，弹性模数等于或小于5 000 N/mm²	60
	带硬衬，弹性模数大于5 000 N/mm²	80

4.2.2.2　钢丝绳张紧时，其最小张力与运载工具产生的最大横向力之比应大于表10所给出的值。

表10　最小张力与运载工具产生的最大横向力比

钢丝绳类型	使用情况	比值
承载索	重锤张紧	10
	两端锚固	8
运载索	单抱索器或双抱索器之间的间距小于2倍捻距长度	15
	双抱索器之间的间距大于2倍捻距长度	12

4.2.2.3　对于双线车组往复式索道承载索最小张力应大于单辆重车重力的15倍。

4.2.3　弯挠比

根据钢丝绳的用途和使用场合，绳轮直径 D 与钢丝绳公称直径 d 的比值不应小于表11中的值，承载索鞍座或滚子链的曲率半径 R 和钢丝绳公称直径 d 的比值不应小于表12中的值。

表11　绳轮直径 D 与钢丝绳公称直径 d 的比值

用途	钢丝绳类型	使用场合		绳轮直径 D 与钢丝绳直径 d 的比值	绳轮直径 D 与最外层钢丝直径(高度)的比值
承载索	密封式	锚固卷筒[a]		65	650[a]
		导向轮		130	1 300[a]
牵引索、平衡索和运载索	多股铰捻式	驱动轮、迂回轮	固定抱索器循环索道	100	800～1 000
			其他类型索道	80	

表 11（续）

<table>
<tr><th>用途</th><th>钢丝绳类型</th><th colspan="2">使用场合</th><th>绳轮直径 D 与钢丝绳直径 d 的比值</th><th>绳轮直径 D 与最外层钢丝直径(高度)的比值</th></tr>
<tr><td>牵引索、平衡索</td><td>多股铰捻式</td><td colspan="2">固定卷筒</td><td>22</td><td>220</td></tr>
<tr><td rowspan="6">张紧索</td><td rowspan="2">密封式和多股铰捻式</td><td rowspan="2">迂回轮、导向轮</td><td>往复式</td><td>50</td><td>850</td></tr>
<tr><td>循环式</td><td>40</td><td>700</td></tr>
<tr><td rowspan="4">多股铰捻式</td><td colspan="4">用于静止转动时(如端部套环)</td></tr>
<tr><td colspan="2">迂回和转向</td><td>8</td><td></td></tr>
<tr><td colspan="4">用于可旋转移动时</td></tr>
<tr><td colspan="2">迂回和转向缠绕卷筒</td><td>20</td><td></td></tr>
<tr><td rowspan="2">救护索</td><td rowspan="2">多股铰捻式</td><td colspan="2">绳轮</td><td>40</td><td></td></tr>
<tr><td colspan="2">绞车</td><td>30</td><td></td></tr>
<tr><td colspan="6">[a] 当选用外层丝高为 3.5 mm 时，应分别为 1 000 和 1 800。</td></tr>
</table>

表 12　承载索鞍座或滚子链的曲率半径 R 和钢丝绳公称直径 d 的比值

<table>
<tr><th>钢丝绳用途</th><th>使用场合</th><th>曲率半径 R 与钢丝绳直径 d 的比值</th></tr>
<tr><td rowspan="5">承载索</td><td>滚子链</td><td>90</td></tr>
<tr><td>客车通过的鞍座</td><td>300</td></tr>
<tr><td>重锤张紧端站口鞍座</td><td>250</td></tr>
<tr><td>锚固端站口鞍座</td><td>200</td></tr>
<tr><td>锚固端导向鞍座</td><td>65</td></tr>
<tr><td>安全网</td><td>鞍座</td><td>65</td></tr>
</table>

4.3　钢丝绳的固定和连接

4.3.1　一般要求

4.3.1.1　应避免钢丝绳连接处附近由于钢丝绳的振动而产生的弯曲应力。必要时，应配备带衬的保护套筒。保护套衬垫应符合下列要求：

——衬垫的长度至少为 $4d$（d 为钢丝绳公称直径）；

——衬垫的厚度 δ 为 $0.25d \leqslant \delta \leqslant 0.5d$，其内径与钢丝绳公称直径相等；

——对钢丝绳没有腐蚀，肖氏硬度为 90HS～95HS 的聚氨酯或耐磨的柔性材料。

4.3.1.2　末端固定连接部件允许的破断力应大于钢丝绳最小破断力。

4.3.1.3　在最大工作荷载下不应出现永久变形。

4.3.1.4　牵引索固定装置的强度安全系数应大于匀速运动时钢丝绳最大牵引力的 4.5 倍。

4.3.1.5　应定期检查运行机构上牵引索的固定状况。如果钢丝绳固定状况无法检查时，应定期更换牵引索固定头。

4.3.2 车辆上固定牵引索的卷筒

4.3.2.1 牵引索固定卷筒应承受住钢丝绳的实际破断力和出现的最大扭矩。

4.3.2.2 卷筒槽底直径应至少等于牵引索直径的22倍和最大钢丝直径的220倍。

4.3.2.3 牵引索在卷筒上应至少缠绕2.25圈。

4.3.2.4 牵引索不准许在卷筒上做横向摆动。卷筒偏斜靴(鞍座)的半径以槽底测量不应小于钢丝绳直径的80倍。

4.3.2.5 缠绕牵引索的卷筒表面应由沟槽构成,而槽的半径应取 $0.52d \sim 0.54d$。槽的深度应至少取 $0.15d$。槽距应至少取 $1.05d$。

4.3.2.6 对卷筒进行安全验证时,取下列摩擦系数:

——木材或塑料表层 0.10;

——钢材表层 0.08。

4.3.3 卷筒上牵引索的绳卡

4.3.3.1 绳卡应考虑牵引索的变形。

4.3.3.2 绳卡应能吸收牵引索末端剩余拉力。绳卡的直径应小于钢丝绳直径5%。绳卡的数量应不小于2个,第二个绳卡应至少保持和第一个绳卡同样的夹紧力,绳卡的最小间距为10 mm。

4.3.3.3 每个绳卡的防滑安全系数为3,摩擦系数取0.16。

4.3.4 浇铸锚头的套筒

4.3.4.1 钢丝绳在抽出套筒时不应被套筒的内面划伤。套筒内面的粗糙度应符合GB/T 1031的有关规定,轮廓算术平均偏差 Ra 应不大于1 μm。

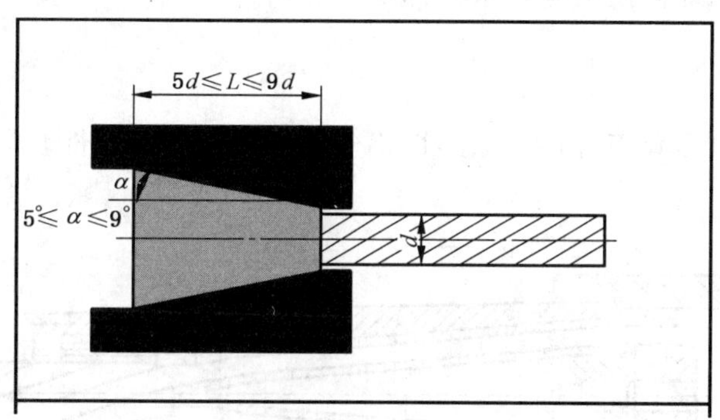

图1 套筒的长度

4.3.4.2 采用钢套筒时,浇注时的热量不应使其特性发生不利的变化。

4.3.4.3 套筒的长度L应为 $5d \leqslant L \leqslant 9d$,圆锥倾角 α 应在 $5° \leqslant \alpha \leqslant 9°$,见图1。

4.3.4.4 浇注套筒应能承受钢丝绳运行时产生的最大扭矩。

4.3.5 夹板绳卡

4.3.5.1 绳卡夹紧后,两个夹板之间在全长的任一点上都应有至少2 mm的间隙,且在钢丝绳整个寿命期间钢丝绳直径减小后还有裕量。

4.3.5.2 槽形截面的形状应是圆形,槽扇形角 α 应不小于250°见图2。槽形直径应为钢丝绳公称直径的1.05～1.1倍。在绳卡的出口处的圆周应有不小于 $R2$ 的圆角。

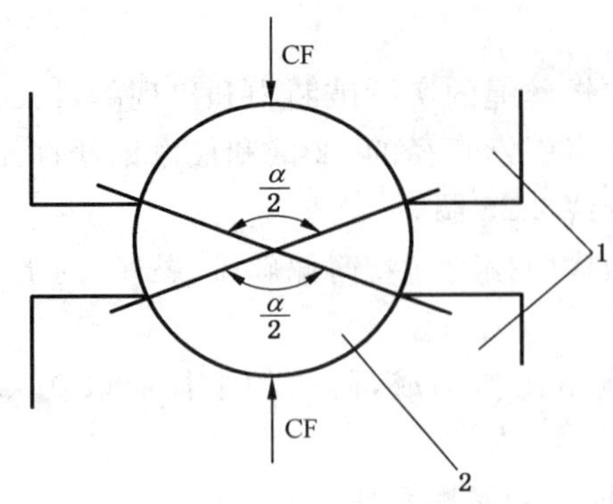

说明：
1 ——绳卡；
2 ——钢绳；
CF——夹紧力。

图 2 绳卡横截面

4.3.5.3 防滑力应根据绳卡和钢丝绳接触的面积、夹紧力和摩擦系数来计算，摩擦系数密封绳取 0.13，股捻钢丝绳取 0.16。

4.3.5.4 最大夹紧应力对于股式钢丝绳应不大于 50 N/mm²；对于密封型钢丝绳应不大于 150 N/mm²。

4.3.5.5 应保护所有绳卡材料不受腐蚀。材料的韧性应满足－20 ℃以下工作环境温度使用，并应做缺口冲击验证，试验应符合 GB/T 229 中的规定。

4.3.5.6 绳卡应进行无损探伤，并符合 NB/T 47013 中的Ⅰ级要求。

4.3.5.7 绳卡的公称直径和螺栓扭矩应有永久标记。

4.3.6 夹紧套筒

4.3.6.1 夹紧套筒由外部锥形套筒、内锥体、柔性铝丝、锥体固定器、弹性套筒和连接叉组成，见图 3。

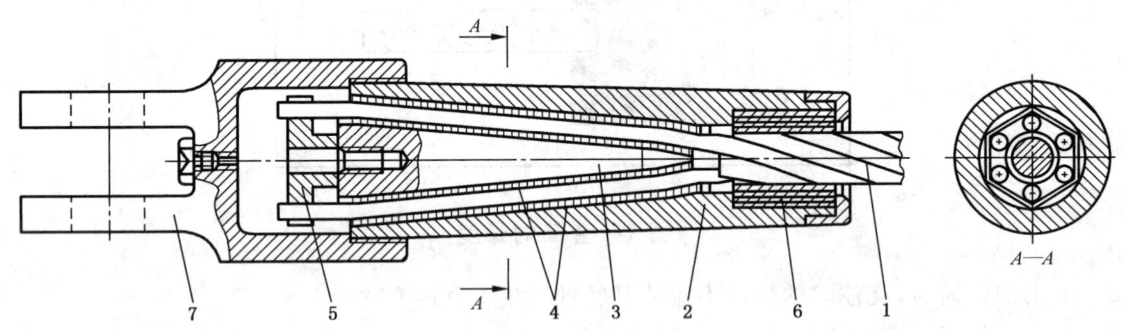

说明：
1——钢丝绳；
2——套筒；
3——内锥体；
4——柔性铝丝；
5——锥体固定器；
6——弹性套筒；
7——连接叉。

图 3 夹紧套筒

4.3.6.2 效率应达到 98%。

4.3.6.3 锥体的母线和轴线之间的角度应是 5°，内锥体的公差为＋0/－0.5，套筒锥体的公差为±0.5；

锥体长度应大于钢丝绳公称直径的 7 倍；锥体应有一个圆柱部分，长为钢丝绳公称直径的 0.4 倍～0.6 倍。

4.3.6.4 内锥体表面应有可见纹路来固定缠绕铝丝，铝丝应在内锥体的两端固定。内锥体和锥体固定器应为两个独立的件，仅靠绳股来连接。在锥体深入套筒并加载后，在锥体固定器和套筒之间不准许有接触。

4.3.6.5 缠绕铝丝应用布氏硬度相当于 500 N/mm² ～700 N/mm² 的铝合金制成。缠绕丝的直径应是钢丝绳公称直径的 0.1 倍±0.02 倍。

4.3.6.6 用以吸收振动的弹性套筒的材料应采用肖氏 A 硬度等级为 95 的聚亚安酯制作。弹性套筒的直径应在钢丝绳弹性套筒和之间以及弹性套筒和座孔之间不留任何间隙。弹性套筒的长度应至少是钢丝绳公称直径的 2 倍。

4.3.6.7 部件应进行无损探伤检查，并符合 NB/T 47013 中的 I 级要求。

4.3.7 承载索的锚固

4.3.7.1 承载索采用锚固筒固定时，钢丝绳在锚固筒上缠绕的圈数不应小于 3 圈，锚固筒直径应符合 4.2.3的规定。

4.3.7.2 承载索的剩余张力应至少用 3 付夹板绳卡锚固在支座上，其中 2 付工作，1 付备用。工作夹板绳卡和备用夹板绳卡之间应留有 5 mm 的观察缝。每一组夹板绳卡夹紧的防滑安全系数为 3，夹板绳卡对钢丝绳的摩擦系数取 0.13。

4.3.7.3 锚固筒应镶有对钢绳无腐蚀的软质材料的衬垫(例如：工程塑料、木材等)。

4.3.7.4 锚固点应能承受张紧和放松钢绳可能出现的最大的允许荷载。

4.3.8 牵引索固定套筒的最大使用年限

4.3.8.1 合金浇铸套筒的最大使用年限不应超过 4 年。

4.3.8.2 树脂浇铸套筒最大使用年限不应超过 2 年。如果可用无损探伤仪检查树脂浇铸套筒，则其最大使用年限可延长到 4 年。

4.3.8.3 夹紧式套筒每年应打开检查一次；每三年应重做。

4.4 检验和报废

4.4.1 客运索道钢丝绳应定期进行无损探伤检查，钢丝绳在安装后的 18 个月内应进行首次探伤检测并作为基础数据，钢丝绳的检测周期应按国家安全监督检验机构的规定执行。

4.4.2 客运索道承载索串绳后应进行无损探伤。

4.4.3 无客车制动器的往复式索道牵引索的检验见 12.3.5。

4.4.4 钢丝绳及固定末端的报废应符合 GB/T 9075 的有关规定

5 站内机械设备

5.1 驱动装置

5.1.1 一般规定

5.1.1.1 为了确保安全运行，驱动装置除设主驱动系统外，还应设辅助或紧急驱动系统，当主电源、主电机或主电控系统不能投入工作时，辅助或紧急驱动系统应能及时投入运行，不同的驱动装置之间应进行联锁。

5.1.1.2 驱动装置应有 0.3 m/s～0.5 m/s 的检修速度。

5.1.1.3 双牵引索道的驱动装置,应设机械差动或电气同步装置。运行速度不大于 3 m/s 的双牵引索道,可不设机械差动或电气同步装置。

5.1.1.4 驱动装置的制造应符合 GB/T 24731 的有关规定。

5.1.2 主驱动装置

5.1.2.1 主驱动装置应能在不利的荷载情况下以最小为 0.15 m/s^2 的平均加速度启动,而且应在两个方向都可以运行。

5.1.2.2 主驱动装置在运行时,出现下列任何一种情况时,应能自动停车:

——无电压或电压降低到特定最小值以下时;

——功率消耗上升到特定最大值以上时;

——最高运行速度超过额定值 10%;

——其他安全保护设施起作用。

5.1.3 辅助驱动装置

5.1.3.1 运行速度应不大于主驱动装置运行速度,在不利的荷载情况下,应至少能以 0.10 m/s^2 的平均加速度启动,而且应在两个方向都可以运行。

5.1.3.2 使用辅助驱动装置时,对安全运行的要求与主驱动装置相同。

5.1.4 紧急驱动装置

5.1.4.1 紧急驱动装置仅仅是为了把停留在线路上的人员运回到站内。

5.1.4.2 运行速度为 0.3 m/s～1.0 m/s。

5.1.4.3 应配备必要的安全装置,保证将线路上的人员安全地运回到站内。

5.1.4.4 控制系统应独立于主驱动装置。

5.1.4.5 应能在主驱动装置发生故障的情况下,15 min 之内投入运行。

5.1.5 驱动轮上力的传递

5.1.5.1 应在最不利的运行状态下计算下列荷载情况下钢丝绳的最大张力、最小张力及最大圆周力。

a) 在匀速运动中两侧都是空车及两侧都是重车;

b) 满载上行,空车下行,起动加速度为 0.3 m/s^2;

c) 满载下行,空车上行,制动减速度为 0.6 m/s^2;

d) 非匀速运动时下列质量的惯性力:

  1) 牵引索(或运载索)质量;

  2) 运载工具质量;

  3) 人员或荷载质量;

  4) 由钢丝绳带动的转动部分质量。

5.1.5.2 对于双线往复式、单线脉动循环或单线间歇循环车组式客运索道,应求出驱动轮在 5.1.5.1b)和 c)项荷载情况下的等效圆周力。

5.1.5.3 应根据驱动装置安装的海拔高度及环境温度,验证其允许的极限值(例如:尖峰扭矩、尖峰功)。

5.1.5.4 对于 5.1.5.1b)、c)所出现的荷载情况,用$\frac{T_{max}}{T_{min}}=e^{\mu\alpha}$这一公式验证所要求的摩擦系数 μ_{erf},摩擦系数 μ_{erf} 不应超过 3.6.3 的许用值 μ_{zul},见式(7)。

$$\mu_{zul} \geqslant \mu_{erf} = \frac{1}{\alpha} \times \ln \frac{T_{max}}{T_{min}} \qquad \cdots\cdots(7)$$

式中：

α ——在驱动轮上钢丝绳的包角(rad)；

T_{max}、T_{min} ——在驱动轮上同一荷载情况下出现的最大与最小张力，单位为千牛(kN)；

μ_{zul} ——许用摩擦系数；

μ_{erf} ——在驱动轮上要求的摩擦系数。

5.1.5.5 驱动轮的摩擦系数 μ_{zul} 应按表 6 选取，特殊条件下(例如潮湿的钢丝绳、+40 ℃时涂油的钢丝绳等降低摩擦系数情况)允许的摩擦系数 μ 应在表 6 的许用摩擦系数 μ_{zul} 基础上按以下条件选取：

——考虑了正常减速度下动态作用力，取许用摩擦系数 μ_{zul} 的 67%；

——考虑了非正常情况下最大减速度的动态作用力，取许用摩擦系数 μ_{zul} 的 80%。

5.1.5.6 应按式(8)验证衬垫单位面积的压力，此压力不应超过衬垫生产厂所规定的数值。

$$p=\frac{3T_m}{dD} \quad \cdots\cdots\cdots\cdots (8)$$

式中：

p ——衬垫单位面积的压力，单位为千牛每平方毫米(kN/mm²)；

T_m——平均牵引力，$T_m=\frac{T_1+T_2}{2}$，单位为千牛(kN)；

d ——钢丝绳公称直径，单位为毫米(mm)；

D ——绳轮直径，单位为毫米(mm)。

5.1.6 动力传递部件

5.1.6.1 不准许采用平皮带传递动力。采用链条传递动力时应有封闭外壳并有固定的润滑装置。

5.1.6.2 动力传递装置中的联轴器、万向节等应按照设定的荷载进行计算。

5.1.6.3 液压动力传递装置应保证在两个方向都可以平稳启动。

5.1.7 制动器

5.1.7.1 所有的驱动装置(主驱动、辅助驱动、紧急驱动和救援驱动)应配备两套彼此独立的制动器，即工作制动器和安全制动器。如果索道或救援索道在任何驱动装置和负荷情况下运行都能在制动器不工作的条件下形成稳定停车，允许只安装一个对驱动轮采用摩擦制动的制动器。

5.1.7.2 每一个制动器应能使索道在最不利荷载情况下停车，每一个制动器应根据下列最小平均减速度计算相应的最大停车行程：

——对于固定抱索器单线循环式索道最小平均减速度取 0.3 m/s^2；

——对于其他索道最小取 0.5 m/s^2。

5.1.7.3 当制动器的制动力减少 15%时，还应能使设备停车。

5.1.7.4 制动器的制动性能应满足制动系统对循环式索道减速度不应大于 1.25 m/s^2；对往复式、脉动式索道制动系统制动减速度不应大于 2.0 m/s^2 的要求。

5.1.7.5 工作制动器和安全制动器不应同时动作(会直接造成重大事故时除外)。

5.1.7.6 应采取措施防止制动块及刹车面沾上液压油、润滑油脂和水。

5.1.7.7 制动器的所有部件的屈服限安全系数不应小于 3.5。

5.1.7.8 制动器应符合下列要求：

——正向和反向制动动作应相同；

——制动力应均匀地分布在制动块上；

——应能补偿制动片的磨损；

——制动行程应留有余量；

——在选择制动弹簧时,弹簧的工作行程不应超过其有效行程的80%;
——在选择制动弹簧特性时,应做到在无自动调整的情况下,制动片磨损1 mm时制动时间的延长不应超过给定值的10%;
——闸瓦间隙的分布应均匀并在允许的范围之内;
——制动块的压紧力应由重力或压力弹簧产生,其力的传递应为机械式的;
——对气动、液压制动器还应检查其开启、闭合位置和相应的压力。

5.1.7.9 工作制动器应符合下列要求:
——如果工作制动器的制动力被证明制动力未达到,允许工作制动器和安全制动器同时下闸。但在最不利的荷载情况下,减速度不应大于2.5 m/s^2(在双承载往复式索道允许超过该值)。但不能造成人员的危险,钢丝绳不能从支架上脱索,运载工具不能碰撞支架和钢丝绳。
——工作制动器的制动力应能单独调节或分级,可根据荷载大小,采用制动力分级制动或全部同时制动。
——工作制动器的制动力应在驱动轮停转或最大允许的制动时间内全部释放。

5.1.7.10 安全制动器应符合下列要求:
——安全制动器应直接作用在驱动轮上或具有足够缠绕圈数的卷筒上或一个与驱动轮或卷筒连接的制动盘上。
——安全制动器制动力应具有调节和分级的功能。
——当由安全装置触发安全制动器动作时,其恢复指令应通过机房或控制台的操作进行。
——当安全制动器的制动力应在驱动轮停转或在最大允许的制动时间内全部释放。

5.1.7.11 制动器的电气控制应符合以下要求:
——应通过中断安全回路来控制制动器的动作。
——制动器的电气控制装置,应避免由于电压下降而导致工作制动器和安全制动器同时制动。
——制动器不准许因索道外供电网断电或电网不稳定而自行动作,应通过安全回路的控制使其动作。
——制动力的调节或分级功能应在断电和电网不稳定的情况下仍保持不变。

5.1.7.12 制动器的液压控制应符合以下要求:
——制动对象不同的制动器,其液压回路应彼此分开。各液压回路在主油压系统出现故障后,应有手动或备用的油压系统可以投入使用。
——一个制动器液压回路中的压力下降不准许同时导致另一个制动器液压回路的压力下降。
——当通过电磁阀控制安全制动器液压回路卸荷时,应设计成冗余型。
——应有一个手动机械装置通过旁通回路使安全制动器起作用。
——每个制动器的液压系统压力应有清晰可见的显示。

5.2 绳轮

5.2.1 应按不利荷载同时出现时,在绳轮上形成的合力进行计算。绳轮的屈服限安全系数应不小于3。

5.2.2 采用焊接绳轮时应消除内应力。

5.2.3 绳轮应镶有橡胶或其他合适的工程材料,其衬垫槽型应与索道型式相适应。

5.2.4 绳轮轮缘的形状及深度应防止钢丝绳脱槽;绳槽的深度不应小于1/3的钢丝绳直径,绳槽的半径不应小于钢丝绳半径;绳轮轮缘的高度(绳轮外圆半径与轮衬槽底半径之差)不应小于钢丝绳直径(张紧绳轮的要求见5.4.5)。

5.2.5 当支撑绳轮的心轴或转轴断裂时,应具备防脱索及控制绳轮的装置。

5.2.6 绳轮的直径应符合4.2.3的规定。

5.3 传动轴、转轴、心轴

5.3.1 在低温下使用时，应选用在该温度下仍具有足够韧性及延伸率的材料。

5.3.2 应进行屈服安全系数的校核，其屈服安全系数应不小于3.5；在考虑动态应力条件下，应进行疲劳安全系数的校核，其疲劳安全系数应不小于2.2。

5.4 张紧装置

5.4.1 承载索采用两端锚固时，应可以测量（通过测量角度或油压压力）和调整钢丝绳张力。

5.4.2 张紧装置的行程至少为以下各项之和：

——30 ℃温差而引起的长度的变化；

——承载索0.5‰的伸长；运载索和牵引索1.0‰的伸长；

——各种运行荷载情况下钢丝绳垂度不同而产生的长度变化；

——各种运行荷载情况下钢丝绳的弹性伸长，对于运载索和牵引索的弹性模数可取80 kN/mm²（新绳）和120 kN/mm²（旧绳）进行计算。

5.4.3 当张紧装置的位置可以调节时，张紧装置的行程可不考虑钢丝绳的1.0‰伸长。

5.4.4 张紧装置运动部分的末端应装设行程限位开关并对其进行监控。张紧装置应有醒目的张紧行程的刻度显示。

5.4.5 重锤张紧装置应符合下列要求：

——应保证在气候条件不好的情况下也能正常运动；

——应采用机械限位的方式限制行程，在正常运行的情况下，不应达到终端位置；

——张紧重锤和张紧小车的导向装置应保证张紧重锤和张紧小车即使在钢丝绳振动或撞击到缓冲器上时也不会发生脱轨、卡住、倾斜或翻倒现象；

——驱动装置和张紧装置设在同一站时，张紧小车和张紧重锤的运动应不受扭矩影响；

——张紧绳轮应镶有衬垫，其弹性模数应小于10 kN/mm²，绳槽的深度不应小于1/3的钢丝绳直径，绳槽的半径不应小于钢丝绳半径；绳轮的轮缘高度（绳轮外圆半径与轮衬槽底半径之差）不应小于一倍钢丝绳直径；

——重锤张紧装置应备有起吊装置以便于进行维修工作；

——张紧重锤的支撑结构、钢绳的附件和端点连接处应便于检查、检修和更换，张紧重锤和锚固点的连接处应防止锈蚀。

5.4.6 液压张紧装置应符合下列要求：

——应设置安全阀，安全阀应有单独的卸压回路；

——液压管路和连接元件的破裂安全系数不应小于3；

——油压系统应设手动泵，在使用紧急或辅助驱动时，液压张紧系统应能够运行；

——应设油压显示装置。压力控制元件的故障应能监控；

——在低温地区工作的液压张紧装置应有防冻措施；

——油缸的固定点应采用球面铰接结构。

5.5 脱开挂接装置

5.5.1 应能满足抱索器与钢丝绳进行安全脱开和挂结的需求，应能允许反向运行。

5.5.2 应不影响抱索器测力装置的布置。

5.5.3 应能对抱索器在脱开挂接区的钳口开闭状态和与钢丝绳的相互位置进行调整。

5.5.4 应能承受抱索器在满载并以最大速度进站时的冲击力，能承受抱索器最大开启力1.5倍的作用力。

5.5.5 应考虑运行时检查和维修的方便。

5.6 加减速装置

5.6.1 运行速度和运行方向应自动地与钢丝绳运动相适应。并能满足运行要求。
5.6.2 应能满足在任何驱动型式下的运行需求,并应考虑运行检查和维修的方便。
5.6.3 在雨雪环境下应仍能满足索道正常运行的要求。
5.6.4 当采用摩擦传动进行加减速时,皮带轮与传动带的摩擦系数应根据传动带和皮带轮的材料和质量选取,但应不大于0.25。
5.6.5 应满足抱索器在脱开挂接时与钢丝绳的运行速度之差不大于0.3 m/s。
5.6.6 加减速过程的平均加速度和减速度不应超过1.5 m/s^2。
5.6.7 当加减速区段为倾斜轨道时,仍需采用加减速装置控制加减速过程,并且在停车时倾斜轨道上的车辆应能保持静止状态。

5.7 调车装置

5.7.1 应保证在站内车辆间距不小于最小允许的距离。
5.7.2 车辆间距应与索道运行速度及车辆荷载无关。

5.8 开关门装置

5.8.1 关门装置应设在上车区域的末端或开始加速的位置;开门装置应设在下车区域的前端或开始等速的位置,开门和关门时车厢的运行速度不应大于表4所规定的速度。
5.8.2 带罩的吊椅索道,吊椅空载出站时应能自动椅罩并锁闭;有载时能自动放弃关闭椅罩功能。
5.8.3 开关门装置两端应有导入轨,以便吊厢(椅)的门(罩)开闭操作轮能安全进入开关门装置,并应有操作轮过行程保护功能。

5.9 位置指示器

5.9.1 位置指示器显示的数据应通过驱动站或迂回站的钢丝绳导向轮获得,应包含所有吊具全行程的数据;还应包括特定点采用传感器信号的数据显示。当车辆到达终端位置时,应能自动校正偏差(零位检查)。
5.9.2 应按线路弦长和运行程序进行显示。
5.9.3 位置指示器至少应能自动显示两个终端位置和特定点的位置。
5.9.4 应能自行识别运行方向。
5.9.5 电网停电时,应保留位置指示器的功能。
5.9.6 位置指示器应有以下安全检测功能:

——特定点检查;
——同步监控;
——零位检查。

5.9.7 位置行程指示器的显示精度误差不应大于1 m钢丝绳的长度。

5.10 车辆导向装置

5.10.1 在设计车辆导向装置时应考虑车辆在高度方向的变化,应能限制车辆的横向偏摆。
5.10.2 应保证车辆在横向偏摆及纵向偏摆时不应停留在车辆导向装置上。
5.10.3 应按最大冲击力和最大导向力进行计算。必要时还应在装置上敷设橡胶等软质材料以吸收能量。

5.11 缓冲器

5.11.1 双线往复式索道运行轨道的末端应装设缓冲器。

5.11.2 应计算缓冲器允许的压缩行程。

5.11.3 缓冲器的结构应保证车辆的运行机构不从缓冲器上驶过。

5.12 输送设备

5.12.1 安装输送设备的索道运行速度仍应符合 3.2.1 的规定。

5.12.2 输送的长度应至少长出规定上车结束点 1 m 的距离;对于固定抱索器索道的张紧站,输送的长度应能适应张紧行程的变化。

5.12.3 当索道倒车时应停止输送装置运行。

5.12.4 输送装置的运行速度超出规定速度 0.1 m/s 时索道应自动停车。

5.12.5 应允许输送装置不工作时索道仍能运行,但运行速度不应大于 3.2.2 的规定。

5.12.6 索道与输送装置及自动通道(门禁)连锁运行时吊椅的间距和位置应监控,当吊椅的间距和位置与输送装置及自动通道(门禁)工作不匹配时索道应停车。

6 站房

6.1 一般规定

6.1.1 站房及站房内的机械设备、钢丝绳、金属构件应根据当地情况设置防雷设施,其具体要求见 9.5。

6.1.2 站房应有针对性的照明,还应有备用照明设备。

6.1.3 机房内的噪声不应大于 85 dB(A),必要时应采取消声措施。控制室内噪声不应超过 80 dB(A)。

6.1.4 控制室应设置在视野广阔且能观察到运载工具进出站的位置,工作温度低于 5 ℃的控制室应装设采暖设备。通常控制室内环境温度宜保持在 20 ℃左右,相对湿度不超过 85%,并且保持干燥通风不凝露。

6.1.5 站内机械设备、电气设备及钢丝绳等不应危及乘客和工作人员的人身安全。

6.1.6 非公共通行的区域应隔离,非工作人员不应入内。

6.1.7 人流方向指示及上车区、下车区、等待区等应有显著的标记。

6.1.8 乘客进出站的通道不应互相干扰。通道的坡度不应超过 10%,如果坡度超过 10%应设置踏步。

6.1.9 乘客人行通道的宽度不应小于 1.25 m;工作人员通道不应小于 0.6 m。

6.1.10 乘客通道和乘客活动范围边缘与相邻地面的高差大于 1.0 m 或相邻地面的坡度大于 60%时应装设刚性栏杆,栏杆的间隔和高度应符合有关规定。

6.1.11 站口离地高度超过 1.0 m 应装设防护网。

6.1.12 对于车厢或吊篮式索道,站内应设防止客车横向摆动的导轨。

6.2 站台

6.2.1 往复式索道的站台

6.2.1.1 站台地平应水平并与车厢地板最大高差不应大于±150 mm。

6.2.1.2 车辆出入口处应设导向装置,站台内车槽上的导向装置与客车的间隙不应大于 50 mm。站台端部边缘应设护栏,高度不小于 1.1 m,能承受 1 kN/m 的横向荷载。

6.2.1.3 车辆离站后,站台上下车处的护栏应封闭。

6.2.1.4 未设隔离设施的车槽两侧的站台不应作为候车区。

6.2.1.5 车槽长度应满足车厢进站到位后纵向摆动15%的距离。

6.2.2 固定抱索器索道的站台

6.2.2.1 单人吊椅式索道的站台长度不应小于吊椅每秒运行距离的4倍；双人吊椅式索道的站台长度不应小于吊椅每秒运行距离的5倍；当两人不能同时上下车时以及两人吊厢式、吊篮式索道其站台长度不应小于运载工具每秒运行距离的7倍。大于2人的运载工具索道其站台长度应不小于运载工具在站内每秒运行距离的9倍；滑雪索道的上车区长度不应小于吊椅每秒运行距离的3倍，在任何情况下应不小于2.4 m。

6.2.2.2 上下车位置处吊椅座位面距地面高度在静荷载下应在400 mm～600 mm之间(从座椅前边缘中间位置测量)。

6.2.2.3 站台地面的纵向和横向坡度最大不应超过8%。

6.2.2.4 滑雪专用索道下车后的滑行坡道最大不应超过40%。

6.2.2.5 对于运送滑雪者的固定抱索器吊椅索道下车区应是直线，下车区的水平长度不应小于吊椅1.5 s运行的距离。

6.2.2.6 对于固定抱索器吊椅索道的上车区装设的上车皮带应符合5.12的要求。

6.2.3 脱挂式索道的站台

6.2.3.1 在上下车范围内，吊厢车门打开后与周围固定构筑物间的净空不应小于1.2 m，在其他位置上不应小于0.6 m。

6.2.3.2 站内应设有停放车辆的备用轨道，载有乘客的车辆不应通过道岔进入备用轨道，站内道岔应装设机械或电气的闭锁装置。

6.2.3.3 对于运送滑雪者的脱挂式吊椅索道下车区应是直线，下车区的水平长度不应小于2 m。

7 线路设施

7.1 支架及基础

7.1.1 支架及基础的设计和施工应符合GB 50007、GB 50009—2012、GB 50010、GB 50017的有关规定。

7.1.2 计算支架及基础强度时，应考虑下述荷载：

——永久荷载：如结构自重及非结构组成的自重(如起吊架、附属装置和固定的设备)等；

——可变荷载：如钢丝绳产生的力、运载工具产生的力、动荷载、风荷载和冰雪荷载(见3.6.1～3.6.8)等；

——事故荷载：如脱索、雪崩或运载工具碰撞产生的力等。

7.1.3 所有支架基础(不论是在工作状态还是非工作状态)的抗滑移、抗倾覆与抗扭转的安全系数均不应小于1.5。

7.1.4 基础底面边缘的最大压力值不应超过修正后的地基承载力特征值的1.2倍，在工作状态下其最小压力值应大于0；基础顶面应高出地面300 mm，基础底面应位于正常冰冻深度以下；基础周围应有排水和边坡护坡等设施；对于压索支架或又托又压支架在沿钢丝绳中心线正下方的基础上或基座上应至少锚固一个提升钢丝绳的装置。

7.1.5 支架在各种工作状态下，特别是受侧面风力时，其弹性变形不应影响导向装置的安全和钢丝绳的稳定性，也不应使钢丝绳在鞍座处有很大的磨损。支架顶部的允许变形应小于下列比例极限值：

——运行时：

1) 托索支架：沿索道中心线为$H/300$；垂直索道中心线为$H/500$；

2) 压索和托压索支架:沿索道中心线为 $H/500$;垂直索道中心线为 $H/800$;

——非运行时:沿索道中心线为 $H/100$;垂直索道中心线为 $H/200$;H 为支架高度。

7.1.6 应验算支架顶端的扭转变形,运行时支架顶端在水平面内的扭转角不应超过 0.005 rad。

7.1.7 基础的设计工作寿命为 50 年。

7.1.8 在最不利荷载状态及非工作荷载状态下,支架结构的应力应小于其许用应力。

7.1.9 当结构和结构单元承受频繁的重复荷载作用时,应进行疲劳验证,满足设计使用寿命。其相关的应力循环次数由设计使用寿命和每年运转的时间确定,索道的每年运行时间如下:

——长期运行 3 000 h;

——季节性运行 1 500 h。

7.1.10 钢结构支架的疲劳计算采用许用应力幅法,应力按弹性状态计算,允许应力幅按构件和连接类别以及应力循环次数确定,在应力循环中不出现拉应力的部位可不计算疲劳。许用应力幅法不适用于特殊条件(如构件表面温度大于 150 ℃,或海水腐蚀环境,焊后经热处理消除残余应力以及低频高应变疲劳条件等)下钢结构支架的疲劳计算。

7.1.11 支架应采用钢材或钢筋混凝土(包括预应力混凝土)材料制成,不应采用绷绳拉紧的支架。

7.1.12 在环境温度低于−20 ℃时,主要承载构件应采用镇静钢。

7.1.13 支架结构所用的开口型钢材,其壁厚不应小于 5 mm,钢管材及闭口型钢材壁厚不应小于 3 mm,管材和闭口型材的外表面上应有防锈层。

7.1.14 支架采用螺栓连接时,螺栓拧紧力矩应符合设计要求,应有有效的防松措施,主要受力螺栓的强度等级不应低于 8.8 级,法兰连接面应紧密。

7.2 支架上的设备

7.2.1 承载索鞍座

7.2.1.1 支架上承载索鞍座应采用固定式鞍座。

7.2.1.2 有车辆通过的鞍座应符合 4.2.3 的规定,还应满足式(9):

$$R \geqslant 0.5v^2 \qquad (9)$$

式中:

R ——固定式鞍座曲率半径,单位为米(m);

v ——车辆通过鞍座时的运行速度,单位为米每秒(m/s)。

7.2.1.3 鞍座应有足够的长度,以保证即使承载索在不利的张力和有效荷载增加 10% 的情况下,两端应留有 0.03 rad 的余量。鞍座端部应为圆弧,圆弧的半径不应小于 5 倍承载索的直径,弧长不应小于承载索直径的 3 倍。

7.2.1.4 承载索鞍座在钢丝绳移动的部分应装设对钢丝绳无损害的材料制成的衬垫并装有必要的润滑装置。

7.2.1.5 承载索鞍座不应限制车辆的纵向和横向摆动的自由度。

7.2.1.6 对于跨度大和风大地段的支架鞍座,应设置防脱索装置,但不应妨碍承载索的滑动和客车的顺利通过。

7.2.1.7 对于有客车制动器的承载索鞍座:

——满载运行时在承载索的支承长度上,鞍座绳槽应最多包住承载索圆周的 120°。

——鞍座形状的设计应保证客车制动器能从鞍座上通过并避免制动块与鞍座相碰。

7.2.2 牵引索导向装置

7.2.2.1 牵引索的托索轮组上应装设钢丝绳的内导向和外导向装置。

7.2.2.2 应防止脱索的牵引索挂在支架上或钢丝绳导向装置上。应设置牵引索脱索后的自动复位装置。

7.2.3 **托(压)索轮组**

7.2.3.1 应使单线索道支架上托(压)索轮组的各个托(压)索轮受力均匀。

7.2.3.2 托(压)索轮外侧安装的捕捉器和内侧安装的挡绳板,不应妨碍抱索器通过托索轮。

7.2.3.3 捕捉器应符合下列要求:

——捕绳器的安装应满足其平面外缘到位于轮槽上钢丝绳中心的最短距离与垂线的夹角不小于0.785 rad(45°),其平面外缘到位于索轮外侧板上钢丝绳中心的最短距离与垂线的夹角不小于0.524 rad(30°);

——捕捉器的位置在不影响抱索器通过的同时,应有利于捕捉钢丝绳和不影响托索轮的灵活性;

——槽深不应小于钢丝绳直径的一半;

——在不利荷载下捕捉器的屈服限安全系数应大于1.5;

——脱索时作用在捕捉器上的力应按3.6.8.2计算。

7.2.3.4 运载索托(压)索轮组应装设脱索报警装置,钢丝绳一旦脱索,报警装置应使索道停车。报警信号在脱索后不应自动复位。脱索报警装置应安装在托(压)索轮组的两端,对于压索轮组或又托又压索轮组的支架横梁上应装设二次保护装置。

7.2.3.5 托(压)索轮应加衬(模数 E 不大于5 000 N/mm^2),且衬槽深应大于钢丝绳直径的1/10。

7.2.3.6 运载索托(压)索轮槽深$(D_1-D_2)/2$(D_1、D_2 的定义见3.5.2.3)不应小于钢丝绳直径的1/3且不小于10 mm。轮子边缘超过托索轮衬圈的高度不应小于钢丝绳直径的1/6且不应小于5 mm。脱挂索道的站内托压索轮不受此限制。

7.2.3.7 牵引索托(压)索轮的槽深不应小于钢丝绳直径的1.5倍,且不应小于50 mm,站内牵引索托索轮不受此限制。

7.2.3.8 托(压)索轮组上最小压力应符合3.5.2的规定,并均匀分布,在线路支架上不准许使用单个托索轮。

7.2.3.9 托索轮组的均衡梁、轴以及固定装置在不考虑集中应力的工况下,应具有下列屈服限安全系数:

——匀速运动最大的支承力2.5;

——匀速运动最大的支承力和风力(风压为0.25 kN/m^2,作用在相邻跨钢丝绳上风力的一半)1.5;

——非工作状态下最大的支承力和风力(风压为0.8 kN/m^2,作用在与相邻跨钢丝绳上风力的一半)1.2 。

7.2.3.10 托(压)索轮的滚动轴承应按轴承生产厂的说明和规范进行计算,滚动轴承的计算寿命不应小于25 000 h,计算时可以不考虑风荷载。

7.2.3.11 应设置防止托(压)索轮组整体翻转的装置,当托(压)索轮组发生大于设计允许的纵向翻转值时,应有报警信号。

7.2.3.12 托(压)索轮内侧挡绳板应符合下列要求:

——十托(压)以上的索轮组除两端应安装内侧挡绳板外,轮组中间应至少安装1组内侧挡绳板。

——托(压)索轮组两端内侧挡绳板应保证在托(压)索轮组两端允许的设计摆动范围内的防脱索功能,轮缘与内侧板的间距不应大于1/4运载索直径或8 mm。

——托(压)索轮组两端内侧挡绳板应采用低碳钢材料,其材料的屈服强度应不小于320 N/mm^2。

——内侧挡绳板在轮侧板外径处所受垂直横向力的设计值为3 500 N～5 000 N,轮侧板外径≥510 mm的取上限,轮侧板外径≤420 mm的取下限,轮侧板外径在420 mm～510 mm之间的在上下限之间按比例选取。当两端2个轮的内侧挡绳板未连成一体时,每个内侧挡绳板在轮侧板外径处所受垂直横向力的设计取值应不小于 6 500 N。

——每个轮的内侧挡绳板在轮侧板外径处的惯性矩(I)的设计值应满足在上述横向力的作用下内侧挡绳板处于弹性变形范围内。

7.2.3.13 托(压)索轮的制造应符合 GB/T 24732 的有关规定。

7.2.4 起吊架

7.2.4.1 在支架上应装有固定的起吊架。

7.2.4.2 设计起吊架时应考虑:

——钢丝绳作用在支架上的最大载荷;

——小型起重装置的布置;

——钢丝绳抬起时所产生的偏斜拉力。

7.2.5 检修平台

7.2.5.1 为了沿钢丝绳进行救护和维修轮组的工作,在支架上应安装有检修平台。检修平台不应与轮组相连。

7.2.5.2 进行检修平台的结构设计和计算时应考虑:

——平台的坡度应对应于钢绳的平均倾角,平台的踏面应水平;

——在不利的位置单个荷载为 2 kN;

——均布荷载按 2 kN/m^2;

——作用在栏杆上的横向荷载按 0.5 kN/m;

——平台不应限制运载工具的纵向和横向偏摆;

——平台应防滑和防坠落;

——支架的扭转和振动。

7.2.6 支架导向

支架导向装置的两端部应连成圆滑的封闭环形,且与支架纵向中心线相对称,其他要求见 5.10。

7.2.7 爬梯和支架编号

7.2.7.1 支架上应设爬梯,高度在 10 m 以上的爬梯应设护圈(滑雪用吊椅索道允许例外)或防坠落装置;当高度超过 25 m 时,每隔 10 m 应设带护栏的平台。

7.2.7.2 支架上应有醒目的连续编号。

7.3 支索器

7.3.1 当大跨度而使牵引索张紧行程过大或牵引索的垂直净空尺寸不符合要求时,应在双承载索的跨间设置支索器。

7.3.2 应能适应两根承载索移动不一致和横向摆动的工作状况。

7.3.3 不应影响客车顺利通过,并与车轮有足够间隙。

7.3.4 应能满足支索器移位的需求。支索器的移位周期应由设计单位确定。

8 运载工具

8.1 一般规定

8.1.1 运载工具的设计应遵守规定的横向摆动自由度和纵向摆动自由度以及运载工具导向的条件。

8.1.2 运载工具承载部件及其连接部件应便于检查。

8.1.3 运载工具应进行防腐处理。

8.1.4 在低温环境下使用时,运载工具的承载部件应选用在该温度下仍具有足够的韧性、延伸率和裂纹延伸小的材料。

8.1.5 运行小车、吊架和车厢之间的连接件应防止自行松脱。

8.1.6 对于输送站立乘客的车厢地板面积:少于6人的车厢的站立面积,每人0.3 m^2;6人及6人以上的车厢,站立面积 m^2 不应小于($0.2\times n+0.4$),n 为车厢定员。

8.1.7 运载工具应考虑救护装置的吊挂位置和吊挂方式。

8.1.8 运载工具应编号。

8.2 计算

8.2.1 对于运载工具应计算下列诸力和力矩:

——所有部件的自重(G);

——有效荷载(Q):单座位乘客按880 N计算,双座位乘客按1 670 N计算,其他型式的每人按740 N计算;对于运送滑雪者的索道,每人增加50 N装备的重力;

——风力:见3.6.4;

——阻尼力矩:由纵向摆动阻尼产生的力矩,在双线索道取如下值:

1) 在吊架上带有减振器的为每人±100 N·m;

2) 在吊架上不带有减振器的为每人±25 N·m;

——旋转力矩:由水平力产生的力矩,在双线索道取±50 N·m/每人;

——人的撞击力:对于往复式和脱挂式索道,每人的撞击力200 N,作用在车厢一半的高度;

——储能弹簧力:脱挂抱索器或固定抱索器由储能弹簧产生的力;

——打开抱索器和关闭抱索器的力;

——向心力:固定抱索器循环式索道通过转向轮时作用在运载工具上的动态力;

——客车制动器动作时的力。

8.2.2 应验证静力屈服强度及在疲劳负荷下的疲劳强度。运载工具的承载构件、牵引索的连接装置、客车制动器的制动元件等其屈服强度安全系数应不小于3。疲劳强度安全系数应不小于1.35。

8.3 固定抱索器和脱挂抱索器

8.3.1 一个运载工具上所有抱索器防滑力之和 $\sum F_{eff}$ 应达到运行时最大下滑力 F_{Tmax} 的3倍:

$$\sum F_{eff} \geqslant 3F_{Tmax}$$

8.3.2 一个运载工具上所有抱索器防滑力之和 $\sum F_{eff}$ 应至少等于运载工具允许的最大总重量 $\sum F_{eff} \geqslant \max(G+Q)$。

8.3.3 运载工具上有两个或者两个以上抱索器时,每一个抱索器上的防滑力应满足式(10):

$$F_{eff} \geqslant \frac{\max(G+Q)}{n} \text{ 和 } F_{eff} \geqslant \frac{3F_{Tmax}}{n} \qquad (10)$$

式中:

n——抱索器的数量,不准许超过10。

8.3.4 计算防滑力时钳口与钢丝绳之间的摩擦系数取0.16。

8.3.5 防滑力 F_{eff} 应通过计算和试验验证。

8.3.6 抱索器及其吊杆应保证在运载工具横向摆动0.34 rad时不触及托索轮组上的捕绳器;摆动0.20 rad时不触及托索轮侧板。

8.3.7 抱索器内外抱卡应采用锻造方法制造。抱索器钳口与钢丝绳接触的边缘应倒圆。

8.3.8 抱索器的使用范围(钢丝绳直径的范围、防滑力范围、最大承载力和允许的抱索器钳口磨损)应在操作维护说明书中说明。

8.3.9 脱挂抱索器钳口夹紧力由两个弹簧产生时，当一根弹簧失效时夹紧力降低不应大于50%。

8.3.10 固定抱索器经过驱动轮和迂回轮时，运载索在钳口进出口处形成的折角不应超过0.16 rad。

8.3.11 固定抱索器当钢丝绳直径偏离钢丝绳公称直径−10%～6%的情况下，抱索器钳口打开或关闭其行程的余量应不少于1 mm。当钢丝绳公称直径减少10%时，钳口夹紧力减少不应大于25%。

8.3.12 脱挂抱索器应在钢丝绳直径为 $1.1d+1$ mm 或 $0.9d-1$ mm 情况下能够正常挂接并夹紧钢丝绳。

8.3.13 脱挂抱索器弹簧的计算寿命应不小于50万次负载变换(关闭和打开)。弹簧的工作行程不应大于其最大行程的80%。

8.3.14 抱索器或抱索机构在线路上不允许自动脱开或因夹紧力不足而产生滑移。

8.3.15 应在每一个抱索器上打上适用的钢丝绳公称直径 d 的标记。

8.4 运行小车

8.4.1 双线索道运行小车车轮之间应设平衡梁。

8.4.2 车轮上应装设耐磨轮衬(弹性模数不大于5 000 N/mm^2)，槽深应不小于 $0.4d$，d 为承载索名义直径。

8.4.3 在不装客车制动器的运行小车的两端应装设防止出轨的导靴。导靴至少应达到承载索中心以下，为承载索直径的0.8倍。

8.4.4 运行小车两端应装有缓冲器或缓冲挡块，在有冰雪地区应装设刮雪器或破冰装置。

8.4.5 空车车轮在下列任一情况下都不应离开承载索：

——客车紧急制动时；

——牵引索最大张力增大40%时；

——减摆装置的阻尼力矩最大时；

——客车制动器在支架上或支架附近制动时；

——采用双承载的索道，有客车制动器的客车横向摆动0.10 rad(10%)时，其中一根承载索的荷载不应小于全部荷载的25%；无客车制动器的客车横向摆动0.20 rad(20%)时，运行小车的车轮亦不应单侧离开承载索。

8.4.6 牵引索或平衡索与客车的连接装置应符合4.3的有关要求。

8.5 客车制动器

8.5.1 对于双线往复式客运索道，客车容量超过6人的单牵引索道应装设作用在承载索上的客车制动器。当同时满足下述要求时，经论证允许不装设客车制动器：

——所使用的牵引索应编成一根连续的环线；牵引索抗拉安全系数应符合表8的要求；

——对牵引索全部长度范围内能用磁感应探伤仪进行定期的检查；

——车辆与牵引索的固定应至少用两个同时起作用的独立元件(夹索器)，其防滑力之和至少应为车辆最大下滑力的4倍；

——牵引索直径应不小于20 mm；

——设备驱动摩擦系数应满足在最不利运行工况下(例如钢丝绳处于40度并润滑或结冰的情况)的可靠制动。设备驱动摩擦系数应为5.1.5.4计算要求值 μ_{erf} 的1.2倍。

8.5.2 对于双牵引的往复式索道允许不装设客车制动器。

8.5.3 在下列情况下，客车制动器应自动作用：

——牵引索或平衡索断裂时；

——牵引索或平衡索与行走机构的连接部件断开时；

——当运行速度超过其最大运行速度25%时；

——当行走机构上牵引索的张力只有其最大张力的一半时或牵引索张力在5 kN之下时。

8.5.4　客车制动器的制动力 P 不应小于以下值：

——制动片按平均摩擦系数计算时，客车下行，作用在行走机构上牵引索的最大牵引力；

——制动片按平均摩擦系数计算时，满载客车最大下滑力的1.5倍；

——制动片按最小摩擦系数计算时，制动力按式(11)计算：

$$P = F_{\mathrm{Tmax}} + qH \qquad (11)$$

式中：

F_{Tmax}——满载客车最大下滑力，单位为牛(N)；

q ——下行侧牵引索(或平衡索)每米的重力，单位为牛每米(N/m)；

H ——计算点牵引索(或平衡索)至下站的高差，单位为米(m)。

8.5.5　客车制动器的制动力应根据客车运动方向以及牵引索失效部位(上行侧或下行侧)自动调节。

8.5.6　客车制动器制动时，驱动装置的工作制动器应自动制动。

8.5.7　车辆有乘务员时，车辆内应有客车制动器的手动释放装置。

8.5.8　客车制动器的制动片应耐磨，但不应损伤承载索。

8.5.9　当制动片磨损使制动力降低值大于原制动力的10%时应更换制动片。

8.5.10　客车制动器钳口的形状、高度应能适应客车荷载及承载索张力变化、客车车轮磨损以及经过支架鞍座时承载索位置变化的要求。

8.5.11　当取最大摩擦系数时，客车制动器和制动小车的所有构件的屈服极限安全系数不应小于2。此外，还应考虑紧急制动时的动态力。

8.6　吊厢

8.6.1　吊厢的外面应装备长条板或缓冲件。

8.6.2　吊厢内应张贴乘客须知。

8.6.3　运送站立乘客车厢的护板(护栏)距地板的高度应大于1.1 m，并应设有足够数量的扶手，单个扶手的强度应至少能承受40 kg的拉力；运送坐着乘客车厢的护板(或护栏)距座椅面的高度应大于0.35 m。

8.6.4　车窗应由不易裂碎的材料制成。窗子的开启程度一定要保证在支架和站房范围内不会对乘客造成任何危险。

8.6.5　吊厢应考虑必要的通风设施。

8.6.6　吊厢的地板应防滑并装有排水口。

8.6.7　固定抱索器索道4人吊厢应两侧开门，可同时上下乘客。

8.7　往复式索道车厢

8.7.1　车厢内应留有一个操作位置，乘务员位置的面积应不小于0.40 m^2。

8.7.2　带有客车制动器的车厢内应预留手动操作客车制动器的位置。

8.7.3　运送站立乘客的车厢，车厢内净空高度不应小于2.0 m，并应设拉杆和扶手其强度应不小于8.6.3的要求。

8.7.4　夜间运行时车厢应有前灯和内部照明。

8.7.5　车厢应设有满足在线救援方式所需的人员外出通道及到达通道的辅助设备。通道的大小应至少能通过直径为0.60 m的球体。所有通道应能方便打开及操作，并附有安全提示。

8.7.6　当使用底部通道时，通道周围2/3以上的区域应有保护装置，并在通道处设有放绳设备的固定位置，此固定位置应能容易并安全地进行放绳的操作。

8.7.7　车厢内应贴有准乘人数的说明，其有效荷载以kg计，在没有乘务员的车厢内还应贴有在线路上如何处理临时停车事故及严禁吸烟的公告。

8.7.8 其余要求按照8.6中的相应条款。

8.8 车厢门

8.8.1 车厢应装有不易误开的门。门应能闭锁,闭锁的位置应可以检查。

8.8.2 自动操作门的要求如下:

——门的锁紧力不应大于150 N;

——门的边框上应装有软边;

——当自动操作机构失灵时,门应能在外手动开启。

8.8.3 在无乘务员的车厢内,车厢门不准许乘客自行打开。

8.8.4 车厢门不应由于撞击或大风的影响而自动开启。

8.9 吊架

8.9.1 封闭式吊架或钢管吊架,外壁应防锈蚀其壁厚不应小于2.5 mm。非封闭式吊架或钢管吊架,内外壁应防锈蚀,且在适当的位置上设有排水孔。

8.9.2 吊架头部和受力较大的部位不应有横向焊缝。

8.9.3 吊架与车厢或椅座连接处应设减震装置。

8.9.4 对于运行速度大于3 m/s、容量大于16人的往复式索道的吊架应设置防摆装置。吊架上部应设带护栏的检修平台。

8.9.5 吊架的长度应保证车厢或吊椅在最大坡度处纵向和横向摆动0.35 rad(35%)时不触及索道线路上的任何部位。

8.9.6 弧形和管形吊架的内曲率半径应不小于型材高度的3倍或管子外径的3倍。

8.10 吊椅

8.10.1 吊椅应带有靠背、扶手和一个向上翻起的封闭护栏。护栏应可由乘客操作而不受到伤害(挤压和剪伤)操作护栏的力不应超过100 N;护栏应与脚蹬相连。

8.10.2 吊椅的护栏不准许有大的缺口(在座椅上一个直径为0.25 m的球不能从吊椅上掉下去)。护栏在关闭的位置与座椅面的距离应不小于0.20 m。吊椅下部前边缘不应有凸出、锋利的棱角。

8.10.3 座椅面应全部承载,并向后倾斜25%~35%,其深度应在0.45 mm~0.50 m之间。

8.10.4 座位宽度应为:一排乘坐两人以下时取0.5 m,多于两人时取0.45 m。

8.10.5 每一个吊椅应有靠背,靠背高不应小于0.35 m,靠背下缘与座椅面的间隔不应大于0.15 m。

8.10.6 吊椅外罩应能与护圈分别动作。打开护栏应打开外罩。此外,当空吊椅时外罩应能强制地关闭并锁上。

8.10.7 外罩应可由乘客操作而不受到伤害(挤压和剪伤)操作外罩的力不应超过100 N。

8.10.8 外罩应由不易破碎的材料制成。

8.11 救援车辆

8.11.1 救援车辆的荷载计算应符合8.2的规定。

8.11.2 救援车辆应考虑救援时连接车辆之间让乘客能够换乘的设施。

8.11.3 救援车的定员应不小于客车定员的10%。

8.12 维修吊具

8.12.1 单线循环式客运索道应配备维修吊具,吊具容量应不小于2人;

8.12.2 封闭式维修吊具的顶部应设置直径不小于0.6 m的人孔;敞开式维修吊具周围护栏距地板的高度不应小于1.1 m,距座位面的高度不应小于0.35 m。护栏间隔不应大于0.3 m。

8.12.3 维修吊具应符合3.1.4、3.1.6和8.3.6的规定。

9 电气设备

9.1 一般规定

9.1.1 索道应有备用电源供电,可采用双回路电源或柴油发电机作为备用电源,也可用内燃机作备用动力。在没有备用电源或备用动力的情况下不应运营。

9.1.2 索道供电电源稳态电压值应为0.9倍~1.1倍额定电压,稳态频率值应为0.98倍~1.02倍额定频率,在电源周期的任意时间,电源中断或零电压的持续时间应小于3 ms,相继中断间隔时间应大于1 s;直流供电电源中断或零电压的持续时间应小于20 ms,相继中断间隔时间应大于1 s。

9.1.3 采用遥控或自动化控制的索道,应也能采用手动控制的方式。

9.1.4 以下地方应安装维修开关:

——机房内;

——各站和各中间停车点机械设备的维护区域和工作平台上;

——控制台。

9.1.5 在以下地方应安装紧急停车按钮:

——控制台;

——每个工作平台;

——每个中间停车点;

——每个站房;

——有乘务员的往复式架空索道的客车里。

紧急停车应不受PLC工作状态的影响。

9.1.6 辅助驱动装置、紧急驱动装置及救护驱动装置的电气装备应与主驱动装置的电气设备彼此分离,不同的驱动之间应进行联锁。

9.1.7 所有驱动装置的电气容量应按在不利的荷载情况下以允许的最大运行速度连续运转进行计算。

9.1.8 电气拖动装置应能在制动和拖动状态之间平稳转换,应保证拖动装置的扭矩随荷载变化,如果没有充分的理由应是4象限的拖动。

9.1.9 驱动站应设控制台,应能由控制台控制停车,必要时可以遥控。

9.2 控制

9.2.1 信号传递

所有信号应在其所需的全部条件具备后才可传递。一旦某一条件没有具备,则应取消该信号的传递。

9.2.2 控制方式

采用自动控制时,应同时具备半自动或手动控制功能。

9.2.3 断电保护

对于速度大于3 m/s的索道,断电时控制系统应在5 min内仍能保持正常工作。

9.2.4 起动与停车控制

9.2.4.1 运行指令应在所有涉及安全启动的条件都具备时才能生效。

9.2.4.2 应能在不利的荷载情况下，以最小 0.15 m/s^2 的平均加速度起动。允许的平均加速度为 0.5 m/s^2 和瞬时加速度(在 0.5 s 的平均加速度内)不超过 1.5 m/s^2。

9.2.4.3 所有驱动装置的电气控制均应能在规定荷载范围内双向平稳起动。

9.2.4.4 索道运行时，准备就绪或要求运行的指令信号应自动撤销。

9.2.4.5 实际转数的监测值与给定转速值的误差不应大于 10%，最大不超过 0.6 m/s。

9.2.4.6 停车指令应优先于其他控制指令。

9.2.4.7 正常停车是指不是因安全原因而实施的停车，其平均减速度可≤0.5 m/s^2。

9.2.4.8 在正常停车过程中，不应影响对工作制动器和安全制动器的紧急制动控制。

9.2.4.9 安全停车是指由安全原因而实施的停车，其平均减速度可控制在 0.5 m/s^2～1.0 m/s^2 之间。

9.2.4.10 在安全停车过程中，不应影响对工作制动器和安全制动器的紧急制动控制。

9.2.4.11 紧急停车是指在发生事故或其他危险状态下实施的停车，其平均减速度可控制在 1.0 m/s^2～1.5 m/s^2 之间。

9.2.4.12 当主电机的供电中断无法进行电制动时，应能自动进入工作制动器和安全制动器配合制动状态，并能可靠实现相应的制动。

9.2.4.13 在任何荷载条件下，工作制动器和安全制动器中的任意一个应能单独实现可靠制动。

9.2.4.14 索道停车后应仍能保持对索道状态进行监控。

9.2.4.15 任何形式的减速停车控制都不准许超过最大允许的停车行程。

9.2.4.16 对于往复式索道：

——应能自动修正车辆在站内的停车点位，使其各自都处于相应的起始位置；

——运行到停车点时，安全制动器应完全制动。

9.2.5 运行控制

9.2.5.1 索道运行时或启动运行的指令发出 30 s 后索道没有运行，启动运行的指令信号应自动撤销。

9.2.5.2 在任一驱动型式下，运行速度超过最大允许运行速度 10%时应自动停车。超过最大允许运行速度 20%时应紧急停车。

9.2.5.3 当在线路上(例如支架，道岔)需降低运行速度，应能实现对降低运行速度的区段进行监测。

9.2.5.4 运行时运行速度的变化不应超出给定速度的±5%范围。

9.2.5.5 在各种荷载工况下所有的调速回路都应保持稳定状态，并留有足够的安全裕量。

9.2.5.6 在可多点控制运行速度给定值时，应保证低速优先。

9.2.5.7 往复式索道或脉动循环式索道的运行控制：

——任何一种控制方式都应能有效控制车辆在站内的运行速度；

——在车辆进站时应配备两套以上的速度监控设施控制车辆减速；

——对于往复式索道车辆在到达缓冲器前安全监控区域时不应超过允许的速度；

——至少应有一个进站速度测试元件由驱动轮或转向轮直接驱动或带动。

9.2.5.8 脱挂抱索器索道运行控制：

——应对站内吊具的运行速度进行监控；

——应对加减速装置的加减速进行监控。

9.2.5.9 运行过程中，应只有一个控制位置能对运行速度进行全面控制。其他控制位置应只能进行减速和停车控制。

9.2.5.10 应检测实际运行方向与发出的运行指令的一致性。

9.2.5.11 运行速度与方向的监控应是彼此独立的，速度检测应不受运行方向的影响。

9.3 安全

9.3.1 安全电路应是包括全部安全装置的闭合回路，应通过中断电路的方式来完成其功能。

9.3.2 安全功能的旁路应通过钥匙开关或类似的元件实现；应使操作人员能清楚地看到安全功能旁路指示。安全功能的旁路不应影响对运行速度的控制。

9.3.3 改变运行方向指令应在索道完全停车后才能生效。

9.3.4 线路阻抗的改变或发射器和接收器的干扰不应降低安全回路的保护功能和可操作性。

9.3.5 控制室，应至少对下列各项信号进行显示：

——运行准备就绪；

——运行方向；

——运行速度；

——制动器状态；

——安全装置状态；

——安全装置的旁路；

——驱动装置种类(主驱动、辅助驱动或紧急驱动)；

——液压系统的工作状态；

——对于往复索道和脉动索道，应显示车辆在线路上的位置，并标明线路上各监控点的位置；

——对于循环式脱挂抱索器索道、往复索道和脉动索道，应显示车辆在站内的运行状态和位置。

上述显示应不受驱动型式的影响。

9.3.6 安全回路的电源电压应小于 36 V。

9.3.7 出现下列情况之一时，索道应自动停车，并能在控制室内显示故障部位：

——运载索脱索；

——减速度或减速位置不符合设定要求；

——运行速度超过设定速度 10%；

——客车超过停车位置；

——往复式和双线循环式索道的牵引索产生了缠绕承载索；

——客车制动器制动；

——张紧装置到达上下限位置；

——电气装置的常规保护发出故障信号；

——往复式索道牵引索断绳；

——安全回路中断。

9.3.8 出现下列情况之一时应触发紧急停车，并能在控制室内显示故障部位：

——运行速度超速 20%以上；

——脱挂抱索器进站后与钢丝绳未脱开报警；

——制动装置的自动控制失效；

——发生人身和设备安全事故。

紧急停车的响应时间不应超过 500 ms。

9.3.9 应在控制台或其他控制位设置机械式手控紧急停车装置。

9.3.10 不应将阻值在故障时会减小的电阻、电容或二极管并联在作为安全关键件的断路器触点或元件上。

9.3.11 脱挂抱索器索道的安全监控应至少包括：

——抱索器挂结前的状态检测装置；

——抱索器挂结后的状态检测装置(±10%)；

——抱索器挂结后形状检测装置；

——抱索器脱开前形状检测装置；

——抱索器进站后未脱开状态检测装置；

——在进出站脱开挂结段应设有钢丝绳垂直和水平位置检测装置；
——以上检测开关动作时，索道应能自动停车；
——抱索器抱索力检测和显示装置，抱索力低于或高于设定值时，索道自动停车；
——运载工具间距自动调整装置；
——自动开关门吊厢索道关门锁死检测装置，车门未锁死出站，索道应自动停车；
——应有道岔位置检测装置，道岔未进入正确位置时，索道不能运行；
——站内运载工具防撞保护系统，当防撞保护系统报警时，索道应自动停车；
——加减速及回转装置速度监控装置，当速度超出允许值时，索道应自动停车。

9.4 通讯与显示

9.4.1 应有使操作人员能了解设备操作和运行情况的信息显示。
9.4.2 应显示所有造成索道停车和不能启动的故障，故障显示应通过手动复位。
9.4.3 对于操作和显示设备，宜选用下面的颜色：
——红色：紧急状态，危险情况，紧急停车；
——黄色：异常状态，报警，显示异常情况；
——绿色：安全状态，正常情况，正常停车；
——篮色：待令状态，要求动作；
——白色/灰色/黑色：中间状态，没有特殊含义，边界线。
9.4.4 应显示供电电源和驱动电机的电压和电流值。
9.4.5 应有运行计时器并显示运行累计时间。
9.4.6 应在受风最大的位置装设风力检测装置，应能在控制室显示风速和报警信号。
9.4.7 站房之间应有独立的专用电话，并有一套备用通讯系统。
9.4.8 对于车厢容量在16人以上的索道，车厢和控制室之间应有通讯联系。
9.4.9 应至少有一个站房或在站房附近装设外线电话。
9.4.10 应配备至少覆盖全线的无线对讲机。
9.4.11 在停电情况下线路广播系统应仍然保持有效。

9.5 防雷

9.5.1 索道站房、线路支架、未绝缘的钢丝绳、机械设备及所有金属构件应直接接地。线路上各接地间的连线长度不应大于500 m。其接地电阻数值要求如下：
——索道站房≤5 Ω；
——机械设备、钢丝绳和站内金属构件≤5 Ω；
——线路支架小于30 Ω。
9.5.2 建在雷击频繁地区的索道，宜在承载索或运载索的上方设置单避雷线或双避雷线。
9.5.3 应采取技术措施防止雷电波形成的高电压从电源入户侧侵入。
9.5.4 在电源引入的总配电箱处，应设过电压保护器。

9.6 测试

9.6.1 以下安全保护功能应能够方便地进行模拟测试：
——超速停车；
——往复式索道或脉动式索道运载工具进站的监测；
——脱挂索道吊厢进出站及站内运行的安全保护功能；
——工作制动器的单独制动功能；

——安全制动器的单独制动功能；

——减速监测系统；

——脱挂抱索器抱紧力。

9.6.2 测试设备及测试过程不应对正常操作构成损害。

9.6.3 测试过程应不影响和改变被测试元器件的功能。

9.6.4 测试单个制动器时，不应构成对其他制动器的损害。

10 安装

10.1 一般规定

10.1.1 客运索道的安装应由取得相应资质的安装单位承担。所有安装的质量及精度要求应首先符合设计单位的设计要求或安装调试大纲的要求，在没有前述相关要求或要求数据不全的情况下，应执行本标准的安装要求。

10.1.2 安装客运索道时应具备下列技术文件：

——索道设计说明书、安装图、设备清单等；

——机电产品合格证；

——钢丝绳产品合格证；

——标有各测量桩点实测位置与实测标高的测量资料；

——钢结构产品合格证或现场制作单位的质量证明文件，主要焊缝检查记录和必要的预组装合格证。

10.1.3 安装单位应根据索道工程设计要求和复杂程度，制定安装施工方案。

10.1.4 安装开始前，应对与索道安装有关的土建基础工程进行复验。钢结构和设备基础的允许偏差，应符合表13的规定。

表13 钢结构和设备基础的允许偏差

序号	项目		允许偏差
1	钢支架或钢结构基础纵向中心线对索道中心线的偏移(按相邻跨距中的较小跨距计算)		0.000 5L 但不应大于 50 mm
2	钢支架或钢结构基础纵向中心线对索道中心线的偏斜		1/1 000
3	同一钢支架或钢站房其分离基础中心线之间的距离		±10 mm
4	钢支架或钢站房基础顶面的标高		与相邻支架跨距和在 200 m 以内时允差 50 mm，跨距和每增加 100 m，允差增加 10 mm
5	同一钢支架或站房其分离基础顶面之差或不同标高分离基础顶面之间的高差		10 mm
6	与钢筋混凝土站房直接连接的钢结构基础顶面的标高		−10 mm
7	倾斜预埋的螺栓、锚杆或框架对设计平面的倾斜度		17/1 000
8	预埋螺栓组中心线对设计中心线的偏移		5 mm
9	预埋地脚螺栓	标高(顶部)	+20 mm
		中心距	无调整穴时±2 mm
			有调整穴时±5 mm
10	地脚螺栓的露头高度(应扣去抹面层的厚度)		+20 mm

10.1.5　安装单位应对所安装的设备及钢结构进行查验。

10.1.6　运输与保管过程中不能防止灰尘或杂物进入运动部位的机械设备，在安装前应进行解体检查和二次清洗，必要时应重新更换全部润滑剂。

10.1.7　机械设备通用部分的安装应符合 GB 50231 和设备技术文件的有关规定。

10.1.8　电气设备的检查、保管和安装应符合 DL/T 1561.1～1561.17 和设备技术文件的有关规定。

10.1.9　钢丝绳的安装应符合下列要求：

——承载索套筒楔接，牵引索浇铸连接及运载索、牵引索的编接工作，应由考核合格的人员担任；

——套筒楔接或浇铸连接的操作记录、运载索或牵引索的编接记录、检查结果、操作及检查人员的姓名均应登记在册。

10.2　钢结构和线路设备的安装

10.2.1　钢结构安装时，其允许偏差应符合表 14 的规定。

表 14　钢结构安装允许偏差

<table>
<tr><th colspan="2">项　目</th><th>允许偏差</th><th colspan="2">检测要求</th></tr>
<tr><td colspan="2">钢支架或站内钢结构中心点对基础顶面的垂足与该面设计中心点的偏移</td><td>0.001H 但不应大于 50 mm</td><td colspan="2">应按钢结构高度 H 计算</td></tr>
<tr><td colspan="2">钢支架横担纵向中心线或站内钢结构纵向中心线对索道中心线的偏移</td><td>0.000 1L 但不应大于 10 mm</td><td colspan="2">应按较小跨距 L 计算</td></tr>
<tr><td rowspan="2">钢支架或站内钢结构的标高</td><td>与相邻支架跨距之和在 200 m 以内</td><td>50 mm</td><td colspan="2" rowspan="2">应在鞍座底面或轨道顶面测量</td></tr>
<tr><td>跨距之和每增加 100 m</td><td>增加 10 mm</td></tr>
<tr><td colspan="2">钢支架横担或站内钢结构横向中心线对索道中心线的垂直度</td><td>3/1 000</td><td colspan="2"></td></tr>
<tr><td colspan="2">钢支架横担或站内钢结构在索道横向中心线方向的水平度</td><td>1/1 000</td><td colspan="2"></td></tr>
<tr><td colspan="2">构件的弯曲矢高</td><td>0.001L 但不应大于 10 mm</td><td>应按构件长度 L 计算</td><td rowspan="3">单件吊装时应检查</td></tr>
<tr><td colspan="2">构件的水平度</td><td>2/1 000</td><td></td></tr>
<tr><td colspan="2">构件的垂直度</td><td>0.001h</td><td>应按构件高度 h 计算</td></tr>
<tr><td colspan="2">同一层水平格对角线长度的相对差</td><td>L/1 000</td><td colspan="2">分件吊装时应检查，且不应连续出现同向偏差，按对角线长度 L 计算</td></tr>
</table>

10.2.2　测量或校正钢结构的偏差时，应避开风力、日照、温差等所造成的变形影响。

10.2.3　钢结构之间的联接面应接触紧密，接触面不少于 70%。

10.2.4　倾斜设计的钢支架，其安装要求和允许偏差，可参照垂直设计钢支架的要求。

10.2.5　钢结构固定后，在运输、保管和安装过程中脱落的底漆、面漆以及安装联接处，应在彻底除锈后进行补涂。

10.2.6　单线循环式索道同一支架索轮组两端索距的偏差不大于轮组长度的 2/1 000。

10.2.7　安装单线客运索道的线路监控装置应符合下列要求：

——控制回路应配线整齐、绝缘良好、连接牢固；

——带有滚轮的线路监控装置，滚轮对牵引索的靠贴力应逐个测定，其调整应符合设备技术文件的规定；

——线路监控装置应进行模拟试验，当运载索脱索时，索道应自动停车。

10.2.8 双线索道固定鞍座的安装应符合下列要求：

——衬垫应镶嵌密实，绳槽应平整光滑，各润滑点油路应畅通，绳槽应均匀涂上润滑油；

——绳槽中心线应与承载索中心线吻合，偏移或偏斜的最大横向值不应大于索距的1/2 000和承载索直径的1/15；对于双承载索往复式索道和循环式索道，2个绳槽的间距和平行度的偏差均不应大于2 mm，同一横截面绳槽中心标高的偏差不应大于±2 mm；

——托索轮组绳槽中心线应与牵引索中心线吻合，偏移或偏斜的最大横向值不应大于牵引索直径的1/10；

——托索轮组中的每个托索轮均应调整到设计位置。

10.2.9 偏斜鞍座的安装应符合下列要求：

——绳槽的清理和允许偏差，应符合10.2.8的规定；

——偏斜鞍座底面对设计平面的倾斜度偏差不应大于2/1 000；

——轨道中心线应与承载索中心线吻合，偏移不应大于1.5 mm；

——检查弹性轨道有无变形，并应校正其对称度。

10.3 钢丝绳的安装

10.3.1 钢丝绳的展开应符合下列要求：

——钢丝绳应在绳盘架空后转动展开，不应在土壤、岩石、钢结构和钢筋混凝土构筑物上拖牵；

——展开过程中，严禁钢丝绳受到磨损、擦伤、弯折、打结、开裂、鼓肚、露芯松散、松捻等损伤和在水中浸泡。

10.3.2 承载索的连接应符合下列要求：

——紧靠过渡套筒和末端套筒的承载索或拉紧索，应有检查连接质量的明显标记；

——承载索的连接工作应由考试合格的人员担任；

——套筒受力三天后，承载索或拉紧索从套筒内拉出的长度：采用楔接的不应大于承载索直径的1/4，采用铸接的不应大于承载索直径的1/6；

——套筒采用铸接时，浇铸后的锥体，应从套筒中抽出进行检查，并应符合有关规定；

——重锤在导轨中移动到上、下极限位置时，过渡套筒与偏斜鞍座或拉紧索导向轮之间的净空距离均不应小于500 mm；

——每个套筒均应编号。

10.3.3 承载索的起吊应符合下列要求：

——起吊前应详细检查承载索表面的涂油情况，受到破坏的涂油层应进行补涂；

——严禁单点起吊承载索；

——起吊过程中，承载索的弯曲半径不应小于钢丝绳允许的最小弯曲半径，表层丝之间不应产生开裂现象。

10.3.4 承载索的拉紧应符合下列要求：

——拉紧顺序和拉紧力应符合设计规定，当无明确规定时，应先将空车侧拉紧到设计值的50%，再将重车侧拉紧到设计值的50%，等无异常情况后，分别将重锤加大到设计值；

——承载索拉紧到设计值时，重锤应处在设计位置。

10.3.5 承载索的锚固应符合下列要求：

——应将夹块式锚具、夹楔式锚具与承载索接触处的油污清除干净；

——采用夹块式锚具时，工作夹块组的端面应紧贴支承面，相邻的工作夹块应互相紧贴，备用夹块与工作夹块之间应留出5 mm的观察缝；夹块上的每个螺母，应按对角线循环交叉的顺序按设计的力矩拧紧；采用双螺母时，应在基本螺母拧紧之后，按相同的顺序和要求拧紧防松螺母；

——采用夹楔式锚具时，应按设计要求将承载索楔紧；

——采用圆筒式锚具，承载索在圆筒上应紧密缠绕，其缠绕圈数应符合设计规定，并应用夹块将承载索锚固在锚固桩上，夹块之间应紧贴，螺栓的拧紧和防松应可靠；

——承载索锚固后应进行垂度测量，其偏差不应大于设计值的5%。

10.3.6 牵引索、运载索的编接与就位应符合下列要求：

——被编接的两根钢丝绳的结构、规格、捻向、生产厂家等均应相同。

——编接过程中拉紧钢丝绳时，应使用不损伤钢丝绳的专用夹具，不应使用普通的U型绳夹。

——编接接头的长度不应小于钢丝绳直径的1 200倍。插入长度应大于钢丝绳直径的60倍。

——相邻两个编接末端之间的钢丝绳长度，不应小于钢丝绳直径的3 000倍。对于一半为牵引索，一半为平衡索的索道，牵引索和平衡索不应有编接头。在特殊情况下需要编接时，编接末端与锚头距离应大于钢丝绳直径的3 000倍。

——编接接头的外观应浑圆饱满，压头平滑，捻距均匀，松紧一致。

——钢丝绳编接完毕张紧后，编接插入点之间直径增大量不应超过钢丝绳实际直径的5%；绳股插入点钢丝绳直径增大量，脱挂索道不应超过钢丝绳公称直径的10%；其他索道不应超过钢丝绳公称直径的15% 。

——插入编接接头内部的绳股应与原绳芯互相衔接。

10.3.7 对于采用双牵引索的往复式客运索道，应准确测量每根牵引索和平衡索的长度，使每根牵引索的拉力接近相等。

10.4 站内设备的安装

10.4.1 站内钢结构的安装应符合下列要求：

——站内钢结构的平面位置对设计位置的偏差；站口段不应大于3 mm；非站口段不应大于5 mm；

——站内钢结构标高的允许偏差不应大于±3 mm；

——对于单线循环脱挂抱索器客运索道，前后横梁的水平度的偏差不应大于3 mm，两根横梁的间距偏差不应大于5 mm。

10.4.2 脱挂索道运行轨道的安装应符合下列要求：

——运行区段轨道安装的允许偏差应符合表15的规定；

——站内轨道的接头间隙不应大于1 mm，接头处轨顶的高低差不应大于0.1 mm；

——轨道接头处螺栓的头部，应安装在靠近客车吊架的一侧；

——轨道工作面应涂油。

表15 运行区段轨道安装的允许偏差

序号	项目		允许偏差	备注
1	轨道的标高		±5 mm	在轨道顶部测量
2	轨道中心线与抱索器钳口中心线的水平距离		±1 mm	
3	轨道中心线与抱索器钳口中心线的垂直距离		±1 mm	
4	曲线轨道的曲率半径 R	与设备配套使用的	±5 mm	
		其他曲线段	0.005 R	
5	水平轨道的水平度		1/1 000	在轨道顶部测量
6	轨道坡度的倾斜度		1.5/1 000	在轨道顶部测量
7	直线轨道的直线度		1/1 000	在轨道顶部和两侧测量

10.4.3 道岔的安装应符合下列要求：

——搭接道岔的标高应与主轨的标高相适应，岔尖应与主轨紧贴，当客车通过道岔时，岔尖应无翘起和摆动现象；

——道岔的轨道中心线对主轨中心线的偏移不应大于 0.1 mm，接头间隙不应大于 2 mm，接头处轨道的高低差不应大于 0.1 mm。

10.4.4 挂结器和脱开器的安装应符合下列要求：

——挂结器和脱开器安装的允许偏差应符合表 16 的规定；

——应按照设计图纸的要求，以牵引索或运载索为基准，严格检查各特征点横剖面上的相关尺寸和各特征点的纵向定位尺寸，精确校正各种设备和各种监控装置工作面与牵引索或运载索的相对位置；

——挂结器和脱开器安装后，应检查其工作情况，不应出现抱索失误、抱索不良和车辆出站产生异常摆动等现象。

表 16 挂结器和脱开器安装的允许偏差

项　目	允许偏差
轨道工作面的标高	±2.0 mm
轨道中心线与牵引索或运载索中心线之间的水平距离	±1.0 mm
轨道工作面与抱索或脱索导轨工作面的高差	±1.0 mm
轨道中心线与有关机构或设备中心线之间的水平距离	±1.0 mm
轨道坡度的倾斜度	1/1 000

10.4.5 驱动装置的安装应符合下列要求：

——驱动轮和从动轮安装的允许偏差应符合表 17 的规定。

——电机、减速器、制动器、联轴器、开式齿轮等设备的安装应符合 GB 50231 的有关规定。

表 17 驱动轮和从动轮安装的允许偏差

项　目	允许偏差	备　注
驱动轮纵、横向中心线对设计中心线的偏移	1.0 mm	
卧式驱动装置驱动轮的中心标高	±1.0 mm	
卧式驱动装置驱动轮的水平度或垂直度	0.15/1 000	在任意方向检测
单槽或双槽驱动轮的绳槽中心线与出侧或入侧牵引索或运载索中心线的	偏移 $d/20$	
	偏斜 1/1 000	
从动轮绳槽中心与其对应的双槽驱动轮的绳槽中心的偏移	$d/10$	应用拉线法检测
立式驱动装置从动轮的垂直度	0.3/1 000	
卧式驱动装置从动轮的轴线对驱动轮横向中心线方向的垂直剖面的平行度	0.5 mm	
注：d 为钢丝绳直径。		

10.4.6 张紧装置的安装应符合下列要求：

——张紧小车轨道的实际中心线与设计中心线的偏移不应大于 2 mm；

——轨道工作面标高的偏差不应大于±2 mm；

——轨距的偏差不应大于+3 mm；
——轨道的接头应平整光滑；
——张紧轮或张紧索导向轮钢丝绳的入角不大于1°30′；
——张紧装置安装后，张紧小车的滚轮应与轨道面接触良好；
——采用液压张紧方式时，液压张紧装置的安装应按 GB 50231 中的有关规定执行。

10.4.7 重锤的安装应符合下列要求：

——导轨实际中心线对设计中心线的偏差不应大于 10 mm；
——导轨垂直度的偏差，在全长范围内不应大于 10 mm；
——导轨轨距的偏差不应大于+20 mm；
——导轨的接头应平整光滑；
——整体混凝土重锤应按设计施工，并应取样测定密度和强度；
——重锤或重锤箱上的导向块与导轨之间的间隙，上下、左右应均匀，重锤或重锤箱在导轨中应能自由升降；
——牵引索或运载索重锤质量的偏差不应大于设计值的 4/1 000；
——承载索重锤质量的偏差不应大于设计值的 6/1 000。

10.4.8 导向轮安装的允许偏差应符合表 18 的规定。

表 18 导向轮安装的允许偏差

项目		允许偏差
导向轮中心标高	一般	±3.0 mm
	当导向轮中心的标高直接影响挂结器或脱开器质量时	±1.0 mm
导向轮绳槽中心线与牵引索或运载索中心线的	偏移	d/15
	偏斜	1/1 000
垂直导向轮的垂直度		1/1 000
水平导向轮的水平度		
倾斜导向轮的倾斜度		
注：d 为牵引索（或运载索）直径。		

10.4.9 滚子链的安装应符合下列要求：

——施工中不应损伤导轨或滚子架的工作面；
——导轨或滚子架工作面的曲率半径，应采用弦长不小于 1 500 mm 的弧形样板检查，其间隙不应大于 1 mm；
——导轨任意横截面的槽底轮廓线或固定滚子的工作母线，其水平度的偏差不应大于 3/1 000；
——导轨或滚子架的接缝处间隙不应大于 1 mm，高低差不应大于 0.5 mm；
——小链板滚轮中心线应与导轨及大链板导槽中心线吻合，滚轮运动时不应啃咬上、下导槽边缘；
——大链板绳槽与承载索表面，或固定滚子工作面与承载索保护面应普遍接触，个别未接触处的间隙，不应大于 1 mm；
——扁钢或滚子架与预埋件的正式焊接，应在滚子链安装合格后进行；
——对于双承载索的往复式客运索道，每个轨路中的双滚子链，除应符合上述规定外，两个绳槽的间距偏差和平行度偏差均不应大于 2 mm，同一横截面绳槽中心标高的偏差，不应大于±2 mm。

10.4.10 往复式索道客车的安装应符合下列要求：

——应先检查运行小车，各车轮绳槽中心直线度偏差不应大于运行小车总长 1/1 500 和承载索直径的 1/20；各车轮与小横梁，或各大、小横梁之间，应无松动、无窜动、无碰刮、无卡阻；

——客车与牵引索的连接应符合 4.3、8.5.1 的有关规定；

——客车制动器、缓冲器、减摆装置和承载索润滑装置等重要部件的安装，应符合设备技术文件的规定；

——客车制动器安装后，应进行制动性能试验；

——双承载索道的客车，运行小车两侧轮组的间距和平行度的偏差不应大于 3 mm。

10.4.11 单、双线循环式索道吊厢（吊篮、吊椅）的安装应符合下列要求：

——每个吊厢抱索器中的行走轮、操作轮、导向轮、摩擦板、抱索执行机构和钳口等与轨道的相对尺寸、钳口的最小与最大开口尺寸，应符合设计规定；

——车门和车门机构动作应灵活，并应与站内开关机构的动作相协调；

——减振器、导向器等重要部件的安装应符合设备技术文件的规定；

——吊椅的扶手、踏板和围栏的动作应灵活可靠；

——吊厢、吊篮及吊椅应与线路和站口的导向装置相协调。

11 试车

11.1 一般规定

索道试车应在土建、设备安装工程完成后，经全面检查已具备试车条件后进行。

11.2 无负荷试车

11.2.1 单机调试

11.2.1.1 应从部件至组件，组件至单机逐级调试，且上一步骤未合格，不应进行下一步骤的试车。

11.2.1.2 驱动机等主要设备的连续运转时间不应小于 4 h，其中额定速度下的运转时间不应小于 2.5 h。

11.2.1.3 驱动机等主要设备的液压控制和润滑系统应畅通，油压、油位和油温应在规定的范围内。

11.2.2 机组联动试车

在单机调试的基础上，应进行机组联动试车。各设备应配合良好、动作协调，累计试车时间不应小于 4 h。

11.2.3 牵引索或运载索试车

11.2.3.1 牵引索或运载索安装合格后，应由慢速至额定速度进行试车，累计试车时间不应小于 4 h。

11.2.3.2 牵引索或运载索在托、压索轮组上应稳定，不应有跳索现象。

11.2.3.3 线路监控装置应灵敏可靠。

11.2.3.4 驱动机启动、制动应平稳、可靠，安全保护设施动作应准确，试车应无异常现象。

11.3 负荷试车

11.3.1 空车试车

11.3.1.1 分别由端站和中间站各发一辆空车，以慢速、额定速度进行通过性能检查，不应有任何阻碍。

11.3.1.2 循环式索道应以额定运行速度,按设计车距布满全线进行试车。

11.3.1.3 上一步骤未合格前,不应进行下一步骤的试车;全过程累计试车的时间不应小于 40 h。

11.3.2 往复式客运索道重载试车

11.3.2.1 采用与乘客质量等同的重物进行。

11.3.2.2 应按设计荷载的半载、偏载(重上空下、空上重下工况)、满载分别进行试车。

11.3.2.3 控制系统应进行多次检测,并应检查超速、减速、越位、速度同步等监控装置的连锁性能。

11.3.2.4 客车制动器应按设计要求进行检测。

11.3.2.5 全过程累计试车的时间不应小于 40 h,其中在额定速度且满载条件下运行的时间不应少于 5 h。

11.3.3 循环式客运索道重载试车

11.3.3.1 采用与乘客质量等同的重物进行。

11.3.3.2 应按设计荷载的半载、偏载(重上空下、空上重下工况)、满载分别进行试车。

11.3.3.3 控制系统应进行多次检测,并应检查索道在偏载、满载情况下的启动和制动性能,并应检查站内和线路监控装置的连锁性能。

11.3.3.4 全过程累计试车的时间不应小于 40 h,其中在额定速度且偏载条件下运行的时间不应少于 5 h。

11.4 紧急驱动(或救援驱动、辅助驱动)的试车

11.4.1 应符合 5.1.3、5.1.4 的有关规定。

11.4.2 营救设施应可靠。

12 运营

12.1 人员及任务

12.1.1 人员组成

索道站(公司)应由三部分人员组成:管理人员(站长或经理、安全员等)、作业人员(司机、机械及电气维修人员等)、服务人员(售票员、站内服务人员等),其中管理人员、作业人员应按照国家有关规定经特种设备监督管理部门考核合格,取得国家统一格式的资格证书,方可从事相应的作业或管理工作。

12.1.2 对站长(经理)的要求

12.1.2.1 应根据该索道类型和条件制定索道正常运行和安全操作各项措施,建立岗位责任制和紧急救援制度,对索道的正常运营、维修、安全负责。

12.1.2.2 应保证下列各项内容能正确贯彻执行:

——管理机关所规定的定期检验制度;

——信号系统的检查制度;

——救护规则;

——自动停车、紧急停车及其安全设备动作时的设备状态,排除故障及重新运行的措施(只有当安全有了保证时才允许重新运行);

——安全电路断电时的设备状态下及需要再运行时的措施(紧急情况下运转时,索道站站长或他的代表一定要在场,才允许在事故状态下再开车以便将乘客运回站房,此时站与站之间也应能通

讯联系)；

——机械设备、钢丝绳、运载工具等发生故障时如何排除的措施；

——风速超过规定值，或是天气条件威胁到运行安全时停车处理办法；

——能见度不足时的运行措施；

——夜间运行的措施；

——清除钢丝绳或机械部件上的冰和积雪的措施；

——如果索道站站长不在场，他的职责转给其代理人的条件及方法。

12.1.2.3 每年应向该企(事)业单位领导和上级安全管理机关提交运行报告，如遇特殊事故发生时应及时提出报告。

12.1.2.4 应对索道站(公司)的工作人员进行安全教育和培训，使他们具备必要的特种设备安全作业知识。此外还应对参加救护的人员进行定期演习和培训。

12.1.3 对司机的要求

12.1.3.1 索道站司机房内应配备两名司机，其中一名为主司机。

12.1.3.2 司机应符合下述条件：

——年满18周岁，身体健康，经过培训合格者；

——视力(包括矫正视力)在0.7以上，非色盲；

——听力要求达到能辨别清楚在50 cm范围内的音叉声响。

12.1.3.3 司机应熟悉下述知识：

——所操纵的索道各部件的构造和技术性能；

——本索道的安全操作规程和安全运行的要求；

——安全保护装置的性能和电气方面的基本知识；

——保养和维修的基本知识。

12.1.4 对机械、电气维修人员的要求

12.1.4.1 年满18周岁，身体健康并适应高空作业，经过培训合格者。

12.1.4.2 具备机械、电气基础知识，熟悉设备各部分的结构原理、技术性能和维护保养方法。

12.1.4.3 维修负责人应能制定本索道设备的检修计划。

12.1.5 资料档案

12.1.5.1 索道使用单位应建立健全安全技术档案。安全技术档案应包括以下内容：

——设计文件、制造单位、产品质量合格证明、主要部件材质证明和探伤报告、使用维护说明、土建备案书、设备竣工验收报告、安装技术文件、设备主要部件图纸、重大技术变更文件等；

——钢丝绳检测、探伤记录；

——定期检验和定期自行检查记录；

——日常使用状况记录；

——巡线记录；

——设备及其安全附件、安全保护装置及有关附属仪器仪表的日常维护保养记录；

——设备运行故障和事故记录；

——固定抱索器移位记录；

——交接班记录。

12.1.5.2 应委派专人保管好技术资料(图纸、计算书、说明书)，对于任何修改应在存档资料上进行更正。

12.1.6 索道站对乘客的要求和规定

索道站对乘客的要求和规定应布告通知。布告通知包括如下内容：

——身高低于 1.25 m 的儿童应在成年人陪护下乘坐吊椅索道；

——车上严禁吸烟、嬉闹和向外抛撒废弃物品；

——禁止携带易燃、易爆和有腐蚀性、有刺激性气味的物品上车；

——对于患有高血压、心脏病以及不适于登高的高龄乘客建议不要乘坐吊椅式索道；

——在运行中不应打开护圈；

——未经许可，乘客不应擅自进入机器房或控制室。

12.2 运行

12.2.1 索道线路上的设备及其附件应保持经常处于完好状态，不应有碍索道的安全运行。

12.2.2 每天开始运行之前，应彻底检查全线设备是否处于完好状态，在运送乘客之前应进行一次试车，确认安全无误并经值班站长或授权负责人签字后方可运送乘客。

12.2.3 每日检查应包括下述内容：

——直接触发紧急停车的安全电路、主电路和线路安全电路的工作状态，以及运载工具进站和出站的检测设备；

——在接地、短路或连接断开的情况下，监控电路的动作；

——检查并确认所有显示的值全部在许用范围之内；

——在最大运行速度下的电气停车的操作；

——改变运行速度的操作；

——驱动系统机械制动系统的操作；

——设备内部的通讯系统；

——钢丝绳在索轮、轮子、鞍座上的位置；

——张紧重锤或行走小车的位置和行程余量；

——液压或气动系统、减速器的密封性和工作压力；

——进站区域、出站区域的支撑和轨道上冰雪积聚状况；

——脱挂抱索器进出站口的监控系统的操作运行；

——上车和下车区域的状况以及乘客进出通道的状况；

——运载工具的状况。

12.2.4 索道运行期间，站长、作业人员及服务人员应各就各位，履行岗位责任制，不应擅离职守。

12.2.5 在各项操作中，应严格遵守操作规程。

12.2.6 索道需要夜间运行时，在线路、站内或客车上应装设足够的照明设备。

12.2.7 若设备停运期间遇到恶劣天气（风暴、暴雨、冰雹），应对线路进行彻底的检查证明一切正常后方可运送乘客。如果是故障停车，造成运行中断，只有在排除了故障或采取了有关安全措施，且应经值班站长同意，方可重新运送乘客。

12.2.8 索道每天停止运营前，操作人员应检查并确认索道线路上或上车区域是否仍有乘客，并关闭索道的入口。

12.3 维护

12.3.1 日常检查

每个索道站应根据本索道制造商提供的维护使用说明书制定维护计划和定期检查计划。每月应着重检查如下各点：

——运载索、牵引索以及救护索发生断丝或其他外部损伤的区域；

——承载索、张紧索的偏移或转向区域或其他任何发生断丝或其他外部损伤的区域；

——钢丝绳连接处(如编接处)和端部固定；

——钢丝绳和轨道在脱开和挂结区域的相互位置；

——索轮和承载索鞍座的位置和紧固情况；

——进站、站内运行和出站的监控设备及运载工具的运行情况；

——制动器及其衬块；

——空载状态下制动系统的停车距离的测量；

——各种驱动系统的运行；

——运载工具上制动器的手动触发；

——超速保护装置的工作情况；

——运载工具：门的紧固件和锁，开关门设备；

——蓄电池；

——备品备件的储存；

——电气安全设备(例如：抱索器测试设备，减速监控和制动器的释放)。

12.3.2 每年的检查

应每年对设备至少进行一次全面的检查，包括对工作人员的保护设备的检查。在月检的基础上，应进行下述的检查和运行试验：

——对站内和线路结构上的所有基础和钢结构及其他结构如梯子、通道、防坠落保护设施和维修平台进行目检；

——对各种驱动装置(主驱动、辅助驱动和紧急驱动)进行目检和运行测试；

——对每个制动器在各种荷载条件下进行目检和工作测试，并记录测试的结果；

——对配备有客车制动器的索道，检查钢丝绳松弛时客车制动器的动作；

——对托(压)索轮组(在不拆卸的状态下，但将运载索吊起)、承载索鞍座和托索轮进行目检；

——对所有站内机械设备和张紧设备进行目检；

——对救援设备进行目检和运行测试，并进行救援演习；

——对工作人员保护设备进行目检和操作测试；

——对钢丝绳进行目检和/或电磁检测；

——对钢丝绳端部固定件进行检查；

——对安全、监控和信号设备的检查和运行测试；

——对每个运载工具包括吊杆、吊架和吊架轴进行目检，至少应对20%的抱索器进行拆卸后的目检，并要保证任何一个抱索器的连续两次检测的间隔不超过5年；

——对抱索器监控设备进行测试；

——对门的关闭和锁定设备进行测试；

——对客车制动器进行制动并测量制动行程和滑动阻力。

12.3.3 抱索器检查的特殊要求

应对抱索器进行定期拆卸检查及无损探伤。应在运行3 000 h后，最多不超过2年，对抱索器进行首次拆卸检查和无损探伤;抱索器的拆卸检查周期应按供应商要求进行,无损探伤周期应按国家安全监督检验机构的规定执行。

12.3.4 固定抱索器的移位

单线循环式索道上运载工具间隔相等的固定抱索器,应按规定的运行时间间隔移位,移位的时间间隔不应超过式(12)给出的值:

$$t = 0.56\frac{L}{v} \qquad \cdots\cdots(12)$$

式中:

t ——移位时间,单位为小时(h);

L ——索道线路弦长,单位为米(m);

v 运行速度,单位为米每秒(m/s)。

每个抱索器应朝钢丝绳运行的反方向移动,每次移动的距离应大于抱索器的总长(包括导向翼)不应小于 300 mm。

12.3.5 无客车制动器的往复式索道特殊的维护要求

12.3.5.1 客车的夹索器应在 200 个工作小时或 90 个工作日之内进行移位。同时,应用目测检查钢丝绳的夹紧部位和编接部位。

12.3.5.2 应每年用探伤仪对牵引索进行全面检查。

12.3.5.3 停止运行 3 个月以上,在重新投入运行前用探伤仪检查牵引索。

12.3.5.4 牵引索被雷击或受到机械损伤后应及时用探伤仪进行检查。

12.3.5.5 对牵引索的夹持段进行探伤检查时,如发现牵引索的损伤达到规定指标的一半时,对夹索器的移位和探伤检查的间隔时间还应缩短。

12.3.5.6 夹索器应沿固定方向进行移位,移位的距离不应小于夹索器长度、夹索器两端附加装置的长度和牵引索 2 倍捻距的长度三者的总和。

12.3.5.7 不应在牵引索编接范围内固定客车。夹索器与编接部位之间的距离不应小于编接长度的两倍。

12.3.6 承载索的串位

12.3.6.1 承载索宜每 12 年串位一次。对于能定期进行无损探伤检查的承载索可以不串位。

12.3.6.2 承载索串位的移动长度应大于接触区域的长度再加 3 m。

12.3.7 检查记录

应将检查、调整、救护演习、运行参数、运行持续时间、输送乘客数以及所发生的特殊事件记入作业日记。

13 标志

13.1 道路交通标志

13.1.1 警告标志:其形状为等边正三角形,颜色为黄底、黑边、黑图案。其含义是警告车辆行人注意危险地点的标志,警告标志的设置地点距危险点的距离应为 20 m~250 m,减速慢行。如图 4 所示。

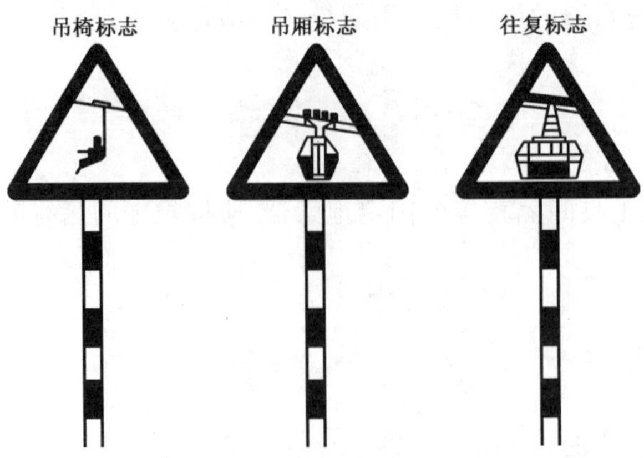

图4　警告标志

13.1.2　禁令标志：其形状为圆形，颜色为白底、红圈、红杠、黑图案。是指对车辆、行人禁止通行或以限制的标示，禁令标志应设置在需禁止或限制通行的路口或地点。如图5所示。

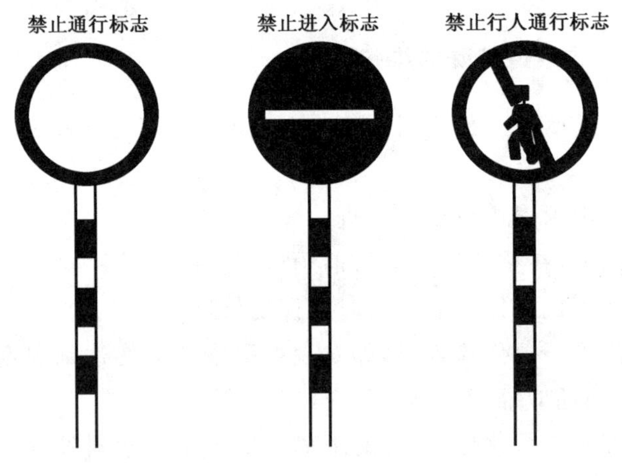

图5　禁令标志

13.2　道路交通标线

限高标线形状为门形横跨在道路上，其颜色为红白相间标杆组成，下垂一限高线，是指车辆装载高度不能超过其限高界限，限高标线设在横跨公路上安全网或保护桥两侧3 m～5 m处。如图6所示。

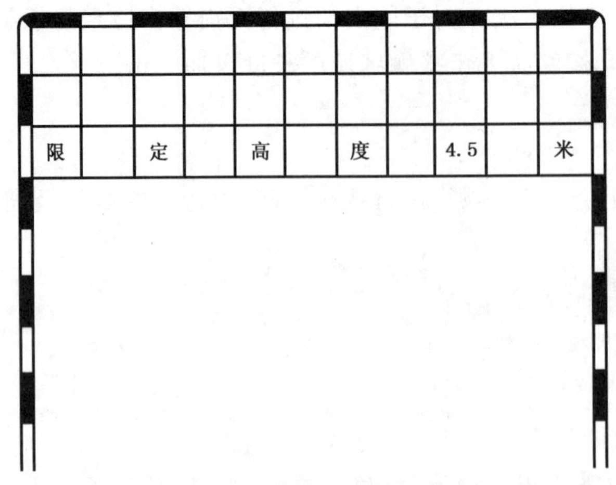

图6　限高标线

13.3 航空障碍标志

如果索道属于飞行障碍时应架设航空障碍标志。该装置钢丝绳的大小及其锚固桩的尺寸应通过计算确定。

13.4 吊椅索道特殊提示

吊椅索道的上下车段应有明显标志。在到达下车段前,应使乘客看到“抬起安全护栏”提示的明显标志。

ICS 13.220.20
C 82

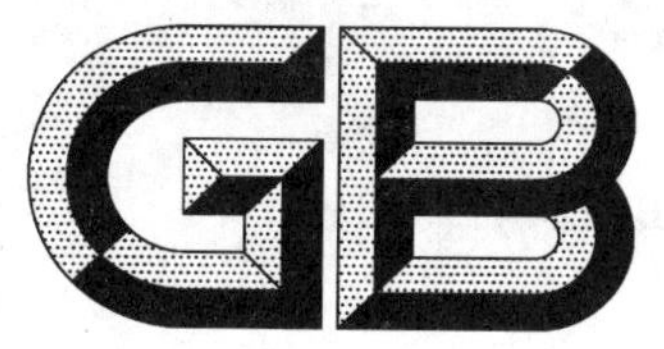

中华人民共和国国家标准

GB 12441—2018
代替 GB 12441—2005

饰面型防火涂料

Finishing fire resistant coating

2018-02-06 发布 2018-09-01 实施

中华人民共和国国家质量监督检验检疫总局
中国国家标准化管理委员会 发布

前　言

本标准的5.2、8.1和第7章为强制性的，其余为推荐性的。

本标准按照GB/T 1.1—2009给出的规则起草。

本标准代替GB 12441—2005《饰面型防火涂料》。

本标准与GB 12441—2005相比，除编辑性修改外主要技术变化如下：

——增加了产品的分类和型号(见第4章)；

——修改了饰面型防火涂料部分理化性能技术指标，删除了技术要求中的缺陷类别(见5.2，2005年版的4.2)；

——用难燃性试验代替了隧道燃烧法(见6.11，2005年版的附录B)；

——修改了检验规则(见第7章，2005年版的第6章)。

本标准由中华人民共和国公安部提出并归口。

本标准起草单位：公安部四川消防研究所、公安部消防局、公安部消防产品合格评定中心、四川天府防火材料有限公司、武汉武立涂料有限公司、四川卓安新材料科技有限公司、江苏冠军科技集团股份有限公司、南京展拓消防设备有限公司。

本标准主要起草人：程道彬、包光宏、王鹏翔、刘程、余威、冯军、唐勇、潘烽、薛黎。

GB 12441—2005的历次版本发布情况为：

——GB 12441—1998；

——GB 15442.1—1995、GB/T 15442.2—1995、GB/T 15442.3—1995、GB/T 15442.4—1995。

GB 12441—1998的历次版本发布情况为：

——GB 12441—1990。

饰面型防火涂料

1 范围

本标准规定了饰面型防火涂料的术语和定义，分类和型号，技术要求，试验方法，检验规则，标志，使用说明书，包装、运输及贮存。

本标准适用于各类饰面型防火涂料。

2 规范性引用文件

下列文件对于本文件的应用是必不可少的。凡是注日期的引用文件，仅注日期的版本适用于本文件。凡是不注日期的引用文件，其最新版本(包括所有的修改单)适用于本文件。

GB/T 1720 漆膜附着力测定法

GB/T 1727 漆膜一般制备法

GB/T 1728 漆膜、腻子膜干燥时间测定法

GB/T 1731 漆膜柔韧性测定法

GB/T 1732 漆膜耐冲击性测定法

GB/T 1733 漆膜耐水性测定法

GB/T 1740 漆膜耐湿热性测定法

GB/T 5907(所有部分) 消防词汇

GB/T 6753.1 色漆、清漆和印刷油墨 研磨细度的测定

GB/T 8625 建筑材料难燃性试验方法

GB/T 9750 涂料产品包装标志

3 术语和定义

GB/T 5907 界定的以及下列术语和定义适用于本文件。

3.1

饰面型防火涂料 finishing fire resistant coating

涂覆于可燃基材(如木材、纤维板、纸板及制品)表面，具有一定装饰作用，受火后能膨胀发泡形成隔热保护层的涂料。

3.2

难燃性 difficult flammability

在规定的试验条件下，材料难以进行有焰燃烧的特性。

3.3

炭化体积 char volume

在规定的试验条件下，材料发生炭化的最大体积。

4 分类和型号

4.1 分类

饰面型防火涂料按分散介质可分为：

a) 水基性饰面型防火涂料：以水作为分散介质的饰面型防火涂料；

b) 溶剂性饰面型防火涂料：以有机溶剂作为分散介质的饰面型防火涂料。

4.2 型号

饰面型防火涂料的产品代号以字母 SMT 表示，分散介质特征代号分别为 S(水基性)和 R(溶剂性)。饰面型防火涂料的型号编制方法如下：

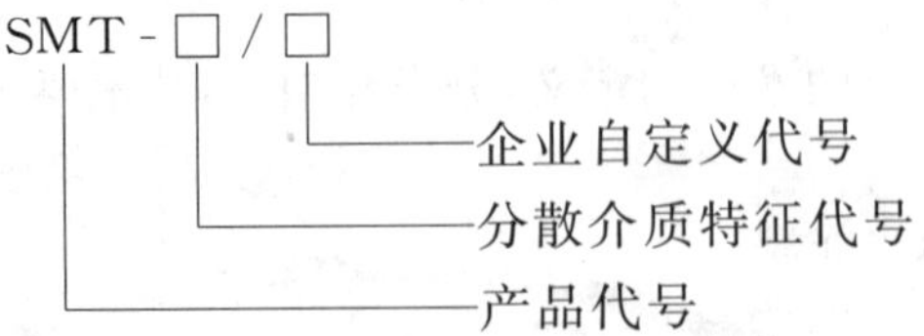

示例：

SMT-S/A，表示水基性饰面型防火涂料，企业自定义代号为 A。

5 技术要求

5.1 一般要求

5.1.1 用于生产防火涂料的原材料应符合国家环境保护、职业卫生和健康相关法律法规的规定。

5.1.2 涂料应能采用规定的分散介质进行调和、稀释。

5.1.3 饰面型防火涂料应能采用刷涂、喷涂、辊涂和刮涂中任何一种或多种方法方便地施工，并能在正常的自然环境条件下干燥、固化，涂层实干后不应有刺激性气味。成膜后应能形成平整的饰面，无明显凹凸或条痕，无脱粉、气泡、龟裂、斑点等现象。

5.2 技术要求

饰面型防火涂料技术指标应符合表 1 的规定。

表 1 饰面型防火涂料技术指标

序号	项目		技术指标
1	在容器中的状态		经搅拌后呈均匀状态，无结块
2	细度/μm		≤90
3	干燥时间	表干/h	≤5
		实干/h	≤24
4	附着力/级		≤3
5	柔韧性/mm		≤3
6	耐冲击性/cm		≥20
7	耐水性		经 24 h 试验，涂膜不起皱，不剥落
8	耐湿热性		经 48 h 试验，涂膜无起泡、无脱落
9	耐燃时间/min		≥15
10	难燃性		试件燃烧的剩余长度平均值应≥150 mm，其中没有一个试件的燃烧剩余长度为零；每组试验通过热电偶所测得的平均烟气温度不应超过 200 ℃
11	质量损失/g		≤5.0
12	炭化体积/cm^3		≤25

6 试验方法

6.1 试验准备

6.1.1 试验用基材

理化性能试验(除耐湿热性试验外)用基材应符合 GB/T 1727 的规定要求。耐湿热性试验基材为透明有机玻璃板,尺寸约为 150 mm×70 mm×1 mm。防火性能试验用基材应符合附录 A 和附录 B 的规定。难燃性试验基材的尺寸应符合 GB/T 8625 的要求,其他防火性能试验用基材的尺寸应符合附录 A 和附录 B 的规定。

6.1.2 试件的制备

理化性能试件的制备应按 GB/T 1727 规定的方法进行。防火性能试件的制备应按 6.11、附录 A 和附录 B 规定的方法进行。

6.1.3 状态调节

理化性能试件应在温度(23±2)℃、相对湿度 50%±5% 的环境条件下状态调节 48 h。防火性能试件经涂刷达到规定的湿涂覆比值后,应在温度(23±2)℃、相对湿度 50%±5% 的环境条件下调节至质量恒定(相隔 24 h 两次称量,其质量变化不大于±0.5%)。

6.1.4 试验环境条件

涂料的细度、干燥时间、附着力、柔韧性、耐冲击性及耐水性六项试验应在温度(23±2)℃、相对湿度 50%±5%的环境条件下进行。

6.2 在容器中的状态

用搅拌器搅拌容器内的试样或按规定的比例调配多组分涂料的试样,观察涂料有无结块,是否均匀。

6.3 细度

按 GB/T 6753.1 规定的方法进行。

6.4 干燥时间

按 GB/T 1728(甲法)规定的方法进行。

6.5 附着力

按 GB/T 1720 规定的方法进行。

6.6 柔韧性

按 GB/T 1731 规定的方法进行。

6.7 耐冲击性

按 GB/T 1732 规定的方法进行。

6.8 耐水性

按 GB/T 1733(甲法)规定的方法进行。

6.9 耐湿热性

按 GB/T 1740 规定的方法进行。

6.10 耐燃时间

按附录 A 规定的方法进行。

6.11 难燃性

试件基材及制备应符合附录 A 的要求,同时涂覆在试件表面前应先将防火涂料涂覆于试件四周封边。试验按 GB/T 8625 规定的方法进行。

6.12 质量损失

按附录 B 规定的方法进行。

6.13 炭化体积

按附录 B 规定的方法进行。

7 检验规则

7.1 检验分类

7.1.1 出厂检验

出厂检验项目为在容器中的状态、细度、干燥时间、附着力、柔韧性、耐冲击性、耐水性、耐湿热性及耐燃时间。

7.1.2 型式检验

型式检验项目为 5.2 规定的全部检验项目。有下列情况之一时,应进行型式检验:

a) 新产品投产前或老产品转厂时的试制定型鉴定;
b) 正常生产后,产品的原材料、配方或生产工艺有较大改变时;
c) 产品停产一年以上恢复生产时;
d) 出厂检验结果与上次型式检验有较大差异时;
e) 发生重大质量事故整改后;
f) 质量监督部门依法提出型式检验要求时。

7.2 组批与抽样

7.2.1 组批

组成一批的饰面型防火涂料应为同一批材料、同一工艺条件下生产的产品。

7.2.2 抽样

出厂检验样品应从不少于 200 kg 的产品中随机抽取 10 kg。

型式检验样品应从不少于 1 000 kg 的产品中随机抽取 20 kg。

7.3 判定规则

7.3.1 出厂检验判定

出厂检验项目均满足表 1 规定的技术指标为合格，不合格的检验项目可以在同批样品中抽样进行两次复检，复检均合格后方判为合格。

7.3.2 型式检验判定

型式检验项目全部符合本标准要求时，判该产品合格。

8 标志、使用说明书

8.1 产品标志应包含产品名称、型号规格、执行标准、商标(适用时)、生产者名称及地址、生产企业名称及地址、产品生产日期或生产批号等。

8.2 产品的使用说明书应明示产品的涂覆量、施工工艺及警示等。溶剂性饰面型防火涂料应特别注明防火安全要求及对人员的健康防护措施。

9 包装、运输及贮存

9.1 包装

产品包装的标志应符合 GB/T 9750 的规定。产品包装桶应贴上产品说明书、产品标志和合格证，并应满足下列要求：

a) 水基性饰面型防火涂料应采用清洁、密封的塑料桶或有塑料内衬的容器；

b) 溶剂性饰面型防火涂料应采用清洁、密封的铁桶。

9.2 运输

运输过程中应防止雨淋、曝晒，防止重压、摔落、冲撞及倒置。

9.3 贮存

产品应存放在通风、干燥、防止日光直射的地方，贮存温度应在 5 ℃～40 ℃。

附 录 A
（规范性附录）
大板燃烧法

A.1 范围

本附录规定了在规定条件下测试涂覆于可燃基材表面的饰面型防火涂料耐燃特性的试验方法—大板燃烧法。

本附录适用于饰面型防火涂料耐燃时间的测定。

A.2 试验设备

A.2.1 试验装置

A.2.1.1 试验装置由试验架、燃烧器、喷射吸气器等组成，见图 A.1。

单位为毫米

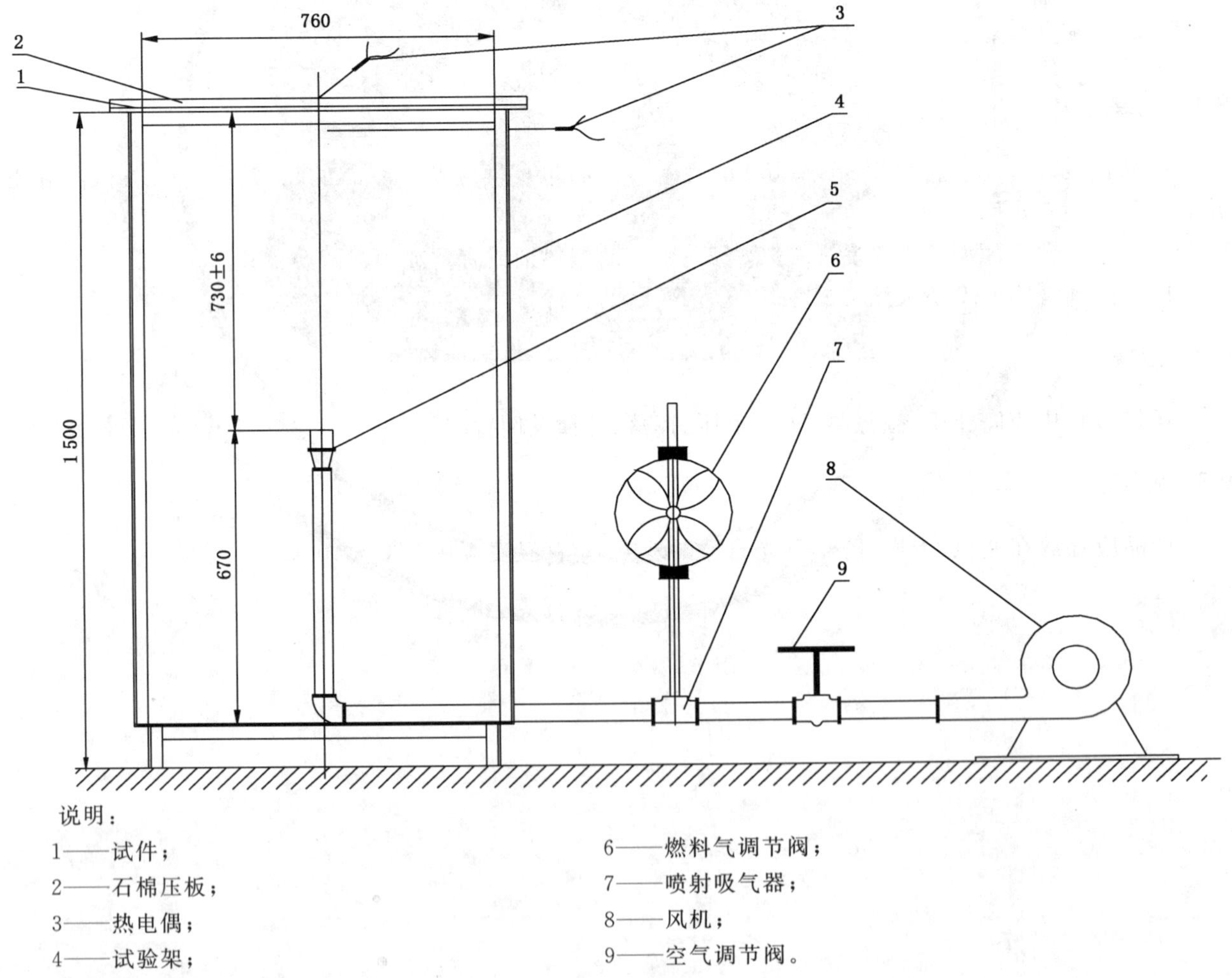

说明：

1——试件；
2——石棉压板；
3——热电偶；
4——试验架；
5——燃烧器；
6——燃料气调节阀；
7——喷射吸气器；
8——风机；
9——空气调节阀。

图 A.1 试验装置

A.2.1.2 试验架为 30 mm×30 mm 角钢构成的框架，其内部尺寸为 760 mm×760 mm×1 400 mm。框架下端脚高 100 mm，上端用于放置试件。

A.2.1.3 石棉压板由 900 mm×900 mm×20 mm 石棉板制成，中心有一直径为 500 mm 的圆孔。

A.2.1.4 燃烧器由内径 42 mm、壁厚 3 mm、高 42 mm 以及内径 28 mm、壁厚 7 mm、高 25 mm 的两个铜套管组合而成，两个铜套管的外端面平行，同时在内铜套管的端面均匀分布四个内径为 2 mm 的小孔；燃烧器安装在公称直径为 40 mm×32 mm 变径直通管接头上。燃烧器口到试件的距离为(730±6)mm。

A.2.1.5 喷射吸气器由公称直径为 32 mm×32 mm×15 mm 变径三通管接头以及旋入三通管接头一端的喷嘴所组成，喷嘴长 54 mm，中心孔径为 14 mm。

A.2.1.6 鼓风机风量为 1 m^3/min～5 m^3/min。

A.2.2 调控装置

A.2.2.1 热电偶

温度监控均采用精度不低于Ⅱ级、K 分度的热电偶。其中，用于火焰温度监控应采用外径不大于 3 mm 的铠装热电偶；用于试件背火面温度测试应采用丝径不大于 0.5 mm 的热电偶，其热接点应焊接在直径为 12 mm，厚度为 0.2 mm 的铜片中心位置。

A.2.2.2 温度记录装置

将热电偶产生的毫伏信号送至信号调理板，通过数据采集卡将模拟信号转换为数字信号，然后由计算机进行编程处理转换成相应的温度值。温度读数分辨率为 1 ℃。

A.2.3 计时器

计时器采用计算机或电子秒表，其计时误差不大于 1 s/h，读数分辨率为 1 s。

A.2.4 燃料

燃料采用液化石油气或丙烷气。

A.2.5 试验室

试验室分为燃烧室和控制室两部分，两室之间设有观察窗。燃烧室的长、宽、高限定为 3 m～4.5 m，试验架到墙的任何部位不得小于 900 mm。试验时，应无外界气流干扰。

A.3 试件制备

A.3.1 试验基材的选择及尺寸

试验基材为一级三层胶合板，基材厚度为 5 mm±0.2 mm，试板尺寸为 900 mm×900 mm。表面应平整光滑，试板的一面距中心 250 mm 平面内不应有拼缝和节疤。

A.3.2 涂覆比值

试件为单面涂覆，涂覆应均匀，湿涂覆比值为 500 g/m^2，涂覆误差为规定值的±2%。若需分次涂覆，则两次涂覆的间隔时间不得小于 24 h。

A.4 试验程序

A.4.1 检查热电偶及计算机系统工作是否正常。

A.4.2 将经过状态调节至质量恒定的试件水平放置于试验架上，使涂有防火涂料的一面向下，试件中心正对燃烧器，其背面压上石棉压板。

A.4.3 将测量火焰温度的铠装热电偶水平放置于试件下方，其热接点距试件受火面中心 50 mm(试验中，若涂料发泡膨胀厚度大于 50 mm 时，可将热电偶垂直向下移动直至热接点露出发泡层)。再将测背火面温度的 5 支铜片表面热电偶放置于试件背火面，其中 1 支铜片表面热电偶放置于试件背火面对角线交叉点，另外 4 支铜片表面热电偶分别放置于试件背火面离交叉点 100 mm 的对角线上(见图 A.2)。每个铜片上应覆盖 30 mm×30 mm×2 mm 石棉板一块，石棉板应与试件紧贴，并以适当方式固定，不应压其他物体。

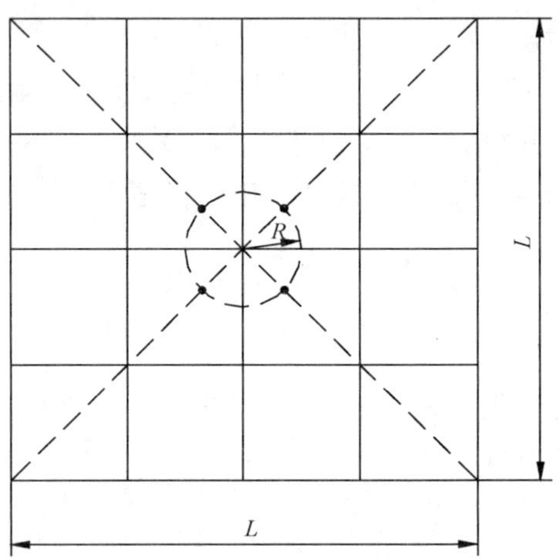

说明：

· ——背火面热电偶放置位置；

R ——背火面热电偶位置与试件对角线交叉点的间距，$R=100$ mm；

L ——试件尺寸，$L=900$ mm。

图 A.2 背火面热电偶布置图

A.4.4 开启计算机测试系统，然后开启空气调节阀和燃气调节阀，在点燃燃气的同时启动计算机测试系统并开始计时。观察试验现象，计算机测试系统每分钟采集一次火焰温度和试件背火面温度。试验采用的燃气如果为液化石油气，当试验进行至 5 min 时，燃气供给量应为(16±0.4)L/ min。然后通过调节空气供给量来控制火焰温度，整个试验过程按照图 A.3 所示时间—温度标准曲线进行升温，当试件背火面任何 1 支铜片表面热电偶温度达到 220 ℃或试件背火面出现穿火时，关闭空气调节阀和燃气调节阀，计算机测试系统应自动记录试验时间。

A.4.5 整个试验过程的火焰温升($T-T_0$)按式(A.1)计算：

$$T-T_0=345\ \lg(8t+1) \qquad \cdots\cdots(A.1)$$

式中：

T ——t 时的火焰温度，单位为摄氏度(℃)；

T_0——试验开始时的环境温度，单位为摄氏度(℃)；

t ——试验经历的时间，单位为分钟(min)。

图 A.3 为式(A.1)的函数曲线，即时间—温度标准曲线，其对应每分钟的代表性温升见表 A.1。

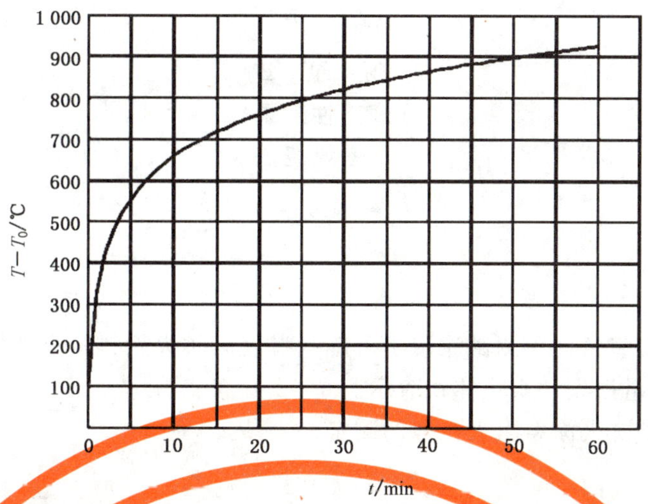

图 A.3 时间—温度标准曲线

表 A.1 随时间变化的温升表

时间 min	温升($T-T_0$) ℃	时间 min	温升($T-T_0$) ℃	时间 min	温升($T-T_0$) ℃	时间 min	温升($T-T_0$) ℃
1	329	10	659	19	754	28	812
2	425	11	673	20	761	29	817
3	482	12	684	21	769	30	822
4	524	13	697	22	776	35	845
5	553	14	708	23	782	40	865
6	583	15	719	24	789	45	882
7	606	16	727	25	795	50	892
8	625	17	737	26	800	55	912
9	643	18	746	27	806	60	925

试验中的时间—温度实测曲线下的面积与时间—温度标准曲线下的面积之间的可允许偏差为：

a) 在试验的开始 10 min 范围内为±10%；

b) 在试验的 10 min 以后为±5%。

A.4.6 每完成一次试验后，应等待室温降至 40 ℃以下时，方可进行下次试验。

A.4.7 重复试验 3 个试件，对 3 个试件燃烧时间的平均值取整(舍去小数部分)，即得到耐燃时间，单位为分钟(min)。

附 录 B
（规范性附录）
小室燃烧法

B.1 范围

本附录规定了在实验室条件下测试涂覆于可燃基材表面防火涂料阻火性能的试验方法——小室燃烧法，测试结果以燃烧质量损失和炭化体积表示。

本附录适用于饰面型防火涂料阻火性能的测定。

B.2 试验设备

B.2.1 小室燃烧箱

B.2.1.1 小室燃烧箱为一镶有玻璃门窗的金属板箱(见图 B.1)。

单位为毫米

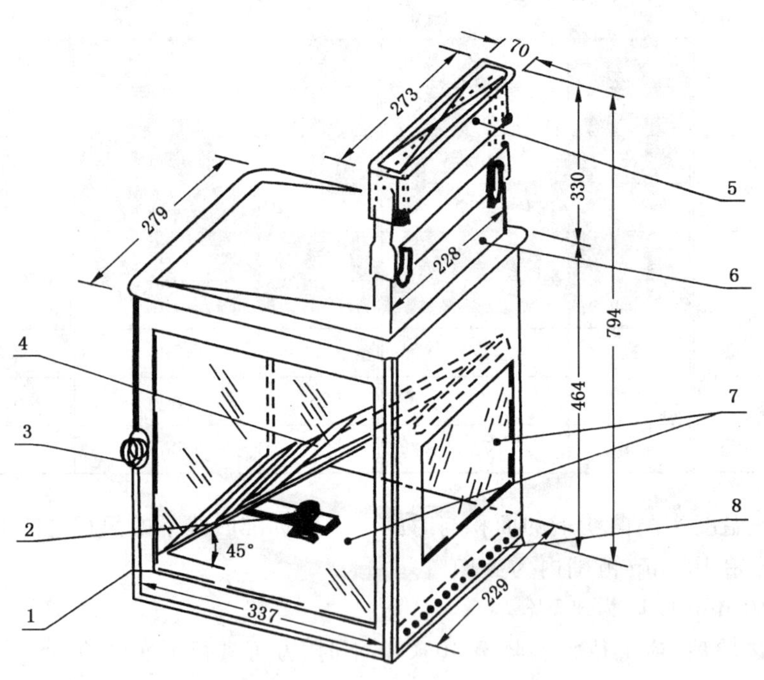

说明：

1——箱体；
2——燃料杯；
3——门销；
4——试件支架；
5——回风罩；
6——烟囱；
7——玻璃窗；
8——进气孔。

图 B.1 小室燃烧箱示意图

B.2.1.2 箱体的内部长宽高尺寸为 337 mm×229 mm×794 mm(包括伸出的烟囱和顶部回风罩)。
B.2.1.3 回风罩与烟囱之间的距离可调节,以便排走燃烧产生的烟气。

B.2.2 试件支撑架

B.2.2.1 试件支撑架由间隔 130 mm 的两块平行扁铁构成,扁铁尺寸为 480 mm×25 mm×3 mm。扁铁两端由搭接件固定。
B.2.2.2 支撑架上有可调节横条,用以固定试件位置。
B.2.2.3 支撑架底部固定一平行于箱底的金属基座,基座用于放置燃料杯。

B.2.3 燃料杯

燃料杯由黄铜制成,外径 24 mm,壁厚 1 mm,高 17 mm,容积约为 6 mL。

B.2.4 其他试验设备

试验还需使用以下设备:
a) 天平(感量 0.1 g);
b) 钢直尺或游标卡尺(分度值 1 mm);
c) 滴定管或移液管(分度值 0.1 mL)。

B.3 试件制备

B.3.1 基材的选择及尺寸

试验基材选用一级三层胶合板,基材厚度为 5 mm±0.2 mm,试板尺寸为 300 mm×150 mm;试板表面应平整光滑,无节疤拼缝或其他缺陷。

B.3.2 涂覆比值

试件为单面涂覆,涂覆应均匀,湿涂覆比值为 250 g/m^2(不包括封边),涂覆误差为规定值的±2%。涂覆时,应先将防火涂料涂覆于试板四周封边,放置 24 h 后再将防火涂料均匀地涂覆于试板的一表面。若需分次涂覆时,则两次涂覆的时间间隔不得小于 24 h。

B.4 试验程序

B.4.1 将经过状态调节的试件置于(50±2)℃ 的烘箱中静置 40 h,取出冷却至室温,准确称量至 0.1 g。
B.4.2 将称量后的试件放在试件支撑架上,使其涂覆面向下。
B.4.3 用移液管或滴定管取 5 mL 分析纯无水乙醇注入燃料杯中,将燃料杯放在基座上,使杯沿到试件受火面的最近垂直距离为 25 mm。点火、关门,试验持续到火焰自熄为止。试验过程中应无强制通风。
B.4.4 每组试验应重复做 5 个试件。

B.5 数据处理

B.5.1 将燃烧过的试件取出冷却至室温,准确称量至 0.1 g。对 5 个试件燃烧前后的质量损失取平均值,并保留到小数点后一位数,即得到防火涂料试件的质量损失。

B.5.2 用锯子将烧过的试件沿着火焰延燃的最大长度、最大宽度线锯成4块，量出纵向、横向切口涂膜下面基材炭化（明显变黑）的长度、宽度，再量出最大的炭化深度，计算出炭化体积；最后对5个试件炭化体积的平均值即得到防火涂料试件的炭化体积，具体计算方法见式(B.1)。

$$V=\frac{\sum_{i=1}^{n}(a_i b_i h_i)}{n} \qquad \cdots\cdots (B.1)$$

式中：

V ——炭化体积，单位为立方厘米(cm^3)；

a_i ——炭化长度，单位为厘米(cm)；

b_i ——炭化宽度，单位为厘米(cm)；

h_i ——炭化深度，单位为厘米(cm)；

n ——试件个数。

B.5.3 若一组试件的标准偏差大于其平均质量损失（或平均炭化体积）的10%，需加做5个试件，其质量损失（或炭化体积）应根据10个试件的平均值计算。

标准偏差的计算见式(B.2)：

$$S=\sqrt{\sum_{i=1}^{n}(x_i-\overline{x})^2/(n-1)} \qquad \cdots\cdots (B.2)$$

式中：

S ——标准偏差；

x_i ——每个试件的质量损失（或炭化体积）值；

$\overline{x}$ ——一组试件的质量损失（或炭化体积）平均值；

n ——试件个数。